파워특강
과학

PREFACE

2000년대 들어와서 꾸준히 치솟던 공무원 시험의 인기는 2017년 현재에도 변함없이 이어지고 있으며, 9급 공무원 시험 국가직의 합격선이 상승하는 추세 속에서 높은 체감 경쟁률도 보이고 있습니다.

특히 2013년부터는 9급 공무원 시험과목이 새로 개편되면서 상당한 변화가 이루어지고 있다는 분석이 나오고 있습니다. 기존의 9급 공무원 시험은 공통과목인 국어, 영어, 한국사, 그리고 선택과목으로 행정법총론 및 행정학개론, 교육학개론, 관세법개론, 세법개론, 회계학, 회계원리 등의 과목 중 2과목을 선택하여 응시했지만, 현재는 고교 졸업자의 공무원 진출 기회 확대를 위해 선택과목으로 사회, 수학, 과학 등 3과목이 새롭게 편성되었고, 직렬별 필수과목에 속해있던 행정학개론이 선택과목으로 분류가 되었습니다. 또한 시험의 난이도는 이전보다 쉽게 출제될 것이라는 예상이 대부분인 가운데, 합격선이 점차 올라가고 있는 상황인 만큼 합격을 위한 철저한 준비가 더욱 필요하게 되었습니다.

과학은 새롭게 개편된 공무원 시험의 선택과목 중 하나이지만 과학을 선택하는 대부분의 수험생이 90점 이상의 고득점을 목표로 하는 과목으로 한 문제 한 문제가 시험의 당락에 영향을 미칠 수 있는 중요한 과목입니다. 특히 9급 공무원 과학 시험의 범위가 문과와 이과를 포함한 전반적인 고등과학이라는 점과, 현재 시행되고 있는 대학수학능력시험보다 난이도가 비교적 낮게 출제된다는 점에서 합격을 위해서는 반드시 고득점이 수반되어야 한다는 것을 알 수 있습니다.

본서는 광범위한 내용을 체계적으로 정리하여 수험생으로 하여금 보다 효율적인 학습이 가능하도록 구성하였습니다. 고등과학 전반에 대한 기본개념 및 대표적인 유형의 문제를 수록하여 실제 출제경향을 파악하고 중요 내용에 대한 확인이 가능하도록 하였습니다. 또한 출제 가능성이 높은 다양한 유형의 예상문제를 단원별 연습문제로 수록하여 학습내용을 점검할 수 있도록 하였습니다.

STRUCTURE

▌ 체계적인 이론정리 및 기출문제 연계

방대한 양의 기본이론을 체계적으로 요약하여 짧은 시간 내에 효과적인 이론학습이 이루어질 수 있도록 정리하였습니다. 또한 그동안 시행된 9급 공무원 시험의 기출문제를 분석하여 관련 이론과 연계함으로써 실제 시험유형 파악에 도움을 줄 수 있도록 구성하였습니다.

▌ 핵심예상문제

출제 가능성이 높은 영역에 대한 핵심예상문제를 통하여 완벽한 실전 대비가 가능합니다. 문제에 대한 정확하고 상세한 해설을 수록하여 수험생 혼자서도 효과적인 학습이 될 수 있도록 만전을 기하였습니다.

▌ 최신 기출문제 분석 · 수록

부록으로 2018년 최근 시행된 국가직 및 지방직 기출문제를 분석 · 수록하여 최근 시험 경향을 파악, 최종 마무리가 될 수 있도록 하였습니다.

01 시공간과 우주

≫

SECTION 1 시간, 공간, 운동

(1) 시간 측정과 시간 표준

① 사각
- ⊙ 일이 일어난 점
- ⊙ 순서가 있다.

② 시간
- ⊙ 시각과 시각 사이의 간격
- ⊙ 두 사건 사이의 길이
- ⊙ 시간축: 시간의 축
- ⊙ 다른 물리량에 대한 측정 표준의 기초: 표준의 표준

③ 시간의 측정
- ⊙ 시간의 기본 단위: 1초
- ⊙ 시간의 단위: 초, 분, 시, 개월, 년, 세기 등
- ⊙ 알파벳어: s

핵심이론정리

기본이론의 내용을 이해하기 쉽도록 요약·정리하고 기출문제와 연계하여 개념학습과 실제 시험유형 파악이 동시에 가능하도록 하였습니다.

---

01 단/원/마/기
화학, 물질의 과학 ≫

1 인류 문명의 발전에 기여한 화학 반응에 대한 〈보기〉의 설명 중 옳은 것을 모두 고른 것은?

〈보기〉
- ⊙ 연소 반응을 이용하여 어둠을 밝히고 난방을 하였다.
- ⊙ 철의 제련으로 인류는 처음으로 금속을 이용하기 시작하였다.
- ⊙ 나일론 합성으로 저렴한 가격의 의류를 보급할 수 있었다.

① ⊙ ② ⊙
③ ⊙⊙ ④ ⊙⊙
⑤ ⊙⊙⊙

2 암모니아 합성 반응에 대한 〈보기〉의 설명 중 옳은 것을 모두 고른 것은?

〈보기〉
- ⊙ 공기 중의 산소 기체와 질소 기체를 이용한다.
- ⊙ 식량의 대량 생산을 가능하게 했다.
- ⊙ 화약의 원료로 전쟁에 이용되었다.

핵심예상문제

출제 가능성이 높은 핵심예상문제(핵심 콕!예상문제)를 통해 이론학습에 대한 점검 및 완벽한 실전 대비를 꾀하였습니다.

≫ **2018. 4. 7 인사혁신처 시행**

1 그림 ⑺는 폐포를, ⑷는 폐포의 단면을 나타낸 것이다. ⊙과 ⊙은 각각 산소와 이산화탄소 중 하나이다. 이에 대한 설명으로 〈보기〉에서 옳은 것만을 모두 고른 것은?

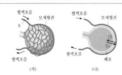

〈보기〉
- ⊙ A에는 동맥혈이 흐른다.
- ⊙ ⊙은 이산화탄소이다.
- ⊙ 폐포에서 기체가 교환될 때 에너지가 소모된다.

① ⊙ ② ⊙
③ ⊙⊙ ④ ⊙⊙⊙

최신 기출문제

2018년 최신 기출문제를 분석·수록하여 효과적인 최종 마무리가 될 수 있도록 구성하였습니다.

CONTENTS

합격에 한 걸음 더 가까이!

기본적인 물리 법칙과 힘의 원리, 여러 가지 에너지 및 전기와 자기에 대한 내용을 중심으로 학습하는 것이 필요합니다. 문제마다 어떠한 공식을 대입해야 하는지 빠르게 파악할 수 있어야 하며, 주어진 자료, 그림 및 그래프를 정확하게 이해할 수 있는 능력을 기르는 것이 중요합니다.

시공간과 우주

SECTION 1 │ 시간, 공간, 운동

(1) 시간 측정과 시간 표준

① 시각
- ㉠ 일이 일어난 점
- ㉡ 순서가 있다.

② 시간
- ㉠ 시각과 시각 사이의 간격
- ㉡ 두 사건 사이의 길이
- ㉢ 시간축 : 시간의 축
- ㉣ 다른 물리량에 대한 측정 표준의 기초 : 표준의 표준

③ 시간의 측정
- ㉠ 시간의 기본 단위 : 1초
- ㉡ 시간의 단위 : 초, 분, 시, 개월, 년, 세기 등
- ㉢ SI접두어 : s

☆ 앙부일구 원리

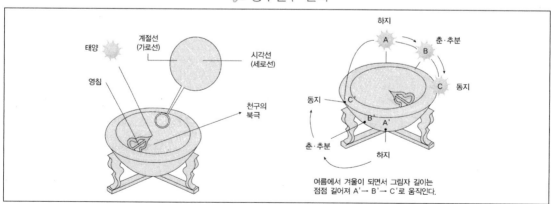

- ㉠ 현주일구, 천평일구, 정남일구 등
- ㉡ 일성정시의 : 태양과 별의 위치로 시각을 측정. 북극성을 중심으로 회전하는 별자리를 측정하여 밤 시각을 정확히 측정하고, 아울러 365일의 날짜를 정확하게 계산하는 기능
- ㉢ 자격루 : 물의 낙차 이용

④ 시간의 표준

  ㉠ 태양시 : 1초 = 태양일(하루)의 $\dfrac{1}{60 \times 24 \times 60}$, 자전주기가 계속적으로 변하여 1초의 실제길이가 자꾸 변함. 지역마다 시간이 모두 다름(1°씩 동쪽으로 이동할 때마다 4분씩 앞서게 됨)

  ㉡ 역표시 : 1초 = 서기 1900년도 1년 길이의 $\dfrac{1}{31,556,925.9747}$

  ㉢ 원자시 : 1초 = 세슘원자(133Cs)에서 방출하는 특정한 빛이 9,192,631,770번 진동하는 데 걸리는 시간. 30만 년에 1초 오차(우리나라)

  ㉣ 협정시계시(UTC : Universal Time Coordinated) : 국제 협정에 의하여 인위적으로 유지되고 있는 시각. 지구 자전에 따른 세계시의 시각을 정하기 위하여 만들어진 시간 체계

  ㉤ 수정시계(crystal clock, crystal chronometer, 水晶時計) : 안정도가 높은 수정 발진기의 주파수를 이용한 표준 시계. 항온조를 사용하여 발진 주파수가 일정하게 유지되도록 한다. 수정 발진기의 발진 주파수를 분주하여 1kHz 주파수 동기 모터를 동작시켜 시계 기구를 구동하는 것과 60Hz의 출력에 의해 동기 모터를 움직이는 것이 있다. 천문대, 전파 연구소, 전파 관리소, 방송국 등에서 사용

    🌱TIP 수정 발진기(crrystal oscillator, 水晶發振器) ⋯ 수정판의 압전 효과를 이용한 발진 회로. 수정의 결정을 적당하게 절단하면 그 치수에 의해 일정한 기계적 진동이 발생하고 그에 대한 고유 주파수는 일정값이 되므로 정확한 주파수를 유지하는 데 적합한 발진기

⑤ 표준시간대

  ㉠ 영국의 그리니치 천문대를 지나는 자오선을 기준으로 24개의 표준시간대를 채택하여 동일한 시간대를 사용(1884년. 국제회의)

  ㉡ 우리나라 : 동경 135° 기준

  ㉢ 그리니치 평균시(GMT : Greenwich Mean Times) : 세계의 모든 지방시와 관측에 쓰는 표준시의 기본

(2) 길이의 측정과 표준

① 위치

  ㉠ 1차원공간 : 선 위에서만 물체가 움직이는 공간

  ㉡ 2차원공간 : 물체가 면 위에만 존재하고, 그 안에서 움직일 때의 공간

  ㉢ 3차원공간 : 2차원 면보다 한 방향(차원)이 추가된 공간

    🌱TIP 각 차원마다 차원의 수만큼 정보가 필요 ⋯ 기준 좌표계(임의의 기준으로부터 각 축을 따라 얼마만큼 떨어져 있는지를 표시)

② 길이(거리)

  ㉠ 거리 : 위치와 위치 사이의 간격. 공간의 두 점을 연결한 선분의 길이

  ㉡ 길이 : 물체의 한 끝에서 다른 한 끝까지의 거리

  ㉢ 단위 : m(기본단위), 1m = 빛이 진공에서 $\dfrac{1}{299,792,458}$ 초 동안 진행한 경로의 길이

  ㉣ cm, mm, μm, nm, pm, fm, km, AU, 광년(LY), 파섹 등

(3) 길이의 측정

① 각도기로 길이 측정하기

② 삼각측량법

③ 레이저, 적외선, 마이크로파 등의 빛이 왕복하는 데 걸리는 시간으로 측정 : 먼 거리

④ 변광성의 밝기 주기를 이용한 거리 측정

(4) 위도와 경도

① **위선** … 지구를 동서방향으로 나누는 가상적인 선

② **경선** … 지구를 남북방향으로 나누는 가상적인 선

③ **자오선** … 천구의 북극과 천정이 만나는 가상적인 원(대원). 경선

④ **본초자오선** … 경선 중에서 영국의 그리니치 천문대를 지나는 경선

⑤ **적도** … 위선 중에서 북극과 남극에서 같은 거리만큼 떨어진 곳. 위선 중 길이가 가장 길다.

위도와 경도

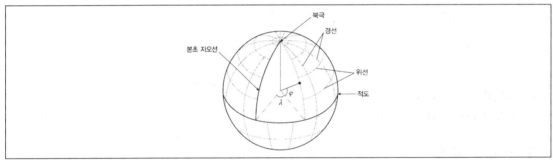

○ **경도(λ)** : 본초자오선으로부터 동서로 얼마나 떨어져 있는지 나타내는 위치. 그 지점의 자오선과 본초 자오선 사이의 각도

○ **위도(ϕ)** : 적도로부터 남북으로 얼마나 떨어져 있는지 나타내는 위치

○ 양극으로 갈수록 위선의 길이가 점점 짧아지며, 경도 사이의 거리가 더 가까워짐

(5) 위치측정 방법 : GPS위성을 이용한 방법

① **GPS** … Global Position System(전 지구 위치 파악 시스템)

② **삼각측량법을 이용** … 세 개 이상의 인공위성으로 자신의 위치를 수신하고 인공위성과의 거리를 계산하여 자신의 위치 좌표를 알게 됨.

③ 4개씩 6개의 궤도로 총 24개의 위성이 있음. 실제 활동은 21개이며 3개는 예비

④ 12시간을 주기로 공전

⑤ **인공위성** … 원자시계, 수신기, 원자시계 또는 수정시계

SECTION 2 물체의 운동과 운동 법칙

(1) 속도와 가속도

① 이동 거리 ··· 물체가 운동한 경로의 길이로, 크기만 나타낸다.

② 변위(Δs) ··· 물체가 운동할 때 실제로 운동한 경로와 관계없이 물체의 처음 위치에서 나중 위치까지의 변화량을 말한다. 처음 위치와 나중 위치를 직선의 화살표로 연결하여 크기와 방향을 동시에 나타낸다.
(처음 위치를 출발점으로, 나중 위치를 도착점으로 하는 화살표, 즉 변위 벡터를 그린다.)

(2) 속력과 속도

물체가 방향을 바꾸지 않고 운동할 때, 즉 직선 운동을 할 때 '속도의 크기 = 속력의 크기'이다.

속력(v)	속도(v 또는 $\vec{v}$)
단위 시간 동안 물체의 이동 거리를 속력이라 하고, 물체가 움직인 이동 거리를 걸린 시간으로 나누어 구한다. 크기만 가지는 물리량이다. $$속력 = \frac{이동\ 거리}{걸린\ 시간}$$	단위 시간 동안 물체의 변위를 속도라 하고, 물체의 변위를 걸린 시간으로 나누어 구한다. 크기와 방향을 동시에 가지는 물리량이다. (속도 벡터는 화살표로 나타낸다.) $$속도 = \frac{변위}{걸린\ 시간}$$

(3) 평균 속도와 순간 속도

평균 속도 ($\bar{v}$ 또는 $v_{평균}$)	두 지점 사이를 물체가 운동하면서 속도가 변하는 경우 도중의 속도 변화는 무시하고 평균값으로 나타낼 수 있다. 그 값은 위치–시간 그래프에서 두 점을 잇는 직선의 기울기와 같다.	
순간 속도 (v 또는 $v_{순간}$)	물체가 어떤 점을 통과할 때 매우 짧은 시간 동안 이동한 거리로 나타 낼 수 있다. 그 값은 위치–시간 그래프에서 특정 시각과 위치의 점에 접하는 접선의 기울기와 같다.	

(4) 상대 속도

① 상대 속도 ··· 운동하고 있는 관측자가 느끼는 상대방의 속도

② 상대 속도의 크기 ··· A가 본 B의 속도는 V_{AB}로 표기하며, 이를 A에 대한 B의 상대 속도라 읽고, B의 속도 V_B에서 A의 속도 V_A를 빼서 구한다. ($V_{BA} = V_A - V_B = -V_{AB}$의 관계가 성립한다.)

③ 상대 속도(V_{AB}) = 상대방의 속도(V_B) – 관측자의 속도(V_A)

(5) 가속도

① 가속도(a 또는 $\vec{a}$, acceleration) ··· 시간에 대한 속도의 변화율 또는 시간에 따른 속도의 변화량이다.

$$a = \frac{\text{속도의 변화량}}{\text{걸린 시간}} = \frac{\Delta v}{\Delta t} \, (\text{단위} : \text{m/s}^2, \, \text{cm/s}^2)$$

② 가속도 운동 ··· 시간에 따라 물체의 속력이나 방향, 즉 속도가 변하는 운동

> 예 등속 원운동, 진자의 주기 운동, 엘리베이터가 움직이기 시작하거나 멈추는 동안의 운동

(6) 등가속도 직선 운동

① 등가속도 직선 운동 ··· 속도가 일정하게 증가하거나 감소하여 가속도가 일정하고 운동 방향이 변하지 않는 운동

> 예 기울기가 일정한 빗면을 따라 내려가는 물체나 가만히 들고 있다가 놓은 물체의 운동

② 등가속도 직선 운동의 식

$$v = v_0 + at, \ s = \frac{1}{2}at^2 + v_0 t, \ 2as = v^2 - v_0^2$$

③ 등가속도 직선 운동의 그래프

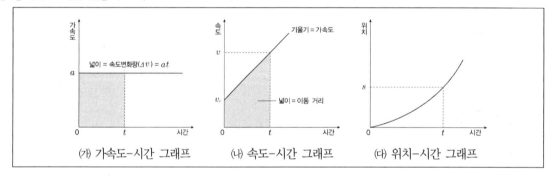

(가) 가속도-시간 그래프　　　(나) 속도-시간 그래프　　　(다) 위치-시간 그래프

SECTION 3　운동 법칙

(1) 힘

① 힘 ··· 물체의 모양을 변화시키거나 물체의 운동 상태를 변화시키는 물리량으로, 단위는 N(뉴턴)을 사용한다.

② 물리학의 근본 힘(상호 작용) ··· 개별 입자들이 상호 작용하는 방식을 가리키며, 중력, 전자기력, 약력(약한 핵력), 강력(강한 핵력)이 있어 우주의 4대 근본 힘이라고 일컫는다.

　ⓐ 약한 핵력 : 기본 입자들 사이에서 작용하는 힘으로 베타 붕괴의 원인

　ⓑ 강한 핵력 : 전기의 척력에 대항하여 원자핵을 결합시키는 힘

③ 힘의 작용 ··· 힘이 직접적인 접촉에 의해 나타나면 접촉력, 빈 공간에서 떨어져 있을 때에도 나타나면 비접촉력이라고 한다.

　ⓐ 접촉력 : 저항력, 장력, 표면 장력, 부력, 양력, 수직 항력, 탄성력, 마찰력 등

　ⓑ 비접촉력 : 중력, 전자력, 자기력 등

(2) 여러 가지 힘

① **중력** … 질량을 가진 두 물체끼리 끌어당기는 힘

　예 던져 올린 공이 지표면으로 떨어질 때 작용하는 힘

② **전기력과 자기력** … 정지한 전하 사이에 작용하는 힘이 전기력이고, 자석이나 전류 사이에 작용하는 힘이 자기력이다. 이 두 힘이 한꺼번에 작용하면 전자기력이라고 한다.

　예 건조한 날 머리를 빗으면 빗에 머리카락이 달라붙는 현상

③ **저항력** … 물체가 유체 속에서 움직일 때 유체가 물체의 운동을 방해하는 힘

　예 낙하산이 공중에서 천천히 내려올 때 공기가 낙하산에 작용하는 힘

④ **장력과 표면 장력** … 줄에 물체가 연결되어 팽팽한 상태를 유지할 때 줄이 물체에 작용하는 힘이 장력이고, 액체의 표면이 스스로 수축하여 되도록 작은 면적을 취하려는 힘이 표면 장력이다.

　예 물방울이나 비눗방울이 표면 장력으로 둥근 모양을 유지하는 현상

⑤ **부력과 양력** … 물체가 유체 속에 있을 때 위로 뜨게 하는 힘이 부력이고, 물체가 유체 속에서 움직일 때 물체의 윗면과 아랫면을 지나는 유체의 속력에 따라 압력의 차이가 발생하여 물체를 위로 뜨게 하는 힘이 양력이다.

　예 배가 부력을 받아 물 위에 뜨는 현상, 비행기가 양력을 받아 공중에 뜨는 현상

⑥ **수직 항력** … 어떤 물체가 접촉하는 표면이 그 면에 수직인 방향으로 물체를 밀어내는 힘

　예 평평한 탁자 위에 물체가 놓여 있을 때 물체가 탁자 바닥에서 지구를 향해 내려 가지 않도록 탁자가 물체를 떠받치는 힘

⑦ **탄성력** … 외부의 힘을 받아 모양이 변한 물체가 다시 원래 상태로 되돌아가려는 힘

　예 원래 길이보다 늘어나거나 줄어든 용수철이 원래 상태로 되돌아가려고 작용하는 힘

⑧ **마찰력** … 두 물체가 맞닿아 있을 때 표면 분자들 사이의 상호 작용으로 운동을 방해하는 방향으로 나타나는 힘

　㉠ **정지 마찰력** : 물체가 움직이지 않는 동안 작용하는 마찰력

　㉡ **최대 정지 마찰력** : 정지해 있던 물체가 움직이기 바로 직전에 작용하는 마찰력

　㉢ **운동 마찰력** : 두 물체가 상대적으로 움직이면서 서로 마찰될 때 발생하는 마찰력

　　예 책상 위에서 민 책이 움직이다가 멈출 때 책상 표면이 책에 가한 힘

　　🌱**TIP** 운동 마찰력이나 최대 정지 마찰력은 마찰 계수 μ와 수직 항력 N의 곱으로 표현한다. (F = μN)

(3) 물체에 작용하는 힘과 알짜힘(합력) 찾기

① **물체에 작용하는 모든 힘의 표현**

　㉠ 관련된 힘의 식별을 위해 선택된 물체의 그림은 분명하고 크게 그린다.

　㉡ 화살표의 길이는 힘의 크기에 비례하게 그린다.

　㉢ 모든 화살표에는 이름을 붙이고, 이름에는 무엇이 무엇에 작용하는 힘인지 설명한다. 힘의 값을 알면 그림에 표시한다.

② **알짜힘(합력)** … 물체에 작용하는 모든 힘을 합한 것으로, 실제로 물체의 운동 상태를 바꾸는 힘이다.

　㉠ 물체를 점(점은 물체의 무게 중심을 의미)으로 그리고, 모든 힘을 물체 밖으로 나타낸다.

　㉡ 모든 힘의 크기와 방향을 고려하여 하나의 화살표로 그린다. 마지막으로 얻은 힘의 화살표가 알짜힘(합력)을 나타내는 화살표이다. ⇒ 이 과정을 힘의 합성이라고 한다.

(4) 뉴턴 운동 법칙

① 운동 제 1법칙

  ㉠ 관성 : 물체가 처음 운동 상태를 유지하려는 성질로 질량이 클수록 크다.

  ㉡ 관성에 의한 현상

정지 상태를 유지하려는 관성에 의한 현상(정지 관성)		운동 상태를 유지하려는 관성에 의한 현상(운동 관성)	
버스가 갑자기 출발하면 승객이 뒤로 넘어진다.	이불을 막대로 두드리면 먼지가 떨어진다.	자루를 바닥에 치면 망치 머리가 고정된다.	삽으로 흙을 퍼서 던지면 흙이 멀리 날아간다.

  ㉢ 운동 제1법칙(관성 법칙) : 물체에 알짜힘이 작용하지 않으면, 물체는 정지 상태나 일정한 속도로 움직이는 상태를 유지한다.

② 운동 제2법칙(가속도 법칙) ⋯ 물체에 힘이 작용하면 알짜힘의 방향으로 그 물체가 가속 되는데, 그 가속도 a 는 물체에 작용하는 알짜힘 F에 비례하고 질량 m에 반비례한다.

$$a = \frac{F}{m}, \ F = ma(\text{운동 방정식})$$

③ 운동 제3법칙

  ㉠ 작용 반작용 : 힘은 항상 두 물체 사이에 쌍으로 작용하며, 이때 한 힘이 작용하면 다른 힘은 반작용이다.

  ㉡ 작용 반작용의 조건 : 서로 다른 두 물체 사이에 작용한다. 이때 작용과 반작용은 힘의 크기가 같고, 방향이 반대이며, 동일 작용선 상에 있어야 한다.

  ㉢ 운동 제3법칙(작용 반작용 법칙) : 물체 A가 B에 힘을 가하면 물체 B도 같은 크기이면서 방향이 반대인 힘을 A에 가한다.

SECTION 4 운동량과 충격량

(1) 운동량

① 운동량(p) ⋯ 물체의 운동 효과 또는 운동 규모를 나타내는 물리량으로, 운동하는 물체의 질량(m)과 속도(v)에 비례한다.

$p = mv(\text{단위} : \text{kg} \cdot \text{m/s})$

② 힘과 운동량의 관계 ⋯ 물체에 작용한 힘은 운동량의 시간에 따른 변화율과 같다.

  ㉠ 물체가 운동하는 동안 질량이 변하지 않는다면 작용하는 힘이 일정한 경우 운동 제2법칙은 다음 식으로 나타낼 수 있다. $F = ma = m\frac{\Delta v}{\Delta t} = \frac{\Delta p}{\Delta t}$

③ 운동량 보존 법칙 ⋯ 알짜힘이 작용하지 않으면 그 계의 운동량의 합은 항상 보존된다. 계는 일정한 상호 작용을 하거나 서로 관련이 있는 물체들의 모임을 가리킨다.

(2) 충격량

① **충격량(I)** ··· 물체가 받은 충격의 정도를 나타내는 물리량으로, 물체에 가해진 힘(F)과 시간(t)의 곱이다. $I=Ft$(단위 : N · s, kg · m/s)

② **충격량과 운동량과의 관계** ··· 물체에 가해진 충격량은 물체의 운동량의 변화량과 같다.

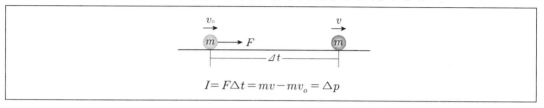

$$I=F\triangle t=mv-mv_o=\triangle p$$

③ **충돌할 때 받는 힘과 시간의 관계** ··· 같은 크기의 힘이 작용할 때 힘이 작용하는 시간이 길수록 충격량이 크다. 한편, 충격량이 같을 때 힘이 작용하는 시간이 길어지면 힘의 크기가 감소한다.

④ **충격량과 운동량의 변화량** ··· 뉴턴 운동 제2법칙을 이용하면 충격량과 운동량의 변화량 사이의 관계를 구할 수 있다.

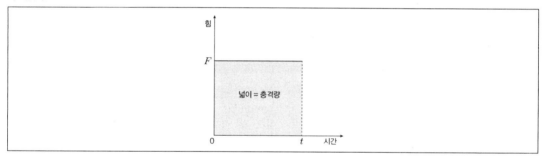

⑤ **충돌할 때 받는 힘과 시간의 관계** ··· 충돌할 때 받는 힘이 일정하지 않고 변하는 사건에서 충격량을 나타내는 그래프 아래의 넓이(=충격량)는 같아도 물체가 받는 힘의 최대 크기는 다를 수 있다.

[예] 자동차의 에어백, 야구 경기에서 포수의 글러브, 권투 선수의 권투 장갑

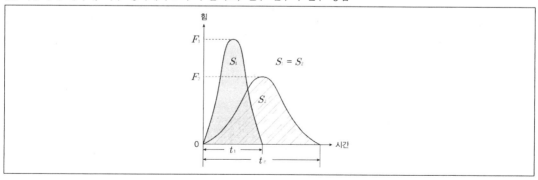

(3) 운동량 보존 법칙

물체들 사이에 서로 힘이 작용하여 속도가 변하더라도 외력이 작용하지 않으면 힘의 작용 전후에 운동량의 총합은 일정하게 보존된다.

일과 에너지

(1) 일

① 일의 정의 … 힘이 작용하여 물체가 힘의 방향으로 이동할 때 물체에 일을 하였다고 한다.

　㉠ 일의 단위는 J(줄)이다. $1J = 1N \cdot m = 1kg \cdot m^2/s^2$

　㉡ 1J : 물체에 1N의 힘을 가하여 힘의 방향으로 1m 이동시키는 데 필요한 일

힘의 방향과 물체의 이동 방향이 나란할 때	힘의 방향과 물체의 이동 방향이 나란하지 않을 때
물체에 크기가 F인 힘을 작용하여 물체가 힘의 방향으로 거리 s만큼 이동하였을 때 한 일 W는 다음과 같다. $W = F \times s$	물체에 크기가 F인 힘을 수평면과 θ의 각을 이루며 작용하여 물체가 수평 방향으로 거리 s만큼 이동하였을 때 한 일 W는 다음과 같다. $W = F \times s \times \cos\theta$

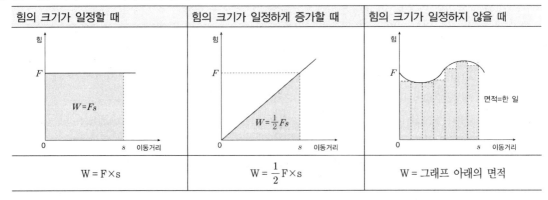

② 일을 하지 않은 경우

힘이 0이면서 움직이는 경우	힘이 작용하지만 이동 거리가 0인 경우	힘과 물체의 이동 방향이 서로 수직인 경우
마찰이 없는 수평면에서 물체가 등속 운동할 때	물체를 들고 서 있을 때, 벽을 밀 때	물체를 들고 수평으로 걸어갈 때

③ 힘-이동 거리 그래프에서 일의 정의

힘의 크기가 일정할 때	힘의 크기가 일정하게 증가할 때	힘의 크기가 일정하지 않을 때
$W = F \times s$	$W = \dfrac{1}{2} F \times s$	W = 그래프 아래의 면적

④ 힘-이동 거리 그래프에서 일의 정의

　㉠ 물체가 받은 일이 (+)이면 물체의 에너지가 증가한다.

　㉡ 물체가 받은 일이 (−)이면 물체의 에너지가 감소한다.

⑤ 일의 종류

　㉠ 중력이 한 일

　• 물체를 들어 올리는 힘 = 물체의 무게 = mg
　• 사람이 한 일 = 무게(mg) × 높이(h)

　㉡ 수평면에서 일정한 속도로 움직일 때 한 일

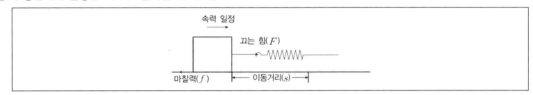

　• 힘(F) = 마찰력(f)
　• 일 = 힘(F) × 이동 거리(s) = 마찰력(f) × 이동 거리(s)

　㉢ 마찰이 없는 경사면에서 물체가 받는 힘과 일

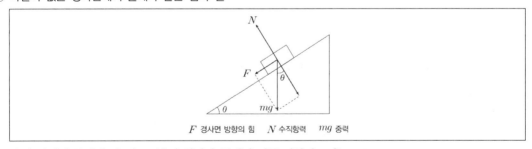

　• 수직 항력이 물체에 한 일 = 0(수직 항력과 물체의 이동 방향이 90°)
　• 중력이 물체에 한 일 = 경사면 방향의 힘(F) × 이동 거리(s)

SECTION 6　운동 에너지와 위치에너지

(1) 에너지

① 에너지 … 일을 할 수 있는 능력

② 단위 … 일의 단위와 같은 J(줄)를 사용한다.

③ **종류** … 운동에너지, 위치에너지, 열에너지, 전기에너지, 화학에너지, 빛에너지 등이 있다.

(2) 운동 에너지

운동하는 물체가 가지는 에너지

① 운동 에너지(E_k) … 질량이 m인 물체가 속도 v로 움직일 때 운동 에너지 E_k는 다음과 같다.

$$E_k = \frac{1}{2}mv^2$$

② 운동 에너지와 질량, 속도의 관계
  ㉠ 운동 에너지 ∝ 질량

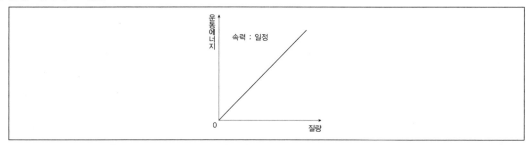

  ㉡ 운동 에너지 ∝ (속력)^2

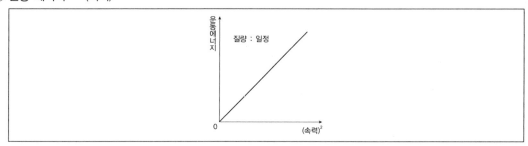

③ 일과 운동 에너지 관계 … 물체에 일을 해주면 물체의 에너지가 변한다.
  ㉠ 수평면에서 속력 v_0로 운동하는 질량 m인 물체에 일정한 힘 F를 계속 작용하면 물체는 등가속도 운동을 한다.

$$2as = v^2 - v_0^2$$

  ㉡ 물체에 작용한 알짜힘이 한 일은 물체의 운동 에너지의 변화량과 같다.
    (물체에 해준 일의 양 = 나중 운동에너지 – 처음 운동 에너지)

$$W = F \times s = mas = m\left(\frac{v^2 - v_0^2}{2s}\right)s = m\left(\frac{v^2 - v_0^2}{2}\right) = \frac{1}{2}mv^2 - \frac{1}{2}mv_0^2$$

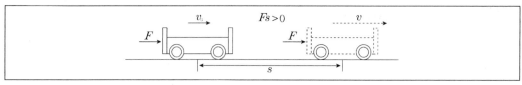

(3) 위치 에너지

물체가 어떤 특정한 위치에서 힘을 가해 기준이 되는 위치로 돌아갈 때까지 힘이 해준 일로서 일을 할 수 있는 에너지이다.

① **중력에 의한 위치 에너지** … 중력이 작용하는 공간에서 높은 곳에 있는 물체가 중력 때문에 갖게 되는 에너지이다.

   ⊙ 중력에 의한 위치 에너지(E_p) : 질량이 m인 물체를 지면으로부터 높이 h만큼 이동시키는 데 필요한 위치 에너지 E_p는 다음과 같다.

$$E_p = mgh$$

   ⓒ 일과 위치 에너지 관계: 질량이 m인 물체를 h만큼 들어 올렸을 때, 물체에 한 일만큼 위치 에너지를 갖게 된다.

$$W = F \times h = mah = E_p$$

② **위치 에너지와 질량, 높이의 관계**

   ⊙ 위치 에너지 ∝ 질량

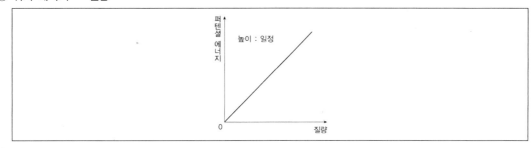

   ⓒ 위치 에너지 ∝ 높이

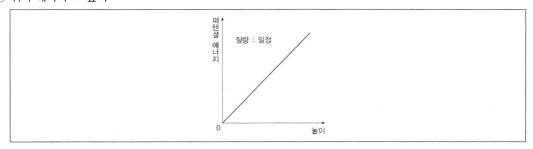

③ **중력에 의한 위치 에너지와 기준점** … 아무런 조건이 없을 때에는 지면을 기준면으로 한다.

   ⊙ 위치 에너지의 양은 기준점을 어디로 잡느냐에 따라 값이 달라진다.

   ⓒ 기준점의 위치에서는 위치 에너지를 0으로 한다.

     예 지면에서 10m 높이에 있는 물체의 위치 에너지가 100J이라면, 5m 높이를 기준면으로 하면 높이가 5m 이므로 위치 에너지는 50J이고, 10m 높이를 기준면으로 하면 높이가 0이므로 위치 에너지는 0이다.

④ 탄성력에 위한 위치 에너지 … 용수철이나 고무줄과 같이 탄성이 있는 물체가 변형되었을 때 탄성력 때문에 갖게 되는 에너지이다.

　⊙ 탄성력에 의한 위치 에너지(E_p) : 용수철 상수가 k인 용수철의 변형된 길이가 x일 때 이 위치에서의 용수철에 공급된 에너지는 다음과 같다.

$$E_p = \frac{1}{2}kx^2$$

　(k : 용수철의 탄성 정도를 나타내는 상수로, 클수록 잘 변형되지 않는다.)

　ⓛ 일과 위치 에너지 관계 : 용수철 상수가 k인 물체를 x만큼 잡아당겼을 때 용수철에 한 일만큼 용수철이 탄성력에 의한 에너지를 갖는다.

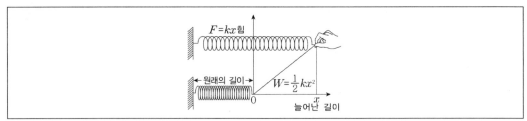

　ⓒ 용수철에 작용한 힘과 늘어난 길이의 그래프

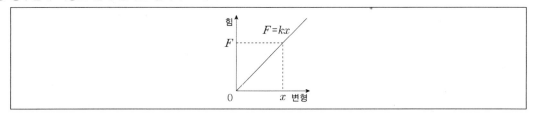

　• 용수철에 작용한 힘과 늘어난 길이는 비례한다.
　• 힘은 용수철이 늘어난 방향과 반대 방향으로 작용한다.
　　$F = -kx$ (훅의 법칙)

SECTION 7 역학적 에너지 보존

(1) 역학적 에너지

① 역학적 에너지 … 물체의 운동 에너지(E_K)와 위치 에너지(E_P)의 합

② 역학적 에너지 보존 법칙(물체에 공기의 저항이나 마찰이 없을 경우 성립) … 역학적 에너지 = 운동 에너지 + 위치 에너지 = $E_K + E_P$ = 일정

(2) 중력에 의한 역학적 에너지 보존(물체가 낙하할 때 공기의 저항이 없을 경우 성립)

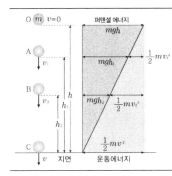

위치	속력	위치 에너지	운동 에너지
O	$v = 0$	mgh	0
A	$v_1^2 = 2g(h - h_1)$	mgh_1	$\frac{1}{2}mv_1^2 = mg(h - h_1)$
B	$v_2^2 = 2g(h - h_2)$	mgh_2	$\frac{1}{2}mv_2^2 = mg(h - h_2)$
C	$v^2 = 2gh$	0	$\frac{1}{2}mv^2 = mgh$

질량 m인 물체가 높이 h₁인 지점과 h₂인 지점을 지나 지면에 떨어질 때 각 지점에서의 역학적 에너지는 같은 값을 가진다.

$$mgh = mgh_1 + \frac{1}{2}mv_1^2 = mgh_2 + \frac{1}{2}mv_2^2 = \frac{1}{2}mv^2$$

① 역학적 에너지 보존 그래프

　㉠ 낙하 거리와 에너지 : 낙하거리가 증가(높이 h가 감소)할 때

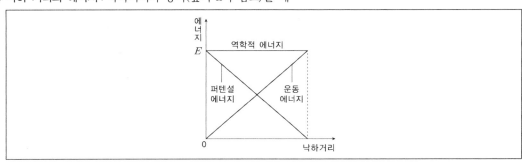

- 위치 에너지는 감소
- 운동 에너지는 증가
- 역학적 에너지는 불변

　㉡ 낙하 시간과 에너지

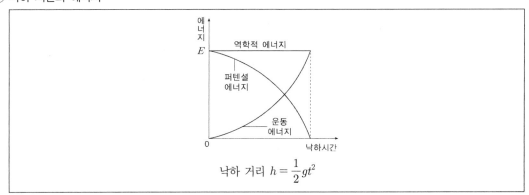

- 위치 에너지는 시간의 제곱에 반비례
- 운동 에너지는 시간의 제곱에 비례
- 역학적 에너지는 불변

② 마찰력이나 공기의 저항이 작용하는 경우 역학적 에너지는 보존되지 않는다.

③ 감소하는 에너지는 열에너지로 전환된다.

(3) 탄성력에 의한 역학적 에너지 보존(탄성력에 의해 운동하는 물체에 마찰이 없는 경우 성립)

① 질량 m인 물체를 용수철에 매달아 A만큼 잡아당겼다가 놓았을 때 각 점에서 역학적 에너지는 같다.

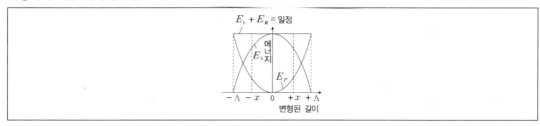

위치	위치 에너지	운동 에너지
P	$\frac{1}{2}kA^2$	0
Q	0	$\frac{1}{2}mV^2$
R	$\frac{1}{2}kx^2$	$\frac{1}{2}mv^2$

$$\frac{1}{2}kA^2 = \frac{1}{2}kx^2 + \frac{1}{2}mv^2 = \frac{1}{2}mV^2$$

② 탄성력에 의한 에너지 보존 그래프

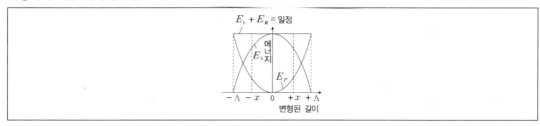

㉠ 위치 에너지는 거리의 제곱에 비례하므로 아래로 볼록한 포물선이다.

㉡ 운동 에너지는 위로 볼록한 포물선이다.

만유인력과 상대성 이론

(1) 케플러 법칙

케플러 제1법칙 (타원 궤도 법칙)	– 행성은 태양을 한 초점으로 하는 타원 궤도를 그리면서 공전한다. – 행성들의 궤도 이심률이 거의 0에 가까우므로 궤도 모양은 원에 가까운 타원이다.	
케플러 제2법칙 (면적 속도 일정 법칙)	행성과 태양을 연결하는 가상적인 선분이 같은 시간 동안 쓸고 지나가는 면적은 항상 같다.	
케플러 제3법칙 (조화 법칙)	태양계에 있는 각 행성의 공전 주기(T)의 제곱은 각 행성의 타 원 궤도의 긴 반지름(r)의 세제곱에 비례한다. → $T^2 \propto r^3$	
그림	 ▲ 타원 궤도 법칙	 ▲ 면적 속도 일정 법칙

(2) 만유인력 법칙

질량을 가진 두 물체 사이에는 서로 잡아당기는 힘(F)이 작용하는데, 이 힘은 두 물체의 질량 m, M의 곱에 비례하고 두 물체 사이의 거리 r의 제곱에 반비례한다.

$$F = G\frac{mM}{r^2} \, (G = 6.67 \times 10^{-11} N \cdot m^2/kg^2)$$

(3) 케플러 법칙과 만유인력 법칙

질량이 m인 행성이 질량이 M인 태양주위(+3)를 속력 v로 등속 원 운동할 때 주기를 T라고 하면, 태양주위를 등속 원 운동 하는 행성에 작용하는 구심력은 $F_{행} = \dfrac{mv^2}{r} = \dfrac{4\pi^2 mr}{T^2} (\because v = \dfrac{2\pi r}{T})$이고, 케플러 제3법칙 $T^2 \propto kr^3$을 위 식에 적용하면 $F_{행} = \dfrac{4\pi m}{kr^2}$이다. 이 식에서 $F_{행} \propto m$이고, 작용 반작용 법칙에 따라 행성이 받는 힘은 태양이 받는 힘과 크기가 같으므로 $F_{행} = F_{태}$이며, $F_{행} \propto m$인 것처럼 $F_{태} \propto M$이다. 결국 $F_{행} \propto mM$이므로 새로운 상수 G를 도입하면 $F_{행} \propto G\dfrac{mM}{r^2}$이다.

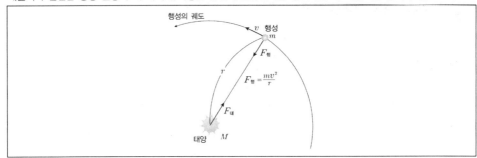

☘TIP 케플러가 발견한 행성 운동의 세 가지 규칙성은 뉴턴이 만유인력을 발견하는 데 직접적인 단서가 됨

특수 상대성 이론

(1) 특수 상대성 이론의 배경

① **로런츠 변환** … 갈릴레이 변환에 대해 뉴턴의 운동 방정식의 형태는 변하지 않지만 맥스웰 방정식의 형태는 변한다. 특수 상대성 이론 이전에는 역학의 기본 원리를 당연하게 여기다가 이를 대체하는 로런츠 변환이 제시되자 이와 구별하기 위해 이전의 역학 원리에 적용되는 변환을 갈릴레이 변환이라고 부르게 되었다. 갈릴레이 변환은 로런츠 변환에서 빛의 속도를 무한히 크다고 했을 때와 결과가 같다. 그러나 로런츠 변환에 대해서는 두 법칙 모두 불변이다.

좌표 변환	갈릴레이 좌표 변환	로런츠 좌표 변환
좌표 변환식	$x' = x = vt$	$x' = \dfrac{x - vt}{\sqrt{1 - v^2/c^2}}$
	$t' = t$	$ct' = \dfrac{ct - x(v/c)}{\sqrt{1 - v^2/c^2}}$
불변하는 법칙	뉴턴의 운동 법칙	뉴턴 역학 및 맥스웰의 전자기 방정식 등
변하는 법칙	맥스웰의 전자기 방정식	없다.

② **마이컬슨 – 몰리 실험** … 만일 우주 전체에 에테르가 존재한다면 지구는 에테르에 대해 움직이게 되고, 지구에서 보면 에테르가 지구를 지나가는 것처럼 느껴지므로 에테르를 통해 전달되는 빛의 속력이 변할 것이라고 생각하였다. 이러한 생각을 바탕으로 마이컬슨과 몰리는 빛의 속도를 측정하기 위해 다음 그림과 같은 간섭계를 만들고, 이 장치를 이용하여 에테르의 존재를 밝히고자 하였다. 그러나 수차례의 실험을 통해서도 빛의 속력 변화를 관찰할 수 없었으며, 그 결과 에테르가 없다는 결론을 내리게 되었다.

☘TIP 아인슈타인은 에테르가 없다는 마이컬슨 – 몰리의 실험 결과를 수용할 수 있도록 빛의 속도의 불변성을 인정

(2) 특수 상대성 이론의 가정

아인슈타인은 다음 두 가지 가설로부터 동일한 결과를 도출하며, 이 가설을 모든 물리 법칙의 기준으로 삼았다. (아인슈타인의 특수 상대성 이론은 이미 로런츠 변환에 포함된 내용!)

① 상대성 원리 … 모든 물리 법칙은 어떠한 관성 기준계에서 관찰해도 똑같은 형태로 표현된다.

    TIP 관성 기준계 … 관성 법칙을 만족시키는 좌표계

② 광속 불변의 법칙 … 빛은 어떤 관성 기준계에서, 어떤 방향으로 측정해도 항상 같은 속도 c로 진행한다.

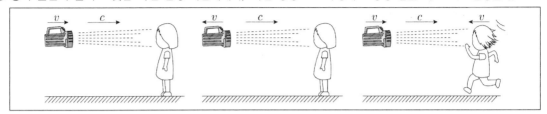

(3) 아인슈타인의 업적 및 상대성 원리의 의미

① 로런츠 변환식에서 특별히 더 새로운 식을 도출하지는 않았지만 고전 물리의 몇 가지 가정이 잘못되었음을 밝히는 중요한 계기가 되었다.

② 어느 한 관성계에서 이끌어낸 물리 법칙은 새로운 수정 없이 다른 관성계에서도 그대로 적용할 수 있다.

③ 공간과 시간은 절대적이지 않지만 빛의 속도는 절대적이라는 것을 밝혀냈다.

SECTION 10   **특수 상대성 이론의 현상**

(1) 동시성의 상대성

한 관성 기준계에서 동시인 사건이 다른 관성 기준계에서는 동시가 아니다.

    TIP 동시성의 상대성의 예

    그림과 같이 광속에 가까운 속도로 운동하는 우주선 안의 중앙에서 빛을 깜박일 때, 우주선 안의 관찰자와 정지한 지구에서의 관찰자가 빛이 우주선 양 끝에 도달하는 시간을 관찰한다.

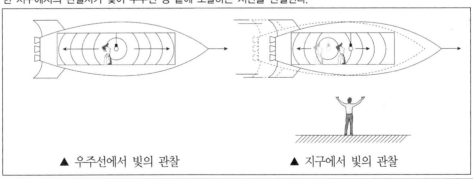

    ▲ 우주선에서 빛의 관찰   ▲ 지구에서 빛의 관찰

우주선 안의 관찰자	- 우주선 안의 관찰자는 정지한 우주선 중앙에서 빛이 나온 것으로 본다. - 빛이 우주선 앞과 뒤에 동시에 도달하는 것으로 본다.
지구의 관찰자	- 빛의 속도는 앞, 뒤 방향으로 똑같다. - 빛이 우주선 뒤쪽에 먼저 도달한 것으로 본다.

이와 같이 빛이 우주선의 앞과 뒤에 도달하는 두 사건이 발생한 시간 차이는 좌표계에 따라 다르게 측정되며, 이것을 시간의 상대성이라고 한다.

(2) 시간 팽창

운동하는 관성 기준계에서 시간을 측정하면 정지한 관성 기준계에서 측정한 시간보다 짧게 측정된다.

> ☘ **TIP** 시간 팽창의 예
>
> 광속에 가깝게 운동하는 우주선 내부에서 빛을 수직 위로 발사한 후 우주선 안의 관찰자와 정지한 지구에서의
> 관찰자가 빛이 한 번 왕복하는 데 걸린 시간을 측정한다.

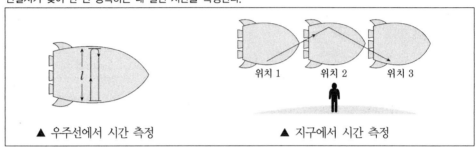

▲ 우주선에서 시간 측정　　　　　　▲ 지구에서 시간 측정

우주선 안의 관찰자	빛이 우주선 안에서 길이 l을 가는 데 걸린 시간 $t_0 = \dfrac{l}{c}$ 이다.	
지구의 관찰자	빛은 빗변을 따라 시간 t동안 거리 $ct = \sqrt{l^2 + v^2t^2}$ 을 이동한다. 따라서 $c^2t^2 = c^2t_0^2 + v^2t^2$ 에서 $t = \dfrac{t_0}{\sqrt{1 - v^2/c^2}}$ 이다.	

- 동일한 두 사건 사이의 시간 간격은 좌표계에 따라 다르게 측정된다.
- 운동하는 관성계의 시계가 정지해 있는 관성계의 시계보다 느리게 흐른다.
- 정지한 관찰자가 운동하는 관찰자를 보면 상대편의 시간이 팽창하는 것으로 관측된다.

① **고유 시간과 시간 팽창** … 같은 장소에서 발생한 두 사건의 시간 간격을 그 장소에서 부착된 시계로 측정한 값이 고유 시간이다.

　㉠ **고유 시간**: 우주선 안의 관찰자가 빛이 왕복하는 시간을 측정할 때, 이 시간 간격은 고유 시간이다.

　㉡ **시간 팽창**: 고유 시간은 다른 관성계에서 측정한 좌표 시간보다 항상 짧다.

② **시간 팽창의 상대성** … 우주선 안의 관찰자가 볼 때는 지구가 운동하는 것으로 보이며, 우주선 안의 관찰자는 지구의 시계가 느리게 흐른다고 본다.

> ☘ **TIP** 쌍둥이 패러독스 … 쌍둥이 중 지구에 남아 있는 사람과 멀리 우주 여행을 다녀온 사람의 경우 누가 더 나이를
> 적게 먹을까? 지구의 쌍둥이가 볼 때 우주선이 매우 빠르게 운동하므로 우주선 안의 시간이 천천히 흘러 여행
> 을 다녀온 사람이 나이를 더 적게 먹는다. 그러나 우주선의 쌍둥이가 볼 때 지구가 빠르게 운동한 것이므로 지
> 구의 시간이 천천히 흘러 지구에 남아 있는 사람이 더 나이를 적게 먹는다. 두 사람의 진술은 서로 상대적이고
> 또한 대칭적인 것처럼 보이지만 실제 대칭적이지 않다. 지구에 남아있는 사람은 관성계에서 관측한 것이지만 여
> 행을 다녀온 사람은 여행하는 과정에서 가속 운동을 하므로 비관성계이다. 따라서 관성계의 관측자 주장은 옳지
> 만 비관성계의 관측자 주장은 옳지 않다.

(3) 길이 수축(로런츠 수축)

운동하는 관성 기준계에서 물체의 길이를 측정하면 정지 상태에서 측정한 길이보다 짧게 측정된다.

① 관성 기준계 $x'y'$에 대해 정지해 있는 자의 길이를 $x'y'$기준계에서 측정한 결과 길이가 L_0이다.

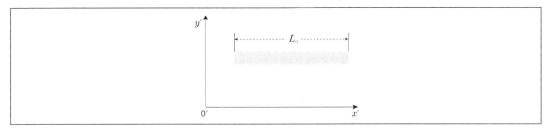

② 같은 자가 관성 기준계 xy에 대해 v의 속도로 운동하고 있을 때, xy기준계에서 측정한 결과 길이가 L이다.

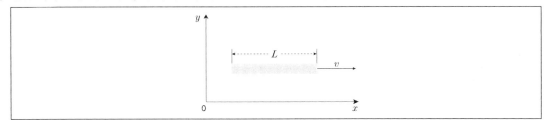

③ 운동하는 관성 기준계에서 측정한 자의 길이(L)는 정지해 있는 관성 기준계에서 측정한 자의 길이(L_0)보다 짧다.

$$L = L_0 \sqrt{1 - \frac{v^2}{c^2}} < L_0$$

④ xy기준계에 대해 자가 운동한다고 볼 수도 있지만 정지한 자에 대해 xy기준계가 운동한다고 보아도 마찬가지이다.

⑤ 고유 길이와 길이 수축

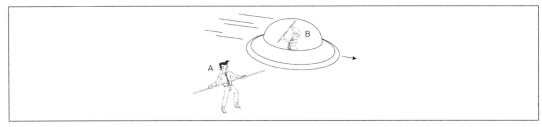

ㄱ 고유 길이 : 그림에서 A가 들고 있는 자를 A가 측정하면 이 길이는 자의 고유 길이이다. 마찬가지로 B가 들고 있는 자를 B가 측정하면 역시 고유 길이이다. 측정하고자 하는 물체가 관찰자의 관성 기준계에 정지해 있을 때 측정한 물체의 길이, 즉 물체가 정지한 상태에서 측정한 물체의 길이를 고유 길이라고 한다.

ㄴ 길이 수축 : A가 B의 자를 측정하면 B가 측정한 B의 길이보다 짧게 측정된다.

ⓒ 뮤온의 운동 : 다음 그림은 높은 산 정상 부근에서 발생한 뮤온의 운동을 뮤온과 함께 움직이는 좌표계와 지표면의 정지 좌표계에서 본 모습이다.

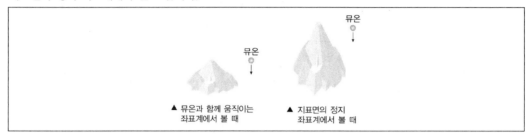

▲ 뮤온과 함께 움직이는
　좌표계에서 볼 때　　　　　▲ 지표면의 정지
　　　　　　　　　　　　　　　좌표계에서 볼 때

　　　뮤온은 수명이 매우 짧아 지표면에 도달 할 수 없지만 실제로는 수십 킬로미터 상공에서 만들어진 뮤온이 지상에서 발견 된다. 이것은 뮤의 입장에서는 뮤온과 지표면 사이의 길이가 수축되기 때문이라 고 해석할 수 있고, 지표면의 관찰자의 입장에서는 뮤온의 수명이 시간 팽창으로 늘어나기 때문이라고 해석할 수 있다.

⑥ 길이 수축의 물리적 해석
　ⓐ 피츠 제럴드, 로런츠의 해석 : 물체가 수축된 것으로 잘못 해석하였다.
　ⓑ 아인슈타인의 해석 : 공간 자체가 수축한 것으로 해석하였다. 시간과 마찬가지로 공간 자체가 변하는 것으로 해석함이 옳다.

(4) 상대론적 역학 법칙

① **상대론적 질량** … 상대론적 질량은 $m = \dfrac{m_0}{\sqrt{1-v^2/c^2}}$ 이다. 이때 m_0는 물체가 관성 기준계에 정지해 있을 때 측정한 물체의 질량이다.

② **상대론적 운동량** … 뉴턴의 운동량은 특수 상대성 이론의 관점에서는 보존되지 않는다.

상대론적 운동량을 $p = \dfrac{m_0 v}{\sqrt{1-v^2/c^2}}$ 로 새롭게 정의해야 운동량 보존 법칙을 만족한다.

③ **상대론적 에너지** … 물체에 힘을 작용하여 일을 하면 물체의 속력은 증가하지만 속력이 무한히 증가하지는 않는다. 따라서 일을 계속 해 주어도 운동 에너지의 증가에는 한계가 있고, 해 주는 일이 증가함에 따라 상대론적 질량도 증가하므로 질량을 에너지로 보아야 한다. 결국 물체의 상대론적 운동 에너지(E_k)는 총 에너지 (mc^2)에서 정지 에너지($m_0 c^2$)를 뺀 값이다.

$$E_k = mc^2 - m_0 c^2$$

$$\therefore E_{tot} = E_k + m_0 c^2$$

$p = \dfrac{m_0 v}{\sqrt{1-v^2/c^2}}$ 를 이용하면 $E_{tot}^2 = p^2 c^2 + m_0^2 c^4$을 유도할 수 있다.

(1) 가속 좌표계와 관성력

① 관성 좌표계 ··· 정지 또는 등속도 운동하는 관성계를 기준으로 정한 좌표계. 자유 낙하하고 있는 계 내에서 물체가 계에 대해 계속 정지하고 있다면 이 계는 관성계이다. 이 계의 상대 가속도가 변하지 않으므로 계 내부의 힘에 의한 물체들 사이의 상대 가속도는 이 계 내의 물체들 사이의 물리 법칙에 따라 표현될 수 있다.

② 가속 좌표계 ··· 가속도 운동하는 관찰자를 기준으로 정한 좌표계
  ㉠ 관성력 : 가속도 운동하는 좌표계에 있는 관찰자가 좌표계의 가속도로 인해 느끼는 가상적인 힘
  ㉡ 관성력의 방향 : 가속도 $\vec{a}$인 좌표계에 있는 질량이 m인 물체가 느끼는 관성력의 방향은 좌표계의 가속도와 반대방향이다.
  ㉢ 관성력의 크기 : 물체의 질량과 좌표계의 가속도의 곱$(\vec{F} = -m\vec{a})$

> 🔖 TIP 관성 질량과 중력 질량
> ㉠ 관성 질량 : 물체에 힘을 작용하면 가속도 운동을 한다. 이때 힘의 크기와 물체의 가속도의 비를 관성 질량이라고 한다.
> ㉡ 중력 질량 : 뉴턴의 만유인력은 질량을 가진 두 물체 사이에 작용하는 힘을 의미한다. 이때 만유인력의 크기와 물체의 가속도의 비를 중력 질량이라고 한다.

(2) 일반 상대성 이론의 기본 원리

아인슈타인은 모든 물리 법칙이 관성계뿐만 아니라 가속계인 비관성계에서도 같은 형태로 나타나야 한다고 생각하였고, 이것은 특수 상대성 이론을 일반화시킨다는 의미에서 일반 상대성 이론이라고 한다.

① 등가 원리 ··· 중력장의 효과와 가속 좌표계의 가속도 운동의 효과는 구별할 수 없다.

수평으로 던진 물체의 운동	수평하게 직진하는 빛의 궤적
우주선이 무중력 상태의 우주 공간에서 중력 가속도 g로 위로 가속되고 있다.	
우주선 안에서 볼 때, 수평으로 던진 물체가 포물선을 그리며 낙하한다.	우주선 안에서 볼 때, 수평하게 직진하는 빛이 아래로 휘어진다.
물체의 낙하 운동은 가속 운동 때문이지만 중력에 의한 효과와 구별하지 못한다.	질량이 없는 빛이지만 중력에 의해 휘어지는 것과 구별하기 어렵다.

② **가속 좌표계와 중력 좌표계에서 빛의 궤적** … 다음 그림은 빛이 로켓의 왼쪽에서 들어와서 오른쪽으로 나아가는 모습이다. 중력이 작용하지 않거나 가속하지 않을 때에는 빛이 직진하고, 중력이 작용하지 않은 상태에서 가속하거나 중력이 작용하면 빛이 굽어진다. 이로부터 가속하는 경우와 중력을 받는 경우 결과가 같음을 알 수 있다.

무중력이고, 가속도=0	무중력이고, 가속도=일정	중력이 작용할 때
빛이 직진	빛이 굽어진다.	

③ **빛의 휘어짐의 해석** … 처음에 아인슈타인은 질량이 없는 빛이 중력의 영향을 받을 수 있는 이유로 에너지와 질량이 본질적으로 같다는 사실을 들었다.

(3) 중력과 시공간

① **뉴턴의 해석** … 중력은 질량과 질량 사이에 존재하는 힘으로, 아무리 멀리 떨어져 있어도 즉시 작용한다.

② **아인슈타인의 해석** … 아인슈타인은 중력을 힘으로 보지 않고 시공간으로 보았다. 즉, 중력이란 없으며 단지 질량에 의해 시공간의 곡률 또는 휘어짐만이 발생하고, 이 또한 즉각 발생하는 것이 아니라 빛처럼 퍼져 나간다.

③ **공간의 휘어짐의 확인**

　㉠ 그림 ⑺와 같이 적도에서 A, B 두 사람이 나란히 경선을 따라 북반구로 이동하다 보면 두 사람 사이의 거리가 가까워지는데, 이로부터 두 사람이 운동하는 공간(휘어진 2차원 평면)이 휘어졌음을 알 수 있다.

　㉡ 그림 ⑻와 같이 낙하 운동하는 물체는 중력에 의해 상대적 거리가 가까워지는데, 이로부터 물체가 운동 하는 공간이 휘어졌음을 알 수 있다.

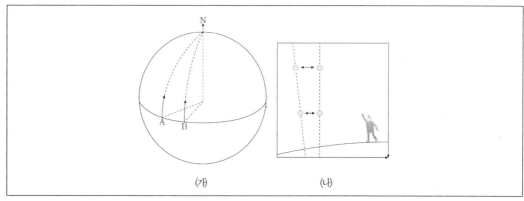

　　　　⑺　　　　　　　　⑻

(4) 일반 상대성 이론의 증거

① 수성의 세차 운동 … 수성의 세차 운동은 일반 상대성 이론이 나오기 전에도 이미 알려져 있었으나 뉴턴의 중력 이론으로는 설명할 수 없었다. 그러나 일반 상대성 이론에 의한 시공간의 굽어짐을 고려하여 실제 관측 값과 일치하는 계산 결과를 얻을 수 있었다.

② 중력 렌즈 – 아인슈타인의 십자가 … 은하 뒤쪽에 있는 퀘이사의 빛은 은하의 중력에 의해 휘어져 보인다. 이와 같이 중력이 렌즈처럼 빛을 휘게 하는 것을 중력 렌즈라고 한다.

　중앙에 빛나는 천체는 멀리 떨어져 있는 은하단이고, 주위에 빛나는 4개의 천체는 은하단 뒤쪽의 퀘이사가 중력 렌즈 효과에 여러 개로 보이는 것이다.

③ 빛의 휨 … 빛은 직진하므로 중력의 영향을 받지 않으나 일반 상대성 이론에 의한 태양 주위의 시공간이 굽어지는 효과는 그 근방을 지나는 빛을 휘어지게 한다.

④ 시간 팽창과 GPS … 일반 상대성 이론에 의하면 중력에 의해 시간이 점차 느려진다. 따라서 실제 GPS에서 시각에 대한 정보를 지구로 송신할 때 지상의 높이에 해당하는 중력 차이를 고려하여 수정한 값으로 보내고 있다.

(5) 블랙홀

질량이 매우 큰 천체는 공간을 휘게 만들어 천체 근처를 지나는 빛마저도 흡수하는데, 이러한 천체를 블랙홀이라고 한다.

① 블랙홀의 조건 … 태양과 같은 질량을 가진 구의 반지름이 태양의 정도가 되면 그 천체의 중력을 벗어나기 위한 속도가 광속보다 커져야 한다. 따라서 이러한 천체는 빛조차 빠져나오지 못하는 블랙홀이 된다.

② 사건의 지평선 … 블랙홀 근처로 갈수록 중력이 매우 커서 시간이 천천히 가며, 블랙홀의 어떤 경계에서는 시간이 멈춘 것처럼 보인다. 이 경계를 사건의 지평선이라고 한다.

SECTION 12　대폭발 우주론과 기본 입자

(1) 과거의 우주론

원시 시대	우주의 변화는 마치 마술과도 같다고 생각한 '마술 우주론'
고대 이집트	신들이 우주를 만들었다는 '신화 우주론'
고대 그리스 시대	관찰과 실험을 통해 단순하면서도 보편적인 우주 법칙을 찾으려고 한 '기하학적 우주론'
중세 시대	프톨레마이오스의 '천동설', 인간 중심 우주론의 효시
근대 시대	코페르니쿠스가 '지동설'을 주장, 케플러, 갈릴레이, 뉴턴에 의해 발전

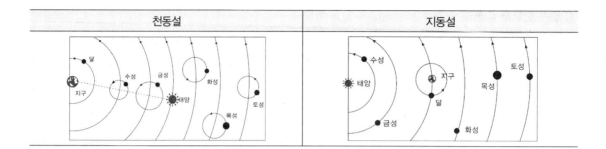

천동설	지동설

(2) 현대 우주론

① 프리드만의 우주 … 아인슈타인 방정식의 해를 구한 것으로, 우주 탄생 시점에 우주의 크기가 0으로 시작함을 말하고 있다. 우주의 밀도와 임계 밀도(기준 밀도)의 관계에 따라 열린 우주, 닫힌 우주, 평탄한 우주의 3가지 모형을 제시하였다. 우주의 밀도가 어떤 기준 밀도(임계밀도) 보다 높으면 닫힌 우주이고, 팽창은 정지 할 것이다. 또 우주의 밀도가 기준 밀도보다 낮으면 열린 우주이고, 영원히 팽창하게 될 것이다.

② 프리드만의 3가지 우주 모형

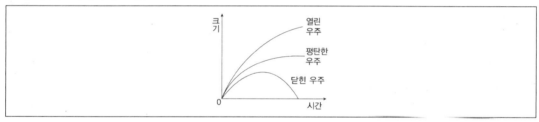

- ⊙ **열린 우주**(우주 밀도 < 임계 밀도) : 물질들의 팽창 속도가 매우 빨라 중력에 의해 다시 중심으로 떨어지지 않고 영원히 팽창하는 우주
- ⓛ **닫힌 우주**(우주 밀도 > 임계 밀도) : 초기 우주의 팽창 속도가 우주의 중력을 이겨내지 못하고 중력에 의해 우주의 중심으로 다시 떨어지면서 빅크런치(대붕괴)를 만들어내는 우주
- ⓒ **평탄한 우주**(우주 밀도 = 임계 밀도) : 우주 탄생 당시 물질들이 튀어나간 속도와 중력이 평형을 이룰 경우 팽창 속도가 점차 느려지면서 0이 되는 우주로서, 현재 관측된 우주와 가장 가까운 모형이다.

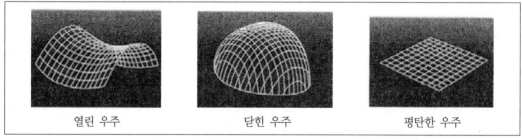

열린 우주	닫힌 우주	평탄한 우주

② 대폭발 우주론(Big Bang) … 과거 우주의 모든 질량과 에너지가 한 점에 모여 엄청나게 높은 밀도의 에너지 상태로 있다가 급격한 폭발에 의해 생성되어 지금까지 계속 팽창한다는 이론

㉠ 허블 법칙 : 외부 은하들의 후퇴 속도 v는 그 은하까지의 거리 r에 비례한다.

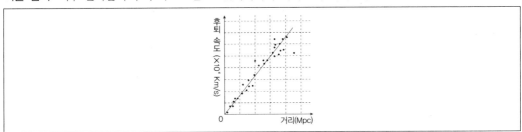

㉡ 대폭발의 근거 : 일반 상대성 이론, 수소와 헬륨의 질량비(3 : 1), 우주 배경 복사 등

$v = H \cdot r$ 허블상수 $H \fallingdotseq 70.8\text{km/s/Mpc}$, $1\text{pc} \fallingdotseq 3.26$광년 $\fallingdotseq 3 \times 10^{13}\text{km}$

- 지구에서 거리 r만큼 떨어진 은하의 후퇴 속도 v를 결정한다.
- 우주의 나이는 허블 상수의 역수로 표현된다.

③ 우주팽창론

㉠ 급팽창 이론과 가속 팽창 우주론

급팽창 이론(인플레이션 이론)	가속 팽창 우주론
감속 팽창할 수밖에 없는 대폭발 우주론을 보완하기 위한 것으로, 우주 초기에 엄청난 크기(약 10^{30}배)로 급팽창하는 우주가 있었음을 설명한다.	최근의 관측 결과들은 현재 우주가 다시 가속 팽창함을 알려준다. 급팽창 이후 감속 팽창을 보이던 우주는 은하 사이의 거리가 멀어지면서 중력 효과가 작아져 현재 우주는 가속 팽창 중이다.

- 우주 팽창의 순서 : 감속팽창(대폭발). 가속 팽창(급팽창). 감속 팽창(급팽창에서 벗어남). 가속 팽창(현재)
- 우주의 나이 : 우주가 지금과 같은 속도로 팽창해 왔다면 우주의 나이는 우주를 지금의 팽창 속도로 한 점까지 수축시키는 데 걸리는 시간으로 구할 수 있다.

$$\text{우주의 나이} = \frac{\text{은하까지의 거리}}{\text{은하의 후퇴 속도}}$$

여기에 허블 상수값을 대입하여 구한 우주의 나이는 약 137억 년이다.

㉡ 암흑 에너지 : 우주가 가속 팽창하려면 보통 물질과는 성격이 다른 새로운 물질이 우주를 가득 채워야 하는데, 이를 암흑 에너지라고 한다. 지금의 관측 값으로 나타나는 우주의 가속도를 가지려면 우주를 구성하는 물질은 암흑 에너지 73%, 암흑 물질 23%, 보통 물질 4%의 분포를 가져야 한다.

④ 우주 배경 복사 … 1965년 펜지어스와 윌슨은 통신용 안테나에서 나오는 마이크로파 잡음으로부터 우주 배경 복사를 발견하였다.

㉠ 우주의 온도가 약 3000K일 때 전자가 원자핵과 결합해서 원자가 생성되기 시작하였고, 이때부터 전자에 의해 갇혀 있던 빛(광자)들의 직진이 가능해졌다. 이 빛이 우주 전체에서 관측되는 것이 우주 배경 복사이다.

㉡ 우주 배경 복사의 특징

- 파장 약 7.3cm로 관측되며, 약 7K에서 방출되는 복사의 파장과 일치한다. 이것은 대폭발 이론이 예측하는 값과 일치하므로 대폭발 우주론의 증거가 된다.
- 우주의 모든 방향에서 대체로 균일하게 관측된다.
- 미세하게 보이는 불균일은 우주를 구성하는 물질의 밀도의 차이를 나타낸다.
  - 불균일로부터 중력의 차이가 발생하고 성간 물질이 중력 수축하여 별과 은하가 형성

ⓒ 우주 배경 복사 발견의 의의
- 우주의 온도와 밀도가 어떻게 진화되어 왔는지 정확하게 알 수 있게 되었다.
- 대폭발 우주론이 확고한 위치를 차지하는 계기가 되었다.
ⓔ 우주 배경 복사의 비등방성 : 모든 방향에서 균일할 것이라고 생각되었던 우주 배경 복사는 위치에 따라 10만분의 1 정도의 온도 차이가 발견되었다. 이것은 우주의 급팽창이 불균일한 팽창이었음을 암시한다.

(3) 기본 입자와 상호 작용

① 물질을 이루는 입자
ⓐ 모든 물질은 원자로 이루어져 있으며, 원자는 10 ~ 15m정도 크기의 원자핵과 그 둘레를 회전하는 전자로 구성되어 있다.
ⓑ 원자핵은 양성자와 중성자로 구성되어 있으며, 양성자는 (+)전하를 띠고 중성자는 전하를 띠지 않는다. 원자핵은 (+)전하를 띤다.
ⓒ 양성자와 중성자는 쿼크라고 하는 더 작은 입자로 구성되어 있다. 쿼크 = 기본입자

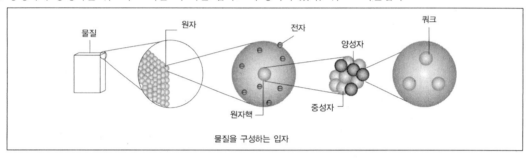

물질을 구성하는 입자

② 자연계의 4가지 기본 힘
ⓐ 기본 상호 작용 : 우주의 가장 단순한 입자들이 서로 상호 작용하는 방식으로, 다른 상호 작용으로는 설명할 수 없다.
ⓑ 자연계의 4가지 기본 힘(상호 작용)

강력 (강한 상호 작용)	쿼크들 사이와 핵자(양성자, 중성자)들 사이에 작용하는 힘으로, 전기력보다 매우 강한 힘이다. 매우 짧은 거리에서만 작용한다. – 원자핵을 구성한다.
약력 (약한 상호 작용)	입자를 붕괴시키는 힘으로, 중성자가 전자와 중성미자를 방출하면서 양성자로 붕괴되는 과정(β 붕괴)에서 발견되었다. 작용 범위가 짧다. – 소립자가 소립자로 변하는 붕괴 과정에 관여하는 힘
전자기력	전하들 사이에 작용하며, 작용 범위가 길다. – 전기력과 자기력을 합한 이론
중력	질량을 가진 물체 사이에 작용하는 힘으로, 그 크기는 물체의 질량의 곱에 비례하고 거리의 제곱에 반비례한다. 네 힘들 중 가장 약하며, 작용 범위가 길다.

③ 표준 모형 … 렙톤과 쿼크 사이에 작용하는 약력, 강력, 전자기력을 설명하는 이론으로, 입자를 물질을 구성하는 기본 입자와 입자 사이의 상호 작용을 매개하는 매개 입자로 구분한다.
ⓐ 기본 입자
- 쿼크 : 수백 종류의 입자를 구성하는 기본 입자로, 6종류이다. 양성자나 중성자는 3개의 쿼크로, 중간자는 2개의 쿼크로 구성된다. (쿼크의 전하는 $\frac{2}{3}e$ 또는 $-\frac{1}{3}e$로 분수 형태이다.)

- 쿼크의 결합 : 각각의 쿼크는 빨간색(R), 초록색(G), 파란색(B)의 세 가지 색 전하를 가지고 있으며, 쿼크가 결합하는 방식은 색 전하의 합이 무색을 이루는 방식으로만 가능하다.

- 렙톤(경입자) : 총 6종으로 3종은 전하를 가지고 있고, 이 3종에 대한 중성미자인 나머지 3종은 전하를 갖고 있지 않으며, 내부 구조가 없는 점 입자이다.

기본 입자	전하	제1세대		제2세대		제3세대	
쿼크	$+\dfrac{2}{3}$	위 쿼크	u	맵시 쿼크	c	꼭대기 쿼크	t
	$-\dfrac{1}{3}$	아래 쿼크	d	야릇한 쿼크	s	바닥 쿼크	b
렙톤	-1	전자	e	뮤온	μ	타우 쿼크	τ
	0	전자 중성미자	v_e	뮤온 중성미자	v_μ	타우 중성미자	v_τ

ⓒ 매개 입자 : 4가지 상호 작용은 매개 입자의 교환으로 일어나며, 매개 입자에는 글루온(gluon), $W^\pm$보손, Z보손, 광자, 중력자 등이 있다.

힘	매개 입자	상대적인 크기 (핵 안에서)	매개 입자의 정지 에너지(GeV)	작용 범위(m)
강력	글루온	20	0	10^{-15}
약력	W^+, W^-, Z보손	10^{-7}	80 ~ 90	10^{-17}
전자기력	광자1	1	0	∞
중력	중력자(미확인)	10^{-36}	0	∞

- 4종류의 매개 입자

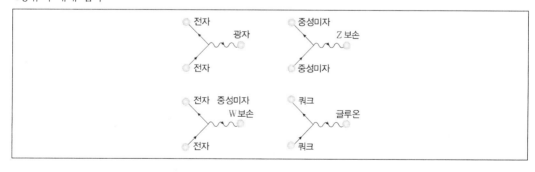

1 다음 빈칸에 알맞은 말로 짝지어진 것은?

> 철수는 하루 동안에 일어나는 일들을 순서대로 일직선으로 늘어놓아 하나의 시간축을 구성하였
> 다. 이러한 시간축 상에서 일이 일어나는 점을 ((가))이라 하고, ((가))과/와 ((가)) 사이의 간격
> 을 ((나))라고 한다.

① (가) : 시각, (나) : 시각   ② (가) : 시각, (나) : 시간

③ (가) : 시간, (나) : 시각   ④ (가) : 시간, (나) : 시간

⑤ (가) : 시기, (나) : 시대

TIP (가) : 시각 (나) : 시간

시간축 상에서 일이 일어나는 점을 시각이라 하고, 시각과 시각 사이의 간격을 시간이라고 한다.

2 다음 중 가장 짧은 시간은 어느 것인가?

① 1ms   ② 1ls

③ 1ns   ④ 1ps

⑤ 1fs

TIP 단위에 붙는 접두어는 다음과 같은 뜻이 있다.

기호	m	μ	n	p	f
접두어	밀리	마이크로	나노	피코	펨토
인자	10^{-3}	10^{-6}	10^{-9}	10^{-12}	10^{-15}

즉, $1ms=10^{-3}$초, $1\mu s=10^{-6}$초, $1ns=10^{-9}$초, $1ps=10^{-12}$초, $1fs=10^{-15}$초이므로,
가장 짧은 시간은 1fs이다.

3 해가 떠 있는 낮 동안만 시각을 알 수 있는 시계를 〈보기〉에서 있는 대로 고른 것은?

〈보기〉

㉠ 앙부일구 　　　　　　　　　　　 ㉡ 현주일구

㉢ 일성정시의 　　　　　　　　　　 ㉣ 자격루

---

① ㉠㉡ 　　　　　　　　　　　 ② ㉠㉢

③ ㉠㉣ 　　　　　　　　　　　 ④ ㉡㉢

⑤ ㉡㉣

> **TIP** ㉠㉡ 낮 동안만 시각을 알 수 있는 시계는 해시계로, 우리나라 전통의 해시계로는 앙부일구, 현주일구, 천평일구, 정남일구 등이 있다.
> ㉢ 일성정시의는 해시계와 별시계의 원리를 동시에 적용하여, 밤과 낮에 모두 사용할 수 있는 시계이다.
> ㉣ 자격루는 물시계의 일종이다.

4 다음 ㉠, ㉡에 알맞은 말로 짝지어진 것은?

그림과 같이 원 위의 점을 수평선 위에 투영시킬 때 원 위의 모든 점을 모두 수평선에 투영시키는 것은 ㉠(가능 / 불가능)하다. 또, 구 위의 모든 점을 수평면 위에 투영시키는 것은 ㉡(가능/ 불가능)하다.

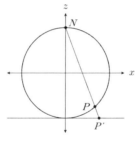

---

① ㉠ 가능, ㉡ 가능 　　　　　　 ② ㉠ 가능, ㉡ 불가능

③ ㉠ 불가능, ㉡ 가능 　　　　　 ④ ㉠ 불가능, ㉡ 불가능

⑤ 정답 없음

> **TIP** ㉠ 불가능 ㉡ 불가능
> 원 위의 모든 점을 모두 수평선 위에 투영시키는 것과 구 위의 모든 점을 모두 수평면 위에 투영시키는 것은 불가능하다.

5 우리가 생활하는 공간상에서 하나의 위치를 나타내기 위해서는 최소한 몇 개의 좌표가 필요한가?

① 1개   ② 2개

③ 3개   ④ 4개

⑤ 5개

🌸 **TIP** 우리가 생활하는 공간은 3차원 공간이며, 하나의 위치를 나타내기 위해서는 최소한 x, y, z의 3개의 좌표가 필요하다.
위치를 나타내기 위해서 2차원 공간은 2개의 좌표가 필요하며, 1차원 공간은 1개의 좌표가 필요하다.

1차원	2차원	3차원
(x)	(x, y)	(x, y, z)

6 GPS 수신기로 자신의 위치를 파악하려면 최소한 몇 개의 위성으로부터 전파를 수신하여야 하는가?

① 1개   ② 2개

③ 3개   ④ 4개

⑤ 5개

🌸 **TIP** GPS 수신기로 자신의 위치를 파악하려면 최소한 3개의 위성으로부터 전파를 수신하여야 한다. 이때 3개의 위성이 지나는 교점 2개 중 가능성이 적은 1개의 점을 제외한 나머지 점이 GPS 수신기의 위치가 된다.

7 다음 중 현재 1m의 정의로 옳은 것은?

① 진공 중에서 빛이 평균 태양일의 $\frac{1}{86400}$ 배의 시간 동안 진행하는 거리이다.

② 세슘 원자로부터 방출되는 복사파 진동 주기의 9192631770배가 되는 시간 동안 빛이 진행하는 거리이다.

③ 백금-이리듐 합금으로 만든 특수봉에 새겨놓은 두 선 사이의 길이이다.

④ 크립톤 86의 광원으로부터 방출되는 적황색 빛의 파장의 1650763.73배에 해당하는 길이이다.

⑤ 진공 속에서 빛이 $\frac{1}{299792458}$ 초 동안 진행한 거리이다.

TIP ⑤ 현재 길이 표준은 빛 속도에 근거한 표준으로, 1m는 진공 속에서 빛이 $\dfrac{1}{299792458}$ 초 동안 진행한 거리로 정의한다.

① 1791년에 결정된 자오선에 의한 길이 표준이다.

② 세슘 원자로부터 방출되는 복사파의 진동 주기의 9192631770배가 되는 시간은 1967년에 정한 1초의 정의이다.

③ 1870년에 정한 백금−이리듐 미터원기에 의한 길이 표준이다.

④ 1960년에 정한 크립톤 원자의 복사선 파장에 의한 길이 표준이다.

8 다음 그림은 직선 운동하는 어떤 물체의 위치를 시간에 따라 나타낸 것이다.

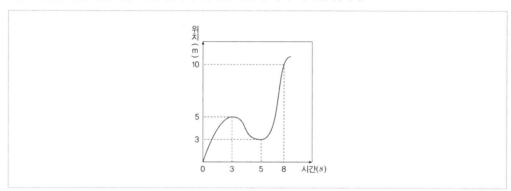

이 물체의 운동에 대한 설명으로 옳은 것만을 〈보기〉에서 모두 고르면?

〈보기〉

㉠ 0 ~ 8초까지 운동 방향은 두 번 바뀐다.

㉡ 0 ~ 3초까지 평균속력은 5 ~ 8초까지의 평균속력과 같다.

㉢ 0 ~ 5초까지의 이동 거리는 3m이다.

① ㉠   ② ㉠㉡

③ ㉢   ④ ㉡㉢

⑤ ㉠㉡㉢

TIP ㉠ 그래프 기울기가 바뀌는 3초와 5초일 때 운동 방향이 바뀐다.

㉡ 0 ~ 3초간 이동 거리는 5m이고, 5 ~ 8초간 이동거리는 7m이다. 그러므로 5 ~ 8초간 평균속력이 더 크다.

㉢ 그래프 상에서 물체는 0 ~ 3초 동안은 5m, 3 ~ 5초 동안은 반대 방향으로 2m 이동한다. 그러므로 0초부터 5초까지 이동한 거리는 7m이다. 0 ~ 5초까지 변위가 3m이다.

ANSWER   5.③ 6.③ 7.⑤ 8.①

9 직선 도로상에서 어떤 트럭이 내가 몰고 있는 자동차의 앞에서 나와 같은 방향으로 달리고 있다. 내 자동차의 속도계는 80km/h를 가리키고 있다. 내가 트럭의 속도를 측정하였더니 20km/h이며, 점점 가까워졌다. 트럭의 속도계는 몇 km/h를 가리키겠는가?

① 20km/h

② 40km/h

③ 60km/h

④ 80km/h

⑤ 100km/h

TIP 움직이는 관찰자가 보는 물체의 속도인 상대 속도는 물체의 속도에서 관찰자의 속도를 빼준 것과 같다. 따라서 자동차가 달리는 방향을 (+)로 나타낼 때 트럭이 자동차에 점점 가까워지므로 자동차에서 본 트럭의 상대 속도는 -20 km/h이다. 따라서 트럭의 실제 속도 v는 다음과 같다.

$$v_{자동차, 트럭} = v_{트럭} - v_{자동차}$$
$$-20 km/h = v - 80 km/h$$
$$v = 60 km/h$$

10 다음 그림은 직선 운동하는 물체의 속도를 시간에 따라 나타낸 것이다.

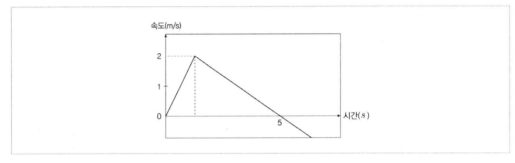

이에 대한 설명으로 옳은 것만을 〈보기〉에서 모두 고르면?

〈보기〉

㉠ 0 ~ 1초까지 가속도의 크기는 2m/s²이다.

㉡ 5초일 때 운동 방향이 바뀐다.

㉢ 5초일 때 물체는 처음 자리로 되돌아온다.

① ㉠

② ㉡

③ ㉠㉡

④ ㉠㉢

⑤ ㉠㉡㉢

TIP ㉠ 가속도는 속도-시간 그래프에서 기울기이므로 0 ~ 1초까지 물체의 가속도는 2m/s²이다.

㉡ 5초가 지난 후에 물체의 운동 방향은 바뀐다.

㉢ 0 ~ 5초 사이에 물체는 한쪽 방향으로만 운동한다.

11 직선 도로 위에 정지해 있던 승용차가 동쪽으로 출발하는 순간 동쪽으로 일정한 속도로 달리던 버스가 승용차를 지나갔다. 그림은 승용차와 버스의 속도-시간 그래프를 나타낸 것이다. 승용차가 버스와 같은 속도가 되는 순간 버스는 승용차보다 몇 m 앞서 있겠는가?

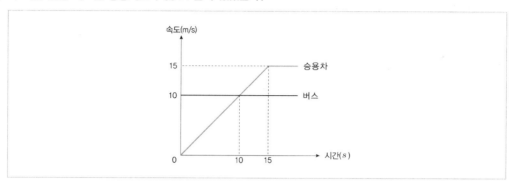

① 10m
② 20m
③ 30m
④ 40m
⑤ 50m

🌸TIP 승용차와 버스의 속도가 같아지는 순간은 두 그래프가 교차하는 점의 시각인 10초이다. 이때 속도-시간 그래프 아래 면적은 변위를 나타내므로, 버스가 승용차를 앞선 거리는 두 그래프 사이의 면적인 50m와 같다.

$$\frac{1}{2} \times 10m/s \times 10s = 50m$$

※ 0초 때 속도가 2m/s인 물체가 3m/s^{2}의 일정한 가속도로 직선 운동을 한다. 다음 물음에 답하시오. 【12 ~ 13】

12 4초 때 물체의 속도는 몇 m/s인가?

① 6m/s
② 8m/s
③ 10m/s
④ 12m/s
⑤ 14m/s

🌸TIP $v = v_0 + at = 2m/s + 3m/s^2 \times 4s = 14m/s$

⭐ ANSWER 9.③ 10.③ 11.⑤ 12.⑤

13 물체가 0 ~ 4초 동안 운동한 거리는 몇 m인가?

① 12m   ② 24m

③ 30m   ④ 32m

⑤ 40m

🏵 **TIP** $s = v_0 t + \dfrac{1}{2}at^2$

$= 2m/s \times 4s + \dfrac{1}{2} \times 3m/s^2 \times (4s)^2 = 32m$

14 질량의 비가 3 : 2인 두 물체가 있다. 이 두 물체에 크기의 비가 6 : 5인 힘을 작용시킬 때 가속도의 비는 얼마인가?

① 1 : 1   ② 4 : 5

③ 5 : 4   ④ 5 : 9

⑤ 9 : 5

🏵 **TIP** 가속도는 $a = \dfrac{F}{m}$와 같이 힘을 질량으로 나눈 것과 같으므로 질량의 비가 3 : 2인 두 물체에 크기의 비가

6 : 5인 힘을 작용시킬 때 가속도의 비는 $\dfrac{6}{3} : \dfrac{5}{2} = 4 : 5$이다.

15 정지하고 있는 질량 20kg인 물체에 10초 동안 일정한 힘을 작용시켜서 물체의 속도가 10m/s가 되었다. 이 물체에 작용한 힘의 크기는 몇 N인가?

① 1N   ② 2N

③ 20N   ④ 40N

⑤ 200N

🏵 **TIP** 물체의 가속도는 $\dfrac{10m/s}{10s}$ =1m/s^{2}이므로 뉴턴의 운동 제2법칙으로부터 물체에 작용한 힘의 크기는 다음과 같다.

$F = ma = 20kg \times 1m/s^2 = 20N$

16 미끄러운 수평면에 질량이 각각 1kg, 2kg인 두 물체 A, B를 서로 접촉시켜 놓고 물체 A에 수평 방향으로 12N의 일정한 힘을 계속해서 작용했더니 A와 B가 서로 접촉한 상태로 함께 운동하였다.

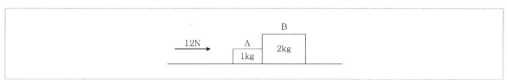

이에 대한 설명으로 옳은 것만을 〈보기〉에서 있는 대로 고른 것은?

〈보기〉
⊙ A와 B는 4m/s²의 일정한 가속도로 운동한다.
○ 물체에 작용하는 알짜힘의 크기는 A와 B가 서로 같다.
© 운동하는 동안 B가 A에 작용하는 힘의 크기는 0이다.

① ⊙   ② ⊙○

③ ⊙©   ④ ○©

⑤ ⊙○©

TIP ⊙ 물체 A와 B는 동일한 운동을 하므로, 가속도가 같다. 이때 가속도는 12N의 힘으로 질량 3kg인 물체를 밀 때의 가속도로 다음과 같다.

$F = ma$

$12N = 3kg \times a$

$a = 4m/s^2$

○ 물체에 작용하는 알짜힘은 F=ma로 질량과 가속도의 곱과 같다.

$F_A = 2kg \times 4m/s^2 = 8N$

$F_B = 1kg \times 4m/s^2 = 4N$

© 그림과 같이 운동하는 동안A의 알짜힘은 4N이므로 A가 B를 4N의 힘으로 밀고, 이에 대한 반작용으로 B도 A를 4N의 힘으로 민다.

17 수평면 상에 정지하고 있던 물체가 수평 방향의 일정한 힘을 계속 받으면서 직선을 따라 움직이고 있을 때, 힘을 받은 시간에 비례해서 증가하는 것을 〈보기〉에서 있는 대로 고르면? (단, 마찰은 무시한다.)

〈보기〉

㉠ 이동거리   ㉡ 속도   ㉢ 가속도

① ㉠   ② ㉡

③ ㉢   ④ ㉠㉢

⑤ ㉡㉢

> **TIP** ㉡ 정지해 있던 물체가 일정한 힘을 받으면 가속도가 일정한 등 가속도 직선 운동을 한다. 즉, $v = v_0 + at$ 에서 물체의 처음 속도 $v_0 = 0$이므로, 물체의 속도는 $v = at$로 시간에 비례한다.
>
> ㉠ 등가속도 직선 운동의 식에서 이동 거리는 $s = \frac{1}{2}at^2$로 시간의 제곱에 비례한다.
>
> ㉢ 가속도는 $a = \frac{F}{m}$로 시간에 관계없이 일정하다.

18 마찰이 없는 수평한 얼음판 위에서 질량 60kg인 만수와 질량 30kg인 기호가 한 줄의 양 끝을 잡고 수평으로 서로 잡아당겨 기호가 30N의 힘을 받았다. 만수는 몇 m/s²의 가속도로 운동하겠는가?

① 0.1m/s^2 ② 0.3m/s^2

③ 0.5m/s^2 ④ 0.7m/s^2

⑤ 1.0m/s^2

> **TIP** 기호가 만수를 30N의 힘으로 당기면, 반작용으로 만수도 기호를 30N의 힘으로 당긴다. 따라서 만수의 가속도는 뉴턴의 운동 제 2법칙에 의해 다음과 같다.
>
> $$F = ma \rightarrow a = \frac{F}{m} = \frac{30N}{60kg} = 0.5m/s^2$$

19 그림은 같은 속도로 달려오던 동일한 자동차 A, B가 각기 다른 장애물에 부딪친 후부터 멈출 때까지 받은 힘을 시간에 따라 나타낸 그래프다. 이에 대한 설명으로 옳은 것은?

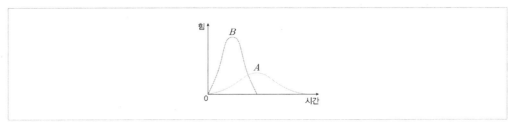

① 자동차 A, B에 작용한 충격력이 같다.
② 자동차 A가 받은 충격량이 더 크다.
③ 자동차가 멈추는 동안의 평균 가속도는 서로 같다.
④ 충돌하는 동안의 속도 변화량은 자동차 A가 B보다 크다.
⑤ 자동차 A는 푹신한 장애물에, 자동차 B는 딱딱한 장애물에 부딪쳤다.

TIP ⑤ 충돌 시간은 A가 B보다 더 길므로, 다른 조건이 같다면 A는 푹신한 장애물에, B는 딱딱한 장애물에 부딪혔을 것이다.

①②④ 같은 속도로 달려오던 두 자동차 A, B가 모두 장애물에 부딪쳐 멈췄으므로, 충돌하는 동안 두 자동차의 속도 변화량은 같다. 따라서 운동량 변화량도 같고, 두 자동차가 받은 충격량도 같다. '충격량 = 충격력 × 충돌 시간'이므로, 충돌 시간이 짧은 B가 받은 충격력이 A보다 더 크다.

③ 자동차 A, B의 충돌 전 속도가 같고, 충돌 후 모두 정지하였으므로 속도 변화는 같다. 따라서 자동차가 멈추는 동안의 평균가속도는 $a = \dfrac{\Delta v}{\Delta t}$로 자동차의 충돌 시간 Δt에 반비례한다. 따라서 평균 가속도는 충돌 시간이 짧은 자동차 B가 A보다 크다.

20 질량이 0.5kg인 공을 20m 높이에서 가만히 놓아서 바닥으로 떨어뜨렸더니 바닥에 충돌 한 직후 10m/s의 속도로 튀어 올랐다. 이것에 대한 옳은 설명을 〈보기〉에서 있는 대로 고른 것은? (단, 중력 가속도는 10m/s²이며, 공기 저항은 무시한다.)

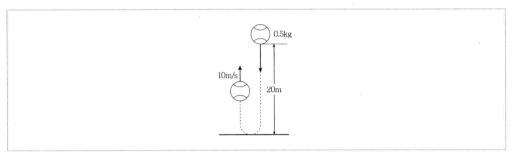

〈보기〉
ㄱ. 바닥에 닿기 직전 공의 속도는 20m/s이다.
ㄴ. 공이 바닥에 충돌하기 직전과 직후에 공의 운동량의 변화량의 크기는 5kg · m/s이다.
ㄷ. 공이 바닥에 충돌하면서 바닥으로부터 받은 충격량의 크기는 15N · s이다.

① ㄱ
② ㄱㄴ
③ ㄱㄷ
④ ㄴㄷ
⑤ ㄱㄴㄷ

TIP ㄱ. 공이 중력만을 받아 떨어질 때 가속도는 10m/s²이므로, 바닥에 닿기 직전 공의 속도 v는 등가속도 직선 운동의 식으로부터 다음과 같다.

$$2as = v^2 - v_0^2$$
$$2 \times 10m/s^2 \times 20m = v^2 - 0^2$$
$$v = 20m/s$$

ㄷ. 연직 아래 방향을 (+)로 나타낼 때 충돌 전 공의 운동량과 충돌 후 공의 운동량은 다음과 같다.
- 충돌 전 : $p_1 = 0.5kg \times 20m/s = 10kg \cdot m/s$
- 충돌 후 : $p_2 = 0.5kg \times (-10m/s) = -5kg \cdot m/s$

따라서 운동량의 변화량은 다음과 같다.
$$\Delta p = p_2 - p_1$$
$$= -5kg \cdot m/s - 10kg \cdot m/s$$
$$= -15kg \cdot m/s (\rightarrow \text{ㄴ})$$

공이 바닥에 충돌하면서 바닥으로부터 받은 충격량의 크기는 충돌 전후 운동량의 변화의 크기와 같으므로 15N · s이다.

21 다음의 〈보기〉에서 과학적으로 정의한 일이 0이 아닌 것을 있는 대로 고른 것은?

〈보기〉
ⓐ 영희가 움직이지 않는 벽에 힘을 주어 민다.
ⓑ 철수가 물체를 들고 수평 방향으로 이동시킨다.
ⓒ 민수가 물체를 연직 방향으로 들어올린다.

① ⓐ

② ⓑ

③ ⓒ

④ ⓐⓑ

⑤ ⓑⓒ

TIP ⓒ 일의 정의는 W = Fscosθ이므로 민수가 물체를 연직 방향으로 들어 올리면 힘과 거리가 모두 0이 아니
므로 일은 0이 아니다.
ⓐ 일의 정의 W = Fscosθ에서 영희가 움직이지 않는 벽에 힘을 주어 미는 경우는 s = 0이므로 W = 0이다.
ⓑ 철수가 물체를 들고 수평 방향으로 이동시키는 경우는 θ = 90°이므로 W = 0이다.

22 다음 그림과 같이 수평면에 놓여 있는 물체에 철수가 20N의 힘을 오른쪽으로 가하여 물체를 3m 이동시켰다.
이때 물체가 실제로 받은 일은 몇 J인가? (단, 수평면과 물체 사이에 작용하는 마찰력의 크기는 5N이다.)

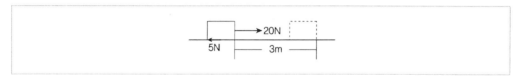

① 30J

② 35J

③ 40J

④ 45J

⑤ 50J

TIP 철수가 한 일 : $W_{철수} = F_{철수}s = 20N \times 3m = 60J$
마찰력이 한 일 : $W_{마찰력} = -F_{마찰력}s = (-5N) \times 3m = -15J$
물체가 받은 일 : $W = W_{철수} + W_{마찰력} = 60 - 15 = 45J$

23 마찰이 없는 수평면 위에 놓인 질량 2kg인 물체에 그래프와 같이 동쪽으로 힘이 작용하여 물체가 10m 이동하였다. 10m를 이동하는 동안 물체가 받은 일은 몇 J인가?

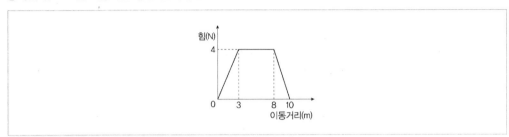

① 10J

② 20J

③ 30J

④ 40J

⑤ 50J

TIP 힘-이동 거리 그래프 아래 면적은 물체가 받은 일을 나타낸다. 따라서 10m를 이동하는 동안 물체가 받은 일은 30J이다.

$$W = \frac{1}{2} \times 4N \times 3m + 4N \times 5m + \frac{1}{2} \times 4N \times 2m = 30J$$

24 지면으로부터 10m 높이에 있는 교실에서 민희는 바닥에 있던 질량 2kg인 물체를 0.5m 들어올려 교탁에 올려놓았다. 지면을 기준으로 할 때 물체의 위치 에너지는 몇 J인가? (단, 중력 가속도는 9.8m/s²이다.)

① 200.4J

② 205.8J

③ 210.0J

④ 215.3J

⑤ 220.5J

TIP 지면을 기준으로 하면 물체는 10.5m 높이에 있으므로 위치에너지는 다음과 같다.

$$E_p = mgh = 2kg \times 9.8m/s^2 \times 10.5m = 205.8J$$

25 용수철 상수가 4N/m인 용수철의 원래 길이가 0.5m이다. 이 용수철의 길이가 0.6m인 상태에서 용수철에 저장된 탄성 위치(퍼텐셜) 에너지는 몇 J인가?

① 0.02

② 0.36

③ 0.72

④ 1

⑤ 2

TIP 용수철 상수가 4N/m인 용수철의 늘어난 길이가 0.6 − 0.5 = 0.1m이므로 용수철에 저장된 탄성 위치(퍼텐셜) 에너지는 다음과 같다.

$$E_p = \frac{1}{2}kx^2 = \frac{1}{2} \times 4N/m \times (0.1m)^2 = 0.02J$$

26 다음 그림과 같이 지면으로부터 높이 h인 곳에서 물체를 일정한 속력 v로 A, B, C, D방향으로 던졌다.

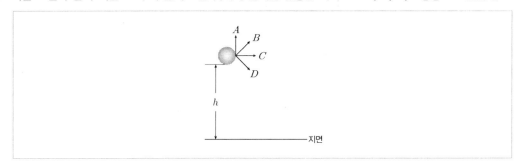

지면에 도달할 때의 속력을 각각 v_A, v_B, v_C, v_D라고 할 때 속력을 비교한 것으로 옳은 것은? (단, 공기 저항은 무시한다.)

① $v_A > v_B > v_C > v_D$

② $v_A > v_C > v_D > v_B$

③ $v_B > v_D > v_A > v_C$

④ $v_D > v_C > v_B > v_A$

⑤ $v_A = v_B = v_C = v_D$

🌸 **TIP** ⑤ A~D 모두 물체를 같은 위치에서 같은 속력으로 던졌으므로, '위치 에너지+운동 에너지=역학적 에너지'가 모두 같다. 물체가 운동하는 동안 마찰이나 공기 저항을 무시하면 역학적 에너지가 보존되므로, 물체가 바닥에 도달한 순간 역학적 에너지가 모두 운동에너지$\left(\rightarrow E_k = \dfrac{1}{2}mv^2 \right)$로 전환되어, A~D의 속력은 모두 같다.

⭐ **ANSWER**　23.③　24.②　25.①　26.⑤

27 다음 그림과 같이 동일한 두 용수철의 한쪽 끝을 벽면에 고정시키고 다른 쪽 끝에 질량 m과 $2m$인 물체 A, B를 각각 매달고 물체에 힘을 작용하여 평형 위치에서 x만큼 늘어나게 하였다.

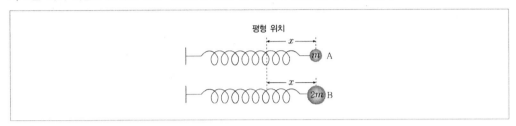

이 용수철이 x만큼 늘어난 위치에서 두 물체를 놓았을 때, 평형 위치를 통과하는 순간 A와 B의 운동 에너지의 비 $E_A : E_B$의 값은?

① $E_A : E_B = 1 : 1$

② $E_A : E_B = 1 : 2$

③ $E_A : E_B = 1 : 3$

④ $E_A : E_B = 1 : 4$

⑤ $E_A : E_B = 2 : 1$

🌸 **TIP** 탄성력이 작용할 경우의 역학적 에너지는 물체의 질량에 관계없이 평형 위치에서 가장 멀리 떨어져 있을 때의 탄성력에 의한 위치 에너지와 같다. 따라서 평형 위치에서 운동 에너지는 물체의 질량에 관계없이 같다.

28 다음 그림과 같이 수평면 위에 탄성 계수가 100N/m인 용수철의 한쪽 끝에 질량 10g인 물체를 놓고 용수철을 압축시켰다.

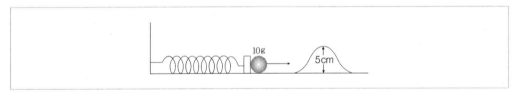

용수철을 놓아 튀어나간 물체가 높이 5cm인 언덕을 넘어가기 위해서는 용수철을 최소 몇 cm 압축시켜야 하는가? (단, 중력가속도는 10m/s^{2}이고, 마찰은 무시한다.)

① 0.5cm

② 1cm

③ 1.5cm

④ 2cm

⑤ 3cm

🌸 **TIP** 용수철을 압축했을 때의 탄성력에 의한 위치 에너지가 용수철에 서 벗어나는 순간 물체의 운동 에너지로 모두 전환되고, 이 에너지가 언덕의 최고점에서 중력에 의한 위치 에너지보다 커야 물체가 언덕을 넘어갈 수 있다. 즉, 물체가 언덕을 넘어갈 조건은 다음과 같다.
탄성력에 의한 위치 에너지 ≥ 최고점에서의 위치 에너지
따라서 용수철을 압축시켜야 할 최소 길이 x는 다음과 같다.

$\frac{1}{2}kx^2 = mgh$

$\frac{1}{2} \times 100N/m \times x^2 = 0.01kg \times 10m/s^2 \times 0.05m$

$x = 0.01m = 1cm$

29 표는 어떤 항성의 두 행성 A와 B에 대한 물리량의 상대적 비율이다.

행성	질량	공전 반지름	자전 주기
A	1	1	1
B	10	2	0.5

만유인력과 중력에 대한 여러 법칙과 위의 자료만으로 예측할 수 있는 내용 중 옳은 것만을 〈보기〉에서 있는 대로 고르면?

〈보기〉
㉠ 행성 A의 표면에서 중력 가속도는 행성 B에서보다 작다.
㉡ 행성 A의 표면에서 한 물체의 무게는 행성 B에서보다 작다.
㉢ 항성과 행성 A 사이의 만유인력은 항성과 행성 B 사이의 만유인력보다 작다.

① ㉠
② ㉢
③ ㉠㉡
④ ㉠㉢
⑤ ㉡㉢

TIP ㉢ 행성 표면에서의 중력 가속도 $g = G\dfrac{M}{R^2}$으로 구할 수 있으나 행성의 반지름 R에 대한 자료가 없으므로 행성 표면에서의 중력가속도와 물체의 무게는 비교할 수 없다.

30 지구는 태양으로부터 1AU(1억 5천만km) 떨어져 있으며 1년에 1번 공전한다. 만일 태양으로부터 4AU 떨어져 있는 행성이 있다면 이 행성이 1번 공전하는 데 걸리는 시간은 몇 년인가?

① 1년
② 2년
③ 4년
④ 8년
⑤ 16년

TIP 케플러 제 3법칙에 의해 $T^2 \propto r^3$ 즉, 주기의 제곱과 반지름의 세제곱은 서로 비례한다. 또한 원에서 반지름은 타원의 경우 긴 반지름에 해당한다. 따라서 $T = 4^{\frac{3}{2}} = 8$(년)이 걸린다.

ANSWER 27.① 28.② 29.② 30.④

31 그림은 어떤 행성이 태양 주위를 타원 궤도로 공전하는 모습을 나타낸 것이다. A 지점은 태양으로부터 가장 먼 위치이고 B 지점은 태양으로부터 가장 가까운 위치이다.

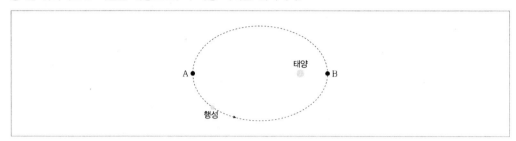

A에서 B로 운동하는 동안 행성의 속력 변화와 행성이 받는 힘의 크기 변화로 옳은 것은?

속력	힘의 크기		속력	힘의 크기
① 증가	증가		② 증가	감소
③ 일정	증가		④ 감소	감소
⑤ 감소	일정			

TIP 면적 속도 일정의 법칙에 따라 태양에 가까울수록 행성의 속력은 증가한다. 태양과 행성 사이에 작용하는 만유인력 $\frac{GMm}{r^2}$ 이 구심력 이므로 거리가 가까울수록 힘의 크기는 증가한다.

32 케플러 법칙에 대한 설명으로 옳은 것만을 〈보기〉에서 있는 대로 고른 것은?

〈보기〉
㉠ 모든 행성은 태양을 한 초점으로 하는 타원 궤도를 그리면서 운동한다.
㉡ 행성의 공전 속력은 태양에서 먼 곳에서는 빠르고 가까운 곳에서는 느리다.
㉢ 태양에서 먼 행성일수록 공전 주기가 길다.
㉣ 공전궤도 이심률이 클수록 행성의 공전속도가 빠르다.

① ㉠㉡
② ㉠㉢
③ ㉡㉣
④ ㉠㉡㉢
⑤ ㉡㉢㉣

TIP ㉠㉢ 케플러 제 2법칙(면적 속도 일정의 법칙)에서 태양과 행성을 연결하는 선분이 같은 시간에 그리는 면적은 항상 일정하다. 따라서 행성의 공전 속력은 태양에서 먼 곳에서는 느리고 가까운 곳에서는 빠르다.

33 그림과 같이 질량이 같은 두 인공위성 A, B가 지구 중심에서 각각 r, 4r만큼 떨어진 곳에서 공전하고 있다.

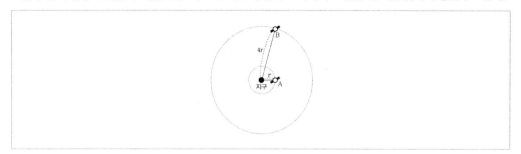

두 위성의 움직임에 대한 설명으로 옳은 것만을 〈보기〉에서 있는 대로 고른 것은?

〈보기〉
ㄱ B의 공전주기는 A의 공전주기의 8배이다.
ㄴ A의 속력은 B의 속력의 2배이다.
ㄷ A의 운동에너지는 B의 운동에너지의 4배이다.

① ㄱ   ② ㄷ
③ ㄱㄴ   ④ ㄴㄷ
⑤ ㄱㄴㄷ

🌸 **TIP** ㄱ 공전주기의 제곱은 궤도의 반지름의 세제곱에 비례하므로 궤도 반지름이 4배이면 공전주기는 8배가 된다.

ㄴ $G\dfrac{Mm}{r^2}=\dfrac{mv^2}{r}$ 이므로 $v^2\propto\dfrac{1}{r}$ 에서 A의 속력은 B의 속력의 2배가 된다.

ㄷ 운동에너지는 $\dfrac{1}{2}mv^2$ 이므로 A의 운동에너지는 B의 운동에너지의 4배이다.

34 광속에 비해 80%로 달리는 관측자의 시계로 측정한 1초는 정지한 관측자가 측정하면 얼마의 시간으로 측정되는가?

① $\dfrac{3}{5}$ 초   ② $\dfrac{4}{5}$ 초

③ $\dfrac{5}{3}$ 초   ④ $\dfrac{5}{4}$ 초

⑤ 1초

🌸 **TIP** $t=t_0\dfrac{1}{\sqrt{1-v^2/c^2}}=1초\times\dfrac{1}{\sqrt{1-(0.8c)^2/c^2}}=\dfrac{5}{3}$ 초

⭐ **ANSWER** 31.① 32.② 33.⑤ 34.③

35 그림 (가), (나)는 우주선이 지구 대기권(지표면으로부터 약 10km)에 도달하여 공기와 충돌하면서 만들어진 뮤온이 에베레스트 산 정상 부근에서 낙하 운동하는 것을 관측자의 위치에 따라 나타낸 것이다. 이 뮤온은 광속의 약 0.99c로 이동하고, 뮤온의 고유 수명은 $2.2 \times 10^{-6}S$이며 뮤온은 지표면에 도달할 수 있다.

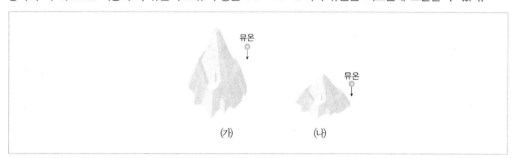

이에 대한 설명으로 옳은 것만을 〈보기〉에서 있는 대로 고르면?

〈보기〉
㉠ 상대론을 고려하지 않으면 실제 뮤온의 운동을 해석할 수 없다.
㉡ 그림 (나)는 뮤온과 함께 운동하는 관측자가 뮤온의 운동을 해석한 것이다.
㉢ 그림 (가)의 입장은 뮤온의 수명이 늘어나서 지표면에 도달할 수 있다고 생각한다.

① ㉠
② ㉢
③ ㉠㉡
④ ㉡㉢
⑤ ㉠㉡㉢

TIP ㉠㉡㉢ 모두 옳다.
(가)는 지표면의 관찰자의 입장에서 본 것으로 뮤온의 수명이 시간 팽창으로 늘어난 것이다. (나)는 뮤온의 입장에서 본 것으로 뮤온과 지표면 사이의 길이가 수축되어 나타나는 현상이다.

36 고유 길이가 같은 두 로켓 O와 O'이 반대 방향으로 같은 속력으로 달린다. O 로켓에서 보아 a와 a'이 일치될 때 O가 b에서 총을 쏜다.

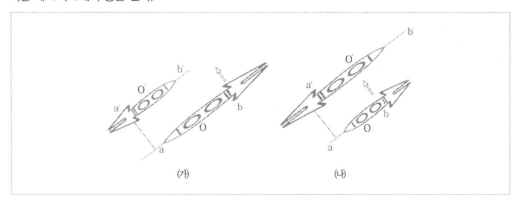

(가)   (나)

이에 대한 설명으로 옳은 것만을 〈보기〉에서 있는 대로 고른 것은?

〈보기〉
㉠ O에서 보았을 때 그림 (가)와 같이 O'의 길이가 줄어들었다.
㉡ O'에서 보았을 때 그림 (나)와 같이 O의 길이가 줄어들었다.
㉢ O'에서 보았을 때 aa'이 일치한 사건과 b에서 총을 쏜 사건은 aa'이 일치한 사건이 먼저 일어난다.
㉣ O'은 총을 맞지 않는다.

① ㉠㉡
② ㉠㉢
③ ㉡㉢
④ ㉡㉣
⑤ ㉠㉡㉢

🌸 **TIP** ㉠㉡ 운동하는 관성 기준계에서 물체의 길이를 측정하면 짧게 측정된다.

⭐ **ANSWER**   35.⑤   36.①

37 그림은 정지해 있는 관측자가 움직이는 우주선 안에서 빛이 진행하는 모습을 관찰하고 있는 것이다.

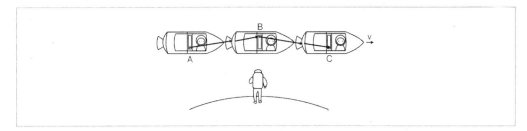

정지한 관측자와 우주선 안의 관측자의 관찰사실을 비교한 것으로 옳은 것만을 〈보기〉에서 있는 대로 고르면?

〈보기〉
㉠ A점에서 B점까지의 빛의 속력은 우주선 안, 밖의 관찰자에게 동일하다.
㉡ 우주선 밖의 관찰자가 보기에는 A점에서 C점까지의 시간이 안에서 측정한 것보다 길게 측정
된다.
㉢ 우주선 안의 관찰자가 보기에는 우주선 밖의 시간이 더 빠르게 흘러간다.

① ㉠   ② ㉡
③ ㉢   ④ ㉠㉡
⑤ ㉡㉢

TIP ㉠㉡ 우주선 밖에서 우주선 안을 볼 때 시간이 느리게 가는 것처럼, 우주선 안에서 우주선 밖을 볼 때도
시간이 느리게 간다. 그렇다면 객관적으로 누구의 시간이 빠르고 느린 것인가? 라는 질문을 하면 안 된
다. 객관적인 시간의 기준이 존재하지 않는다는 것이 상대론의 핵심이다.

38 특수 상대성 이론을 이루는 기본적인 가정으로 옳은 것만을 〈보기〉에서 있는 대로 고르면?

〈보기〉
㉠ 모든 관성 좌표계에서 작용하는 중력은 공간의 휨을 만든다.
㉡ 모든 관성 좌표계에서 관성력이 근본적으로 중력과 구별할 수 있다.
㉢ 모든 관성 좌표계에서 보았을 때, 진공 중에서 진행하는 빛의 속도는 관찰자나 광원의 속도에
관계없이 일정하다.
㉣ 모든 가속 좌표계에서 빛의 속도는 일정하다.
㉤ 모든 가속 좌표계에서 적용되는 물리법칙은 같다.

① ㉠   ② ㉢
③ ㉡㉢   ④ ㉠㉢㉤
⑤ ㉡㉣㉤

TIP ㉢ 중력이 공간의 휨을 만든다는 가정은 일반 상대성 이론과 관계가 있으며 가속 좌표계에서의 관성력과
중력이 구별되지 않는 등가 원리는 상대성 이론의 기본 원리이다.

39 정지 질량 m_o가 1g인 입자가 $\frac{4}{5}c$의 속도로 운동할 때 정지해 있는 행성에서 관측자가 본 이 입자의 질량 m은?

① $\frac{3}{5}g$로 감소한다.

② $\frac{4}{5}g$로 감소한다.

③ $\frac{5}{4}g$로 증가한다.

④ $\frac{5}{3}g$로 증가한다.

⑤ 변화없다.

TIP 정지 질량 m_o가 1g인 입자가 $\frac{4}{5}c$의 속도로 운동할 때 질량 m은 다음과 같다.

$$m = \frac{m_o}{\sqrt{1-(\frac{v}{c})^2}} = \frac{1g}{\sqrt{1-(\frac{4}{5})^2}} = \frac{5}{3}g, \text{ 즉 } \frac{5}{3}g만큼 증가한다.$$

40 일반 상대성 이론의 증거로 옳은 것만을 〈보기〉에서 있는 대로 고르면?

〈보기〉
㉠ 태양 근처에서 중력에 의해 빛이 휘어짐을 확인할 수 있다.
㉡ 큰 질량을 가진 천체가 운동할 때 생기는 시공간의 일그러짐이 파동이 되어 주위로 퍼져나간다.
㉢ 태양을 초점으로 하는 수성의 타원 운동에서 타원축이 조금씩 회전하면서 근일점의 위치가 변한다.
㉣ 일반상대성이론의 증거로 수성의 세차운동과 중력렌즈 거리수축 같은 현상이 있다.

① ㉠

② ㉠㉡

③ ㉡㉣

④ ㉠㉡㉢

⑤ ㉡㉢㉣

TIP ㉠㉡㉢ 수성의 세차 운동, 빛의 굽어짐(태양 근처에서 중력에 의해 빛이 휘어짐, 중력 렌즈 효과에 의해 퀘이사가 여러 개로 보임), 블랙홀 등은 일반 상대성 이론의 증거이다.

★ ANSWER 37.④ 38.② 39.④ 40.④

41 일반 상대성 이론의 증거인 블랙홀에 대한 설명으로 옳은 것만을 〈보기〉에서 있는 대로 고르면?

〈보기〉
㉠ 중력이 큰 블랙홀의 질량은 작다.
㉡ 블랙홀을 항상 검게 보인다.
㉢ 블랙홀 주변에서는 시공간 휘어짐 현상이 심하다.

① ㉠   ② ㉡
③ ㉠㉢   ④ ㉡㉢
⑤ ㉠㉡㉢

TIP ㉡㉢ 질량과 중력은 비례한다. 따라서 중력이 큰 블랙홀은 질량도 매우 크다. 블랙홀은 주변을 지나는 빛마저도 흡수하므로 검게 보이며 중력이 매우 크므로 주변에서는 시공간의 굽어짐 현상이 심하다.

42 다음 그림은 허블 망원경으로 관찰한 퀘이사의 사진이다. 중앙에 있는 천체는 멀리 떨어진 은하단이며, 주변에 밝게 빛나는 4개의 천체는 은하단 뒤쪽에 있는 하나의 퀘이사가 여러 개로 보이는 것이다.

이처럼 하나의 천체가 여러 개로 보이게 되는 현상에 대한 설명으로 옳은 것만을 〈보기〉에서 있는 대로 고르면?

〈보기〉
㉠ 중앙에 위치한 은하단의 중력에 의해 은하단 뒤쪽에 있는 퀘이사의 빛이 휘어져서 보이기 때문에 생긴다.
㉡ 특수 상대성 이론에서의 시간 팽창으로 설명할 수 있다.
㉢ 태양 근처에서 빛이 휘어지는 현상과 같은 원리이다.

① ㉡   ② ㉢
③ ㉠㉢   ④ ㉡㉢
⑤ ㉠㉡㉢

TIP ㉠㉢ 질량이 큰 천체 주위에서는 공간이 휘어져 있으므로 빛이 휘어져 진행한다. 이를 중력 렌즈 효과라고 하며 일반 상대성 이론의 증거이다.

43 그림은 엘리베이터 안에서 몸무게를 재고 있는 모습을 나타낸 것이다. 엘리베이터는 위 방향으로 속도가 증가하다가 일정하다가 감소하였다.

엘리베이터가 정지해 있을 때의 몸무게 값과 비교하여 이 상황에서 측정된 몸무게 값을 옳게 설명한 것은?

① 계속 동일한 값으로 측정된다.

② 작게 측정되다가 동일하다가 크게 측정된다.

③ 크게 측정되다가 동일하다가 작게 측정된다.

④ 동일하다가 작게 측정되다가 동일하게 측정된다.

⑤ 동일하다가 크게 측정되다가 동일하게 측정된다.

TIP 엘리베이터가 위로 속도가 증가할 때는 관성력에 의해 중력가속도가 커지는 효과가 있고, 위로 운동하지만 속도가 감소할 때는 관성력에 의해 중력가속도가 줄어드는 효과가 있다.

ANSWER 41.④ 42.③ 43.③

44 그림 (가)는 지구에 있는 우주선을, (나)는 무중력 상태의 우주 공간에서 가속 운동하고 있는 우주선을 나타낸 것이다. (가)와 (나)의 우주선 안에서 공을 가만히 떨어뜨렸다.

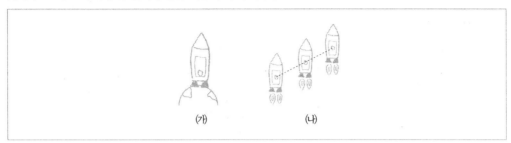

(가)   (나)

이에 대한 설명으로 옳지 않은 것을 모두 고르면?

① (가)의 우주선에서는 공이 아래로 가속된다.

② (나)의 우주선에서는 공이 정지한 것처럼 보인다.

③ 지구의 관찰자가 (나)를 볼 때 공은 일정한 가속도로 운동하는 것처럼 보인다.

④ (나)의 우주선 안에서는 공이 아래쪽으로 가속도 운동을 하는 것으로 관찰된다.

⑤ 이와 같은 현상은 중력에 의한 현상과 가속에 의한 현상을 구분할 수 없기 때문에 나타난다.

TIP 가속 운동하는 우주선(나)에서 공을 놓으면 아래로 움직이는데, 우주선 안에 타고 있는 관찰자가 보기에 공이 아랫방향으로 가속 운동하는 것처럼 보인다. 또한 (나) 안에 있는 관찰자가 바깥을 볼 수 없다면 자신이 타고 있는 로켓이 가속운동을 하는지, 정지해 있는지 구분할 수 없다.

45 그림은 회전하는 원판의 중심과 주변에 각각 시계1과 시계2가 놓여 있는 모습을 나타낸 것이다.

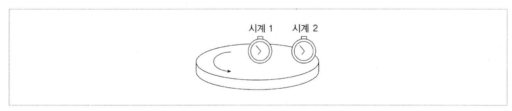

시계 1   시계 2

두 시계의 시각에 관한 설명으로 옳은 것만을 〈보기〉에서 있는 대로 고르면?

〈보기〉

㉠ 시계2보다 시계1의 시간이 느리게 간다.

㉡ 밖에서 볼 때 시계2는 관성력을 받고 있다.

㉢ 시계2는 중력장 내에 있는 시계를 비유하고 있다.

① ㉠   ② ㉡
③ ㉠㉢   ④ ㉡㉢
⑤ ㉠㉡㉢

46 그림은 자유낙하를 하는 엘리베이터 안에서 왼쪽공은 가만히 놓고, 오른쪽 공은 수평방향으로 던진 모습을 엘리베이터 밖에서 관찰하고 있는 모습이다. 왼쪽 공이 오른쪽 공보다 질량이 크다.

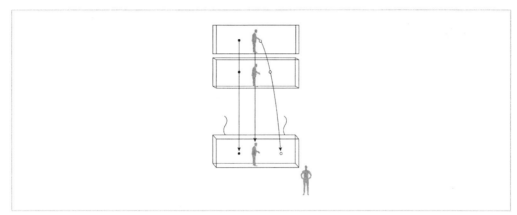

엘리베이터 안에 있는 사람이 본 두 공의 운동으로 옳은 것만을 〈보기〉에서 있는 대로 고르면?

〈보기〉
㉠ 왼쪽의 공은 공중에 정지해 있는 것처럼 보인다.
㉡ 오른쪽 공은 등가속도 운동을 하는 것처럼 보인다.
㉢ 왼쪽 공과 오른쪽 공에 작용하는 관성력의 크기는 같다.

① ㉠   ② ㉡
③ ㉠㉢   ④ ㉡㉢
⑤ ㉠㉡㉢

47 중력 가속도 g와 같은 크기의 가속도로 하강하는 승강기가 있다. 그 속에 탄 사람이 고무공을 위로 던졌을 때 승강기 안의 사람이 관측한 공의 운동으로 옳은 것은?

① 손에서 떨어질 때 그 자리에 정지해 있다.

② 승강기 천정에 올라가 그 자리에 정지해 있다.

③ 위로는 조금도 올라가지 않고 바닥으로 떨어진다.

④ 위로 올라가 천성에 부딪힌 다음 일정한 속도로 바닥으로 떨어진다.

⑤ 위로 올라가 천정에 부딪친 다음 속도가 빨라지면서 바닥으로 떨어진다.

🏵**TIP** 자유낙하 하는 엘리베이터 안에서 고무공에 작용하는 힘은 mg − mg=0이므로 무중력 상태와 같다. 따라서 엘리베이터 안에 있는 관찰자는 위로 던진 공이 천정에 부딪힌 후 가지고 있던 일정한 속도로 바닥으로 떨어지게 된다.

48 현대의 우주론에 대한 설명으로 가장 거리가 먼 내용을 다음 중에서 고르면?

① 아인슈타인의 상대성 이론을 우주에 적용하였다.

② 과거 어느 시점에 우주의 크기가 0이었다.

③ 대폭발과 함께 우주와 시공간이 생성되었다.

④ 대폭발 후 현재까지 우주는 계속해서 팽창하고 있다.

⑤ 우주 초기부터 현재까지 우주 팽창 속력은 일정하다.

🏵**TIP** 처음 대폭발이 발생한 직후 우주는 매우 빠른 속도로 급팽창하였으며 이후 우주는 중력이 잡아당기는 힘으로 인하여 팽창 속력이 점점 줄어들었다가 어느 순간을 지나면서 중력의 효과가 작아져서 다시 팽창 속력이 증가하고 있다.

49 대폭발 우주론의 증거를 〈보기〉에서 있는 대로 고르면?

〈보기〉

㉠ 우주 배경 복사   ㉡ 은하의 적색 편이 현상
㉢ 헬륨 원소의 존재 비율   ㉣ 은하 밀도의 균질성

① ㉠㉡   ② ㉠㉣

③ ㉡㉢   ④ ㉠㉡㉢

⑤ ㉡㉢㉣

🏵**TIP** ㉠ 우주 배경 복사는 대폭발 후 우주의 온도가 3000K가 되어 빛과 물질이 분리되었을 때의 복사가 우주의 팽창으로 온도가 낮아져, 현재 2.7K의 복사로 관측되는 것이다.

㉡ 은하의 적색 편이 현상은 외부 은하의 스펙트럼이 도플러 효과에 의해 적색 쪽으로 치우치는 현상으로 은하가 점점 멀어지고 있음을 의미한다. 즉, 우주가 팽창하고 있음을 나타낸다.

㉢ 새로 탄생한 별이나 늙은 별이나 헬륨의 함량에는 별 차이가 없다. 이것은 헬륨의 대부분이 우주의 대폭발 초기에 형성되었음을 의미한다. 현재 헬륨과 수소의 존재 비율은 3 : 1로 대폭발 이론에서 예측한 사실과 일치한다.

50 다음은 허블(Hubble)의 법칙에 대한 설명이다. 옳은 것을 〈보기〉에서 있는 대로 고른 것은?

〈보기〉
㉠ 우주 공간에 있는 모든 은하들 사이의 거리가 점점 멀어진다.
㉡ 우주가 현재 팽창하고 있다는 것에 대한 증거이다.
㉢ 우리 은하로부터 멀리 떨어진 은하들의 후퇴 속도는 떨어진 거리에 반비례한다.

① ㉠
② ㉠㉡
③ ㉠㉢
④ ㉡㉢
⑤ ㉠㉡㉢

TIP ㉠ 허블은 은하들의 적색 편이 현상으로부터 은하들이 점점 멀어지는 것을 확인하였다.
㉡ 허블 법칙에서 은하들이 멀어지는 후퇴 속도는 은하들의 거리가 멀수록 커진다(→㉢). 이것은 우주가 팽창하고 있음을 의미한다.

51 다음 중 자연계에 존재하는 네 가지 기본 상호 작용이 아닌 것은?
① 중력 상호 작용
② 강한 상호 작용
③ 중간 상호 작용
④ 약한 상호 작용
⑤ 전자기 상호 작용

TIP 자연계에 존재하는 네 가지 기본 상호 작용에는 전자기 상호 작용, 강한 상호 작용, 약한 상호 작용, 중력 상호 작용 등이 있다. 그러나 중간 상호 작용이라는 용어는 없다.

52 다음은 강한 상호 작용, 전자기 상호 작용, 약한 상호 작용, 중력 상호 작용 등 네 가지 기본 상호 작용들과 기본 입자들에 대한 설명들이다. 이들 중 옳지 않은 것은?
① 우주를 구성하고 있는 기본 입자들은 빛을 포함하여 쿼크와 렙톤이다.
② 약한 상호 작용은 약핵력, 약력 등이라고도 하며, 베타 붕괴 등과 같은 핵 현상에서 작용한다.
③ 중력 상호 작용은 질량을 가진 물체들 사이에 작용하는 상호 작용으로서, 인력과 척력의 두 종류가 있다.
④ 전자기 상호 작용은 전자기력이라고도 하며, 이 힘이 작용하도록 매개하는 입자는 보통 빛 입자라고 하는 광자이다.
⑤ 강한 상호 작용은 강핵력, 강력 등이라고도 하며, 원자핵 내에서만 작용한다. 이것은 핵을 구성하는 입자들을 결합하기 위한 것으로서, 전기력보다 강한 힘이다.

TIP 중력 상호 작용은 인력의 한 종류만 있다.

ANSWER 47.④ 48.⑤ 49.④ 50.② 51.③ 52.③

53 입자와 반입자가 충돌하면 발생할 수 있는 현상은?

① 쌍생성   ② 쌍소멸
③ 파동성 소멸   ④ 파동성 생성
⑤ 입자성 소멸

TIP 소립자는 쌍소멸과 쌍생성을 한다. 쌍소멸은 입자와 반입자가 충돌하여 두 입자의 질량에 해당하는 에너지를 방출하면서 사라지는 현상이고, 쌍생성은 특별한 조건에서 에너지가 질량을 가진 입자와 반입자로 동시에 생기는 현상이다.

54 기본 입자에 대한 설명으로 옳은 것을 〈보기〉에서 있는 대로 고른 것은?

〈보기〉
㉠ 기본 입자는 소립자를 구성하는 입자로서, 자연계에서 물질을 이루는 가장 궁극적인 요소이다.
㉡ 기본 입자에는 6개의 쿼크가 있다고 알려져 있다.
㉢ 기본 입자에는 6개의 렙톤이 있다고 알려져 있다.

① ㉠   ② ㉠㉡
③ ㉠㉢   ④ ㉡㉢
⑤ ㉠㉡㉢

TIP ㉠ 기본 입자는 소립자를 구성하는 입자로서, 자연계에서 물질을 이루는 가장 궁극적인 요소라고 할 수 있다.
㉡ 기본 입자 중 쿼크에는 위쿼크, 아래 쿼크, 맵시 쿼크, 야릇한 쿼크, 꼭대기 쿼크, 바닥 쿼크와 같은 6종류의 쿼크가 있다고 알려져 있다.
㉢ 기본 입자 중 렙톤에는 전자, 뮤온, 타우 입자, 그리고 각각의 중성미자가 있어서 총 6종류의 렙톤이 있다.

02 물질과 전자기장

전기장과 자기장

(1) 전하(전기 현상을 일으키는 원인)

① 기본 전하 … 자연계에 존재하는 전하량의 최소량으로 양성자나 전자 1개가 띤 전하량을 말하며, 기본 전하의 전하량은 $e = 1.6 \times 10^{-19} C$이다. 전하량($q$)은 항상 기본 전하의 정수배(q=ne)로 나타난다.

② 전하를 띤 정도를 나타내는 전하량의 단위는 C(쿨롱)를 사용한다.

(2) 대전

① 대전 … 마찰이나 충격에 의한 전자의 이동으로 물체가 전기를 띠게 되는 현상을 대전이라고 하며, 대전된 물체를 대전체라고 한다.

② 마찰 전기(정전기) … 서로 다른 두 물체를 마찰시키면 마찰의 에너지에 의해 전자가 한 물체에서 다른 물체로 이동하는데, 이때 전자를 잃은 물체는 양(+)전하로 대전되고, 전자를 얻은 물체는 음(-)전하로 대전된다.

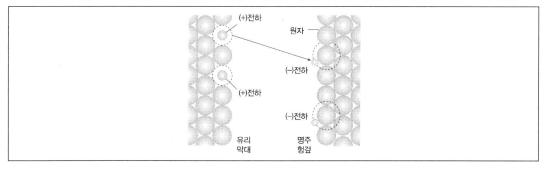

③ 대전 방법

접촉에 의한 대전	유도에 의한 대전
한 물체에 이미 대전된 다른 물체를 접촉해서 전하를 주는 방법	한 물체에 이미 대전된 다른 물체를 가까이 접근 시킨 뒤 물체를 접지 시키는 방법

※ 대전체를 금속선으로 지면과 연결하는 것을 접지라고 한다.

(3) 정전기 유도

대전체를 어떤 물체에 가까이 하면 대전체에 가까운 부분은 대전체와 다른 종류의 전하를 띠게 되고, 먼 부분은 대전체와 같은 종류의 전하를 띠게 되는 현상(대전체를 치우면 정전기 유도로 이동한 자유 전자는 원래 상태로 되돌아간다.)

① **도체의 정전기 유도 현상** ··· 도체에 대전체를 가까이 가져가면 도체 내의 자유 전자들의 이동에 의해 대전체와 가까운 쪽에는 대전체와 다른 종류의 전하가 유도되고, 먼 쪽에는 대전체와 같은 종류의 전하가 유도된다. (도체에 유도된 (+)전하량과 (−)전하량은 서로 같다.)

② **부도체의 정전기 유도 현상** ··· 부도체에 대전체를 가까이 가져가면 부도체는 자유 전자가 거의 없어 원자핵의 결합력에 의해 전자가 원자를 벗어날 수 없으나, 대전체로부터 받는 힘에 의해 분자가 찌그러지거나 회전하여 부도체의 양쪽에 (+), (−) 전하가 나타난다. 이러한 현상을 유전 분극이라고 하며, 유전 분극을 나타내는 물질이 부도체이다.

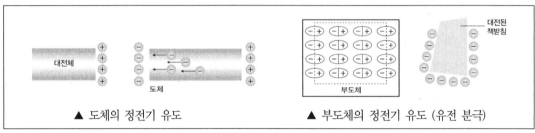

▲ 도체의 정전기 유도   ▲ 부도체의 정전기 유도 (유전 분극)

(4) 전기력

① **전기력** ··· 대전체들 또는 전하들 사이에 작용하는 힘

② **쿨롱 법칙** ··· 쿨롱은 비틀림 저울 실험 장치를 사용하여 전하량 Q, q인 전하가 거리 r만큼 떨어져 있을 때 전하들 사이에 작용하는 전기력 F의 크기가 다음과 같음을 알아내었다.

$F = k \dfrac{Qq}{r^2}$ (쿨롱 상수 $k = 9 \times 10^9 N \cdot m^2/c^2$)

※ 쿨롱 법칙은 질량이 M, m이고 거리가 r만큼 떨어진 두 입자 사이에 작용하는 힘에 대한 만유 인력 법칙과 표현 형태가 유사하다.

(5) 전기장

전기력이 작용하는 공간이다.

① **전기장의 세기** ··· 전기력이 작용하는 공간에 단위 양전하(+1C)를 놓았을 때 이 전하가 받는 힘의 크기, 즉 단위 전하 1C에 작용하는 전기력의 세기를 전기장의 세기로 정의한다.

$E = \dfrac{F}{q}$ (단위 : N/C)

② **전기장의 방향** ··· 전기장 내에서 단위 양전하가 받는 힘의 방향이 전기장의 방향이다.

③ 금속에서는 전하가 금속 표면에만 분포하므로 내부에는 전기력이 작용하지 않아 전기장이 0이다.

⑹ 점전하 주위의 전기장

양전하 $+Q$로부터 거리 r만큼 떨어진 점에서 양전하 $+q$가 받는 전기력의 크기는 $F = k\dfrac{Qq}{r^2}$이므로 전기장의 세기 E는 다음과 같다. 점전하로부터 거리가 멀수록 전기장의 세기는 약해진다.

$E = \dfrac{F}{q} = \dfrac{k\dfrac{Qq}{r^2}}{q} = k\dfrac{Q}{r^2}\ (k = 9 \times 10^9 N \cdot m^2/c^2)$	두 점전하 사이의 전기력

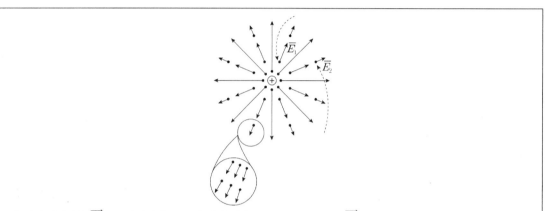

이 점의 전기장을 $\overrightarrow{E_1}$으로 나타낸다. 즉, 이 점에 전하 q를 놓으면 전기력 $q\overrightarrow{E_1}$을 받는다. 전기장도 연속적이므로 모든 곳에 전기장 화살표가 있지만, 모두 그릴 수 없다.

⑺ 평행한 금속판 사이의 전기장

대전된 두 개의 금속판이 평행하게 놓여있을 때 금속판 내부의 전기장은 균일하다. 따라서 금속판 내부의 위치에 관계없이 전기장의 세기는 모두 같다.

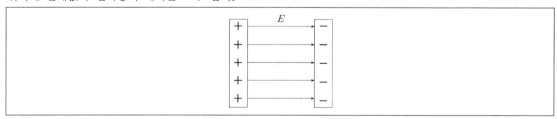

⑻ 전기력선

전기장을 시각적으로 나타낸 것이다. 전기력선은 전기장 내에 (+)전하를 놓았을 때, 이 (+)전하가 받는 전기력의 방향과 일치한다.

① 전기력선상의 한 점에서 그은 접선의 방향이 그 접점에서의 전기장의 방향을 가리킨다.

② 전기장의 세기는 전기력선의 밀도에 비례한다.

③ 전기력선은 등전위면에 수직이다.

④ 도중에 분리되거나 교차하지 않는다.

⑤ (+) 전하에서 나와서 (−)전하로 들어간다.

⑥ 전위가 높은 점에서 낮은 점으로 향한다. (전위 : 전기장 내에서 기준점으로부터 단위 양전하를 어떤 점까지 옮기는 데 필요한 일을 그 점에서의 전위라고 한다.)

⑼ 점전하 주위의 전기장과 전기력선

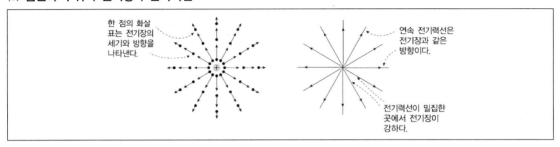

※ 점전하 : 부피는 없고, 전하량만을 가진 존재

⑽ 전하량과 전기력선

전하량이 $-\dfrac{q}{2}$와 $+q$인 두 전하 사이의 전기력선은 $-\dfrac{q}{2}$에 들어가는 전기력선들보다 $+q$에서 나가는 전기력선의 수가 2배 많다. 이것은 $+q$에 의한 전기장의 세기가 $-\dfrac{q}{2}$에 의한 전기장의 세기보다 2배 크다는 것이다.

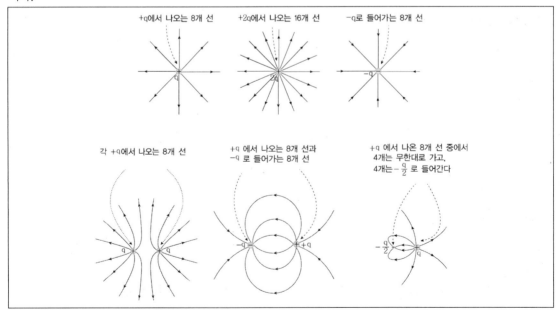

⑾ 평행한 금속판 사이의 전기력선

평행판에서 전하 분포	평행판 사이에서의 전기장 합
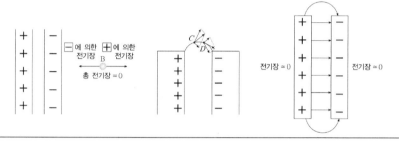	

평행판 외부에서의 전기장 합

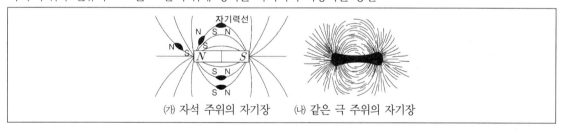

자기장

(1) 자기장

자석 주위나 전류가 흐르는 도선 주위에 생기는 자기력이 작용하는 공간

(가) 자석 주위의 자기장   (나) 같은 극 주위의 자기장

※ 자석에 의한 자기장은 평면적으로 형성되는 것이 아니라 실제로는 모든 방향으로, 즉 3차원으로 형성된다.

(2) 자기장 방향

자침의 N극이 가리키는 방향

(3) 자기력선

자기장의 모양을 나타내는 선

① 자석 외부의 N극에서 나와 S극으로 들어간다. (자석 내부에서의 방향은 S극에서 N극 방향)

② 자기력선은 도중에 끊어지거나 교차하지 않는다.

③ 자기력선상의 한 점에 접하는 접선 방향이 그 점에서의 자기장의 방향이다.

④ 자기력선이 조밀할수록 자기장이 세다.

(4) 자속(자기력선속)

자기장에 수직한 어떤 면적을 지나가는 자기력선의 총수로 단위는 Wb(웨버)이다.

(5) 자기장의 세기

자기장에 수직한 단위면적 S를 지나가는 자속을 Φ라고 하면 자속 밀도, 또는 자기장의 세기 B는 다음과 같다.

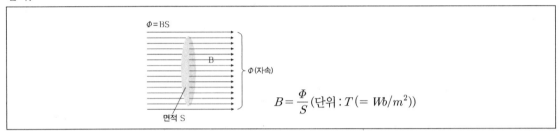

(6) 자기장 속 나침반의 운동

불균일한 자기장	균일한 자기장
회전한 뒤 왼쪽으로 끌려간다.	회전한 뒤 정지한다.

SECTION
3 전류에 의한 자기장

(1) 직선 전류에 의한 자기장

① 자기장의 모양과 방향 ⋯ 직선 도선 주위에 동심원 모양의 자기장이 형성되며, 오른손 엄지손가락이 전류의 방향을 가리키도록 펴고, 네 손가락으로 도선을 감아쥐면 네 손가락이 향하는 방향이 자기장의 방향이다.

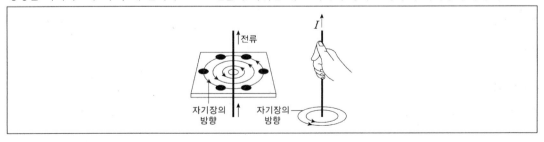

② **자기장의 세기** ··· 직선 도선에 전류가 흐를 때 도선 주위에 생기는 자기장의 세기 B는 전류의 세기 I에 비례하고, 도선으로부터의 수직 거리 r에 반비례한다.(앙페르의 법칙)

$$B = k\frac{I}{r}\,(k = 2\pi \times 10^{-7}N/A^2)\,[단위 : T]$$

(2) 원형 전류에 의한 자기장

① **자기장의 모양과 방향** ··· 오른손 엄지손가락이 전류의 방향을 가리키도록 펴고 도선을 감아쥐면, 네 손가락이 감기는 방향이 자기장의 방향이다.

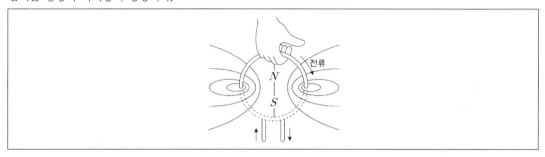

② **자기장의 세기** ··· 원형 전류 중심에서 자기장의 세기 B는 전류의 세기 I에 비례하고, 원형 도선의 반지름 r에 반비례한다.

$$B = k\frac{I}{r}\,(k = 2\pi \times 10^{-7}N/A^2)\,[단위 : T]$$

(3) 솔레노이드 내부의 자기장

① **자기장의 모양과 방향** ··· 솔레노이드 내부에서는 균일한 자기장이 만들어지고, 외부에서는 막대자석의 자기장의 모양과 비슷한 자기장이 만들어진다. 오른손의 네 손가락을 전류의 방향을 향하도록 솔레노이드를 감아쥘 때, 엄지손가락이 가리키는 방향이 자기장 방향이다.

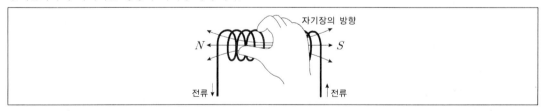

② **자기장의 세기** ··· 솔레노이드 내부에서 균일한 자기장의 세기 B는 단위 길이당 감은 횟수 n에 비례하고, 전류의 세기 I에 비례한다.

$$B = k''nI(k'' = 4\pi \times 10^{-7}N/A^2)\,[단위 : T]$$

SECTION 4 물질의 자성

(1) 자성

물질이 자석에 반응하는 성질로, 물질 내부의 원자는 하나하나가 자석과 같은 역할을 한다.

(2) 자화

외부 자기장의 영향으로 원자 자석들이 일정한 방향으로 정렬되는 현상

(3) 자성의 구분(3가지)

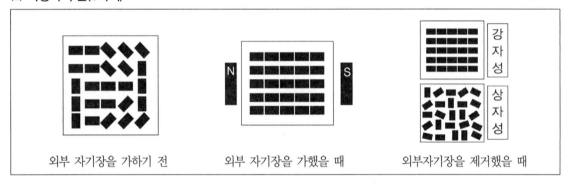

| 외부 자기장을 가하기 전 | 외부 자기장을 가했을 때 | 외부자기장을 제거했을 때 |

① **강자성**(자석에 잘 붙는 성질)
  - ㉠ **외부 자기장을 가함** : 외부 자기장의 방향으로 강하게 자화
  - ㉡ **외부 자기장을 제거** : 자성을 계속 유지하며, 자석과 같이 물체를 잡아당김
  - ㉢ **강자성체** : 철, 니켈, 코발트 등

② **상자성**(자석에 어느 정도 붙지만 그 정도가 아주 약한 성질)
  - ㉠ **외부 자기장을 가함** : 외부 자기장의 방향으로 약하게 자화
  - ㉡ **외부 자기장을 제거** : 자화가 사라짐
  - ㉢ **상자성체** : 종이, 알루미늄, 마그네슘, 텅스텐, 산소 등

③ **반자성**(자석에 의해 밀리는 성질)
  - ㉠ **외부 자기장을 가함** : 외부 자기장의 반대 방향으로 자화
  - ㉡ **외부 자기장을 제거** : 자화가 사라짐
  - ㉢ **반자성체** : 구리, 유리, 플라스틱, 금, 수소, 물 등

④ **초전도체** … 외부에서 자기장을 가하면 외부 자기장과 반대 방향의 자기장이 만들어져 자석을 밀어내는 반자성이 강하게 나타남(마이스너 효과)

※ **마이스너 효과** : 임계 온도 이하에서 초전도체 내부의 자기장이 완전히 없어지는 현상으로 1933년 독일의 마이스너가 발견하였다. 마이스너 효과는 초전도체가 주변의 자기장을 배척하는 성질을 가지고 있기 때문에 나타난다. 초전도체 위에 자석을 올려놓으면 자석이 공중에 뜨게 된다.

SECTION 5 자성의 원인

(1) 원자 자석

원자는 원자 내 전자의 운동으로 주변에 자기장을 형성할 수 있으므로, 원자도 두 극을 가진 자석으로 볼 수 있다.

① 원자 … 모든 원자는 (+)전하를 띠는 원자핵과 (−)전하를 띠는 전자로 이루어져 있다.

② 전자의 운동 … 원자핵 주위를 전자가 돌고 있다. 돌고 있는 전자에 의해 전류가 흐르고, 전류는 자기장을 만든다.

(2) 자성의 원인(전류가 원인)

① 도선에 흐르는 전류→자기장 형성(앙페르 법칙)

② 원자 내 전자의 궤도 운동(전류 고리)

③ 전자의 스핀→스핀 방향과 반대 방향으로 전류가 흐르는 것과 같은 효과가 나타난다.

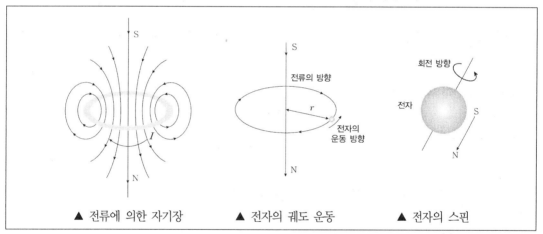

▲ 전류에 의한 자기장　　▲ 전자의 궤도 운동　　▲ 전자의 스핀

(3) 모든 물질이 자성을 나타내지 않는 이유

서로 반대 방향으로 도는 전자들이 짝을 이루어 전자가 만드는 자기장이 서로 상쇄되면 자성이 나타나지 않는다.

SECTION 6 전자기 유도

(1) 전자기 유도

① 전자기 유도 현상 … 코일과 자석의 상대적인 운동으로 자속이 변할 때 코일에 전류가 유도되는 현상을 말한다.

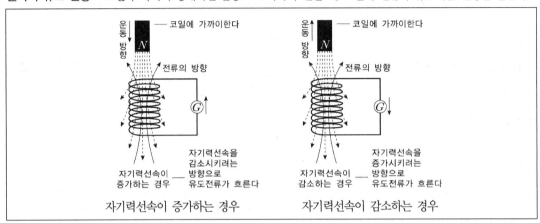

② 렌츠의 법칙 … 유도 전류는 코일 내부를 지나는 자기력선속의 변화를 방해하는 방향, 또는 자석의 운동을 방해하는 방향으로 흐른다.

(2) 패러데이 법칙과 유도 전류

① 패러데이 법칙 … 유도 기전력의 크기 E는 코일을 지나는 자속 Φ의 시간적 변화율에 비례하고, 코일의 감은 횟수 n에 비례한다.

$$E = -N\frac{\Delta\Phi}{\Delta t} \text{(단위 : } V)$$

유도 기전력을 음수로 표현하는 것은 유도 기전력의 방향이 자기장 변화를 방해하는 방향으로 생기기 때문이다.

② 유도 전류의 세기(유도 기전력이 클수록 세다) … 자석을 빨리 운동시키거나 강한 자석일수록, 코일을 많이 감을수록 유도 기전력이 크고 유도 전류가 세다. 즉, 유도 전류는 코일의 감은 수, 자석의 세기, 자석의 운동 속력에 비례하여 커진다.

(3) 전자기 유도의 이용

발전기, 녹음과 재생, 전기 기타, 금속 탐지기, 변압기 도난 방지 장치 등

76 | PART 01. 물리

SECTION 7 원자의 구조와 에너지띠

(1) 원자 모형의 변천사

① 데모크리토스 ··· 모든 물질은 원자라는 매우 작은 입자로 구성

② 돌턴 ··· 물질은 일정한 비율의 원자들의 결합이며, 단순한 구형의 원자 모형을 제시

③ 톰슨 ··· 최초로 원자의 구성 입자인 전자를 발견했고, (−)전하를 띤 전자들이 (+)전하를 띤 물질에 듬성듬성 박혀있는 것으로 원자를 묘사함

④ 러더퍼드 ··· 알파 입자를 금박에 쏘아 원자의 중심에 (+)전하로 대전된 핵 발견

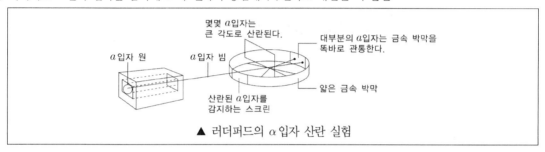

▲ 러더퍼드의 α 입자 산란 실험

(2) 각 원자 모형의 문제점

과학자	톰슨	러더퍼드	보어	전자구름(현대)
원자 모형	양(+)전하로 균일 하게 대전된 물질 내에 전자가 띄엄띄엄 박혀 있음	양(+)전하를 띠는 원자핵 주위를 전자가 돌고 있음 (원자핵의 발견)	전자는 원자핵 주위의 특정한 에너지를 가진 궤도만 돌 수 있음	궤도 모형에서 전자가 발견될 확률로 해석(현대의 모형)
모순점	α 입자의 산란을 설명 못함	원자의 안정성 및 선 스펙트럼을 설명 못함	복잡한 원자의 스펙트럼은 설명 못함	

SECTION 8 원자 스펙트럼

(1) 스펙트럼

빛이 프리즘을 통과하면서 여러 가지 색으로 나누어지는 색깔의 띠

(2) 연속 스펙트럼

고온의 고체나 액체에서 나오는 빛이 분산하여 생긴 스펙트럼으로, 빨강에서 보라까지의 모든 색의 빛이 섞여 연속적으로 나타나는 스펙트럼

(3) 선 스펙트럼(방출 스펙트럼)

방전관 속에 수소, 네온과 같은 기체를 넣고 방전 시키면 각 원소마다 각각 특유한 색깔의 빛을 방출한다. 이 빛을 분광기로 관찰할 때 특정한 위치에 밝은 색의 선이 띄엄띄엄 나타나는 스펙트럼

① 고온에서 기체가 갖는 특정 파장의 빛을 방출하여 방출 스펙트럼이라고도 한다.

② 모든 원소들은 고유의 선 스펙트럼을 가진다.

③ 선 스펙트럼을 분석하면 그 물질을 구성하는 원소의 종류를 알 수 있다.

(4) 흡수 스펙트럼

백색광을 낮은 온도의 기체에 통과시키면 기체는 특정 파장의 빛을 흡수한다. 이때 밝은 바탕 위에 흡수된 파장이 검은 선으로 나타나는 스펙트럼을 흡수 스펙트럼이라 한다.

① 어떤 원소의 흡수 스펙트럼의 어두운 선은 선 스펙트럼의 밝은 선과 같은 위치에 나타난다.

② 어떤 별에서 오는 빛의 흡수 스펙트럼을 분석하면, 별 표면의 기체의 종류를 알 수 있다.

(5) 원자가 고유의 선 스펙트럼을 나타내는 이유

원자의 전자가 에너지를 흡수하여 높은 에너지 준위로 올라갔다가 다시 원래 에너지 준위로 내려올 때 그 에너지 차이에 해당하는 에너지를 빛으로 방출한다. 이 방출된 빛이 선 스펙트럼을 나타낸다. 이때 원자마다 다른 파장의 빛을 방출하기 때문이다.

SECTION 9 수소 원자의 선 스펙트럼

(1) 수소 원자의 스펙트럼

불연속적인 선 스펙트럼이 나타난다. 이것은 수소 원자의 에너지 값이 불연속적임을 의미

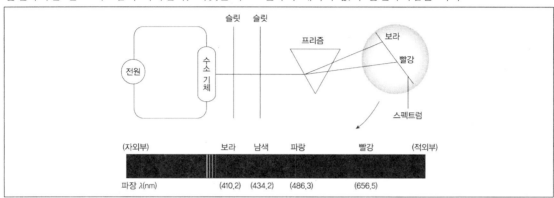

그림과 같이 수소 기체를 전기 방전시킬 때 발생하는 전자기파를 분광기를 통해 관찰한 선 스펙트럼 파장들이 아래와 같은 식을 만족한다. (발머($m=2$)가 발견)

$$\frac{1}{\lambda} = R\left(\frac{1}{m^2} - \frac{1}{n^2}\right)(n > m) \quad [R = 1.097 \times 10^7 m^{-1}(\text{뤼드베리 상수})]$$

(2) 수소 원자의 선 스펙트럼의 계열

계열명	발견 연도	스펙트럼 영역	발머식과의 관계
라이만	1906 ~ 1914	자외선	$m=1$, $n=2$, 3, 4, $\cdots$
발머	1885	자외선, 가시광선	$m=2$, $n=3$, 4, 5, $\cdots$
파셴	1908	적외선	$m=3$, $n=4$, 5, 6, $\cdots$
브래킷	1922	적외선	$m=4$, $n=5$, 6, 7, $\cdots$
푼트	1924	적외선	$m=5$, $n=6$, 7, 8, $\cdots$

※ 수소 원자의 선 스펙트럼에 있어서 이와 같은 규칙성의 존재는 원자 구조에 대한 이론 연구의 불씨가 되었다.

> **TIP** 라이만 계열과 발머 계열
>
> 발머 계열의 가장 짧은 파장은 λ=365nm이고, 라이만 계열의 가장 긴 파장은 λ=268nm이다. 즉, 발머 계열의 가장 짧은 파장은 라이만 계열의 가장 긴 파장보다 길다.

SECTION 10 에너지 준위와 선 스펙트럼

(1) 보어의 양자 가설

러더퍼드 원자 모형의 두 가지 문제점을 해결하기 위하여 보어는 원자 세계에서만 적용되는 두 가지 양자 가설로 그 문제점을 해결하였다.

① 제1가설(양자 조건) … 전자는 특정 에너지를 갖는 불연속적 궤도를 따라서 움직이며, 각 궤도에서 에너지는 양자화 되어있다.

② 제2가설(진동수 조건) … 높은 에너지 준위에서 낮은 에너지 준위로 전자가 전이할 때 그 에너지 차이에 해당하는 광자를 방출한다.

$$\triangle E = E_n - E_m = hf = h\frac{c}{\lambda}(n > m) \ (f : 광자의 진동수, \ c : 빛의 속도, \ \lambda : 광자의 파장)$$

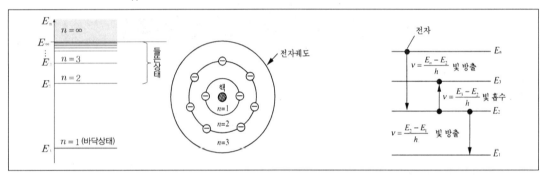

(2) 프랑크-헤르츠 실험

① 프랑크 · 헤르츠 실험 … 원자의 불연속적인 에너지 준위가 실제 존재함을 밝힌 실험으로 보어의 양자 가설을 입증

② 실험 장치 … 음극에서 나온 전자는 음극과 그리드 사이에 걸려있는 전압으로 가속되면서 양극 쪽으로 운동한다. 양극으로 가는 동안 전자들은 수은 원자와 충돌하고, 그리드와 양극 사이에는 낮은 역 전압이 걸려 있으므로 그리드를 지나는 전자들 중에서 너무 느린 전자는 양극에 도달하지 못한다.

(3) 실험 결과

가속 전압이 4.9V의 정수배로 증가할 때마다 양극 전류가 감소→수은 원자가 특정한 값의 에너지만(4.9eV) 흡수→불연속적인 에너지 준위 존재

SECTION 11 고체에서의 에너지 양자화

(1) 기체 원자의 에너지 준위

① 충분한 에너지를 흡수하지 못하면 전자는 원자핵 주변에서 벗어날 수 없다.

② 기체의 선 스펙트럼을 통해 핵 주위의 전자가 가지는 에너지 준위가 띄엄띄엄 존재함을 알 수 있다.

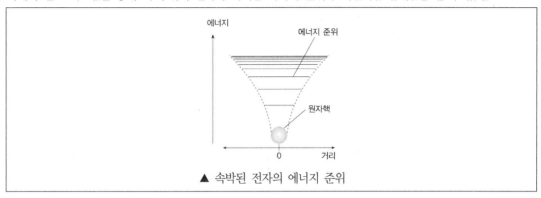

▲ 속박된 전자의 에너지 준위

(2) 고체 원자의 에너지 준위

① 고체의 구조 … 고체의 경우 무수히 많은 원자들이 서로 매우 가깝게 위치하며, 일정한 격자 형태가 반복적으로 나타난다.

② 인접한 원자들이 모두 전자의 궤도에 영향을 준다. 2개의 원자가 매우 가깝게 접근하여 고체를 이루었을 경우 전자의 에너지 준위는 파울리 배타 원리에 의하면 하나의 에너지 상태에 동일한 전자가 2개 있을 수는 없다. 따라서 전자의 에너지 준위는 원자가 1개일 때보다 미세한 차이를 두면서 존재한다.

③ 고체의 경우 많은 원자들의 에너지 준위가 서로 겹친다. 이렇게 겹쳐진 에너지 준위의 영역을 에너지띠라고 한다.

④ 에너지띠와 띠 사이를 띠틈이라고 하며, 이곳에는 전자들이 존재할 수 없다.

SECTION 12 반도체와 신소재

(1) 도체, 부도체, 반도체의 에너지띠 상태

① 도체 … 가전자 띠(원자가띠)와 전도띠의 띠틈이 매우 작거나 가전자 띠(원자가띠)에 전자가 일부만 채워져 있기 때문에 전도띠로 올라가 전류를 흐르게 한다. → 전기 저항이 작다.

② **부도체**(절연체) … 가전자 띠(원자가띠)에 전자가 모두 채워져 있고, 띠틈이 커서 전자가 이동할 수 없다.
→ 전기 저항이 크다.

③ **반도체** … 가전자 띠(원자가띠)에 전자가 모두 채워져 있으나 띠틈이 부도체에 비해 작기 때문에 열을 가해 주면 이 간격을 넘을 수 있다. → 전기 저항이 중간

(2) 도체, 부도체, 반도체의 전도성

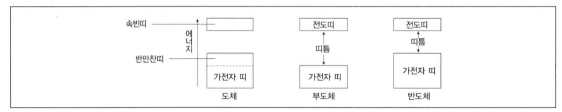

① **도체** … 도체란 전기 저항이 낮은 물질로서 전기가 잘 통하는 물질이다. 전기에 대한 양도체는 열에 대해서도 양도체이다.
　　예 은, 구리, 철, 알루미늄 등 대부분의 금속

② **부도체** … 부도체란 전기 저항이 커서 전기가 잘 통하지 않는 물질이다. 이러한 물질의 경우 열도 잘 전달하지 못한다.
　　예 고무, 유리, 나무 등

③ **반도체** … 반도체란 전기 저항이 도체와 부도체의 중간이다. 따라서 보통의 경우 전류가 잘 흐르지 않지만 도핑을 통해 전기를 흐르게 할 수 있다.
　　예 실리콘(규소), 저마늄 등

(3) 순수 반도체와 불순물 반도체

① **순수 반도체** … 불순물이 없이 같은 수의 전도 전자와 양공을 갖고 있는 물질로 전기장을 걸어주면 전도 전자와 양공은 서로 반대 방향으로 이동

② **불순물 반도체** … 순수한 반도체는 상온에서 전하 운반체(열전자)가 적어 좋은 전도체가 아니므로, 도핑을 통해 전하 운반체(음전하 또는 양전하)를 생성

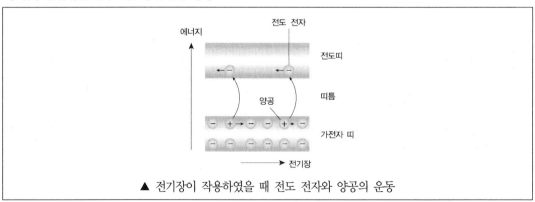

▲ 전기장이 작용하였을 때 전도 전자와 양공의 운동

③ 불순물 반도체 소자의 종류

    ㉠ n형 반도체 : 물질에 운반자 역할을 할 전자를 많이 만들기 위해 15족 원소[인(P), 비소(As), 안티모니(Sb)]를 넣는다. →음(negative)의 전하를 가지는 자유 전자로부터, negative의 머리글자를 취해서 n형 반도체로 불린다.

    ㉡ p형 반도체 : 양공을 많이 만들기 위해서 13족 원소[붕소(B), 알루미늄(Al), 갈륨(Ga), 인듐(In)]를 넣는다. →양(positive)의 전하를 가지는 양공으로부터, positive의 머리글자를 취해서 p형 반도체로 불린다.

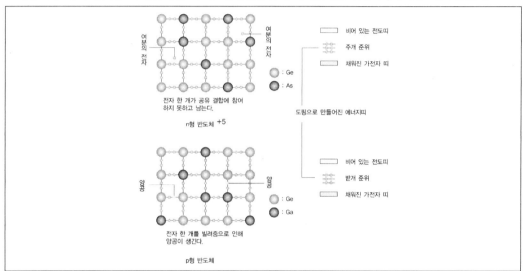

    • 주개 준위 : 주개 불순물이 에너지띠 구조를 수정하여 전도띠 바로 아래를 차지하게 된 에너지 준위
    • 받개 준위 : 받개 불순물이 에너지띠 구조를 수정하여 가전자 띠 바로 위를 차지하게 된 에너지 준위

④ 반도체에서 전자와 양공의 수

    ㉠ 순수 반도체 : 전자의 수 = 양공의 수
    ㉡ n형 반도체 : 전자의 수 > 양공의 수
    ㉢ p형 반도체 : 전자의 수 < 양공의 수

SECTION 13 다이오드

(1) 다이오드

두 개라는 뜻의 "Di"와 전극(electrode)이라는 뜻의 "Ode"를 합친 것이다. n형 반도체와 p형 반도체의 접합 구조이다. n형 반도체는 전자가, p형 반도체는 양공이 채워져 있어 각각 (−)극과 (+)극처럼 행동함

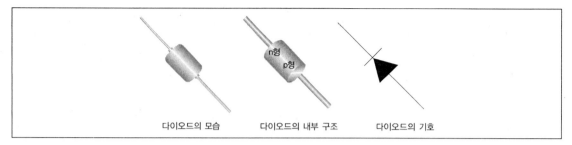

| 다이오드의 모습 | 다이오드의 내부 구조 | 다이오드의 기호 |

① 특징 … 한쪽 방향으로만 전류를 흐르게 하여 교류를 직류로 바꾸는 정류 작용

② 용도 … 교류를 직류로 바꾸는 대부분의 어댑터, 라디오의 고주파에서 음파를 꺼내는 검파용, 전류의 ON/OFF 를 제어하는 스위치

③ 순방향 다이오드와 역방향 다이오드

순방향 다이오드	역방향 다이오드
p형에 (+)극, n형에 (−)극을 연결하면 p형의 양공이 (−)극, n형의 전자가 (+)극으로 이동하여 양공과 전자가 접합 면을 통과하므로 전류가 흐른다.	p형에 (−)극, n형에 (+)극을 연결하면 p형의 양공이 (+)극, n형의 전자가 (−)극으로 이동하여 양공과 전자가 접합 면을 통과하지 못해 전류가 흐르지 않는다.

SECTION 14 트랜지스터

(1) 트랜지스터

트랜스퍼(Transfer : 신호를 전한다) + 레지스터(Resistor : 저항기)의 합성어로, 전자 신호 조정기로서 전류 나 전압의 흐름을 조절하고, 전자 신호를 위한 스위치나 게이트로서의 역할을 한다.

p형 반도체와 n형 반도체를 적절히 조합한 구조로서 베이스라는 중간 부분을 공유한 두 다이오드의 결합인 p-n-p형과 n-p-n형이 있으며, 세 부분[이미터(E), 베이스(B), 컬렉터(C)]으로 나누어진다.

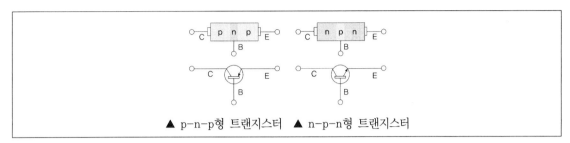

▲ p-n-p형 트랜지스터　▲ n-p-n형 트랜지스터

① 트랜지스터 작동원리(p-n-p형) … 얇게 도핑된 베이스를 관통하여 컬렉터가 있는 회로를 지나 저항으로 전류가 흐름

② 용도

    ⊙ 증폭 작용 : V_e의 변화가 I_e에 커다란 변화로 나타남.

    ⓒ 스위치 작용 : V_e가 정해진 값 이하일 땐 $I_e = 0$, V_e가 정해진 값 이상일 땐, I_e에 다량의 전류가 흐름

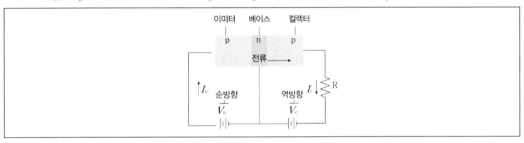

(2) 논리회로

트랜지스터의 연결을 절묘하게 하면 입력값과 출력값 사이에 어떤 특정한 법칙을 이루게 된다.

(3) 직접회로

트랜지스터, 저항기, 축전기, 다이오드 등 회로를 구성하는 부품을 하나의 작은 실리콘 단결정 기판에 함께 모아 놓은 전자 회로

(1) 초전도체

일정한 온도 T_c 이하에서 저항이 0인 물체를 초전도체라고 한다.

① 특징

    ⊙ 전류가 흐를 때 열에너지의 손실이 없다.

    ⓒ 초전도체 내부의 자기장이 완전히 없어진다.

② 초전도체 물질의 임계 온도

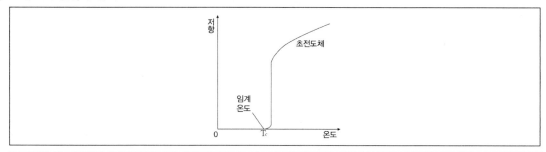

물질	임계 온도(K)	물질	임계 온도(K)
Zn	0.88	Nb	9.46
Al	1.19	Nb_3Ge	23.2
Sn	3.72	$YBa_2Cu_3O_7$	90
Hg	4.15	Ti-Ba-Ca-Cu-O	125

※ 마이스너 효과

　마이스너 효과 : 온도 > 임계 온도 T_c : 상자성

　　　　　　 : 온도 < 임계 온도 T_c : 내부 자기장이 0, 외부 자기력선이 비틀어짐

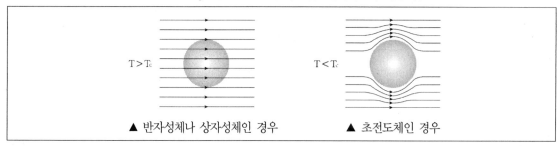

　　　　▲ 반자성체나 상자성체인 경우　　　　▲ 초전도체인 경우

③ 용도 … 매우 강한 전자석, 자기 부상 열차, MRI 등

(2) 유전체

① 유전체 … 전기장 내에서 표면에 전하를 보관하는 물질

② 강유전체 … 외부 전기장이 없어도 유전 분극이 발생한 상태가 계속 유지

　㉠ 용도 : 저장 효율이 좋은 초소형 축전기, 전원 공급이 없어도 기억이 유지되는 초소형 컴퓨터의 메모리 소자

　㉡ 물질 : 로셸염, 인산칼륨, 타이탄산바륨

(3) 액정

막대 모양의 분자들이 액체 상태에서 전체적으로 어느 한 방향을 가리키고 있는 상태로, 액체와 고체의 중간 상태

① 특징 … 작은 전압으로도 큰 광학적 반응을 보인다. → 전자 소자로 각광

② 용도 … 액정 표시기(LCD)

　예 PC모니터, TV, 손목시계, 계산기, 전자사전 등

1 다음 그림은 전기력선을 나타낸 것이다.

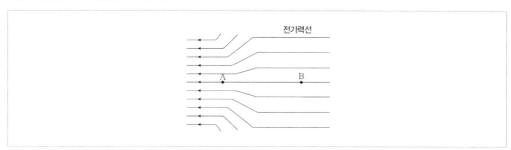

A, B 두 점에서의 전기장의 세기 E_A, E_B와 전위 V_A, V_B의 크기를 비교한 것으로 옳은 것은?

	전기장의 세기	전위
①	$E_A > E_B$	$V_A > V_B$
②	$E_A > E_B$	$V_A < V_B$
③	$E_A < E_B$	$V_A > V_B$
④	$E_A < E_B$	$V_A < V_B$
⑤	$E_A = E_B$	$V_A > V_B$

TIP A, B 두 점에서의 전기장의 세기는 A가 B보다 크고, 전위는 B가 A보다 높다.

⭐ **ANSWER** 1.②

2 평행한 두 금속판을 건전지와 연결하면 금속판 사이에 그림과 같은 균일한 전기장이 형성된다.

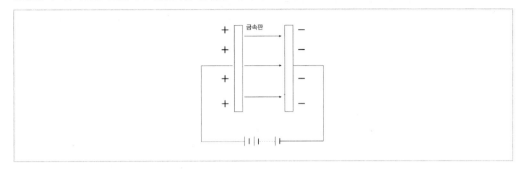

금속판의 면적 $S(\text{cm}^2)$, 금속판 사이의 거리 $d(\text{cm})$, 건전지의 개수 N(개)이 다음과 같을 때, 금속판 사이의 전기장이 가장 센 경우는? (단, 건전지는 모두 같은 종류이고, 직렬로 연결한다.)

	S	d	N			S	d	N
①	100	1	1		②	100	1	2
③	100	2	2		④	200	1	1
⑤	200	2	2					

🌸 **TIP** 전기장의 세기는 전압에 비례하고, 거리에 반비례한다. 금속판의 면적과는 무관하다.

3 다음 그림과 같이 코일이 n번 감긴 솔레노이드를 가변 전원과 저항에 직렬로 연결하고 스위치를 닫았다.

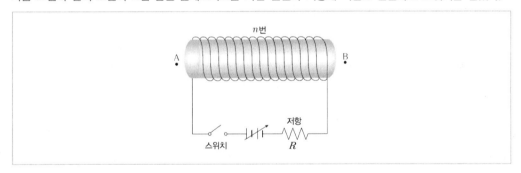

이에 대한 설명으로 옳지 않은 것은?

① A점에 나침반을 놓으면 N극이 오른쪽을 향한다.
② B점에 나침반을 놓으면 N극이 왼쪽을 향한다.
③ 솔레노이드 내부에는 균일한 자기장이 생긴다.
④ 솔레노이드 내부에서 자기장의 방향은 오른쪽이다.
⑤ 가변 전원의 전압을 높이면 솔레노이드 내부의 자기장이 세어진다.

🌸 **TIP** B점에 나침반을 놓으면 N극이 오른쪽을 향한다.

4 그림과 같이 장치하고 자석을 코일 속에 넣으면서 검류계를 관찰하였다. 이때 자석을 넣거나 빼는 속도를 변화시켜 보고, 또 자석의 극을 바꾸어서 같은 실험을 한다. 이 실험 결과에 대한 설명으로 옳은 것만을 〈보기〉에서 있는 대로 고른 것은?

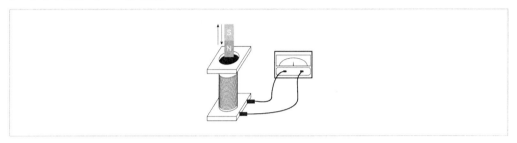

〈보기〉
㉠ 자석을 고정시키고 코일을 위아래로 움직이면 검류계의 바늘은 움직이지 않는다.
㉡ 코일 속에 자석을 넣는 속도가 빠를수록 검류계의 바늘이 많이 움직인다.
㉢ 코일 속에 N극을 넣을 때와 S극을 뺄 때 검류계의 바늘이 같은 방향으로 움직인다.

① ㉡
② ㉢
③ ㉠㉡
④ ㉡㉢
⑤ ㉠㉡㉢

TIP 자석을 고정시키고 코일을 위아래로 움직여도 검류계의 바늘은 움직인다.

5 다음 중 물질이 자성을 나타내는 이유로 옳은 것은?
① 물질을 구성하는 원자 내 전자의 운동 때문
② 원자 자석들이 N극과 S극으로 각각 나눠질 수 있기 때문
③ 외부 전기장의 영향으로 원자 자석들이 일정한 방향으로 정렬될 수 있기 때문
④ 외부 자기장을 가하기 전에 물질을 구성하는 원자의 총 자기장이 0이 아니기 때문
⑤ 모든 물질 사이에는 서로 끌어당기는 만유인력이 작용하기 때문

TIP 물질을 구성하는 원자 내 전자의 운동 때문에 자성을 띠게 된다. 원자 내 전자의 운동은 원자핵 둘레를 도는 궤도 운동과 전자 자신의 축을 기준으로 자전하는 스핀으로 구분된다.

⭐ **ANSWER** 2.② 3.② 4.④ 5.①

6 다음 그림과 같이 수평면 위에 전류가 흐를 수 있는 회로에서 직선 도선 부분의 밑에 자침을 놓았더니 스위치를 열었을 때 자침의 N극이 북쪽을 가리켰다.

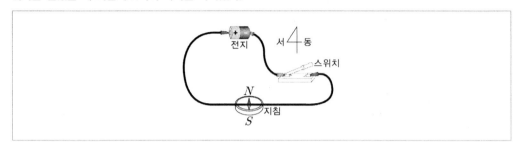

스위치를 닫아 회로에 전류가 흐르게 하면 자침의 N극이 가리키는 방향은?

① 동쪽   ② 서쪽

③ 남쪽   ④ 북쪽

⑤ 북동쪽

   TIP 앙페르 법칙에 따라 직선 전류 밑에는 북쪽을 향하는 자기장이 형성되므로, 자침의 N극은 그대로 북쪽을 가리킨다.

7 다음 그림과 같이 동일한 평면상에 직선 도선과 원형 도선이 놓여 있으며, 직선 도선에는 위 방향으로 전류가 흐르고 있다.

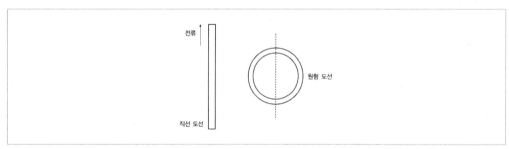

원형 도선에 전류가 흐르는 경우로 옳은 것만을 〈보기〉에서 있는 대로 고른 것은?

〈보기〉

㉠ 직선 도선에 흐르는 전류의 세기를 증가시킨다.
㉡ 원형 도선을 직선 도선 쪽으로 가까이 이동시킨다.
㉢ 원형 도선을 그림의 점선을 축으로 하여 회전시킨다.

① ㉠   ② ㉡

③ ㉠㉢   ④ ㉡㉢

⑤ ㉠㉡㉢

   TIP 원형 도선을 통과하는 자기력선속의 변화가 있으면 원형 도선에 전류가 흐르게 된다.

8 다음 중 전류가 흐르는 도선에 의한 자기장에 대한 설명으로 옳지 않은 것은?

① 자기장의 세기는 전류의 세기에 비례한다.

② 자기장의 단위는 Wb/m^2으로 나타낼 수 있다.

③ 솔레노이드 내부의 자기장의 세기는 균일하다.

④ 직선 전류에 의한 자기장의 세기는 도선으로부터의 거리의 제곱에 반비례한다.

⑤ 원형 도선의 반지름이 작을수록 중심에서의 자기장의 세기는 커진다.

TIP 직선 전류에 의한 자기장은 도선으로부터의 거리에 반비례한다.

9 전하량이 각각 +4C, +2C인 두 금속 구를 같은 길이의 명주실에 연결하여 한 곳에 매달았더니, 두 금속 구가 그림과 같이 연직선과 각각 30°, 15°의 각을 이루고 정지해 있다.

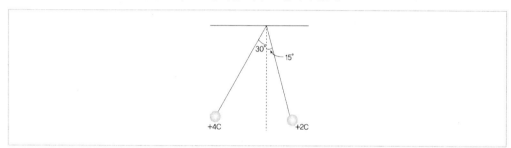

이에 대한 설명으로 옳은 것만을 〈보기〉에서 있는 대로 고른 것은?

〈보기〉
㉠ 전하량이 +4C인 금속 구가 받는 전기력이 더 크다.
㉡ 두 금속 구의 질량은 같다.
㉢ 두 금속 구는 모두 힘의 평형 상태에 있다.

① ㉠   ② ㉡
③ ㉢   ④ ㉠㉡
⑤ ㉡㉢

TIP 두 금속 구의 전하량은 다르지만, 작용·반작용의 법칙에 의해 금속 구 사이에 작용하는 전기력은 서로 같다. 전하량이 +2C인 금속 구가 더 아래로 내려와 있는 것으로 보아 질량이 더 크다. 두 금속 구가 정지하고 있기 때문에 금속 구에 작용하는 모든 힘의 합이 0이다. 따라서 두 금속 구는 평형 상태에 있다.

10 다음 그림과 같이 자기장 Ⅰ, Ⅱ에서 원형 코일이 화살표 방향으로 운동한다. 원형 코일의 면과 자기장은 수직하며 자기장 Ⅰ은 균일하고 자기장 Ⅱ는 오른쪽으로 갈수록 지속 밀도가 증가한다.

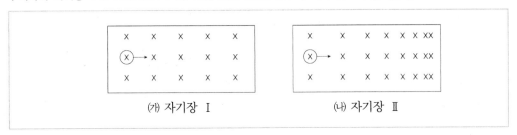

(가) 자기장 Ⅰ   (나) 자기장 Ⅱ

원형 코일에 유도 전류가 흐르는 경우를 〈보기〉에서 있는 대로 고른 것은?

〈보기〉
㉠ 자기장 Ⅰ에서 원형 코일이 등속도 운동을 할 때
㉡ 자기장 Ⅱ에서 원형 코일이 등속도 운동을 할 때
㉢ 자기장 Ⅰ에서 원형 코일이 가속도 운동을 할 때
㉣ 자기장 Ⅱ에서 원형 코일이 가속도 운동을 할 때

① ㉠㉢   ② ㉠㉣
③ ㉡㉢   ④ ㉡㉣
⑤ ㉢㉣

> **TIP** 자기장이 균일하면 가속도 운동을 하더라도 코일을 지나는 자속의 변화가 없으므로 유도 전류는 흐르지 않는다. 자기장이 균일하지 않으면 등속도 운동을 하든지 가속도 운동을 하든지 간에 자속이 변하고 있으므로 유도 전류가 흐른다.

11 솔레노이드 내부에서의 자기장의 세기와 방향을 알아보기 위해 그림 (가)와 같이 장치하고 스위치를 닫았더니 그림 (나)와 같이 나침반 자침의 N극이 동쪽으로 각도 θ 만큼 회전하였다.

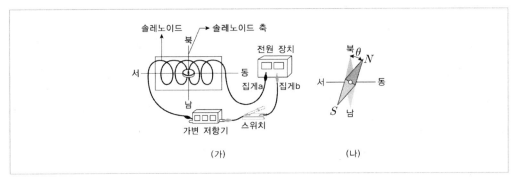

(가)   (나)

나침반 자침의 N극이 서쪽으로 회전하는 경우를 〈보기〉에서 있는 대로 고른 것은?

〈보기〉
㉠ 가변 저항기의 저항값을 증가시킨다.
㉡ 전원 장치의 전압을 증가시킨다.
㉢ 집게 a와 b의 위치를 서로 바꾼다.

① ㉠   ② ㉡
③ ㉢   ④ ㉠㉡
⑤ ㉠㉢

TIP 솔레노이드에 흐르는 전류의 방향을 반대로 하면 되므로, 전원 장치의 집게 a와 b의 위치를 서로 바꾸어
준다.

12 그림과 같이 정사각형의 꼭짓점 A, B, C, D에서 지면으로 수직하게 들어가는 방향으로 전류가 흐르는 네
도선이 있다. 네 도선에 흐르는 전류의 세기가 같을 경우 중심 O에서의 자기장의 세기는 0이다. A, B, C,
D 네 도선에 흐르는 전류의 세기가 모두 같을 때, 중심 O에서의 자기장의 방향은?

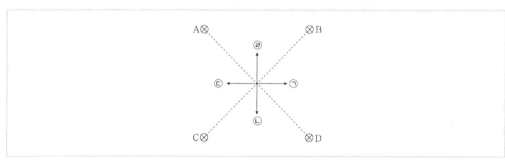

① ㉠   ② ㉡
③ ㉢   ④ ㉣
⑤ 0이다.

TIP 전류에 의한 자기장의 세기는 도선으로부터의 거리에 반비례하고, 방향은 앙페르 법칙으로 구한다.

13 전하량이 각각 +6C, −2C인 두 도체 구 A, B가 거리 r만큼 떨어져 있으며, 이때 두 도체 구 사이에 작용하는 힘의 크기는 F이다. 두 도체 구를 접촉시켰다가 뗀 다음 두 도체 구 사이의 거리가 r이 되도록 하였을 때, 두 도체 구 사이에 작용하는 힘의 크기는 힘은 얼마인가?

① $\dfrac{F}{3}$ ② $\dfrac{F}{2}$

③ F ④ $2F$

⑤ $3F$

TIP 두 도체 구를 접촉시키면 전체의 전하량은 +4C이 되며, 다시 분리시켰을 때 각 도체 구는 +2C으로 대전된다. 따라서 두 도체 구를 접촉시키기 전에 작용하는 힘 F가 $F=k\dfrac{6\times2}{r^2}$이라면, 접촉시킨 후에 작용하는 힘 F'는 $F'=k\dfrac{2\times2}{(r)^2}=k\dfrac{4}{r^2}=\dfrac{F}{3}$가 된다.

14 그림은 원형 도선, 원통형 금속 막대, 전압이 일정한 전원 장치를 이용한 전기 회로를 모식적으로 나타낸 것이다. 원형 도선은 종이 면에 놓여 있고, 점 P는 원형 도선의 중심이다. 표는 비저항이 같은 두 금속 막대 a, b의 저항값을 나타낸 것이다.

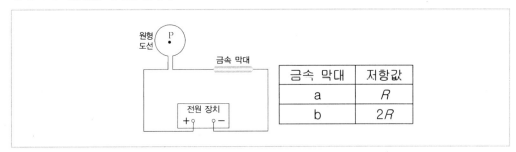

금속 막대	저항값
a	R
b	$2R$

이에 대한 설명으로 옳은 것만을 〈보기〉에서 있는 대로 고른 것은? (단, 원형 도선에 의한 자기장 이외의 자기장과 온도에 따른 저항 변화는 무시한다.)

〈보기〉
ㄱ. P에서 자기장의 방향은 종이 면에서 수직으로 나오는 방향이다.
ㄴ. 원형 도선에 흐르는 전류의 세기는 a를 연결했을 때가 b를 연결했을 때보다 크다.
ㄷ. P에서 자기장의 세기는 b를 연결했을 때가 a를 연결했을 때보다 크다.

① ㄱ   ② ㄴ

③ ㄱㄷ   ④ ㄴㄷ

⑤ ㄱㄴㄷ

TIP P에서 자기장의 방향은 종이 면 속으로 들어가는 방향이고, P에서 자기장의 세기는 a를 연결했을 때가 b를 연결했을 때보다 크다.

15 그림 ㈎는 반지름이 $2a$인 원형 도선에 세기가 I인 전류가 화살표 방향으로 흐르는 것을 나타낸 것이다. 그림 ㈏는 중심이 같고 반지름이 각각 a, $2a$인 원형 도선에 세기가 I인 전류가 화살표와 같이 서로 반대 방향으로 흐르는 것을 나타낸 것이다. 점 P, Q는 원형 도선의 중심이다.

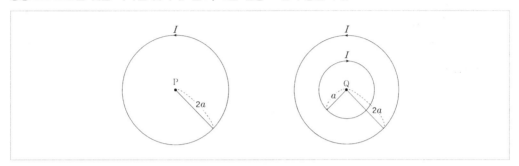

점 P에서 전류에 의한 자기장의 세기가 B일 때, 점 Q에서 전류에 의한 자기장의 세기는?

① $\dfrac{B}{4}$

② $\dfrac{B}{2}$

③ B

④ $2B$

⑤ $4B$

🌸 **TIP** 합성 자기장의 세기를 구해 보면 B가 된다.

16 물질이 자석에 반응하는 성질인 자성에 대한 설명으로 옳은 것만을 〈보기〉에서 있는 대로 고른 것은?

〈보기〉

㉠ 자성에는 강자성, 상자성, 반자성이 있다.
㉡ 상자성체는 외부 자기장을 제거하면 자석의 효과가 바로 사라진다.
㉢ 반자성체에는 구리, 유리, 플라스틱, 금, 수소, 물이 있다.

① ㉠

② ㉢

③ ㉠㉡

④ ㉠㉢

⑤ ㉠㉡㉢

🌸 **TIP** 자성에는 강자성, 상자성, 반자성이 있다. 상자성체는 약하게 자화되는 성질을 가지며 외부 자기장을 제거하면 자석의 효과가 바로 사라진다. 외부 자기장의 반대 방향으로 정렬되는 반자성체에는 구리, 유리, 플라스틱, 금, 수소, 물이 있다.

⭐ **ANSWER** 13.① 14.② 15.③ 16.⑤

17 달리는 킥보드에 불이 켜지는 원리로, 코일이 영구 자석 주위를 회전할 때 자기장의 변화로 코일에 유도 전류가 흐르게 되는 원리는 무엇인가?

① 전자기력
② 전자기 유도
③ 정전기 유도
④ 물질의 자성
⑤ 전류에 의한 자기장

🌼 **TIP** 달리는 킥보드에 불이 켜지는 원리는 코일이 영구 자석 주위를 회전할 때 자기장의 변화로 코일에 유도 전류가 흐르게 되는 원리는 전자기 유도이다.

18 똑같은 종류의 솔레노이드 3개를 다음 그림과 같이 직류 전원에 연결하였다.

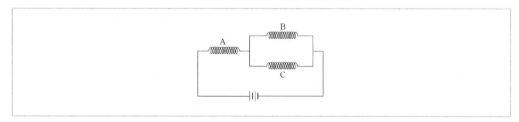

솔레노이드 A, B, C 내부에서 자기장의 세기의 비는? (단, 솔레노이드 사이의 상호 작용은 없다.)

① 1 : 1 : 1
② 1 : 2 : 2
③ 2 : 1 : 1
④ 2 : 2 : 1
⑤ 4 : 1 : 1

🌼 **TIP** 솔레노이드 A, B, C 내부에서 자기장의 세기의 비는 전류의 비가 같으므로 2 : 1 : 1이다.

19 다음 그림은 균일한 자기장 속에 ㄷ자형으로 된 도선 위에 구리 막대를 놓고 오른쪽 방향으로 일정한 속력 으로 잡아당기고 있는 것을 나타낸 것이다.

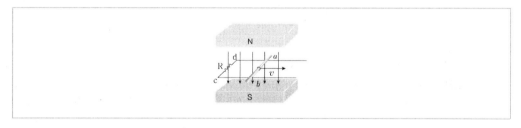

이때 일어나는 현상으로 옳은 것만을 〈보기〉에서 있는 대로 고른 것은?

〈보기〉
㉠ 구리 막대는 왼쪽으로 자기력을 받는다.
㉡ 구리 막대에서는 b에서 a쪽으로 유도 전류가 흐른다.
㉢ 사각형 코일(abcd)을 지나는 자속은 증가한다.

① ㉠   ② ㉢

③ ㉠㉡   ④ ㉡㉢

⑤ ㉠㉡㉢

🌟 **TIP** 구리 막대에서는 반시계 방향으로 유도 전류가 흐르므로 b에서 a쪽으로 유도 전류가 흐른다.

20 다음 그림과 같이 막대자석이 금속 고리를 향해 떨어지고 있다. 그림 ㈎는 완전한 고리이며, 그림 ㈏는 중간 부분이 끊어진 고리이다.

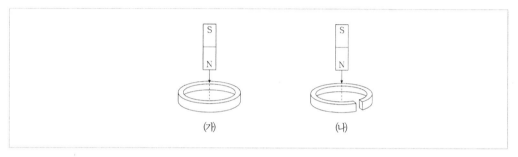

이에 대한 설명으로 옳은 것만을 〈보기〉에서 있는 대로 고른 것은?

〈보기〉
㉠ 그림 ㈎의 막대자석이 그림 ㈏의 막대자석보다 빨리 떨어진다.
㉡ 그림 ㈎의 막대자석이 그림 ㈏의 막대자석보다 느리게 떨어진다.
㉢ 그림 ㈎의 막대자석은 그림 ㈏의 막대자석과 같은 속도로 떨어진다.
㉣ 그림 ㈎에는 유도 전류가 흐르고, 그림 ㈏에는 유도 전류가 흐르지 않는다.

① ㉠   ② ㉡

③ ㉢   ④ ㉠㉣

⑤ ㉡㉣

🌟 **TIP** 자석이 코일을 통과하는 동안 코일에는 자석에 의한 자기장의 변화를 방해하는 방향으로 유도 전류가 흐른다. 그러나 그림 ㈏의 코일은 끊어져 있으므로 유도 전류가 흐를 수 없다. 자석이 코일 위쪽에 있을 때에는 코일로부터 척력이 작용하고, 아래쪽을 지날 때에는 인력이 작용하여 낙하 속도가 그림 ㈏보다 느려진다.

🌟 **ANSWER**   **17.**② **18.**③ **19.**⑤ **20.**⑤

21 1m 떨어진 두 전하 사이에 작용하는 전기력이 F이다. 두 전하의 전하량이 각각 2배로 증가하고 거리가 2m가 되면 두 전하 사이에 작용하는 힘은 얼마가 되는가?

① F

② 2F

③ 4F

④ − 2F

⑤ $\dfrac{F}{2}$

🏵️ **TIP** 전하량이 각각 2배, 거리가 2배가 되었을 때, 쿨롱 법칙에 의하면 전기력의 크기는 그대로이다.

22 다음 그림과 같이 긴 직선 도선에 같은 크기의 전류가 같은 방향으로 흐르고 있다.

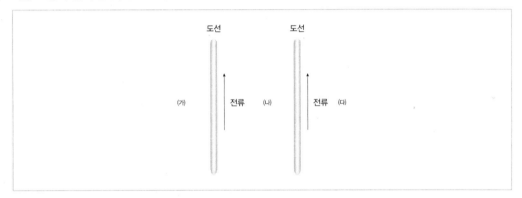

(가), (나), (다) 중에서 자기장의 세기가 0이 될 수 있는 영역은?

① (가)

② (나)

③ (다)

④ (가)(나)

⑤ (가)(나)(다)

🏵️ **TIP** 앙페르 법칙에 의하면 (나)영역에서 두 직선 전류에 의한 자기장의 방향이 서로 반대가 되므로 합성 자기장의 세기가 0이 될 수 있다.

23 코일을 여러 번 감은 원통 안에 자석을 넣고 LED를 연결한 후, 위아래로 흔들면 LED에 불이 들어온다. LED에 불이 들어오는 이유는 무엇인가?

① 패러데이 법칙

② 앙페르 법칙

③ 초전도 현상

④ 전자기 유도

⑤ 마이스너 효과

🏵️ **TIP** 자석과 코일 중 어느 하나가 나머지에 대하여 상대적으로 움직일 때 코일에 전류가 흐르는 전자기 유도 현상으로 인해 LED에 불이 들어오는 것이다.

24 초전도체 내부의 자기장이 완전히 없어지는 현상으로, 초전도체 위에 자석을 놓을 때 자석이 초전도체 위에 떠 있게 되는 것을 무엇이라고 하는가?

① 전자기 유도　　　　　　　　　　② 마이스너 효과
③ 앙페르 법칙　　　　　　　　　　④ 상자성
⑤ 렌츠의 법칙

TIP 마이스너 효과(Meissner effect)란 초전도체 내부의 자기장이 완전히 없어지는 현상으로, 자기장이 상대적으로 아주 작을 때에만 나타난다. 만일 자기장이 너무 크게 되면 그것은 재료 내부로 침입하고 그 재료는 초전도성을 잃어버리게 된다.
그림과 같이 초전도체 위에 자석을 두면 초전도체는 자기장을 배척하는 성질이 있으므로 자석은 초전도체 위에 떠 있게 된다.

25 다음 그림과 같이 균일한 전기장 속에 도체를 놓았다.

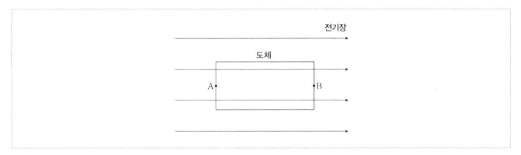

도체 속에서 외부 전기장과 도체 속 전하에 의한 전기장의 합성 전기장의 방향은?

① A→B　　　　　　　　　　　　② A←B
③ A↑B　　　　　　　　　　　　④ A↓B
⑤ 0

TIP 그림에서 도체 외부 전기장의 방향은 B쪽으로 향하고, 도체 속 전기장의 방향은 도체 속의 전자들이 A쪽에 많이 있으므로 (+)전하를 띤 B에서 (−)전하를 띤 A쪽으로 향한다.
따라서 도체 외부 전기장과 도체 내부의 전하에 의한 전기장이 서로 상쇄되어 합성 전기장은 0이다.

03 정보와 통신

파동의 발생과 종류

(1) 파동

매질의 한 곳에서 생긴 진동이 주위로 퍼져 나가는 현상

(2) 파동의 전파

파동이 전파될 때, 매질은 제자리에서 진동만 하고 에너지가 전달된다.

(3) 파동의 분류

① 파동의 진행 방향과 매질의 진동 방향에 따른 분류

    ㉠ **횡파** : 파동의 진행 방향과 매질의 진행 방향이 수직인 파동

    ㉡ **종파** : 파동의 진행 방향과 매질의 진행 방향이 서로 나란한 파동

② 파면의 모양에 따른 분류

    ㉠ **평면파** : 파동의 파면이 평행한 파동

    ㉡ **구면파** : 파동의 파면이 구 모양인 파동

파동의 전파

(1) 파동의 표시

① **진폭(A)** … 매질의 진동의 중심에서 최대 변위까지의 거리

② **파장(λ)** … 매질이 한 번 진동하는 동안 파동이 진행하는 거리

③ **주기(T)** … 매질이 한 번 진동하는 데 걸리는 시간

④ **진동수(f)** … 1초 동안 매질이 진동하는 횟수, $f = \dfrac{1}{T}$

(2) 파동의 전파 속도

파동은 한 주기 동안 한 파장 만큼 진행하므로 전파 속도 v는 $v = \dfrac{\lambda}{T} = \lambda f \left(\because f = \dfrac{1}{T} \right)$이다.

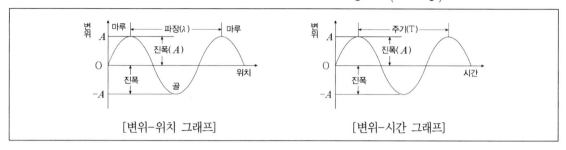

[변위-위치 그래프]　　　　　　　[변위-시간 그래프]

SECTION 3 소리의 개요

(1) 소리의 발생과 전달

① 소리의 발생…물체의 진동으로 공기가 진동하거나 공기의 흐름에 의해 공기가 진동하여 발생한다.

② 소리의 전달…공기 입자들의 진동은 다시 주변 공기 입자들을 진동시키며 그 진동이 퍼져 나간다.

(2) 소리의 속력

① 소리는 공기, 물, 철 등과 같이 기체, 액체, 고체를 통해 전달되는데, 일반적으로 소리의 속력은 고체 > 액체 > 기체 순이다.

② 공기의 온도가 올라가면 공기 입자의 운동 속력도 빨라지므로 소리의 속력도 빨라지게 된다.

③ 공기, 물, 철에서 소리의 속력

공기	물	철
약 340m/s	약 1500m/s	약 5200m/s

(3) 소리의 전달

① 소리의 특성

반사	굴절	회절
소리가 진행하다가 물체에 부딪쳐 진행 방향이 바뀌어 되돌아 나오는 현상으로, 이때 입사각과 반사각의 크기가 같다.	소리가 진행하다가 다른 매질을 만났을 때 진행 방향이 꺾이는 현상으로, 속력이 빠른 쪽에서 느린 쪽으로 꺾인다.	소리가 좁은 틈이나 장애물의 가장자리를 지날 때 좁은 틈이 나 장애물의 뒤로 돌아서 휘어져 나가는 현상이다.

② 귀의 구조와 소리의 인식

ㄱ 고막의 소리 인식 : 진폭이 약 1×10^{-11}m인 공기 알갱이의 떨림도 감지한다.

ㄴ 소리의 인식 과정 : 물체의 진동(소리의 발생) → 공기의 진동 → 고막의 진동 → 청소골(소리 감지) → 달팽이 관 → 신경세포(청신경) → 대뇌

ㄷ 사람이 들을 수 있는 소리의 진동수(가청 진동수)는 20 ~ 20000Hz이다.

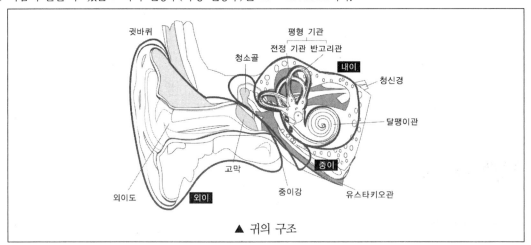

▲ 귀의 구조

SECTION 4 초음파

(1) 초음파

진동수가 20kHz 이상인 소리로, 사람이 들을 수 없는 소리이다.

(2) 초음파의 이용

비파괴 검사기	초음파 진단기	초음파 세척기	어군 탐지기
2000 ~ 10000kHz의 초음파 이용	1500 ~ 60000kHz의 초음파 이용	20 ~ 40kHz의 초음파 이용	50 ~ 200kHz의 초음파 이용
금속이나 플라스틱의 비파괴 검사	임신부의 뱃속에서 아기의 모습을 진단	안경이나 치과용, 산업용 기구 등을 세척	어군의 크기나 위치를 알아 낸다.

공명과 화음

(1) 파동의 간섭

① 중첩 원리 … 두 파동이 한 곳에서 만날 때 그 지점에서 파동의 변위는 각각의 파동의 변위를 합한 것과 같다.
→ 중첩된 결과 만들어지는 파동을 합성파라고 한다.

② 파동의 간섭 … 파동이 중첩되어 진폭이 더 커지거나 작아지는 현상

보강 간섭	상쇄 간섭
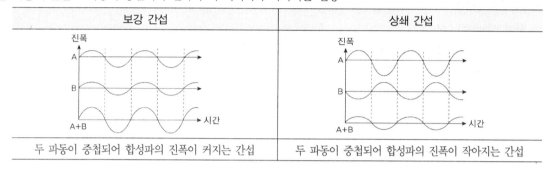	
두 파동이 중첩되어 합성파의 진폭이 커지는 간섭	두 파동이 중첩되어 합성파의 진폭이 작아지는 간섭

③ 보강 간섭과 상쇄 간섭의 조건 … S_1, S_2가 두 파동의 파원일 때 P점에서 두 파동의 경로차는 $d=\left|\overline{S_1P}-\overline{S_2P}\right|$ 이며 두 파동의 파장이 λ 일 때 경로차 d인 위치에서 보강 간섭과 상쇄 간섭이 일어나는 조건은 다음과 같다.

같은 위상	반대 위상
• 보강 간섭 : $d=\dfrac{\lambda}{2}\times(0,\ 2,\ 4,\cdots)$	• 보강 간섭 : $d=\dfrac{\lambda}{2}\times(1,\ 3,\ 5,\cdots)$
• 상쇄 간섭 : $d=\dfrac{\lambda}{2}\times(1,\ 3,\ 5,\cdots)$	• 상쇄 간섭 : $d=\dfrac{\lambda}{2}\times(0,\ 2,\ 4,\cdots)$

(2) 정상파

정상파의 생성	정상파의 모습
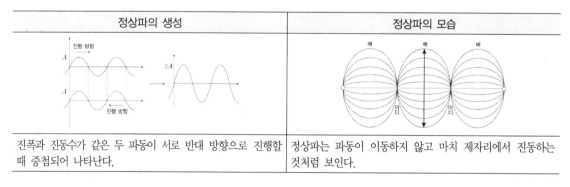	
진폭과 진동수가 같은 두 파동이 서로 반대 방향으로 진행할 때 중첩되어 나타난다.	정상파는 파동이 이동하지 않고 마치 제자리에서 진동하는 것처럼 보인다.

(3) 공명

① **공명** ⋯ 외부에서 준 진동이 원래 자신의 진동과 일치하여 진동이 점점 커지는 현상

② **고유 진동수** ⋯ 각 물체가 공명을 일으키는 진동수를 말한다.

    ㉠ 양쪽 끝이 열린 관의 고유 진동 조건 : 관 길이 = 소리의 반 파장의 정수배

    ㉡ 한쪽 끝이 닫힌 관의 고유 진동 조건 : 관 길이 = 소리의 $\frac{1}{4}$ 파장의 홀수배

(4) 악기와 정상파

① 줄에 만들어진 정상파

    ㉠ 줄의 양 끝은 진동하지 못하므로 항상 마디가 된다.

    ㉡ 줄 전체의 길이가 반 파장의 정수배인 정상파만 가능하다.

$$l = \left(\frac{\lambda}{2}\right) \times n = \frac{v}{2f} \times n (n = 1, \ 2, \ 3, \ \cdots) \rightarrow f = \frac{v}{2l} n$$

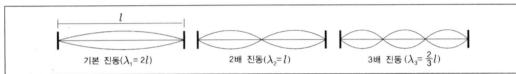

② 양쪽 끝이 열린 관에 만들어진 정상파

    ㉠ 관의 양쪽 끝은 마디일 수 없으므로 항상 배가 된다.

    ㉡ 관 전체 길이가 반 파장의 정수배인 정상파만 가능하다.

$$l = \left(\frac{\lambda}{2}\right) \times n = \frac{v}{2f} \times n (n = 1, \ 2, \ 3, \ \cdots) \rightarrow f = \frac{v}{2l} n$$

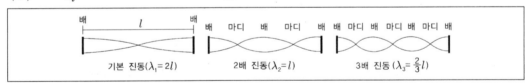

③ 한쪽 끝이 막힌 관에 만들어진 정상파

    ㉠ 관의 막힌 쪽에서는 공기가 좌우로 진동할 수 없으므로 마디가 되고, 열린 쪽은 배가 된다.

    ㉡ 관 전체 길이가 $\frac{1}{4}$ 파장의 홀수배인 정상파만 가능하다.

$$l = \left(\frac{\lambda}{4}\right) \times \text{홀수} = \frac{v}{4f} \times \text{홀수} \rightarrow f = \frac{v}{4l} \times \text{홀수}$$

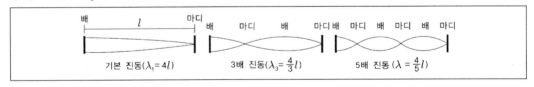

④ 유리잔을 문지를 때 소리의 높이

　㉠ 잔의 진동에 의해서 소리가 발생한다.

　㉡ 잔에 채워진 물의 높이에 따른 소리의 높이 : 물이 많으면 전체 질량이 증가하므로 잔의 관성이 증가한다. 따라서 잔이 진동하기 어려우므로 낮은 소리가 난다. 반대로 물이 적으면 높은 소리가 난다. 관의 길이가 길수록 공명이 일어나는 소리의 파장이 길어져서 낮은 소리가 난다.

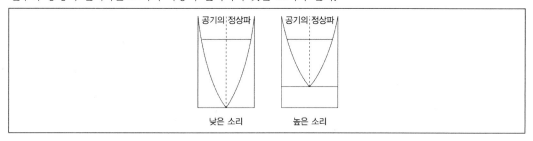

(5) 소리의 화음

음정과 옥타브	– 음정 : 서로 다른 두 음 사이의 간격을 음정이라고 한다. – 옥타브 : '도, 레, 미, 파, 솔, 라, 시, 도'를 묶어 옥타브라고 한다. 한 옥타브에서 다음 옥타브 사이의 진동수는 2배 차이가 난다.
화음	– 높이가 다른 두 개 이상의 음이 동시에 울려 아름답게 들리는 것을 화음이라고 한다. – 서양의 평균율에 따르면 한 옥타브 사이에는 12개의 음계가 들어가므로 한 음과 다음 음의 진동수 차이는 $\sqrt[12]{2} = 1.06$(배)이다.
화음과 진동수 비	피타고라스는 음 사이의 진동수 비가 간단한 정수비일 때 소리가 잘 어울리는 화음을 이룬다고 했다. 🔲 도 : 미 : 솔 $= 1 : 1.06^4 : 1.06^7 ≒ 4 : 5 : 6$

마이크와 스피커

(1) 마이크

① 마이크의 원리 ··· 공기의 진동이 마이크의 진동판을 진동시켜 전기 신호를 발생시킨다.

② 마이크의 종류

종류	다이나믹 마이크	콘덴서 마이크	압전 마이크
과정	공기진동 → 진동판진동 → 원형코일 진동 → 코일에 유도 전류 발생	공기진동 → 진동판진동 → 축전기 (콘덴서)의 전기 용량변화 → 전압에 의한 전기신호 발생	공기진동 → 진동판진동 → 압전물질의 압축, 팽창 → 압전물질의 전압 크기 및 방향 변화 → 전기신호발생

(2) 스피커

① 스피커의 원리 ··· 음성 신호가 들어 있는 전류가 코일에 흐르면 코일이 진동하여 소리를 발생시킨다.

② 스피커의 구조

　㉠ 진동판이 원형 코일에 붙어 있다.

　㉡ 원형 코일 속에 원통형 자석이 고정되어 있다.

③ 스피커의 작동 과정…마이크의 작동 과정과 반대이다.

코일에 음성 전류 흐름→자기력을 받아 원형 코일 진동→진동판 진동→소리의 발생

SECTION 7 빛의 성질과 이용

(1) 광전 효과

① 광전 효과…금속판에 빛을 쪼였을 때 금속판에서 전자가 방출되는 현상

　㉠ 광전자 : 빛을 쪼여 줄 때 금속 표면으로부터 튀어나오는 전자

　㉡ 금속의 일함수 : 전자를 금속 표면으로부터 방출시키기 위한 최소한의 에너지

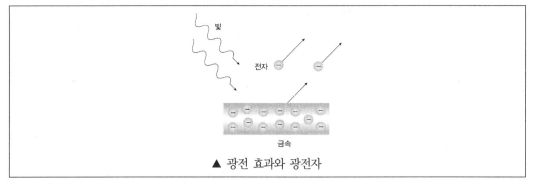

▲ 광전 효과와 광전자

② 광전 효과의 예상과 결과

	예상	결과
빛의 세기	밝은(강한) 빛을 쪼이면 방출된 전자의 에너지가 높다.	방출된 전자의 에너지는 빛의 밝기와 무관하다.
빛의 진동수	진동수와 관계없이 빛의 세기가 세면 광전 효과가 일어난다.	특정 진동수 이상의 빛을 쪼여 줄 때에만 광전 효과가 일어난다.(한계 진동수 : 주어진 금속에 대해 빛이 전자를 방출시킬 수 있는 최소한의 진동수로, 문턱 진동수라고 표현하기도 한다.
전자의 방출 시간	에너지를 얻은 전자가 방출되는 데 시간이 걸린다.	광전 효과에서는 시간 지연이 관찰되지 않는다.
결론	빛을 파동으로 보면 설명하기 힘든 현상이 나타난다. →빛을 파동이 아닌 입자로 해석할 필요가 발생한다.(빛의 이중성)	

(2) 광전 효과의 해석

① **아인슈타인의 광양자설** ··· 아인슈타인은 빛을 광자(광양자)라고 불리는 불연속적인 에너지 입자의 흐름으로 보았다.

    ㉠ 광자의 에너지 : 진동수 f인 광자 한 개가 갖는 에너지는 $E = hf$ (h : 플랑크상수)이다.

    ㉡ 광자의 운동량(p) : $p = \dfrac{h}{\lambda}$

② **광전 효과와 운동량 보존 법칙** ··· 광전 효과는 광자와 전자의 충돌에 의해 나타나는 현상이며, 이때 방출되는 전자의 개수는 운동량 보존 법칙을 따른다.

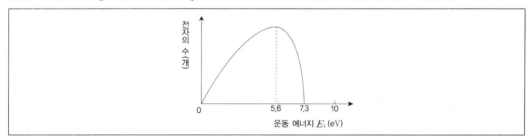

	흰색 공의 에너지가 일정 값 이상이어야 빨간색 공이 언덕을 넘어갈 수 있다.
	흰색 공 하나의 에너지를 더 크게 해도 언덕을 넘어갈 수 있는 빨간색 공은 1개이다.
	빨간색 공 3개가 언덕을 넘어가게 하려면 충돌시키는 흰색 공도 3개여야 한다.

(3) 광전자의 최대 운동 에너지

① 광전자의 최대 운동 에너지

광자 에너지(E)	쪼여 주는 빛의 진동수에 비례한다.
일함수(W)	금속의 일함수는 금속에 따라 다르다.
광전자의 최대 운동 에너지	광자의 에너지에서 일함수를 뺀 값이다. $E_k = hf - W$

※ **최대 운동 에너지** : 동일한 빛을 쪼여 주어도 금속 표면에서 방출되는 전자들의 운동 에너지는 모두 같지 않다. 따라서 식 $E_k = hf - W$에서 E_k는 전자들의 운동 에너지 중 최대인 경우를 의미한다.

② 빛의 진동수와 광전자의 최대 운동 에너지의 관계

금속 A의 진동수와 일함수	금속 A에서 전자를 방출시키기 위한 빛의 최소한의 진동수는 f_A이다. 금속 A의 일함수는 $W_A = hf_A$이다.	
금속 B의 진동수와 일함수	금속 B에서 전자를 방출시키기 위한 빛의 최소한의 진동수는 f_B이다. 금속 B의 일함수 $W_B = hf_B$이다.	
진동수와 운동에너지의 관계	진동수가 f인 빛을 금속 A에 쪼여 주면 전자는 E_k의 운동에너지로 튀어나오지만, 금속 B에 쪼여 주면 전자가 튀어나오지 않는다.	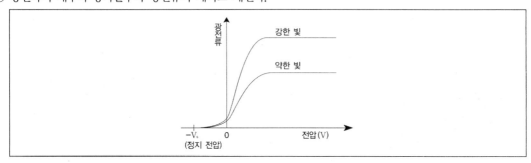

③ 빛의 세기와 광전류

  ㉠ 빛의 세기가 커지면 빛의 진동수는 변하지 않지만 광자의 개수는 증가한다.

  ㉡ 충돌하는 광자의 개수가 증가하면 금속에서 방출되는 전자의 개수도 증가한다.

  ㉢ 광전자의 개수가 증가할수록 광전류의 세기도 세진다.

(4) 광전 효과의 이용

광전관	태양 전지	광다이오드	광합성
음극, 양극으로 구성	반도체로 만든다.	p-n 반도체 접합구조	엽록소
광전관에 빛을 비추면 전류가 흐른다.	태양 전지에 빛을 비추면 전류가 흐른다.	p-n 접합부에 빛을 비추면 전류가 흐른다.	빛을 흡수한 엽록소가 전자를 방출한다.

SECTION
8 **색채 인식과 영상 장치**

(1) 빛의 성질

① 빛의 색에 따른 파장과 진동수

  ㉠ 빛의 색과 파장 : 빛의 색은 파장에 따라 나눌 수 있다.

  ㉡ 빛의 색과 진동수 : 빛의 속력은 진동수와 파장의 곱인데, 진공 중에서 빛의 속력이 일정하므로 빛의 진동수는 파장에 반비례한다.

② 빛의 3원색과 합성 ··· 빨간색(Red), 초록색(Green), 파란색(Blue)을 빛의 3원색이라 하고, 빛의 3원색을 조합하면 여러 가지 색을 만들 수 있다.

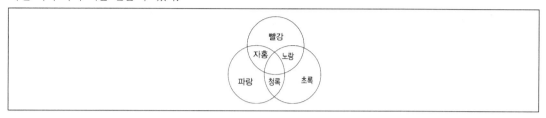

(2) 색채의 인식

① 시신경의 구조와 역할
ㄱ 막대 세포 : 막대 모양의 세포로 명암만을 인식한다.
ㄴ 원뿔 세포 : 원뿔 모양의 세포로 빛의 색을 감지한다.

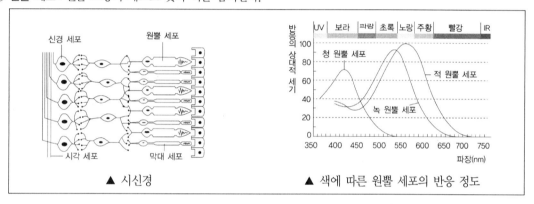

▲ 시신경   ▲ 색에 따른 원뿔 세포의 반응 정도

② 원뿔 세포의 색에 대한 반응 ··· 3가지 원뿔 세포만으로도 약 700만 개의 색을 구별하여 인식할 수 있다.

(3) 컬러 영상 장치

① 기본원리 ··· 인간이 색을 인식하는 원리를 이용하여 빨간색(R), 초록색(G), 파란색(B)만으로 다양한 색을 구현
② 모니터의 구조 ··· R, G, B로 구성된 화소들의 조합

SECTION 9 전자기파의 발생과 수신

(1) 전자기파

① 전기장과 자기장의 관계
ㄱ 맥스웰 이전 : 전기장과 자기장이 서로 별개의 물리적 현상으로 여겨져 왔다.
ㄴ 맥스웰의 발견 : 전기장과 자기장이 시간에 따라 공간으로 퍼져 나가는 전자기파에 대한 수학적인 방정식을 완성하였다.

② 전자기파의 진행

㉠ 맥스웰의 전자기장 방정식에 의하면 전기장과 자기장은 서로 영향을 주고받으며 진동 형태로 퍼져 나간다.

㉡ 변하는 전기장과 자기장이 서로를 유도하면서 진동이 공간에 퍼져 나가는 파동을 전자기파라고 한다.

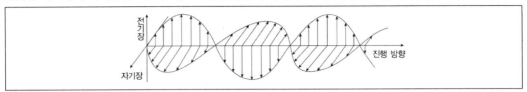

(2) 전자기파의 분류와 특징

① 파장에 따른 전자기파의 분류

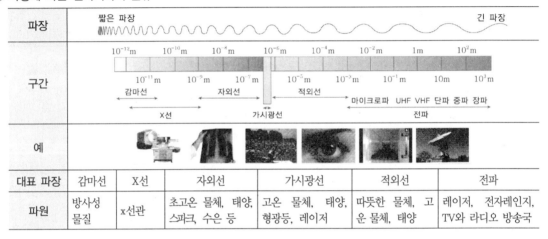

대표 파장	감마선	X선	자외선	가시광선	적외선	전파
파원	방사성 물질	x선관	초고온 물체, 태양, 스파크, 수은 등	고온 물체, 태양, 형광등, 레이저	따뜻한 물체, 고온 물체, 태양	레이저, 전자레인지, TV와 라디오 방송국

② 전자기파의 특징과 이용

종류	특징	파장 범위	이용 분야
전파	마이크로파, UHF, VHF, 단파, 중파, 장파를 총칭하며 통신 수단으로 이용한다.	• 라디오파 - 약 1m ~ 100km 사이로 전자기파 중 파장이 가장 길다. • 마이크로파 - 약 1mm ~ 1m 사이	• 라디오파 - 라디오, TV 등 • 마이크로파 - 전자레인지, 휴대전화, 인공위성 등
적외선	강한 열작용을 하여 열선이라고도 한다.	약 770nm ~ 1nm 사이 (n : 나노, $1n=10^{-9}$)	적외선 온도계, 적외선 카메라 등
가시광선	사람의 눈에 보이는 전자기파로, 가시광선을 통해 사물을 볼 수 있다.	• 약 380 ~ 770nm 사이 - 보라색 : 약 380nm - 빨간색 : 약 770nm	형광등, 컴퓨터나 휴대 전화의 액정, 광학 기구 등
자외선	미생물을 파괴할 수 있는 살균 작용을 한다.	약 1 ~ 380nm 사이	살균, 집적 회로 제조 등

X선	강한 투과력을 가지고 있어 물체의 내부를 투과해 보는 데 사용된다.	약 1nm ~ 1μm 사이 (μ : 마이크로, 1μ : 10^{-6})	X선 촬영, CT촬영, 공항 검색 등
r선	핵이 붕괴할 때 방출되며, 투과력이 X선보다 강하다. 많은 양을 쪼이면 유전자 변형을 일으키거나 암을 발생시킨다.	약 0.01nm 이하	암 치료, 비파괴 검사, 식품의 멸균 및 소독 등

SECTION 10 무선 통신과 방송

(1) 전자기파의 발생

전하가 진동하면 전기장의 변화와 자기장의 변화가 서로 원인과 결과가 되면서 전자기파가 발생하는데, 먼저 발생한 전기장이나 자기장이 밀려서 파동의 형태로 주위 공간으로 퍼져 나간다.

전자기파의 발생 원리	안테나에서 전자기파의 발생 원리
진동하는 자기장은 전기장을 유도하고, 진동하는 전기장은 자기장을 유도한다.	무전기 안테나에 위아래로 진동하는 전류가 흐르면 안테나 주변에 변하는 자기장이 만들어지고, 진동하는 자기장은 다시 진동하는 전기장을 유도하여 전기장과 자기장이 서로를 유도하며 퍼져 나간다.

(2) LC 진동 회로와 전자기파의 발생

LC 진동 회로란 코일과 축전기가 연결되어 전류가 규칙적으로 진동할 수 있게 하는 회로로축전기의 전하가 방전과 충전을 반복하는 동안 전류가 회로를 따라 진동하는 회로를 말한다. 전류의 세기와 방향이 변하는 회로에 연결된 축전기의 두 극판 사이에서는 전자기파가 발생한다. LC 진동 회로에서는 교류에 의해 전자기파가 발생한다.

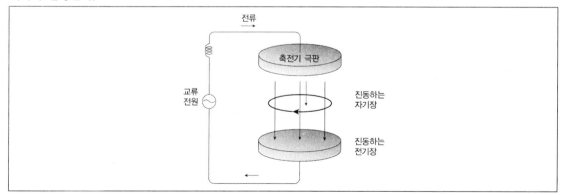

① (가)→(나) 과정 ⋯ 축전기에서 방전이 일어나 전류가 흐르고, 코일에는 자기장이 형성된다.

② (나)→(다) 과정 ⋯ 축전기가 완전히 방전되면 코일에 저장되는 자기 에너지는 최대가 된다.

③ (다)→(라) **과정** … 코일의 자기장이 감소하지 않도록 같은 방향의 전류가 계속 흐른다.

④ (라)→(마) **과정** … 축전기에는 (가)와 반대로 전하가 충전된다.

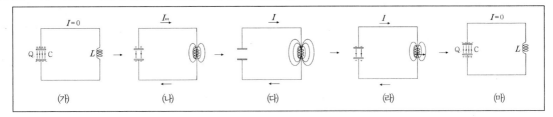

(가)   (나)   (다)   (라)   (마)

(3) 전파의 수신

① **안테나를 통한 전파의 수신** … 안테나의 구조를 적절하게 조절하여 원하는 주파수 대역의 전파를 수신할 수 있다.

㉠ 그림과 같이 전파 수신 회로에 있는 코일과 축전기의 전기적 특성으로 회로의 공진 주파수가 결정되며, 공진 주파수와 같은 주파수의 전파가 공명되면 회로에 강한 전류가 흘러 전파를 수신한다.

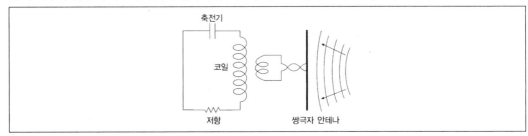

㉡ 다른 주파수의 전파를 수신할 때에는 코일과 축전기의 특성을 변경하여 공진 주파수를 바꾸어 전파를 수신한다.

㉢ 코일의 특성을 바꾸어(코일의 자체 유도 계수 L을 조절하여) AM과 FM을 선택하고, 축전기의 특성을 바꾸어(축전기의 전기 용량 C를 조절하여) 원하는 주파수의 방송을 선택한다.

㉣ **안테나에 들어온 전파와 LC회로** : 여러 방송에서 보낸 여러 주파수의 전파들이 안테나에 한꺼번에 들어오면 안테나에는 여러 진동수의 교류가 흐른다. 이때 LC회로에는 정해진 진동수의 교류만 흐를 수 있으므로 외부에서 들어온 전파 중에서 LC회로의 주파수와 일치하는 전파의 전류만 흐른다.

② **방송 통신의 원리** … 송신하고자 하는 음성 신호를 마이크와 증폭기를 통해 강한 전기 신호로 변환한다. → 전기신호를 발진기에서 변조시킨다. → 변조한 전류를 송신 안테나에서 전파로 변환한다. → 라디오의 수신 안테나에서 전파를 다시 전류로 전환한다. → 전류를 복조시켜 스피커에서 소리를 재생한다.

③ **무선 통신의 이용** … 휴대전화, 블루투스, DMB, 무선 랜

(1) 빛의 굴절

① 빛의 굴절 … 빛이 한 매질에서 다른 매질로 진행할 때 경계면에서 진행 방향이 꺾이는 현상이다.

② 굴절 법칙(스넬 법칙) … 빛이 굴절될 때 입사각(i)과 굴절각(r)의 사인값의 비는 항상 일정하다. 이 일정한 값을 상대 굴절률이라고 하며, 각 매질에서 빛의 속도 및 파장의 비와 같다.

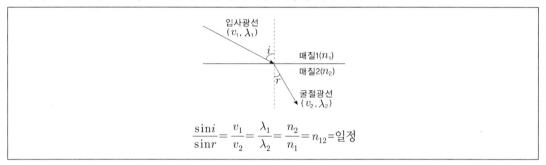

$$\frac{\sin i}{\sin r} = \frac{v_1}{v_2} = \frac{\lambda_1}{\lambda_2} = \frac{n_2}{n_1} = n_{12} = 일정$$

③ 굴절률

㉠ 상대 굴절률 : 매질 1에 대한 매질 2의 굴절률은 $\dfrac{\sin i}{\sin r} = \dfrac{\lambda_1}{\lambda_2} = n_{12}$ 이고 매질 2에 대한 매질 1의 굴절률은

$$\frac{\sin r}{\sin i} = \frac{\lambda_2}{\lambda_1} = n_{21} 이다.$$

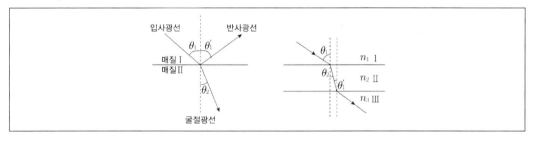

㉡ 절대 굴절률 : 진공에 대한 매질의 굴절률로 $n = \dfrac{c}{v}$ (c : 진공에서 빛의 속력, v : 매질에서의 빛의 속력)이다.

(2) 빛의 전반사

① 빛의 반사와 굴절 … 빛이 다른 매질로 입사할 때 일부는 반사되어 다시 되돌아오지만 일부는 굴절되어 다른 매질로 진행한다.

② 빛의 전반사 … 빛이 다른 매질로 입사할 때 굴절은 일어나지 않고 반사만 일어나는 현상이다.

임계각	전반사가 일어날 조건
입사각을 점점 크게 하다보면 입사한 빛의 굴절각이 90° 인 경우가 있다. 굴절각이 90°일 때의 입사각을 임계각 (i_c)이라고 한다.	• 빛이 굴절률이 큰 매질(밀한 매질)에서 굴절률이 작은 매질(소한 매질)로 진행 해야 한다. • 입사각이 임계각보다 커야 한다.

③ **굴절률과 임계각** … 물에서 공기로 빛이 진행하여 전반사될 때 입사각이 임계각 i_c와 같으면 굴절각은 $90°$이므로 $\dfrac{\sin i_c}{\sin 90°} = \dfrac{n_{공기}}{n_{물}}$ 이다. 따라서 굴절률이 n인 매질에서 공기로 진행할 경우 공기의 굴절률이 약 1이므로 $\dfrac{\sin i_c}{\sin 90°} = 1$ 이다.

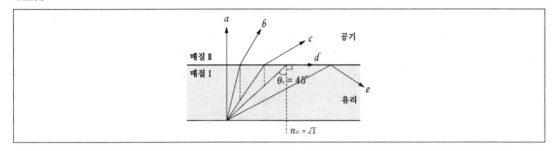

(3) 광통신

① 광섬유와 광케이블

광섬유	광케이블
• 빛을 전송시킬 수 있는 섬유 모양의 관으로 주로 유리로 만든다. • 중앙의 코어(속유리)를 클래딩(겉유리)이 감싸고 있는 이중 원기둥 모양이다. • 광섬유 내부로 입사한 빛은 클래딩으로 빠져 나가지 못하고 전반사된다.	광섬유 여러 가닥을 함께 묶어서 케이블로 만든 것이다.

② 광섬유와 전반사
  ㉠ 빛이 진행하는 과정에서 반사와 굴절을 모두 하면 반사 광선과 굴절 광선의 세기는 모두 입사 광선보다 약해진다.
  ㉡ 광섬유와 같이 빛이 전반사를 하는 경우에는 입사 광선과 반사 광선의 세기가 같기 때문에 빛을 멀리까지 보낼 수 있다.

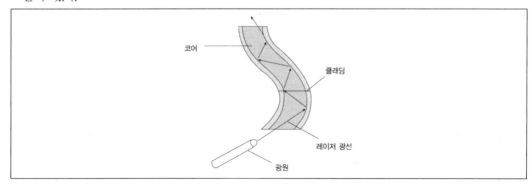

③ 광통신 … 음성, 영상 등과 같은 신호를 빛 신호로 변환시킨 후 광섬유를 통해 정보를 주고받는 방식이다.

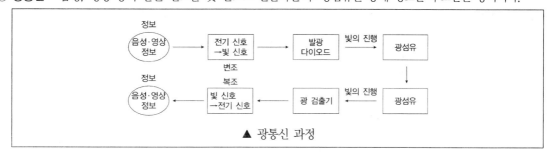

▲ 광통신 과정

④ 광통신의 장·단점
　　㉠ 장점 : 도청이 어렵고 기상 및 전파 교란에 영향을 받지 않으며, 많은 정보를 동시에 보낼 수 있다.
　　㉡ 단점 : 광섬유의 연결부위에 아주 작은 먼지가 있어도 통신이 불가능하고, 끊어졌을 때 수리하기가 어렵다.

SECTION 12 전기 신호의 조절

(1) 교류 회로와 축전기

① 축전기 … 두 금속판을 마주보게 하여 전하를 저장하는 장치로, 각 금속판에 전하가 저장되는 과정을 충전이라고 한다.

② 축전기의 충전 과정 … 건전지를 충전하지 않은 평행판 축전기와 연결→축전기 아래 판에는 건전지의 음극에서 나온 전자가 쌓이고, 동시에 위판에는 전자가 밀려 전원의 (−)극으로 이동→건전지의 전압과 축전기의 전압이 같아지면 더 이상 충전되지 않는다.

③ 전기 용량(C)
　　㉠ 평행판 축전기가 얼마나 많은 전하를 저장할 수 있는지의 정도를 나타내는 물리량으로 단위는 F(패럿)이다.
　　㉡ 축전기의 전기 용량은 축전기의 두 극판의 넓이 S에 비례하고, 두 극판 사이의 거리 d에 반비례 한다.

④ 교류 회로와 축전기의 역할
　　㉠ 축전기에 전하가 차는 과정에서 전하 사이의 반발로 인해 전류의 흐름을 방해하므로 교류 회로에서 축전기는 저항의 역할을 한다.
　　㉡ 교류 회로에서 축전기에 의한 저항을 용량 리액턴스(X_c)라고 한다.

$$X_c = \frac{1}{2\pi f C}(f : 교류 주파수, \ C : 축전기의 전기 용량)$$

ⓒ **교류 주파수에 따른 전류**: 저항과 축전기가 직렬로 연결된 교류 회로에서 회로에 흐르는 전류를 교류 주파수에 따라 나타내면 다음 그래프와 같다. 즉, 주파수가 클수록 축전기의 저항 효과(용량 리액턴스)가 작다.

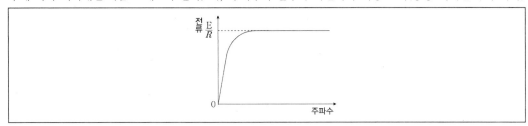

⑤ **축전기에 의한 저항**

ⓐ 교류의 주파수 f는 같고, 전기 용량 C가 다른 경우

전기용량	주파수	교류 전류의 흐름	저항효과
작다	같다	축전기에 전하가 금방 차므로 전류의 흐름이 원활하지 못하다.	크다
크다	같다	축전기에 전하가 꽉 차기도 전에 전류의 방향이 바뀌므로 전류의 흐름이 원활하다.	작다

ⓑ 전기 용량 C는 같고, 교류의 주파수 f가 다른 경우

전기용량	주파수	교류 전류의 흐름	저항효과
같다	작다	축전기에 전하가 꽉 차도 전류 방향이 바뀌지 않으므로 전류의 흐름이 원활하지 못하다.	크다
같다	크다	축전기에 전하가 꽉 차기도 전에 전류의 방향이 바뀌므로 전류의 흐름이 원활하다.	작다

(2) 교류 회로와 코일

① **코일** … 도선을 여러 번 감아 만들며, 코일에 흐르는 전류의 변화로 인해 코일 자체에 유도 기전력이 발생한다.

② **유도 용량**(자체 유도 계수, L)

　ⓐ 코일에 변하는 자기장이 걸릴 때, 코일에 유도 기전력이 생기는 정도를 나타내는 물리량으로 단위는 H(헨리)이다.

　ⓑ 코일의 유도 용량은 코일의 단위 길이당 감은 수가 클수록 크며, 코일 안의 부피가 클수록 크다.

③ **교류 회로에서 코일의 역할**

　ⓐ 코일에 전류가 흐르면 유도 기전력이 발생하여 교류 회로에서 전류의 흐름을 방해하는 저항의 역할을 한다.

　ⓑ 교류 회로에서 코일에 의한 저항을 유도 리액턴스(X_L)라고 한다.

　　$X_L = 2\pi f L$ (f : 교류주파수, C : 코일의 자체 유도 계수)

ⓒ **교류주파수에 따른 전류** : 저항과 코일이 직렬로 연결된 교류 회로에서 회로에 흐르는 전류를 교류 주파수에 따라 나타내면 다음 그래프와 같다. 즉, 주파수가 클수록 코일의 저항 효과(유도 리액턴스)가 크다.

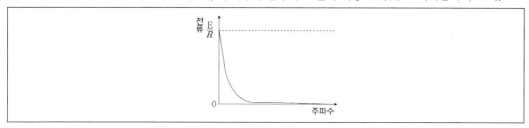

④ 코일에 의한 저항

㉠ 교류의 주파수 f는 같고, 유도 용량 L이 다른 경우

유도용량	주파수	교류 전류의 흐름	저항효과
작다	같다	유도 기전력이 작아서 전류의 흐름이 원활하다.	작다
크다	같다	유도 기전력이 커서 전류의 흐름이 원활하지 못하다.	크다

㉡ 유도 용량 L은 같고, 교류의 주파수 f가 다른 경우

유도용량	주파수	교류 전류의 흐름	저항효과
같다	작다	코일의 자기장 변화가 작아서 유도 기전력이 작으며, 따라서 전류의 흐름이 원활하다.	작다
같다	크다	코일의 자기장 변화가 커서 유도 기전력이 크며, 따라서 전류의 흐름이 원활하지 못하다.	크다

(3) 코일과 축전기의 활용

① **고주파 통과 필터와 저주파 통과 필터** ··· 주파수가 큰 전류만 선택적으로 통과시키는 장치를 고주파 통과필터, 주파수가 작은 전류만 선택적으로 통과시키는 장치를 저주파 통과필터라고 한다.

② **코일을 이용한 필터** ··· 교류 회로에서 주파수가 클수록 코일의 저항 효과가 커지는 것을 이용하여 전기 기구에 걸리는 전압의 크기를 조절한다.

고주파 통과 필터	저주파 통과 필터
전기 기구를 코일에 병렬로 연결하면 큰 주파수의 전류만 전기기구에 잘 흐른다.	전기 기구를 저항에 병렬로 연결하면 작은 주파수의 전류만 전기기구에 잘 흐른다.

③ **축전기를 이용한 필터** … 교류 회로에서 주파수가 작을수록 저항 효과가 커지는 것을 이용하여 전기 기구에 걸리는 전압의 크기를 조절한다.

고주파 통과 필터	저주파 통과 필터
전기 기구를 저항에 병렬로 연결하면 큰 주파수의 전류만 전기 기구에 잘 흐른다.	전기 기구를 축전기에 병렬로 연결하면 작은 주파수의 전류만 전기기구에 잘 흐른다.

SECTION 13 **정보의 인식과 저장**

(1) RFID의 원리

① **RFID(Radio Frequency IDentification)** … RFID는 전파를 이용하여 물체의 정보를 비접촉 방식으로 수집, 판독한 후 저장, 처리하는 기술을 말한다.

② **RFID 시스템의 구조**

요소	태그(tag)	리더(reader)	호스트(host)
구조	사각형 코일, IC칩	안테나	서버, 저장 장치
역할	라디오파의 송·수신	정보의 수집, 판독	태그 정보의 저장, 처리

③ **RFID에 의한 정보의 인식** … 리더와 태그는 라디오파를 서로 주고받으며, 리더는 태그의 정보를 수집, 판독하고, 호스트는 태그의 정보를 저장하고 처리한다.

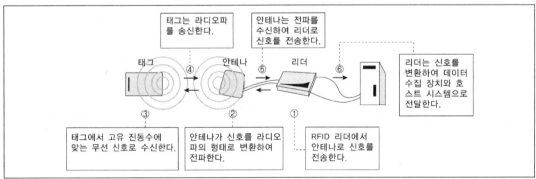

④ 전자기파의 공명과 RFID

　㉠ 공명 : 물체의 고유 진동수와 같은 진동수의 외력이 주기적으로 전달되어 진폭이 크게 증가하는 현상이다. 전파 발생 장치와 수신 장치의 공진 주파수가 같을 때 공명 현상이 발생하여 회로에 전류가 잘 흐르게 된다.

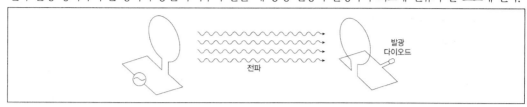

　㉡ 태그와 리더 사이의 정보 교환 시 태그가 다른 종류의 리더에서 발생시킨 라디오파에는 반응하지 않아야 혼란을 피할 수 있다.

　㉢ 리더와 태그에 포함된 회로의 고유 진동수가 서로 같아 공명 현상이 일어나는 경우만 정보를 주고받도록 한다.

(2) RFID 태그(Tag)의 종류

종류	수동형 태그	능동형 태그
장점	라디오파를 전원으로 사용하므로 전지가 필요 없으며, 부피가 작다.	전지가 내장되어 있기 때문에 수동형 태그에 비해 감지거리가 길다.
단점	감지거리가 짧다.	부피가 크고, 배터리를 주기적으로 교체해야 한다.
활용	교통카드, 출입통제보안카드 등	하이패스, 항만의 컨테이너 관리 등

(3) RFID의 활용

① RFID가 이용되는 예

　㉠ 무인도서 예약 대출 시스템에 사용된다.

　㉡ 여권이나 신분증 등에 태그를 부착해 개인 정보를 수록하고 인식한다.

　㉢ 신분증에 태그를 부착하여 아파트나 건물 출입을 통제하는 시스템에 이용한다.

　㉣ 동물의 피부에 태그를 이식하여 야생 동물을 보호하거나 가축을 관리한다.

② RFID와 바코드의 비교

구분	RFID 태그	바코드
모양		0 12345 67890 0
사용수단	전파 (라디오파)	빛
정보파악	실시간으로 파악 가능	실시간 정보 파악 불가능
읽기/쓰기	읽고 쓰기가 모두 가능	읽기만 가능
인식범위	수 m 이상에서도 가능	수 cm 이내에서만 인식 가능

※ 바코드 : 컴퓨터가 읽고 입력하기 쉬운 형태로 만들기 위하여 문자나 숫자를 검은 선과 흰 선의 기호와 조합한 코드를 말한다.

SECTION 14 정보의 저장

(1) 자기적 성질을 이용한 방식

① 자화와 자성체

　　㉠ **자화** : 외부 자기장에 의해 물체가 자기장을 띠는 현상이다.

　　㉡ **자성체** : 외부 자기장에 의해 자화되는 성질을 가진 물질, 강자성체는 자기장을 제거해도 자화 상태를 유지하므로 영구 자석이나 정보 저장 매체에 사용한다. 디지털 자기 테이프는 합성수지에 강자성체인 산화철 가루를 얇게 발라서 만든다.

② 자기 테이프에서 정보의 저장 및 재생 원리

정보의 저장	정보의 재생
• 헤드의 코일에 정보가 담긴 전기 신호(전류)가 흐른다. • 코일에 자기장이 발생하여 철심 끝이 자극이 된다. 　→앙페르 법칙 적용 • 자기 테이프의 산화철 가루는 헤드 철심의 극과 반대 극으로 자화된다. • 자화되는 방향에 따라 디지털 방식으로 저장된다.	• 정보가 저장된 자기 테이프의 산화철 가루가 헤드 아래를 지난다. • 헤드의 철심을 통과하는 자기장이 변하면 코일을 통과하는 자기장도 변한다. • 코일에 전자기 유도 현상에 의해 유도 기전력이 발생하여 유도 전류가 흐른다. →패러데이 법칙 적용 • 유도되는 전류의 유무에 따라 정보를 읽는다.

　　㉢ 앙페르 법칙과 패러데이 법칙

　　　• 앙페르 법칙 : 도선에 전류가 흐르면 도선 주위에 자기장이 형성된다.

　　　• 패러데이 법칙 : 코일을 통과하는 자기장이 변할 때 회로에 전류가 유도된다.

③ **하드 디스크(Hard Disk)** … 원형의 자기 디스크로, 컴퓨터가 꺼지더라도 저장된 정보들이 지워지지 않는 보조 기억 장치 중 하나이다.

　　㉠ 하드디스크의 구조

　　　• 헤드 : 정보를 기록하거나 읽는 장치로, 헤드와 플래터 사이의 간격은 약 0.0002mm 정도이다.

　　　• 플래터 : 산화철로 코팅된 알루미늄 원판으로 정보가 저장되는 영역이다.

　　　• 스핀들 모터 : 플래터를 회전시키는 모터이다.

　　㉡ 하드디스크의 원리 : 하드디스크에 정보를 저장하거나 읽을 때에는 플래터가 고속으로 회전하고 헤드가 안과 밖으로 이동하게 된다. 이때 헤드는 플래터에 직접 닿지 않고 아주 미세한 간격으로 떨어져 자성과 전자기 유도를 이용한다.

④ 마그네틱 카드 … 카드 뒷면에 강자성체로 된 검은 띠가 있으며, 이곳에 카드 번호, 소유자 성명, 유효 기간 등의 정보가 저장된다.

　㉠ 마그네틱 카드의 원리 : 검은 띠 부분은 기록된 정보에 따라 다른 방향의 자성을 띠고 있어 판독기를 통과하면 판독기 속의 코일에 전류가 흐르게 된다. 판독기는 이 전류를 통해 카드에 담긴 정보를 인식하게 된다.

　㉡ 마그네틱 선을 이용한 정보의 저장과 재생

　　• 정보의 저장 : 그림과 같이 코일에 전류가 흐르면 철심의 양끝이 각각 S극과 N극으로 자화된다. 이때 코일에 흐르는 전류의 방향에 따라 오른쪽 또는 왼쪽 방향의 자기장이 마그네틱 선에 기록된다.

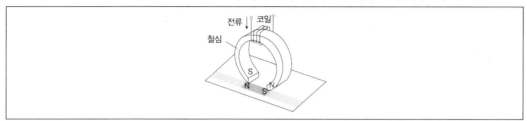

　　• 정보의 재생 : 그림과 같이 자기 정보가 기록된 마그네틱 선이 한쪽 방향으로 이동하면 철심에 감긴 코일에 유도 전류가 흐른다. 전류가 흐를 때를 1, 전류가 흐르지 않을 때를 0으로 하여 저장된 정보를 읽는다.

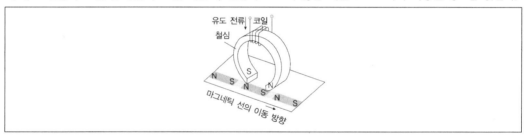

(2) 전기적 성질을 이용한 방식

구분	플래시 메모리	디램(DRAM)
정보 저장 방식	외부 전기장으로 강유전체를 유전 분극시키는 방식으로 정보를 저장한다. 예 (+)극→0, (−)극→1	축전기에 전하를 충전시키거나 방전시켜 정보를 저장한다. 예 충전→1, 방전→0
특징	반도체를 이용하여 만든 셀(cell)을 기초로 하여 만들어지며, 비휘발성 메모리이다.	축전기에 저장된 전하는 쉽게 방전이 일어나 저장된 정보를 오랫동안 유지시킬 수 없으므로 휘발성 메모리이다.
이용	USB메모리, SD카드, 디지털카메라 메모리, MP3 플레이어, 휴대전화 등	컴퓨터의 주기억 장치

(3) 빛을 이용한 방식

① CD(Compact Disk) … 빛을 이용하여 정보를 저장하고 재생하는 원반 모양의 장치, 무지개 색이 반짝이는 플라스틱 면 위에 얇은 금속박이 입혀져 있다.

② CD-ROM과 CD-R의 구조

구분	CD-ROM	CD-R
CD 표면		
구조	– 홈(pit) : 아래로 볼록한 부분, 위에서 보면 홈처럼 보인다. – 평면(land) : 홈과 홈 사이의 평평한 부분	까만 선으로 나타난 태운 부분과 태우지 않은 부분의 조합이다.

③ 정보 저장의 원리

 ㉠ CD-ROM : 평평한 면에 홈을 새겨 디지털 정보를 저장한다.

 ㉡ CD-R : 표면을 태운 부분과 태우지 않은 부분의 조합으로 정보를 저장한다.

④ 정보 재생의 원리 … 반사된 빛의 세기에 따라 '0' 또는 '1'로 인식한다.

 ㉠ 홈에서 평면 또는 평면에서 홈 과정 : 빛이 산란되어 퍼져 나가거나 상쇄 간섭으로 반사된 빛의 세기는 약하다. → 이진수 '1'로 인식

 ㉡ 홈 또는 평면 : 반사된 빛의 세기가 강하다. → 이진수 '0'으로 인식

  예 CD에서의 빛의 반사

 ㉢ A와 B : 홈에서 반사되는 빛과 평면에서 반사되는 빛의 경로차가 반 파장만큼 차이가 나므로 상쇄 간섭이 일어난다.

 ㉣ C와 D : 두 빛이 모두 평면에서 반사되어 경로차가 0이므로 보강간섭이 일어난다.

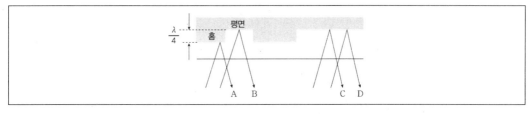

1 다음 표는 파동의 모양과 전파 상태를 구분하여 나타낸 것이다. 소리에 해당하는 것끼리 옳게 짝지은 것은?

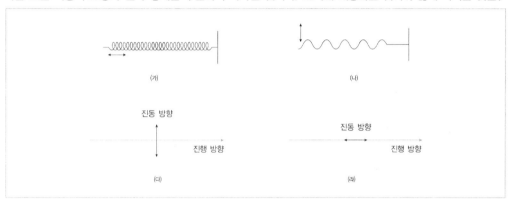

① (가), (다)

② (가), (라)

③ (나), (다)

④ (나), (라)

⑤ (다), (라)

🎗️**TIP** 음파는 종파다. 따라서 (가)와 같이 소하고 밀한 곳이 생기며 전파되고, (라)와 같이 파동의 진행 방향과 매질의 진동 방향이 서로 나란하다.

2 여러 가지 매질을 통하여 소리가 전파될 때 소리의 전파 속력이 빠른 순서대로 〈보기〉에서 골라 바르게 나열한 것은?

〈보기〉	
㉠ 20℃의 공기	㉡ 30℃의 공기
㉢ 30℃의 물	㉣ 30℃의 철

① ㉠ - ㉡ - ㉢ - ㉣

② ㉢ - ㉠ - ㉣ - ㉡

③ ㉢ - ㉡ - ㉠ - ㉣

④ ㉣ - ㉡ - ㉢ - ㉠

⑤ ㉣ - ㉢ - ㉡ - ㉠

🎗️**TIP** 소리의 속력은 매질에 따라 고체 > 액체 > 기체 순으로 빠르고, 같은 공기 중에서는 공기의 온도가 높을수록 분자의 운동이 빨라지므로 온도가 높을수록 빠르다.

⭐**ANSWER** 1.② 2.⑤

3 다음 그림과 같이 횡파가 화살표 방향으로 진행하고 있다. 어떤 시각에서 실선의 상태에 있던 파동이 1.5초 후에 점선과 같은 모양으로 되어 마루 P가 P'의 위치까지 나아갔다. 파동의 속력은 몇 m/s인가?

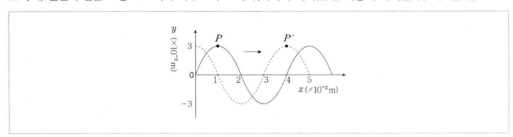

① $1.0 \times 10^{-2} m/s$ ② $2.0 \times 10^{-2} m/s$

③ $3.0 \times 10^{-2} m/s$ ④ $4.0 \times 10^{-2} m/s$

⑤ $5.0 \times 10^{-2} m/s$

TIP 직폭은 매질의 최대 변위이므로 $3 \times 10^{-2} m$이다.

$$속력 = \frac{거리}{시간} = \frac{3 \times 10^{-2} m}{1.5 s} = 2.0 \times 10^{-2} m/s$$

4 다음 그림과 같이 음파를 이용하여 이 해역의 수심을 측정하려고 한다. 음향 측심기에서 발사한 음파가 되돌아오는 데 걸린 시간이 6초였다면 이 해역의 수심은 몇 m인가? (단, 물속에서 음파의 속력은 1500m/s다.)

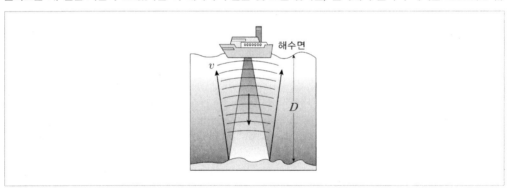

① 2500m   ② 3000m

③ 3500m   ④ 4000m

⑤ 4500m

TIP 해저 바닥을 향해 쏜 초음파는 수심의 두 배만큼의 거리를 움직인 뒤 되돌아오므로,

$$수심 \ h는 \ \frac{1500m/s \times 6s}{2} = 4500m 이다.$$

5 그림과 같이 철수는 영수의 모습을 볼 수는 없었지만 영수가 부르는 소리는 들을 수 있는 것은 소리의 어떤 성질 때문인가?

① 반사   ② 굴절

③ 회절   ④ 간섭

⑤ 중첩

TIP 파동이 진행하다가 장애물을 만나면 장애물 뒤까지 도달하는 성질이 있는데 이를 회절이라고 한다.

6 다음 그림 (가), (나)는 같은 매질 속을 진행하는 두 음파 A, B의 모습을 오실로스코프로 나타낸 것이다.

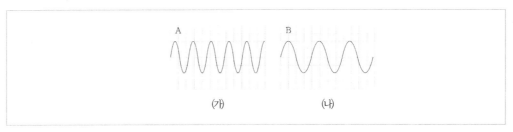

두 소리에 대한 설명으로 옳은 것은? (단, 세로축은 변위, 가로축은 거리를 나타낸다.)

① 소리 A, B의 진폭은 같다.

② 소리 A, B의 주기는 같다.

③ 소리 A의 파장이 소리 B보다 길다.

④ 소리 A의 진동수가 소리 B보다 적다.

⑤ 소리 B가 더 높은 소리다.

TIP ① 진폭은 매질의 최대 변위이므로, 음파A, B의 진폭은 같다.

7 다음 〈보기〉에서 파동의 중첩에 대한 설명으로 옳은 것을 있는 대로 고르면?

〈보기〉
㉠ 동일한 두 파동이 같은 위상으로 중첩되면 파장은 두 배가 된다.
㉡ 두 개의 파동이 만날 때 어느 점에서의 변위는 두 파동 각각의 변위를 더한 것과 같다.
㉢ 파장과 진폭이 같은 두 파동이 서로 반대 방향에서 진행하면 서로 상쇄되어 사라진다.

① ㉠   ② ㉡
③ ㉢   ④ ㉠㉡
⑤ ㉡㉢

🌸 **TIP** ㉡ 한 점에서 각 파동의 변위가 y_1, y_2일 때 합성파의 변위 $y=y_1+y_2$이다. 이를 중첩의 원리라고 한다.
㉢ 파장과 진폭이 같은 두 파동이 서로 반대 방향에서 진행하면 정상파가 만들어진다.

8 다음 그림 ⑺～⒟는 길이가 l이고 양 끝이 고정된 줄과 개관 및 폐관을 나타낸 것이다. ⑺～⒟에서 만들어지는 정상파 중 기본 진동의 파장이 가장 긴 것으로 옳은 것은?

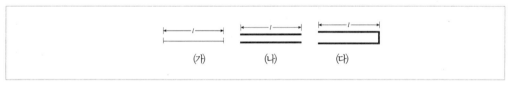

① ⑺   ② ⑷
③ ⒟   ④ ⑺, ⒟
⑤ ⑷, ⒟

🌸 **TIP** ⑺ 줄에서 정상파가 생길 때 줄의 양 끝점은 고정되어 있으므로, 진동하지 않는 마디가 된다. 따라서 이를 만족하는 가장 긴 파장의 정상파는 줄의 길이가 $\frac{\lambda}{2}$이다.

⑷ 관에서 정상파가 생길 때 관의 열린 쪽 공기는 자유롭게 진동할 수 있으므로 배가 되고, 닫힌 쪽 공기는 진동하지 못하므로 마디가 된다. 따라서 양쪽이 열린 관은 양 끝이 배가 되는 정상파가 생기므로, 기본 진동의 파장은 $\frac{\lambda}{2}$이다.

⒟ 한쪽이 닫힌 관은 열린 쪽이 배, 닫힌 쪽이 마디가 되는 정상파가 생기므로, 기본 진동의 파장은 $\frac{\lambda}{4}$이다.

따라서 ⑺～⒟에서 만들어지는 정상파 중 기본 진동의 파장이 가장 긴 것은 ⒟이다.

9 그림 (가) ∼ (다)는 길이만 10cm, 20cm, 30cm로 다른 세 현에서 각각 발생한 기본 진동의 정상파이다. (가)에서 발생한 소리의 진동수가 300Hz라면 (나), (다)에서 발생한 소리의 진동수는 몇 Hz인가?

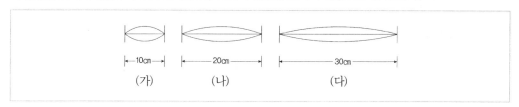

|---10cm---| |---20cm---| |------30cm------|
 (가) (나) (다)

① (나) : 100Hz, (다) : 150Hz   ② (나) : 100Hz, (다) : 100Hz

③ (나) : 150Hz, (다) : 150Hz   ④ (나) : 150Hz, (다) : 100Hz

⑤ (나) : 200Hz, (다) : 100Hz

🏅 **TIP** 현에서 발생하는 정상파의 진동수는 $f = \dfrac{v}{\lambda} = \dfrac{v}{2l}$ 로 다른 조건이 같다면 현의 길이에 반비례한다.

$$300Hz : f_{(\text{나})} : f_{(\text{다})} = \frac{1}{10cm} : \frac{1}{20cm} : \frac{1}{30cm}$$

$$f_{(\text{나})} = 150Hz, \ f_{(\text{다})} = 100Hz$$

10 파장, 진폭, 진동수가 같은 2개의 파동이 서로 반대 방향으로 진행하고 있다. 두 파동이 중첩되어서 정상파가 되었을 때 배가 되는 지점은 A ∼ G 중 어디인가?

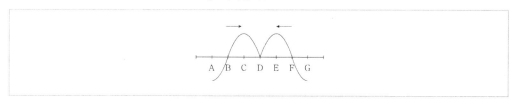

A B C D E F G

① A, B, C   ② B, C, D

③ B, D, F   ④ C, F, G

⑤ D, E, F

🏅 **TIP** 정상파의 배가 되는 곳은 두 파동이 항상 같은 위상으로 만나 보강 간섭을 하는 곳이다. 따라서 D점은 배가 되며, 정상파에서 배와 배 사이의 거리는 파장의 $\dfrac{1}{2}$ 배가 되므로, D점에서 반파장만큼 떨어진 B점과 F점도 배가 된다.

⭐ **ANSWER**   7.②   8.③   9.④   10.③

11 다음은 어떤 음계의 진동수와 으뜸음에 대한 진동수의 비를 나타낸 것이다.

음계	㉮	㉯	㉰	㉱	㉲	㉳	㉴
진동수 비	1	$\frac{9}{8}$	$\frac{5}{4}$	$\frac{4}{3}$	$\frac{3}{2}$	$\frac{5}{3}$	$\frac{15}{8}$
진동수(Hz)	264	297	330	352	396	440	495

다음 중 가장 안 어울리는 음으로 짝지어진 것은?

〈보기〉

㉠ ㉮㉰㉲   ㉡ ㉮㉱㉳
㉢ ㉯㉲㉴   ㉣ ㉮㉰㉱
㉤ ㉯㉱㉳

① ㉠㉡   ② ㉠㉢
③ ㉡㉣   ④ ㉢㉤
⑤ ㉣㉤

TIP 음의 진동수가 간단한 정수비를 이룰수록 잘 어울리는 소리이다.

구분	음	진동수 비
㉠	도, 미, 솔	$1 : \frac{5}{4} : \frac{3}{2} = 4 : 5 : 6$
㉡	도, 파, 라	$1 : \frac{4}{3} : \frac{5}{3} = 3 : 4 : 5$
㉢	레, 솔, 시	$\frac{9}{8} : \frac{3}{2} : \frac{15}{8} = 3 : 4 : 5$
㉣	도, 미, 파	$1 : \frac{5}{4} : \frac{4}{3} = 12 : 15 : 16$
㉤	레, 파, 라	$\frac{9}{8} : \frac{3}{4} : \frac{5}{3} = 27 : 32 : 40$

12 다음은 마이크가 소리를 전류 신호로 전환하는 원리에 대한 설명이다. 빈칸에 알맞은 말은?

> 소리가 마이크의 진동판에 도달하면 진동판이 진동하면서 코일도 함께 진동한다. 이때 코일 속의 자석에 의해 코일을 지나는 자속이 변하게 되므로 _____에 의해 코일에 소리의 정보를 담은 전류가 흐르게 된다.
>
>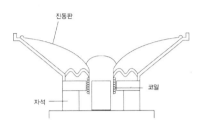

① 공명   ② 앙페르 법칙
③ 광전 효과   ④ 전자기 유도
⑤ 마이스너 효과

TIP 마이크는 전자기 유도를 이용해 소리를 전기 신호로 전환한다.

13 광전 효과에 대한 설명으로 옳은 것은?

① 빛의 세기는 광전자의 수와 무관하다.
② 광전자의 최대 운동 에너지와 빛의 파장은 무관하다.
③ 진동수가 높은 빛은 높은 에너지의 광전자를 방출한다.
④ 방출되는 광전자의 최대 운동 에너지는 금속의 일함수가 클수록 커진다.
⑤ 빛의 진동수가 일정할 때 세기가 증가하면 높은 에너지의 광전자가 방출된다.

TIP ③ 진동수가 높은 빛은 광자 1개의 에너지가 더 크므로, 최대 운동 에너지가 더 큰 광전자를 방출한다.
② 빛의 파장이 짧을수록 진동수가 크고 광자의 에너지도 커서 광전자의 최대 운동 에너지가 커진다.
④ 광전자의 최대 운동 에너지는 광자로부터 받은 에너지 hf에서 일함수 W를 뺀 나머지 $E_k = hf - W$가 되므로, 금속의 일함수가 클수록 광전자의 최대 운동 에너지가 작아진다.
⑤ 빛의 세기에 따라 광자의 수가 달라지지만 광자 1개의 에너지는 변하지 않는다. 따라서 광전자의 최대 운동 에너지도 변하지 않는다.

⭐ ANSWER   11.⑤   12.④   13.③

14 그림 (가), (나)는 (−)전하로 대전된 검전기의 금속판에 금속 A, B를 각각 올려놓고 동일한 파장의 빛을 비추었을 때 금속박의 상태를 나타낸 것이다. 이 실험 결과로부터 금속 A, B의 일함수 WA, WB의 크기를 비교ㄹ하면?

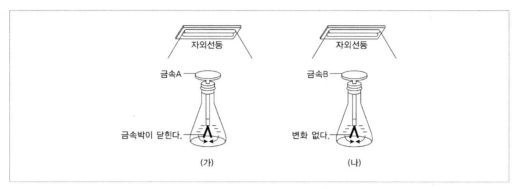

① WA > WB

② WA < WB

③ WA ≥ WB

④ WA ≤ WB

⑤ WA = WB

TIP 금속의 일함수는 전자가 금속에서 **빠져나오는** 데 필요한 최소의 에너지를 말한다. 실험에서 동일한 진동수의 빛을 비추었을 때 금속 A에서는 광전 효과가 일어났고, B에서는 일어나지 않았다. 따라서 광자의 에너지는 금속 A의 일함수보다 크고, B의 일함수보다 작으므로, WA < WB이다.

15 광자의 에너지가 증가될 때 나타날 수 있는 현상을 〈보기〉에서 있는대로 고른 것은?

〈보기〉

㉠ 광자의 속력이 증가한다.
㉡ 빛의 밝기가 더 밝아진다.
㉢ 노란 빛이 파란 빛으로 바뀐다.

① ㉠

② ㉡

③ ㉢

④ ㉠㉡

⑤ ㉡㉢

TIP ㉢ $E = hf$에서 광자의 에너지가 증가한다는 것은 빛의 진동수가 증가한다는 뜻이다. 빛의 색깔은 빨간색에서 보라색으로 갈수록 진동수가 크다.

16 다음 그림은 광전관을 이용한 광전 효과 실험에서 진동수와 세기가 다른 빛 A, B, C, D에 대한 결과를 나타낸 그래프다. 진동수가 가장 큰 빛은 어느 것인가?

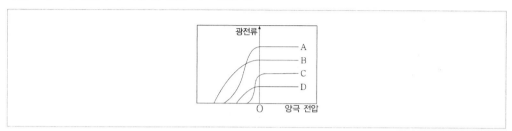

① A   ② B
③ C   ④ D
⑤ 모두 같다.

🌸**TIP** 진동수가 가장 큰 빛은 광자 1개의 에너지 hf가 가장 크므로, 전자의 최대 운동 에너지 $E_k = hf - W$가 크다. 따라서 정지 전압 $V_0 = \dfrac{E_k}{e}$ 가 커진다. 즉, 진동수가 가장 큰 빛은 정지 전압이 제일 큰 B다.

17 다음 중 광센서가 사용되는 예로 옳은 것을 〈보기〉에서 있는 대로 고른 것은?

〈보기〉
㉠ 보일러   ㉡ 디지털 카메라
㉢ 터치 스크린   ㉣ TV 리모컨
㉤ 태양 전지   ㉥ 자동문

① ㉠㉡㉢㉣   ② ㉠㉣㉤㉥
③ ㉡㉢㉤㉥   ④ ㉡㉣㉤㉥
⑤ ㉢㉣㉤㉥

🌸**TIP** 광센서는 빛이 들어오거나 차단될 때 동작을 한다. 보일러는 온도 센서, 터치 스크린은 압력 센서를 이용한다.

⭐**ANSWER** 14.② 15.③ 16.② 17.④

18 다음 중 빛에너지를 흡수한 전자와 관계있는 것이 아닌 것은?

① 광센서
② 마이크
③ 태양 전지
④ 광전 효과
⑤ 식물의 광합성

🏅 **TIP** 마이크는 전자기 유도를 이용한 기구이다.

19 그림은 빛의 3원색을 합성한 모습이다. ㉠~㉣에 나타나는 색을 옳게 짝지은 것은?

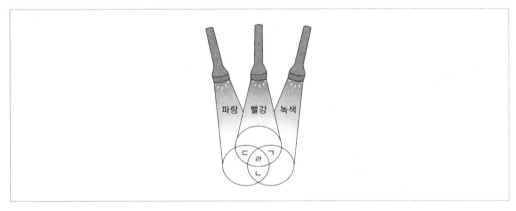

	㉠	㉡	㉢	㉣
①	노란색	자홍색	청록색	검정색
②	노란색	청록색	자홍색	흰색
③	빨간색	파란색	노란색	검정색
④	자홍색	파란색	빨간색	흰색
⑤	갈색	청록색	보라색	검정색

🏅 **TIP** 빨강과 녹색이 합성하면 노란색이, 빨강과 파랑이 합성하면 다홍색이, 녹색과 파랑이 합성하면 청록색이
된다. 빛의 3원색인 빨강, 파랑, 녹색을 모두 합성하면 흰색이 된다.

20 컴퓨터 모니터나 텔레비전 브라운관 등 영상 기기가 가지고 있는 빨강, 초록, 파랑의 색 묶음을 무엇이라
고 하는가?

① 초음파
② 액정
③ 화소
④ 다이오드
⑤ 색

🏅 **TIP** 영상 장치의 화면을 구성하는 최소 단위를 화소라고 하며, 화소는 다양한 색을 표현하기 위해 빨간색, 녹
색, 파란색 빛을 내는 부화소를 가진다.

21 다음 중 전자기파에 대한 설명으로 옳은 것은?

① 진공 중에서 빛의 속력보다 느리다.
② 전기장과 자기장의 진동 방향은 평행하다.
③ 진동수가 클수록 전자기파의 에너지도 크다.
④ 전하를 띤 물체가 등속 직선 운동을 할 때 발생한다.
⑤ 전자기파가 전파될 때 전기장과 자기장의 세기는 일정하다.

TIP ③ 전자기파는 진동수에 따라 에너지가 달라진다. 즉, 진동수가 큰 c선의 에너지가 가장 크고 진동수가 점점 작아지는 X선, 자외선, 가시광선으로 갈수록 전자기파의 에너지는 점점 줄어든다.
① 전자기파의 속력은 약 $3 \times 10^8 m/s$로 빛의 속력과 같다.
② 전자기파는 매질이 아닌 전기장과 자기장의 진동에 의해 공간을 퍼져나가는데 전자기파가 퍼져 나갈 때 전기장과 자기장의 진동 방향은 수직이다.
④ 정지해 있는 전하 주위에는 전기장만이 생기고, 등속도 운동을 하는 전하 주위에는 변하는 전기장과 일정한 자기장이 발생한다. 가속 운동하는 전하 주위에는 변하는 전기장이 생기고, 이 전기장은 변하는 자기장을 유도한다. 즉, 전자기파는 전하를 띤 물체가 가속 운동을 할 때 발생한다.
⑤ 전자기파는 전기장과 자기장이 서로를 유도하면서 전파된다. 즉, 시간에 따라 변하는 전기장이 변하는 자기장을 유도하고, 이 자기장이 다시 변하는 전기장을 유도하는 과정을 반복하며 전파된다.

22 전자기파의 스펙트럼에 대한 설명으로 옳은 것만을 〈보기〉에서 있는 대로 고른 것은?

〈보기〉
㉠ 전자기파를 진공에서의 속력에 따라 구분하여 나타낸 것이다.
㉡ 파장이 가장 짧은 것은 감마(γ)선이고 가장 긴 것은 전파이다.
㉢ 파장이 긴 전자기파일수록 진동수가 크다.

① ㉠   ② ㉡
③ ㉢   ④ ㉠㉢
⑤ ㉠㉡㉢

TIP ㉡ 전자기파를 파장이 짧은 순서대로 나열하면 다음과 같다. 따라서 전자기파 중에서 c선의 파장이 가장 짧고, 전파가 가장 길다.
㉠ 진공 중에서 전자기파의 속력은 진동수나 파장에 관계없이 일정하다. 전자기파의 스펙트럼은 전자기파를 진공에서의 파장 또는 진동수에 따라 구분하여 나타낸다.
㉢ 파동의 속력은 진동수_파장과 같다. 전자기파의 속력이 일정할 때 파장이 길수록 진동수는 작다.
전자기파의속력(V) = 진동수(f)×파장(λ)

★ **ANSWER**   18.② 19.② 20.③ 21.③ 22.②

23 방송국이나 가정에서 전파를 송신하거나 수신하는 데 사용되는 안테나에 대한 설명으로 옳은 것만을 〈보기〉에서 있는 대로 고른 것은?

〈보기〉

㉠ 방송국에서는 강한 전자기파를 발생시키기 위하여 안테나를 사용한다.
㉡ 방송국의 안테나는 회로의 전기 에너지를 전자기파로 변환시킨다.
㉢ 가정의 안테나는 전자기파를 회로의 전기 에너지로 변환시킨다.

① ㉠   ② ㉡
③ ㉢   ④ ㉡㉢
⑤ ㉠㉡㉢

TIP ㉠ 안테나가 없어도 교류 회로에서는 일반적으로 전자기파가 발생하지만 더 강한 전자기파를 발생시키기 위하여 안테나를 사용한다.
㉡ 방송국의 송신 안테나는 회로의 전기 에너지를 전자기파로 변환한다.
㉢ 가정의 수신 안테나는 수신된 전자기파를 전기 에너지로 변환한다.

24 광섬유를 이용한 광통신에 대한 설명으로 옳지 않은 것은?

① 빛의 전반사를 이용한 것이다.
② 한번 끊어지면 연결하기 어렵다.
③ 외부 전파에 의한 간섭이나 혼선이 적다.
④ 구리선을 이용한 기존의 통신보다 전송 거리가 짧다.
⑤ 전송 과정에서 전송하려는 정보를 빛으로 전환시킨다.

TIP ④ 구리선을 이용하여 신호를 전송하면 수백 미터나 수 km 이내에 신호가 원래 크기의 $\frac{1}{100}$ 배보다 작아지는 단점이 있다. 그러나 광통신은 광섬유를 따라 빛이 전반사를 하며 전송되므로(→①) 외부로 손실되는 에너지가 적다. 따라서 광통신이 구리선보다 전송 거리가 길다.
⑤ 광통신을 할 때는 전기 신호로 변환된 정보를 광신호로 변환하여 광케이블을 따라 전송한다.

※ 그림 (가), (나)와 같이 저항, 코일, 축전기, 함수 발생기를 사용하여 회로를 구성한 후 함수 발생기의 주파수를 점점 높여가면서 오실로스코프로 저항에 걸리는 전압의 변화를 측정하였다. 【25 ~ 26】

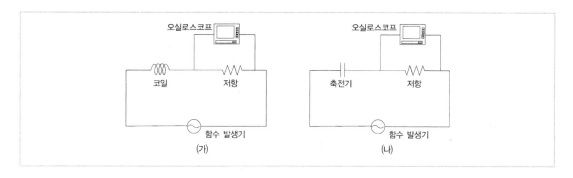

25 (가)와 (나)에서 회로에 흐르는 전류의 세기를 함수 발생기의 주파수에 따라 그린 그래프로 알맞게 짝지어진 것은?

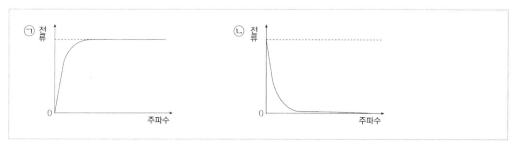

① (가) − ㉠, (나) − ㉠
② (가) − ㉠, (나) − ㉡
③ (가) − ㉡, (나) − ㉠
④ (가) − ㉡, (나) − ㉡
⑤ 각 회로에 알맞은 그래프가 없다.

TIP (가) ㉡ (나) ㉠

(가)와 같이 저항에 코일이 직렬로 연결되면 코일에 교류 전류가 흐를 때 전자기 유도 현상에 의한 유도 기전력이 발생하여 전류의 세기가 감소한다. 이때 함수 발생기의 주파수가 증가할수록 시간에 따라 코일을 지나는 자기력선속이 더 빠르게 변하므로, 유도기전력은 더 커진다. 따라서 회로에 흐르는 전류의 세기는 주파수가 증가할수록 감소한다.

(나)와 같이 축전기가 저항에 직렬로 연결되면 축전기가 충전되기 시작할 때 축전기의 전하에 의한 역기전력이 발생한다. 따라서 전류의 세기는 감소하며, 함수 발생기의 주파수가 증가할수록 축전기가 충전되고 방전되는 주기가 커지므로 충전되는 전하량이 작아지고 역기전력도 작아진다. 따라서 주파수가 증가할수록 전류의 세기는 증가한다.

ANSWER 23.⑤ 24.④ 25.③

26 (개)와 (내)에서 저항에 걸리는 전압의 변화를 옳게 짝지은 것은?

	(가)	(나)
①	증가한다.	감소한다.
②	증가한다.	일정하다.
③	감소한다.	증가한다.
④	감소한다.	일정하다.
⑤	일정하다.	증가한다.

🏵️**TIP** 저항에 걸리는 전압은 저항에 흐르는 전류의 세기에 비례한다. 따라서 전류의 세기가 감소하는 (가)에서는 저항에 걸리는 전압도 감소하고, 전류의 세기가 증가하는 (나)에서는 저항에 걸리는 전압도 증가한다.

27 상품 관리, 교통 관리, 무전원 무선 키보드 등 여러 분야에서 활용되고 있는 RFID 시스템을 구성하는 장치에 대한 내용으로 옳은 것을 〈보기〉에서 모두 고른 것은?

<보기>
⊙ 태그는 내부에 부착된 자기 기록 띠에 정보를 저장한다.
ⓒ 리더는 안테나로 태그의 정보를 수집, 판독한다.
ⓒ 호스트는 리더에서 수집, 판독한 태그의 정보를 저장하고 처리한다.

① ⊙
② ⓒ
③ ⓒ
④ ⊙ⓒ
⑤ ⓒ, ⓒ

🏵️**TIP** ⓒ 리더는 안테나로 태그에 전파를 송신하거나 태그로부터 수신된 전파로부터 태그의 정보를 수집, 판독한다.
ⓒ 호스트는 리더에서 수집, 판독한 태그의 정보를 저장하고 처리하는 장치이다.

28 컴퓨터의 본체에 들어 있는 직류 전원 장치에서 컴퓨터에 세기가 일정한 직류를 공급하기 위하여 필요한 전기 장치를 옳게 짝지은 것은?

① 다이오드, 축전기
② 다이오드, 코일
③ 다이오드, 저항
④ 축전기, 코일
⑤ 축전기, 저항

TIP 교류를 한쪽 방향으로만 흐르게 하기 위해서는 다이오드가, 일정한 세기의 전류가 흐르게 하기 위해서는 축전기가 필요하다.

29 자기 테이프에 저장된 정보를 재생하는 과정에서 적용되는 원리로 가장 적절한 것은?

① 저항이 일정할 때 저항에 흐르는 전류의 세기는 저항에 걸리는 전압에 비례한다.
② 전류가 흐르는 도선 주위에는 자기장이 만들어진다.
③ 전류가 흐르는 도선이 자기장 속에 있을 때 도선에는 힘이 작용한다.
④ 코일을 지나는 자기장이 변하면 코일에 유도 전류가 흐른다.
⑤ 저항이 0인 물체는 자기장을 밀어내는 성질이 있다.

TIP 자기 테이프에 기록된 자료를 재생하는 과정에서 특정한 방향으로 자화된 자성 물질이 코일을 지날 때 자기장의 변화로 인하여 전자기 유도 법칙에 의한 유도 전류가 흐르는 현상을 이용한다.

ANSWER 26.③ 27.⑤ 28.① 29.④

04 에너지

전기 에너지의 생산

(1) 기전력

전기 회로에 전류를 계속 흐르게 하기 위해 닫힌회로 양단에 일정한 전압을 계속 유지시킬 수 있는 능력으로 단위는 볼트(V)이다.

(2) 기전력의 발생

구분	건전지	휴대용 발전기	열전기쌍	태양 전지판
발생 방법	물질 사이의 화학적 퍼텐셜에너지 차이를 이용	패러데이의 전자기 유도 법칙에 의해 유도기전력 발생	서로 접촉하고 있는 다른 두 금속의 온도 차이를 이용	태양전지에 빛을 쪼여 주면 광기전력 발생

SECTION 2 **교류 발전기**

(1) 발전기

역학적 에너지를 전기 에너지로 전환시키는 장치

(2) 발전기의 원리

영구 자석에 의한 자기장 속에서 코일을 회전 → 코일의 단면적을 지나는 자기력선속이 시간에 따라 변화 → 전자기 유도 현상에 의해 코일에 유도 기전력이 발생하여 유도 전류가 흐른다.

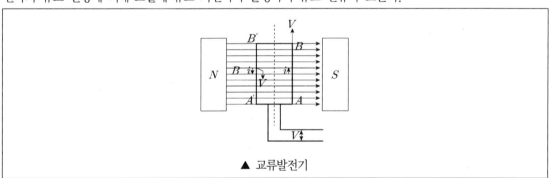

▲ 교류발전기

(3) 유도 전류의 방향과 세기

유도 전류의 방향	유도 전류의 세기
유도 기전력의 방향이 주기적으로 바뀌므로 코일에 흐르는 유도 전류의 방향도 주기적으로 바뀐다. →자기력선속의 변화를 방해하는 방향으로 흐른다.	자기장이 셀수록, 코일의 단면적이 클수록, 코일의 회전 속력이 클수록 시간에 따른 자기력선속의 변화율이 증가→유도 전류의 세기가 증가한다.

① 직류와 교류

직류	교류
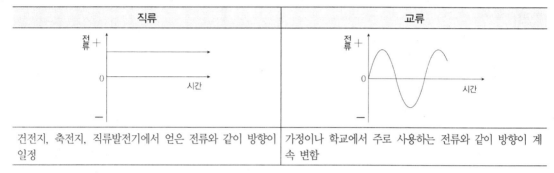	
건전지, 축전지, 직류발전기에서 얻은 전류와 같이 방향이 일정	가정이나 학교에서 주로 사용하는 전류와 같이 방향이 계속 변함

② 직류 발전기와 교류 발전기의 모형

직류발전기	교류발전기
회전자가 반 바퀴 회전할 때마다 코일에 흐르는 유도 전류의 방향이 바뀌므로 직류를 출력한다.	회전자가 반 바퀴 회전할 때마다 회전자 코일에 유도되는 기전력의 방향이 바뀌므로 교류를 출력한다.

여러 가지 발전

(1) 발전소에서의 발전

여러 가지 에너지원을 이용하여 터빈을 돌려 전기 에너지를 얻는다.

(2) 발전의 원리 및 종류

① 발전원리 … 발전 방식은 터빈을 돌려 전기를 만드는 기본원리가 같다. 터빈을 회전시키는 에너지원에 따라 발전의 형태가 달라진다.

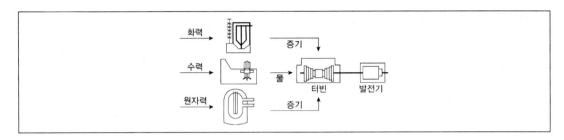

② 발전의 종류

종류	화력발전(증기터빈방식)	수력발전	원자력발전
에너지원	화석 연료	물의 낙차	우라늄, 플루토늄
발전원리	석유, 석탄, 가스와 같은 화석 연료를 연소시켜 발생하는 열에너지로 물을 끓여 발생하는 수증기로 터빈을 회전시켜 발전기를 돌린다.	높은 곳에 있는 물이 낮은 곳으로 떨어지면서 터빈을 회전시켜 발전기를 돌린다.	우라늄 등의 방사성 원소를 주 연료로 하는 핵반응으로 부터 열에너지를 얻어 물을 끓여 발생한 수증기로 터빈 을 회전시켜 발전기를 돌린다.
에너지 전환	• 화석연료의 화학에너지 – 화석연료가 연소할 때 발생하는 열에너지 – 터빈의 운동에너지 – 전기에너지	• 물의 퍼텐셜에너지 – 물의 운동에너지 터빈의 운동에너지 – 전기에너지	• 방사성 원소의 핵에너지 – 방사성 원소가 핵반응 할 때 발생하는 열에너지 – 터빈의 운동에너시 – 전기에너지

(3) 그 밖의 발전 양식

① 양수 발전과 소수력 발전

종류	양수 발전	소수력 발전
발전 원리	낮에는 물의 낙차를 이용하여 발전하고, 전기에너지를 적게 사용하는 밤에는 물을 다시 끌어올려 물을 댐에 저장하는 방식	환경 훼손이 적고, 적은 수량의 하천이나 계곡에서도 발전 가능

② **복합 화력 발전** … 가스 터빈에서 나온 고온의 열을 재활용하여 고온 고압의 수증기를 발생시키고, 이를 다시 증기 터빈을 돌리는데 사용한다. 재래식 화력발전보다 환경오염 물질을 적게 배출하며, 발전 효율이 높다.

③ **열병합 발전** … 중유나 가스를 이용하여 복합 화력 발전을 하고, 이때 방출되는 폐열을 이용하여 지역난방에 사용한다.

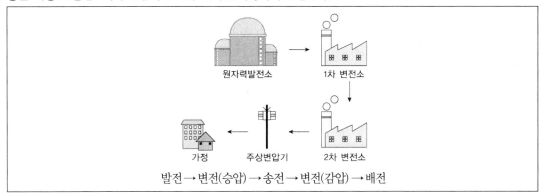

SECTION 4 송전

(1) 전력의 수송

① **전력** … 단위 시간당 공급되는 전기 에너지, 【P = VI(단위 : W(와트)】

② **송전 과정** … 발전소에서 만들어진 교류 전기는 가정까지 전달된다.

발전 → 변전(승압) → 송전 → 변전(감압) → 배전

③ **송전과정에서 교류의 장단점**

　㉠ **장점** : 변압기를 이용한 송전 전압의 승압 및 감압이 직류에 비해 더 쉬우므로 직류보다 송전선에서의 전력 손실을 줄일 수 있다.

　㉡ **단점** : 전류의 세기와 방향이 계속 바뀌므로 전류의 흐름이 일정하지 못하다. 따라서 안정된 전류를 필요로 하는 전기 기구에서는 직류로 변환하여 사용해야 한다. 한편, 고압 송전선에서는 전류의 변화로 인한 전파의 발생이 주변을 지나가는 통신선에 교란을 줄 수 있고, 고전압 방전이나 감전 등의 위험성이 높아진다.

③ **전력 손실** … 전선에 전류가 흐르면 열이 발생한다. 전선은 저항이 작은 금속으로 만들어지지만, 전선에 흐르는 전류가 증가하면 많은 열이 발생하므로 그만큼 손실되는 전력이 발생한다.

　㉠ 발전소에서 공급한 전력 P를 전압 V로 송전하면 송전선에 전류 $I = \dfrac{P}{V}$가 흐르게 된다. 열로 손실되는 전력 P_R는 송전선의 저항을 R라고 할 때 $P_R = I^2 R = \left(\dfrac{P}{V}\right)^2 R$가 된다.

　㉡ 발전소에서 송전 전압을 n배 높이면 송전 과정에서의 전력 손실은 $\dfrac{1}{n^2}$배가 된다.

　㉢ 전력 손실을 줄이기 위해서는 송전 전압 V를 높이거나, 송전선의 저항 R를 작게 해야 한다.

④ **전압과 전류에 따른 전력 손실의 변화**

구분	전압 2V, 전류 $\dfrac{I}{2}$	전압 V, 전류 I	전압 $\dfrac{V}{2}$, 전류 2I
공급한 전력 P	$2V \times \dfrac{I}{2} = VI$	VI	$\dfrac{V}{2} \times 2I = VI$
송전선의 저항	R	R	R
전력 손실 P_R	$\left(\dfrac{I}{2}\right)^2 R = \dfrac{I^2 R}{4}$	$I^2 R$	$(2I)^2 R = 4I^2 R$

(2) 변압기

① **변압기** ⋯ 교류 전류를 송전하는 과정에서 단계적으로 전압을 높이거나 낮추는 장치이다.

② **원리** ⋯ 1차 코일에 교류가 입력되면 전류의 세기와 방향이 주기적으로 바뀌어 1차 코일 주변의 자기장이 변하고, 이 자기장에 의해 2차 코일 주변에도 자기장의 변화가 일어나서 2차 코일에 전류가 유도된다.

1차 코일과 2차 코일에 걸린 전압을 각각 V_1과 V_2, 전류를 각각 I_1과 I_2, 코일의 감은 수를 각각 N_1과 N_2라고 하자.

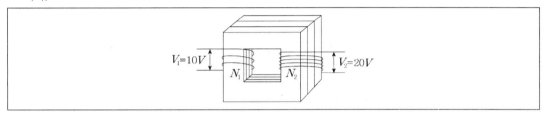

㉠ 1차 코일과 2차 코일에 걸린 전압은 각 코일의 감은수에 비례하므로 $\dfrac{V_1}{V_2} = \dfrac{N_1}{N_2}$ 이 된다.

㉡ 에너지 보존 법칙에 의해 1차 코일에 공급되는 전력과 2차 코일에 전달되는 전력은 $V_1 I_1 = V_2 I_2$가 된다.

㉢ ㉠, ㉡에 의해 $\dfrac{V_1}{V_2} = \dfrac{I_2}{I_1} = \dfrac{N_1}{N_2}$ 이 성립한다.

SECTION 5 핵변환과 방사선

(1) 원자핵과 핵변환

① **원자핵과 핵자** ⋯ 원자핵은 (+)전하를 띤 양성자($_1^1 H$)와 전기적으로 중성인 중성자($_0^1 n$)로 이루어져 있으며, 양성자와 중성자를 통틀어 핵자라고 한다.

② **원자** ⋯ 원자는 (+)전하를 띤 원자핵과 (−)전하를 띤 전자로 구성되어 있으며, 중성 원자에서는 양성자수와 전자수가 같다.

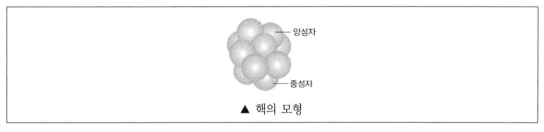

▲ 핵의 모형

③ **원자핵의 표기**

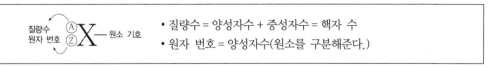

- 질량수 = 양성자수 + 중성자수 = 핵자 수
- 원자 번호 = 양성자수(원소를 구분해준다.)

④ 동위 원소 … 양성자수는 같은데 중성자수가 다른 원소

  예 $_1^1H$, $_1^2H$, $_1^3H$

⑤ 핵변환 … 불안정한 원자핵이 핵자의 조성을 바꾸면서 안정한 다른 원자핵으로 변환되는 현상

(2) 방사선과 방사능

① 방사선 … 핵변환이 일어날 때 방출하는 입자(α선, β선)나 에너지(γ선, X선)

② 방사능 … 방사선을 내는 성질

③ 방사성 동위 원소 … 핵변환이 자발적으로 일어나는 원소가 주위에 방사선을 방출하는 현상을 방사성 원소의 붕괴라고 한다. 이러한 핵을 지닌 원소를 방사성 동위 원소라고 하며, 우라늄이나 라듐 등이 있다.

④ 핵변환의 종류

α 붕괴	어떤 원자핵이 α선, 즉 헬륨($_2^4He$)원자핵을 방출하는 과정으로, 양성자와 중성자를 각각 2개씩 잃고 다른 핵으로 변환된다. 예 $_{88}^{226}Ra \rightarrow _{86}^{222}Rn + _2^4He$
β 붕괴	원자핵에서 전자($_{-1}^{0}e$)가 방출되는 과정으로, 이때 핵에서는 중성자가 양성자로 변하므로 다른 핵으로 변환된다. 예 $_{82}^{214}Pb \rightarrow _{83}^{214}Bi + _{-1}^{0}e$
γ 붕괴	원자핵이 높은 에너지를 가진 들뜬상태에 있다가, 보다 낮은 에너지 상태로 바뀌면서 그 에너지 차이에 해당하는 전자기파를 방출하는 과정 예 $_0^1n \rightarrow _1^1H \rightarrow _1^2H + r$

(3) 생활 속에서의 방사선

① 방사능량과 방사선량(피폭량)

방사능량	방사선량(피폭량)
• 어떤 물질에서 얼마만큼 방사능 변환이 일어나는가를 알려주는 양 • 단위 : Bq (베크렐) • 1Bq : 물질 안에서 매초 1개의 방사성 원소가 변환되는 것	• 방사선에 노출되어 쪼인 정도를 나타내는 양 • 방사선의 피폭 정도를 나타내는 물리량들은 방사선이 물질을 통과하면서 물질에 부여하는 효과의 정도를 나타낸다. • 종류 : 조사선량, 흡수선량, 등가선량, 유효선량

※ 방사선의 피폭 정도를 나타내는 물리량

항목	단위	정의
조사 선량	C/kg	공기 1kg 중에 1C의 이온을 만드는 γ선 또는 X선의 양
흡수 선량	Gy(그레이)	물질 1kg당 1J의 방사선 에너지 흡수가 있을 때의 선량
등가 선량	Sv(시버트)	방사선의 종류나 에너지에 따른 신체에 미치는 영향을 고려한 선량
유효 선량	Sv(시버트)	신체 조직별 특성을 고려한 선량

② 자연 방사선과 인공 방사선

방사능량	방사선량(피폭량)
• 자연에서 발생하는 방사선 • 자연에 존재하는 방사성 물질로 우주 방사선, 지구 방사선, 인체 방사선 등으로 구분할 수 있다.	• 인위적으로 발생하는 방사선 • 가전제품, 보안검색장치, 엑스선 장치, 암 치료 장치, 원자력 발전소 등에서 나온다.

③ **방사선이 인체에 미치는 영향** ⋯ 인체가 방사선에 노출된 경우 방사선의 종류나 에너지, 선량, 쪼이는 시간, 쪼인 인체 부위 등에 따라 여러 가지 복잡한 과정을 거치면서 그 영향이 다르게 나타난다.

④ **방사선의 이용**

의료분야	공업분야
PET(양전자 방출 단층 촬영)(γ선), 의류 기구 살균(γ선)	비파괴 검사(선), 정밀 두께 측정(β선)

농업분야	기타
식품보존, 품종개발, 지질·지하수 조사(γ선)	연대 측정 (탄소 동위 원소)

SECTION 6 핵반응

(1) 핵반응

① **핵반응** ⋯ 원자핵이 원래의 원자핵보다 가벼운 두 개의 원자핵으로 핵분열하거나, 두 개의 원자핵이 더 무거운 원자핵으로 핵융합하는 현상

② **핵반응식** ⋯ 핵반응 전후의 보존 관계를 나타낸 식을 핵반응식이라고 한다. 핵반응 후 질량은 감소하지만 원자 번호와 질량수는 보존된다.

③ **질량 결손** ⋯ 핵반응 후 물질들의 질량의 합이 반응 전 질량의 합보다 줄어들게 되는 것

④ **질량 결손과 핵에너지** ⋯ 핵반응에서 방출되는 핵에너지 E는 핵반응 과정에서 질량 결손 $\triangle m$에 의한 것이며, 이를 질량 에너지 등가라고 한다.($E = \triangle mc^2$(c : 빛의 속도))

(2) 핵분열과 핵융합

① **핵분열** ⋯ 원자핵에 중성자를 충돌시킬 때 원자핵이 쪼개지면서 두 개의 새로운 원자핵이 생겨나는 반응
  ㉠ 천연 우라늄 : $^{235}_{92}U$와 $^{238}_{92}U$이 1 : 140의 비율로 들어 있으며, $^{235}_{92}U$는 느린 중성자를 흡수하고, $^{238}_{92}U$는 빠른 중성자를 흡수한다.
  ㉡ 연쇄 반응 과정

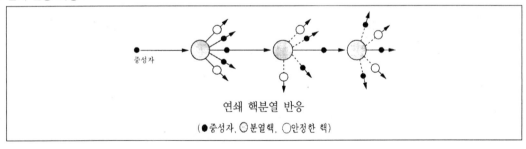

연쇄 핵분열 반응

(●중성자, ◐분열핵, ○안정한 핵)

ⓒ 핵분열

$$^{235}_{92}U + ^{1}_{0}n \rightarrow ^{92}_{36}Kr + ^{141}_{56}Ba + 3^{1}_{0}n + 200 MeV$$

반응 전후의 원자 번호 보존

92+0=36+56+0

반응 전후의 질량 수 보존

235+1=92+141+3=236

② **핵융합** … 수소와 같은 작은 원자핵들이 융합하여 더 큰 원자핵으로 변하는 반응으로, 반응 전보다 반응 후의 질량이 줄어들어 막대한 에너지가 발생한다.

　　ㄱ 중수소 원자핵 두 개가 융합하여 헬륨 원자핵 한 개를 만든다.

$$^{2}_{1}H + ^{2}_{1}H \rightarrow ^{4}_{2}He + 24 MeV$$

　　ㄴ 리튬 원자핵에 중성자를 충돌시켜 얻은 삼중수소 원자핵이 중수소 원자핵과 융합하여 헬륨 원자핵을 만든다.

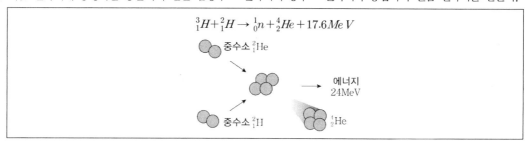

$$^{3}_{1}H + ^{2}_{1}H \rightarrow ^{1}_{0}n + ^{4}_{2}He + 17.6 MeV$$

중수소 $^{2}_{1}$He

에너지
24MeV

중수소 $^{2}_{1}$H

$^{4}_{2}$He

　　ㄷ 핵융합이 인공적으로 일어나게 하기 위해서는 내부의 온도를 수십억 도까지 올려 주어야 한다. 수소 폭탄에서는 원자 폭탄이 터질 때에 발생하는 막대한 열에너지를 이용하여 중수소들을 융합하게 된다.

　　ㄹ 수소를 융합하는 것은 매우 어렵지만 중수소($^{2}_{1}H$)와 삼중수소($^{3}_{1}H$)를 충돌시켜 헬륨($^{4}_{2}He$)으로 융합시키는 것은 가능할 것으로 보고 있다.

SECTION 7 원자로

(1) 원자로

핵연료의 반응 과정에서 반응 정도를 조절하고, 에너지의 방출 과정을 통제하여 반응 속도를 조절하는 장치

(2) 원자로의 종류

① 원자로

　　ㄱ 제어봉 : 연쇄 반응이 너무 급격히 진행되는 것을 막기 위해 중성자를 흡수하여 중성자수를 줄이는 역할을 하는 장치, 카드뮴을 이용

ⓛ 감속재와 냉각재

감속재	냉각재
고속 중성자의 속력을 느리게 하여 저속 중성자로 만들거나 원자핵에 충돌하는 중성자 개수를 줄임으로써 핵분열이 일정하고도 지속적으로 일어나도록 만드는 역할을 하는 물질	원자로 속에서 핵분열 반응으로 생기는 열을 없애기 위하여 사용하는 물질
경수, 중수, 파라핀, 흑연, 베릴륨 등을 사용, 많은 발전용 원자로에서는 특히 냉각재의 역할도 할 수 있는 경수(輕水)와 중수(重水)를 감속재로 사용	보통 중수와 경수가 사용되나 공기, 이산화탄소, 헬륨, 액상 유기물, 나트륨, 수은도 사용

② 경수로와 중수로

원자로	경수로	중수로
핵연료	저농축 우라늄	천연 우라늄
감속재 냉각재	물(경수)	중수
구조		
발전 방식	원자로에서 고온으로 가열된 물은 증기 발생기에서 복수기로부터 오는 물에 열을 전달하여 증기로 만든다. 열을 전달한 물은 다시 원자로 내부로 보내어 가열된 후 증기 발생기로 보내자는 순환과정을 반복한다.	
장단점	• 감속재 확보 편리 • 농축 우라늄 확보 어려움	• 중수 사용으로 반응 조절 편리 • 감속재 확보 어려움

㉠ 천연 우라늄의 농축

저농축 우라늄	고농축 우라늄
우라늄 235의 함량이 2 ~ 5%가 되도록 농축한 것	우라늄 235의 함량이 95% 이상 되도록 농축한 것
연쇄 반응이 천천히 일어나도록 하여 원자력 발전에 사용	연쇄 반응이 빠르게 일어나도록 하여 핵폭탄에 사용

③ **고속 증식로** … 분열 과정에서 고속 중성자를 사용하고 플루토늄이 증식되기 때문에 고속 증식로라고 한다.

㉠ **연료** : 보통의 원자로에서는 별로 활용 가치가 없는 천연 우라늄 속의 $^{238}_{92}U$을 $^{239}_{94}Pu$로 만들어 연료로 사용한다.

㉡ 고속 증식로에서의 핵분열 과정

㉢ 속도가 빠른 고속 중성자를 우라늄 $^{238}_{92}U$에 충돌시켜 플루토늄 $^{239}_{92}Pu$을 얻으며, 분열시 생성되는 고속 중성자를 감속시키지 않고 계속 반응에 사용한다.

㉣ 감속재는 필요 없지만 원자로에서 발생하는 열을 조절하기 위한 냉각재가 필요하다.

㉤ 물은 중성자자를 느리게 만들므로 물 대신 액체 소듐(Na)이 냉각재로 사용된다.

SECTION 8 태양 전지의 원리

(1) 태양 전지의 구성

① 태양 전지에서의 에너지 전환 … 태양의 빛에너지 → 전기 에너지

② 태양 전지의 구성과 특징

  ㉠ 구성 : p형 반도체와 n형 반도체의 접합으로 되어 있다.

  ㉡ 특징 : 증기 터빈이나 발전기 같은 별도의 추가 장치 없이 태양의 빛에너지를 직접 전기 에너지로 전환시킨다. 건전지나 납축전지는 생산된 전기를 저장할 수 있지만, 태양 전지는 전기를 저장하는 능력이 없고 빛이 있을 때 전기를 생산만 할 수 있다.

③ p형 반도체와 n형 반도체

p형 반도체		n형 반도체
4개의 외각 전자를 갖는 실리콘(Si)에 3개의 외각 전자를 갖는 13족 원소 붕소(B)를 미량 첨가 → 전자 하나가 부족한 결합을 하게 되어 양공을 갖는 p형 반도체가 된다.	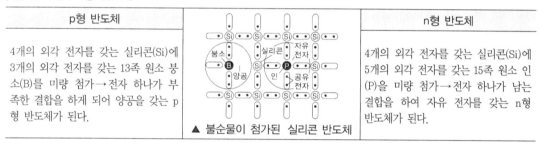 ▲ 불순물이 첨가된 실리콘 반도체	4개의 외각 전자를 갖는 실리콘(Si)에 5개의 외각 전자를 갖는 15족 원소 인(P)을 미량 첨가 → 전자 하나가 남는 결합을 하여 자유 전자를 갖는 n형 반도체가 된다.

④ 불순물 반도체와 도핑

  ㉠ 반도체는 흔히 불순물이라 불리는 특정한 원자들을 반도체에 첨가하는 도핑 과정을 통해 기술적으로 그 특성을 크게 향상시킬 수 있다.

  ㉡ 도핑된 반도체는 107개의 실리콘 원자당 한 개 정도만이 도핑하는 원자로 바뀐다. 실질적으로 오늘날의 반도체 소자는 도핑된 물질을 기본으로 하고 있다.

(2) 태양 전지에서 전기 에너지의 생성 원리(광기전력 효과)

① 광전 효과 … 빛을 금속 표면에 비추면 금속 표면에서 자유 전자가 방출되는 것을 이용하여 기전력을 얻는 것

② 광기전력 효과 … 빛을 받은 반도체에서 전자와 양공이 서로 반대 방향으로 이동하면서 기전력이 발생하는 것

※ 원리상으로는 위의 두 가지 방법 모두 태양전지로 사용될 수 있다. 그러나 현재 모든 태양 전지는 여러 가지 이점 때문에 반도체에 의한 광기전력 효과를 이용하고 있다.

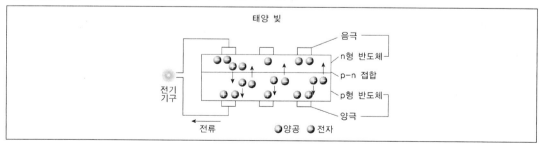

과정1	과정2	과정3	과정4
태양 전지의 표면에 빛을 비춘다.	원자 속의 전자가 전도띠로 갈 수 있는 에너지를 흡수. p형 반도체와 n형 반도체 속에 양공(+)과 전자(−)가 생성	p−n 접합부에 전기 장이 생성. 전자(−)는 n형 반도체 쪽으로, 양공(+)은 p형 반도체 쪽으로 이동	p형 반도체와 n형 반도체 표면에 전극을 형성. 전자를 외부 회로로 흐르게 하면 전기 에너지를 얻게 된다.

SECTION 9 태양 전지의 종류와 활용

(1) 태양 전지의 종류

① 단결정과 다결정 실리콘 태양 전지

　㉠ 단결정 : 하나의 균일한 결정으로 된 고체

　㉡ 다결정 : 부분적으로는 결정이지만 전체적으로는 단일결정이 아닌 고체

　㉢ 비정질 : 분자가 무작위로 배열되어 규칙이 없는 고체

단결정 실리콘 태양 전지	다결정 실리콘 태양 전지
• 재료 : 고급 실리콘 • 장점 : 에너지 전환 효율 높다. • 단점 : 제조 공정이 복잡하여 대량 생산이 어려우며, 가격이 비싸다.	• 재료 : 저급 실리콘 • 장점 : 가격이 싸다. • 단점 : 에너지 전환 효율 낮다.

② 실리콘 박막형 태양 전지 … 유리, 스테인리스, 플라스틱과 같은 싼 가격의 기판 위에 비정질 실리콘이나 구리 · 인듐 화합물, 카드뮴 화합물, 유기 물질 등을 수십. 두께로 증착한 것이다.

　㉠ 장점 : 구부리거나 휠 수 있으며, 건물의 유리에 투명하게 붙일 수 있고 유연성이 높은 얇은 판을 만들 수 있다.

　㉡ 단점 : 에너지 전환 효율이 낮다.

③ 염료 감응 태양 전지 … 빛에 반응하여 전자를 내놓을 수 있는 염료를 원료로 한다.

　㉠ 과일즙과 같은 천연 염료를 사용할 수 있기 때문에 친환경적이며, 제조 공정이 간단하다.

　㉡ 얇은 투명 유리판 사이에 염료를 넣어 만들어지기 때문에 투명하고, 염료의 색상에 따라 다양한 색을 낼 수 있어 건물, 자동차, 장식품 등 다양한 분야에 활용할 수 있다.

　㉢ 에너지 전환 효율이 떨어지지만 유연성이 뛰어난 장점을 가지고 있다.

(2) 태양 전지의 전망

① 값싸고 손쉽게 생산할 수 있으면서 에너지 전환 효율을 높이는 방향으로 개발될 것이다.

② 대규모 발전 시설에 설치하는 것 이외에도, 얇고 유연성을 극대화하여 휴대성을 좋게 하고 어느 곳에도 설치가 가능하게 될 것이다.

(3) 태양 전지의 활용

① 태양 전지의 단위 … 셀→모듈→어레이

셀	모듈	어레이
기본 단위를 셀이라고 하며, 일반적으로 사용하는 태양 전지 하나가 출력하는 최대 전력은 약 1.5W로 전압과 전류가 매우 낮다.	태양 전지 여러 개를 직렬 및 병렬로 연결하고, 유리와 프레임으로 보호한 태양 전지 모듈을 만들어 수백 와트 급의 전력까지 생산할 수 있게 제작한다.	태양광 발전기는 모듈 여러 개를 직렬 및 병렬로 연결하여 구성된 어레이로 만들어진다.

② **가정용 태양광 발전** … 한 가정에서 사용하는 데 충분하지 않고 밤과 낮의 생산량이 다르기 때문에 축전지에 저장하거나 전기 회사의 전력망과 연결하여 사용한다.

③ **교류 변환기** … 태양 전지에서 나오는 직류 전압을 가정에서 사용하기 위해서는 직류를 교류로 바꾸어 주어야 한다. 이때 교류로 바꾸어 주고 전력망과 연결해주는 장치를 교류 변환기라고 한다.

④ **태양 전지 패널 설치** … 가정에서 태양 전지 패널을 설치할 때는 가능한 한 태양으로부터 빛을 수직으로 받는 시간이 최대가 되도록 해야 한다. 따라서 고정식 태양 전지는 정남쪽을 향하고, 각도는 그 지역의 위도와 같도록 설치해야 한다.

⑤ **태양 전지의 활용**
  ㉠ 소형 : 휴대전화 뒷면, 모자, 자켓, 가방, 자동차, 배 등에 설치
  ㉡ 대형 : 바다 위, 사막, 건물 벽, 도로 방음벽 등에 설치

SECTION 10 신 . 재생 에너지

(1) 신 . 재생 에너지

기존의 화석 연료를 변환시켜 이용하거나 햇빛, 물, 지열, 강수, 생물 유기체 등을 포함하여 재생 가능한 에너지를 변화시켜 이용하는 것

(2) 여러 가지 발전 방식

구분	태양광 발전	태양열 발전
에너지원과 특징	태양 전지를 직렬 또는 병렬로 연결하여 발전하며, 소규모 전기 에너지를 얻기 위한 곳에 적합하다.	주로 오목 거울을 이용하여 태양열을 모아 물을 끓이며, 이때 발생하는 수증기로 터빈을 돌려 전기 에너지를 생산한다.
장점	• 자원량으로 볼 때 태양 에너지 자원은 거의 무한하다. • 증기 터빈이나 발전기 없이 직접 전기 에너지를 얻을 수 있으므로 발전 과정에서 환경오염물질이 배출되지 않는다.	• 모든 수증기가 바로 터빈을 돌리지 않고 탱크에 여분의 수증기를 저장하므로 태양열을 받지 못할 때도 전기를 생산한다. • 발전 과정에서 환경오염물질이 배출 되지 않는다.
단점	• 계절과 기후의 영향을 받는다. • 많은 양의 전기 에너지를 얻기 위해서는 태양 전지판이 커야 한다.	• 계절과 기후의 영향을 받는다. • 많은 양의 전기 에너지를 생산하려면 오목 거울의 크기가 커야 한다.

구분	풍력 발전	지열 발전
에너지원과 특징	• 자연의 바람이 가지는 운동에너지에 의해 발전기를 돌려 전기에너지를 생산한다. • 풍속이 4m/s 이상은 되어야 경제성이 있으며, 최저 풍속은 10m/s이다.	땅속의 지열에서 열에너지를 얻어 물을 끓여 생기는 증기로 발전기를 돌려 전기에너지를 생산한다.
장점	자연의 바람을 이용하기 때문에 에너지 구입비용이 들지 않고 대기 오염이 없다.	날씨의 영향을 받지 않고 난방 효과를 동시에 얻을 수 있다.
단점	많은 양의 전기에너지를 생산하기 위해서는 여러 개의 발전탑을 세워야 하므로 넓은 장소가 필요하며, 발전과정에서 터빈의 회전에 의한 소음이 발생한다.	화산지역이나 땅속 깊은 곳의 열을 얻을 수 있는 곳이어야 한다.

구분	조력 발전	조류 발전
에너지원과 특징	밀물과 썰물의 수위차를 이용한다.	물의 흐름을 이용한다.
장점	환경오염물질이 발생하지 않고 발전단가가 싸며, 발전규모도 크다.	
단점	발전에서 얻어지는 전기에너지의 생산효율이 건설비용에 비해 적다.	

(3) 연료 전지

① 에너지원과 특징

ㄱ 연료 : 순수한 수소를 사용하기도 하지만 수소 원자가 포함된 화석 연료와 같은 수소 탄화물이나 알코올도 사용 가능하며, 산화제로는 산소 외에 공기를 사용할 수 있다.

ㄴ 특징 : 수소와 산소의 전기 화학 반응에 의해 전기를 생산하고 부산물로 물과 열을 얻는 장치이다.

② 전기 에너지 생성 과정

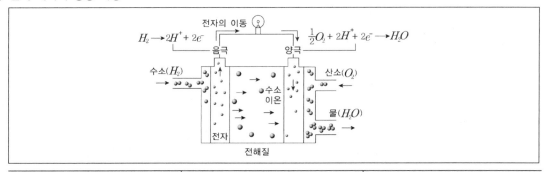

과정1	과정2	과정3
연료 전지의 음극을 통해 수소가 공급되고, 양극을 통해 산소가 공급된다.	음극을 통해 들어온 수소 분자는 촉매(백금)에 의한 전기화학반응으로 전극 표면에서 수소 이온과 전자를 생성한다.	발생된 전자는 전선을 통해 양극으로 이동하여 전기를 발생시키며, 양극으로 이동한 전자는 산소와 이미 발생한 수소 이온과 반응하여 물을 생성한다.

③ 장점과 단점

장점	• 화학 반응을 통해 전기를 직접 생산하기 때문에 에너지 전환효율이 높다. • 연소 장치가 필요 없기 때문에 소음이 없고 소형화가 가능하다. • 반응열에 의해 부산물로 뜨거운 물이 나오기 때문에 대용량 연료전지에서는 난방이나 온수공급까지 할 수 있다.
단점	• 연료 전지에 공급할 원료(수소)의 대량 생산과정에서 환경오염물질이 발생할 수 있다. • 아직까지 연료의 저장, 운송, 공급 등이 어렵다.

④ 이용 … 가전 기기용 전원, 휴대용 전원, 가정용 예비 전원, 연료 전지 자동차, 발전용 전원, 우주선 전원 등

SECTION 11 지레와 돌림힘

(1) 돌림힘

① 돌림힘 … 회전문에서와 같이 회전축에서 일정한 거리만큼 떨어진 지점에 힘을 작용하여 물체를 돌리는 힘이다.

② 돌림힘(τ)의 크기 … 지레의 팔길이(r)와 힘의 크기(F)의 곱으로 나타낸다. 이때 팔의 길이가 길수록, 힘의 크기가 클수록, 지레의 팔과 힘의 방향이 수직에 가까울수록 크다. → 팔의 길이(r) × 힘의 크기(F) (단위 : N·m)

㉠ 지레의 팔 : 물을 밀 때 문의 회전축 O로부터 힘이 작용하는 손잡이까지의 길이(r)이다.

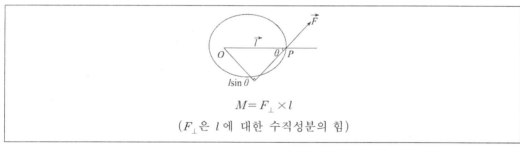

$$M = F_{\perp} \times l$$
$$(F_{\perp} 은 \ l \ 에 \ 대한 \ 수직성분의 \ 힘)$$

㉡ 팔의 길이와 힘의 방향이 수직일 때 : 물체의 회전 중심 O로부터 팔의 길이 r인 곳에서 r과 수직방향으로 힘 F를 작용할 때, 돌림힘(τ)은 힘(F)과 팔의 길이(r)의 곱으로 나타낸다.(돌림힘(τ) = 팔의 길이(r) × 힘(F))

㉢ 팔의 길이와 힘의 방향이 비스듬할 때 : 물체에 크기가 F인 힘을 회전축으로부터 거리가 r인 지점에 물체의 길이 방향과 θ의 각으로 작용시킬 때 돌림힘(τ)은 다음과 같다.($\tau = rF\sin\theta$)

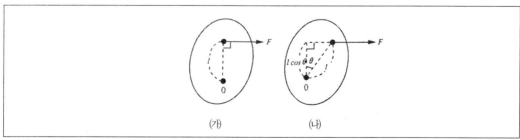

(2) 지레

① **지레** … 지레가 수평을 유지할 때 사람이 지레에 작용하는 돌림힘과 지레가 물체에 작용하는 돌림힘의 크기와 방향은 같다.

> **TIP** 지레의 원리
>
> 사람이 지레에 aF의 돌림힘을 시계 방향으로 작용하면 지레는 무게 w인 물체에 bw의 돌림힘을 시계 방향으로 작용하여 물체를 움직이게 된다.
>
>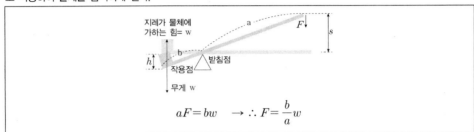
>
> $$aF = bw \quad \rightarrow \quad \therefore \ F = \frac{b}{a}w$$

② **일의 원리** … 지레를 사용하여 일을 할 때 사람이 지레에 한 일 Fs는 지레가 물체에 한 일 wh와 같다. 이때 힘의 크기가 줄어든 대신 이동 거리가 증가하므로 일의 양에는 변함이 없다.

③ **지레에서 돌림힘의 평형 조건**

※ 막대의 두 지점에서 반대 방향으로 크기가 다른 두 힘이 작용할 때 막대가 회전하지 않을 조건은 다음과 같다.

    ⊙ $\tau_{반시계} + \tau_{시계} = 0$

    ⓛ $F_1 l_1 \sin\theta_1 + F_2 l_2 \sin\theta_2 = 0$

(3) 돌림힘의 이용

① **지레의 원리 응용** … 일상생활에서 볼 수 있는 도르래와 축바퀴, 양팔 저울, 자전거 기어, 자동차 운전대, 드라이버 등 회전 운동과 관련된 것은 지레의 원리를 이용한 돌림힘에 의한 작용으로 설명할 수 있다.

축바퀴	자전거의 기어	자동차의 운전대
지름이 큰 바퀴를 회전시키면 지름이 작은 바퀴에 큰 힘을 전달할 수 있다.	뒷바퀴에 연결된 톱니바퀴의 지름이 클수록 작은 힘으로 페달을 돌릴 수 있다.	축바퀴의 원리를 이용한 것으로, 운전대의 지름이 클수록 작은 힘으로 돌릴 수 있다.

② 도르래와 축바퀴 … 도르래와 축바퀴는 팔의 길이가 정해진 지레로 바꾸어 생각할 수 있다.

고정 도르래	움직 도르래	축바퀴
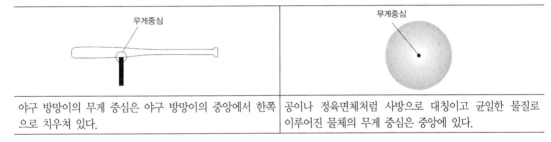		
고정 도르래는 힘의 이득이없지만, 방향을 바꾸어 물체를 쉽게 당길 수 있다.	움직 도르래는 물체가 도르래 중심에 있기 때문에 절반의 힘으로 물체를 들어 올릴 수 있다.	축바퀴는 큰 도르래의 반지름에 대한 작은 도르래의 반지름의 비만큼 들어 올리는 힘을 줄일 수 있다.

SECTION 12 힘의 평형과 안정성

(1) 평형 상태

물체가 운동 상태의 변함없이 안정적으로 정지해 있는 상태

① 평형 상태를 유지하기 위한 조건

    ㉠ 힘의 평형→물체에 작용하는 모든 힘의 합력, 즉 알짜힘이 0이어야 한다.

    ㉡ 돌림힘의 평형→물체에 작용하는 돌림힘의 합이 0이어야 한다.

② 무게 중심 … 물체를 이루는 입자들의 무게가 모두 한곳에 작용하는 점

무게중심	무게중심
야구 방망이의 무게 중심은 야구 방망이의 중앙에서 한쪽으로 치우쳐 있다.	공이나 정육면체처럼 사방으로 대칭이고 균일한 물질로 이루어진 물체의 무게 중심은 중앙에 있다.

(2) 물체의 안정성

① 안정적인 구조물은 일정한 범위 내에서 힘의 평형이 깨지더라도 복원력이 작용하여 원래의 상태를 유지할 수 있다.

② 무게 중심이 낮을수록 더 안정한 상태이다.

안정된 상태	불안정된 상태
무게 중심	
약간 기울어져도 무게 중심이 바닥면을 벗어나지 않으므로, 처음 위치로 되돌아가는 중력에 의한 돌림힘이 작용하여 잘 넘어지지 않는다.	왼쪽과 같은 각도로 기울어졌을 때 무게 중심이 바닥면을 벗어나므로 중력에 의한 돌림힘이 작용하여 넘어지게 된다.

③ 건축 구조물에서의 안정성

삼각형 구조물	아치형 구조물
삼각형 모양의 뼈대 구조물은 수직으로 받는 힘과 수평으로 받는 힘을 잘 견디므로 건축할 때는 뼈대 구조물을 삼각형 형태로 결합하여 사용한다.	아치는 수직 아래로 향하는 힘을 좌우로 분산 시켜 최종적으로는 모든 힘을 지면에 수직인 방향과 수평인 방향으로 나눈다.

SECTION 13 아르키메데스 법칙

(1) 깊이에 따른 유체의 압력 변화

① 압력(P) ⋯ 단위 면적에 수직으로 작용하는 힘(F)으로 면적이 A인 물체에 크기가 F인 힘이 물체의 각 부분에 고르게 작용할 때 물체에 작용하는 압력의 크기 P는 다음과 같다.

$P = \dfrac{F}{A}$ (단위 : N/m^2 = Pa(파스칼))

② 유체 속에서의 압력(유체 : 흐를 수 있는 물질을 유체라 하며, 여기에는 액체와 기체가 포함된다.)

유체 속의 물체에 작용하는 압력	물의 깊이에 따른 압력
물체의 모든 면에 수직으로 작용하며, 정지해 있는 유체의 한 점에 작용하는 압력은 모든 방향에서 고르게 작용한다.	물속에서도 지구의 중력이 작용하므로 물의 깊이가 10m 깊어질 때마다 수압은 약 1기압씩 증가한다.

(2) 부력

물체 주위의 유체가 물체에 미치는 압력의 합력으로, 중력의 반대 방향으로 작용한다.

> ✿TIP 물 속에 잠겨있는 물체의 부력
>
> 좌우 방향으로는 수압의 크기가 같으므로 합력이 0이고, 물체의 윗부분에서 아래쪽으로 작용하는 수압은 물체의 아랫부분에서 위쪽으로 작용하는 수압보다 작으므로, 물체에는 합력이 위쪽으로 작용하게 된다. → 부력의 방향은 위쪽이다.

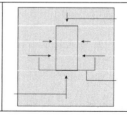

(3) 아르키메데스 법칙

유체 속에 정지해 있는 물체는 물체가 밀어낸 유체의 무게만큼 압력 차이가 생기므로, 물체에 작용하는 부력의 크기는 유체에 잠긴 물체의 부피에 해당하는 유체의 무게와 같다.

① 부력의 크기 = 유체의 밀도 × 물체가 밀어낸 유체의 부피 × 중력 가속도

$F_b = \rho_{유체} Vg = m_{유체} g -$ 물체가 밀어낸 유체의 무게

② 밀도는 단위 부피당 질량을 의미한다. 즉, 물질의 밀도를 ρ, 질량을 M, 부피를 V라고 할 때 $\rho = \dfrac{M}{V}$ 으로 정의되며, 단위는 kg/m^3이다.

(4) 물체의 비중과 부력

① 비중 ⋯ 어떤 물질의 질량과 이 물질과 같은 부피를 가진 4℃ 물의 질량과의 비율, 또는 어떤 물질의 밀도와 4℃ 물의 밀도의 비율이다.

비중 $= \dfrac{물질의\ 밀도}{4\degree C 물의\ 밀도}$ (비중은 단위가 없는 양이다.)

※ 기체는 온도와 압력에 따라 비중에 크게 달라진다. 액체의 경우 보통 1기압, 4℃의 물, 기체의 경우에는 1기압 0℃에서의 공기를 표준물질로 사용한다.

② 물체의 비중과 부력의 관계

비중이 물보다 큰 돌	비중이 물과 같은 물체	비중이 물보다 작은 나무
부력이 물체의 무게보다 작으므로 가라앉는다. (부력 < 무게)	부력이 물체의 무게와 같으므로 물속에 정지해 있다. (부력 = 무게)	부력이 물체의 무게보다 커서 수면위로 떠오른다. (부력 > 무게)

③ 부력의 이용

튜브	수세식 변기	비행선	잠수함
공기가 든 튜브의 물의 부력이 작용하여 물에 뜰 수 있다.	물통에 물이 차면 부력에 의해 부구가 떠오르고 일정한 높이가 되면 급수관 입구를 막는다.	공기보다 가벼운 헬륨 기체가 든 비행선에 공기의 부력이 작용하여 떠 있을 수 있다.	잠수함은 공기 탱크내에 압축공기나 바닷물을 채워 떠오르거나 잠수할 수 있다.

떠 오를 때	가라앉을 때
공기 탱크 공기 수면 상에 떠 있는 상태	잠수 상태 물
공기 탱크 내에 압축 공기를 공급하여 무게를 가볍게 한다. (부력 > 무게)	공기 탱크 내의 공기를 밖으로 배출하고 바닷물을 채워 무겁게 한다. (부력 < 무게)

SECTION 14 파스칼 법칙

(1) 파스칼 법칙

파스칼은 밀폐된 용기에 담긴 비압축성 유체에 가해진 압력의 변화는 유체의 모든 부분과 유체를 담은 용기의 벽까지 그 세기가 감소되지 않고 전달된다는 것을 발견하였다.

(2) 유압 장치

① 원리 … 파스칼 법칙을 이용하여 작은 힘으로 큰 힘을 낼 수 있다.

> • 유압 장치에서는 단면적 A_1인 피스톤 1에 작용하는 작은 힘 F_1에 의한 압력을 단면적 A_2인 큰 피스톤 2에 전달하며, 파스칼 법칙에 의해 두 피스톤이 받는 압력 P_1과 P_2는 같다.
>
> • 피스톤 2가 기름으로부터 받는 힘을 F_2라고 할 때 $P_1 = P_2$이므로 $\dfrac{F_1}{A_1} = \dfrac{F_2}{A_2}$에서
>
> $F_2 = \dfrac{A_2}{A_1}F_1$이 성립한다. ▷ 유압 장치의 단면적 A_1을 작게 하고, A_2을 크게 하면, 작은 힘으로 큰 힘을 낼 수 있다.

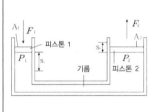

② 일의 원리 … 유압 장치를 이용하여 작은 힘으로 무거운 물체를 움직이는 경우 힘의 크기에 반비례하여 이동 거리가 커지므로 전체적으로 한 일의 양은 일정하다.

(3) 유압 장치의 이용

유압식 브레이크	자동차를 들어 올리는 장치
브레이크의 페달을 밟아서 실린더의 압력이 높아지면 이 압력이 4개의 바퀴에 고르게 전달된다. 유압식 브레이크는 제동력을 모든 바퀴에 균등하게 전달할 수 있다.	공기 압축기를 통해 기름통의 기름에 압력을 가하면 넓은 기름의 윗면에 압력이 고르게 전달되어 기름이 서서히 내려간다. 기름통 아래의 가는 관에 차있는 기름을 통해 전달된 압력이 자동차 아래 설치된 피스톤에 전달되어 자동차를 들어 올리게 된다.

(1) 베르누이 법칙

① 유체의 연속 방정식 … 비압축성의 이상 유체의 경우 1초 동안에 단면적 A1과 A2를 통과한 유체의 부피가 같으므로 다음 식이 성립한다. (이상 유제 : 비압축성, 점성이 없으며 유체 속 한 지점에서의 속도가 시간에 따라 변하지 않는 층흐름을 한다)

$A_1v_1 = A_2v_2$ (유체의 속력은 가는 관을 흐를 때 빠르고 굵은 관을 흐를 때 느리다)

② 베르누이 법칙 … 유체의 흐름에서 속력이 빠르면 압력이 낮고, 속력이 느리면 압력이 높다.

　　㉠ 유체의 압력과 속도, 높이 사이의 관계 : 밀도가 ρ 인 이상 유체가 압력이 P_1, 속력이 v_1, 높이가 h_1인 곳에서 관을 따라 압력이 P_2, 속력이 v_2, 높이가 h_2인 곳으로 흐를 때 베르누이는 이들 물리량 사이에 다음과 같은 관계가 성립하는 것을 알아냈다.

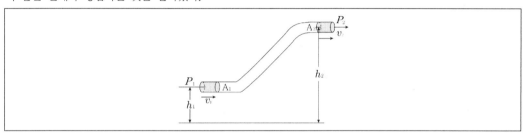

$$P_1 + \rho gh_1 + \frac{1}{2}\rho v_1^2 = P_2 + \rho gh_2 + \frac{1}{2}\rho v_2^2 = 일정$$

위의 식은 유체의 퍼텐셜 에너지와 운동 에너지의 합이 항상 일정하다는 원리를 나타낸 것으로, 이상 유체가 규칙적으로 흐르는 경우에 대해 성립한다.

　　㉡ 유체가 같은 높이를 흐르는 경우$(h_1 = h_2)$: $P_1 + \frac{1}{2}\rho v_1^2 = P_2 + \frac{1}{2}\rho v_2^2 = 일정$ → 유체의 속력이 빠른 곳에서는 압력이 작은 것을 알 수 있다.

③ 굵기가 다른 관 속에서 유체의 흐름과 압력

　　㉠ 물기둥의 높이가 달라지는 이유 : 그림에서 굵은 관을 통과하는 공기의 속력은 느리므로 내부의 압력이 높고, 좁은 관을 통과하는 공기의 속력은 빠르므로 내부의 압력은 낮다.

　　㉡ 물기둥에 작용하는 압력이 달라져서 굵은 관 쪽에 연결된 물기둥이 가는 관 쪽에 연결된 물기둥의 높이보다 낮아진다.

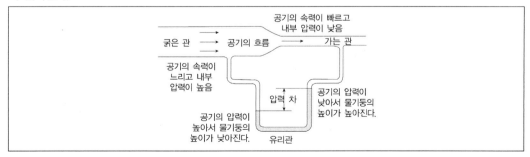

(2) 양력(비행기가 뜨는 힘)

① **양력** … 비행기의 날개 위쪽은 아래쪽보다 공기의 흐름이 빠르고 압력이 더 낮기 때문에 비행기 날개에는 위쪽으로 합력이 작용하는데, 이 힘을 양력이라고 한다.

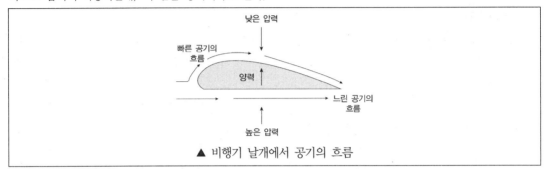

▲ 비행기 날개에서 공기의 흐름

② **비행기가 뜰 수 있는 조건** … 지상을 달리는 비행기의 속력이 커질수록 압력의 차이는 더욱 커지게 되고, 이 압력의 차이에 의한 양력이 비행기의 무게보다 커진다면 비행기는 위로 뜰 수 있게 된다.

※ 승객을 많이 태운 비행기가 뜨기 위해서는 매우 큰 양력이 필요하기 때문에 비행기는 긴 활주로에서 충분히 큰 속력을 얻어야 이륙할 수 있다.

(3) 마그누스 힘

① **마그누스 힘** … 유체 속에 잠긴 채 회전하며 운동하는 물체에서 이 물체와 유체 사이에 상대 속도가 존재할 때, 그 물체의 속도에 수직인 방향으로 물체에 힘이 작용하는 현상을 마그누스 효과라고 하며, 이 힘을 마그누스 힘이라고 한다.

※ 그림과 같이 축구공이 공의 진행 방향에 수직인 축을 중심으로 회전하면서 날아갈 때 공의 진행 방향과 반대 방향으로 공기가 흐르게 된다.

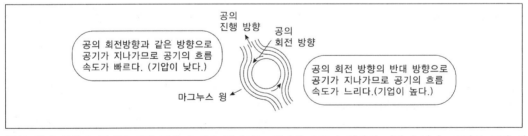

공의 회전 방향과 공기의 진행 방향이 같은 쪽에서는 공기의 속도가 빨라서 기압이 낮다. 그리고 공의 회전 방향과 공기의 진행 방향이 반대인 쪽에서는 공기의 속도가 느려서 기압이 높다. → 양쪽의 기압 차이에 의해 공의 진행 방향에 수직으로 마그누스 힘이 생기므로 공은 진행 방향의 왼쪽으로 휘어져 진행한다.

② 마그누스 힘에 의한 효과는 공을 다루는 스포츠에서 많이 볼 수 있다.

열역학 법칙

(1) 열에너지와 온도

① 열의 이동 ··· 평균 운동 에너지가 서로 다른 두 물체를 접촉하면 높은 온도에서 낮은 온도 쪽으로 운동 에너지가 전달된다. 이때 이동하는 에너지가 열이다.

② 열에너지, 열, 열량

열에너지	열	열량(Q)
한 물체를 구성하는 원자나 분자들은 스스로 끊임없이 운동을 한다. 이러한 물체 내부의 분자 운동에 의해 나타나는 에너지를 열에너지라고 한다.	온도 차이에 의해 고온의 물체에서 저온의 물체로 이동하는 에너지를 열이라고 한다. 열을 잃은 물체의 온도는 내려가고, 열을 얻은 물체의 온도는 올라간다.	물체 사이에 열이 이동한 때 각 물체가 받거나 잃은 열의 양이다. $Q = cm\Delta T$ (c : 물질의 비열, m : 믈체의 질량, ΔT : 온도 변화량)

③ 온도 ··· 물체의 차갑고 뜨거운 정도를 나타내며, 섭씨온도와 절대 온도 등으로 나타낸다. 어떤 물체의 온도가 높다는 것은 그 물체를 이루는 각 분자들이 온도가 낮은 상태의 분자들보다 더 활발하게 운동한다는 것을 뜻한다.

④ 열평형 상태 ··· 두 물체의 온도가 같아질 때까지 열이 이동하여 두 물체 사이에 열의 이동이 없는 상태를 의미한다.

⑤ 열역학 제0법칙 ··· 물체 A와 B가 열평형을 이루고, 물체 A와 C가 열평형을 이루었다면 물체 B와 C도 열평형을 이루게 된다.

   ㉠ 열에너지와 온도
   • 열에너지 : 어떤 계에서 이상적인 입자들의 총 운동 에너지, 또는 분자들의 운동 에너지 총합
   • 온도 : 물체를 이루는 분자들의 운동이 활발한 정도를 수량으로 나타낸 값으로 분자 운동이 활발하면 온도가 높고, 분자운동이 느리면 온도가 낮다. 이상 기체의 경우 분자 한 개의 평균 운동 에너지에 해당하는 값이다.

   ㉡ 절대온도와 섭씨온도
   • 절대온도 : 가장 낮은 온도를 0K(캘빈)로 정하였으며, 0K는 물질을 구성하고 있는 입자들의 고전적 운동이 이론적으로 완전히 정지되는 상태의 온도이다.
   • 섭씨온도 : 1742년에 셀시우스가 제안한 것으로, 물의 어는점과 끓는점을 각각 0℃와 100℃의 기준점으로 하고 그 사이를 100등분한 온도이다.

※ 절대 온도 = 섭씨온도 + 273.15

(2) 기체가 하는 일

① 팽창하는 기체가 하는 일 ··· 기체가 팽창하면 외부에 일을 하게 된다.

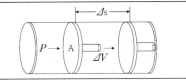

기체가 단면적 A인 피스톤 면에 작용하는 압력이 P이고, 그 면이 Δs만큼 이동하여 부피가 ΔV만큼 바뀌었다면, 기체가 외부에 한 일은 $W=F\Delta s=PA\Delta s=P\Delta V$가 된다. ($W>0$: 기체가 외부에 일을 함, $W<0$: 기체가 외부로부터 일을 받음)

② 기체의 내부 에너지

    ㉠ 모든 기체 분자는 열운동을 하고 있으므로 운동 에너지를 가지며, 기체 분자간의 인력에 의한 퍼텐셜 에너지를 갖는다.

    ㉡ 기체 분자의 운동 에너지와 퍼텐셜 에너지의 총합을 기체의 내부 에너지라고 한다.

    ㉢ 분자의 크기와 분자 사이의 인력을 무시할 수 있는 이상 기체의 경우에 내부 에너지는 기체 분자의 운동 에너지의 총합이라고 할 수 있다. 이 경우 기체의 내부 에너지(U)는 온도(T)에 비례하는 것으로 밝혀졌다.

(3) 열역학 제 1법칙

① 열역학 제 1법칙 ··· 공기가 든 고무풍선을 뜨거운 물에 넣으면 고무풍선 내부의 온도가 상승하면서 부피가 커진다.

※ 고무풍선 속의 기체에 가해 준 열에너지는 기체의 내부 에너지의 증가와 기체가 외부에 한 일의 합과 같다. 이것을 열역학 제 1법칙이라고 한다.

② 고무풍선 속 기체에 가해 준 열량 Q는 내부 에너지를 ΔU만큼 증가시키고, 외부에 일 W를 하는 데 사용된다. $Q=\Delta U+W=\Delta U+P\Delta V$

(4) 이상 기체의 열역학 과정

① 등압 과정과 등적 과정

등압 과정	등적 과정
• 기체의 압력이 일정하게 유지되면서 기체의 온도와 부피가 변하는 과정이다. • 열역학 제 1법칙에서 외부로부터 흡수한 열량(Q)은 내부 에너지의 증가량(ΔU)과 외부에 한 일($P\Delta V$)의 합과 같다. → $Q=\Delta U+P\Delta V$	• 기체의 부치가 일정하게 유지되면서 기체의 온도와 압력이 변하는 과정이다. • 기체가 하는 일이 0(W=0)이므로 열역학 제 1법칙에서 내부 에너지의 변화 ΔU는 기체에 가해준 열량 Q과 같다. → $Q=\Delta U$

② 등온 과정과 단열 과정

등온 과정	단열 과정
• 기체의 온도가 일정하게 유지되면서 기체의 압력과 부피가 변하는 과정이다. • 기체의 내부 에너지의 변화가 0이므로 열역학 제 1법칙에서 외부로부터 흡수한 열량(Q)은 모두 외부에 일(W)을 하는데 사용된다.	• 외부와 열의 출입을 차단하고 기체의 압력과 부피를 변화시키는 과정이다. • 열의 출입이 없으므로(Q=0) 열역학 제 1법칙에서 외부체 한 일(W)이나 외부로부터 받은 일(−W)만큼 내부 에너지가 감소(−$\triangle U$)하거나 증가)$\triangle U$)한다. → $W=-\triangle U$ • 단열 팽창 과정에서는 부피가 증가하면서 기체가 외부에 일을 하여 내부 에너지가 감소하므로 온도가 내려가게 된다. • 단열 압축 과정에서는 부피가 감소하면서 기체가 외부로부터 일을 받게 되므로 내부 에너지가 증가하고 온도가 올라가게 된다.

(5) 열기관과 열효율

① 열기관 … 외부로부터 열에너지를 받아서 그 중 일부를 다른 형태의 유용한 에너지(일)로 전환하는 기관이다.

  ㉠ 열기관이 한 일 : 열기관이 고열원에서 열 Q_1을 흡수하여 일 W을 하고, 열기관의 주위를 둘러싸고 있는 저열원으로 열 Q_2를 흘려보낼 때 열기관은 외부테 일 W을 한다. → $W = Q_1 - Q_2$

  ㉡ 열기관의 효율 : 열기관일 효율 e는 열기관에 공급된 열 Q_1 중에서 얼마만큼이 일 W로 이용되는지에 의

  해 결정된다. → $e = \dfrac{W}{Q_1} = \dfrac{Q_1 - Q_2}{Q_1} = 1 - \dfrac{Q_2}{Q_1}$

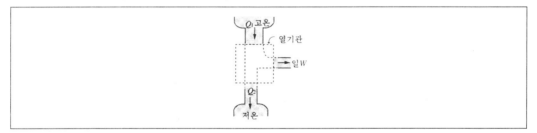

② 열역학 제 2법칙 … 열은 스스로 고온의 물체에서 저온의 물체로 이동하지만 그 반대 방향의 열의 이동은 저절로 일어나지 않는다. 즉, 열 또는 에너지의 이동에 방향성이 있음을 나타내는 법칙이 열역학 제 2법칙이다.

③ 카르노 기관 … 프랑스의 과학자인 카르노 기관에서의 열효율 e는 고열원의 온도가 T1이고 저열원의 온도가 T2일 때 다음과 같이 나타낼 수 있다.

$$e = \frac{T_1 - T_2}{T_1} = 1 - \frac{T_2}{T_1}$$

④ 열기관의 효율이 높을수록 같은 에너지로 E 많은 일을 할 수 있다.

SECTION 17 열에너지의 전환과 이동

(1) 열전달

열이 한 물체에서 다른 물체로 이동하는 것으로 열전달 방법에는 전도, 대류, 복사가 있다.

전도	열에너지를 얻어 운동이 활발해진 분자들이 주변의 이웃한 다른 분자들과 충돌하여 분자들에게 운동 에너지를 나누어 주면서 열을 전달한다.
대류	액체나 기체와 같은 유체에서 밀도 차이에 의해 분자들이 다른 장소로 이동하면서 열을 전달한다. **예** 모닥불이 타면 가까이 있는 공기 분자들이 격렬하게 움직이면서 부피가 팽창하여 위쪽으로 이동하여 열을 전달한다.
복사	전도와 대류와 같이 열을 전달하는 물질을 통하지 않고, 열이 전자기파의 형태로 직접 전달된다. 즉, 복사는 물질이 이동하지 않고 순수한 에너지만 이동하는 것이다. **예** 태양 에너지가 지구에 도달한다. 모닥불에 손을 쬐면 열을 받고 있는 부분만 따뜻하다.

(2) 비열과 열용량

구분	비열(c)	열용량(C)
정의와 특징	• 어떤 물질 1kg의 온도를 1℃ 높이는 데 필요한 열량 • 질량이 m인 물질에 Q의 열량을 가하여 온도가 ΔT만큼 변했을 때 물체의 비열 C는 $c = \dfrac{Q}{m \Delta T}$와 같다. • 비열을 물질마다 고유한 값을 가신나.	• 어떤 물체의 온도를 1℃ 높이는데 필요한 열량 • 어떤 물체에 Q의 열량을 가하여 온도가 ΔT만큼 변했을 때 물체의 열용량 C는 $C = \dfrac{Q}{\Delta T} = mc$로 나타낼 수 있다.
단위	kcal/kg · ℃	kcal/℃ 또는 kcal/K

(3) 물질의 상태변화와 잠열

① **상태 변화와 열 출입** … 고체, 액체, 기체의 상태가 변하기 위해서는 열의 출입이 필요하다.

② **잠열** … 물체가 온도의 변화 없이 상태가 변할 때 방출되거나 흡수되는 열이다.

    ㉠ 물을 가열하면서 온도를 측정해 보면 물이 끓기 시작하면서 물의 온도가 일정하게 유지된다. 이때 가해 준 열량은 물이 수증기로 바뀌면서 잠열로 저장된다.

    ㉡ 고체가 액체나 기체로, 액체가 기체로 상태가 변할 때에는 잠열을 흡수하고, 기체가 액체나 고체로, 액체가 고체로 상태가 변할 때에는 잠열을 방출한다.

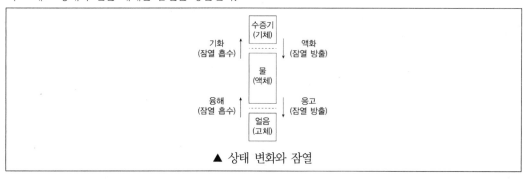

▲ 상태 변화와 잠열

SECTION 18 전기 에너지의 이용

(1) 전기 기구

전기 에너지를 다른 에너지로 전환하여 다양한 일을 한다.

① **직류 전동기** ··· 전기 에너지를 역학적 에너지로 전환시킨다.

원리	코일이 회전하여 코일의 면이 자기장에 수직이 되는 순간 정류자에 의하여 전류의 방향이 바뀌면서 코일은 계속해서 한쪽 방향으로 돈다.	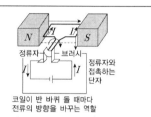
회전력	전동기에 흐르는 전류가 세기가 셀수록, 전압이 클수록 회전 속도가 빨라지므로 회전력도 커진다.	
이용	소형 장난감, 청소기 등	

정류자 ― 브러시
정류자와 접촉하는 단자
코일이 반 바퀴 돌 때마다 전류의 방향을 바꾸는 역할

② **조명 기구** ··· 전기 에너지를 빛에너지로 전환하는 장치이다.

구분	백열전구	형광등	발광 다이오드(LED)
이용	• 텅스텐으로 된 필라멘트에 전류가 흐르면 온도가 2000℃ 이상으로 높아지면서 빛을 낸다. • 열에너지로 손실되는 비율이 크다. • 에너지 전환 효율 : 5~10%	• 전극에서 방전된 전자는 양쪽에 걸린 교류 전압 때문에 고속으로 진동한다. 이 전자가 유리관 내부의 수은 원자 내의 전자가 높은 에너지 준위로 올라갔다가 낮은 에너지 준위로 떨어지면서 자외선을 발생시킨다. 이 자외선이 형광 물질에 부딪혀 빛을 낸다. • 에너지 전환 효율 : 20%이상	• 반도체의 성질을 이용한 발광체로, LED에 전류가 흐르면 전도띠에 있는 전자는 p-n접합부를 통과하면서 에너지 준위의 차이에 해당하는 에너지를 빛으로 내놓는다. • 수명이 길고 전력 소비가 적으며, 크기가 작다.

③ **전열기** ··· 전류의 열작용을 이용하여 전기 에너지를 열에너지로 전환시킨다.

※ 전류의 열작용을 이용한 전기 기구 : 전기밥솥, 전기난로, 전기장판 등

(2) 전기 기수의 소비 전력

① **소비 전력** ··· 1초 동안 전기 기구가 소비하는 전기 에너지로, 소비 전력이 큰 전기 기구일수록 같은 시간 동안 전기 에너지를 많이 소비한다.

※ 같은 용량이나 성능일 경우 소비 전력이 작은 전기 기구를 사용해야 전기 에너지를 절약할 수 있다.

② **전기 에너지의 사용량** ··· 보통 전력량으로 나타낸다. 전력량은 전기 기구의 소비 전력에 사용 시간을 시간 (hour) 단위로 곱한 값이다.

1   핵에너지에 대한 설명으로 옳은 것은?

   ① 두 원자 사이의 화학적 결합 에너지

   ② 핵반응 시의 질량 결손에 의한 에너지

   ③ 원자핵과 전자 사이의 전기력에 의한 에너지

   ④ 종류가 다른 두 원자핵 사이에 작용하는 인력에 의한 에너지

   ⑤ 원자핵 주위를 회전하는 전자가 궤도를 전이할 때 방출되는 에너지

   TIP 핵에너지는 핵분열이나 핵융합이 일어날 때 발생하는 질량 결손에 의해 발생하는 에너지이다.

2   우라늄 원자핵의 핵분열에 대한 설명으로 옳은 것만을 〈보기〉에서 있는 대로 고른 것은?

〈보기〉

  ㉠ 우라늄 원자핵에 헬륨 원자핵을 충돌시킬 때 우라늄이 서로 다른 2개의 원자핵으로 쪼개지는 과정이다.

  ㉡ 천연 우라늄에 포함된 $^{238}_{92}U$의 비율은 $^{235}_{92}U$보다 약 100배 이상 더 높다.

  ㉢ $^{235}_{92}U$는 느린 중성자를 흡수한 후 핵분열하고, $^{238}_{92}U$는 주로 빠른 중성자를 흡수한 후 변환된다.

  ㉣ 핵분열 과정에서는 분열 전 원자핵의 총질량이 분열 후 원자핵의 총 질량과 같다.

---

  ① ㉠㉡   ② ㉠㉣

  ③ ㉡㉢   ④ ㉡㉣

  ⑤ ㉢㉣

   TIP ㉡ 천연 우라늄에 포함된 $^{235}_{92}U$과 $^{238}_{92}U$의 비율은 약 1 : 140이다.

     ㉢ $^{235}_{92}U$는 느린 중성자를 흡수하여 크기가 비슷한 두 개의 원자핵으로 쪼개진다. $^{238}_{92}U$는 빠른 중성자를 흡수한 후 $^{238}_{92}Pu$로 변환되는데, 여기에 다시 빠른 중성자가 충돌하면 핵분열이 일어난다.

     ㉠ 우라늄 원자핵에 중성자를 충돌시킬 때 핵분열이 일어난다.

     ㉣ 핵분열 과정에서는 분열 후 원자핵의 총 질량이 분열 전 원자핵의 총 질량보다 감소한다. 이 질량 결손이 막대한 핵에너지로 전환되어 외부로 방출되면서 안정한 상태의 원자핵이 된다.

3 다음 그림은 중수소 원자핵 두 개가 융합하여 헬륨 원자핵이 만들어질 때 에너지가 방출되는 것을 모형으로 나타낸 것이다.

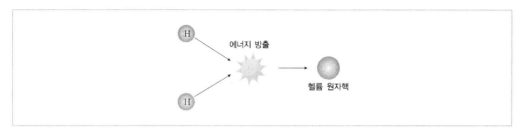

이때의 핵 반응식이 다음과 같을 때 질량 결손은 몇 kg인가? (단, 1eV는 1.6×10^{-19}J이고 빛의 속력은 3×10^8m/s이다.)

$$_1^2H + {}_1^2H \rightarrow {}_4^2He + 24MeV$$

① 1.28×10^{-29}kg

② 2.84×10^{-29}kg

③ 3.29×10^{-29}kg

④ 4.27×10^{-29}kg

⑤ 5.10×10^{-29}kg

🌸 **TIP** 질량·에너지 동등성에 의해 $E = \Delta mc^2$이므로, 24MeV의 에너지가 발생할 때 일어나는 질량 결손은 다음과 같다.

$$\Delta m = \frac{E}{c^2} = \frac{24 \times 10^6 \times 1.6 \times 10^{-19} J/eV}{(3 \times 10^8 m/s)^2} = 4.27 \times 10^{-29} kg$$

4 다음 중 여러 가지 원자로에 대한 설명 중에서 옳지 않은 것은?

① 중수는 경수에 비해 감속 작용이 더 좋다.

② 고속 증식로에서는 $_{92}^{238}U$을 $_{92}^{239}Pu$으로 만들어 연료로 사용한다.

③ 가압 경수로에서는 $_{92}^{238}U$을 저농축 시킨 우라늄을 연료로 사용한다.

④ 가압 경수로에서는 원자로 내의 압력을 높여 만든 고온의 물을 증기 발생기로 보낸다.

⑤ 가압 중수로에서는 천연 우라늄을 연료로 사용하며 중수를 감속재와 냉각제로 사용한다.

🌸 **TIP** ③ 가압 경수로에서는 감속재로서의 효율이 떨어지는 경수를 사용하므로 $_{92}^{235}U$가 약 4%가 되도록 저농축 시킨 우라늄을 연료로 사용한다.

② 고속 증식로에서는 $_{92}^{238}U$에 빠른 중성자를 충돌시켜 변환된 $_{92}^{239}Pu$을 연료로 사용한다. 즉, $_{92}^{239}Pu$에 빠른 중성자가 다시 충돌하면 핵분열이 일어나 에너지를 얻을 수 있다.

④ 경수로 방식에서는 원자로 내의 압력을 높여 수백 도에서도 끓지 않는 고온의 물을 얻는다. 이 물의 열을 이용해 2차 회로의 물을 끓여 증기를 만들기 때문에 가압 경수로라고도 한다.

⭐ **ANSWER** 1.② 2.③ 3.④ 4.③

5 태양 전지와 이를 이용한 태양광 발전에 대한 설명으로 옳은 것만을 〈보기〉에서 있는 대로 고른 것은?

> 〈보기〉
> ㉠ 태양 전지는 태양의 열에너지를 전기 에너지로 전환하는 장치이다.
> ㉡ 태양 전지는 p형 반도체와 n형 반도체를 접합하여 만든다.
> ㉢ 태양광 발전은 증기 터빈이나 발전기 없이 직접 전기에너지를 얻을 수 있는 장점이 있다.
> ㉣ 태양 전지 한 개에서 나오는 전력이 매우 크기 때문에 태양광 발전을 하는 데에는 넓은 땅이 필요 없다.

① ㉠㉡
② ㉠㉣
③ ㉡㉢
④ ㉡㉣
⑤ ㉢㉣

TIP ㉡ p형 반도체와 n형 반도체를 접합하면 접합면에서 p형 반도체의 양공과 n형 반도체의 전자의 일부가 이동하여 전위차가 생긴다. 태양 전지는 태양빛이 p형 반도체에 도달하였을 때 튀어나오는 전자가 이 전위차에 의해 계속 흐르는 원리를 이용하여 전기에너지를 생산한다.
㉢ 태양광 발전은 빛에너지를 직접 전기 에너지로 전환하므로, 역학적 에너지를 전기 에너지로 전환하는 터빈이나 발전기가 필요 없다.
㉣ 태양 전지 한 개에서 나오는 전력은 1.5W 정도로 매우 작다. 따라서 태양 전지 여러 개를 직렬로 연결하여 전압을 높이고, 병렬로 연결하여 센 전류가 흐르도록 하여 필요한 전압과 전류의 세기를 얻는다. 따라서 태양광 발전을 하려면 많은 어레이를 설치해야 하므로 넓은 땅이 필요하다.

6 높은 곳에 있는 물을 물레방아에 낙하시킬 때 물레방아에 연결된 발전기에서 전기 에너지가 만들어지는 장치가 있다. 다음은 이 장치의 에너지 전환 과정을 설명한 것이다. (개)~(대)에 들어갈 것으로 옳은 것은?

> 물의 (개)_____ →물의 (내)_____ →물레방아의 (대)_____ →전기 에너지

	(개)	(내)	(대)
①	운동 에너지	위치 에너지	운동 에너지
②	운동 에너지	운동 에너지	위치 에너지
③	위치 에너지	위치 에너지	운동 에너지
④	위치 에너지	운동 에너지	운동 에너지
⑤	위치 에너지	운동 에너지	위치 에너지

TIP 물이 낙하하는 과정에서 위치 에너지가 물의 운동 에너지로 전환되며, 물의 운동 에너지는 물레방아의 운동 에너지로 전환된 후 전자기 유도에 의해 발전기에서 전기 에너지로 전환된다. 이러한 에너지 전환 과정은 수력 발전에서의 에너지 전환 과정과 유사하다.

7 전기 에너지를 생산하는 주요 방법으로는 화력 발전, 수력 발전, 원자력 발전이 있다. 각 발전 방법에 대한 설명으로 옳은 것만을 〈보기〉에서 있는 대로 고른 것은?

〈보기〉
⊙ 화력 발전은 우라늄이나 플루토늄을 연료로 사용한다.
ⓛ 수력 발전은 높은 곳에 있는 물의 위치 에너지를 이용하여 발전한다.
ⓒ 원자력 발전은 핵분열을 통해서 열에너지를 얻는다.
ⓔ 원자력 발전은 발전 과정에서 물이 거의 필요 없는 발전 방법이다.

① ⊙ⓛ   ② ⊙ⓒ
③ ⓛⓒ   ④ ⓛⓔ
⑤ ⓒⓔ

TIP ⓛ 수력 발전은 높은 곳에 있는 물의 위치 에너지를 이용하여 발전기를 돌려 전기 에너지를 생산한다.
ⓒ 원자력 발전은 우라늄 또는 플루토늄이 핵분열 할 때 나오는 열에너지를 이용한다.
ⓔ 원자력 발전 과정에서 증기를 만들거나 핵분열 과정에서 나오는 열을 식히기 위해 많은 물이 필요하다. 따라서 원자력 발전소는 주로 바닷가에 위치한다.

8 발전소에서 생산된 전기 에너지를 송전하는 동안 송전선에서 열로 손실되는 전력을 줄이기 위한 방법으로 옳은 것은?

① 송전 전압을 높인다.
② 송전 전류를 세게 한다.
③ 송전 거리를 늘린다.
④ 송전선을 더 가늘게 만든다.
⑤ 저항이 더 큰 물질로 만든 송전선으로 교체한다.

TIP ① 발전소에서 생산된 전력이 P_0로 일정할 때 송전선에서의 전력손실은 $P_{손실} = I^2 r = \left(\dfrac{P_0}{V_0}\right)^2 r$로 송전선에 흐르는 전압의 제곱에 반비례한다. 따라서 송전 전압 V_0를 높이면 송전선에서의 전력 손실을 줄일 수 있다.
③④⑤ 송전선의 저항이 작을수록 송전선에서 열로 손실되는 전력은 감소한다. 송전선의 저항은 송전선이 길고 가늘수록 커지므로 송전선을 가급적 짧고, 굵어야 한다.

ANSWER 5.③ 6.④ 7.③ 8.①

9 발전소에서 먼 거리에 있는 소비지로 송전할 때 직류보다 교류가 더 효율적인 이유로 가장 적절한 것은?

① 교류는 센 전류로 송전할 수 있다.

② 교류는 많은 전력을 송전할 수 있다.

③ 교류는 송전 전압을 더 쉽게 높일 수 있다.

④ 교류는 송전 전류의 세기를 쉽게 증가시킬 수 있다.

⑤ 교류는 송전할 때 송전선에서 열이 더 많이 발생한다.

🌼TIP 먼 거리로 송전할 때 송전선에서 열로 손실되는 전력을 줄이려면 송전 전압을 높여야 한다. 교류로 송전하는 경우에는 변압기를 이용하여 쉽게 송전 전압을 높일 수 있다.

※ **그림은 어떤 변압기를 나타낸 것으로, 1차 코일의 감긴 수는 2차 코일의 2배이다. (단, 변압기는 에너지 손실이 없는 이상적인 변압기이다.)** 【10 ~ 11】

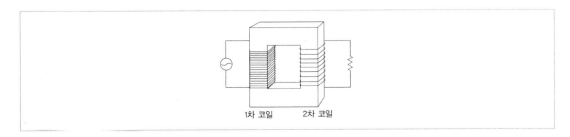

1차 코일   2차 코일

10 이 변압기에 대한 설명으로 옳지 않은 것은?

① 전자기 유도를 이용한다.

② 교류의 전압을 바꿀 수 있다.

③ 1차 코일에서의 전력은 2차 코일과 같다.

④ 1차 코일에 걸리는 전압은 2차 코일보다 높다.

⑤ 1차 코일에 흐르는 전류의 세기는 2차 코일보다 세다.

🌼TIP ⑤ 변압기는 전자기 유도를 이용하여 전압을 변화시킨다(→①). 1차 코일에서 발생한 자기장이 철심을 통해 모두 2차 코일을 지나므로, 두 코일의 시간에 따른 자기력선속의 변화율 가 같다. 따라서 유도 기전력은 코일의 감은 수에 비례하므로, 1차 코일에 걸리는 전압이 2차 코일에 걸리는 전압보다 크다(→④). 한편, 변압기에서 열 등에 의해 손실되는 에너지를 무시한다면 에너지 는 보존되므로, 1차 코일에 공급되는 전력과 2차 코일에 전달되는 전력이 같다(→③). 전력=전압_전류이므로, 전압이 더 높은 1차 코일에 흐르는 전류의 세기가 2차 코일보다 작다.

11 1차 코일에 걸린 교류 전압과 전류가 각각 220V와 1A일 때 2차 코일에 걸리는 전압과 전류의 세기는 각각 얼마인가?

① 110V, 1A

② 110V, 2A

③ 220V, 1A

④ 220V, 2A

⑤ 110V, 4A

TIP 두 코일에 걸리는 전압은 두 코일의 감은 수에 비례하므로, 2차 코일에 유도되는 전압은 다음과 같다.

$$\frac{V_1}{V_2} = \frac{N_1}{N_2} \rightarrow \frac{220V}{V_2} = \frac{2N_2}{N_2}, \ V_2 = 110V$$

또, 에너지가 보존되므로 1차 코일에 공급되는 전력과 2차 코일에 전달되는 전력이 같다.

따라서 2차 코일에 흐르는 전류는 다음과 같다.

$$V_1 I_1 = V_2 I_2$$

$$220V \times 1A = 100V \times I_2, \ I_2 = 2A$$

12 그림에서 막대의 질량을 무시할 때 저울 눈금은 kg의 단위로 얼마를 가리키겠는가? (단, 중력 가속도는 $10m/s^2$이다.)

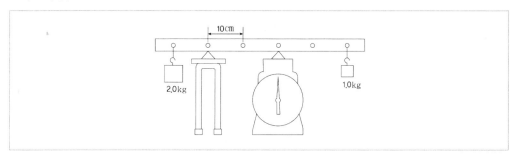

① 1kg

② 2kg

③ 3kg

④ 4kg

⑤ 5kg

TIP 저울이 떠받치는 힘을 F라 하면 돌림힘이 평형을 이루어야 하므로 다음과 같다.

$$2kg \times 10m/s^2 \times 0.1m + F \times 0.2m = 1kg \times 10m/s^2 \times 0.4m$$

$$F = 10N$$

따라서 저울은 1kg을 가리킨다.

13

그림은 야구 배트의 O 지점을 받침대로 받쳤을 때 야구 배트가 수평을 유지한 채로 정지해 있는 모습을 나타낸 것이다.

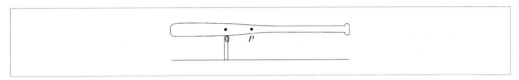

이에 대한 설명으로 옳은 것만을 〈보기〉에서 있는 대로 고른 것은?

〈보기〉

㉠ 배트의 무게 중심은 O 지점보다 왼쪽에 있다.
㉡ O점의 왼쪽과 오른쪽에 작용하는 돌림힘의 방향은 서로 반대이다.
㉢ 받침점을 P지점으로 옮기면 배트는 시계 방향으로 회전한다.

① ㉠
② ㉡
③ ㉢
④ ㉠㉡
⑤ ㉠㉡㉢

TIP ㉡ O점을 회전축으로 할 때 O점의 오른쪽 부분에 작용하는 중력에 의한 돌림힘은 야구 배트를 시계 방향으로 돌리는 방향이다. 또 O점의 왼쪽에 작용하는 돌림힘의 방향은 야구 배트를 반시계 방향으로 돌리는 방향이다. 따라서 양쪽의 돌림힘은 서로 반대 방향이다.
㉢ 받침점을 P지점으로 옮기면 받침점의 왼쪽 부분에 작용하는 돌림힘의 크기가 오른쪽 부분에 작용하는 돌림힘보다 커진다. 따라서 배트는 시계 반대 방향으로 회전한다.

14

그림은 작은 바퀴와 큰 바퀴의 반지름이 각각 10cm와 40cm인 축바퀴에 두 물체 A와 B가 매달린 채 정지해 있는 모습을 나타낸 것이다. A의 질량이 2kg일 때 B의 질량은 몇 kg인가?

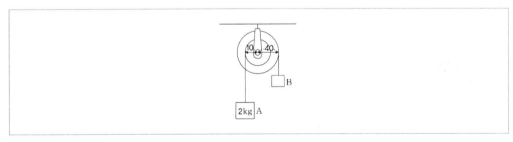

① 0.5kg
② 1kg
③ 1.25kg
④ 1.5kg
⑤ 2kg

TIP 축바퀴가 정지해 있으므로 A, B가 축바퀴에 작용하는 돌림힘의 크기가 같다. 중력 가속도가 g이고 A, B의 질량이 mA, mi일 때 A, B에 작용하는 돌림힘의 크기는 같다.

$$m_A g \times 10 = m_B g \times 40$$
$$m_B = m_A \times \frac{10}{40} = 2kg \times \frac{1}{4} = 0.5kg$$

15 질량이 60kg인 사람이 그림과 같이 엎드려 팔과 다리로 몸을 수평으로 유지하고 있을 때 팔과 다리에 작용하는 힘은 각 몇 N인가? (단, 중력 가속도는 10m/s²이다.)

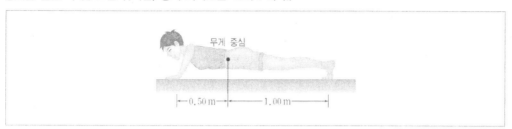

① 팔 : 150N, 다리 : 150N

② 팔 : 100N, 다리 : 200N

③ 팔 : 200N, 다리 : 100N

④ 팔 : 200N, 다리 : 200N

⑤ 팔 : 300N, 다리 : 0N

TIP 철수에게 작용하는 힘은 평형을 이루어야 하므로 철수의 팔과 다리에 작용하는 수직 항력을 각각 $F_{팔}$, $F_{다리}$ 라 하면 다음과 같다.

$2F_{팔} + 2F_{다리} = 60kg \times 10m/s^2$

또, 철수에게 작용하는 돌림힘이 평형을 이루므로 다음 식이 성립한다.

$60kg \times 10m/s^2 \times 0.5m - 2F_{다리} \times 1.5m = 0$

$F_{다리} = 100N,\ F_{팔} = 200N$

16 다음의 여러 가지 물체를 기울였을 때 원래의 상태로 되돌아오지 않고 넘어지는 것으로 옳은 것은?
(단, C점은 물체의 무게 중심을 나타낸다.)

①

②

③

④

⑤

TIP 물체를 기울였을 때 무게 중심이 바닥면을 벗어나지 않으면 중력에 의한 돌림힘의 방향은 물체를 다시 원래 상태로 되돌아오게 하는 방향이 된다.

ANSWER 13.② 14.① 15.③ 16.④

17 그림과 같이 페트병에 3개의 구멍을 뚫고 다시 테이프로 막았다. 페트병에 물을 가득 붓고 테이프를 제거했을 때 3개의 구멍에서 나오는 물줄기의 모양으로 가장 적절한 것은?

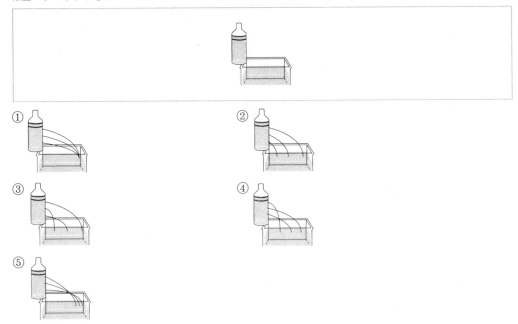

① ② ③ ④ ⑤

🌸**TIP** 물속의 어느 지점에서의 압력은 대기압과 단위 면적 위 물기둥의 무게의 합과 같다. 따라서 수심이 깊어질수록 압력은 점점 커지므로, 더 낮은 곳의 구멍에서 나오는 물줄기일수록 멀리 나아간다. 따라서 물줄기의 모습은 ⑤와 같다.

18 다음과 같은 자료로부터 잠수함, 여객선, 어선에 작용하는 부력을 조사하려고 한다.

> (개) 물속에 잠수하고 있는 부피가 3000m³인 잠수함
> (내) 물속에 2000m³의 부피만큼 잠겨 있는 여객선
> (대) 물위에 떠 있는 질량 1000kg인 어선

세 가지 경우에서 작용하는 부력이 가장 큰 것부터 작은 것 순으로 옳게 나열하면?

① (개) – (내) – (대)   ② (개) – (대) – (내)
③ (내) – (개) – (대)   ④ (내) – (대) – (개)
⑤ (대) – (내) – (개)

🌸**TIP** (개) 물속에 잠긴 잠수함 부피와 같은 물의 무게만큼 부력이 작용하므로
    $1kg/m^3 \times 3000m^3 \times 10m/s^2 = 30000N$이다.
(내) 물속에 일부가 잠긴 여객선에서는 물속에 잠긴 부피의 물의 무게만큼 부력이 작용하므로
    $1kg/m^3 \times 2000m^3 \times 10m/s^2 = 20000N$이다.
(대) 물 위에 떠 있는 어선에는 중력과 부력이 평형을 이루고 있다. 따라서 부력의 크기는 중력의 크기와 같으므로 $1000kg \times 10m/s^2 = 10000N$이다.

19 그림과 같이 일정한 방향으로 회전하면서 진행하는 공에 작용하는 마그누스 힘의 방향은?

① 앞쪽　　　　　　　　　　　② 뒤쪽
③ 오른쪽　　　　　　　　　　④ 왼쪽
⑤ 지면에서 수직으로 나오는 방향

TIP 공의 왼쪽 회전 방향이 공기 진행 방향과 같으므로 공기의 진행 속도는 왼쪽이 오른쪽보다 빠르고 공에 작용하는 압력은 오른쪽이 왼쪽보다 커서 마그누스 힘은 왼쪽으로 작용한다.

20 열과 온도에 대한 설명으로 옳지 않은 것은?

① 열에너지를 나타내는 단위에는 cal, kcal 등이 있다.
② 열은 물체의 상태나 온도를 변화시키는 원인이다.
③ 열은 온도가 높은 물체에서 낮은 물체로 이동한다.
④ 절대 온도 0K를 섭씨온도로 환산하면 273℃이다.
⑤ 온도는 물체의 뜨겁고 차가운 정도를 수치로 나타낸 것이다.

TIP ④ 절대 온도0 K를 섭씨온도로 환산하면 −273℃이다.
열은 물체의 상태나 온도를 변화시키는 원인으로, 온도 차에 의해 이동하는 에너지로 단위는 cal, kcal, J 등 에너지의 단위와 같다.

⭐ ANSWER 17.⑤ 18.① 19.④ 20.④

21 다음에서 설명하는 열현상과 관련된 법칙은?

> 기체에 가해 준 열량 Q, 기체의 내부 에너지의 증가량 ΔU, 기체가 외부에 한 일 W의 관계는 $Q = \Delta U + W$를 만족한다. 즉, 기체에 가해 준 열량은 기체의 내부 에너지 증가와 기체가 외부에 한 일의 합과 같다.

① 열역학 제0법칙   ② 열역학 제1법칙
③ 열역학 제2법칙   ④ 보일의 법칙
⑤ 보일 – 샤를의 법칙

TIP 열역학 제1법칙은 기체에 가해 준 열에너지는 기체의 내부 에너지의 증가와 기체가 외부에 한 일의 합과 같다는 것을 규정한 것이다.

22 여러 가지 열역학 과정에 대한 설명으로 옳지 않은 것은?

① 등압 과정에서는 기체의 압력과 온도가 변하지 않는다.
② 등적 과정에서는 기체의 부피가 일정하게 유지된다.
③ 등온 과정은 기체의 압력과 부피가 동시에 변하는 과정이다.
④ 단열 과정은 외부와의 열 출입이 차단된 상태에서 일어나는 열역학 과정이다.
⑤ 단열 과정에서 기체가 외부에 일을 해 주면 기체의 내부에너지는 감소한다.

TIP ① 등압 과정은 압력이 일정한 상태에서 기체의 부피와 온도가 증가하거나 감소하는 과정이다.
    ($\rightarrow Q = \Delta U + P \Delta V$)
단열 과정이 등압 과정, 등적 과정, 등온 과정 등과 다른 점은 열역학 과정에서 외부와의 열 출입이 없어서 기체의 압력, 부피, 온도가 모두 변한다는 것이다.

23 열전달에 대한 다음 설명으로 옳지 않은 것은?

① 주변과 온도 차이가 있을 때 온도가 높은 곳에서 낮은 곳으로 열이 전달된다.
② 전도는 주로 고체에서 열을 흡수한 원자들의 진동이 이웃한 원자들에 전달되어 열을 전달하는 방식이다.
③ 대류는 주로 액체나 기체와 같은 유체에서 열이 전달되는 방식이다.
④ 복사에 의해 열이 전달되려면 열에너지를 전달하는 물질이 있어야 한다.
⑤ 복사에 의한 에너지의 전달은 주로 전자기파를 통해 이루어진다.

TIP ④ 복사의 경우에는 물질을 거치지 않고 에너지가 직접 이동된다.
열은 온도가 높은 물체에서 낮은 물체로 전달되며, 전도는 입자가 직접 이동하지 않는 고체에서, 대류는 입자의 이동이 자유로운 유체에서 열이 전달되는 방식이다.

24 물의 상태가 얼음에서 수증기로 변하는 동안 출입하는 열에 관한 설명으로 옳은 것만을 〈보기〉에서 있는 대로 고른 것은?

〈보기〉

㉠ 얼음에서 물로 변할 때는 열을 방출한다.

㉡ 물의 온도가 올라가는 동안 물이 흡수하는 열을 잠열이라고 한다.

㉢ 물이 끓기 시작하여 수증기로 변할 때까지는 물의 온도가 일정하게 유지된다.

---

① ㉠　　　　　　　　　　　　② ㉡

③ ㉢　　　　　　　　　　　　④ ㉠㉢

⑤ ㉡㉢

TIP ㉢ 물이 끓기 시작하면서부터 흡수되는 열은 물이 수증기로 변하는 데만 사용되므로 이때 물의 온도는 일정하게 유지된다.
　　　 ㉠ 물체의 상태가 고체에서 액체로 변할 때는 열을 흡수한다.
　　　 ㉡ 물의 온도를 높이는 데 필요한 열은 물의 상태 변화에 사용되는 열이 아니므로 잠열이 아니다.

25 전기 기구의 소비 전력과 소비 전력량에 대한 설명으로 옳은 것은?

① 전력량의 단위는 J를 사용한다.

② 열을 많이 발생시키는 전열기 같은 기구는 소비 전력이 크다.

③ 소비 전력이 큰 전기 기구일수록 전기 기구에 있는 전기 저항이 크다.

④ 소비 전력은 1시간 동안 전기 기구가 소비하는 전기 에너지의 양이다.

⑤ 전력량은 전기 기구의 소비 전력에 사용 시간을 초(s) 단위로 곱한 값이다.

TIP ② 소비 전력이 큰 전기 기구는 열을 많이 발생시키는 전열기 같은 종류이다.
　　　 ③ 소비 전력이 큰 전기 기구일수록 센 전류가 흐르므로 전기 저항이 작다.
　　　 ④ 소비 전력은 1초 동안 전기 기구가 소비하는 전기 에너지의 양이다.
　　　 ⑤ 전력량은 전기 기구의 소비 전력에 사용 시간을 시간(hour) 단위로 곱한 값이다.

⭐ **ANSWER**　　21.② 　22.① 　23.④ 　24.③ 　25.②

합격에 한 걸음 더 가까이!

다양한 화학반응식에서 주로 쓰이는 원소기호들을 알고 있어야 하며, 각 원소의 특성 및 물질을 이루는 기본 단위를 이해하는 것이 중요합니다. 또한 화학반응에서의 전자의 이동이나 분자의 여러 가지 결합 방법 등을 학습할 수 있도록 합니다.

P·A·R·T

02

화학

01 화학, 물질의 과학

 SECTION 1 인류 문명과 화학

(1) 불의 사용

① **연소 반응** ··· 나무와 같이 탈 수 있는 물질이 산소와 결합하여 열과 빛을 내는 화학 반응이다.

② 난방이 가능해져 추위로부터 벗어날 수 있게 하였고, 음식을 익혀 먹음으로써 전염병의 위험에서 벗어날 수 있었다.

③ 농경지 개간과 금속의 제련 등을 가능하게 하여 이후 인류가 정착 생활을 할 수 있는 계기를 마련해 주었다.

(2) 철의 제련

① 철광석을 목탄이나 코크스와 함께 가열하여 순수한 철을 얻는 과정이다.

② 철제 무기의 생산은 강력한 국가의 탄생을 통해 계급 사회를 형성하게 되는 계기를 제공하였다.

③ 농기구의 발달은 농업 생산성을 향상시켰다.

(3) 암모니아의 합성

① 질소와 수소를 높은 압력과 온도에서 반응시켜 얻는다.

② 질소 비료의 생산을 통해 단위 면적당 농업 생산량이 향상되었다.

③ 폭탄을 제조하는 원료로 사용되었다.

(4) 화석 연료의 연소 반응

① **화석 연료** ··· 지질 시대의 생물이 땅속에 묻혀 특정 환경에서 분해되어 만들어진 것으로, 주성분은 탄소와 수소이다.

② 난방과 운송 수단의 연료로 사용되면서 안락한 생활을 할 수 있게 하였다.

③ 화석 연료는 석유 화학 제품의 원료로 사용되면서 플라스틱 등의 합성 고분자 물질을 생산하여 우리 삶의 질을 향상시켰다.

SECTION 2 화학의 언어

(1) 원자와 분자

① 원자 … 물질을 구성하는 가장 작은 입자 단위이다.

  예 산소 원자(O), 수소 원자(H), 질소 원자(N) 등

② 분자 … 물질의 특성을 갖는 가장 작은 입자 단위이다.

  예 산소 분자(O_2), 수소 분자(H_2), 물 분자(H_2O), 암모니아 분자(NH_3) 등

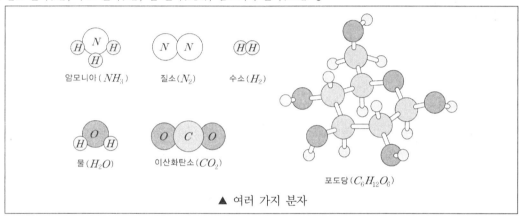

암모니아 (NH_3)   질소 (N_2)   수소 (H_2)

물 (H_2O)   이산화탄소 (CO_2)

포도당 ($C_6H_{12}O_6$)

▲ 여러 가지 분자

(2) 원소

① 원소는 물질을 구성하는 기본 성분으로, 물리적·화학적 방법으로는 더 이상 단순한 물질로 나누어지지 않는다.

② 지금까지 100여 종의 원소가 발견되었다.

③ 홑원소 물질 … 산소, 수소, 철과 같이 한 종류의 원소만으로 이루어진 순수한 물질이다.

(3) 화합물

① 화합물은 두 가지 이상의 다른 종류의 원소들이 일정한 비율로 결합하여 만들어진 순수한 물질이다.

② 원소들이 다양한 방법으로 결합하여 만들어지기 때문에 수없이 많은 화합물이 존재한다.

③ 물, 이산화 탄소, 포도당, 염화 나트륨 등이 있다.

(4) 원소 기호

① 원소 기호는 라틴 어와 그리스 어 그리고 영어로 된 원소 이름에서 한 글자 또는 두 글자를 따서 표현한다.

② 원소 기호와 원소 이름은 다음과 같다.

  예 H – Hydrogen(수소)   O – Oxygen(산소)

  C – Carbon(탄소)   N – Nitrogen(질소)

(5) 화학식

① 원소 기호와 숫자를 사용하여 화합물 속에 들어 있는 원자의 종류와 개수를 나타낸 식이다.

② 원소 기호 뒤에 해당 원소의 개수를 아래 첨자로 나타낸다.

> **예** CH_4 – 메테인　　　　　　Fe_2O_3 – 산화 철(Ⅲ)

SECTION 3 화학식량과 몰

(1) 원자량

① ^{12}C의 질량을 12.00으로 하여, 다른 원자들의 질량을 상대적으로 나타낸 값이다.

② 상대적인 비율을 나타내므로 단위는 없다.

(2) 평균 원자량

① 위 원소들의 존재비를 고려하여 동위 원소들의 원자량을 평균하여 나타낸 값이다.

② **탄소 원자의 평균 원자량** … 자연계에는 원자량이 12.00인 ^{12}C가 98.90%, 원자량이 13.00인 ^{13}C가 1.10% 존재한다.

$$\frac{12.00 \times 98.90 + 13.00 \times 1.10}{100} = 12.01$$

(3) 분자량

① 분자를 구성하는 모든 원자들의 원자량을 합한 값이다.

② 이산화탄소의 분자량은 다음과 같이 계산할 수 있다.

　　$CO_2 \Rightarrow 12.01 \times 1 + 16.00 \times 2 = 44.01$

(4) 화학식량

① 이온 결합 화합물과 같이 단위 입자가 존재하지 않을 때, 화학식을 구성하는 원자들의 원자량을 모두 합한 값이다.

② 염화나트륨의 화학식량은 다음과 같이 계산할 수 있다.

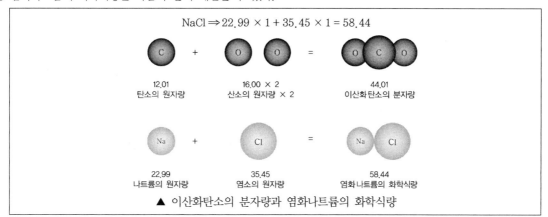

$$NaCl \Rightarrow 22.99 \times 1 + 35.45 \times 1 = 58.44$$

12.01
탄소의 원자량

16.00 × 2
산소의 원자량 × 2

44.01
이산화탄소의 분자량

22.99
나트륨의 원자량

35.45
염소의 원자량

58.44
염화나트륨의 화학식량

▲ 이산화탄소의 분자량과 염화나트륨의 화학식량

(5) 여러 가지 묶음 단위

① **벌** … 옷, 그릇 따위의 짝을 이룬 한 덩이를 세는 말

② **켤레** … 짝으로 이루어진 신, 버선, 방망이 따위를 한 벌로 세는 단위

③ **쾌** … 북어 20마리, 엽전 10꾸러미

④ **손** … 고등어 등의 생선 2마리

⑤ **톳** … 김 40장 또는 100장을 한 묶음으로 묶은 덩이

(6) 몰과 아보가드로수

① **몰(mol)** … 원자나 분자와 같은 입자의 수를 나타내는 단위로, 1몰은 6.02×10^{23}개이다.
　　예 탄소 1몰 : 탄소 원자 6.02×10^{23}개

② **아보가드로수** … 1몰에 해당하는 수이다.

③ **아보가드로수의 비교**
　　㉠ 빛의 속도로 여행을 한다 해도 6.02×10^{23}m를 가려면 6,000만 년 이상 걸린다.
　　㉡ 종이를 6.02×10^{23}장 쌓으면 지구에서 태양까지 100만 번 이상을 갈 수 있는 거리이다.
　　㉢ 1초에 2억을 셀 수 있는 컴퓨터가 6.02×10^{23}을 세려면 약 1억 년이 걸린다.

(7) 몰 질량

① 어떤 물질의 화학식량에 g을 붙이면 그 물질 1몰의 질량이 된다.

② 물의 몰 질량은 18.02g이고, 이산화탄소의 몰 질량은 44.01g이다.

③ 어떤 원자의 몰 질량을 알면, 그 원자 1개의 실제 질량을 구할 수 있다.
　　예 ^{12}C 원자 1개의 질량 $= \dfrac{12.00\ g}{6.02 \times 10^{23}} = 1.99 \times 10^{-23}\ g$

(8) 몰 부피

① 표준 상태(0℃, 1기압)에서 기체 1몰이 차지하는 부피이다.

② 아보가드로 법칙에 따르면 온도와 압력이 같을 때, 기체 1몰의 부피는 기체의 종류에 관계없이 서로 같다.

③ 수소 1몰의 몰 부피는 22.4L이고, 산소 1몰의 몰 부피도 22.4L이다.

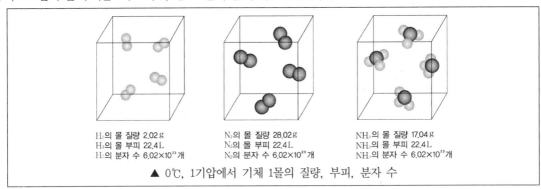

H_2의 몰 질량 2.02 g
H_2의 몰 부피 22.4L
H_2의 분자 수 $6.02×10^{23}$개

N_2의 몰 질량 28.02 g
N_2의 몰 부피 22.4L
N_2의 분자 수 $6.02×10^{23}$개

NH_3의 몰 질량 17.04 g
NH_3의 몰 부피 22.4L
NH_3의 분자 수 $6.02×10^{23}$개

▲ 0℃, 1기압에서 기체 1몰의 질량, 부피, 분자 수

SECTION 4 화합물의 조성

(1) 불꽃 반응

① 화합물을 구성하는 원소를 알아내는 간단한 방법이다.

② 금속 원소가 포함된 화합물을 겉불꽃 속에 넣으면 각 금속 원소의 고유한 색이 나타난다.

물질	나트륨	칼륨	리튬	구리	바륨
불꽃색	노란색	보라색	빨강색	청록색	황록색

③ 적은 양의 원소가 있어도 불꽃 반응에서 원소 고유의 색이 잘 나타나므로 물질에 포함된 원소를 알아내는 데 효과적이다.

(2) 선 스펙트럼

① 분광기로 불꽃 반응에 나타난 금속 원소의 불꽃색을 분해할 때, 밝은 색의 선 모양으로 나타나는 스펙트럼이다.

② 리튬과 스트론튬은 불꽃색은 같지만 선 스펙트럼이 다르므로, 이를 통해 두 원소를 구별할 수 있다.

(3) 연소 분석과 실험식

① **연소 분석** … 미지 화합물을 연소시켜 화합물을 구성하는 원소들의 구성 비율을 확인하는 원소 분석 방법이다.

② **실험식** … 화합물을 구성하는 성분 원소의 원자 수를 가장 간단한 정수비로 나타낸 화학식이다.

③ 연소 분석 결과로 실험식 구하기

  ㉠ 탄소, 수소, 산소를 포함하는 시료를 연소 분석 장치에서 연소시켜 생성된 이산화탄소, 물, 산소의 질량비를 구한다.

    예 포도당의 질량비 ⇒ 탄소 : 수소 : 산소 = 40.00 : 6.73 : 53.27

  ㉡ 화합물을 구성하는 원소의 질량비를 몰 질량으로 나누어 몰수비를 얻는다.

    예 포도당의 몰수비 ⇒ 탄소 : 수소 : 산소 = 1 : 2 : 1

  ㉢ 몰수비를 간단한 정수비로 나타내면 실험식을 얻을 수 있다.

    예 포도당의 실험식 ⇒ CH_2O

(4) 분자식

① 한 분자를 이루는 각 원자의 총 개수를 나타낸 화학식이다.

② 분자량을 실험식량으로 나누어 얻은 정수를 실험식에 곱하여 얻는다.

  예 포도당의 분자식 ⇒ $C_6H_{12}O_6$

③ 분자량 결정하는 방법

  ㉠ 과거에는 끓는점 오름, 어는점 내림, 삼투압과 같은 물질의 총괄성으로 알 수 있었다.

  ㉡ 현재는 질량 분석기 등을 사용하여 얻을 수 있다.

SECTION 5 물질의 구조 결정

(1) 분광학

① 빛의 스펙트럼을 이용하여 물질의 구조를 결정하는 방법이다.

② 가시 광선, 자외선, 적외선, 라디오파 등 거의 모든 전자기파를 사용하여 성분 원소 및 구조를 결정할 수 있다.

(2) 핵자기 공명(NMR) 분광법

① 가시 광선보다 파장이 긴 라디오파를 이용한다.

② 화합물이 라디오파를 흡수하는 형태를 관찰하여 화합물의 구조를 결정한다.

(3) X선 결정학

① X선은 자외선보다 파장이 짧고, 투과력이 강한 전자기파이다.

② X선을 사용한 구조 결정 방법

  ㉠ 구조를 알고 싶은 물질을 고체 결정으로 만든다.

  ㉡ 고체 결정에 X선을 쪼여 준다.

  ㉢ X선이 고체 결정을 통과하면 사진 필름에 일정한 무늬의 점이 찍힌다.

  ㉣ 일정한 무늬의 점을 통해 결정의 구조를 간접적으로 결정한다.

SECTION 6 화학 반응식

(1) 화학 반응식

물질의 화학 변화를 화학식을 사용하여 나타낸 식이다.

(2) 화학 반응식 나타내는 방법

① 화학 반응을 반응물과 생성물의 화학식으로 나타낸다. 화살표를 기준으로 반응물의 화학식은 왼쪽에, 생성물의 화학식은 오른쪽에 쓴다.

> 예 $H_2 + O_2 \longrightarrow H_2O$
>
> 　반응물　생성물

② 반응 전후 원자의 종류와 개수가 같도록 화학식 앞의 계수를 맞춘다.

> 예 $H_2 + \dfrac{1}{2}O_2 \longrightarrow H_2O$의 모든 계수에 $\times 2 \Rightarrow 2H_2 + O_2 \longrightarrow 2H_2O$

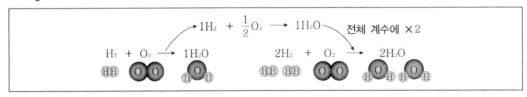

③ 반응 전후 원자의 종류와 개수가 같은지 확인한다.

> 예 $2H_2 + O_2 \longrightarrow 2H_2O$

$$2H_2 \quad + \quad O_2 \quad \longrightarrow \quad 2H_2O$$

반응 전 H : $2 \times 2 = 4$　　　반응 후 H : $2 \times 2 = 4$

O : 2　　　　　　　　　　O : $2 \times 1 = 2$

④ 반응물과 생성물의 상태를 화학식 뒤의 괄호 속에 약자를 써서 표시하기도 한다.

(3) 화학 반응식에 사용되는 기호

기호	의미	기호	의미
g	기체	△	가열
l	액체	↑	기체 생성
s	고체	↓	앙금 생성
aq	수용액	촉매	촉매 사용

> 예 $N_2(g) + 3H_2(g) \xrightarrow[400 \sim 600°C, \ 300기압]{Fe_2O_3} 2NH_3(g)$

(4) 화학 반응식의 계수와 아래 첨자

① 화학식 앞의 계수는 해당 화합물의 개수를 나타낸다.

> 예 $2H$ – 수소 원자 2개
>
> $3H_2$ – 수소 분자 3개

② 아래 첨자는 화합물을 구성하는 원자의 개수를 나타낸다.

> 예 H_2O – 수소 원자 2개, 산소 원자 1개
>
> Fe_2O_3 – 철 원자 2개, 산소 원자 3개

(5) 화학 반응식에서 얻을 수 있는 정보

화학 반응식	반응물 $CH_4(g) + 2O_2(g)$		생성물 $\rightarrow CO_2(g) + 2H_2O(l)$	
	메테인	산소	이산화탄소	물
반응에 대한 분자 모형				
반응식의 계수	1	2	1	2
몰수(몰)	1	2	1	2
질량(g)	16.0	$2 \times 32.0 = 64.0$	44.0	$2 \times 18.0 = 36.0$
기체의 부피(L) (0℃, 1기압)	22.4	$2 \times 22.4 = 44.8$	22.4	–

① 반응물과 생성물의 종류 및 상태를 알 수 있다.

⇒ 종류 및 상태–기체 : CH_4, O_2, CO_2 액체 : H_2O

② 반응하는 물질들의 몰수비를 알 수 있다.

⇒ 몰수비 – 1 : 2 : 1 : 2

③ 반응하는 물질들의 질량비와 부피비를 알 수 있다.

⇒ 질량비 – 4 : 16 : 11 : 9, 부피비 – 1 : 2 : 1(기체만 해당됨)

④ 관련 있는 과학 법칙을 이해할 수 있다.

⇒ 질량 보존 법칙, 기체 반응 법칙이 성립함을 알 수 있다.

SECTION 7 화학 반응에서의 양적 관계

(1) 화학양론

화학 반응에서 반응물과 생성물의 양적 관계에 대한 이론이다.

(2) 양적 관계 : 질량 관계

$$C(s) + O_2(g) \rightarrow CO_2(g)$$

① 화학 반응식의 계수비는 몰수비이므로 탄소 : 이산화탄소 = 1 : 1이다.

② 탄소 24.0g에는 2몰의 탄소가 있으므로 생성되는 이산화탄소는 2몰이다.

③ 이산화탄소의 몰 질량은 44.0g이므로 생성된 이산화탄소의 질량은 88.0g이다.

(3) 양적 관계 : 부피 관계

$$2H_2(g) + O_2(g) \rightarrow 2H_2O(l)$$

① 수소, 산소의 몰수비는 2 : 1이다.

② 4.48L의 수소는 0.2몰이므로 반응에 필요한 산소는 0.1몰이다.

③ 표준 상태에서 산소의 몰 부피는 22.4L이므로 0.1몰의 산소의 부피는 2.24L이다.

(4) 몰 지도를 이용한 방법

화학 반응에서의 양적 관계를 쉽게 구할 수 있다.

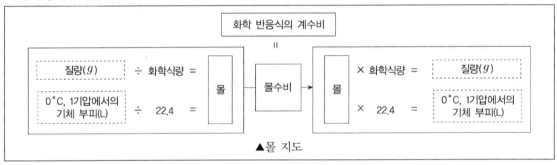

▲몰 지도

예 산화 철(Ⅲ)의 질량으로부터 생성되는 철의 질량을 계산하는 과정

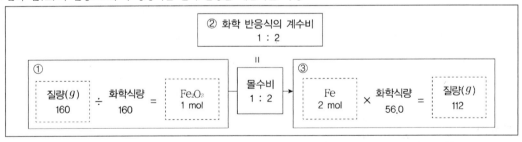

화학, 물질의 과학

1 인류 문명의 발전에 기여한 화학 반응에 대한 〈보기〉의 설명 중 옳은 것을 모두 고른 것은?

〈보기〉
㉠ 연소 반응을 이용하여 어둠을 밝히고 난방을 하였다.
㉡ 철의 제련으로 인류는 처음으로 금속을 이용하기 시작하였다.
㉢ 나일론 합성으로 저렴한 가격의 의류를 보급할 수 있었다.

① ㉠
② ㉡
③ ㉠㉢
④ ㉡㉢
⑤ ㉠㉡㉢

TIP 인류는 철 이전에 청동을 이용하여 그릇, 장신구 등을 만들었다.

2 암모니아 합성 반응에 대한 〈보기〉의 설명 중 옳은 것을 모두 고른 것은?

〈보기〉
㉠ 공기 중의 산소 기체와 질소 기체를 이용한다.
㉡ 식량의 대량 생산을 가능하게 했다.
㉢ 폭탄의 원료로 전쟁에 이용되었다.

① ㉠
② ㉡
③ ㉠㉢
④ ㉡㉢
⑤ ㉠㉡㉢

TIP 하버는 수소 기체와 질소 기체를 이용하여 암모니아를 대량으로 합성하였다.

ANSWER 1.③ 2.④

3 다음은 호흡 과정을 간단하게 나타낸 것이다. 이에 대한 설명으로 옳은 것은?

> 포도당 + 산소 → 이산화탄소 + 물

① 물은 분자이다.
② 산소는 화합물이다.
③ 이산화탄소는 원소이다.
④ 포도당은 홑원소 물질이다.
⑤ 에너지를 이용하여 영양분을 합성하는 화학 반응이다.

TIP 호흡은 포도당과 같은 영양분을 분해하여 에너지를 생성하는 과정이다. 산소는 홑원소 물질이며, 포도당, 이산화탄소, 물은 화합물이다.

4 다음은 물에 대한 아보가드로의 설명이다.

> 수소 기체와 산소 기체가 2 : 1의 부피비로 반응하여 물이 생성됩니다. 이는 물이 수소 원자 2개와 산소 원자 1개로 이루어진 것으로 설명되네요.

다음 중 아보가드로가 생각하는 물을 구성하는 입자 모형으로 적절한 것은?

①
②
③
④
⑤

TIP 아보가드로는 물이 수소 원자 2개와 산소 원자 1개로 이루어져 있다고 제안하였다.

5 원자량에 대한 다음 설명 중 옳은 것은?
① 원자의 실제 질량 값이다.
② 원자량의 단위는 g이다.
③ 탄소의 원자량은 12이다.
④ 현재 원자량의 기준은 ^{13}C이다.
⑤ 평균 원자량은 동위 원소의 존재비를 고려한 값이다.

TIP 원자량은 탄소 원자(^{12}C)를 기준으로 한 상대적인 값으로 ^{12}C를 12로 정하여 사용하고 있다. 따라서 원자량은 단위가 없다. 한편, 주기율표에 제시된 원자량은 동위 원소의 존재비를 고려하여 계산한 평균 원자량이다.

6 원소 기호와 화학식에 대한 〈보기〉의 설명 중 옳은 것을 모두 고른 것은?

〈보기〉

㉠ 수소의 원소 기호는 'Hydrogen'의 첫 글자를 딴 H이다.
㉡ 철의 원소 기호는 F이다.
㉢ N_2O는 질소 원자 1개와 산소 원자 2개로 이루어져 있음을 의미한다.

---

① ㉠   ② ㉡
③ ㉠㉢   ④ ㉡㉢
⑤ ㉠㉡㉢

🌸**TIP** 철의 원소 기호는 Fe이다. N_2O는 질소 원자 2개와 산소 원자 1개로 이루어진 화합물이다.

7 다음은 몇 가지 물질의 화학식이다. 이에 대한 설명으로 옳은 것은?

O_2, $C_6H_{12}O_6$, Ar, $C_{14}H_{28}$, CO

---

① 원소 물질은 1개이다.
② 2개의 원자로 이루어진 분자는 1개이다.
③ 2종류의 원소로 이루어진 물질은 2개이다.
④ 가장 적은 수의 원소로 이루어진 물질은 O_2이다.
⑤ 가장 많은 수의 원자로 이루어진 분자는 $C_6H_{12}O_6$이다.

🌸**TIP** O_2와 Ar은 홑원소 물질이고, $C_6H_{12}O_6$, $C_{14}H_{28}$, CO는 화합물이다. 2개의 원자로 이루어진 분자는 O_2와 CO이며, 2종류의 원소로 이루어진 물질은 $C_{14}H_{28}$과 CO이다. 가장 적은 수의 원소로 이루어진 물질은 Ar이며, 가장 많은 수의 원자로 이루어진 분자는 $C_{14}H_{28}$이다.

⭐ **ANSWER**   3.① 4.④ 5.⑤ 6.① 7.③

8 다음은 같은 부피 속에 들어 있는 수소(H_2), 질소(N_2), 암모니아(NH_3) 기체를 분자 모형으로 나타낸 것이다. 이에 대한 〈보기〉의 설명 중 옳은 것을 모두 고른 것은?

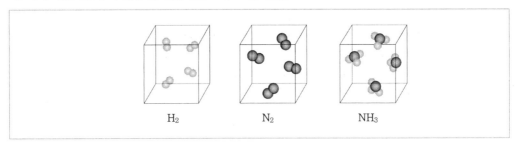

H₂   N₂   NH₃

〈보기〉

㉠ 몰 질량이 가장 작은 것은 H_2이다.
㉡ 몰 부피가 가장 큰 것은 NH_3이다.
㉢ 같은 부피 속에 들어 있는 원자 수는 모두 같다.

① ㉠   ② ㉡
③ ㉠㉢   ④ ㉡㉢
⑤ ㉠㉡㉢

TIP 그림에서 같은 부피 안에 들어 있는 분자 수가 세 기체 모두 같기 때문에 몰 부피는 같다. 그러나 같은 부피 안에 들어 있는 원자 수는 질소나 수소에 비해 암모니아가 더 많다.

9 구리(Cu)에 대한 〈보기〉의 설명 중 옳은 것을 모두 고른 것은? (단, Cu의 원자량은 64로 한다.)

〈보기〉

㉠ 구리 원자 1개의 질량은 $\dfrac{64}{6.02 \times 10^{23}}$ g이다.
㉡ 구리 2.0몰의 질량은 64g이다.
㉢ 구리 32g에 포함된 원자 수는 0.5몰의 산소(O_2)에 포함된 원자 수와 같다.

① ㉠   ② ㉡
③ ㉠㉢   ④ ㉡㉢
⑤ ㉠㉡㉢

TIP 구리 2.0몰의 질량은 128g이고, 구리 32g에 포함된 원자 수는 0.5몰이다. 산소 분자는 2개의 산소 원자로 이루어져 있으므로 0.5몰의 산소(O_2)에 포함된 원자 수는 1.0몰이다.

10 다음 중 입자 수가 가장 많은 것은?

① 철(Fe) 56g에 들어 있는 원자 수
② 수소(H_2) 8g에 들어 있는 원자 수
③ 물(H_2O) 36g에 들어 있는 분자 수
④ 설탕($C_{12}H_{22}O_{11}$) 171g에 들어 있는 분자 수
⑤ 표준 상태의 암모니아(NH_3) 22.4L에 들어 있는 원자 수

TIP 철 56g에 들어 있는 원자 수는 1몰, 수소 8g에 들어 있는 원자 수는 8몰, 물 36g에 들어 있는 분자 수는 2몰, 설탕 171g에 들어 있는 분자 수는 0.5몰, 표준 상태의 암모니아 22.4L에 들어 있는 원자 수는 4몰이다. 따라서 수소 8g에 들어 있는 원자 수가 가장 많다.

11 다음은 연소 반응의 예이다. 밑줄 친 물질 중 홑원소 물질의 분자량을 모두 합한 값은? (단, 원자량은 H : 1, C : 12, O : 16으로 한다.)

> • 알코올램프의 연료로 사용되는 메탄올(CH_4O)이 연소하면 이산화탄소(CO_2)와 물(H_2O)이 생성된다.
> • 충분한 산소(O_2)가 공급되지 않는 상태에서 숯(C)을 태우면 일산화탄소(CO)가 생성된다.

① 12   ② 44
③ 62   ④ 72
⑤ 122

TIP 홑원소 물질은 산소(O_2)와 탄소(C)이다. 산소(O_2)의 분자량은 32, 탄소(C)의 분자량은 12이므로 합은 44이다.

12 화합물의 조성을 확인하는 방법에 대한 학생들의 설명이다.

> • 지훈 : 불꽃 반응으로는 화합물을 구성하는 금속 원소의 종류만 알 수 있어.
> • 정민 : 불꽃 반응은 적은 양으로도 물질에 포함되어 있는 금속 원소를 알아낼 수 있지.
> • 영은 : 연소 분석을 하면 화합물의 분자식을 구할 수 있어.

다음 중 옳은 설명을 한 학생들을 모두 고른 것은?

① 지훈   ② 지훈, 정민
③ 지훈, 영은   ④ 정민, 영은
⑤ 지훈, 정민, 영은

TIP 연소 분석을 통해 화합물에 포함된 원소의 비율은 알 수 있지만 화합물에 포함된 원자들의 개수가 몇 개인지는 알 수 없다. 즉, 화합물의 실험식은 구할 수 있지만 분자식은 구할 수 없다.

ANSWER 8.① 9.① 10.② 11.② 12.②

13 탄소, 수소, 산소로 이루어진 화합물을 연소시켰더니, 질량 백분율이 탄소 40.00%, 수소 6.73%, 산소 53.27%였다. 이 화합물을 이루는 원자들의 구성비를 구하는 과정은 다음과 같다.

> [풀이 과정]
> (가) 이 화합물 100g에는 탄소 40.00g, 수소 6.73g, 산소 53.27g이 포함되어 있다.
> (나) 각 원소의 질량을 각각의 (㉠)으로 나눈다.
> - 탄소 : 40.00g ÷ 12.01g/mol = 3.33mol
> - 수소 : 6.73g ÷ 1.01g/mol = 6.66mol
> - 산소 : 53.27g ÷ 16.00g/mol = (㉡)mol
> (다) (나)로부터 성분 원소의 가장 간단한 조성비를 구하면, C : H : O = (㉢)이다.

괄호 안에 들어갈 내용을 바르게 나열한 것은?

	㉠	㉡	㉢
①	몰수	3.33	1 : 2 : 1
②	몰수	6.66	1 : 2 : 2
③	몰 질량	3.33	1 : 2 : 1
④	몰 질량	6.66	1 : 2 : 2
⑤	분자량	3.33	1 : 2 : 1

TIP 화합물을 구성하는 원소들의 질량비를 각 원소의 몰 질량으로 나누면 각 원소의 몰 수비를 얻을 수 있다. 산소의 질량 53.27g을 산소의 몰 질량인 16.00g/mol으로 나누면 3.33mol이 된다. 따라서 C : H : O=3.33 : 6.66 : 3.33이며, 이를 간단한 정수비로 나타내면 C : H : O=1 : 2 : 1이다.

14 핵자기 공명 분광법에 대한 〈보기〉의 설명 중 옳은 것을 모두 고른 것은?

> 〈보기〉
> ㉠ 파장이 비교적 짧은 X선을 이용한다.
> ㉡ 화합물이 전자기파를 흡수하는 형태를 관찰하여 구조를 결정한다.
> ㉢ 의학 분야에서는 생체의 특정 부위의 영상을 얻는 데에 이용한다.

① ㉠   ② ㉡

③ ㉠㉢   ④ ㉡㉢

⑤ ㉠㉡㉢

TIP 핵자기 공명 분광법은 전자기파 중 파장이 길고 진동수가 낮은 편인 라디오파를 이용한 방법이다.

※ 그림은 원소 X(◉)로 이루어진 분자와 원소 Y(●)로 이루어진 분자의 반응을 나타낸 것이다.
【15 ~ 16】

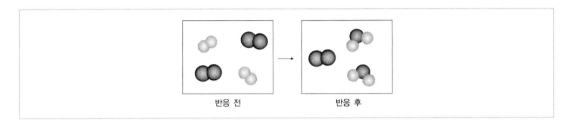

반응 전　　　　반응 후

15 이 반응의 화학 반응식으로 적절한 것은?

① $X_2 + Y_2 \rightarrow X_2Y$

② $X_2 + 2Y_2 \rightarrow 2XY_2$

③ $2X_2 + Y_2 \rightarrow 2X_2Y$

④ $2X_2 + 2Y_2 \rightarrow 2XY_2 + X_2$

⑤ $2X_2 + 2Y_2 \rightarrow 2X_2Y + Y_2$

🌸**TIP** X_2 2개와 Y_2 2개가 반응하여 X 2개와 Y 1개로 이루어진 분자 X_2Y 1개와 Y_2 1개가 생성되었다.

16 이 반응에 대한 〈보기〉의 설명 중 옳은 것을 모두 고른 것은?

〈보기〉
㉠ 반응 후 분자 수는 반응 전에 비해 감소하였다.
㉡ 화학 반응이 일어나는 동안 원자의 배열이 바뀌지 않았다.
㉢ 1몰의 X_2가 모두 반응하려면 2몰의 Y_2가 필요하다.

① ㉠　　　　　　　　　　② ㉡

③ ㉠㉢　　　　　　　　　④ ㉡㉢

⑤ ㉠㉡㉢

🌸**TIP** 반응이 일어나는 동안 원자는 생성되거나 소멸되지 않고 배열만 달라진다. 또한, X_2 1몰이 완전히 반응하려면 0.5몰의 Y_2가 필요하다.

⭐ **ANSWER**　13.③　14.④　15.⑤　16.④

17 다음은 암모니아 합성 반응의 화학 반응식이다. 이로부터 알 수 있는 정보로 옳지 않은 것은?

$$N_2(g) + 3H_2(g) \xrightarrow[400 \sim 600℃, 300기압]{Fe_2O_3} 2NH_3(g)$$

① 반응이 일어나면 전체 부피는 감소한다.
② 이 반응의 온도 조건은 400 ~ 600℃이다.
③ Fe_2O_3가 없으면 반응이 일어나지 않는다.
④ 질소, 수소, 암모니아는 모두 기체 상태이다.
⑤ 질소 1몰이 모두 반응하려면 수소 3몰이 필요하다.

TIP Fe_2O_3는 촉매로 반응 전후로 변하지 않으며 반응의 빠르기에만 영향을 준다. 그러므로 Fe_2O_3가 없어도 반응은 일어난다.

※ 다음은 자동차의 에어백의 원리에 대한 설명이다. 【18 ~ 19】

에어백은 자동차의 충돌을 감지해 순간적으로 부피가 늘어나도록 만들어진 안전장치이다. 자동차가 충돌하면 에어백 내에서는 아지드화나트륨(NaN_3)이 나트륨(Na)과 질소(N_3)로 분해된다. 이때 생성된 질소 기체에 의해 에어백이 팽창하고, 이는 운전자를 충격으로부터 보호한다.

18 밑줄 친 내용은 다음과 같은 화학 반응식으로 표현할 수 있다.

$$(⊙)NaN_3(s) \rightarrow (⊙)Na(s) + (⊙)N_2(g)$$

⊙, ⊙, ⊙에 들어갈 숫자를 모두 합한 값은?

① 3   ② 5
③ 7   ④ 9
⑤ 11

TIP 아지드화나트륨 분해 반응의 화학 반응식은 $2NaN_3(s) \rightarrow 2Na(s) + 3N_2(g)$이다. 따라서 화학 반응식의 계수를 모두 합하면 7이다.

19 표준 상태에서 질소 6.72L를 얻으려면 몇 g의 아지드화나트륨이 필요한가?

① 6.5g　　　　　　　　　　　　② 13g

③ 19.5g　　　　　　　　　　　④ 32.5g

⑤ 65g

🏅 **TIP** 화학 반응식에서 아지드화나트륨과 질소의 몰 수비는 2 : 3이다. 표준 상태에서 질소 6.72L는 0.3몰이므로, 아지드화나트륨은 0.2몰 필요하다. 아지드화나트륨의 몰 질량이 65g/mol이므로, 질소 6.72L를 얻기 위해 필요한 아지드화나트륨의 양은 13g이다.

20 다음은 탄산칼슘($CaCO_3$)과 묽은 염산(HCl)의 반응을 이용하여 화학 반응에서의 양적 관계를 알아보는 실험이다.

[실험 과정]

충분한 양의 묽은 염산이 든 삼각 플라스크를 저울 위에 올려놓고 질량을 측정한 뒤, 삼각 플라스크에 탄산칼슘 1.0 g을 넣고 반응이 끝나면 삼각 플라스크의 질량을 다시 측정한다.

[실험 결과]

(탄산칼슘 + 염산 + 삼각 플라스크)의 질량(g)	331.84
(반응 후의 용액 + 삼각 플라스크)의 질량(g)	331.40

실험에 대한 〈보기〉의 설명 중 옳은 것을 모두 고른 것은?

〈보기〉

㉠ 반응한 탄산칼슘의 몰 수는 0.01몰이다.
㉡ 반응 전후 감소한 질량은 생성된 수소 기체의 질량과 같다.
㉢ 탄산칼슘 2.0g을 반응시키면 0.88g의 기체가 생성될 것이다.

① ㉠　　　　　　　　　　　　② ㉡

③ ㉠㉢　　　　　　　　　　　④ ㉡㉢

⑤ ㉠㉡㉢

🏅 **TIP** 염산의 양이 충분했으므로 넣어 준 탄산칼슘 1.0g은 모두 반응하였다. 탄산칼슘의 몰 질량이 100.09g/mol이므로 탄산칼슘 1.0g은 0.01몰이다. 반응 후 감소한 질량은 발생한 이산화탄소의 질량이다.

⭐ **ANSWER** 　17.③　18.③　19.②　20.③

21 인류 문명의 발전에 기여한 화학 반응에 대한 학생들의 설명이다.

> • 성은 : 불의 발견으로 인류는 난방을 하여 추위를 이겨낼 수 있었어.
> • 철수 : 암모니아 합성 반응으로 질소 비료를 대량으로 만들 수 있게 되었어.
> • 영희 : 화석 연료의 장점은 환경 오염 물질의 배출이 적다는 거야.

다음 중 옳은 설명을 한 학생들을 모두 고른 것은?

① 성은
② 철수
③ 성은, 영희
④ 성은, 철수
⑤ 성은, 철수, 영희

🏅**TIP** 화석 연료는 환경오염의 주원인으로 지목되고 있다.

22 화석 연료의 이용에 대한 〈보기〉의 설명 중 옳은 것을 모두 고른 것은?

> 〈보기〉
> ㉠ 화석 연료가 연소하면 열에너지가 발생한다.
> ㉡ 대표적인 화석 연료에는 나무, 석탄, 석유 등이 있다.
> ㉢ 매장량이 매우 풍부하여 지속적으로 이용 가능한 자원으로 각광받고 있다.

① ㉠
② ㉡
③ ㉠㉢
④ ㉡㉢
⑤ ㉠㉡㉢

🏅**TIP** 화석 연료는 지질 시대의 생물이 땅속에 묻혀 특정 환경에서 분해되어 만들어진 것으로, 나무는 화석 연료가 아니다. 화석 연료의 매장량이 한계에 다다르고 있어 화석 연료를 대체할 새로운 에너지에 대한 관심이 높아지고 있다.

23 다음 중 가장 많은 수의 원자로 이루어진 물질은?

① Cu
② O_2
③ C_8H_{18}
④ Fe_2O_3
⑤ $C_6H_{12}O_6$

🏅**TIP** Cu는 1개, O_2는 2개, C_8H_{18}은 26개, Fe_2O_3은 5개, $C_6H_{12}O_6$은 24개의 원자로 이루어져 있다.

24 다음 중 원자와 분자에 대한 설명으로 옳은 것은?

① 원자는 물질을 구성하는 기본적인 성분이다.

② 분자는 물질을 구성하는 가장 작은 입자 단위이다.

③ 수소 원자는 수소 기체의 성질을 가진다.

④ 모든 원자는 불안정하여 단독으로 존재하지 않는다.

⑤ 광합성 과정에서 생성된 산소는 분자 형태로 존재한다.

TIP 원자는 물질을 구성하는 가장 작은 입자 단위이고, 분자는 물질의 고유한 성질을 가지는 가장 작은 입자 단위이다. 물질을 구성하는 기본적인 성분은 원소이다. 수소 원자는 수소 기체의 성질을 가지지 않으며 Ar과 같은 원자는 안정하여 단독으로 존재한다.

25 다음 중 해당 물질의 화학식을 바르게 나타낸 것은?

① 물 – OH_2

② 산소 – O_2

③ 질소 – N_3

④ 암모니아 – $3NH$

⑤ 이산화탄소 – C_1O_2

TIP 물은 H_2O, 산소는 O_2, 질소는 N_2, 이산화탄소는 CO_2이다.

26 다음은 메테인의 연소 반응을 입자 모형으로 나타낸 것이다. 이에 대한 설명으로 옳은 것은?

① 산소는 화합물이다.

② 물은 3종류의 원소로 이루어져 있다.

③ 이산화탄소는 2개의 원자로 이루어져 있다.

④ 물과 이산화탄소 분자를 이루고 있는 원자의 개수는 같다.

⑤ 메테인과 이산화탄소는 같은 종류의 원소로 이루어져 있다.

TIP 산소는 홑원소 물질이며 물은 2종류의 원소로 이루어진 화합물이다. 물과 이산화탄소는 2종류의 원소, 3개의 원자로 이루어져 있다. 메테인을 이루고 있는 원소는 C, H이며, 이산화탄소를 이루고 있는 원소는 C, O이다.

ANSWER 21.④ 22.① 23.③ 24.⑤ 25.② 26.④

27 분자량에 대한 〈보기〉의 설명 중 옳은 것을 모두 고른 것은?

〈보기〉
㉠ 분자를 구성하는 모든 원자들의 실제 질량을 합한 값이다.
㉡ 산소의 분자량은 산소 원자량의 2배이다.
㉢ 단위가 없다.

① ㉠
② ㉡
③ ㉠㉢
④ ㉡㉢
⑤ ㉠㉡㉢

TIP 분자량은 분자를 구성하는 모든 원자들의 원자량을 합한 값이다. 따라서 분자량은 상대적인 값이며 단위가 없다. 산소 분자는 산소 원자 2개로 이루어져 있으므로 산소의 분자량은 산소의 원자량의 2배이다.

28 0℃, 1기압에서 밀폐된 용기 속에 들어 있는 몇 가지 기체에 대한 자료이다.

기체	분자량	질량(g)	몰 수(mol)	부피(L)
수소(H_2)	2	㉠	4.0	-
메테인(CH_4)	16	32.0	㉡	-
일산화탄소(CO)	28	14.0	㉢	㉣

다음 중 빈칸 ㉠~㉣에 들어갈 값이 아닌 것은?

① 0.50
② 1.0
③ 2.0
④ 8.0
⑤ 11.2

TIP 수소 4.0몰은 8.0g이고, 메테인 32.0g은 2.0몰이다. 일산화탄소 14.0g은 0.50몰이고, 표준 상태에서의 부피는 11.2L이다.

29 다음 중 입자 수가 가장 많은 것은?

① 탄소(C) 원자 1.8×10^{24}개

② 질소(N_2) 2몰에 포함된 원자 수

③ 물(H_2O) 27g에 들어 있는 원자 수

④ 암모니아(NH_3) 17g에 들어 있는 분자 수

⑤ 표준 상태의 수소(H_2) 44.8L에 들어 있는 분자 수

TIP 탄소 원자 1.81×10^{24}개는 3몰이다. 질소(N_2)는 질소 원자 2개로 이루어져 있으므로 2몰에 들어 있는 원자 수는 4몰이다. 물 18g에 들어 있는 원자 수는 3몰, 암모니아 17g에 들어있는 분자 수는 1몰, 표준 상태의 수소 44.8L에 들어 있는 분자 수는 2몰이다. 따라서 질소 2몰에 들어 있는 원자 수가 가장 많다.

30 다음은 같은 온도, 같은 부피의 상자 속에 들어 있는 질소(N_2)와 암모니아(NH_3) 기체를 분자 모형으로 나타낸 것이다. 이에 대한 설명으로 옳은 것은?

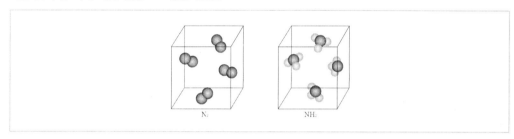

① 몰 질량이 같다.

② 몰 부피가 같다.

③ 암모니아 기체의 밀도가 더 크다.

④ 같은 부피 속에 들어 있는 원자 수가 같다.

⑤ 암모니아 기체가 들어 있는 상자의 압력이 더 크다.

TIP 몰 질량, 밀도는 질소 기체가 더 크고, 원자 수는 암모니아 기체가 더 많다. 같은 온도, 같은 부피 속에 들어 있는 기체 분자 수가 같으므로 압력은 같다.

31 다음은 불꽃 반응을 통해 알아낸 물질들의 불꽃색이다.

물질	불꽃색	물질	불꽃색
염화나트륨	노랑색	질산나트륨	노랑색
염화리튬	빨강색	질산리튬	빨강색
염화칼륨	보라색	질산칼륨	보라색
염화스트론튬	빨강색	질산스트론튬	빨강색

〈보기〉의 설명 중 옳은 것을 모두 고른 것은?

〈보기〉

㉠ 나트륨의 불꽃색은 노랑색이다.
㉡ 리튬과 스트론튬은 불꽃 반응으로 구분하기 어렵다.
㉢ 불꽃 반응을 이용하면 염화칼륨과 질산칼륨을 구분할 수 있다.

① ㉠   ② ㉡
③ ㉠㉢   ④ ㉡㉢
⑤ ㉠㉡㉢

TIP 염화칼륨과 질산칼륨의 불꽃색은 보라색이므로 불꽃 반응을 통해 이들을 구분하기 어렵다.

32 탄소(C)에 대한 〈보기〉의 설명 중 옳은 것을 모두 고른 것은? (단, C의 원자량은 12로 한다.)

〈보기〉

㉠ 탄소 12g에는 6.02×10^{23}개의 탄소 원자가 들어 있다.

㉡ 탄소 원자 1개의 질량은 $\dfrac{12}{6.02 \times 10^{23}}$ g이다.

㉢ 탄소 2몰은 표준 상태의 산소(O_2) 기체 22.4L에 들어 있는 산소 원자 수와 같다.

① ㉠   ② ㉡
③ ㉠㉢   ④ ㉡㉢
⑤ ㉠㉡㉢

TIP 원자량에 g을 붙인 그램원자량에는 아보가드로수만큼의 원자가 들어 있다. 표준 상태의 산소 기체 22.4L 에는 1몰의 산소 분자가 들어 있다. 산소 분자는 2개의 산소 원자로 이루어져 있으므로 1몰의 산소(O_2)에 포함된 원자 수는 2몰이다.

33 X선 결정학에 대한 〈보기〉의 설명 중 옳은 것을 모두 고른 것은?

〈보기〉

㉠ X선은 파장이 짧고 투과력이 강하다.
㉡ 고체 결정을 통과한 X선이 만든 일정한 무늬의 점들을 분석하여 구조를 결정한다.
㉢ 단백질 분자와 같은 고분자의 구조를 밝히는 데 이용된다.

① ㉠   ② ㉡
③ ㉠㉢   ④ ㉡㉢
⑤ ㉠㉡㉢

TIP X선 결정학은 파장이 짧고 투과력이 강한 X선을 이용하여 고체 결정의 구조를 간접적으로 결정하는 방법이다.

34 포도당의 분자식을 구하는 데 반드시 필요한 것을 〈보기〉에서 모두 고른 것은?

〈보기〉

㉠ 포도당을 구성하는 원자들의 질량비
㉡ 포도당을 구성하는 원자들의 원자량
㉢ 포도당의 몰 질량
㉣ 포도당의 NMR 스펙트럼

① ㉠㉡   ② ㉠㉢
③ ㉠㉡㉢   ④ ㉠㉢㉣
⑤ ㉠㉡㉢㉣

TIP NMR 스펙트럼은 구조를 결정하는 데 필요한 정보를 제공해 준다. 포도당의 분자식을 구하려면, 포도당을 구성하는 원자의 원자량과 질량비, 포도당의 몰 질량이 필요하다.

ANSWER 31.④ 32.⑤ 33.⑤ 34.③

35 다음과 같은 연소 분석 장치에서 탄소와 수소로 이루어진 미지 시료 3.2g을 태웠더니, 물 7.2g, 이산화탄소 8.8g이 생성되었다.

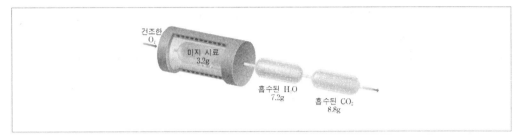

이에 대한 〈보기〉의 설명 중 옳은 것을 모두 고른 것은?

〈보기〉
㉠ 미지 시료와 반응한 산소의 질량은 12.8g이다.
㉡ 7.2g의 H_2O에 포함된 수소 원자의 질량은 1.6g이다.
㉢ 미지 시료의 실험식은 CH_2이다.

① ㉠　　　　　　　　　　　　　② ㉡
③ ㉠㉢　　　　　　　　　　　　④ ㉡㉢
⑤ ㉠㉡㉢

TIP 7.2g의 H_2O에 포함된 수소 원자의 질량은 $7.2g \times \dfrac{2g/mol}{18g/mol} = 0.8g$이다. 8.8g의 CO_2에 포함된 탄소 원자의 질량은 $8.8g \times \dfrac{12g/mol}{44g/mol} = 2.4g$이다. 수소와 탄소의 질량을 각각의 원자량으로 나누어 몰 수비를 구하면 C:H=1:4이다. 따라서 미지 시료의 실험식은 CH_4이다.

36 다음은 아이오딘화납(PbI_2)이 생성되는 반응의 화학 반응식이다.

$$2NaI(aq) + Pb(NO_3)_2(aq) \rightarrow 2NaNO_3(aq) + PbI_2(s)$$

이에 대한 〈보기〉의 설명 중 옳은 것을 모두 고른 것은?

〈보기〉
㉠ PbI_2는 물에 잘 녹지 않는다.
㉡ 1몰의 PbI_2가 생성되려면 1몰의 NaI가 필요하다.
㉢ 수용액에 들어 있는 전체 이온의 수는 반응 전후로 같다.

① ㉠   ② ㉡

③ ㉠㉢   ④ ㉡㉢

⑤ ㉠㉡㉢

TIP 이 반응은 수용액에서 일어나는 반응이다. 생성된 PbI_2가 고체 상태인 것으로 보아 물에 잘 녹지 않으며, 수용액에 들어 있는 전체 이온의 수는 감소한다. 1몰의 PbI_2가 생성되려면 2몰의 NaI가 필요하다.

37 그림은 원소 X(●)로 이루어진 분자와 원소 Y(○)로 이루어진 분자의 반응을 나타낸 것이다. 이에 대한 〈보기〉의 설명 중 옳은 것을 모두 고른 것은?

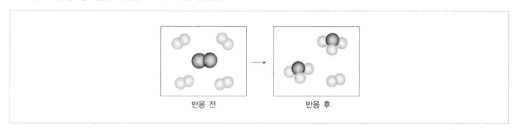

반응 전   반응 후

〈보기〉

㉠ 화학 반응식은 $X_2 + 4Y_2 \rightarrow 2XY_3 + Y_2$이다.

㉡ 반응 후 원자 수는 반응 전에 비해 감소하였다.

㉢ 1몰의 X_2가 모두 반응하려면 3몰의 Y_2가 필요하다.

① ㉠   ② ㉢

③ ㉠㉡   ④ ㉡㉢

⑤ ㉠㉡㉢

TIP 화학 반응식은 $X_2 + 3Y_2 \rightarrow 2XY_3$이다. 그러므로 1몰의 X_2가 모두 반응하려면 3몰의 Y_2가 필요하다. 반응 전과 후의 원자 수는 같다.

ANSWER   **35.**①   **36.**①   **37.**②

38 어느 비료 공장에서는 질소 비료를 만들기 위해 매일 120kg의 요소($CO(NH_2)_2$)를 생산한다. 요소 합성 반응의 화학 반응식은 다음과 같다.

$$2NH_3(g) + CO_2(g) \rightarrow CO(NH_2)_2(s) + H_2O(l)$$

이에 대한 〈보기〉의 설명 중 옳은 것을 모두 고른 것은?

〈보기〉

㉠ 매일 생산되는 요소는 2000몰이다.
㉡ 매일 필요한 암모니아는 98kg이다.
㉢ 생성되는 물은 36kg이다.

① ㉠
② ㉡
③ ㉠㉢
④ ㉡㉢
⑤ ㉠㉡㉢

TIP 요소의 분자량이 60.07이므로 매일 생산되는 120kg의 요소는 2000몰이다. 요소와 암모니아의 몰 수비가 1 : 2이므로 필요한 암모니아는 4000몰이다. 그러므로 68kg의 암모니아가 필요하다.

39 다음은 메탄올 연소 반응의 화학 반응식이다. ㉡과 ㉣에 들어갈 숫자를 합한 값은?

$$(㉠)CH_3OH(l) + (㉡)O_2(g) \rightarrow (㉢)CO_2(g) + (㉣)H_2O(l)$$

① 3
② 4
③ 5
④ 6
⑤ 7

TIP 메탄올 연소 반응의 화학 반응식은 $2CH_3OH(l) + 3O_2(g) \rightarrow 2CO_2(g) + 4H_2O(l)$이다.
그러므로 ㉡ + ㉣ = 3 + 4 = 7이다.

※ 다음은 빵이 부풀어 오를 때 일어나는 화학 변화에 대한 화학 반응식이다. 【40 ~ 41】

$$2NaHCO_3(s) \xrightarrow[\triangle]{} 2NaCO_3(s) + H_2O(l) + CO_2(g)$$

40 위 화학 반응식으로부터 알 수 있는 정보로 옳은 것을 〈보기〉에서 모두 고른 것은?

〈보기〉
㉠ 이 반응에는 열에너지가 필요하다.
㉡ 반응이 일어나면 기체가 발생한다.
㉢ 반응 물질보다 생성 물질의 질량의 합이 더 크다.

① ㉠   ② ㉡
③ ㉠㉡   ④ ㉡㉢
⑤ ㉠㉡㉢

🌸 TIP '△'는 화학 반응에 열에너지가 필요함을 의미하고 '↑'은 기체가 발생함을 나타낸다. 질량 보존 법칙에 따르면 반응 물질의 질량의 합과 생성 물질의 질량의 합은 같다.

41 8.4g의 탄산수소나트륨이 분해될 때, 생성되는 이산화탄소의 부피는 표준 상태에서 몇 L인가?

① 1.12   ② 2.24
③ 4.48   ④ 11.2
⑤ 22.4

🌸 TIP 탄산수소나트륨의 몰 질량이 84.02g/mol이므로 분해된 8.4g의 탄산수소나트륨에 들어 있는 탄산수소나트륨 분자는 0.10몰이다. 탄산수소나트륨과 이산화탄소의 몰 수비가 2 : 1이므로 생성되는 이산화탄소는 0.050몰이다. 이는 표준 상태에서 1.12L의 부피를 차지한다.

⭐ ANSWER   38.③ 39.⑤ 40.③ 41.①

02 개성 있는 원소

SECTION 1 원자는 무엇으로 이루어져 있을까?

(1) 원자의 발견, 원자핵의 발견

① 전자의 발견 – 음극선 실험

ㄱ 음극선은 (−)전하를 띤 입자의 흐름

ㄴ 음극선이 전기장에 의해 (+)극으로 휘어짐→음극선은 (−) 전하

ㄷ 음극선에 의해 작은 바람개비가 움직임→음극선은 질량을 가진 입자

ㄹ 음극선에 의해 장애물의 그림자 형성→음극선은 직진하는 성질

ㅁ 전자의 전하대 질량비(e/m)가 $1.76 \times 10^8 C/g$임을 밝혀냄

ㅂ 톰슨의 원자 모형 : 모든 원자에 (−)전하를 띤 전자가 들어 있으며, 원자는 전기적으로 중성이므로 원자 전체는 (+)전하를 띠고 있고 전자가 원자에 듬성듬성 박혀있는 모형을 제안→플럼 푸딩 모형

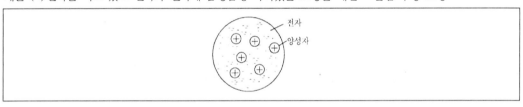

② 원자핵의 발견 – α 입자 산란 실험

ㄱ 얇은 금박에 $\alpha(He^{2+})$입자를 충돌시켰을 때 대부분의 α입자가 그대로 통과→원자의 대부분은 빈 공간임

ㄴ 일부분만 진로가 바뀜→중심에 질량이 집합된 작은 덩어리 존재(원자핵)

ㄷ 극히 일부는 진로가 진행 방향에서 발견→원자핵이 양전하를 띠고 있음

③ 러더퍼드의 원자모형 ··· 원자는 대부분이 빈 공간으로 되어 있으며, 원자 중심에 핵이 있고 그 둘레에 전자가 존재

(2) 원자의 구성 입자

① 원자핵 ··· 양성자와 중성자로 구성

ㄱ 양성자

• 음극선관에 수소 기체를 소량 넣고 실험한 결과 양극의 반대쪽으로 흐르는 빛을 발견

• 이 빛은 (+)전하를 띠고 있는 입자로 수소의 원자핵이며 이를 양성자라고 함

- 음극선과는 달리 각 원소에 따른 양극선의 성질은 서로 다르기 때문에 양극선을 이루고 있는 원자핵은 원소에 따라 다름

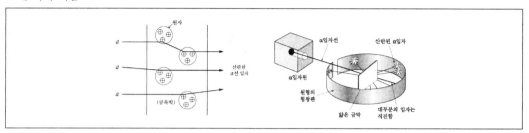

ⓛ 중성자
- 채드윅에 의해 발견
- 베릴륨에 X선을 충돌시키는 실험에서 보통 나타나는 양성자가 아니고 강력한 투과력이 있는 방사선이 나타남을 알게 됨
- 양성자와 질량이 같고 전하를 띠지 않는 고에너지 입자인 중성자를 발견

ⓒ 전자의 질량과 전하
- 톰슨의 전하량대 질량비 계산
- 음극선이 전기장에 의해 휘어진 정도와 음극선에 가해준 전기력으로부터 질량에 대한 전하량의 비 $\dfrac{e}{m}$를 계산
- $\dfrac{전자의\ 전하량}{전자의\ 질량} = \dfrac{e}{m} = 1.76 \times 10^8\,\mathrm{C/g}$

ⓓ 밀리컨의 실험
- 밀리컨은 1911년 대전된 기름방울이 중력과 전기력의 균형을 이룰 때 떨어지지 않고 중간에 머무는 것으로부터 이 기름방울들의 전하량은 전부 $1.6 \times 10^{-19}\mathrm{C}$의 배수가 됨을 밝힘
- $1.6 \times 10^{-19}\mathrm{C}$: 전자 1개의 전하량으로 이 값을 전하대 질량비의 값에 대입하면 전자 1개의 질량도 구할 수 있음

② 원자의 구성 입자와 그 성질

입자	기호	위치	질량		전하량	
			실제 질량(g)	상대 질량	실제 전하량 ($\times 10^{-19}\mathrm{C}$)	상대 전하
양성자	p, H^+	핵 내부	1.67262×10^{-24}	1.0	$+1.60218$	$+1$
중성자	n	핵 내부	1.67493×10^{-24}	1.0	0	0
전자	e-	핵 외부	9.10939×10^{-28}	0.00055	-1.60218	-1

③ 질량수와 동위 원소
ⓐ 원소 기호 : 원자의 이름과 성분을 나타내는 것
ⓑ 원자 번호 : 원자핵 속에 있는 양성자수

© 질량수 : 양성자수와 중성자수의 합

- Z = 원자번호 = 양성자수 = 전자수
- A = 질량수 = 양성자수 + 중성자수
- m : (이온이 되었을 때의) 전하
- n : (화합물 내에서의) 원자의 수 또는 그 비

SECTION 2 | 원소는 어떻게 탄생했을까?

(1) 빅뱅 우주 – 수소와 헬륨의 기원

① 빅뱅 우주

    ㉠ 우주는 대략 137억 년 전 "무(無)"에서 급격한 대폭발과 함께 시작

    ㉡ 대폭발의 순간의 고온 조건에서 쿼크와 전자가 형성

② 수소 생성

    ㉠ 쿼크가 결합하여 양성자와 중성자 형성

    ㉡ 양성자의 생성은 수소 원자의 생성과 같은 의미

③ 수소의 동위원소

    ㉠ 핵반응 : 수소로부터 헬륨이 만들어지는 반응

- $2\,{}^{1}_{1}H + 2\,{}^{1}_{0}n \longrightarrow {}^{4}_{2}He$
- 위 반응이 한 번에 일어날 확률은 낮다.
- 실제로 먼저 양성자 1개와 중성자 1개 충돌로 중수소(^{2}H) 생성→중수소에 중성자가 1개 더 결합하면 질량수 3인 삼중수소(^{3}H)가 됨→중수소에 양성자 1개 결합하면 헬륨(He) 형성

    ㉡ 동위 원소

- 원자 번호(양성자수)는 같으나 질량수(중성자수)가 다른 원소
- 동위 원소는 화학적 성질, 모양, 원자의 크기 등은 같으나, 물리적 성질(질량)이 다르다.
- 동위 원소는 지구상의 어디에서나 그 존재 비율이 일정하다.

    예 ^{1}H, ^{2}H, ^{3}H

- 동위 원소의 평균 원자량 : 원자량은 동위 원소의 존재 비율이 반영된 값

    예 구리의 자연 존재비

    : ^{63}Cu 69.2% ^{65}Cu 30.8%

$$구리의원자량 = 62.9 \times \frac{69.2}{100} + 64.9 \times \frac{30.8}{100} = 63.5$$

④ 중성 수소 원자와 헬륨 원자의 생성 … 빅뱅 우주에서 수소 원자핵과 헬륨 원자핵이 먼저 만들어진 후 우주의 나이가 38만 년 정도 되어 우주의 온도가 3000K로 낮아지게 되자 원자핵에 전자가 결합하여 중성 원자 형성

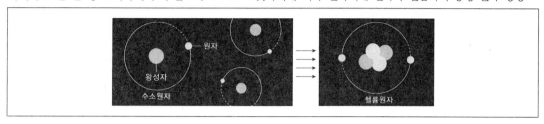

(2) 별 – 탄소, 산소 등의 기원

① 핵반응

 ㉠ 중성 원자의 생성 : 가벼운 원자들이 결합하여 무거운 새로운 원자 형성

 ㉡ 핵반응

  • 원자핵이 양성자, 중성자 등 다른 입자와 충돌하여 원자 번호, 질량수 등이 다른 원소의 원자핵으로 변환 되는 반응

  • 원소의 종류와 개수는 보존되지 않지만 전하의 수와 질량수는 보존됨

 ㉢ 탄소 원자핵의 생성 : 헬륨 원자핵 3개가 융합하여 생성 $3\,{}^{4}_{2}\mathrm{He} \longrightarrow {}^{12}_{6}\mathrm{C}$

 ㉣ 별의 진화

  • 탄소 핵이 또 하나의 헬륨 핵과 융합하면 산소 핵 생성 ${}^{12}_{6}\mathrm{C} + {}^{4}_{2}\mathrm{He} \longrightarrow {}^{16}_{8}\mathrm{O}$

  • 별이 진화하면서 수소 – 헬륨 – 탄소 – 산소 – 네온 – 마그네슘 – 규소 – 철 순으로 핵융합

② 방사성 동위 원소

 ㉠ 어떤 원소의 동위 원소는 불안정하여 자발적으로 붕괴하여 에너지와 방사성을 방출⇒이러한 원소를 방사 성 동위 원소라 함

 ㉡ 암 치료와 추적자로 이용되거나 연대 측정법에 이용됨

SECTION 3 수소 원자의 스펙트럼을 어떻게 설명할 수 있을까?

(1) 수소의 선스펙트럼

① 선 스펙트럼 … 기체를 방전할 때나 금속을 가열할 때 나오는 빛과 같이 분광을 시킬 때 스펙트럼이 띠로 나타나는 것

② 선 스펙트럼이 나타나는 이유 … 전기적 방전에 의해 들뜬 수소 기체 원자에서 방출된 빛은 특정 파장에서만 상이 나타나는 불연속적인 방출 스펙트럼이므로, 수소 원자는 특정 진동수를 갖는 빛만을 불연속적으로 방출한다는 것을 알 수 있음

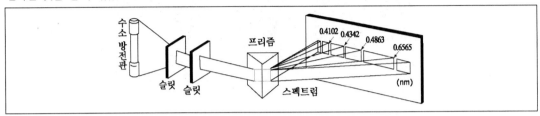

③ **양자화** : 플랑크와 아인슈타인은 에너지와 빛은 불연속적인 값으로 특정한 값의 정수 배만큼만 가질 수 있다는 양자화를 제안함

(2) 보어의 원자 모형

① 보어의 가정

　㉠ 원자 핵 주위의 전자는 무질서하게 운동하는 것이 아니라, 특정한 에너지를 갖는 원형궤도를 따라 원운동을 함

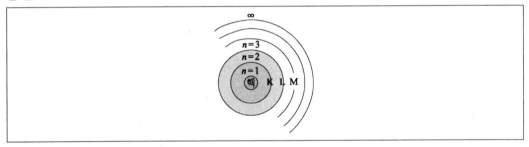

　㉡ 전자가 같은 전자껍질을 돌고 있을 때는 에너지를 흡수하거나 방출하지 않으나, 에너지 준위가 다른 전자껍질로 이동할 때는 두 전자껍질의 에너지 준위의 차이만큼 에너지를 흡수하거나 방출

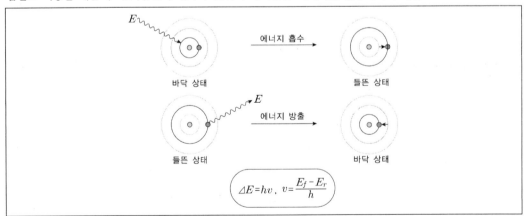

② 수소 원자의 선 스펙트럼 계열

　　㉠ 라이먼 계열 : n=1로 전이될 때 나타나는 스펙트럼→자외선 영역

　　㉡ 발머 계열 : n=2로 전이될 때 나타나는 스펙트럼→가시광선 영역

　　㉢ 파셴 계열 : n=3으로 전이될 때 나타나는 스펙트럼→적외선 영역

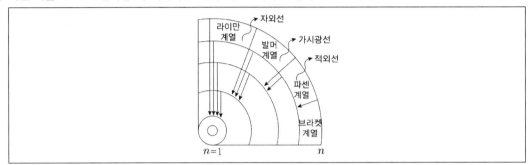

원자를 이루는 전자는 어떻게 배치될까?

(1) 현대적 원자 모형

① 다전자 원자의 스펙트럼

　　㉠ 다전자 원자의 선스펙트럼은 정밀한 분광기로 자세히 관찰하면 1개의 선으로 생각되었던 것이 여러 개의 선으로 이루어짐

　　㉡ 같은 전자껍질에도 여러 개의 에너지 상태가 있다는 것을 의미

② 전자구름모형 = 현대적 원자모형

　　㉠ 전자의 위치는 정확하게 알 수 없으나 핵 주위의 어느 위치에서 전자가 머무는 공간을 확률로 나타낼 수 있음

　　㉡ 오비탈(궤도 함수) : 공간에서 전자가 존재하는 확률을 나타낸 함수

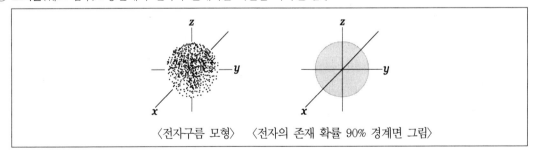

〈전자구름 모형〉　〈전자의 존재 확률 90% 경계면 그림〉

③ 원자 모형의 변천사 … 돌턴 이후의 원자 모형은 톰슨의 원자모형 → 러더퍼드의 원자 모형 → 보어의 원자모형
→ 현대적 원자모형으로 발전

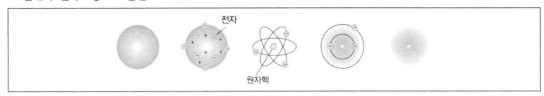

(2) 오비탈

① 궤도함수

② 전자를 발견할 확률 공간

③ 슈뢰딩거의 파동방정식을 풀어 얻은 해

④ 4가지의 양자수로 표현

　㉠ 주양자수(n) : 전자의 에너지 준위를 나타내는 것으로 n값이 커질수록 에너지 준위가 높아짐(n = 1, 2, 3, 4, … ∞)

　㉡ 각운동량 양자수(l) : 오비탈의 모양을 결정하는 값 (l = 0, 1, 2, 3, … (n−1))

각운동량 양자수 (l)	0	1	2	3
오비탈 모양	s 오비탈	p 오비탈	d 오비탈	f 오비탈

　• s 오비탈 : 구형의 모양이며 방향성이 없는 오비탈(각각의 껍질에 1개씩 존재), 1s 오비탈과 2s 오비탈은 모양은 꼭 같은 구형이며, 크기는 2s 오비탈이 1s 오비탈보다 큼

　• p 오비탈 : 아령형의 모양이며 방향성을 가지는 오비탈(L 전자껍질부터 존재하며 하나의 껍질에는 에너지가 같은 p 오비탈이 3개 존재) 2p 오비탈과 3p오비탈은 모양은 같으나 그 크기만 다름

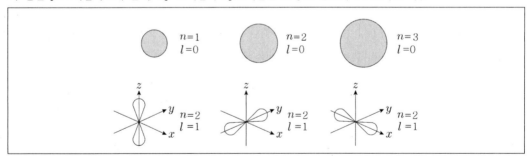

　㉢ 자기 양자수(m_l)

　　• 오비탈의 방향과 궤도면의 위치를 결정

　　• m = $-l$, $-(l-1)$, $-(l-2)$, … −2, −1, 0, 1, 2, … $(l-2)$, $(l-1)$, l

　㉣ 스핀양자수(m_s) : 전자의 회전방향을 나타내는 값으로 $+\frac{1}{2}$과 $-\frac{1}{2}$의 값

ⓜ 주양자수에 따른 오비탈의 종류와 수 : 각 전자껍질에 존재하는 오비탈의 주양자수에 따른 오비탈의 수 = n^2

주 양자수	1	2		3			4			
방위 양자수	0	0	1	0	1	2	0	1	2	3
자기 양자수	0	0	-1,0,+1	0	-1,0,+1	-2,-1, 0, +1,+2	0	-1,0,+1	-2,-1, 0, +1,+2	-3,-2, -1,0, +1,+2, +3
오비탈수	1	4		9			16			

(3) 현대적 원자 모형에 의한 원자의 전자배치

① 오비탈과 에너지 준위

　㉠ 수소 원자의 에너지준위 : 1s < 2s = 2p < 3s = 3p = 3d < 4s = 4p = 4d = 4f

　㉡ 다전자 원자의 에너지 준위 : 1s < 2s < 2p < 3s < 3p < 4s < 3d < 4p < …

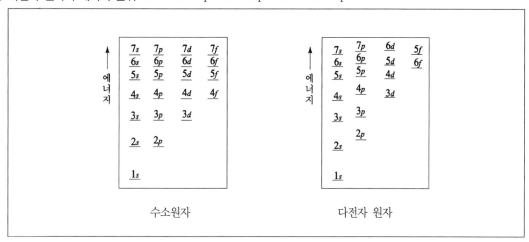

수소원자　　　　　　　　　다전자 원자

② 전자 배치의 원리

　㉠ 쌓음 원리 : 원자 내의 전자는 에너지 준위가 낮은 전자껍질부터 전자가 채워짐

　　• K < L < M < N < …

　　• s < p < d < f

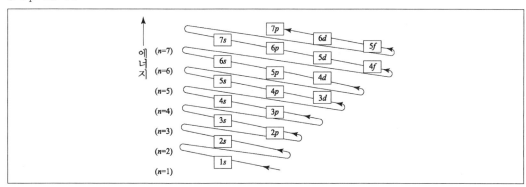

ⓒ 파울리의 배타 원리

- 하나의 오비탈에는 전자가 최대 2개 들어갈 수 있음
- 한 원자에는 n, l, m, s의 네 가지 양자수가 꼭 같은 전자는 존재할 수 없음

ⓒ 훈트 규칙 : 에너지 준위가 같은 몇 개의 오비탈에 전자가 들어갈 때 각각의 오비탈에 1개씩의 전자가 배치
된 다음 스핀이 반대인 전자가 들어가 쌍을 이루게 됨

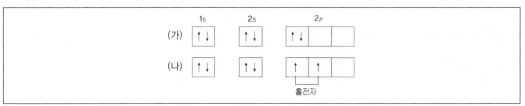

(4) 유효 핵전하

① 원자가 전자 … 가장 마지막 전자껍질에 존재하는 전자 = 최외각 전자

② 유효핵전하와 가려막기 효과

ⓐ 전자가 2개 이상인 원자에서는 전자 사이의 상호작용에 의해 각 전자가 느끼는 핵전하는 서로 다름

ⓑ 유효 핵전하(effective nuclear charge) : 어떤 전자가 실제로 느끼는 핵의 양전하

- 유효 핵전하는 핵전하에서 가려막기(Shielding)에 의한 핵전하

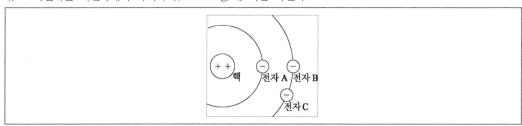

SECTION 5 **원소들에는 어떤 주기성이 있을까?**

(1) 현대적 주기율표, 전자 배치와 주기율

① 주기율

ⓐ 원소를 원자 번호 순으로 나열할 때 화학적 성질이 비슷한 원소들이 일정한 간격을 두고 주기적으로 나타
나는 현상

ⓑ 멘델레예프 : 원소를 원자량 순으로 나열함

ⓒ 모즐리 : 원소를 원자 번호 순으로 나열하여 현대의 주기율을 완성

ⓓ 주기율이 생기는 이유 : 원소의 화학적 성질을 지배하는 원자가전자(최외각 전자)의 수가 주기적으로 나타나
기 때문

② 주기율표의 구조

　　㉠ 주기율을 기준으로 원소들을 원자 번호 순으로 배열한 표

　　㉡ 주기 : 주기율표의 가로줄(1-7주기)을 의미, 전자껍질 수 동일

　　㉢ 족 : 주기율표의 세로줄(1-18족)을 의미, 원자가전자 수 동일, 동족 원소들은 화학적 성질이 비슷(예외 : 수소(H)와 헬륨(He))

족\n주기	1	2	3	4	5	6	7	8	9	10	11	12	13	14	15	16	17	18
1	1A\n1\nH	2A											3A	4A	5A	6A	7A	8A\n2\nHe
2	3\nLi	4\nBe											5\nB	6\nC	7\nN	8\nO	9\nF	10\nNe
3	11\nNa	12\nMg	3B	4B	5B	6B	7B		8B		1B	2B	13\nAl	14\nSi	15\nP	16\nS	17\nCl	18\nAr
4	19\nK	20\nCa	21\nSc	22\nTi	23\nV	24\nCr	25\nMn	26\nFe	27\nCo	28\nNi	29\nCu	30\nZn	31\nGa	32\nGe	33\nAs	34\nSe	35\nBr	36\nKr
5	37\nRb	38\nSr	39\nY	40\nZr	41\nNb	42\nMo	43\nTc	44\nRu	45\nRh	46\nPd	47\nAg	48\nCd	49\nIn	50\nSn	51\nSb	52\nTe	53\nI	54\nXe
6	55\nCs	56\nBa	57\nLa	72\nHf	73\nTa	74\nW	75\nRe	76\nOs	77\nIr	78\nPt	79\nAu	80\nHg	81\nTl	82\nPb	83\nBi	84\nPo	85\nAt	86\nRn
7	87\nFr	88\nRa	89\nAc	104\nRf	105\nHa	[106]	[107]	[108]	[109]									

금속
반금속
비금속

란탄족	57\nLa	58\nCe	59\nPr	60\nNd	61\nPm	62\nSm	63\nEu	64\nGd	65\nTb	66\nDy	67\nHo	68\nEr	69\nTm	70\nYb	71\nLu
악티늄족	89\nAc	90\nTh	91\nPa	92\nU	93\nNp	94\nPu	95\nAm	96\nCm	97\nBk	98\nCf	99\nEs	100\nFm	101\nMd	102\nNo	103\nLr

③ 원자가 전자

　　㉠ 각 원소의 전자배치를 할 때 바닥 상태에서 가장 바깥 껍질에 있는 전자

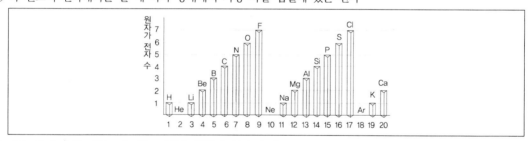

　　㉡ 같은 족에 속한 리튬, 나트륨, 칼륨은 화학적 성질 유사

(2) 원자 반지름

① 원자 반지름 … 원자에서 가장 바깥 전자껍질에 존재하는 전자를 발견할 확률이 가장 높은 거리까지를 원자 반지름으로 정의

② 원자 반지름에 영향을 주는 요인

　　㉠ 핵전하

　　　• 원자 번호가 증가하면 원자반지름은 감소

　　　• 핵전하는 계속 증가하지만 전자는 같은 전자껍질에 채워지게 되며 같은 전자껍질에 속한 전자들은 서로 가려막기 효과가 적어 유효 핵전하가 증가하기 때문

ⓒ 전자껍질

- 원자 반지름과 주기 : 전자 껍질의 수가 같고, 원자 번호가 증가할수록 유효 핵전하가 증가하므로 핵과 전자 사이의 인력이 증가⇒핵 쪽으로 당겨지게 되어 원자 반지름 감소

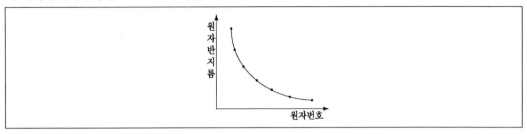

- 원자 반지름과 족 : 전자껍질 수의 증가하므로 원자 반지름 증가, 전자껍질 수가 증가하면 가리움 효과에 의해 원자가 전자의 유효핵 전하가 감소하므로 핵과 원자가 전자 사이의 인력이 감소하여 원자 반지름 증가

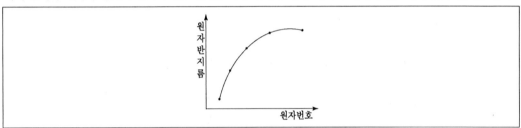

③ 원자 반지름의 주기성 … 원자 번호가 증가함에 따라 같은 족에서는 증가하고, 같은 주기에서는 감소함

족 / 주기	1	2	13	14	15	16	17
2주기	Li 0.123	Be 0.089	B 0.080	C 0.077	N 0.075	O 0.073	F 0.072
3주기	Na 0.157	Mg 0.136	Al 0.125	Si 0.117	P 0.110	S 0.104	Cl 0.099
4주기	K 0.203	Ca 0.174	Ga 0.126	Ge 0.122	As 0.120	Se 0.117	Br 0.114

18
Ne 0.159
Ar 0.191
Kr 0.201
Xe 0.220

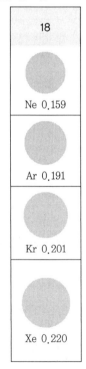

④ 이온 반지름

  ㉠ 양이온 : 중성인 원자가 전자를 잃으면 양이온 형성

   • 양이온 반지름 < 원자 반지름⇒$Na > Na^+$

   • 같은 주기에서 전하수가 클수록 이온 반지름 감소⇒$Li^+ > Be^{2+}$

   • 같은 족에서 원자 번호가 클수록 이온 반지름 증가⇒$Na^+ > Li^+$

  ㉡ 음이온 : 중성인 원자가 전자를 얻으면 음이온 형성

   • 음이온 반지름 > 원자 반지름⇒$Cl < Cl^-$

   • 같은 주기에서 전하수가 클수록 이온 반지름 증가⇒$F^- < O^{2-}$

   • 같은 족에서 원자 번호가 클수록 이온 반지름이 증가⇒$F^- < Cl^-$

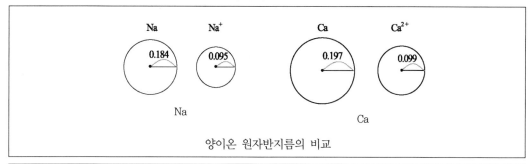

양이온 원자반지름의 비교

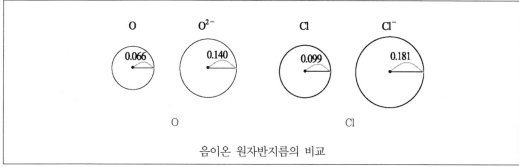

음이온 원자반지름의 비교

(3) 이온화 에너지

① 이온화 에너지

  ㉠ 기체 상태의 중성 원자에서 바닥 상태에 있는 원자의 가장 바깥 전자껍질의 전자를 핵과 분리시킬 때 필요한 에너지

  ㉡ $M(g) + E$(이온화 에너지) $\rightarrow M^+(g) + e^-$

  ㉢ 원자의 이온화 에너지(제 1이온화 에너지) : 기체 상태의 중성 원자로부터 전자 1개를 떼어내는 데 필요한 최소 에너지

ⓔ 수소의 이온화 에너지

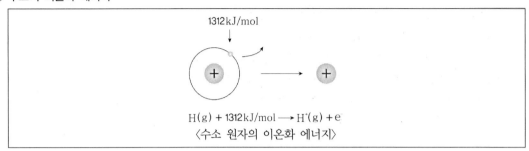

$$H(g) + 1312\,kJ/mol \longrightarrow H^+(g) + e$$
〈수소 원자의 이온화 에너지〉

② 이온화 에너지의 주기성

ⓐ 같은 족

- 원자 번호가 증가할수록 이온화 에너지는 감소
- 핵과 전자 사이의 거리가 멀기 때문에 전자를 떼어내기가 쉬움

ⓑ 같은 주기

- 원자 번호가 증가할수록 이온화 에너지는 증가
- 양성자 수가 증가하므로 핵과 전자 사이의 인력 증가

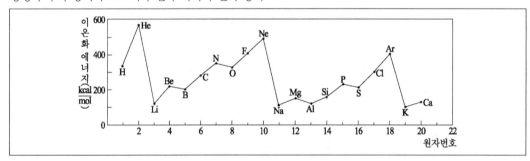

ⓒ 예외 : $_4Be \rightarrow {}_5B,\ {}_7N \rightarrow {}_8O$

- 원자 번호가 증가하는데도 불구하고 이온화 에너지가 감소하는 이유
- Be의 2s보다 B의 2p의 에너지가 높아 떨어지기 쉬움

$_4Be : 1s^2 2s^2$
$_5B : 1s^2 2s^2 2p^1 ((2p_x^1,\ 2p_y^0,\ 2p_z^0)$
   ⇕ ↑___

- N와 O는 모두 2p 오비탈에 전자가 채워져 있으나 N는 $2p_x^1$, O는 $2p_x^2$로서 질소는 하나의 오비탈에 전자가 1개 들어있으나 산소는 2개가 들어 있으므로 전자간의 반발력이 작용하여 산소의 $2p_x^2$의 전자가 떨어지기 쉬움

$_7N :\ 1s^2 2s^2 2p^3 (2p_x^1,\ 2p_y^1,\ 2p_z^1)$
      ⇕ ↑ ↑ ↑
$_8O :\ 1s^2 2s^2 2p^4 (2p_x^2,\ 2p_y^1,\ 2p_z^1)$
      ⇕ ⇕ ↑ ↑

③ 순차적 이온화 에너지

　㉠ 기체 상태의 물질 1mol에서 1mol의 전자를 떼어내는데 필요한 에너지

　　• 제 1이온화 에너지 : $M(g) + E_1 \rightarrow M^+(g) + e^-$

　　• 제 2이온화 에너지 : $M(g)^+ + E_2 \rightarrow M^{2+}(g) + e^-$

　　• 제 3이온화 에너지 : $M(g)^{2+} + E_3 \rightarrow M^{3+}(g) + e^-$

　　• $E_1 < E_2 < E_3$

　㉣ 마그네슘(Mg)의 순차적 이온화 에너지 : 원자에서 이온화가 진행될수록 전자 사이의 반발력은 감소하고 전자와 핵 사이의 인력은 증가하기 때문에 순차적 이온화 에너지는 증가

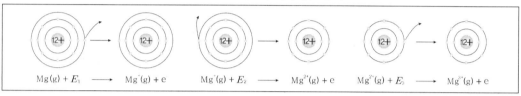

$$Mg(g) + E_1 \longrightarrow Mg^+(g) + e \qquad Mg^+(g) + E_2 \longrightarrow Mg^{2+}(g) + e \qquad Mg^{2+}(g) + E_3 \longrightarrow Mg^{3+}(g) + e$$

　• 원자가 전자수 이상의 전자를 떼어 낼 때는 순차적 이온화 에너지가 급격히 증가

　• 원자가 전자수와 족을 예측할 수 있음

　• (예) 마그네슘은 $E_1 < E_2 << E_3$로 원자가 전자수 2개, 2족 원소이다.

$$Mg(g) \rightarrow Mg^+(g) + e^- \qquad E_1 = 735kJ/mol$$
$$Mg^+(g) \rightarrow Mg^{2+}(g) + e^- \qquad E_2 = 1445kJ/mol$$
$$Mg^{2+}(g) \rightarrow Mg^{3+}(g) + e^- \qquad E_3 = 7730kJ/mol$$

(4) 전자 친화도, 전기 음성도

① 전자 친화도(electron affinity)

　㉠ 기체 상태의 중성 원자에 전자 1개가 더해져 −1의 음이온이 형성될 때 에너지

　㉡ 전자 친화도가 클수록 중성 원자가 에너지를 방출하고 안정한 음이온이 되기 쉬움

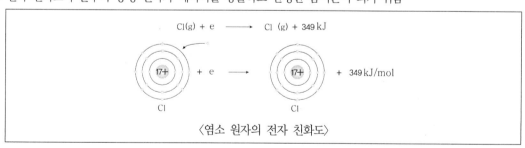

〈염소 원자의 전자 친화도〉

　㉢ 전자 친화도의 주기성

　　• 같은 주기에서 원자 번호가 클수록 전자 친화도 증가⇒유효 핵전하가 크고 원자 반지름이 작아 핵과 전자 사이 인력이 크기 때문

　　• 같은 족에서 원자 번호가 작을수록 전자 친화도 증가

• 2족, 18족 예외 : 추가되는 전자에 대한 친화력을 갖지 않아 전자친화도 값은 거의 0 ⇒ 전자를 얻어 음이온이 되려는 경향이 매우 작음

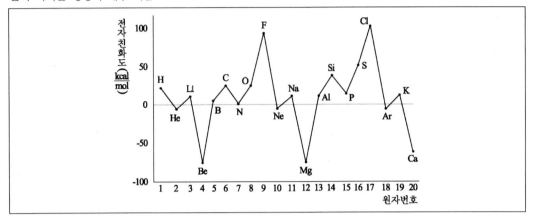

② 전기 음성도(electronegativity)

　ⓐ 공유 결합을 한 원자 자신들이 공유한 전자들을 끌어당기는 능력

　ⓑ 전기 음성도의 주기성

　• 원자가 전자에 대한 친화력이 클수록, 원자가 가지고 있는 전자를 떼어 내기가 어려울수록 그 원자의 전기 음성도는 증가하는 경향

　• 전기 음성도는 이온화 에너지와 전자 친화도가 클수록 커지는 경향

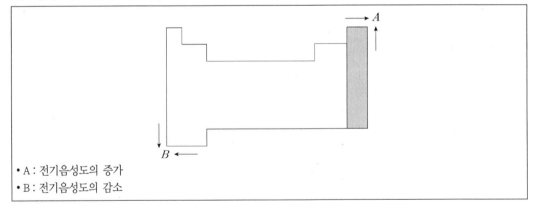

　• A : 전기음성도의 증가
　• B : 전기음성도의 감소

1 그림은 몇 가지 원자 또는 이온의 모형을 나타낸 것이다.

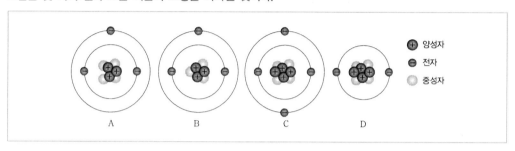

A ~ D에 대한 〈보기〉의 설명 중 옳은 것을 모두 고른 것은?

〈보기〉

㉠ A와 B의 원자 번호는 같다.
㉡ A와 B의 물리적, 화학적 성질은 같다.
㉢ D는 음이온이다.
㉣ C가 전자 2개를 잃으면 D가 된다.

① ㉠㉡   ② ㉠㉣
③ ㉡㉢   ④ ㉡㉣
⑤ ㉢㉣

TIP A와 B는 동위 원소로 화학적 성질은 같지만 질량수가 달라서 물리적 성질은 약간 차이가 있다. D는 원자
핵의 양전하가 전자의 음전하보다 크므로 양이온이다.

ANSWER 1.②

2 그림은 어떤 원소의 동위 원소 A, B의 원자핵을 모형으로 나타낸 것이다. 동위 원소 A, B에 대한 〈보기〉
   의 설명 중 옳은 것을 모두 고른 것은?

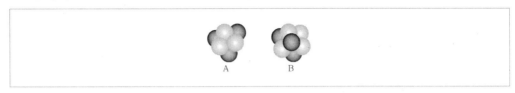

〈보기〉

⊙ B의 원자 번호는 3이다.
ⓒ A의 질량수는 9이다.
ⓒ B의 중성 원자의 전자 수는 4이다.

① ⊙
② ⓒ
③ ⓒ
④ ⊙ⓒ
⑤ ⊙ⓒ

✿ TIP A와 B는 동위 원소이므로 양성자 수는 같고 중성자 수가 다르다. 따라서 어두운 색의 공이 양성자이고
밝은 색이 중성자이다. A의 질량수는 6, B의 질량수는 7이며, 중성 원자의 전자 수는 모두 3개이다.

3 그림은 중성 원자를 구성하는 기본 입자를 모형으로 나타낸 것이다. 원자의 구성 입자 사이에 작용하는 힘
   에 대한 설명으로 옳지 않은 것은?

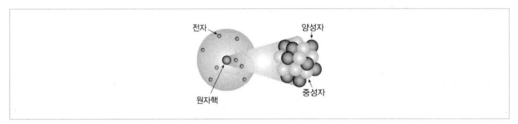

① 전자와 원자핵 사이에는 전기적 인력이 작용한다.
② 전자와 전자 사이에는 전기적 반발력이 작용한다.
③ 양성자와 양성자 사이에는 전기적 반발력이 작용한다.
④ 전자와 중성자 사이에는 강한 핵력이 작용한다.
⑤ 양성자와 양성자 사이에는 강한 핵력이 작용한다.

✿ TIP 원자핵 안과 같이 아주 가까운 거리에서는 양성자와 양성자, 양성자와 중성자, 중성자와 중성자 사이에
강한 핵력이 작용한다.

4 그림은 원자 모형의 변천과 관련이 깊은 실험을 나타낸 것이다.

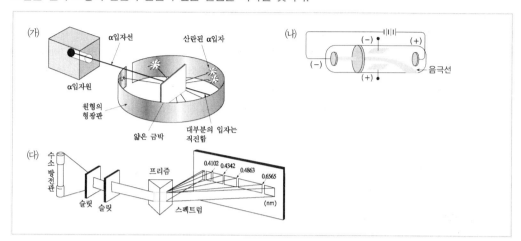

각 실험을 통해 밝혀진 사실이 바르게 짝지어진 것은?

〈보기〉

㉠ 원자 내에는 (−)전하를 띤 입자가 있다.

㉡ 원자 내에 질량이 크고 크기는 작은 (+)전하를 띤 원자핵이 있다.

㉢ 전자는 불연속적인 에너지 준위에서 운동하고 있다.

	(가)	(나)	(다)			(가)	(나)	(다)
①	㉠	㉡	㉢		②	㉠	㉢	㉡
③	㉡	㉠	㉢		④	㉢	㉠	㉡
⑤	㉢	㉡	㉠					

TIP (가): 알파 입자 산란 실험으로 원자핵의 존재를 밝혔다.

(나): 음극선 실험으로 전자의 존재를 밝혔다.

(다): 수소 선 스펙트럼으로부터 수소 원자의 에너지가 불연속적임을 알게 되었다.

ANSWER 2.① 3.④ 4.③

5 다음은 우주의 진화와 함께 원소가 생성되는 과정을 순서 없이 나타낸 것이다. 순서대로 바르게 나열한 것은?

> ⊙ 별에서 핵융합이 일어나 무거운 원소가 생성되었다.
> ⓛ 기본 입자들이 조합을 이루어 양성자와 중성자가 생성되었다.
> ⓒ 우주 대폭발로 양성자와 중성자를 이루는 기본 입자와 전자 등이 대량으로 만들어졌다.
> ⓔ 수소와 헬륨 원자핵에 전자가 끌려와 중성 원자가 만들어졌다.
> ⓜ 양성자와 중성자들이 융합하여 중수소와 헬륨 등의 원자핵이 만들어졌다.

① ⊙→ⓒ→ⓛ→ⓜ→ⓔ   ② ⊙→ⓒ→ⓛ→ⓔ→ⓜ

③ ⓛ→ⓒ→ⓔ→ⓜ→⊙   ④ ⓒ→ⓛ→ⓜ→ⓔ→⊙

⑤ ⓒ→ⓛ→ⓔ→ⓜ→⊙

🏅 **TIP** 빅뱅 우주에서 기본 입자가 대량 만들어진 후 이들이 모여 무겁고 복잡한 입자가 만들어졌다.

6 다음은 수소 원자의 에너지 준위와 전자 전이를 나타낸 것이다. 위 자료에 대한 〈보기〉의 설명 중 옳은 것을 모두 고른 것은? (단, 수소 원자의 에너지 준위(E_n)는 $E_n = -\dfrac{k}{n^2}\,\mathrm{kJ/mol}$ 이다.)

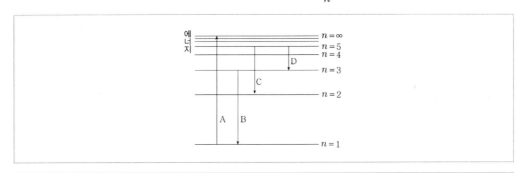

〈보기〉

> ⊙ 전자 전이 B에서 방출되는 에너지가 가장 크다.
> ⓛ 전자 전이 C에서 방출되는 빛의 파장이 가장 짧다.
> ⓒ 전자 전이 A에서 흡수하는 에너지는 수소 원자의 이온화 에너지와 같다.

① ⊙   ② ⓛ

③ ⓒ   ④ ⊙ⓛ

⑤ ⊙ⓒ

🏅 **TIP** 전자 전이 A는 에너지를 흡수하고, B, C, D는 에너지를 방출한다. 방출되는 빛 에너지가 클수록 빛의 파장은 짧다.

7 표는 보어의 수소 원자 모형으로 구한 각 전자껍질의 에너지 준위를 나타낸 것이다.

전자껍질	K	L	M	N
에너지(kJ/mol)	−1312	−328	−146	−82

수소 원자의 전자가 182kJ/mol의 빛 에너지를 방출하면서 전이하였다. 이에 해당하는 전자 전이와 방출된 빛의 영역을 바르게 나타낸 것은?

    전자 전이   빛의 영역
① L→M   자외선
② L→K   가시광선
③ M→L   가시광선
④ L→N   적외선
⑤ M→L   적외선

TIP 전자 전이가 일어날 때 에너지 준위 차이만큼의 에너지를 방출한다. 따라서 182kJ/mol의 빛 에너지를 방출하는 전자 전이는 M 전자껍질에서 L 전자껍질로 이동하는 경우이다.
$n \geq 3$인 전자껍질에서 n=2인 L 전자껍질로 전이될 때 가시광선 영역(발머 계열)의 빛이 방출된다.

8 그림 (가)는 수소 원자의 $2s$ 오비탈에서 전자가 발견될 확률과 경계면을, 그림 (나)는 수소 원자의 $2p$의 경계면을 나타낸 것이다. 이에 대한 설명으로 옳은 것은?

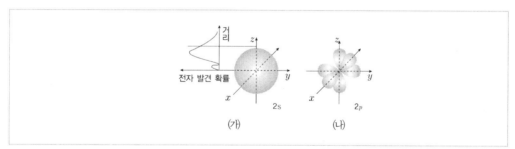

① 주양자수는 $2s$가 $2p$ 보다 크다.
② 에너지 준위는 $2s$가 $2p$ 보다 낮다.
③ 오비탈 수는 $2s$와 $2p$가 같다.
④ $2s$ 오비탈의 경계면에서 전자가 발견될 확률이 가장 높다.
⑤ $2p_x$에서 x축 방향으로 전자를 발견할 확률이 높다.

TIP 수소 원자에서 오비탈의 에너지 준위는 주양자수에 의해서만 결정되므로 주양자수가 같은 2s와 2p의 에너지 준위는 같다. 2s 오비탈은 1개이지만, 2p 오비탈은 $2p_x$, $2p_y$, $2p_z$ 세 개의 오비탈이 있다.

9 다음 중 탄소 원자의 에너지 준위와 바닥상태 전자 배치를 바르게 나타낸 것은?

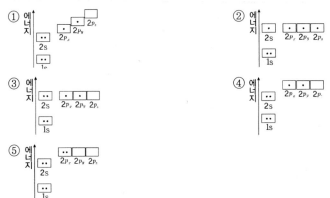

TIP 탄소 원자와 같은 다전자 원자에서 오비탈의 에너지 준위는 주양자수와 오비탈의 모양에 따라 달라진다.
$1s < 2s < 2px = 2py = 2pz < \cdots$

10 다음은 현수가 중성 원자 A ~ D의 전자 배치를 나타낸 것이다.

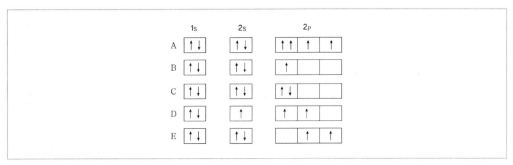

이에 대한 설명으로 옳지 않은 것은?

① A는 파울리 배타 원리에 어긋난다.
② B는 바닥상태 전자 배치이다.
③ C는 훈트 규칙에 어긋난다.
④ D는 쌓음 원리에 어긋난다.
⑤ E는 들뜬상태 전자 배치이다.

TIP $2p_x$, $2p_y$, $2p_z$ 오비탈의 에너지 준위는 같다.

11 다음은 3주기 원소의 유효 핵전하와 원자 반지름을 나타낸 그래프이다.

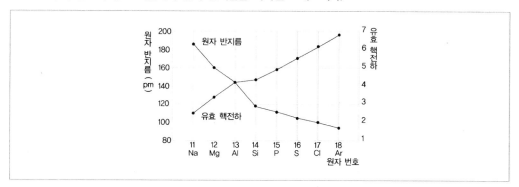

이에 대한 설명으로 옳은 것을 〈보기〉에서 모두 고른 것은?

〈보기〉
㉠ 같은 주기에서 원자 번호가 커질수록 유효 핵전하가 커진다.
㉡ 유효 핵전하가 커질수록 원자가 전자가 핵에 강하게 끌린다.
㉢ 같은 주기에서 원자 번호가 커질수록 원자 반지름이 감소한다.

① ㉠
② ㉠㉡
③ ㉠㉢
④ ㉡㉢
⑤ ㉠㉡㉢

✿ TIP 같은 주기에서는 원자 번호가 커질수록 유효 핵전하가 커지므로 핵과 원자가 전자와의 전기적 인력이 강하게 작용하여 원자 반지름이 작아진다.

⭐ ANSWER 9.④ 10.⑤ 11.⑤

12 다음은 주기율표의 일부를 나타낸 것이다.

족\주기	1	2	13	14	15	16	17	18
1	A							G
2						E		
3	B	C		D			F	
4								

위 표에 나타낸 원소 A ~ G에 대한 다음 설명 중 옳은 것은?

① A, B, C는 금속 원소이다.
② D는 반도체의 원료로 사용된다.
③ E, F는 양이온이 되기 쉽다.
④ 이온화 에너지가 가장 작은 것은 F이다.
⑤ 전기 음성도가 가장 큰 원소는 G이다.

🌼 **TIP** A는 수소로 비금속 원소이다. 17족 원소인 E, F는 전자 1개를 얻어 음이온이 되기 쉬우며, 이온화 에너지가 가장 작은 것은 B이다. 전기 음성도가 가장 큰 원소는 E이며, G는 화학 결합을 형성하지 않는 비활성 기체이므로 전기 음성도를 따질 수 없다.

13 다음은 3주기 원자 A, B의 순차적 이온화 에너지를 나타낸 것이다. 다음 설명 중 옳은 것은?

원자	순차적 이온화 에너지(kJ/mol)			
	E_1	E_2	E_3	E_4
A	496	4562	6912	9543
B	738	1451	7733	10540

(단, A, B는 임의의 원소 기호이다.)

① A는 비금속 원소이다.
② B의 원자가 전자 수는 3개이다.
③ 전기 음성도는 A가 B보다 크다.
④ 원자 반지름은 A가 B보다 크다.
⑤ B가 안정한 이온이 될 때 필요한 에너지는 1451kJ/mol이다.

🌼 **TIP** 순차적 이온화 에너지로부터 A는 1족, B는 2족임을 알 수 있다. B가 안정한 이온이 되려면 전자 2개를 떼어내야 하므로 (738 + 1451)kJ/mol의 에너지가 필요하다.

14 그림은 원자 번호가 연속적인 2주기와 3주기 원소의 원자 반지름과 안정한 상태의 이온 반지름을 원자 번호순으로 나타낸 것이다. (단, 18족 원소는 제외하였다.)

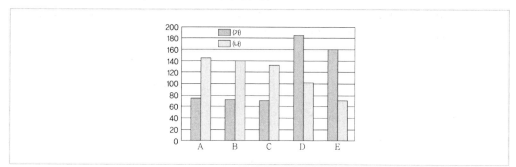

이 자료에 대한 설명으로 옳은 것을 〈보기〉에서 모두 고르면?

〈보기〉

㉠ A, B, C는 금속 원소이다.
㉡ ㈎는 원자 반지름이다.
㉢ C와 D의 중성 원자는 전자껍질 수가 같다.

① ㉠

② ㉡

③ ㉢

④ ㉠㉡

⑤ ㉡㉢

🌸 **TIP** 원자 번호가 연속인 2주기와 3주기 원소이므로 안정한 이온이 되었을 때 전자 배치가 동일한 등전자 이온이 된다. 등전자 이온의 경우, 원자 번호가 커질수록 유효 핵전하가 증가하므로 이온 반지름이 감소한다. 따라서 그래프의 밝은 색 막대는 이온 반지름을 나타낸 것이다. 원자 반지름의 경우 A, B, C에 비해 D, E가 매우 큰 것은 전자껍질 수가 하나 더 많기 때문이다.

⭐ **ANSWER** 12.② 13.④ 14.④

15 다음은 원자를 구성하는 입자를 발견한 실험에 대한 설명이다.

(가) 진공 유리관에 고전압을 걸어 주면 (−)극에서 (+)극으로 음극선이 흐른다. 음극선에 수직으로 전기장을 설치하면 음극선이 (+)극 쪽으로 휜다.

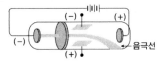

(나) 얇은 금박에 알파 입자($_2^4He^{2+}$) 쪼여주면, 대부분의 알파 입자는 금박을 통과하고 극히 일부만 튀어나온다.

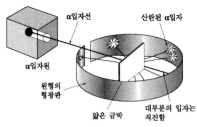

위 실험에 대한 해석으로 옳은 것을 〈보기〉에서 모두 고른 것은?

〈보기〉

㉠ 원자 내부의 밀도는 균일하다.
㉡ 원자 속의 양전하를 띤 입자는 극히 작은 부피를 차지한다.
㉢ 알파 입자를 튀어나오게 만든 원자 내부의 입자는 음극선과 같은 부호의 전하를 띤다.

① ㉠　　　　　　　　　　　② ㉡
③ ㉢　　　　　　　　　　　④ ㉠㉡
⑤ ㉠㉢

TIP 알파 입자 산란 실험 결과 원자 내부는 대부분 비어 있으며 양전하를 띤 질량이 크고 부피는 작은 입자가 들어 있음을 알게 되었다.

16 다음은 임의의 원자 A E의 전자 배치를 나타낸 것이다. 이에 대한 설명으로 옳은 것은?

	1s	2s	2p	3s
A	··	·		
B	··	··		
C	··	··	·	
D	··	··	·· · · ·	
E	··	··	·· · · ·	·

① A는 1가의 음이온이 되기 쉽다.　　② B는 전기 음성도가 매우 크다.

③ C는 1가의 양이온이 되기 쉽다.　　④ D의 원자가 전자수는 5이다.

⑤ E의 이온화 에너지는 A보다 작다.

TIP A는 1가의 양이온이 되기 쉽다. 전기 음성도가 매우 큰 원소는 D이며, C는 3가의 양이온이 되기 쉽다. D의 원자가 전자 수는 7이다.

17 다음은 평균 원자량이 4.0026인 어떤 원소의 동위 원소 A, B의 원자핵을 모형으로 나타낸 것이다.

A　　　　　B

동위 원소 A, B에 대한 설명으로 옳은 것을 〈보기〉에서 모두 고르면?

〈보기〉
ㄱ 중성 원자의 전자 수는 A가 B보다 적다.
ㄴ A와 B의 원자 번호는 같다.
ㄷ 자연 상태의 존재 비율은 B가 A보다 많다.

① ㄱ　　　　　　　　　　　② ㄴ

③ ㄷ　　　　　　　　　　　④ ㄱㄴ

⑤ ㄴㄷ

TIP 중성 원자의 전자 수는 A와 B가 같다.

18 표는 임의의 원자 A, B, C, D에 대한 자료이다.

원자	A	B	C	D
양성자 수	1	1	2	2
중성자 수	0	2	1	2
전자 수	1	1	2	2

위 자료에 대한 해석으로 옳은 것을 〈보기〉에서 모두 고른 것은?

〈보기〉
㉠ A와 B는 동위 원소이다.
㉡ B와 C는 질량수가 같다.
㉢ B와 D는 화학적 성질이 같다.
㉣ C와 D는 원자 번호가 같다.

① ㉠㉡　　　　　　　② ㉠㉢
③ ㉢㉣　　　　　　　④ ㉠㉡㉣
⑤ ㉡㉢㉣

TIP B와 D는 양성자 수가 다르므로 다른 원소이고 화학적 성질이 다르다.

19 수소 원자에서 오비탈의 에너지 준위 순서를 옳게 나타낸 것은?

① $1s < 2s = 2p < 3s = 3p = 3d < 4s = 4p = \cdots$
② $1s < 2s = 2p < 3s = 3p < 3d < 4s = 4p = \cdots$
③ $1s < 2s < 2p < 3s < 3p < 3d < 4s < 4p < \cdots$
④ $1s < 2s < 2p < 3s < 3p < 4s < 3d < 4p < \cdots$
⑤ $1s < 2s < 2p < 3s < 3p < 4s < 4p < 3d < \cdots$

TIP 수소원자의 오비탈의 에너지 준위에 영향을 미치는 요인은 주양자수이다. 주양자수가 같으면 오비탈의 종류에 관계없이 에너지 준위가 같으므로 수소원자의 에너지 준위는 주양자수에 의해서만 결정된다.

20 다음은 수소 원자의 에너지 준위를 나타낸 것이다. 이에 대한 〈보기〉의 설명 중 옳은 것을 모두 고른 것은?

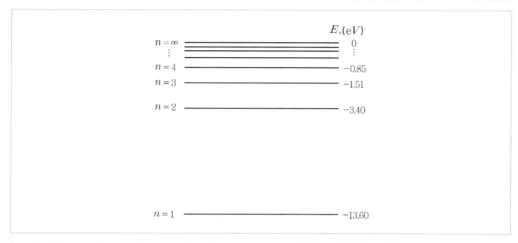

〈보기〉
㉠ 수소 원자의 에너지 준위는 불연속적이다.
㉡ 핵에서 전자가 멀어질수록 수소 원자의 에너지가 높아진다.
㉢ 수소 원자는 10.0eV의 에너지를 가질 수 없다.
㉣ n이 커질수록 이웃한 에너지 준위와의 간격이 넓어진다.

① ㉠㉡
② ㉠㉢
③ ㉡㉣
④ ㉠㉡㉢
⑤ ㉡㉢㉣

TIP 수소 원자에서 주양자수가 커질수록 이웃한 에너지 준위와의 간격이 좁아진다.

21 그림 (가)는 가시광선 영역에서 수소의 선스펙트럼을, 그림(나)는 보어의 원자 모형에서 전자 전이를 나타낸 것이다.

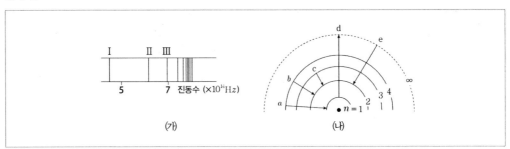

(가)

(나)

이에 대한 옳은 설명을 〈보기〉에서 모두 고른 것은?

〈보기〉
ㄱ (가)의 Ⅰ선은 (나)의 c에 해당한다.
ㄴ d의 에너지는 수소의 이온화 에너지에 해당한다.
ㄷ Ⅰ과 Ⅱ의 에너지 차이는 Ⅱ와 Ⅲ의 에너지 차이와 같다.

① ㄱ   ② ㄴ
③ ㄷ   ④ ㄱㄴ
⑤ ㄴㄷ

🌸 **TIP** 수소 원자의 에너지 준위 간격은 일정하지 않으므로 Ⅰ과 Ⅱ의 에너지 차이는 Ⅱ와 Ⅲ의 에너지 차이보다 크다.

22 수소 원자에서의 전자 전이와 이 때 방출되는 빛의 영역과 스펙트럼 계열을 바르게 짝지은 것은?

전자 전이	빛의 영역	스펙트럼 계열
① n=3→n=1	가시광선	라이먼
② n=3→n=2	가시광선	발머
③ n=2→n=1	자외선	발머
④ n=4→n=2	적외선	파셴
⑤ n=4→n=3	자외선	파셴

🌸 **TIP** 들뜬 전자가 n=1인 전자껍질로 전이하면 자외선 영역(라이먼 계열), $n \geq 3$인 전자껍질에서 n=2인 L 전자껍질로 전이될 때 가시광선 영역(발머 계열), $n \geq 4$인 전자껍질에서 n=3인 M 전자껍질로 전이될 때 적외선 영역(파셴 계열) 빛이 방출된다.

23 그림은 어떤 원자 X가 안정한 이온이 되었을 때의 전자 배치를 보어 원자 모형에 따라 나타낸 것이다. 원자 X에 대한 설명으로 옳은 것은?

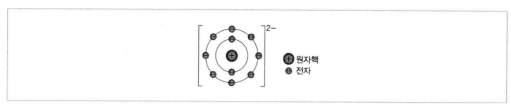

① 질량수는 10이다.
② 양성자수는 8개이다.
③ 원자가 전자 수는 7개이다.
④ 18족 비활성 기체에 속한다.
⑤ Cl와 화학적 성질이 비슷하다.

🏆 **TIP** 원자 X는 원자 번호 8번인 산소이다.

24 철수는 질소($_7$N) 원자의 전자 배치를 그림과 같이 제안하였다. 위의 전자 배치에 대한 설명으로 옳은 것을 〈보기〉에서 모두 고른 것은?

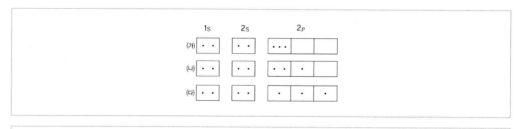

〈보기〉

㉠ (개)는 파울리 배타 원리에 어긋난다.
㉡ (내)는 가장 안정한 전자 배치이다.
㉢ (대)는 들뜬상태의 전자 배치이다.

① ㉠   ② ㉡
③ ㉢   ④ ㉠㉡
⑤ ㉡㉢

🏆 **TIP** 가장 안정한 바닥상태 전자 배치는 (대)이고, (내)는 훈트 규칙에 어긋나므로 들뜬 상태이다.

⭐ **ANSWER**   21.④ 22.② 23.② 24.①

25 그림은 3주기 원소 A, B의 순차적 이온화 에너지를 상대적으로 나타낸 것이다. 원소 A, B에 대한 설명으로 옳지 않은 것은? (단, A와 B는 임의의 원소 기호이다.)

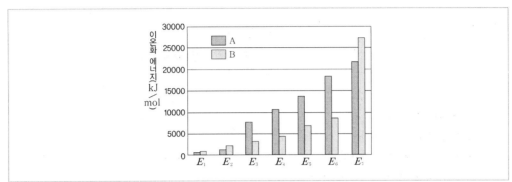

① A는 금속, B는 비금속 원소이다.
② A의 산화물의 화학식은 AO이다.
③ A의 전자 배치는 $1s^2 2s^2 2p^6 3s^2$ 이다.
④ A의 원자 반지름은 B의 원자 반지름보다 크다.
⑤ B의 안정한 이온은 중성 원자에 비해 반지름이 작다.

TIP A는 제삼 이온화 에너지가 급격히 증가하므로 원자가 전자 수가 2개이고, B는 제칠 이온화 에너지가 급격히 증가하므로 원자가 전자 수가 6개이다. 비금속인 B는 전자를 2개 얻어 2가의 음이온이 되므로 이온 반지름이 원자 반지름보다 크다.

26 다음은 어떤 원소 X와 Y의 이온인 X_2^-와 Y_2^+의 전자 배치를 나타낸 것이다.

> • X_2^- : $1s^2 2s^2 2p^6$ • Y_2^+ : $1s^2 2s^2 2p^6$

중성 원자 X와 Y에 대한 설명으로 옳은 것을 〈보기〉에서 모두 고른 것은?

> 〈보기〉
> ㉠ 전자 수는 X가 8개, Y가 12개이다.
> ㉡ 원자가 전자 수는 X가 4개, Y가 2개이다.
> ㉢ 바닥상태에서 홀전자 수는 X와 Y가 모두 2개이다.

① ㉠
② ㉡
③ ㉠㉢
④ ㉡㉢
⑤ ㉠㉡㉢

TIP 중성 원자 X의 전자 수는 8개, Y는 12개이다. 따라서 원자가 전자 수는 X가 6개, Y는 2개이다. 바닥상태에서 홀전자 수는 X가 2개, Y는 0개이다.

27 다음 중 수소 원자의 오비탈과 전자 전이에 대한 설명으로 옳은 것은?

① $2p_x$는 2s보다 에너지가 더 높다.

② $2p_z$에서 3s로 전자가 전이될 때 적외선을 흡수한다.

③ 3s에서 1s로 전자가 전이될 때 가시광선을 방출한다.

④ 2s→1s로 전자 전이가 일어날 때 방출하는 빛의 파장은 $2p_y$→1s로 전자 전이가 일어날 때와 같다.

⑤ 전자가 3s→2s로 전이될 때 방출되는 빛의 진동수는 2s→1s로 전이될 때보다 크다.

TIP 수소 원자에서 오비탈의 에너지 준위는 주양자수에 의해서만 결정된다.

28 그림은 2, 3주기 원자의 원자 번호에 따른 원자 반지름을 나타낸 그래프이다.

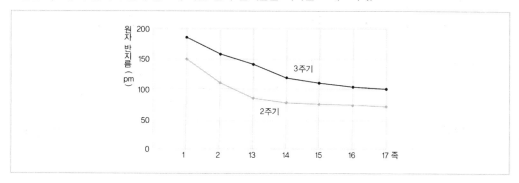

이에 대한 설명 중 옳지 않은 것은?

① 같은 주기에서 원자 번호가 커질수록 원자 반지름이 감소한다.

② 같은 주기에서 유효 핵전하가 증가할수록 원자 반지름이 감소한다.

③ 같은 족에서 원자 번호가 커질수록 원자 반지름이 증가한다.

④ 같은 족에서 유효 핵전하가 증가할수록 원자 반지름이 감소한다.

⑤ 같은 족에서 전자껍질 수가 증가할수록 원자 반지름이 증가한다.

TIP 같은 족에서 원자 반지름이 증가하는 것은 전자껍질 수가 증가하여 원자가 전자가 핵으로부터 멀리 떨어져 존재하기 때문이다.

29 다음은 몇 가지 원자나 이온들의 전자배치이다.

원자나 이온	원자번호	전자배치
A	9	$1s^2\,2s^2\,2p^6$
B	11	$1s^2\,2s^2\,2p^6\,3s^1$
C	12	$1s^2\,2s^2\,2p^6$
D	12	$1s^2\,2s^2\,2p^6\,3s^2$

이에 대한 설명으로 옳은 것을 모두 고른 것은?

〈보기〉
㉠ 입자의 반지름이 가장 작은 것은 C이다.
㉡ 전자 1개를 떼어낼 때 필요한 에너지가 가장 큰 것은 A이다.
㉢ 다른 원소와의 결합에서 전자를 끌어당기는 힘은 B가 D보다 크다.

① ㉠
② ㉡
③ ㉢
④ ㉠㉡
⑤ ㉡㉢

TIP A는 F^-, B는 Na, C는 Mg_2^+, D는 Mg이다. 전자 1개를 떼어낼 때 필요한 에너지가 가장 큰 것은 Mg_2^+이다. 전기 음성도는 B가 D보다 작다.

30 다음 표는 몇 가지 원자와 이온에 관한 자료이다.

	(가)	(나)	(다)	(라)	(마)
양성자의 수	8	9	10	11	12
중성자의 수	10	10	10	12	12
전자의 수	10	10	10	10	10

(가)~(마) 원자 또는 이온에서 전자 1개를 떼어내는 데 필요한 에너지가 가장 큰 것은?

① (가)
② (나)
③ (다)
④ (라)
⑤ (마)

TIP 모두 전자 수가 10개이므로 전자 배치가 동일하지만 핵전하와 그에 따른 유효 핵전하가 다르다. 유효 핵전하가 클수록 원자가 전자를 떼어 내기 어려우므로 (마)에서 전자 1개를 떼어내는 데 가장 큰 에너지가 필요하다.

31 표는 같은 주기 원소 A, B의 순차적 이온화 에너지를 나타낸 것이다.

원소	순차적 이온화 에너지 E_n(kJ/몰)			
	E_1	E_2	E_3	E_4
A	496	4565	6912	9540
B	738	1450	7732	10550

다음 중 원소 A가 B보다 큰 값을 갖는 성질을 〈보기〉에서 모두 고른 것은? (단, A, B는 임의의 원소 기호이다.)

〈보기〉

㉠ 원자 반지름
㉡ 양성자 수
㉢ 전기 음성도
㉣ 산소와 안정한 화합물을 만들 때 산소 원자 1개와 결합하는 원자의 수

① ㉠㉡   ② ㉠㉣

③ ㉡㉢   ④ ㉡㉣

⑤ ㉢㉣

TIP 순차적 이온화 에너지로부터 A는 1족, B는 2족임을 알 수 있다. 같은 주기 원소이므로 원자 번호(양성자 수)는 A < B이고, 전기 음성도는 A < B이다. A와 B의 산소 화합물의 화학식은 A_2O, BO이다.

32 그림은 어떤 중성 원자 A～C와 이온 X의 전자 배치를 나타낸 것이다. 이에 대한 설명으로 옳지 않은 것은? (단, A～C는 임의의 원소 기호이고, X는 1가의 음이온이다.)

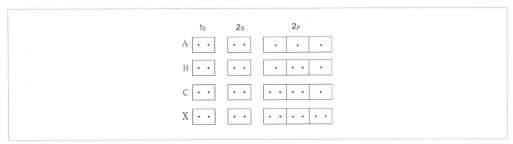

① 1차 이온화 에너지는 A가 B보다 크다.
② B의 전자 배치는 들뜬 상태이다.
③ 전기음성도가 가장 큰 것은 C이다.
④ X는 C의 안정한 음이온이다.
⑤ A, B, C 중 원자 반지름은 C가 가장 작다.

TIP $2p_x$, $2p_y$, $2p_z$ 오비탈의 에너지 준위는 같다.

33 다음 표는 입자 A～D에 대한 자료이다.

입자	A	B	C	D
양성자수	1	1	2	2
중성자수	0	2	1	2
전자 수	1	1	2	2

입자 A～D에 설명 중 옳은 것을 모두 고르시오.

① 가장 무거운 입자는 D이다.
② 질량수가 같은 것은 A, B이다.
③ 원자 번호가 같은 것은 B, C 이다.
④ 중성 원자인 것은 A, B, C, D이다.
⑤ 화학적 성질이 비슷한 것은 B, D이다.

TIP 질량수는 양성자 수와 중성자 수의 합이므로 B와 C의 질량수는 3으로 같다. 원소의 화학적 성질은 전자 수에 의해 결정된다. 원자 번호는 양성자 수와 같다. 양성자나 중성자의 질량에 비해 전자는 질량이 매우 작아 무시할 수 있다. 그러므로 D가 가장 무거운 입자이다.

34 몇 가지 원소들의 바닥상태의 전자 배치를 나타낸 것이다.

> A : $1s^2$ B : $1s^2 2s^1$
>
> C : $1s^2 2s^2 2p^4$ D : $1s^2 2s^2 2p^6 3s^2$
>
> E : $1s^2 2s^2 2p^6 3s^2 3p^4$

화학적 성질이 비슷한 원소들을 찾아 옳게 짝지은 것은?

① A, B   ② A, D

③ B, C   ④ C, E

⑤ D, E

TIP C, E는 원자가 전자수가 6개로 같으므로 화학적 성질이 비슷하다. A는 비활성 기체인 H(헬륨), D는 알칼리 토금속인 Mg(마그네슘)이다. 가장 바깥쪽 전자껍질에 배치되어 있는 전자가 원자가 전자이며, 그 원소의 화학적 성질을 결정한다. 원자가 전자 수가 같으면 화학적 성질이 비슷하다.

03 아름다운 분자세계

SECTION 1 분자의 세계는 어떤 모습일까?

(1) 특별한 탄소

① 수소(H)
 ㉠ 원자가 전자가 1개이므로 하나의 결합만 이루게 되어 수소 분자를 형성
 ㉡ 우주에서 가장 풍부한 원자는 수소이므로 가장 많은 수의 분자는 수소 분자

② 헬륨(He) … 원자가 전자가 2개이므로 다른 원자와 화합물을 형성하지 않음

③ 산소(O) … 원자가 전자가 6개이면서 2개의 결합을 이루므로 이중 결합을 1개 지닌 산소 분자(O_2)나 물(H_2O)을 형성

④ 질소(N) … 원자가 전자가 5개이면서 3개의 결합을 이루므로 수소 원자 3개와 반응하여 암모니아(NH_3) 분자를 형성

⑤ 탄소(C)
 ㉠ 원자가 전자가 4개이면서 4개의 결합을 이루므로 4개의 수소 원자와 결합하여 메테인(CH_4) 분자를 형성
 ㉡ 탄소는 결합수가 많아 다양한 화합물을 만들 수 있으므로 단백질, 포도당 등 생명의 핵심 원소의 역할

(2) 아름다운 탄소의 동소체들

① 동소체의 의미
 ㉠ 원소의 원자 배열이 달라져서 물리적, 화학적 성질이 달라진 관계
 ㉡ 종류 : 흑연과 다이아몬드 등, 산소 분자(O_2)와 오존 분자(O_3), 붉은 인과 흰 인, 사방황과 단사황 등

② 탄소의 동소체들
 ㉠ 다이아몬드
  • 자연에서 얻어지는 가장 단단한 물질
  • 각 탄소 원자는 다른 탄소 원자들에 의해 정사면체 배열로 둘러싸여 하나의 거대한 분자를 형성
  • 구조는 탄소의 원자가전자가 모두 공유결합에 참여하여 안정화되어 있으므로 전기절연체로서 전류를 전달하지 않음

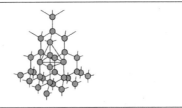

ⓒ 흑연

- 다이아몬드와는 매우 달리 검고 미끄러운 전도체
- 탄소 원자들이 육각 고리 형태로 배열하여 층을 이루며 층 사이의 탄소 원자 간의 결합력은 약하여 부스러지기 쉽고 층 사이가 미끄러지기 쉬움.
- 흑연 층에 있는 각 탄소 원자는 세 개의 다른 탄소 원자들로 둘러싸여 있으며, 각 탄소 원자에 남아있는 한 개의 원자가전자가 평면에서 평행한 방향으로 자유롭게 이동할 수 있어 전기 전도성을 가짐
- 공업적으로 전기 전도체로 이용되며 전기 화학 전지와 배터리에서 전극으로 사용됨.

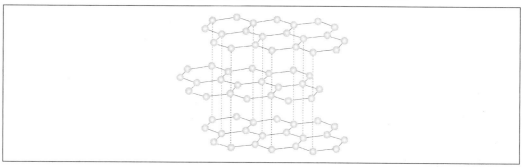

ⓒ 풀러렌

- 축구공 모양의 탄소 분자인 풀러렌(C_{60})은 대칭성이 큰 구조를 갖고 있음
- 60개의 탄소 원자가 20개의 6각형 면과 12개의 5각형 면으로 구성된 닫힌 그물과 같은 모양으로 배열
- 모든 탄소 원자는 주위 3개의 다른 탄소 원자와 결합
- C_{60}과 유사한 구조를 갖는 분자들을 총칭, 그을음이 많은 화염에서 생성
- 공처럼 생겨 내부가 비어 있으므로 원자나 분자를 가두어둘 수 있음
- 축구공 풀러렌은 광 발전 시스템의 구성 요소로서 합성수지를 기초로 한 태양전지를 더 효과적으로 만드는데 사용

ⓒ 탄소나노튜브

- 1991년 평면판 구조의 흑연을 원기둥 모양으로 말아 놓은 것 같은 튜브 모양의 새로운 섬유상 탄소인 나노튜브(nanotube)가 발견
- 흑연 층처럼 6각형의 벌집들로 구성되어 있고, 강도가 크며 표면적이 넓은 전기 전도 섬유를 형성하는 등 매우 흥미롭고 유망한 특성, 나노기술 연구의 기폭제가 되고 있음
- 흑연과 같이 결합에 참여하지 않았던 원자가전자가 한쪽 끝에서 다른 쪽 끝까지 길게 형성되어 있기 때문에 전기가 잘 통함

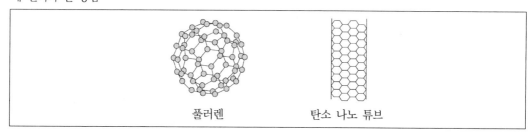

풀러렌   탄소 나노 튜브

(3) 아름다운 탄소 화합물-DNA

① DNA
  ㉠ 인산-당-염기로 구성되어 한 단위체를 이룸
  ㉡ 단위체들이 다시 결합을 통해 DNA를 이룸

② 구조와 특징
  ㉠ DNA 두 가닥이 상보적인 염기를 갖는 이중 나선 구조 : 생명체 속에서 이들의 기능에 영향을 미치는 가장 중요한 점
  ㉡ DNA 염기들은 서로 수소 결합을 형성하며 완벽한 쌍을 이루고 있다가 세포 분열 시 두 가닥이 풀리게 되고 새로운 가닥은 풀어진 가닥들에 의해 만들어지게 됨⇒이 과정에서 원래의 구조와 똑같은 두 개의 이중 나선 DNA 구조가 얻어짐
  ㉢ 새로 생긴 두 이중 나선 각각은 원래 DNA에서 유래한 가닥과 새로 생긴 가닥을 포함하며 세포 분열 시 부모의 유전 정보가 전달됨

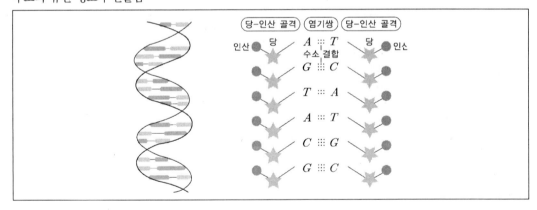

③ 당의 입체 구조
　　㉠ 당의 구조 : 각 탄소는 모두 정사면체의 중심에 위치하며 각각 탄소, 수소, 산소 원자와 네 개의 결합을 이루는 입체 구조를 가짐

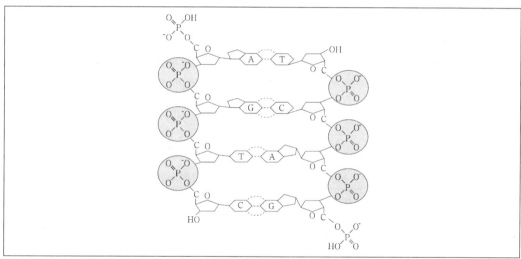

　　㉡ DNA의 나선형 구조 : 당의 입체 구조에 의해 나선형의 골격 구조가 생성
④ 염기쌍의 평면 구조
　　㉠ 염기쌍의 구조 : DNA의 A, T, G, C 염기 구조에 위치한 각각의 탄소 골격은 이웃한 탄소나 질소 원자와 2중 결합을 이루면서 편평한 고리를 형성
　　㉡ 염기쌍 사이의 수소 결합 : A-T, G-C의 염기쌍은 한 평면에 위치하며, 수소 결합을 통해 이중 나선 구조를 유지-

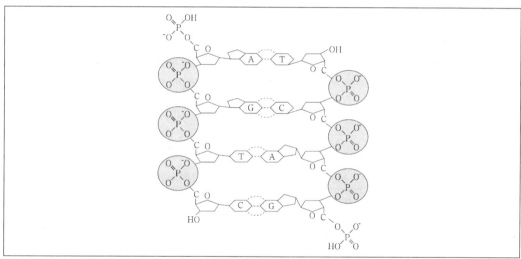

SECTION 2 화학 결합은 어떤 원리에 따라 일어날까?

(1) 설탕과 소금의 전기 전도성(화학 결합의 전기적 성질)

① 설탕과 소금
　　㉠ 흰색 결정, 맨눈으로는 구별하기 어려움

ⓛ 맛과 녹는점 차이 : 설탕은 달고 녹는점은 185℃인데 반해 소금은 짜며 녹는점은 800.4℃로서 차이가 크게 나타남

ⓒ 수용액 상태 : 투명한 수용액이 되어 구분이 어렵지만 전기 전도도를 각각 측정해 보면 둘을 구별할 수 있음

② 전해질과 비전해질

ⓐ 설탕 : 물에 녹아 수용액이 되어도 전기적으로 중성인 분자 상태로 있기 때문에 전류가 흐르지 않는 비전해질

ⓛ 소금 : 물에 녹으면 (+)전하와 (−)전하를 띤 이온으로 나누어지므로 전류가 흐르게 되는 전해질

③ 설탕과 소금의 전기 전도성의 해석

ⓐ 중성 상태인 나트륨과 염소 원자가 결합하여 생성된 소금이 물에 녹아 전기를 통함⇒화학 결합이 전자가 관여하는 전기적 본성을 지니고 있음

ⓛ 설탕 : 소금과 달리 물에 녹아 전기전도성을 갖지 않는 것은 각 물질을 구성하는 결합의 방법이 다르기 때문으로 화학 결합의 전기적 본성이 겉으로 드러나지 않았을 뿐임

(2) 비활성 기체로부터 배우는 옥텟 규칙

① 비활성 기체

ⓐ 주기율표의 18족에 위치하는 원소

ⓛ 상온과 1기압에서 하나의 원자 상태로 존재

ⓒ 헬륨의 전자 배치는 ns^2이고, 나머지 원소들의 전자 배치는 가장 바깥 전자껍질 ns^2np^6의 전자 분포를 만족

ⓔ 매우 안정하고 균형 잡힌 전자 배치⇒다른 원자와 쉽게 반응하며 결합을 이루려고 하지 않음

원소	전자 배치
He	$1s^2$
Ne	$1s^2 2s^2 2p^6$
Ar	$1s^2 2s^2 2p^6 3s^2 3p^6$
Kr	$1s^2 2s^2 2p^6 3s^2 3p^6 4s^2 4p^6$

② 옥텟 규칙 … 수소를 제외한 대부분의 원자들의 경우 가장 바깥 전자껍질의 전자는 8개가 됨으로써 화학적으로 안정한 전자 분포를 이루고자 하는 원자들의 특성을 의미

③ 화학 결합의 원리

ⓐ 18족 원소들을 제외한 다른 원자들은 비활성 기체와 같이 전자를 잃거나 얻어서 가장 바깥 전자껍질에 8개의 전자를 가짐으로써 안정해지려는 경향을 나타냄

ⓛ 화학 결합을 통해 원자의 전자 배치보다 안정한 전자 배치를 이루며 화합물을 형성

(3) 이온 결합

① 옥텟 규칙을 만족하기 위한 이온의 형성

ⓐ 18족 원소들을 제외한 다른 원자들은 화학 결합을 통해 원래의 전자 배치보다 안정한 전자 배치를 이루며 화합물을 형성⇒수소를 제외한 대부분의 원자들의 경우 가장 바깥 전자껍질의 전자는 8개가 됨으로써 화학적으로 안정한 전자 분포를 이루면서 화학 결합을 형성

ⓛ 나트륨 이온과 염화 이온의 생성
- 이온화 에너지가 작은 나트륨 원자(Na) : 전자를 1개 잃고 18족 원소인 네온(Ne)의 전자 배치와 같은 나트륨 이온(Na⁺) 형성
- 전자 친화도가 큰 염소 원자(Cl) : 전자를 1개 얻어 18족 원소인 아르곤(Ar)의 전자 배치와 같은 염화 이온(Cl⁻) 형성

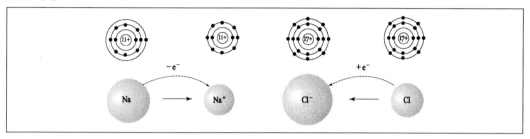

② 이온 결합의 형성
ⓗ 일반적으로 이온화 에너지가 작은 금속 원소와 전자 친화도가 큰 비금속 원소 사이에서 형성
ⓛ 이온 결합
- 양이온과 음이온이 서로 접근하면 정전기적 인력이 작용하여 서로 결합하게 되고 에너지가 최소화되어 안정한 상태가 됨
- 양이온과 음이온 사이의 전기적 인력에 의한 결합

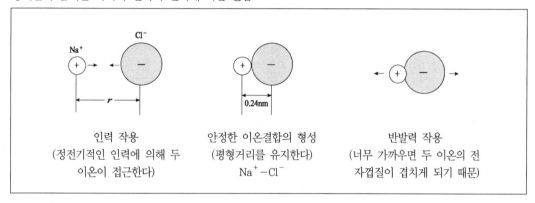

③ 이온 결합 형성 과정과 에너지 변화

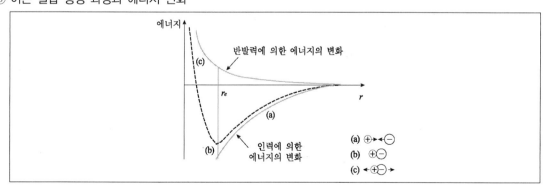

㉠ 양이온과 음이온 사이의 거리(r)가 가까워질수록 두 이온 사이에 작용하는 정전기적 인력에 의해 에너지 함량이 줄어들어 안정한 상태가 됨

㉡ 두 이온이 계속 접근하여 이온 사이의 거리가 너무 가까워지면 전자구름이 겹치게 되므로 양이온과 음이온 의 전자구름 사이, 그리고 핵과 핵 사이의 반발력이 커지므로 에너지 함량이 높아지고 불안정한 상태로 됨

㉢ 양이온과 음이온은 인력과 반발력에 의해 에너지를 가장 적게 가지는 거리(r_0)에서 이온 결합을 형성하며, 이때 가장 안정한 상태가 됨

④ 이온 결합 물질의 전기 전도성

㉠ **고체 상태** : 양이온과 음이온이 강하게 결합되어 있어서 자유롭게 이동할 수 없으므로 전기 전도성이 없음

㉡ **용융 상태나 수용액 상태** : 이온들이 자유롭게 이동할 수 있으므로 전기 전도성을 가짐

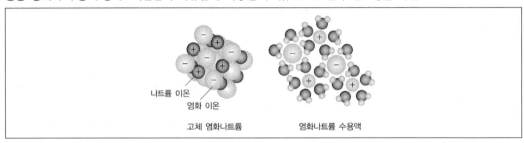

나트륨 이온

염화 이온

고체 염화나트륨   염화나트륨 수용액

(4) 공유 결합

① 옥텟 규칙을 만족하기 위한 공유 전자쌍 형성 – 수소 분자의 형성

㉠ 수소는 1주기 원소이기 때문에 헬륨과 같이 전자껍질에 2개의 전자가 들어가면 안정

㉡ 2개의 수소 원자는 각각 전자 1개씩을 내놓고, 전자쌍 1개를 만들면서 두 원자가 서로 공유

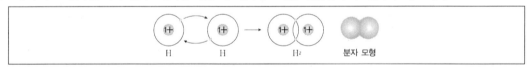

H   H H_2 분자 모형

㉢ 두 수소 원자는 같은 원소이기 때문에 다른 원자로부터 전자를 떼어낼 만큼 인력이 충분하지 않아 이온을 형성하기 보다는 서로의 전자를 공유함으로써 헬륨의 전자 배치와 같은 안정한 전자 배치를 이룸

② **공유 결합** … 비금속 원자가 서로의 전자를 내놓아 전자쌍을 만들고, 이 전자쌍을 서로 공유함으로써 옥텟 규 칙을 만족하게 되는 결합

③ 공유 결합 형성 과정과 에너지 변화

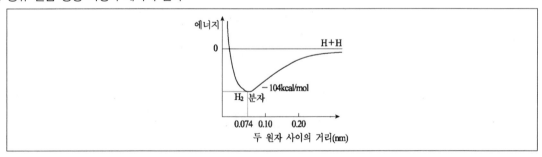

에너지

0

H+H

－104kcal/mol

H_2 분자

0.074 0.10 0.20

두 원자 사이의 거리(nm)

    ㉠ 원자들의 핵이 서로 멀리 떨어져 있으면 전자들의 공유 정도가 매우 작아 안정화 에너지가 그다지 크지
        않음

    ㉡ 원자들의 핵 사이의 거리가 매우 작아지면 전자들의 공유에 따른 안정화 에너지는 커지는 반면, 양전하를
        띤 핵 사이의 반발력이 심해져서 오히려 불안정해짐

    ㉢ 원자들의 핵 사이의 반발에 의한 에너지 값과 전자들의 공유 정도에 의한 에너지의 합이 최소가 되는 지
        점이 존재하며 공유 결합을 형성⇒이때의 핵 사이의 거리(r)가 공유 결합 길이

④ 원자가와 공유 결합 물질

    ㉠ 원자가 : 어떤 원소가 만들 수 있는 결합의 수

    ㉡ 원자가가 1인 경우

      • 17족에 속하는 플루오린(F), 염소(Cl) : 원자가 전자가 7개이므로, 그중 1개를 서로 공유함으로써 옥텟을 이
        루면서 이원자 분자인 플루오린 분자(F_2), 염소 분자(Cl_2)를 형성

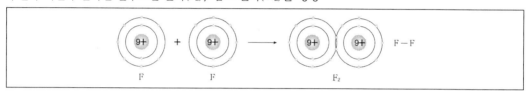

      • 원자가가 1인 수소 원자와 염소 원자가 만나면 서로 1개씩의 전자를 내놓아 공유함으로써 각각 2와 8의
        원자가 전자수를 만족하게 되고, HF, HBr 등을 형성

    ㉢ 원자가가 2인 경우

      • 16족에 속하는 산소(O) : 원자가 전자가 6개이므로, 그중 2개를 서로 공유함으로써 옥텟을 만족
        ⇒이중 결합을 이루는 이원자 분자인 산소 분자(O_2) 형성

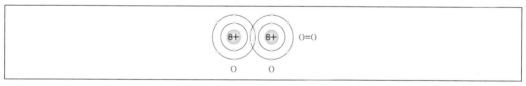

      • 원자가가 1인 수소 원자 2개와 원자가가 2인 산소 원자 1개가 결합하여 수소와 산소가 각각 2와 8의 원자
        가 전자수를 만족하면서 물(H_2O) 형성

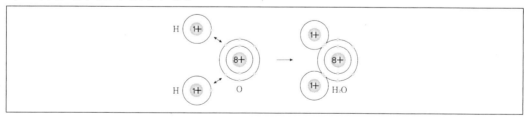

    ㉣ 원자가가 3인 경우

      • 15족에 속하는 질소(N) : 원자가 전자가 5개이므로, 그중 3개를 서로 공유함으로써 옥텟을 만족
        ⇒삼중 결합을 이루는 이원자 분자인 질소 분자(N_2) 형성

- 원자가가 1인 수소 원자 3개와 원자가가 3인 질소 원자 1개가 결합하여 수소와 질소가 각각 2와 8의 원자
  가 전자수를 만족하면서 암모니아(NH₃) 형성

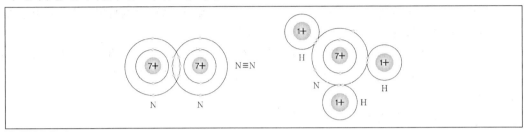

ⓛ 원자가가 4인 경우

- 14족에 속하는 탄소(C) : 원자가 전자수가 4개이므로 원자가는 4
- 원자가가 1인 수소 원자 4개와 원자가가 4인 탄소 원자 1개가 결합하여 수소와 탄소가 각각 2와 8의 원자
  가 전자수를 만족하면서 메테인(CH₄) 형성
- 원자가가 4인 탄소 원자 1개와 원자가가 2인 산소 원자 2개가 결합하여 이산화탄소(CO₂) 형성

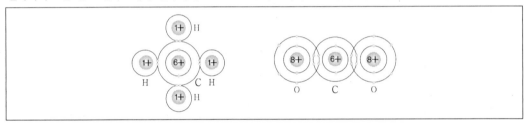

- 원자가가 4인 탄소 원자 6개와 원자가가 1인 수소 원자 12개, 원자가가 2인 산소 원자 6개가 결합하여 포
  도당($C_6H_{12}O_6$) 형성

⑤ 물의 전기 분해

ㄱ 순수한 물은 전기를 통하지 않으므로 황산나트륨과 같은 약간의 전해질을 넣은 증류수를 전기 분해하면
  (−)극에서는 수소 기체가, (+)극에서는 산소 기체가 2 : 1의 부피비로 발생

$$2H_2O \xrightarrow{\text{전기 분해}} 2H_2 + O_2$$

ㄴ 각 극에서 일어나는 화학 반응

- (+)극 : $2H_2O \rightarrow 4H^+ + O_2 + 4e^-$
- (−)극 : $4H_2O + 4e^- \rightarrow 2H_2 + 4OH^-$

ㄷ 전해질을 조금 넣어준 순수한 물은 전기 분해 과정을 통해 (+)극에서는 전자를 잃고 산소 기체가 발생하
  고, (−)극에서는 전자를 얻고 수소 기체가 발생함

ㄹ 물의 전기 분해 실험을 통해 알 수 있는 특성

- 물은 원소가 아니라 화합물임
- 수소 기체와 산소 기체가 2 : 1의 부피비로 발생⇒물 분자(H_2O)는 수소와 산소가 2 : 1로 구성
- 산소의 원자가는 2, 수소의 원자가는 1
- 공유 결합 물질도 결합을 이루는 원소들 사이에 전자쌍을 공유함으로써 형성⇒화학 결합을 이루는 모든
  물질들은 전자가 관여하는 전기적 성질을 가짐

(5) 금속 결합

① 금속 결합
- ㉠ 금속 양이온과 자유 전자 사이의 전기적 인력에 의한 결합
- ㉡ **금속 양이온** : 원자가 전자가 쉽게 떨어져 나가므로 전자를 내놓아 양이온이 됨
- ㉢ **자유 전자** : 금속 양이온이 되면서 떨어져 나온 전자들은 금속 양이온 사이를 자유롭게 이동하며 전체적으로 중성으로 유지시키고, 금속 양이온들의 반발력을 완화하면서 금속 결합을 형성

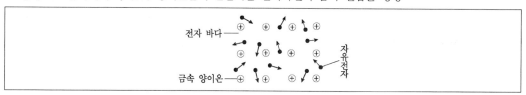

② 금속 결합 물질의 특성
- ㉠ 금, 구리, 망가니즈 등을 제외한 대부분의 금속은 은백색 광택
- ㉡ 대체로 고체로 녹는점과 끓는점이 높음
- ㉢ 고체나 액체 상태에서 전기 전도성⇒자유 전자가 일정한 방향으로 배열되어 빨리 이동할 수 있기 때문
- ㉣ 뽑힘성과 퍼짐성⇒외력에 의해 가늘게 뽑거나 얇고 넓게 펼칠지라도 양이온과 자유 전자 사이의 인력이 유지되기 때문

SECTION 3 분자의 구조는 어떻게 결정될까?

(1) 루이스 전자점식

① 루이스 전자점식
- ㉠ 분자에서 모든 원자가 전자를 나타내는 식
- ㉡ 원소 기호 주위에 그 원자의 원자가 전자를 점으로 나타낸 것으로, 결합에 참여한 전자와 결합에 참여하지 않은 전자가 드러나도록 표시한 화학식

② 공유 전자쌍과 비공유 전자쌍
- ㉠ **홀전자** : 각 원자에 포함된 원자가 전자 중에서 쌍을 이루지 않는 전자
- ㉡ **공유 전자쌍** : 두 원자가 공유하는 전자쌍
- ㉢ **비공유 전자쌍** : 결합에 참여하지 않고 존재하는 전자쌍

③ **구조식** … 공유 결합에서 분자의 전자 배치를 좀 더 간단하게 나타내기 위하여 비공유 전자쌍은 생략하고 공유 전자쌍만을 결합선(―)으로 나타낸 식

④ 이원자 분자의 루이스 전자점식과 구조식

분자	공유 결합의 형성(루이스 전자점식)	구조식
수소(H_2)	$H \cdot + \cdot H \longrightarrow H : H$ 홑전자 / 단일 결합 (공유 전자쌍 1개)	H–H
산소(O_2)	$: \overset{..}{O} \cdot + \cdot \overset{..}{O} : \longrightarrow : \overset{..}{O} :: \overset{..}{O} :$ 비공유 전자쌍 / 이중 결합 (공유 전자쌍 2개)	O=O
질소(N_2)	$: \overset{.}{N} \cdot + \cdot \overset{.}{N} : \longrightarrow : N ::: N :$ 삼중 결합 (공유 전자쌍 3개)	N≡N
염소(Cl_2)	$: \overset{..}{Cl} \cdot + \cdot \overset{..}{Cl} : \longrightarrow : \overset{..}{Cl} : \overset{..}{Cl} :$ 단일 결합 (공유 전자쌍 1개)	Cl–Cl

⑤ 2주기 원소 화합물의 루이스 전자점식과 구조식

족	2	13	14	15	16	17
원소	Be	B	C	N	O	F
루이스 전자점식	H:Be:H	$\overset{..}{F}$:$\overset{..}{B}$:$\overset{..}{F}$:$\overset{..}{F}$	H $\overset{H}{:C:}$ H	H:$\overset{..}{N}$:H H	H:$\overset{..}{O}$: H	H:$\overset{..}{F}$:
구조식	H–Be–H	$\overset{F}{\underset{F}{B}}$–F	$\overset{H}{\underset{H}{H–C}}$–H	H–N–H H	H–O H	H–F

(2) 전자쌍 반발 원리와 분자 구조

① 전자쌍 반발 원리(VSEPR, Valence Shell Electron-Pair Repulsion)
   ㉠ 1940년 영국의 화학자 시지윅(Sidgwick, N.V.)에 의해 제안
   ㉡ 한 분자 내에서 중심 원자를 둘러싸고 있는 전자쌍끼리는 서로의 정전기적 반발력으로 인해 가능하면 멀리 떨어져 있으려고 한다는 이 이론
   ㉢ 비금속 원자들 사이의 공유 결합으로 만들어진 분자의 구조를 예측하기에 매우 유용

② 공유 전자쌍의 반발력
   ㉠ 공유 전자쌍은 2개의 전자에 해당하므로 −2의 전하⇒−2의 전하를 가지는 공유 전자쌍 사이에는 전기적 반발력이 작용하므로 최대한 서로 멀어지려고 함
   ㉡ 공유 전자쌍의 수에 따른 분자 모양

공유 전자쌍 2개	공유 전자쌍 3개	공유 전자쌍 4개
직선형	평면 정삼각형	정사면체

   ㉢ BeH_2
   • 공유 전자쌍이 2개인 경우
   • 2족인 베릴륨(Be)의 원자가 전자가 2개이기 때문에 2개의 수소 원자와 각각 공유 결합
   • 2개의 공유 전자쌍은 180°의 각을 이루면서 직선형의 분자 구조를 이룸(H−Be−H)

ㄹ BF₃
- 공유 전자쌍이 3개인 경우
- 붕소(B) 원자는 원자가 전자가 3개이기 때문에 3개의 플루오린 원자와 각각 공유 결합
- 3개의 공유 전자쌍은 120°의 각을 이루면서 평면 정삼각형의 분자 구조를 이룸

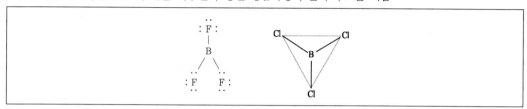

ㅁ CCl₄
- 공유 전자쌍이 4개인 경우
- 탄소(C) 원자는 원자가 전자가 4개이기 때문에 4개의 수소 원자와 각각 공유 결합
- 4개의 공유 전자쌍은 109.5°의 각을 이루면서 정사면체의 분자 구조를 이룸

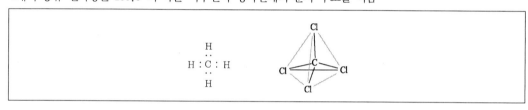

③ 공유 전자쌍과 비공유 전자쌍의 반발력
- ㄱ 공유 전자쌍 : 두 원자핵 사이에 공유되고, 전자들은 두 원자핵에 가깝게 존재하므로 공유 전자쌍에 해당하는 전자들은 두 원자핵 사이에 한정됨
- ㄴ 비공유 전자쌍 : 두 원자핵 사이에 공유된 것이 아니므로 한 원자핵에만 편재되어 있기 때문에 그림과 같이 공유 전자쌍보다 원자 주변에 더 많은 공간을 요구하게 됨
- ㄷ 비공유 전자쌍이 공유 전자쌍보다 더 많은 공간을 차지⇒공유 전자쌍 사이의 각을 작게 하는 경향
- ㄹ 비공유 전자쌍 사이의 반발력 > 비공유 전자쌍과 공유 전자쌍 사이의 반발력 > 공유 전자쌍 사이의 반발력
- ㅁ NH₃
  - 공유 전자쌍이 3개, 비공유 전자쌍이 1개인 경우
  - 질소(N)원자에는 4개의 전자쌍이 있으므로 이들이 각각 정사면체의 꼭짓점에 놓임
  - 비공유 전자쌍 사이의 반발력이 공유 전자쌍 사이의 반발력보다 크게 나타나므로 결합각이 107°인 삼각뿔 모양의 분자 구조를 이룸
- ㅂ H₂O
  - 공유 전자쌍이 2개, 비공유 전자쌍이 2개인 경우
  - 산소(O) 원자에는 4개의 전자쌍이 있으므로 이들이 각각 정사면체의 꼭짓점에 놓임

- 비공유 전자쌍 사이의 반발력이 공유 전자쌍 사이의 반발력보다 크게 나타나므로 결합각이 104.5°인 굽은 형을 이룸

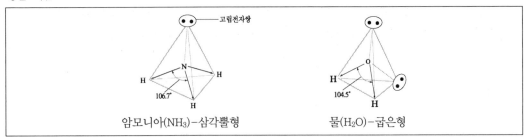

암모니아(NH₃)-삼각뿔형   물(H₂O)-굽은형

화합물	BeH_2	BF_3	CH_4	NH_3	H_2O
공유 전자쌍 수	2	3	4	3	2
비공유 전자쌍 수	0	0	0	1	2
중심 원자의 전자쌍 수	2	3	4	4	4
분자 모형					
분자 모양	직선형	정삼각형	정사면체형	삼각뿔형	굽은형
결합각	180°	120°	109.5°	107°	104.5°

④ 이중 결합이 있는 이산화탄소와 폼알데하이드

    ㉠ 이산화탄소(CO_2)

- 공유 전자쌍이 4개이면서 2쌍인 경우
- 탄소(C) 원자와 산소(O) 원자 사이에는 2개의 이중 결합이 서로 반발하게 됨
- BeH_2와 같이 결합각이 180°인 직선형의 분자 구조를 이룸

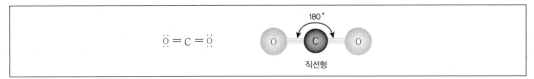

㉡ 폼알데하이드(HCHO)

- 공유 전자쌍이 4개이면서 1쌍인 경우
- 탄소(C) 원자와 산소(O) 원자 사이의 1개 이중 결합과 탄소(C) 원자와 수소(H) 원자 사이의 2개 단일 결합이 서로 반발하게 됨
- BF_3와 같이 결합각이 약 120°인 평면 삼각형에 가까운 분자 구조를 이룸

- C-H 단일 결합에 비해 C＝O 이중 결합의 전자 밀도가 높기 때문에 이중결합과 단일 결합 사이의 반발력이 단일 결합들 사이의 반발력보다 큼⇒H-C=O 결합각 122, H-C-H 결합각 116°

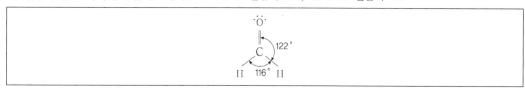

SECTION 4 분자의 구조는 어떻게 분자의 성질로 나타날까?

(1) 전기 음성도와 결합의 극성

① 전기 음성도
- ㉠ 1932년 미국 화학자 폴링(Linus Pauling)은 결합에서의 전자 분포에 대한 정량적 척도를 제안함
- ㉡ 분자내의 각 원자가 공유 전자쌍을 끌어당기는 척도를 상대적인 힘의 크기로 수치화
- ㉢ 전기 음성도가 큰 원소의 원자는 전자를 끌어당기는 힘이 더 세기 때문에, 상대적으로 전기음성도가 작은 원소의 원자로부터 전자를 끌어내는 경향을 가짐

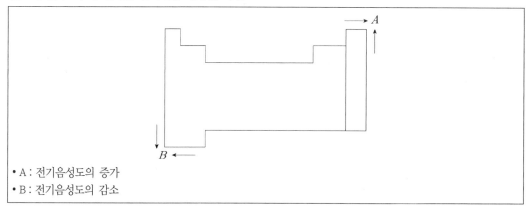

- A : 전기음성도의 증가
- B : 전기음성도의 감소

- ㉣ 전기음성도의 수치는 공유 전자쌍을 끌어당기는 힘이 가장 큰 플루오르(F)를 4.0으로 정하고, 다른 원자들의 전기 음성도를 플루오르에 대비하여 상대적으로 정의함
- ㉤ 옥텟 규칙을 만족하는 18족 원소인 비활성 기체를 제외
- ㉥ 같은 주기에서는 원자 번호가 커질수록 증가, 같은 족에서는 원자 번호가 커질수록 감소
- ㉦ 전기 음성도는 비금속성이 클수록 증가, 금속성이 클수록 감소

② 무극성 공유 결합(nonpolar covalent bond), 무극성 결합
- ㉠ 같은 종류의 원소로 된 2원자 분자(동핵 이원자 분자)의 경우
  - 수소 분자(H_2), 질소 분자(N_2), 산소 분자(O_2)
  - 공유 결합을 형성할 때 결합에 참여한 공유 전자쌍을 양쪽 원자가 같은 세기로 잡아당기게 되므로 어느 쪽에도 치우치지 않게 됨

ⓒ 전기 음성도가 같은 원자들이 전자쌍을 공유하여 결합함으로써 분자 내에 부분적인 전하가 생기지 않는
결합

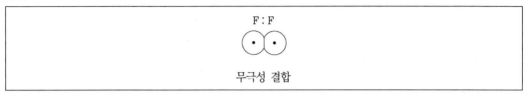

③ 극성 공유 결합(polar covalent bond), 극성 결합
  ㉠ 다른 종류의 원소로 된 분자의 경우
    • 염화수소(HCl), 물(H$_2$O) 등
    • 수소 원자에 비해 염소 원자나 산소 원자의 전기 음성도가 커서 공유 전자쌍을 더 강하게 끌어당기게 되
      면 부분적인 전하를 나타나게 됨
  ㉡ 전기 음성도가 큰 원자는 부분적인 음전하($\delta-$)를 띠게 되고, 상대적으로 전기 음성도가 작은 원자는 부분
      적인 양전하($\delta+$)를 띠게 됨
  ㉢ 한 분자에서 전기 음성도가 서로 다른 원자들이 전자쌍을 공유하여 결합함으로써 부분적인 전하를 띠는
      결합

```
            H : F
          δ+    δ−

          (·)(·)

          극성 결합
```

  ㉣ O-H 결합
    • 자연에서 가장 흔한 극성 결합
    • O의 전기 음성도는 3.5, H는 2.1 ⇒ 산소는 $\delta-$, 수소는 $\delta+$를 나타냄
    • 물, 알코올, 포도당, DNA의 당의 구조에 포함

```
              H
              |
          H — C — O — H
              |
              H
```

  ㉤ N-H 결합
    • N의 전기 음성도는 3.0, H는 2.1 ⇒ 질소는 $\delta-$, 수소는 $\delta+$를 나타냄
    • 암모니아, 아미노산, DNA의 염기의 구조에 포함

```
              ..
          H — N — H
              |
              H
```

(2) 분자의 극성

① 쌍극자 모멘트(dipole moment, μ)
   - ㉠ 결합이나 분자의 극성을 나타낼 때 쌍극자 모멘트라는 양을 사용
   - ㉡ 전기 음성도가 큰 원자는 부분적인 음전하($\delta-$)를 띠고, 상대적으로 전기 음성도가 작은 원자는 부분적인 양전하($\delta+$)를 띠게 됨
   - ㉢ 쌍극자 : (+)극과 (−)극이 일정한 거리에 떨어져 있는 것
   - ㉣ 쌍극자 모멘트 : 극성 분자에서의 극성의 크기, 두 원자가 가진 전하량(q)과 두 전하 사이의 거리(r)를 곱한 벡터량

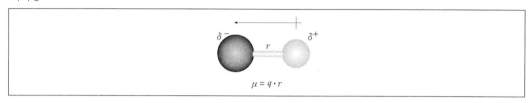

② 이원자 분자의 극성과 무극성
   - ㉠ 무극성 분자
     - 같은 종류의 원자로 구성된 2원자 분자(수소(H_2)나 산소(O_2) 등)
     - 무극성 공유 결합으로 된 분자의 경우 : 두 원자의 전기 음성도가 같으므로 공유 전자쌍이 어느 한쪽으로 치우치지 않아 전기적으로 중성을 나타냄

   - ㉡ 극성 분자
     - 서로 다른 종류의 원자로 구성된 2원자 분자의(염화수소(HCl) 등)
     - 극성 공유 결합으로 된 2원자 분자의 경우 : 전기 음성도가 큰 원자 쪽으로 공유 전자쌍이 치우치게 되어 쌍극자 모멘트가 형성

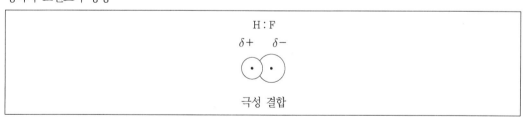

③ 다원자 분자의 극성과 무극성
   - ㉠ 무극성 분자
     - 대칭 구조를 가진 분자 : 직선형인 BeH_2, 정삼각형인 BF_3, 정사면체인 CH_4, 직선형인 CO_2
     - 각 결합의 쌍극자 모멘트의 벡터합은 0

- 각 결합의 극성이 상쇄됨에 따라 분자 전체로서는 무극성 분자를 띠게 됨

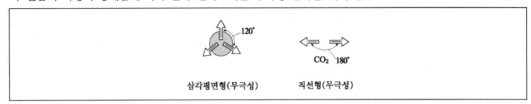

삼각평면형(무극성)　　　직선형(무극성)

ⓛ 극성 분자
- 비대칭 구조를 가진 분자 : 삼각뿔형인 NH_3, 굽은 형인 H_2O
- 분자 전체적으로 쌍극자 모멘트의 벡터합이 0이 되지 않아 극성 분자가 됨
- 물 : 루이스 구조는 굽은 모양으로서 두 개 $H \rightarrow O$ 방향의 쌍극자 모멘트는 한 방향으로 합해짐
  ⇒ 상당히 큰 쌍극자 모멘트를 가지며 이 때문에 물은 상온에서 액체
- 암모니아 : 루이스 구조는 삼각뿔 형으로서 세 개의 $H \rightarrow N$ 방향의 쌍극자 모멘트가 한 방향으로 합해짐
  ⇒ $H \rightarrow N$의 쌍극자 모멘트의 합은 물의 $H \rightarrow O$ 경우보다 작아서 암모니아는 상온에서 기체

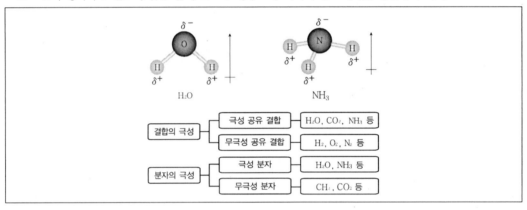

(3) 기체인 이산화탄소와 액체인 물

① 무극성 분자의 상온에서의 상태
  ㉠ 수소(H_2), 산소(O_2), 질소(N_2), 염소(Cl_2) : 무극성 결합을 하는 무극성 분자⇒분자 사이의 힘이 매우 작기 때문에 상온에서 기체
  ㉡ 이산화탄소(CO_2)와 메테인(CH_4) : 극성 결합을 하지만, 분자의 구조가 모두 대칭 구조이므로 전체적으로는 쌍극자 모멘트가 완전히 상쇄되어 그 합이 0인 무극성 분자⇒분자사이의 힘이 매우 작아 상온에서 기체

② 극성 분자의 상온에서의 상태
  ㉠ 암모니아(NH_3) : 분자 구조는 삼각뿔 모양으로 3개의 $H \rightarrow N$ 방향의 쌍극자 모멘트가 합해져 그 합이 0이 아닌 극성 분자이지만 물보다는 작게 나타남⇒물보다는 분자 사이의 힘이 작아 끓는점은 −33℃로 낮고, 상온에서 기체
  ㉡ 물(H_2O) : 분자 구조는 굽은 모양으로 2개의 $H \rightarrow O$ 방향의 쌍극자 모멘트가 합해져 그 합이 0이 아닌 극성 분자⇒쌍극자 모멘트가 크므로 극성 정도가 크게 나타나 분자 사이의 힘이 강하게 작용하며, 끓는점은 100℃로 높아 상온에서 액체

③ 물질의 끓는점
  ㉠ 끓는점 : 주어진 압력 하에서 액체가 기체로 변하는 온도
  ㉡ 쌍극자 모멘트가 0인 무극성 분자 사이에서의 끓는점 : 분자 사이의 인력은 비슷한 질량을 가진 극성 분자 사이에 작용하는 인력에 비해 매우 작아 끓는점이 낮게 나타남
  ㉢ 극성 분자라 할지라도 극성 정도가 작으면 분자 사이의 힘이 작게 나타남으로써 끓는점이 낮음
  ㉣ 물의 수소 결합
    • 물은 쌍극자 모멘트가 크므로 극성 정도가 크게 나타나게 되고, 분자 사이의 인력이 강하게 작용
    • 물 분자 사이의 수소 결합은 매우 강하기 때문에 물은 상온에서 액체 상태로 존재하며, 우리 주변의 필수적인 구성 요소로서 자리 잡게 됨

탄소 화합물에는 어떤 다양한 구조를 가진 것들이 있을까?

(1) 다양한 탄소 화합물

① 탄소 화합물 … 탄소(C)를 기본으로 하여 자연에 풍부한 수소(H), 산소(O), 질소(N) 등이 결합하여 이루어진 화합물
② 탄소 화합물의 특성
  ㉠ 탄소는 원자가전자가 4개⇒4개의 팔을 가진 원소라고 할 수 있으며 서로가 끝없이 다양한 사슬 및 고리를 형성하며 결합에 참여
  ㉡ 탄소 화합물의 구조적 다양성⇒생물학적인 과정을 수행하는 데 필요한 수천 개의 복잡한 분자를 형성
  ㉢ 분자사이의 인력은 작지만, 원자 사이의 결합은 공유 결합으로 강하므로 화학적으로 안정

(2) 사슬 모양 포화 탄화수소-알케인

① 알케인(alkane)
  ㉠ 탄소 원자 사이에 단일 결합만으로 구성
  ㉡ 각 탄소의 중심각이 109.5°를 이루면서 입체 구조를 이루는 포화 탄화수소

메테인(CH_4)	에테인(C_2H_6)	프로페인(C_3H_8)	뷰테인(C_4H_{10})

② 메테인(CH_4) … 탄소 원자가 1개인 가장 간단한 탄화수소

③ 구조 이성질체

　ⓐ 탄소수가 4개 이상인 알케인의 경우 분자식은 같지만, 구조식이 달라 물리적, 화학적 성질이 다른 화합물이 존재

화합물명	n-부탄	iso-부탄
분자식	C_4H_{10}	C_4H_{10}
구조식	$\begin{array}{ccccc} H & H & H & H \\ \mid & \mid & \mid & \mid \\ H-C-C-C-C-H \\ \mid & \mid & \mid & \mid \\ H & H & H & H \end{array}$	$\begin{array}{ccc} H & H & H \\ & \mid & \\ H & C & H \\ \mid & \mid & \mid \\ H-C-C-C-H \\ \mid & \mid & \mid \\ H & H & H \end{array}$
끓는점(℃)	-0.5	-11.7

　ⓑ 길고 곧게 뻗은 사슬들은 가지 달린 이성질체보다 녹는점, 끓는점이 큰 경향⇒가지 없는 분자에 비해 가지 달린 분자들은 인접한 다른 분자와 서로 밀착할 수 없기 때문에 분자간 인력이 작게 나타남

(3) 사슬 모양 불포화 탄화수소 – 알켄과 알카인

① 불포화 탄화수소 … 탄소 원자 사이의 결합이 2중 결합이나 3중 결합을 포함하고 있는 탄화수소

② 알켄(alkene)

　ⓐ 탄소 원자 사이에 이중 결합을 포함하는 탄화수소

　ⓑ 각 탄소의 중심각이 120°를 이루면서 평면 구조를 이루는 사슬 모양의 불포화 탄화수소

　ⓒ 알켄의 평면 구조는 DNA 염기의 평면 구조를 만드는 기본 구조

　ⓓ 에텐(C_2H_4) : 에틸렌이라고도 하며, 가장 간단한 알켄

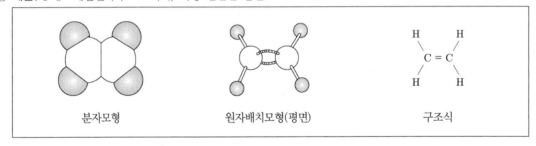

| 분자모형 | 원자배치모형(평면) | 구조식 |

③ 알카인(alkyne)

　ⓐ 탄소 원자 사이에 삼중 결합을 포함하는 탄화수소

　ⓑ 각 탄소의 중심각이 180°를 이루면서 선형 구조를 이루는 사슬 모양의 불포화 탄화수소

　ⓒ 에타인(C_2H_2) : 아세틸렌이라고도 하며, 가장 간단한 알카인

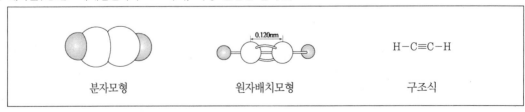

| 분자모형 | 원자배치모형 | 구조식 |

④ 기하 이성질체

㉠ 원자들의 공간 배치가 달라 생기는 이성질체

㉡ 치환기가 같은 쪽에 있으면 cis, 반대쪽에 있으면 trans

㉢ 탄소 - 탄소 사이에 자유로운 회전이 자유롭지 못하기 때문에 생기는 이성질체

㉣ cis형은 극성, trans형은 무극성 분자⇒극성인 cis형의 끓는점이 조금 더 높다.

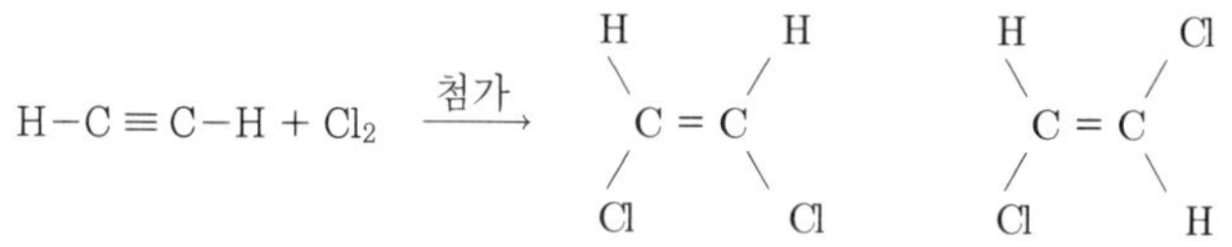

시스형 트랜스형

(4) 고리 모양의 포화 탄화수소 – 사이클로알케인

① 사이클로알케인(cycloalkane)

㉠ 탄소 원자 사이의 결합이 단일 결합만으로 이루어진 고리모양의 포화 탄화수소

㉡ 각 탄소의 중심각이 109.5°를 이루면서 입체 구조를 이루는 고리 모양의 포화 탄화수소(사이클로프로페인과 사이클로뷰테인을 제외)

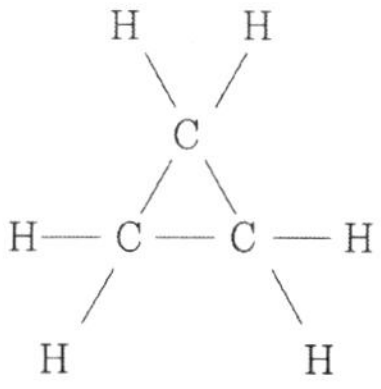
시클로프로판

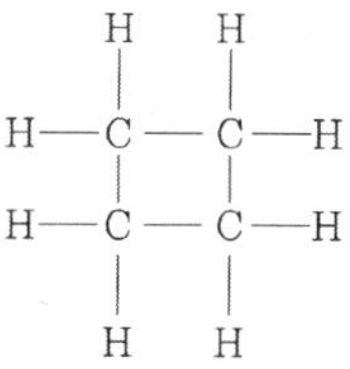
시클로부탄

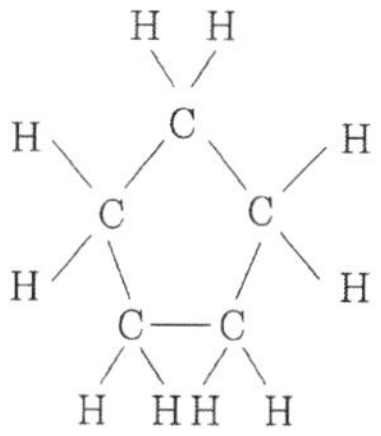
시클로펜탄

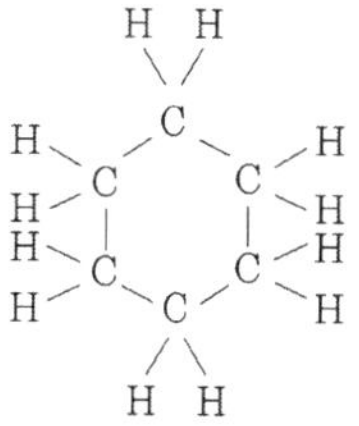
시클로헥산

② 사이클로헥세인(C_6H_{12})

㉠ 탄소 원자 사이의 결합이 단일 결합만으로 이루어진 고리모양의 포화 탄화수소

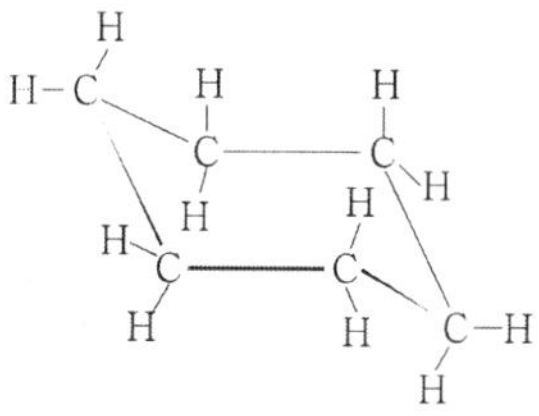

ⓒ 배 모양을 나타내는 보트형과 의자 모양을 나타내는 의자형의 두 구조를 가짐⇒이 중 좀 더 안정한 화합물은 의자형

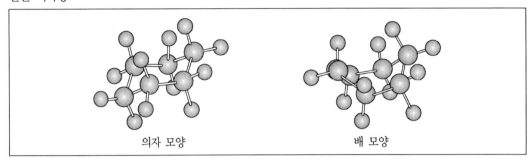

의자 모양   배 모양

③ 사이클로프로페인(C_3H_6)과 사이클로뷰테인(C_4H_8) … 각 탄소의 중심각이 각각 60°와 90°를 이루면서 구조적으로 불안정한 구조

(5) 고리 모양의 불포화 탄화수소 - 벤젠

① 독특한 냄새가 나는 방향족 탄화수소

② 벤젠의 공명 구조

   ⓐ 단일 결합과 2중 결합의 중간적 성질을 갖는 공명 구조

   ⓑ 탄소와 탄소 사이의 결합각이 120°인 고리 모양의 평면 구조

        (가)   (나)   (다)   (라)

(6) 고리 모양의 탄소 화합물

① 포도당(글루코스)

   ⓐ 박테리아, 균류, 식물, 동물 등 대부분 생명체의 에너지원으로 사용되는 중요한 화합물

   ⓑ 가장 널리 알려진 간단한 알코올

   ⓒ 5개의 탄소 원자는 한쪽으로 수소 원자(-H)와 결합을 이루고, 다른 쪽으로는 히드록시기(-OH)와 결합을 이루고 있는 구조

   ⓓ 두 가지의 고리 모양과 사슬 모양이 수용액 상태에서 평형을 이룸

② 녹말

   ⊙ α 포도당의 중합체

   ⓒ 식물의 탄수화물 저장원이고 사람의 소화 효소에 의해 분해

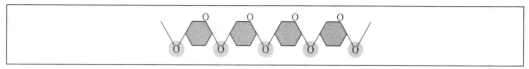

③ 셀룰로스(섬유소)

   ⊙ β 포도당의 중합체

   ⓒ 식물이나 목면과 같은 천연 섬유의 주요 구조 성분

   ⓒ 지구상에서 가장 풍부한 유기화합물이며, 광합성에 의해 매년 수십억 톤에 이르는 양이 생성

   ⓔ 사람은 셀룰로스를 분해할 수 있는 소화 효소가 없지만, 소나 양은 위장에 분해할 수 있는 박테리아가 있어 풀을 먹고도 살 수 있음

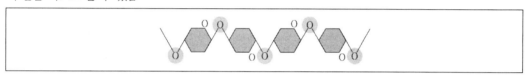

④ 녹말과 셀룰로스

   ⊙ 많은 수의 −OH(히드록시기)를 지니고 있는 알코올의 일종이며 서로 간에 또는 물과 많은 수의 수소 결합을 형성

   ⓒ 녹말과 셀룰로스는 포도당의 중합체로서, 포도당 단위체가 에테르 결합에 의해 물 분자가 빠져 나가면서 형성된 화합물

아름다운 분자세계

1 다음은 탄소의 동소체의 분자 구조를 나타낸 것이다.

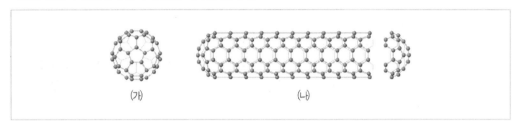

(가)   (나)

이에 대한 설명으로 옳은 것은?

① (가)는 물에 잘 녹지 않는다.

② (가)는 결합각이 120°보다 크다.

③ (가)보다 (나)가 먼저 발견되었다.

④ (가)와 (나)는 모두 전기 전도성이 없다.

⑤ (가)와 (나)에서 탄소 원자 사이는 모두 단일 결합이다.

TIP (가)는 풀러렌이고, (나)는 탄소 나노 튜브이다. 풀러렌과 탄소 나노 튜브는 모두 무극성 분사로 이루어졌으
며 물보다는 유기 용매에 용해된다.

2 다음 중 이온 결합에 대한 설명이 옳은 것은?

① 주기율표 1족과 2족 원소의 원자들 사이에 형성된다.

② 중성인 원자보다 양이온과 음이온의 에너지가 낮다.

③ 상온에서 대부분 고체 결정으로 존재한다.

④ 반대 종류의 전하를 띤 이온 사이에는 인력만 작용한다.

⑤ 이온의 전하량과 이온 반지름이 클수록 이온 결합력이 증가한다.

TIP 이온 결합은 금속 원소와 비금속 원소의 원자 사이에 전자가 이동하여 형성되므로 주기율표 1족과 2족 원
소의 원자 사이에는 이온 결합이 형성될 수 없다. 양이온과 음이온은 1쌍의 결합을 이루는 것이 아니라
이온 결정을 이루며 무한히 많은 이온 결합을 형성한 상태로 존재한다.

3 그림은 DNA의 이중 나선 구조를 나타낸 것이다.

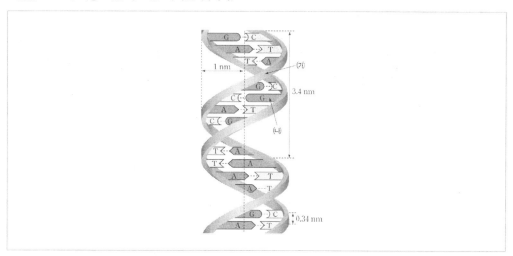

이에 대한 설명으로 옳은 것만을 〈보기〉에서 모두 고른 것은?

〈보기〉
㉠ (가)는 실타래처럼 엉켜서 유전 정보를 보호한다.
㉡ (가)는 당과 인산이 교대로 결합하고 있다.
㉢ (나)는 평면 구조를 이루고 있는 염기이다.

① ㉠   ② ㉡
③ ㉠㉢   ④ ㉡㉢
⑤ ㉠㉡㉢

TIP DNA는 2가닥의 분자가 이중 나선 구조를 이루며 꽈배기 모양으로 꼬여있고, 당과 인산의 골격 구조가 바깥쪽에 위치하고 평면 구조의 4개 염기가 안쪽에서 수소 결합을 이루고 있다.

⭐ **ANSWER**   1.①   2.③   3.④

4 그림은 어떤 화합물에 외부에서 힘을 가했을 때의 변화를 나타낸 모형이다.

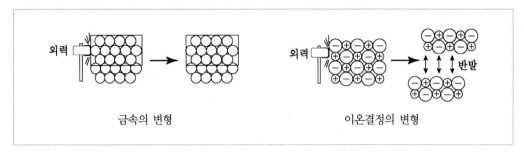

금속의 변형   이온결정의 변형

이러한 모형과 같은 종류의 화학 결합을 형성하고 있는 화합물을 모두 옳게 짝지은 것은?

〈보기〉

㉠ $MgCl_2$ ㉡ NH_4Cl
㉢ HF   ㉣ N_2O

① ㉠㉡   ② ㉠㉢
③ ㉡㉣   ④ ㉠㉡㉣
⑤ ㉡㉢㉣

TIP 외부에서 힘을 가했을 때 쉽게 부서지는 것은 이온 결합 화합물이다. HF와 N_2O는 비금속 원소로만 이루어진 것으로 보아서 공유 결합 화합물이다.

5 다음은 몇 가지 이온 결합 화합물의 이온 사이의 거리와 녹는점을 나타낸 것이다.

화합물	AX	AY	AZ	BY	CY	DY
이온 간 거리(pm)	207	255	270	278	314	371
녹는점(℃)	870	620	540	800	770	720

위의 자료로부터 BX, CY, DZ의 녹는점을 옳게 비교한 것은? (단, A, B, C, D는 임의의 1족 원소이고, X, Y, Z는 임의의 17족 원소이다.)

① BX < CY < DZ   ② CY < BX < DZ
③ CY < DZ < BX   ④ DZ < BX < CY
⑤ DZ < CY < BX

TIP 음이온의 반지름은 $X^- < Y^- < Z^-$이고, 양이온의 반지름은 $A^+ < B^+ < C^+ < D^+$이다. 따라서 BX, CY, DZ 에서 이온 사이의 거리는 BX < CY < DZ이며 녹는점은 이온 결합력이 클수록 높아지므로 DZ < CY < BX 의 순서로 높다.

6 그림은 이온 결합이 형성될 때 양이온과 음이온 사이의 핵간 거리와 에너지의 관계를 나타낸 것이다.

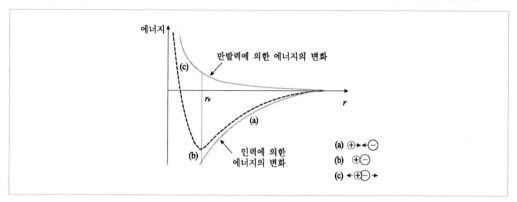

위의 자료에 대한 설명으로 옳은 것만을 〈보기〉에서 있는 대로 고른 것은?

〈보기〉
㉠ 핵간 거리가 가까워지면 인력이 감소한다.
㉡ 핵간 거리가 너무 가까워지면 반발력이 증가한다.
㉢ (c)는 이온 결합이 이루어진 가장 안정한 상태이다.

① ㉠   ② ㉡
③ ㉠㉢   ④ ㉡㉢
⑤ ㉠㉡㉢

TIP 양이온과 음이온 사이의 거리가 가까워지면 정전기적 인력이 증가하며, 일정 거리 이상 가까워지면 반발력이 증가한다. 이온 결합은 인력과 반발력의 합력이 최소가 되는 위치인 (b)에서 형성된다.

7 그림은 주기율표에 전기 음성도를 비교하여 나타낸 것이다.

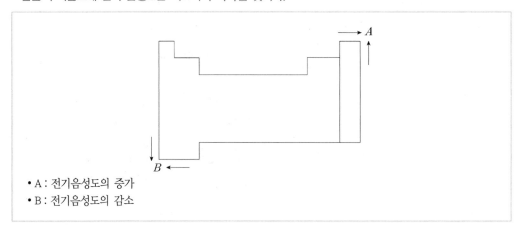

- A : 전기음성도의 증가
- B : 전기음성도의 감소

다음 중 설명이 옳지 않은 것은?

① 비금속성이 증가할수록 값이 크다.
② 같은 주기에서 원자 번호가 증가할수록 값이 크다.
③ 같은 족에서 원자 번호가 증가할수록 값이 작다.
④ 비활성 기체의 값이 가장 크다.
⑤ 원자가 공유 전자쌍을 끌어당기는 능력이다.

TIP 이온화 에너지나 전자 친화도가 큰 원자는 전자를 얻어 음이온이 되려는 성질이 강하므로 전기 음성도가 크다. 비금속성이 클수록 전자를 받아들이기 쉬우므로 전기 음성도가 크며 주기율표의 같은 주기에서는 오른쪽으로 갈수록 커지고, 같은 족에서는 아래쪽으로 갈수록 작아진다.

8 그림은 공유 결합 화합물에서 공유 전자쌍과 비공유 전자쌍을 구별하여 나타낸 것이다.

$$H\cdot \ + \ \cdot \ddot{\underset{\cdot\cdot}{F}}: \ \longrightarrow \ H : \ddot{\underset{\cdot\cdot}{F}}:$$

공유 전자쌍
비공유 전자쌍

다음 화합물 중에서 비공유 전자쌍의 개수가 가장 많은 것은?

① CH_4 ② H_2O
③ NF_3 ④ N_2
⑤ C_2H_4

TIP 비공유 전자쌍은 원자가전자 중 공유되지 않고 어느 한 쪽 원자에 속한 전자쌍이다. CH_4와 C_2H_4는 비공유 전자쌍이 0이고, H_2O와 N_2는 2쌍, NF_3는 9쌍이다. 따라서 비공유 전자쌍의 개수가 가장 많은 것은 NF_3이다.

9 그림은 몇 가지 원자에 대하여 보어의 원자 모형에 따른 전자 배치를 나타낸 것이다.

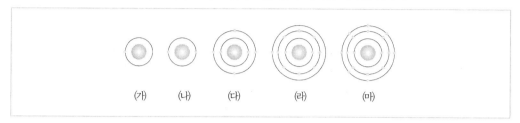

(가)   (나)   (다)   (라)   (마)

다음 중 공유 결합을 이룰 수 있는 원자를 옳게 짝지은 것은?

① (가)와 (나)   ② (가)와 (라)
③ (나)와 (다)   ④ (다)와 (마)
⑤ (라)와 (마)

🌸 TIP 공유 결합은 비금속 원소의 원자 사이에 전자쌍을 공유하여 형성된다. (가)는 수소, (다)는 탄소, (마)는 염소로
서 공유 결합을 형성할 수 있다.

10 표는 A, B, C, D 원자의 전자 배치와 원자 반지름을 나타낸 것이다.

원자	전자 배치			원자반지름(nm)
	K	L	M	
A	2	6		0.066
B	2	7		0.064
C	2	8	1	0.186
D	2	8	2	0.160

다음 중 설명이 옳지 않은 것은?

① A와 B 원자는 공유 결합을 형성한다.
② C와 D는 전자를 잃고 안정한 양이온이 된다.
③ A와 C의 화합물은 화학식이 C2A이다.
④ B와 D의 안정한 이온은 전자 배치가 같다.
⑤ A와 D의 화합물보다 B와 C의 화합물의 녹는점이 높다.

🌸 TIP 이온 사이의 거리가 가깝고 전하량이 클수록 이론 결합력이 커서 녹는점이 높아진다. A와 D 화합물은 B
와 C화합물보다 이온의 전하량이 크므로 녹는점이 높다.

⭐ ANSWER 7.④ 8.③ 9.④ 10.⑤

11 그림은 몇 가지 분자의 구조를 나타낸 모형이다.

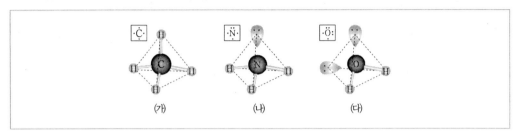

(가)   (나)   (다)

다음 중 (가)~(나)에 대한 설명으로 옳지 않은 것은?

① (가)는 무극성 분자이다.

② 결합각은 (나) > (다)이다.

③ (나)는 물에 잘 녹지 않는다.

④ (다)는 전기장의 영향을 받지 않는다.

⑤ (나)는 (다)는 모든 원자가 같은 평면에 있다.

TIP (가)는 정사면체 구조이고, 결합각이 $109.4°$인 무극성 분자이다.
(나)는 삼각뿔 구조로서 결합각이 $107°$이고 극성 분자이므로 물에 잘 녹는다.
(다)는 결합각이 $104.5°$이고 극성 분자이다. 극성인 (나)와 (다)는 전기장의 영향을 받는다.

12 표는 몇 가지 분자에 대하여 중심 원자 주위의 전자쌍 수와 분자 구조를 나타낸 것이다.

분자식	BeH_2	BH_3	CH_4	NH_3	H_2O
전자쌍 개수	2	3	4	4	4
분자 구조	직선형	정삼각형	정사면체	삼각뿔	굽은형

다음 중 설명이 옳은 것을 〈보기〉에서 모두 고른 것은?

〈보기〉
㉠ 중심 원자에 전자쌍이 많으면 결합각이 커진다.
㉡ BH_3의 전자 배치는 옥텟 규칙을 만족시킨다.
㉢ CCl_4는 CH_4와 분자 구조가 같다.

① ㉠

② ㉢

③ ㉠㉡

④ ㉡㉢

⑤ ㉠㉡㉢

TIP 3개 이상의 원자로 이루어진 분자의 입체적인 모양은 중심 원자 주위의 공유 전자쌍과 비공유 전자쌍의 반발에 의해 결정되는데 공유 전자쌍과 비공유 전자쌍의 개수가 같으면 분자의 모양이 일치한다.

13 다음은 몇 가지 원소의 전기 음성도를 나타낸 것이다. (단, A ∼ D는 임의의 원소 기호이다.)

원소	A	B	C	D
전기 음성도	2.0	3.5	0.9	2.5

위의 원소로 이루어진 화합물에서 극성이 가장 작은 결합(가)와 이온 결합성이 가장 큰 결합(나)를 옳게 짝지은 것은?

	(가)	(나)		(가)	(나)
①	A-B	B-C	②	A-D	B-C
③	A-B	C-D	④	B-D	C-D
⑤	A-D	B-D			

🌸 **TIP** A와 D는 전기 음성도 차가 0.5로서 가장 작기 때문에 극성이 가장 작은 결합이며, 전기 음성도 차가 가장 큰 것은 2.6의 차이를 보이는 B와 C이므로 이온 결합성이 가장 큰 것은 B와 C의 결합이다.

14 그림은 전기장을 걸어주기 전과 후에 분자의 배열을 비교하여 나타낸 것이다.

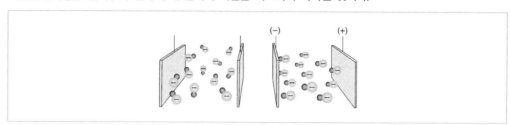

위와 같은 특징을 나타내는 물질을 모두 옳게 짝지은 것은?

〈보기〉

㉠ H_2O ㉡ CH_4
㉢ NH_3 ㉣ CO_2
㉤ BF_3 ㉥ SO_2

① ㉠㉣	② ㉡㉥
③ ㉠㉡㉤	④ ㉠㉢㉥
⑤ ㉢㉣㉥	

🌸 **TIP** 전기장의 영향을 받는 것은 극성 분자이다. H_2O와 SO_2는 굽은형 구조이며, NH_3는 삼각뿔형 분자 구조를 하고 있는 극성 분자이다.

⭐ **ANSWER** 11.④ 12.② 13.② 14.④

15 그림은 메탄과 염소의 반응에서 생성된 두 화합물의 구조를 나타낸 것이다.

$$
\begin{array}{cc}
\begin{array}{c} H \\ | \\ Cl-C-Cl \\ | \\ H \end{array} &
\begin{array}{c} Cl \\ | \\ Cl-C-Cl \\ | \\ Cl \end{array} \\
(가) & (나)
\end{array}
$$

다음 중 (가)와 (나) 물질을 구별할 수 있는 방법으로 옳은 것만을 〈보기〉에서 있는 대로 고른 것은?

〈보기〉

㉠ 끓는점을 비교한다.
㉡ 물에 대한 용해도를 비교한다.
㉢ 액체 상태에서의 밀도를 비교한다.

① ㉠   ② ㉢
③ ㉠㉡   ④ ㉡㉢
⑤ ㉠㉡㉢

TIP (가)와 (나)는 중심의 탄소 원자 주위에 공유 전자쌍이 4개 존재하므로 정사면체 구조를 이루고 있으며, (가)는 극성, (나)는 무극성 분자이다.

16 다음은 어떤 탄화수소의 구조식이다.

$$
\begin{array}{c} H \\ | \\ H-C-H \\ | \\ H \end{array}
$$

탄화수소에 대한 〈보기〉의 설명 중 옳은 것을 모두 고른 것은?

〈보기〉

㉠ 일반식이 C_nH_{2n+2}인 탄화수소에 해당된다.
㉡ 모든 원자들은 자유롭게 회전할 수 있다.
㉢ 평면 구조이다.

① ㉠   ② ㉡
③ ㉠㉡   ④ ㉡㉢
⑤ ㉠㉡㉢

TIP 가장 간단한 알케인(C_nH_{2n+2})인 메테인의 구조식이다. 메테인 분자는 정사면체의 기하학적 구조를 가지며, 원자 간 결합이 모두 단일 결합이므로 각 원자들의 회전이 자유롭다.

17 다음 중 탄소 화합물로 이루어진 물질이 아닌 것은?

① 빵

② 비누

③ 양말

④ 유리병

⑤ 가솔린

TIP 유리병의 주요 성분은 이산화규소(SiO_2)이므로 탄소 화합물이 아니다.

18 다음의 두 화합물에 대한 〈보기〉의 설명 중 옳은 것을 모두 고른 것은?

(가)   (나)

〈보기〉

㉠ (가)와 (나)의 분자식은 같다.

㉡ (가)와 (나)의 물리적 성질은 같다.

㉢ (가)와 분자식이 같으면서 고리 구조인 화합물이 존재한다.

① ㉠

② ㉡

③ ㉠㉢

④ ㉡㉢

⑤ ㉠㉡㉢

TIP (가)는 노말뷰테인, (나)는 아이소뷰테인이다. 이들은 분자식은 같지만 구조가 달라서 물리적 성질이 다르다. 이와 같은 화합물을 구조 이성질체라고 한다. (가)와 분자식이 같으면서 고리 모양인 화합물은 존재하지 않는다.

⭐ **ANSWER**　 15.③　16.③　17.④　18.①

19 다음에서 설명하는 탄화수소의 분자식으로 적절한 것은?

- 탄소 원자 사이에 이중 결합이 있다.
- 모든 원자가 같은 평면상에 존재한다.
- 사슬 모양의 구조이다.

① C_2H_2

② C_2H_4

③ C_2H_6

④ C_3H_6

⑤ C_6H_6

> **TIP** 탄소 원자 사이에 이중 결합이 있는 화합물은 알켄이며, 일반식은 CnH_2n이다. 그 중 모든 원자가 한 평면상에 존재하는 것은 탄소 2개로 이루어진 에텐(C_2H_4)이다.

20 다음은 방충제로 이용되는 탄화수소의 구조식이다.

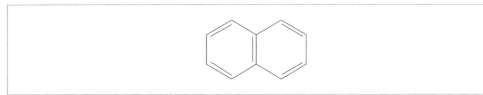

이 화합물에 대한 〈보기〉의 설명 중 옳은 것을 모두 고른 것은?

〈보기〉

㉠ 방향족 화합물이다.

㉡ 분자식은 $C_{10}H_6$이다.

㉢ 분자 내 5개의 이중 결합이 있다.

① ㉠

② ㉡

③ ㉠㉢

④ ㉡㉢

⑤ ㉠㉡㉢

> **TIP** 나프탈렌은 승화성이 있는 흰색 고체로 방충제, 염료의 원료 등에 쓰인다. 벤젠과 같은 방향족 화합물로 공명구조를 가진다. 분자식은 $C_{10}H_8$이다.

21 그림은 탄소로 이루어진 물질의 입자 배열을 나타낸 것이다.

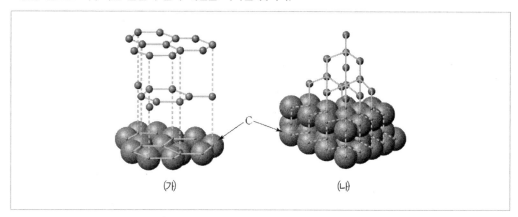

위의 (가)와 (나)의 공통점에 대한 설명으로 옳은 것은?

① 힘을 가하면 얇은 판 모양으로 만들 수 있다.
② 원자 사이에 공유 결합을 형성하고 있다.
③ 녹는점이 비교적 낮은 편이다.
④ 상온에서 쉽게 승화된다.
⑤ 전기 전도성을 갖는다.

✿ TIP (가)는 흑연, (나)는 다이아몬드의 입자 배열을 나타낸 것이다. 흑연과 다이아몬드는 모두 탄소 원자들이 공유 결합을 형성하고 있으며, 흑연은 전기 전도성이 있지만 다이아몬드는 전기 전도성이 없다.

22 그림은 어떤 고체 물질 X의 성질을 알아보기 위한 실험결과를 나타낸 것이다.

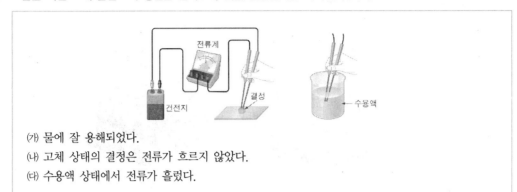

(가) 물에 잘 용해되었다.
(나) 고체 상태의 결정은 전류가 흐르지 않았다.
(다) 수용액 상태에서 전류가 흘렀다.

위의 물질 X에 대한 설명으로 옳은 것만을 〈보기〉에서 있는 대로 고른 것은?

〈보기〉

㉠ 승화성 물질이다.
㉡ 분자로 구성된 물질이다.
㉢ 외부에서 힘을 가하면 쉽게 부서진다.

① ㉠
② ㉢
③ ㉠㉡
④ ㉡㉢
⑤ ㉠㉡㉢

TIP 이온 결합 화합물은 고체 상태에서는 이온들이 이동할 수 없어서 전류가 흐르지 않고, 외부에서 힘을 가하면 쉽게 부서진다.

23 그림은 염화나트륨을 나타낸 모형이다.

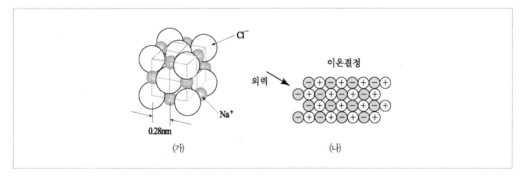

이에 대한 설명으로 옳지 않은 것은?

① 외부에서 힘을 가하면 (가)→(나)로 변화된다.
② (가)는 녹는점이 높은 고체이다.
③ (가)는 전기적으로 중성인 상태이다.
④ (나)는 이온이 자유롭게 이동한다.
⑤ (나)에서 전류를 흘려주면 염화나트륨이 분해된다.

TIP (가)는 고체, (나)는 액체 상태의 염화나트륨을 나타낸다. 외부에서 힘을 가해서 (가)→(나)의 상태 변화가 일어 나는 것은 아니며, 염화나트륨은 이온 결정으로서 녹는점이 높고, 양이온과 음이온의 전하량의 총합은 0 이어서 전기적으로 중성인 상태이다. 액체 상태의 염화나트륨은 이온이 자유롭게 이동하여 전기 전도성을 갖는다.

24 그림은 이온 결합이 형성될 때 이온 사이의 거리(r)에 따른 에너지 변화를 나타낸 것이다.

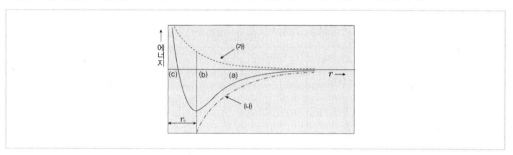

이에 대한 설명으로 옳은 것을 〈보기〉에서 모두 고른 것은?

〈보기〉
㉠ (가)는 반발력의 크기를 나타낸다.
㉡ 이온 사이의 거리가 가까울수록 인력이 감소한다.
㉢ 인력과 반발력에 의한 에너지가 가장 낮은 지점에서 이온 결합이 형성된다.

① ㉡   ② ㉢
③ ㉠㉡   ④ ㉡㉢
⑤ ㉠㉡㉢

TIP (가)는 반발력에 의한 에너지의 변화를 나타내고, (나)는 인력에 의한 에너지의 변화를 나타낸다. 이온 사이 의 거리가 가까워지면 인력이 증가하면서 에너지가 낮아져 안정해지며, 인력과 반발력이 균형을 이루는 가장 안정한 위치에서 이온 결합이 형성된다.

ANSWER   **22.**②   **23.**①   **24.**②

25 표는 어떤 금속 원자 M의 순차적 이온화 에너지를 나타낸 것이다.

순차적 이온화 에너지(kJ/mol)	E_1	E_2	E_3	E_4	E_5
	496	4562	6912	9543	13353

위의 금속 M의 염화물에 대하여 화학식이 옳은 것은?

① MCl
② MCl_2
③ MCl_3
④ M_2Cl_3
⑤ M_2Cl_5

TIP 금속 M의 순차적 이온화 에너지가 $E_1 \ll E_2 < E_3 < E_4 < E_5$이므로 금속 M은 주기율표 1족 원소이며 전자 1개를 잃고 안정한 양이온이 된다. 염소는 17족 원소로서 전자 1개를 얻고 안정한 음이온이 된다. 따라서 금속 M의 염화물은 화학식이 MCl이다.

26 표는 몇 가지 이온 결합 화합물에서 이온 사이의 거리와 녹는점을 비교한 것이다.

화학식	이온 사이의 거리(pm)	녹는점(℃)	화학식	이온 사이의 거리(pm)	녹는점(℃)
NaF	231	993	MgO	210	2853
NaCl	276	801	CaO	240	2614
NaBr	291	747	SrO	253	2430
NaI	311	661	BaO	275	1923

위의 자료에 대한 해석으로 옳은 것은?

① 양이온의 반지름은 $Ba^{2+} < Sr^{2+} < Ca^{2+} < Mg^{2+}$의 순서로 크다.
② 음이온의 반지름은 $I^- < Br^- < Cl^- < F^-$의 순서로 크다.
③ 이온 사이의 거리가 멀수록 이온 결합력이 크다.
④ 이온의 전하량이 작을수록 이온 결합력이 크다.
⑤ 이온 사이의 거리가 가깝고, 이온의 전하량의 클수록 녹는점이 높다.

TIP 같은 족 원소는 원자 번호가 클수록 원자 반지름이 증가하므로 양이온과 음이온의 반지름도 주기율표의 아래쪽에 있는 원소의 원자로 이루어진 경우에 크다. 녹는점은 이온 결합력이 클수록 높아지며 이온 사이의 거리가 가깝고 이온의 전하량이 클수록 이온 결합력이 증가한다.

27 그림은 수소 원자 사이에 공유 결합이 형성될 때 핵간 거리에 따른 에너지 변화를 나타낸 것이다.

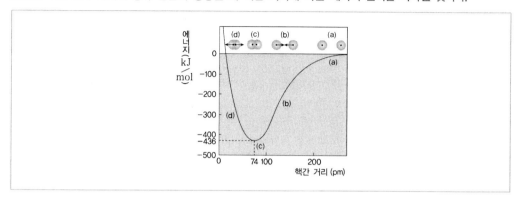

위의 자료에 대한 설명으로 옳은 것만을 〈보기〉에서 있는 대로 고른 것은?

〈보기〉

㉠ 수소 원자가 공유 결합을 형성할 때 에너지를 방출한다.
㉡ (b)지점보다 (d)지점에서 인력이 크다.
㉢ (c)지점의 깊이는 공유 결합력이 클수록 증가한다.

① ㉡　　　　　　　　　　　　　　② ㉢
③ ㉠㉡　　　　　　　　　　　　　④ ㉠㉢
⑤ ㉠㉡㉢

TIP 수소 원자 사이에 공유 결합이 형성되는 위치는 (c)지점이며, (d)지점은 원자 사이의 거리가 너무 가까워서 반발력의 영향이 커서 불안정한 상태이다.

★ **ANSWER**　25.①　26.⑤　27.④

28 그림은 몇 가지 원자에 대하여 원자가 전자를 루이스 전자점식으로 나타낸 것이다.

$$\cdot \dot{A} \cdot \quad \cdot \dot{B} \cdot \quad \cdot \ddot{C} \cdot \quad \cdot \ddot{D} :$$

이에 대한 설명으로 옳은 것만을 〈보기〉에서 있는 대로 고른 것은? (단, A ~ D는 임의의 원소 기호이다.)

〈보기〉
㉠ A와 B의 수소 화합물은 무극성 분자이다.
㉡ C와 D의 화합물은 이온 결합성이 크다.
㉢ C의 수소 화합물이 D의 수소 화합물보다 결합각이 크다.

① ㉡
② ㉢
③ ㉠㉡
④ ㉠㉢
⑤ ㉠㉡㉢

TIP 원자가 전자 수는 족 수의 끝자리와 일치하므로 A는 붕소(B), B는 탄소(C), C는 질소(N), D는 산소(O)를 나타내며, 중심 원자 주위의 비공유 전자쌍이 많을수록 결합각이 작아진다.

29 표는 몇 가지 화합물의 녹는점과 끓는점, 전기 전도성을 비교한 것이다.

화합물	녹는점(℃)	끓는점(℃)	전기 전도성	
			고체	액체
A	801	1465	(가)	있다
B	858	1502	없다	있다
C	(나)	-253	없다	(다)
D	1420	2350	없다	없다

이에 대한 설명으로 옳지 않은 것은?

① (가)에 알맞은 말은 '없다'이다.
② (다)에 알맞은 말은 '없다'이다.
③ A와 B는 이온 결합성 물질이다.
④ C는 분자로 이루어진 물질이다.
⑤ D는 승화성이 있는 물질이다.

TIP A와 B는 이온 결합 물질이고, C와 D는 공유 결합 물질이다. 이온 결합 물질은 고체 상태에서는 전기 전도성이 없고, 액체 상태에서는 전기 전도성이 있으며, 공유 결합 물질은 고체와 액체 상태에서 모두 전기 전도성이 없다. D는 녹는점과 끓는점이 매우 높은 것으로 보아서 원자들이 그물 구조를 이루며 거대한 결정 구조를 이루고 있는 물질이다.

30 다음은 몇 가지 분자의 루이스 전자점식과 분자 구조를 나타낸 것이다.

분자	루이스 전자점식	분자 구조
A	 H H:B F	평면 삼각형
B	 F F:B F	평면 삼각형
C	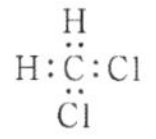 H H:C:Cl Cl	사면체형
D	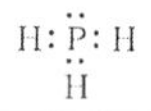 H:P:H H	삼각뿔형

위의 자료에 대한 해석으로 옳은 것을 〈보기〉에서 모두 고른 것은?

〈보기〉
ⓐ 중심 원자에 결합한 원자의 종류가 다르면 극성이 달라진다.
ⓑ 중심 원자 주위의 전자쌍의 총수가 같으면 분자 모양이 같다.
ⓒ 중심 원자 주위의 비공유 전자쌍에 의해 분자의 모양이 달라진다.

① ⓑ

② ⓒ

③ ⓐⓑ

④ ⓐⓒ

⑤ ⓐⓑⓒ

🌸 **TIP** 분자의 모양은 중심 원자를 둘러싸고 있는 전자쌍이 서로 멀리 떨어져 있으려는 반발력에 의해 결정되는데 비공유 전자쌍의 공간 분포가 공유 전자쌍보다 크기 때문에 비공유 전자쌍에 의한 반발력이 더 커서 분자의 모양을 다르게 변형시킨다.

⭐ **ANSWER** 28.④ 29.⑤ 30.④

31 그림은 2주기와 3주기 원소에 대하여 루이스 전자점식을 나타낸 것이다.

족\주기	1	2	13	14	15	16	17	18
2	Li·	Be·	·B·	·C·	·N:	·O:	:F:	:Ne:
3	Na·	Mg·	·Al·	·Si·	·P:	·S:	:Cl:	:Ar:

다음 중 옥텟 규칙이 적용되지 않는 화합물은?

① H_2O ② Cl_2

③ BF_3 ④ PCl_3

⑤ H_2S

TIP 공유 결합은 전자쌍을 공유한 상태에서 옥텟 규칙에 따른 전자 배치가 형성된다. Be는 원자가가 2이고, B는 원자가가 3이므로 공유 결합을 형성해도 옥텟 규칙에 적용되지 못한다.

32 그림은 BF_3의 분자 구조를 표시하기 위하여 나타낸 모형이다.

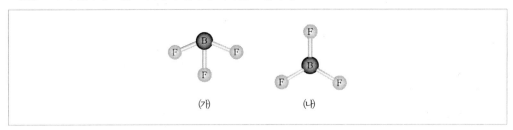

(가)   (나)

다음 중 (가)와 (나) 중에서 BF_3의 분자 구조를 결정하기 위해 필요한 과정으로 타당한 것은?

① 상태 변화에 따른 밀도 변화를 비교한다.

② 전기장에서의 배열을 비교한다.

③ 연소 생성물을 비교한다.

④ 분자량을 비교한다.

⑤ 반응성을 비교한다.

TIP (가)는 삼각뿔, (나)는 평면 삼각형 구조이다. 따라서 (가)의 분자 구조를 하고 있다면 극성, (나)의 분자 구조를 하고 있다면 무극성을 나타낼 것이다. BF_3 분자가 극성이라면 전기장에서 일정한 방향으로 배열될 것이고, 무극성이라면 전기장의 영향을 받지 않을 것이다.

33 다음은 몇 가지 화합물의 분자 구조에 대한 자료이다.

분자식	BeH_2	BH_3	CH_4	NH_3	H_2O
공유 전자쌍수	2	3	4	3	2
비공유 전사쌍 수	0	0	0	1	2
분자 구조	직선형	삼각형	정사면체	삼각뿔형	굽은형

위의 자료로 볼 때 옥소늄 이온(H_3O^+)(가)과 암모늄 이온(NH_4^+)(나)의 구조를 옳게 짝지은 것은?

	(가)	(나)			(가)	(나)
①	정삼각형	삼각뿔형		②	정사면체	삼각뿔형
③	삼각뿔형	정사면체		④	정사면체	정삼각형
⑤	삼각뿔형	정삼각형				

🌸 **TIP** 옥소늄 이온은 중심 원자 주위에 공유 전자쌍 3개와 비공유 전자쌍 1개가 존재하며, 암모늄 이온은 공유 전자쌍 4개가 존재한다.

34 다음은 분자 구조와 물질의 성질 사이의 관계를 알아보기 위해 조사한 자료이다.

물질	A	B	C	D
비공유 전자쌍의 개수	2	1	0	0
분자의 모양	굽은형	삼각뿔형	평면 삼각형	직선형

위의 자료에 대한 설명으로 옳은 것만을 〈보기〉에서 있는 대로 고른 것은?

〈보기〉

㉠ A와 B는 극성 용매에 잘 섞인다.
㉡ B와 C는 중심 원자 주위의 전자쌍 수가 같다.
㉢ C와 D는 전기장의 영향을 받지 않는다.

① ㉠
② ㉡
③ ㉠㉡
④ ㉠㉢
⑤ ㉠㉡㉢

🌸 **TIP** 전자쌍 반발 이론에 의하면 중심 원자 주위의 전체 전자쌍의 개수가 같아도 비공유 전자쌍의 개수에 따라 분자의 구조가 달라지며, 극성 공유 결합으로 이루어진 분자라도 분자의 모양이 대칭 구조를 이루는 경우에는 무극성을 나타낸다.

⭐ **ANSWER** 31.③ 32.② 33.③ 34.④

35 다음은 서로 다른 화합물 (가)와 (나)의 분자 모형과 성질을 비교하여 나타낸 것이다.

구분	(가)	(나)
분자 모형		
녹는점(℃)	−114.3	−116.3
끓는점(℃)	78.4	−34.6

위의 (가)와 (나)에 대한 설명으로 옳은 것만을 〈보기〉에서 있는 대로 고른 것은?

〈보기〉

㉠ (가)와 (나)는 모두 극성 분자이다.
㉡ 물에 대한 용해도는 (가) > (나)이다.
㉢ 끓는점이 (가) > (나)인 것은 분자량 때문이다.

① ㉠　　　　　　　　　　② ㉢
③ ㉠㉡　　　　　　　　　④ ㉡㉢
⑤ ㉠㉡㉢

🏅 **TIP** (가)와 (나)는 모두 극성 분자이지만 쌍극자 모멘트는 (가) > (나)이며, (가)는 (나)보다 극성이 크다. (가)와 (나)를 구성하는 원자의 종류와 개수가 모두 같으므로 분자량이 서로 같다.

36 탄소 화합물에 대한 〈보기〉의 설명 중 옳은 것을 모두 고른 것은?

〈보기〉

㉠ 탄소가 탄소나 다른 원소들과 공유 결합하여 만들어진 화합물이다.
㉡ 분자식은 같지만 구조식이 다른 화합물이 존재한다.
㉢ 사람의 몸을 구성하는 단백질의 기본 단위인 아미노산은 탄소 화합물이다.

① ㉠　　　　　　　　　　② ㉡
③ ㉠㉢　　　　　　　　　④ ㉡㉢
⑤ ㉠㉡㉢

🏅 **TIP** 탄소가 탄소나 다른 원소들과 공유 결합하여 만들어진 화합물을 탄소 화합물이라고 한다. 탄소 화합물 중에는 분자식은 같지만 구조식이 다른 화합물이 존재하며, 사람의 몸을 구성하는 단백질의 기본 단위인 아미노산은 탄소 화합물이다.

37 다음은 몇 가지 탄화수소의 구조식이다.

$$
\underset{(가)}{\text{H}-\overset{\overset{\text{H}}{|}}{\underset{\underset{\text{H}}{|}}{\text{C}}}-\overset{\overset{\text{H}}{|}}{\underset{\underset{\text{H}}{|}}{\text{C}}}-\text{H}
\qquad
\underset{(나)}{\overset{\text{H}}{\underset{\text{H}}{}}\text{C}=\text{C}\overset{\text{H}}{\underset{\text{H}}{}}}
\qquad
\underset{(다)}{\text{H}-\text{C}\equiv\text{C}-\text{H}}
$$

(가), (나), (다)에 대한 〈보기〉의 설명 중 옳은 것을 모두 고른 것은?

〈보기〉

㉠ (가), (나), (다) 모두 포화 탄화수소이다.
㉡ 탄소 원자 사이의 결합 길이는 (다)가 가장 짧다.
㉢ 화합물은 구성하는 각 원자들의 회전이 자유로운 것은 (가)와 (나)뿐이다.

① ㉠
② ㉡
③ ㉠㉢
④ ㉡㉢
⑤ ㉠㉡㉢

TIP (가)는 에테인, (나)는 에텐, (다)는 에타인의 구조식이다. (가)는 포화 탄화수소이며, 단일 결합으로만 이루어져 있어 각 원자들의 회전이 자유롭다. (나)와 (다)는 불포화 탄화수소이며, 이중, 삼중 결합을 가지고 있다. 삼중 결합을 하는 (다)의 경우, 탄소 원자 사이의 결합 길이가 가장 짧다.

38 다음 구조식을 가진 화합물에 대한 설명으로 옳은 것은?

$$
\text{H}-\overset{\overset{\text{H}}{|}}{\underset{\underset{\text{H}}{|}}{\text{C}}}-\overset{\overset{\text{H}}{|}}{\text{C}}=\overset{\overset{\text{H}}{|}}{\text{C}}-\text{H}
$$

① 포화 탄화수소이다.
② 구조 이성질체가 존재한다.
③ 모든 결합각은 109.5°이다.
④ 모든 원자가 한 평면에 존재한다.
⑤ 탄소 원자 간 결합 길이가 모두 같다.

TIP 분자 내 이중 결합을 포함하는 화합물이므로 불포화 탄화수소에 해당된다. 이 화합물은 입체 구조이며, 고리 모양의 구조 이성질체가 존재한다. 이중 결합이 있으므로 모든 결합각은 같지 않으며, 탄소 원자 간 결합 길이도 같지 않다.

⭐ **ANSWER** 35.③ 36.⑤ 37.② 38.②

39 다음은 벤젠과 사이클로헥세인의 구조식이다.

벤젠   사이클로헥세인

벤젠과 사이클로헥세인에 대한 〈보기〉의 설명 중 옳은 것을 모두 고른 것은?

〈보기〉
㉠ 사이클로헥세인의 분자량은 벤젠의 2배이다.
㉡ 사이클로헥세인의 수소 원자 수는 벤젠의 2배이다.
㉢ 벤젠은 평면 구조이고 사이클로헥세인은 입체 구조이다.

① ㉠   ② ㉡
③ ㉠㉢   ④ ㉡㉢
⑤ ㉠㉡㉢

TIP 벤젠과 사이클로헥세인의 분자식은 각각 C_6H_6, C_6H_{12}이다. 따라서 사이클로헥세인을 이루는 수소 원자 수는 벤젠을 이루는 수소 원자 수의 2배이다. 그러나 사이클로헥세인의 분자량은 $12.01 \times 6 + 1.01 \times 12 = 84.18$이고, 벤젠의 분자량은 $12.01 \times 6 + 1.01 \times 6 = 78.12$이므로 사이클로헥세인의 분자량은 벤젠의 2배가 아니다. 벤젠은 평면 구조이고 사이클로헥세인은 입체 구조이다.

40 다음의 기준으로 탄화수소를 분류했을 때, D로 분류되는 화합물의 구조식으로 적절한 것은?

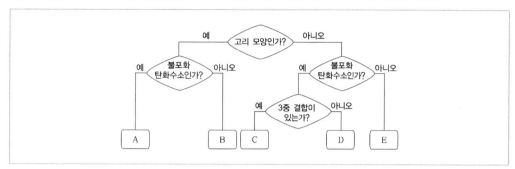

①

H−C≡C−H

②
H H H
| | |
H−C−C−C−H
| | |
H H H

③
H H H H H H
| | | | | |
H−C−C=C−C−C−H
| | |
H H H H

④ 육각 고리 구조 (포화 탄화수소)

⑤ 육각 고리 구조 (이중 결합 포함)

TIP D는 사슬 모양의 불포화 탄화수소이면서 이중 결합을 포함하는 화합물이다.
①은 C, ②는 E, ④는 B, ⑤는 A에 해당한다.

닮은꼴 화학 반응

SECTION 1 산소는 산화-환원 반응과 어떤 관계가 있을까?

(1) 산소와 결합하는 산화 반응

① 산화 반응 … 어떤 원자가 산소와 결합하는 반응

② 산화 반응의 종류

  ㉠ 호흡

    • $C_6H_{12}O_6 + 6O_2 \rightarrow 6CO_2 + 6H_2O$

    • 포도당의 탄소원자는 산화

  ㉡ 연료의 연소 : 탄소는 산화되어 이산화탄소가 됨

    • $C + O_2 \rightarrow CO_2$

    • 도시가스 메테인 연소

    • $CH_4 + 2O_2 \rightarrow CO_2 + 2H_2O$

  ㉢ 철의 부식

    • $4Fe + 3O_2 \rightarrow 2Fe_2O_3$

    • 철이 산화하여 산화철 형성

(2) 산소가 분리되는 환원 반응

① 환원 반응 … 산소가 떨어져 나가서 원래 상태로 분리되는 반응

② 철의 제련 … $2Fe_2O_3 + 3C \rightarrow 4Fe + 3CO_2$

③ 산화구리(Ⅱ)와 탄소의 반응 … $2CuO(s) + C(s) \rightarrow 2Cu(s) + CO_2(g)$

  검은색 산화구리(Ⅱ)와 탄소를 함께 넣고 가열하면 산화구리(Ⅱ)는 산소를 잃고 구리로 환원되고, 이와 동시에 탄소는 산소를 얻어 이산화탄소로 산화됨

④ 산화-환원 반응은 항상 동시에 일어남

SECTION 2 · 산화-환원 반응에서 전자는 어떻게 이 동할까?

(1) 산화-환원 반응과 전자의 이동

① 산소는 전자를 끌어당기는 성질이 큰 원소이기 때문에 어떤 물질이 산소와 결합하여 산화되면 전자를 잃게 됨

② 산화 … 전자를 잃는 것

③ 환원 … 전자를 얻는 것

④ 마그네슘과 황의 반응
  ㉠ 산화 반응 : $Mg \rightarrow Mg^{2+} + 2e^-$
  ㉡ 환원 반응 : $S + 2e^- \rightarrow S^{2-}$
  ㉢ 전체 반응 : $Mg(s) + S(s) \rightarrow MgS(s)$

⑤ 수소와 질소의 반응
  ㉠ $3H_2 + N_2 \rightarrow 2NH_3$

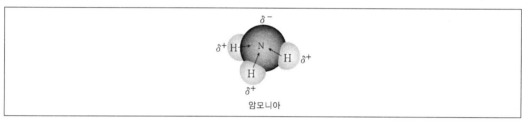

암모니아

  ㉡ 전기음성도가 큰 질소 쪽으로 공유전자쌍이 치우쳐 질소는 부분적인 음전하를 수소는 부분적인 양전하를 띠게 됨
  ㉢ 수소는 산화되고, 질소는 환원된 것

⑥ 질산은 수용액과 구리판의 반응
  ㉠ 산화 반응 : $Cu(s) \rightarrow Cu^{2+}(aq) + 2e^-$
  ㉡ 환원 반응 : $2Ag + (aq) + 2e^- \rightarrow 2Ag(s)$
  ㉢ 전체반응 : $2Ag + (aq) + Cu(s) \rightarrow 2Ag(s) + Cu^{2+}(aq)$

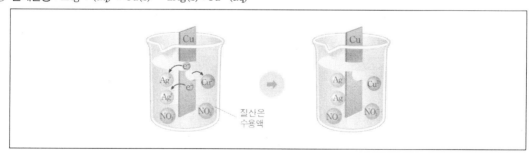

(2) 금속의 부식과 전자의 이동

① 철의 부식에 영향을 주는 요인

　　㉠ 공기(산소)와 수분

실험	철못 물	염화칼슘	기름 끓여서 식힌 물	철못 소금물
철못의 녹슨 정도	녹이 많이 생김	녹이 조금 생김	녹이 조금 생김	녹이 가장 많이 생김

　　㉡ 전해질 수용액은 전기 전도도를 증가시키므로 철의 부식이 빠르게 진행

② 금속의 부식 방지하기

　　㉠ 산소나 물과의 접촉 방지 : 철 표면에 기름, 페인트, 에나멜 등을 칠하여 물과 산소의 접촉 방지

　　㉡ 반응성이 큰 금속을 이용하는 방법

　　　• 철보다 반응성이 큰 금속으로 도금하거나 연결함으로써 반응성이 큰 금속이 먼저 소모되는 동안 철을 보호

　　　• 음극화 보호 : 가스관이나 기름 탱크에 마그네슘을 연결하면 철보다 이온화 경향이 큰 마그네슘이 먼저 산화되므로 파이프나 탱크를 보호

　　　• 함석 : 철판에 철보다 반응성이 큰 아연으로 도금한 것

　　㉢ 반응성이 작은 금속으로 도금하는 방법

　　　• 은, 크로뮴, 금, 니켈과 같이 철보다 반응성이 작은 금속으로 도금하여 철이 녹스는 것을 막고, 아름다운 광택을 낼 수 있음

　　　• 양철 : 철판에 철보다 반응성이 작은 주석으로 도금한 것

　　㉣ 합금 : 합금을 만들어 금속의 성질을 변화시켜 부식을 막는 방법

　　　• 스테인리스 강 : 철 + 크롬 + 니켈 : 녹이 잘 슬지 않고 광택이 유지되며, 열과 산에 강함, 파이프, 주방용기, 수술기구로 사용

SECTION 3 **산화-환원 반응에서 산화수는 어떻게 변할까?**

(1) 산화수

① 산화수 … 공유결합 화합물에서 공유된 전자쌍이 전기음성도가 더 큰 원자로 이동한다고 가정했을 때 각 원자가 갖게 되는 전하

② 전기음성도가 큰 원소일수록 공유전자쌍을 끄는 힘이 강하므로 (−)산화수를 갖게 됨

③ 물과 암모니아에서 각 원자 산화수

④ 산화수 결정규칙

    ㉠ 원소(H_2, Cl_2, Fe) 상태의 산화수는 0

    ㉡ 단원자 이온(Na^+)의 산화수는 그 이온의 전하

    ㉢ 다원자 이온(CO_{32}^-)인 경우 각 원자의 산화수의합은 그 이온의 전하

    ㉣ 중성 화합물에서 각 원자의 산화수 합은 0

    ㉤ 화합물에서 1족 금속 원자는 +1, 2족 금속 원자는 +2, 13족 금속원자의 산화수는 +3

    ㉥ 화합물에서 F의 산화수는 항상 −1

    ㉦ 화합물에서 수소의 산화수는 +1(예외 LiF)

    ㉧ 화합물에서 산소의 산화수는 −2(예외 OF_2, H_2O_2)

(2) 산화수 변화와 산화 – 환원반응

① 산화수 증가→산화

② 산화수 감소→환원

③ 아연과 황산구리 수용액의 반응

    ㉠ $Zn(s) + Cu_2+(aq) \rightarrow Zn_2+(aq) + Cu(s)$

      산화수 0   +2   +2   0

    ㉡ 아연은 산화되고 구리이온은 환원됨

④ 철의 제련

    ㉠ $Fe_2O_3(s) + 3CO(g) \rightarrow 2Fe(s) + 3CO_2(g)$

       +3   +2   0   +4

    ㉡ Fe_2O_3산소를 잃고 Fe로 환원 되면서 산화수 감소

    ㉢ CO 산소를 얻어 CO_2로 산화 되면서 산화수 증가

⑤ 산화 – 환원 반응은 산소, 수소, 전자, 산화수를 기준으로 다양하게 나타낼 수 있다.

기준	산화	환원
산소	얻음	잃음
수소	잃음	얻음
전자	잃음	얻음
산화수	증가	감소

산화 – 환원 반응과 산과 염기는 어떤 관계가 있을까?

(1) 아레니우스의 산과 염기 정의

① 산 … 수용액에서 이온화하여 H^+를 내는 물질

염산	$HCl(aq) \rightarrow H^+(aq) + Cl^-(aq)$
질산	$HNO_3(aq) \rightarrow H^+(aq) + NO_3^-(aq)$
황산	$H_2SO_4(aq) \rightarrow 2H^+(aq) + SO_4^{2-}(aq)$
아세트산	$CH_3COOH(aq) \rightarrow H^+(aq) + CH_3COO^-(aq)$

② 염기 … 수용액에서 이온화하여 OH–를 내는 물질

수산화나트륨	$NaOH(aq) \rightarrow Na^+(aq) + OH^-(aq)$
수산화칼륨	$KOH(aq) \rightarrow K^+(aq) + OH^-(aq)$
수산화바륨	$Ba(OH)_2(aq) \rightarrow Ba^{2+}(aq) + 2OH^-(aq)$

③ 한계

   ⊙ NH_3 분자의 경우 : 물에 녹으면 염기성을 나타내지만 분자 안에 OH^-이온이 없으므로 아레니우스의 산·염기개념으로는 염기라 정의할 수 없음

   ⓛ 수용액이 아닌 곳에서는 정의할 수 없음

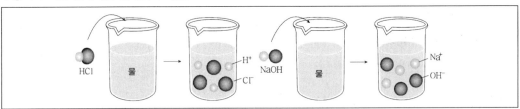

(2) 산과 염기의 확인

① 산–염기 지시약

지시약	산성	중성	염기성
BTB	황색	녹색	청색
메틸오렌지	적색	황색	황색
페놀프탈레인	무색	무색	붉은색

ㄱ **지시약의 변색 범위** : 용액의 액성에 따라 지시약의 색이 변하는 pH 범위

지시약	변색범위												pH값
티몰블루	빨강		노랑				노랑			파랑			1.2 ~ 2.8, 8.0 ~ 9.6
메틸옐로			노랑										2.9 ~ 4.0
메틸오렌지		빨강											3.1 ~ 4.5
메틸레드													4.2 ~ 6.3
브롬티몰블루					노랑			파랑					6.0 ~ 7.6
페놀프탈레인							무색			빨강			8.3 ~ 10.0
리트머스									파랑				4.5 ~ 8.3
pH	1	2	3	4	5	6	7	8	9	10	11	12	

ㄴ **천연 지시약** : 양배추 지시약

pH	0–2	3–4	5–7	8	9–12	13	14
색	빨강	분홍	자주	파랑	청록색	황록색	황색

② pH

ㄱ **수소 이온 지수(pH)** : 산과 염기의 세기를 간단히 표시하기 위해 만든 척도

※ 프랑스어의 puissance d'hydrogene(power of hydrogen)에서 유래, H_3O^+ 몰농도를 나타내기 위하여 사용되는 10의 거듭제곱(지수)을 의미

ㄴ $pH = \log \dfrac{1}{[H^+]} = -\log[H^+]$

ㄷ pH 시험지와 pH 미터를 이용

pH < 7 : 산성, pH = 7 : 중성, pH > 7 : 염기성

(3) 우리 주변의 산과 염기

산성 물질	중성 물질	염기성 물질
우유, 녹차, 커피, 탄산음료, 아스피린 용액, 과일 주스	수돗물	비누, 제빵 소다 용액, 제산제 용액

(4) 산화 – 환원 반응과 산과 염기

① 산 – HCl

ㄱ 산화 – 환원 반응

- $H_2 + Cl_2 \rightarrow 2HCl$

  0   0   +1 -1

- 산화 : 수소는 염소에게 전자를 내줌
- 환원 : 염소는 수소로부터 전자를 받음
- 산화와 환원 반응이 동시에 일어남

04. 닮은꼴 화학 반응 | **293**

ⓛ 이온화

- $HCl + H_2O \rightarrow H_3O^+ + Cl-$
- H_3O^+ : 물에 녹아 수소는 염소에게 공유한 전자를 모두 내어줌으로써 형성
- Cl^- : 수소로부터 전자를 받아 물에 둘러싸여 안정

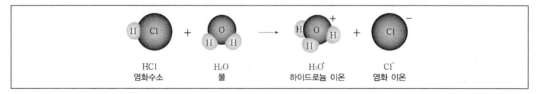

HCl	H_2O	H_3O^+	Cl^-
염화수소	물	하이드로늄 이온	염화 이온

② 염기 – NH_3

ⓖ 산화 – 환원 반응

- $3H_2 + N_2 \rightarrow 2NH_3$

  　0　　0　　−3 +1
- 산화 : 수소는 질소에게 전자를 내줌
- 환원 : 질소는 수소로부터 전자를 받음
- 산화와 환원 반응이 동시에 일어남

ⓛ 이온화

- $NH_3 + H_2O \rightarrow NH_4^+ + OH^-$
- NH_4^+ : NH_3가 물과 반응하여 형성

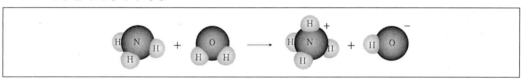

③ 산과 염기는 전기 음성도가 큰 원소와 작은 원소 사이의 산화–환원 반응에 의해 생성되는 물질임

SECTION 5 산과 염기가 만나면 어떻게 될까?

(1) 중화 반응과 염

① 염산과 수산화나트륨 수용액의 반응

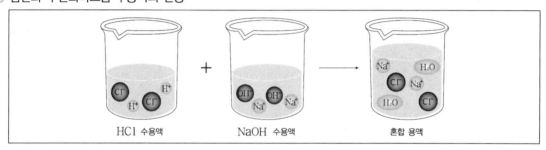

HCl 수용액	NaOH 수용액	혼합 용액

$$HCI(aq) \rightarrow H^+(aq) + CI^-(aq)$$
$$NaOH(aq) \rightarrow Na^+(aq) + OH^-(aq)$$

전체 반응식 : $HCI(aq) + NaOH(aq) \rightarrow Na^+(aq) + CI^-(aq) + H_2O(l)$

알짜 이온 반응식 : $H^+(aq) + OH^-(aq) \rightarrow H_2O(l)$

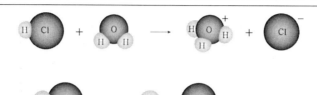

② 중화 반응

　㉠ 산 + 염기 → 염 + 물

　㉡ H^+과 OH^- 사이의 반응

　㉢ H^+과 OH^-가 1 : 1의 몰 수비로 반응

③ 알짜 이온 반응식과 구경꾼 이온

　㉠ 알짜 이온 반응식 : H^+과 OH^-가 1 : 1의 몰 수비로 반응하는 식

　㉡ 구경꾼 이온 : 반응 후에도 용액에 그대로 남아 있는 이온

④ 염

　㉠ 산의 음이온과 염기의 양이온으로 만들어진 화합물

　㉡ 중화 반응 시 물과 함께 생성된 물질

⑤ 강산과 강염기의 반응

$$HCI(aq) + NaOH(aq) \rightarrow NaCI(aq) + H_2O(l)$$
$$2HCI(aq) + Ba(OH)_2(aq)$$
$$\rightarrow BaCI_2(aq) + 2H_2O(l)$$
$$HNO_3(aq) + NaOH(aq)$$
$$\rightarrow NaNO_3(aq) + H_2O(l)$$
$$2HNO_3(aq) + Ba(OH)_2(aq)$$
$$\rightarrow Ba(NO_3)_2(aq) + 2H_2O(l)$$
$$H_2SO_4(aq) + 2NaOH(aq)$$
$$\rightarrow Na_2SO_4(aq) + 2H_2O(l)$$
$$H_2SO_4(aq) + Ba(OH)_2(aq)$$
$$\rightarrow BaSO_4(s) + 2H_2O(l)$$

(2) 중화 반응의 양적 관계

① H^+의 몰 수 > OH^-의 몰 수 … 산성 용액

② H^+의 몰 수 = OH^-의 몰 수 … 중성 용액

③ H^+의 몰 수 < OH^-의 몰 수 … 염기성 용액

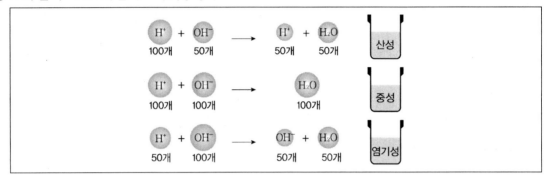

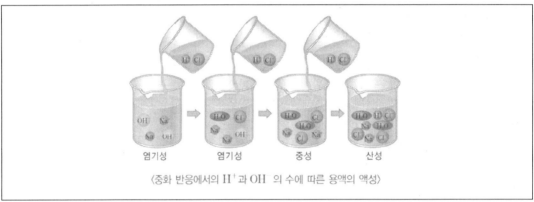

〈중화 반응에서의 H^+과 OH^-의 수에 따른 용액의 액성〉

(3) 산과 염기의 가수

① 산의 가수 … 산 1몰이 내놓을 수 있는 H^+의 몰 수

산	이온화 반응	산 1몰이 내놓는 H^+의 몰수
1가 산	$HCl \rightarrow H^+ + Cl^-$	1
2가 산	$H_2SO_4 \rightarrow 2H^+ + SO_4^{2-}$	2
3가 산	$H_3PO_4 \rightarrow 3H^+ + PO_4^{3-}$	3

② 염기의 가수 … 염기 1몰이 내놓을 수 있는 OH^-의 몰 수

염기	이온화 반응	염기 1몰이 내놓는 OH^-의 몰수
1가 염기	$NaOH \rightarrow Na^+ + OH^-$	1
2가 염기	$Ba(OH)_2 \rightarrow Ba_2^+ + 2OH^-$	2
3가 염기	$Al(OH)_3 \rightarrow Al_3^+ + 3OH^-$	3

③ 황산과 수산화나트륨 수용액의 반응

 ㉠ $H_2SO_4(aq) + 2NaOH(aq) \longrightarrow Na_2SO_4(aq) + 2H_2O(l)$

 ㉡ $2H^+ + SO_4^{2-} + 2Na^+ + 2OH^- \longrightarrow 2Na^+ + SO_4^{2-} + 2H_2O$

 ㉢ 알짜 이온 반응식 : $H^+(aq) + OH^-(aq) \longrightarrow H_2O(l)$

※ H^+과 OH^-가 1 : 1의 몰 수비로 반응

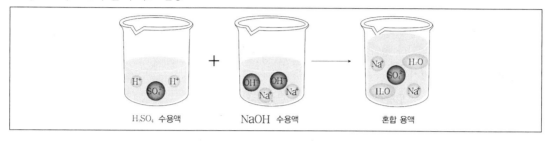

(4) 생활 속의 중화 반응의 예

① 벌에 쏘였을 때 암모니아수를 바른다.

② 산성화된 토양에 소석회를 뿌린다.

③ 위 속에서 계속 신트림이 날 때 제산제를 먹는다.

④ 운동 후 쌓인 젖산은 몸 속 탄산 이온과 인산 이온과 반응한다.

⑤ 생선회를 먹을 때 레몬즙을 뿌린다.

SECTION
6 **비료에는 왜 질소와 인이 필수적일까?**

(1) 염기로서의 암모니아(산과 염기의 중화 반응)

① OH^-의 비공유 전자쌍이 H^+을 받아들여 물 생성

$$H^+ \; + \; :\ddot{O}:H \; \longrightarrow \; H:\ddot{O}:$$
$$\qquad\qquad\qquad\qquad H$$

② NH_3의 질소 원자가 가진 비공유 전자쌍이 H^+을 받아들여 NH_4^+ 생성 ⇒ 염기로 작용

$$
\begin{array}{c}
H \\
H:\ddot{N}: \; + \; H^+ \; \longrightarrow \; \left[\begin{array}{c} H \\ H:\overset{\cdot\cdot}{N}:H \\ H \end{array} \right]^+ \\
H
\end{array}
$$

(2) 산과 염기의 정의

① 아레니우스의 산과 염기

   ⊙ 산 : 수용액에서 이온화하여 H^+를 내는 물질

     $HCl(aq) \rightarrow H^+(aq) + Cl^-(aq)$

   ⓒ 염기 : 수용액에서 이온화하여 OH^-를 내는 물질

     $NaOH(aq) \rightarrow Na^+(aq) + OH^-(aq)$

   ⓒ 한계 : NH_3 분자의 경우 물에 녹으면 염기성을 나타내지만 분자 안에 OH^-이 없으므로 아레니우스의 산·염기 개념으로는 염기라 정의할 수 없으며 수용액이 아닌 곳에서도 정의할 수 없음

② 브뢴스테드의 산과 염기

   ⊙ 산 : 양성자(H^+)를 줄 수 있는 분자나 이온

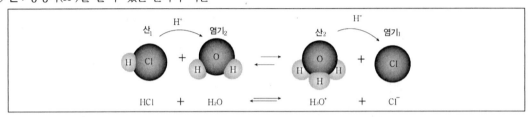

   ⓒ 염기 : 양성자(H^+)를 받을 수 있는 분자나 이온

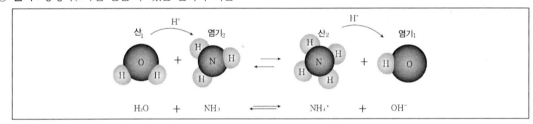

   ⓒ 한계 : 아레니우스의 정의보다는 확대되었지만, 양성자(H^+)의 전달 반응에만 적용이 가능 ⇒ 수용액의 한계성은 극복되었지만, 산이 반드시 이온화될 수 있는 수소 원자를 포함하고 있어야 한다는 한계를 지님

$$(CaO(s) + SO_2(g) \rightarrow CaSO_3(s))$$

③ 루이스의 산과 염기

   ⊙ 산 : 전자쌍 받게 / 브뢴스테드의 산 : 양성자(H^+)를 줄 수 있는 분자나 이온

   ※ 비공유 전자쌍을 받아들임 / 양성자(H^+) 이외에도 전자쌍을 받을 수 있는 다른 이온이나 분자(Ag^+, BF_3, SO_2 등)들도 포함

   ⓒ 염기 : 전자쌍 주게 / 브뢴스테드의 염기 : 양성자(H^+)를 받을 수 있는 분자나 이온 ⇒ 양성자에게 줄 수 있는 비공유 전자쌍을 가짐

   ⓒ 예

     * $BCl_3 + NH_3 \rightarrow BCl_3NH_3$

```
        Cl     H           Cl  H
        |      |           |   |
   Cl-B   +  :N-H   ⟶   Cl-B-N-H
        |      |           |   |
        Cl     H           Cl  H
```

     * 탈황 시설 : $CaO(s) + SO_2(g) \rightarrow CaSO_3(s)$

(3) 아미노산

① 아세트산과 아미노산

    ㉠ 아미노산 : 아세트산 메틸기(-CH₃)의 수소 원자 대신 아미노기(-NH₂)를 가짐

    ㉡ 아미노기(-NH₂) : 브뢴스테드-로우리의 염기 또는 루이스 염기로 작용하며 H⁺을 쉽게 받아들임

② 아미노산의 구조

    ㉠ 양쪽성 화합물 : 한 분자내에 산성인 카르복실기(-COOH)와 염기성인 아미노기(-NH₂)를 모두 가짐

    ㉡ 카복실기(-COOH) : H⁺을 내놓는 브뢴스테드-로우리의 산이자 루이스의 산

    ㉢ 아미노기(-NH₂) : 비공유 전자쌍이 존재하므로 H⁺을 받아들이는 브뢴스테드-로우리의 염기이자 루이스의 염기

    ㉣ 수용액에서 카복실기는 -1의 전하를, 아미노기는 +1의 전하를 띠게 됨

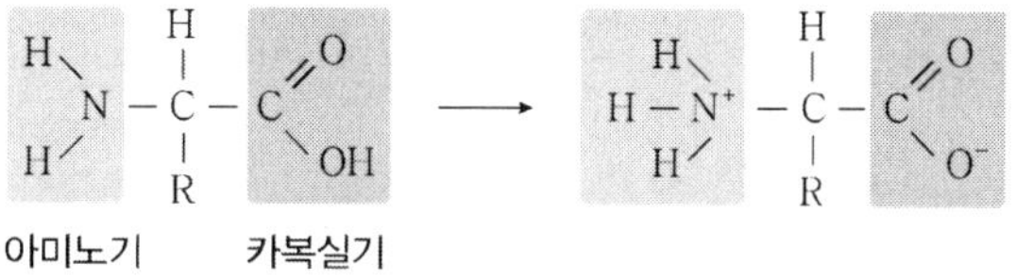

③ 몇 가지 아미노산

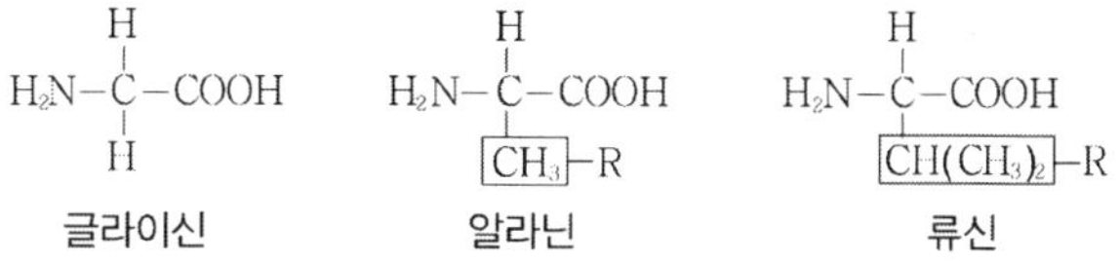

④ 펩타이드 결합 ⋯ 하나의 아미노산의 카복실기와 다른 아미노산의 아미노기가 결합하여 물이 빠지면서 두 아미노산이 -CO-NH- 형태의 펩타이드 결합 형성

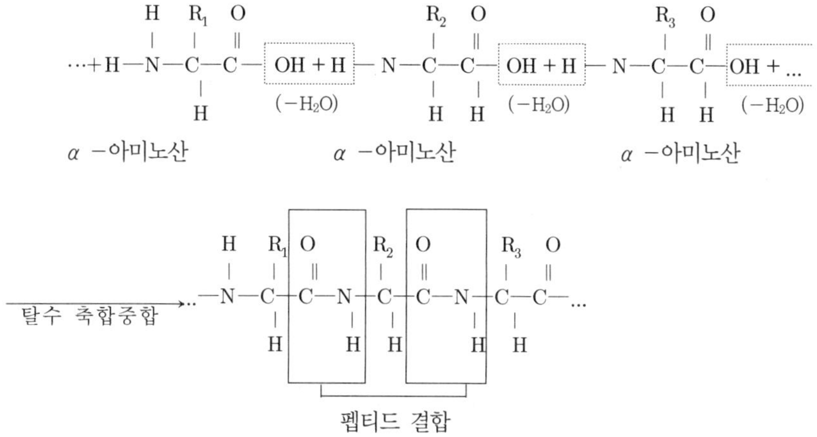

(4) 핵산−DNA(deoxyribonucleic acid)

① 역할

    ㉠ 자연에 존재하는 두 종류의 핵산 중 하나

    ㉡ 유전 정보를 기록하는 핵심 물질

② 단위체 구조

    ㉠ 인산−당−염기로 구성되어 한 단위체를 이룸

    ㉡ 단위체(뉴클레오타이드)들이 다시 결합하여 DNA를 구성

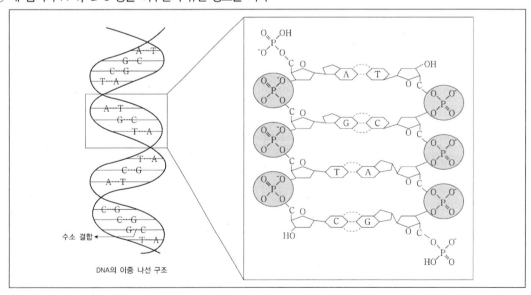

③ 구조

    ㉠ **당−인산 골격** : 당과 인산이 교대로 결합하고 있는 골격

    ㉡ **염기쌍** : 당−인산 골격 안쪽에 유전 정보를 간직하고 있는 염기쌍이 자리 잡음

    ㉢ 2개의 사슬이 이중 나선 구조를 이룸

    ㉣ 아데닌(A), 티민(T), 구아닌(G), 사이토신(C)의 네 가지 염기 존재

    ㉤ 네 염기가 A−T, G−C 쌍을 이루면서 유전 정보를 기록

④ DNA에서의 염기의 구조와 결합

　㉠ 아데닌(A), 티민(T), 구아닌(G), 사이토신(C) : 비공유 전자쌍을 가진 질소가 있으므로 루이스 염기로 작용

　㉡ A-T, G-C 쌍을 이룸 : 수소 결합에 의해 구조적 안정성을 가짐

　㉢ A-T는 2개, G-C는 3개의 수소 결합 존재

　㉣ 염기쌍 끼리의 결합 : 수소 결합 수의 차이로 A-T보다 G-C사이의 결합이 더 강함

　㉤ DNA의 상보성 : 염기쌍끼리의 결합에 의해 DNA의 정보 저장, 복제, 전사 등에 기여

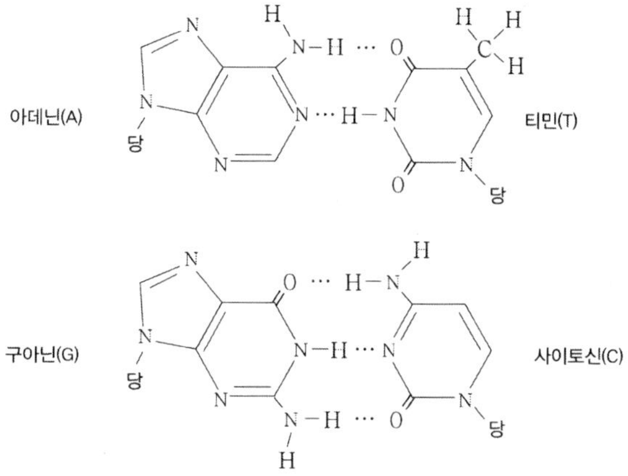

(5) 인

① DNA의 당-인산 골격을 구성

② 인산의 구조

　㉠ 3d 오비탈을 사용하여 확장된 옥텟 구조

　㉡ 3가의 인산 형성

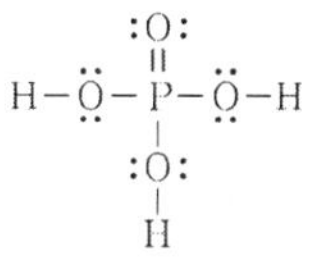

③ 인산의 구조에 따른 역할

　㉠ 당-인산 골격 : 3개의 -OH 중 아래 위로 디옥시리보오스의 -OH와 결합

　㉡ DNA 표면의 (-)전하를 형성 : 분자량이 큼에도 불구하고 물에 녹고 (+)전하를 가진 단백질과 뭉쳐서 세포핵 속에 자리잡음

1 망가니즈 원소가 포함된 〈보기〉의 화합물들에 대한 설명으로 옳지 않은 것은?

〈보기〉

Mn_2O_3 $MnCl_2$ $KMnO_4$ MnO_2

① MnO_2에서 망가니즈의 산화수는 +4이다.
② 망가니즈는 다양한 산화수를 가진다.
③ 망가니즈의 산화수가 같은 화합물이 있다.
④ 망가니즈의 산화수가 가장 작은 화합물은 $MnCl_2$이다.
⑤ 망가니즈의 산화수가 가장 큰 화합물은 $KMnO_4$이다.

🏵️ TIP Mn_2O_3, $MnCl_2$, $KMnO_4$, MnO_2에서 Mn의 산화수는 각각 +3, +2, +7, +4로서 모두 다르다.

2 산소, 암모니아, 물은 모두 공유 결합 화합물이다. 다음 설명 중 옳지 않은 것은?

산소   암모니아   물

① 산소 분자에서는 두 원자가 공유 전자를 균등하게 차지하고 있다.
② 물 분자에서는 공유 전자가 산소 쪽으로 치우쳐 있다.
③ 물이 형성될 때는 수소가 산소와 결합하므로 산화–환원 반응이다.
④ 암모니아 분자에서는 공유 전자가 질소 쪽으로 이동하여 치우치게 된다.
⑤ 수소와 질소가 반응하여 암모니아가 형성되는 반응은 산화–환원 반응이 아니다.

🏵️ TIP 수소와 질소가 반응하여 암모니아가 형성될 때 공유 전자가 질소 쪽으로 이동하여 치우치므로 산화–환원 반응이다.

3 다음 밑줄 친 원소 중 산화수가 나머지 넷과 다른 하나는?

① NaH
② NH$_4$Cl
③ KBr
④ OF$_2$
⑤ H$_2$O$_2$

> 🌸 **TIP** NaH에서 수소의 산화수는 −1이고, H$_2$O$_2$에서 O의 산화수도 −1이다. OF$_2$에서 전기 음성도가 더 큰 F와 결합한 O의 산화수는 +2이다.

4 황화수소는 달걀 썩는 냄새가 나는 무색의 유독한 기체이다. 다음은 황화수소와 관련된 몇 가지 화학 반응이다.

> (가) 황화철에 염산을 반응시키면 황화수소가 발생한다.
>
>   FeS + 2HCl → FeCl$_2$ + H$_2$S ↑
>
> (나) 황화수소는 반응성이 커서 다른 물질들과 반응하여 황이 유리된다.
>
>   2H$_2$S + SO$_2$ → 2H$_2$O + 3S
>
> (다) 황화수소는 금속 이온과 반응하여 독특한 색깔의 앙금을 생성하므로 금속 이온의 검출에 이용된다.
>
>   Zn$_2$$^+$ + S$_2$$^-$ → ZnS ↓ (흰색)
>
>   Cd$_2$$^+$ + S$_2$$^-$ → CdS ↓ (노란색)

위 반응에 대한 〈보기〉의 설명 중 옳은 것을 모두 고른 것은?

> 〈보기〉
>
> ㉠ (가)에서 HCl은 산화제로 작용했다.
> ㉡ (나)에서 H$_2$S는 환원제로 작용했다.
> ㉢ (다)에서 황화 이온은 산화제로 작용했다.

① ㉠
② ㉡
③ ㉠㉡
④ ㉡㉢
⑤ ㉠㉡㉢

> 🌸 **TIP** (가) 반응은 반응 전후에 산화수가 변화한 원자가 없으므로, 산화−환원 반응이 아니다. (나)에서 황의 산화수가 증가하였으므로 황화수소는 환원제로 작용했다. (다) 반응에서 반응 전후에 산화수가 변화한 원자가 없으므로, 이 반응은 산화−환원 반응이 아니다.

⭐ **ANSWER**   1.③   2.⑤   3.④   4.②

5 다음은 산화수를 정하는 규칙을 나타낸 것이다. 항상 성립하는 것이 아닌 것은?

① 홑원소 물질의 산화수는 0이다.
② 이온의 산화수는 그 이온의 전하와 같다.
③ 화합물을 이루는 각 원자의 산화수의 합은 0이다.
④ 화합물에서 알칼리 금속의 산화수는 +1이다.
⑤ 화합물에서 할로젠 원소의 산화수는 −1이다.

⚜️ TIP 할로젠 원소의 산화수는 보통 −1이지만 전기 음성도가 더 큰 원소와 결합할 때는 다른 산화수를 가질 때도 있다.

6 아래 그림은 어떤 화학 반응을 모형으로 나타낸 것이다. 다음 설명 중 옳지 않은 것은?

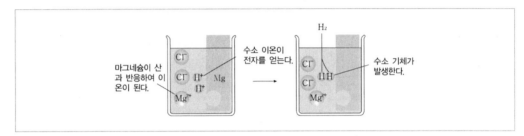

위 반응에 대한 〈보기〉의 설명 중 옳은 것을 모두 고른 것은?

〈보기〉

㉠ 마그네슘 금속의 크기가 점점 작아진다.
㉡ 마그네슘은 산화되었다.
㉢ 마그네슘에서 염소로 전자가 이동하였다.
㉣ 수소 이온은 전자를 얻었다.

① ㉠㉡
② ㉡㉣
③ ㉠㉡㉢
④ ㉠㉡㉣
⑤ ㉠㉡㉢㉣

⚜️ TIP 마그네슘은 산화되어 Mg_2^+이 되므로 마그네슘의 크기가 점점 작아진다. 마그네슘에서 전자가 H^+으로 이동하여 수소 기체가 발생한다.

7 민승이는 책에서 철로 만든 지하 기름 탱크에 마그네슘 덩어리를 연결해 두면 기름 탱크의 부식을 방지할 수 있다는 내용을 보았다. 그 이유를 알아보기 위해 다음과 같은 가설을 세웠다.

〈가설〉 마그네슘이 철보다 반응성이 크다

위의 가설을 검증하기 위하여 철과 마그네슘을 사용한 실험으로 적절한 것을 〈보기〉에서 모두 고른 것은?

〈보기〉
㉠ 기름에 넣고 변화를 관찰한다.
㉡ 염산을 떨어뜨려 기체가 얼마나 빨리 발생하는지 비교한다.
㉢ 가장 반응성이 큰 금속인 아연 이온이 들어 있는 수용액에 넣어 본다.

① ㉠　　　　　　　　　　　　② ㉡
③ ㉠㉡　　　　　　　　　　　④ ㉡㉢
⑤ ㉠㉡㉢

🌸 TIP 식용유는 철이나 마그네슘과 반응을 일으키지 않는다. 아연은 가장 반응성이 큰 금속이 아니다.

8 금속의 반응성을 알아보기 위해 황산구리(Ⅱ) 수용액에 금속 A와 B를 넣었다. 실험 결과, 금속 A를 넣은 용액에서는 푸른색이 점점 옅어졌고, 금속 B를 넣은 용액에서는 아무런 변화가 없었다. 이 실험 결과를 바탕으로 내릴 수 있는 결론으로 옳은 것을 〈보기〉에서 모두 고른 것은?

〈보기〉
㉠ 금속 A는 환원되었다.
㉡ 금속 B의 반응성은 구리보다 크지 않다.
㉢ 금속 B를 금속 A의 수용액에 넣으면 반응이 일어날 것이다.

① ㉠　　　　　　　　　　　　② ㉡
③ ㉠㉡　　　　　　　　　　　④ ㉡㉢
⑤ ㉠㉡㉢

🌸 TIP 황산구리(Ⅱ) 수용액의 푸른색이 점점 옅어지는 것은 Cu_2^+이 환원되어 금속 구리가 석출되기 때문이다. 따라서 금속 A는 구리보다 반응성이 커서 산화되었음을 알 수 있다.

⭐ ANSWER　5.⑤　6.④　7.②　8.②

9 다음 그림 (가), (나)와 같이 장치한 후 전류를 흘려주었을 때 리트머스 종이의 색깔이 변하는 부분을 바르게 짝지은 것은?

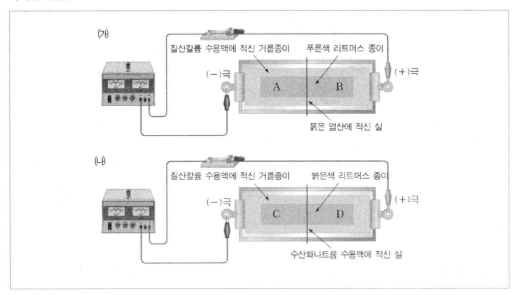

① A, C
② A, D
③ B, C
④ B, D
⑤ A, B, C, D

TIP 염산 속의 수소 이온은 (-)극 쪽으로 이동하고, 수산화나트륨 수용액 속의 수산화 이온은 (+)극 쪽으로 이동한다.

10 다음 중 물에 녹여 수용액을 만들었을 때 〈보기〉와 같은 성질을 나타내는 물질을 모두 고르면?

〈보기〉
• 신맛이 난다.
• 이온화하여 수소 이온을 내놓는다.
• 금속 아연과 반응하여 수소 기체를 발생한다.

① NaCl
② H_2SO_4
③ NaOH
④ CO_2
⑤ NH_3

TIP 〈보기〉의 성질은 모두 산의 대표적인 특성이다.

11 다음은 어떤 용액을 모형으로 나타낸 것이다.

위 용액에 대한 설명으로 옳지 않은 것은?

① 용액을 손에 묻히면 미끈거린다.

② 용액의 맛을 보면 신맛이 날 것이다.

③ 붉은색 리트머스 종이를 푸르게 변화시킨다.

④ 페놀프탈레인 용액을 떨어뜨리면 붉게 변한다.

⑤ 메틸오렌지 용액을 떨어뜨리면 노란색으로 변한다.

TIP 용액의 모형 속에는 수산화 이온이 존재하므로 염기성을 띠는 용액이다. 신맛이 나는 것은 산의 특성이다.

12 다음 설명 중 옳지 않은 것은?

① 염산은 염소 기체를 물에 녹여 만든다.

② 탄산은 약산으로 청량음료에 사용된다.

③ 어는점이 17℃인 아세트산은 빙초산이라고도 한다.

④ 진한 황산은 수분이 거의 없어 산성을 나타내지 않는다.

⑤ 질산은 빛에 의해 분해되므로 갈색병에 보관하는 것이 좋다.

TIP 염산은 염화수소 기체를 물에 녹여서 만든다.

★ ANSWER 9.② 10.②④ 11.② 12.①

13 다음 그림과 같이 묽은 염산과 수산화나트륨 수용액에 같은 크기의 마그네슘 조각을 넣었다. 이 실험에 대한 〈보기〉의 설명 중 옳은 것을 모두 고른 것은?

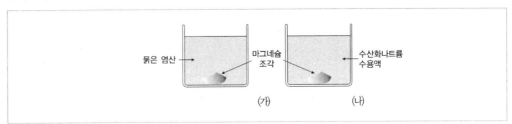

〈보기〉
ⓐ (가)에서 용액 중 마그네슘 이온의 수가 증가한다.
ⓑ (나)에서 용액 중 수산화 이온의 수가 감소한다.
ⓒ (가)에서 반응이 진행됨에 따라 비커의 전체 질량이 감소한다.

① ⓐ
② ⓑ
③ ⓐⓒ
④ ⓑⓒ
⑤ ⓐⓑⓒ

TIP 산성 용액은 금속과 반응하지만 염기성 용액은 금속과 반응하지 않는다. 산과 금속이 반응하여 수소 기체가 발생하므로, 용액 속의 금속 이온은 증가하고 전체 질량은 감소한다.

14 다음 반응에 대한 〈보기〉의 설명 중 옳은 것을 모두 고른 것은?

$$HCO_3^- + H_2O \rightarrow CO_3^{2-} + H_3O^+$$

〈보기〉
ⓐ HCO_3^-는 아레니우스 산이다.
ⓑ H_2O는 염기로 작용했다.
ⓒ 이 반응은 브뢴스테드-로우리의 산-염기 정의로 설명할 수 있다.

① ⓐ
② ⓑ
③ ⓐⓑ
④ ⓑⓒ
⑤ ⓐⓑⓒ

TIP HCO_3^-은 수소 이온을 물에게 내놓으므로 브뢴스테드-로우리의 산이다. 물은 수소 이온을 받아서 H_3O^+을 형성하므로 브뢴스테드-로우리의 염기이다.

15 다음은 실생활에서 중화 반응을 이용하는 예이다. 밑줄 친 물질 중 염기로 작용하는 것을 모두 고른 것은?

> • 위산 과다로 속이 쓰릴 때 ㉠제산제를 복용한다.
> • 생선 비린내를 없애기 위해 ㉡레몬즙을 뿌린다.
> • 신 김치에 ㉢달걀 껍질을 넣어 둔다.
> • 개미에 물렸을 때 ㉣암모니아수를 발라 준다.
> • 산성화된 토양에 ㉤재를 뿌린다.

① ㉠㉡㉢ ② ㉠㉢㉣
③ ㉡㉣㉤ ④ ㉡㉢㉣㉤
⑤ ㉠㉢㉣㉤

🌸 **TIP** 생선 비린내는 염기성 물질에 의해 발생하고 산성인 레몬즙을 뿌리면 중화 반응이 일어나서 비린내가 줄어든다.

16 유진이는 다음과 같은 실험을 하였다. 이 실험에 대해 바르게 설명한 것은?

> 〈실험 방법〉
> 1. 비커에 물을 1/3정도 붓고 암모니아수를 2~3방울 넣은 다음, 지시약 BTB를 몇 방울 떨어뜨린다.
> 2. 빨대를 꽂고 날숨을 불어 넣는다.

① 암모니아수는 산성을 띤다.
② 날숨에 포함된 산소 기체가 물에 녹아 반응한다.
③ 날숨을 불어 넣으면 용액이 뿌옇게 흐려진다.
④ 탄산과 암모니아수의 앙금 생성 반응이 일어난다.
⑤ 날숨을 불어 넣으면 용액이 파란색에서 녹색으로 변한다.

🌸 **TIP** 날숨 속에 포함된 이산화탄소가 암모니아수에 녹아 탄산을 형성하고, 탄산은 암모니아수와 중화 반응을 일으키므로 용액이 염기성에서 중성으로 바뀐다.

17 다음 그림 (가)는 화력 발전소에 설치된 정화 장치이고, (나)는 자동차의 배기가스를 정화하는 촉매 변환장치이다.

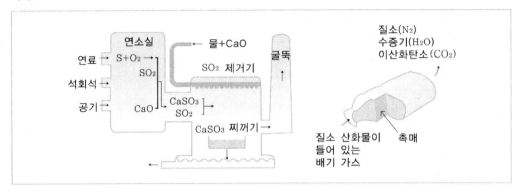

이에 대한 다음 〈보기〉의 설명 중 옳은 것을 모두 고른 것은?

〈보기〉
ⓐ (가)는 이산화황 기체를 제거할 수 있다.
ⓑ (나)는 자동차 배기가스 중 질소 산화물을 제거할 수 있다.
ⓒ (가)와 (나)의 장치는 빗물의 pH가 낮아지는 것을 막아 준다.

① ㉠   ② ㉡
③ ㉠㉢   ④ ㉡㉢
⑤ ㉠㉡㉢

🐛 **TIP** 이산화황 제거 장치는 이산화황을 제거하고 촉매 변환 장치는 질소 산화물을 제거한다.

18 다음은 중화 반응으로 생긴 어떤 염의 성질을 알아보기 위해 실험한 결과이다.

• 묽은 염산을 떨어뜨렸더니 기체가 발생하지 않았다.
• 물에 녹인 후 염화칼슘 수용액을 떨어뜨렸더니 흰색 앙금이 생겼다.
• 수용액을 니크롬선에 묻혀 토치불꽃에 넣었더니 노란색 불꽃이 나타났다.

위 결과로 볼 때 중화 반응에 사용한 산과 염기를 옳게 짝지은 것은?

① 탄산 – 수산화칼슘   ② 황산 – 수산화칼슘
③ 염산 – 암모니아수   ④ 황산 – 수산화나트륨
⑤ 염산 – 수산화나트륨

🐛 **TIP** 염화칼슘 수용액과 반응하여 흰색 앙금이 생길 수 있는 것은 CO_3^{2-}과 SO_4^{2-}이다. 불꽃 반응에서 노란색이 나타나는 것은 Na^+이다.

19 다음은 DNA가 복제되는 과정을 나타낸 모식도이다. DNA의 이중 나선이 풀려 새로운 이중 나선을 만들 때 A 부분의 염기 배열 순서를 옳게 나타낸 것은?

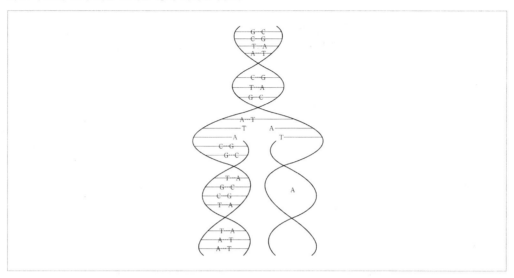

① A–T
   C–G
   G–C
   A–T

② A–U
   C–G
   G–C
   A–U

③ U–T
   C–G
   G–C
   U–T

④ T–A
   G–C
   C–G
   T–A

⑤ U–A
   G–C
   C–G
   U–A

🐸 **TIP** DNA가 복제될 때 염기의 배열 순서는 동일하다.

20 다음 그림은 용광로를 이용한 철의 제련 과정을 나타낸 것이다.

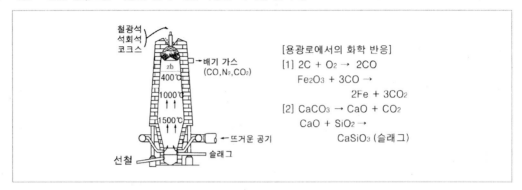

철의 제련 과정에 대한 설명으로 옳은 것을 보기에서 모두 고른 것은?

〈보기〉

㉠ 코크스는 불순물을 제거하기 위해 넣는다.
㉡ 철광석 속의 Fe_2O_3가 환원된다.
㉢ 석회석은 환원제로 작용한다.
㉣ 공기를 넣어주는 것은 산소가 필요하기 때문이다.

① ㉠㉡
② ㉠㉢
③ ㉡㉣
④ ㉠㉡㉣
⑤ ㉠㉢㉣

TIP 코크스는 환원제로 작용하고, 석회석은 이산화규소와 같은 불순물을 제거하는 작용을 한다.

21 다음 중 밑줄 친 원소의 산화수가 가장 큰 것은?

① NaH
② $HClO_4$
③ $K_2Cr_2O_7$
④ OF_2
⑤ H_2O_2

TIP $HClO_4$에서 Cl의 산화수는 +7이다. OF_2에서 전기음성도가 더 큰 플로오린과 결합한 산소의 산화수는 +2 이다.

22 다음 두 화학 반응에 대한 〈보기〉의 설명 중 옳은 것을 모두 고른 것은?

> • 철솜에 불을 붙이면 격렬한 연소 반응이 일어나서 산화철(Ⅲ)이 생성된다.
> • 철이 공기에 노출되면 녹이 슬어 산화철(Ⅲ)이 생성된다.

> 〈보기〉
> ㉠ 두 반응에서 생성된 물질은 다르다.
> ㉡ 두 반응이 진행되는 속도는 다르다.
> ㉢ 두 반응은 모두 산화–환원 반응이다.

① ㉠   ② ㉢
③ ㉠㉡   ④ ㉡㉢
⑤ ㉠㉡㉢

🌸 **TIP** 연소와 부식은 모두 산화–환원 반응으로서 생성되는 물질도 동일하지만 속도가 다르다.

23 다음은 금속 A, B, C, D 및 철의 반응성과 관련된 몇 가지 실험 결과를 나타낸 것이다.

> ㉠ A로 도금한 철판에 흠집이 생겨도 철은 녹슬지 않는다.
> ㉡ B로 도금한 철판에 흠집이 생기면 철이 더 잘 녹슨다.
> ㉢ C의 양이온이 녹아 있는 수용액에 B를 넣으면 C가 석출된다.
> ㉣ D의 양이온이 녹아 있는 수용액에 B를 넣으면 변화가 없다.

위의 실험 결과를 바탕으로 할 때, 철보다 반응성이 작은 금속을 모두 고른 것은?

① A   ② B
③ B, C   ④ B, C, D
⑤ A, B, C, D

🌸 **TIP** 철과 4가지 금속의 반응성 순서는 A > 철 > B > C > D의 순이다.

⭐ **ANSWER**   20.③ 21.② 22.④ 23.④

24 그림은 구리(Cu)의 반응성을 알아보기 위한 실험을 나타낸 것이다.

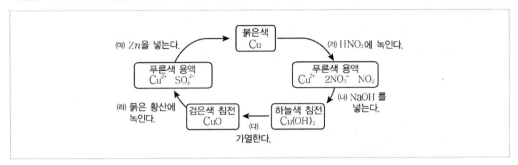

위 실험에 대한 설명으로 옳은 것만을 〈보기〉에서 모두 고른 것은?

〈보기〉
㉠ 과정 ㈎에서 Cu는 산화제, NO_3^- 이온은 환원제이다.
㉡ 과정 ㈐에서 산화 – 환원 반응이 일어난다.
㉢ 과정 ㈒에서 구리는 환원된다.

① ㉠   ② ㉢
③ ㉠㉡   ④ ㉡㉢
⑤ ㉠㉡㉢

🏅 **TIP** ㈎에서 Cu의 산화수는 증가하고 N의 산화수는 감소하였으므로, Cu는 환원제, NO_3^- 이온은 산화제로 작용하였다. 이다. ㈐에서 반응 전후에 산화수의 변화가 없으므로 산화–환원 반응이 아니다.

25 이산화황은 표백이나 탈색을 일으키는 자극적인 냄새가 나는 유독한 기체이다. 다음은 이산화황과 관련된 몇 가지 화학 반응이다.

> (가) 구리에 진한 황산을 넣고 가열하면 이산화황이 생성된다.
>
> $Cu + 2H_2SO_4 \rightarrow CuSO_4 + 2H_2O + SO_2 \uparrow$
>
> (나) 이산화황은 물에 녹아 산성을 띠는 아황산이 생성된다.
>
> $SO_2 + H_2O \rightarrow H_2SO_3$
>
> (다) 이산화황을 적갈색의 아이오딘 용액에 통과시키면 아이오딘 용액이 무색으로 변한다.
>
> $I_2 + 2H_2O + SO_2 \rightarrow H_2SO_4 + 2HI$

위 반응에 대한 〈보기〉의 설명 중 옳은 것을 모두 고른 것은?

> 〈보기〉
> ㉠ (가)는 산−염기 중화 반응이다.
> ㉡ (나)에서 H_2O는 산화제로 작용했다.
> ㉢ (다)에서 SO_2는 환원제로 작용했다.

① ㉠
② ㉢
③ ㉠㉡
④ ㉡㉢
⑤ ㉠㉡㉢

TIP (가)는 구리와 황의 산화수가 변하므로 산화−환원 반응이다. (나)는 반응 전후 산화수가 변한 원자가 없으므로 산화−환원 반응이 아니다. (다)에서 S의 산화수가 증가하므로 SO_2은 환원제로 작용했다.

26 다음 중 산화−환원 반응이 아닌 것은?

① 나트륨을 물에 넣으면 격렬히 반응한다.
② 철을 공기 중에 방치하면 녹이 슨다.
③ 가스레인지에서 메테인이 연소한다.
④ 수돗물을 염소 기체로 소독한다.
⑤ 염산과 수산화나트륨이 반응하여 물이 생성된다.

TIP 염산과 수산화나트륨의 반응에서 산화수가 변한 원자가 없으므로 산화−환원 반응이 아니다.

27 다음은 진한 황산과 진한 염산의 성질을 비교한 것이다.

	진한 황산	진한 염산
농도	98%	35%
특성	 설탕에 진한 황산을 넣으면 부피가 팽창하면서 설탕이 검게 변한다.	 암모니아수를 묻힌 유리막대를 진한 염산이 담긴 시약병 입구에 대면 흰 연기가 생긴다.

두 물질에 대한 〈보기〉의 설명 중 옳은 것을 모두 고른 것은?

〈보기〉
㉠ 진한 황산은 강한 탈수 작용이 있다.
㉡ 암모니아 기체를 검출할 때 진한 염산을 이용할 수 있다.
㉢ 진한 염산과 진한 황산에 같은 크기의 철 조각을 넣으면 진한 황산에서 더 격렬하게 기체가 발생한다.

① ㉠
② ㉠㉡
③ ㉠㉢
④ ㉡㉢
⑤ ㉠㉡㉢

TIP 염산과 암모니아 기체는 반응하여 흰색 염화암모늄 고체를 형성한다. 진한 황산은 농도가 너무 높아서 수용액 상태에서 이온을 거의 형성하지 않으므로 산성을 나타내지 않는다.

28 혜빈이는 염기의 성질을 나타내는 물질이 무엇인지 알아보기 위해 실험을 하고 보고서를 작성하였다. 다음 실험 보고서의 결론으로 옳은 것은?

실험 목적	염기의 공통된 성질이 어떤 이온 때문인지 알 수 있다.
실험 방법	1. 아래 그림과 같이 유리판 위에 질산칼륨 수용액을 적신 붉은색 리트머스 종이를 놓은 다음, 수산화나트륨 수용액에 적신 실을 올려 놓는다. 2. 이것을 전원 장치에 연결하고 전류를 흘려 보낸다. 
실험 결과	(+)극 쪽의 붉은색 리트머스만 푸른색으로 변한다.

실험 결론

① 수산화나트륨이 (+)극 쪽으로 이동한다.
② 나트륨 이온과 수산화 이온이 (+)극 쪽으로 이동한다.
③ 나트륨 이온이 (+)극 쪽으로 이동한다.
④ 수산화 이온이 (+)극 쪽으로 이동한다.
⑤ 수산화 이온이 (−)극 쪽으로 이동한다.

🌸 **TIP** (+)극 쪽으로 이동하는 물질은 (−) 전하를 띠는 이온일 것이므로 수산화 이온이다.

⭐ **ANSWER** 27.② 28.④

29 다음은 하수구 세척액에 붙어 있는 사용상 주의 사항이다.

> ※ 사용상 주의 사항 ※
> - 어린이의 손이 닿지 않는 그늘진 곳에 두십시오.
> - 알루미늄 식기류에 닿지 않도록 하십시오.
> - 만일 마셨을 경우에는 우유나 생달걀을 먹게 하고 <u>피부에 묻었을 때는 물로 충분히 씻고 특히 눈에 들어갔을 때에는 물로 15분 이상 씻어주고 의사와 상담하십시오.</u>
> - 원액이 의류에 묻었을 때 탈색될 염려가 있으니 주의하십시오.
> - 산성세정제(염산함유) 또는 공업용 염산과는 병용하지 말 것.

밑줄 친 것과 같이 해야 하는 이유와 가장 관계 깊은 사실은 무엇인가?

① 산은 신맛이 난다.
② 염기 수용액은 전류를 잘 통한다.
③ 염기는 단백질을 녹이는 성질이 있다.
④ 산은 금속과 반응하여 금속을 부식시킨다.
⑤ 산은 염기와 반응하여 물과 염을 생성시킨다.

TIP 염기는 단백질을 녹이는 성질이 있으므로 피부나 눈에 닿지 않도록 조심해야 한다.

30 산-염기에 대한 브뢴스테드-로우리의 정의에서 양성자를 내놓는 물질은 산이고 양성자를 받는 물질은 염기이다. 플루오린화수소는 수용액에서 다음과 같이 이온화된다.

$$HF(aq) + H_2O(l) \rightarrow H_3O^+(aq) + F^-(aq)$$

다음 보기 중 이 반응에 대한 설명으로 옳은 것을 모두 고른 것은?

> 〈보기〉
> ㉠ HF는 산으로 작용했다.
> ㉡ H_2O는 양성자를 내놓는 물질이다.
> ㉢ 이 반응은 아레니우스의 산-염기 정의로도 설명할 수 있다.

① ㉠   ② ㉡
③ ㉠㉡   ④ ㉡㉢
⑤ ㉠㉡㉢

TIP 플루오린화수소는 수소 이온을 내놓았으므로 산으로 작용했고, 물은 수소 이온을 받았으므로 염기로 작용했다. 이 반응에서는 수소 이온이나 수산화 이온이 형성되지 않으므로 아레니우스의 산-염기 정의로는 설명할 수 없다.

31 민주는 묽은 산과 염기 수용액(A, B, C)을 구별하기 위해 다음과 같이 실험하였다.

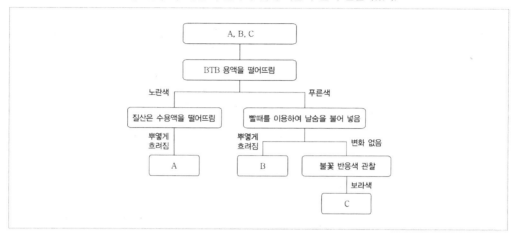

A~C 용액이 바르게 짝지어진 것은?

	A	B	C			A	B	C
①	NH_4OH	HCl	NaOH		②	NH_4OH	H_2SO_4	KOH
③	HCl	$Ca(OH)_2$	NaOH		④	H_2SO_4	NH_4OH	KOH
⑤	HCl	$Ca(OH)_2$	KOH					

TIP A는 수소 이온과 염화 이온을 가지고 있으므로 염화수소이다. B는 수산화 이온을 가지고 있으며 이산화탄소와 반응하므로 수산화칼슘이다. C는 수산화 이온과 칼륨 이온을 가지고 있으므로 수산화칼륨이다.

32 자동차의 배기가스 배출구에 비닐로 된 관을 끼운 다음, 관의 다른 끝을 양동이에 받아 둔 수돗물 속에 잠기게 하였다. 자동차의 시동을 걸고 일정한 시간 간격으로 양동이 속의 물의 pH를 측정하였다. 이 실험에 대한 설명 중 옳은 것을 모두 고른 것은?

> (가) 질소 산화물이 산성비에 미치는 영향을 알아보기 위한 실험이다.
> (나) 자동차의 시동을 걸기 전에는 물의 pH가 7일 것이다.
> (다) 양동이 속의 물의 pH는 시간이 지남에 따라 감소할 것이다.
> (라) 이산화황은 산성비의 원인이 아님을 알 수 있다.

① (가), (나) ② (가), (다)
③ (나), (라) ④ (가), (나), (다)
⑤ (가), (다), (라)

TIP 자동차 엔진에서는 주로 질소산화물이 생성된다. 수돗물의 pH는 이산화탄소에 의해 처음부터 7보다 낮고 배기가스가 녹을수록 pH는 더 낮아진다.

⭐ ANSWER 29.③ 30.① 31.⑤ 32.②

33 다음은 A, B 두 도시의 월별 이산화황과 이산화질소 농도와 빗물의 pH 자료이다.

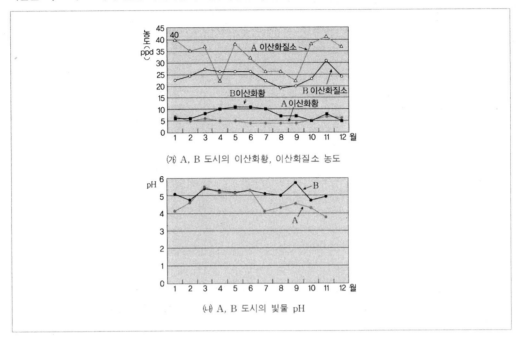

(가) A, B 도시의 이산화황, 이산화질소 농도

(나) A, B 도시의 빗물 pH

다음 설명 중 옳지 않은 것은?

① A 도시에서는 일년 내내 산성비가 내렸다.
② B 도시에서는 장마철에도 산성비가 내렸다.
③ A 도시의 산성비는 주성분이 질산일 것이다.
④ 산성비를 해결하기 위해 A 도시에서는 이산화황 제거 장치를 설치해야 한다.
⑤ 산성비를 해결하기 위해 B 도시에서는 교통량을 줄여야 한다.

TIP B 도시의 빗물은 6 ~ 8월에도 pH 5.6보다 낮은 산성비가 내렸다. A 도시에서는 이산화질소의 배출량이 월등히 많으므로 산성비의 주성분은 질산일 것이다. A, B 두 도시 모두 이산화질소의 배출량이 많으므로 이산화황 제거 장치의 설치보다는 교통량을 줄이기 위한 노력을 해야 할 것이다.

34 아래 그림은 DNA의 이중 나선 구조를 나타낸 모형이다. 다음 설명 중 옳지 않은 것은?

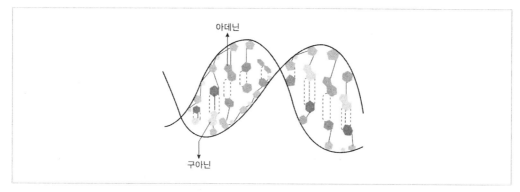

① DNA의 기본 단위는 뉴클레오타이드이다.
② 아데닌과 짝을 이루는 염기는 티민이다.
③ 구아닌과 짝을 이루는 염기는 사이토신이다.
④ 인산이 당과 당을 연결하여 나선의 뼈대를 이룬다.
⑤ 구아닌 염기 짝이 아데닌 염기 짝보다 결합 길이가 짧다.

TIP 아데닌-티민 염기 짝과 구아닌-사이토신 염기 짝의 결합 길이는 동일하기 때문에 이중나선 구조가 뒤틀리지 않고 유지될 수 있다.

35 다음은 몇 가지 산화 환원 반응식이다. (개)~(마) 중 밑줄 친 원소의 산화수 변화가 +4 → 0인 것은?

> (개) $2\underline{H}_2 + O_2 \rightarrow 2\underline{H}_2O$
>
> (나) $4\underline{Fe} + 3O_2 \rightarrow 2\underline{Fe}_2O_3$
>
> (다) $\underline{C}H_4 + 2O_2 \rightarrow \underline{C}O_2 + 2H_2O$
>
> (라) $\underline{Mg} + CuCl_2 \rightarrow \underline{Mg}Cl_2 + Cu$
>
> (마) $6\underline{C}O_2 + 6H_2O \rightarrow \underline{C}_6H_{12}O_6 + 6O_2$

① (개)   ② (나)
③ (다)   ④ (라)
⑤ (마)

TIP 산화수 변화는 각각 (개) $0 \rightarrow +1$, (나) $0 \rightarrow +3$, (다) $-4 \rightarrow +4$, (라) $0 \rightarrow +2$, (마) $+4 \rightarrow 0$ 이다.

ANSWER 33.④ 34.⑤ 35.⑤

36 다음 반응에서 산화제로 작용한 물질을 모두 고른 것은?

- $2Cu + O_2 \rightarrow 2CuO$
- $Fe + 2HCl \rightarrow FeCl_2 + H_2$
- $3S + 2H_2O \rightarrow 2H_2S + SO_2$
- $Pb + 2H_2SO_4 + PbO_2 \rightarrow 2PbSO_4 + 2H_2O$

① Cu   Fe H_2O Pb   ② O_2 HCl   S PbO_2

③ Cu   Fe   S PbO_2 ④ O_2 HCl   S H_2SO_4

⑤ Cu   Fe H_2O H_2SO_4

🏵️**TIP** 자신은 환원되면서 다른 물질을 산화시키는 물질을 산화제라고 한다. 환원되는 물질은 산화수가 감소한다.

37 아래 표는 여러 가지 산과 염기의 성질을 정리한 것이다. 각 물질을 바르게 짝지은 것은?

A	푸른색 리트머스지를 붉게 변화시킨다. 염화나트륨에 진한 황산을 가하면 얻을 수 있다. 진한 암모니아수를 가까이 하면 흰연기가 생긴다.
B	금속과 반응하여 여러 가지 기체를 발생시킨다. 빛에 의해 쉽게 분해되므로 갈색병에 보관한다.
C	페놀프탈레인 용액을 가하면 붉게 변한다. 공기 중의 이산화탄소와 결합하여 탄산나트륨을 생성한다. 주로 비누나 세제의 원료로 많이 이용된다.
D	강한 자극성 기체로 공기보다 가볍고 물에 잘 녹는다. 염화수소 기체와 반응하여 흰색의 염화암모늄을 생성한다.

	A	B	C	D
①	질산	염산	수산화칼슘	암모니아
②	질산	황산	수산화나트륨	수산화칼륨
③	염산	질산	수산화나트륨	수산화칼슘
④	염산	질산	수산화나트륨	암모니아
⑤	수산화나트륨	질산	염산	탄산

🏵️**TIP** A : 푸른색 리트머스지를 붉게 변화시켜 산성이며, 염화나트륨에 진한 황산을 넣고 가열하여 얻은 염화수
        소 기체를 물에 녹여 얻는 염산이다.
      B : 빛에 의해 쉽게 분해되는 질산이다.
      C : 페놀프탈레인 용액에서 붉게 변하는 염기성이며 비누의 원료인 수산화나트륨이다.
        (비누화 반응 : $NaOH + CH_3COOH$)
      D : 염화수소(HCl)과 반응해 염화암모늄(NH_4Cl)을 생성하는 암모니아이다.

38 중화반응에 대한 설명으로 옳은 것은?

① 중화반응이 완결된 수용액에는 이온이 존재하지 않는다.

② 수소이온과 수산화 이온은 항상 같은 몰수비로 반응한다.

③ 반응하는 산과 염기의 종류에 관계없이 같은 종류의 염이 생성된다.

④ 산의 양이온과 염기의 음이온이 반응하여 생성된 물질을 염이라고 한다.

⑤ 묽은 염산에 마그네슘 리본을 넣으면 수소기체가 발생하는 것은 중화반응의 예이다.

TIP ① 중화반응이 완결된 수용액에서 생성된 염이 물에 녹는 경우 용액 속에 이온이 존재한다.
③ 반응하는 산과 염기의 종류에 따라 생성되는 염의 종류가 다르다.
④ 산의 음이온과 염기의 양이온이 반응하여 생성된 물질을 염이라고 한다.
⑤ 묽은 염산에 마그네슘 리본을 넣으면 수소기체가 발생하는 것은 산과 금속의 반응이다.

39 다음 그림은 수산화칼륨수용액 50mL에 염산을 조금씩 떨어뜨릴 때, 혼합 용액에 들어 있는 이온 수를 나타낸 것이다. A, B에 해당하는 이온은 무엇인가?

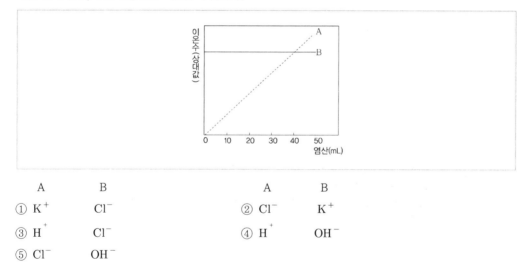

	A	B		A	B
①	K^+	Cl^-	②	Cl^-	K^+
③	H^+	Cl^-	④	H^+	OH^-
⑤	Cl^-	OH^-			

TIP 구경꾼 이온의 개수를 나타낸 그래프이며, A : Cl^-, B : K^+이다.

합격에 한 걸음 더 가까이!

생명현상의 특성을 기초로 하여 세포의 생성 및 분열 과정을 이해하고 유전에 대한 기본적인 내용을 파악할 수 있도록 합니다. 체내에서 이루어지는 여러 가지 신체 활동 및 작용을 이해하고 있어야 하며, 신경의 전달 및 조직 간의 관계에 대해서도 짚고 넘어갈 수 있도록 합니다.

P·A·R·T

03

생명과학

생명현상의 특성

 생명과학의 발달

(1) 생명 과학의 정의
생물이 살아가면서 나타내는 다양한 생명현상을 탐구함으로써 생명의 본질을 밝히려는 학문

(2) 과학의 탐구 과정(연역적 탐구과정)

① **문제 인식** … 우리 주위에서 일어나는 자연 현상은 이해할 수 없을 때가 많다. 이럴 때 '왜?'라는 의문이 생기는 데 이것이 바로 문제 인식이다.

② **가설 설정**(가설 = 조작변인 + 종속변인) … 문제 인식을 하였을 때 그 문제에 대하여 마음속으로 답을 찾게 되는데, 이러한 잠정적인 답을 가설이라고 한다.

③ **탐구의 설계 및 수행** … 가설을 확인하기 위해서 실험이나 관찰 방법을 구체적으로 계획하고, 실험 기구를 조작하여 관찰 및 측정한 후 얻은 자료를 정리하여 처리하는 과정
　㉠ **대조실험** : 가설에 부합한 실험을 실시할 때 실험군의 결과만 갖고는 타당한 결론을 얻을 수 없으므로 실험군의 결과와 비교할 수 있는 기준이 되는 대조군이 반드시 필요
　　• 대조군 : 실험의 비교 기준이 되는 집단
　　• 실험군 : 변인을 조작하는 실험 집단
　㉡ **변인**
　　• 독립 변인 : 실험 결과에 영향을 주는 요인
　　• 조작 변인 : 의도적으로 변화시키는 실험 조건
　　• 통제 변인 : 실험에 영향을 줄 수 있는 조작변인 이외의 요인들
　　• 종속 변인 : 조작변인의 영향으로 발생한 실험의 결과(측정 대상)
　㉢ **변인통제** : 조작 변인을 제외한 나머지 실험 조건을 일정하게 해주는 것

④ **자료의 해석** … 관찰이나 실험 등에서 얻은 자료를 정리하여 경향성이나 규칙성을 발견, 자료들 사이의 상관관계 규명, 내삽과 외삽과 통한 예상

⑤ **결론 도출 및 일반화**
　㉠ **결론도출** : 자료해석을 통해 실험자가 세운 가설의 타당성의 유무를 검토하는 단계
　㉡ **일반화** : 자료들을 종합 정리하여 일반 법칙을 이끌어 내는 과정

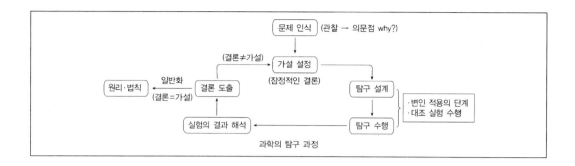

과학의 탐구 과정

SECTION 2 생명현상의 특성

(1) 생명의 특성

① 세포로 구성

    ㉠ 모든 생물은 세포로 구성되어 있다.

    ㉡ 세포는 생물의 구조적, 기능적 단위

    ㉢ 생물체의 유기적 구성 : 세포→조직→기관→개체

② 물질대사

    ㉠ 생물체 내에서 일어나는 모든 화학적인 작용을 물질대사라고 한다.

    ㉡ 생물은 물질대사를 통해 외부에서 받아들인 물질을 자신에게 필요한 물질로 바꾸거나 분해 하고, 불필요한 물질을 체외로 배설한다.

    ㉢ 물질대사는 효소가 관여하며, 항상 에너지대사가 동반된다.

동화작용	저분자 물질을 이용하여 고분자를 합성하는 작용	예 광합성, 단백질 합성 등
이화작용	고분자 물질을 저분자 물질로 분해하는 작용	예 세포호흡, 소화 등

③ 자극에 대한 반응과 항상성 유지

    ㉠ 반응 : 외부자극에 대해 반응

        예 뜨거운 물체에 닿으면 손을 뗀다.

    ㉡ 항상성 : 생물체 내부의 상태를 일정한 범위에서 유지하려는 성질(호르몬의 작용)

        예 체온 조절, 혈당량 조절, 삼투압 조절, pH 조절, …

④ 발생과 생장
  ㉠ 발생 : 수정란이 세포분열과 분화를 통해 완전한 개체를 형성
  ㉡ 생장 : 어린 개체가 세포분열을 통한 세포 수의 증가로 성숙한 개체로 자라남
⑤ 생식과 유전
  ㉠ 생식 : 생물이 자신과 닮은 개체를 만드는 현상
  ㉡ 유전 : 생식 과정에서 부모의 형질(유전정보)이 자손에게 전달되는 현상
⑥ 적응과 진화
  ㉠ 적응 : 환경 변화에 대응하여 형태, 기능, 생활 습성 등을 변화시키는 현상
  ㉡ 진화 : 오랜 세월 생물체의 적응 과정 속에서 유전자 구성이 다양화되는 현상

(2) 생명의 탐사

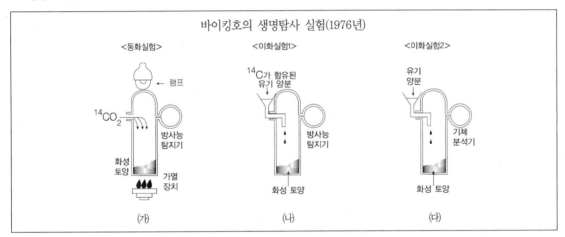

바이킹호의 생명탐사 실험(1976년)

① 실험 (가)를 수행한 이유는?
② 실험 (가)에서 화성 토양에 동화 작용을 하는 생명체가 있다면 예상되는 결과는?
③ 실험 (가)에서 화성 토양을 가열하는 이유는?
④ 실험 (가)에서 빛의 역할은?
⑤ 실험 (나)를 수행한 이유는?
⑥ 실험 (나)에서 화성 토양에 이화 작용을 하는 생명체가 있다면 예상되는 결과는?
⑦ 실험 (다)를 수행한 이유는?
⑧ 실험 (다)에서 화성 토양에 생명체가 있다면 예상되는 결과는?

(3) 바이러스(virus)

① 생물과 무생물의 중간형
② 독립생활이 불가능하고, 숙주생물에서 기생

③ 구조

　　㉠ 단백질 껍질 + 핵산(DNA, RNA)

　　㉡ 비세포 구조, 효소가 없다.

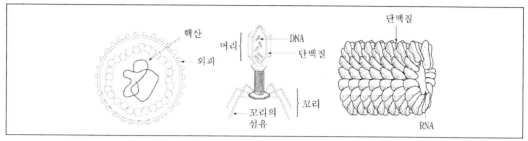

　　㉢ 세균보다 크기가 작다.

생물적 특징 (숙주 안에서)	• 모든 생물의 공통 성분인 핵산과 단백질로 구성되어 있다. • 숙주의 효소와 기관을 이용하여 물질 대사를 한다. • 자신의 유전 물질을 복제하여 증식(생식)한다. • 환경의 변화에 적응하고, 돌연변이가 나타나 다양한 종류로 진화한다.
무생물적 특징 (숙주 밖에서)	• 세포의 체제를 갖추지 못하였다. • 효소가 없어 생물체 밖에서는 스스로 물질대사를 할 수 없다. • 숙주세포 밖에서는 핵산과 단백질이 결합한 결정체에 불과하다.

④ 바이러스의 종류

　　㉠ 숙주의 종류에 따른 분류

　　　• 동물성 바이러스 : 천연두 바이러스, 소아마비 바이러스 등

　　　• 식물성 바이러스 : 담배모자이크 바이러스 등

　　　• 세균성 바이러스 : 박테리오파지 등

　　㉡ 핵산의 종류에 따른 분류

　　　• DNA 바이러스 : 박테리오파지, 천연두 바이러스 등

　　　• RNA 바이러스 : 담배모자이크 바이러스, 인플루엔자 바이러스 등

SECTION 3 생물의 구성

(1) 생물체를 구성하는 기본 물질

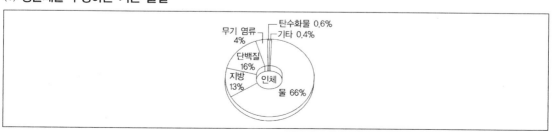

① 물

　㉠ 물 분자의 특징

　　• 물 분자의 극성→물질의 용해성이 높다.

　　• 수소 결합→비열, 기화열, 융해열이 높다.

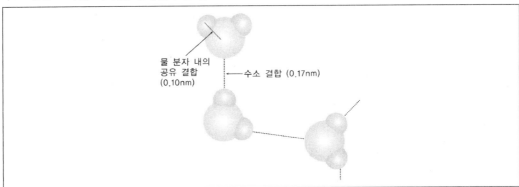

물 분자 내의
공유 결합
(0.10nm)

수소 결합 (0.17nm)

　㉡ 물의 기능

　　• 물질 운반

　　• 화학 반응의 매개체

　　• 체온 조절

② 탄수화물

　㉠ 특징 및 기능

　　• 생물의 주된 에너지원, 몸의 구성 성분

　　• 기본 단위 : 단당류

　㉡ 종류

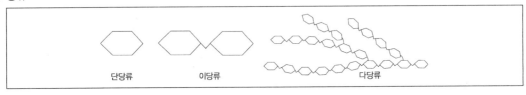

단당류　　　　이당류　　　　　　다당류

　• 단당류

　– 탄소 수에 따라 3탄당, 4탄당, 5탄당, 6탄당으로 구분

　– 종류 : 6탄당(포도당, 과당, 갈락토오스), 5탄당(리보스, 디옥시리보스)

　• 이당류

　– 단당류 2개가 글리코사이드 결합으로 결합한 탄수화물

　– 종류 : 엿당(포도당+포도당), 설탕(포도당+과당), 젖당(포도당+갈락토스)

　• 다당류

　– 단당류 여러 분자가 결합하여 이루어진 고분자의 화합물

　– 종류 : 녹말(식물의 저장성 다당류), 글리코겐(동물의 저장성 다당류), 셀룰로스(식물 세포벽을 구성하는 주성분) 등

③ 단백질

　㉠ 기본 단위 : 아미노산

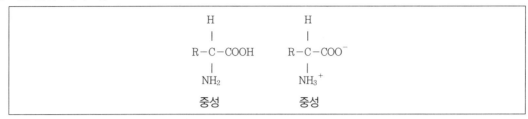

　㉡ 기능

　　• 세포를 구성하는 주요 성분
　　• 물질의 운반, 에너지원
　　• 물질대사 등 각종 화학 반응 조절

④ 지질

　㉠ 기능 : 에너지원, 몸의 구성 성분, 생리 기능 조절

　㉡ 종류

중성지방	인지질	스테로이드
• 지방산과 글리세롤로 구성 • 피하에 저장되어 체온 유지에 중요한 역할을 함	생체막(세포막, 핵막, 미토콘드리아막)의 주성분	콜레스테롤과 호르몬의 구성 성분

⑤ 핵산

　㉠ 기본단위 : 뉴클레오타이드

　㉡ 기능 : 유전정보 저장, 단백질 합성에 관여

　㉢ 종류

구분	DNA	RNA
구조	이중 나선 구조	단일 가닥
당	디옥시리보오스	리보오스
염기의 종류	A, T, G, C	A, G, C, U
기능	유전정보 저장	유전정보 전달 및 단백질 합성 과정에 관여

⑥ 무기염류 ··· 몸의 구성성분, 생리 기능 조절

SECTION 4 세포의 구조와 기능

(1) 세포의 분류

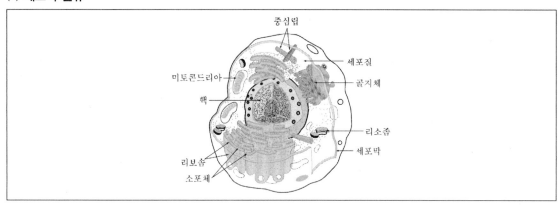

① 식물세포와 동물세포
  ㉠ 식물세포에만 있는 기관 : 세포벽, 엽록체, 액포
  ㉡ 동물세포에만 있는 기관 : 리소좀, 중심체

② 원형질과 후형질
  ㉠ 원형질 : 핵과 세포질을 말하며 생명 활동이 활발한 기관이다.
  ㉡ 후형질 : 세포벽, 액포, 세포 함유물·원형질의 활동 결과 생성된 물질이며 비생명 부분이다.

③ 원핵세포와 진핵세포
  ㉠ 원핵세포 : 막 구조가 없다. 핵 물질, 소기관 물질이 세포질에 분산
    예 세균, 남조류
  ㉡ 진핵세포 : 막 구조가 발달, 핵과 소기관이 뚜렷하게 존재

(2) 세포의 구조와 기능

① 핵

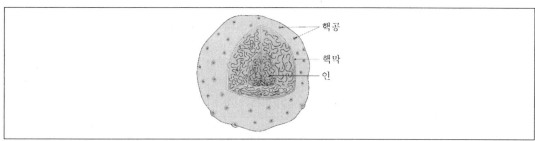

  ㉠ 유전물질(DNA)함유 : 세포의 모든 생명 활동 조절 및 통제
    예 형질발현, 유전, 분열 등
  ㉡ 핵막 : 2중막, 핵공을 통해 세포질과 물질 교환

ⓒ 염색사 : 단백질 + DNA, 세포 분열시 염색체로 응축

　　ⓔ 인 : 주성분 – 단백질 + rRNA, 리보솜 합성

② 세포질 – 에너지 대사기관

　　㉠ 엽록체

　　　• 광합성 장소 – 물과 이산화탄소를 이용해 포도당 합성

　　　• 2중막 구조

　　　• 독자적인 DNA, RNA 함유 : 자기 복제 가능

　　㉡ 미토콘드리아

　　　• 세포내 호흡 장소 – 포도당을 분해하여 ATP 합성

　　　• 2중막 구조

　　　• 내막은 크리스타 형성

　　　• 독자적인 DNA, RNA 함유 – 자기 복제 가능

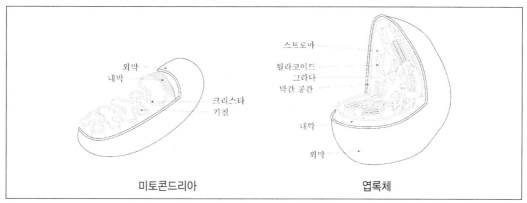

③ 세포질 – 물질의 합성과 수송 기관

　　㉠ 리보솜

　　　• 단백질 합성 장소. rRNA + 단백질로 구성

　　　• 소포체 표면과 세포질에 산재

　　㉡ 소포체

　　　• 물질 이동의 통로

　　　• 미세한 막이 여러개 겹쳐진 주름 구조 – 핵막, 세포막과 연결

　　　• 종류 : 조면 소포체(단백질 합성 및 수송, 리보솜 부착), 활면 소포체(탄수화물, 지질 합성 및 수송)

　　㉢ 골지체

　　　• 물질의 저장 및 분비, 소포체에서 유래

　　　• 소화샘, 호르몬샘의 조직세포에 많이 분포

　　㉣ 리소좀

　　　• 가수분해 효소 함유

　　　• 세포내 소화(소기관 및 세균 분해), 자가분해(죽은 세포 분해, 개구리 꼬리 분해)

※ 세포 내 물질 이동의 경로 : 리보솜→소포체→골지체→소포→분비

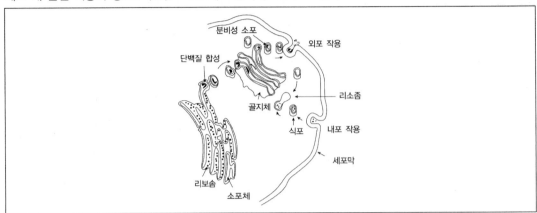

④ 세포질 – 세포의 골격 기관

  ㉠ 중심체(립)

    • 동물 세포와 일부 하등 식물 세포에 존재(미세소관의 9+0 구조)

    • 세포 분열시 방추사 형성

  ㉡ 편모와 섬모 : 세포의 운동기관(미세소관의 9+2 구조)

  ㉢ 미세소관

    • 세포의 골격구조 유지

    • 편모, 섬모, 중심체 구성

⑤ 후형질

  ㉠ 세포벽 : 셀룰로오즈로 구성, 식물 세포지지와 보호, 전투성

  ㉡ 액포

    • 늙은 식물 세포에 발달

    • 노폐물, 당분, 색소, 세포액 등 저장

  ㉢ 세포내 함유물 : 지방, 글리코겐, 녹말, 안토시아닌 등

⑥ 세포막

  ㉠ 세포막의 물질 구성

    • 단백질 : 자유롭게 떠다니며 물질 운반에 관여

    • 인지질 : 머리(인산) + 꼬리(지방산), 2중층으로 구성

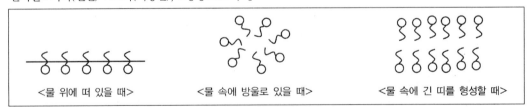

            <물 위에 떠 있을 때>   <물 속에 방울로 있을 때>   <물 속에 긴 띠를 형성할 때>

ⓛ 세포막의 구조

• 유동 모자이크 모델 : 인지질의 기름막 속에 단백질이 자유롭게 이동(유동성)

• 지용성 물질 – 인지질을 통과

• 수용성 물질 – 수송 단백질 을 통과

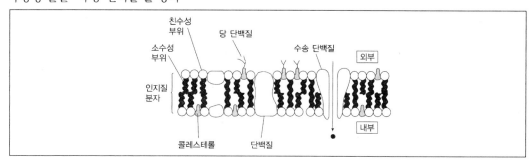

SECTION 5 | 생물체의 유기적 구성

(1) 생물의 구성 단계

① 세포 : 생물체를 이루는 기본 단위

② 조직 : 모양, 크기, 기능이 비슷한 세포들의 모임

③ 기관 : 여러 개의 조직이 모여 고유한 형태와 기능을 나타내는 것

④ 개체 : 여러 기관들이 모여 독립된 구조와 기능을 가지고 생활하는 생물체

(2) 동물체의 구성 단계

세포→조직→기관→기관계→개체

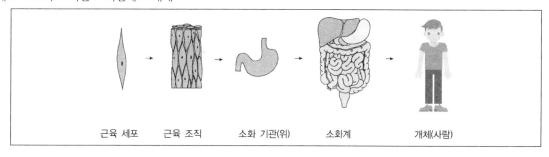

근육 세포 　　근육 조직 　　소화 기관(위) 　　소화계 　　개체(사람)

① 동물의 조직

ⓐ 상피 조직 : 몸의 표면이나 소화관 등의 내면을 덮고 있는 조직

ⓑ 근육 조직 : 몸의 근육이나 내장 기관을 구성하는 조직

ⓒ 신경 조직 : 자극을 전달하는 세포인 뉴런으로 이루어진 조직

ⓓ 결합 조직 : 조직과 조직사이, 기관과 기관 사이를 연결하여 몸을 지탱하는 조직

② 동물의 기관과 기관계

기관계	기능	구성기관
신경계	자극(흥분)의 전달	뇌, 척수, 신경, 감각기관 등
면역계	인체방어(감염 및 암과의 싸움)	골수, 림프관, 가슴샘, 백혈구 등
내분비계	호르몬의 생성 및 분비	뇌하수체, 갑상샘, 이자 등
소화계	음식물의 소화 및 흡수	입, 위, 간, 소장, 대장 등
순환계	양분, 산소, 노폐물의 운반	심장, 혈관, 혈액 등
호흡계	기체교환	폐, 기관, 기관지 등
배설계	노폐물의 배설, 혈액의 삼투평형조절	콩팥, 방광, 요도 등
골격계	몸지지, 내부기관의 보호, 운동	골격(뼈, 인대, 힘줄, 연골)
표피계	기계적손상, 감염 및 건조에 대한 보호, 체온조절	피부, 털, 손발톱, 피부샘
생식계	생식	난소, 정소 및 관련기관들

(3) 식물체의 구성 단계

세포 → 조직 → 조직계 → 기관 → 개체

① 식물의 조직

조직	특징	종류
분열조직	세포분열이 일어나 새로운 세포를 만드는 조직	생장점, 형성층 등
표피조직	식물체의 표면을 둘러싸고 있는 조직	표피, 공변세포, 뿌리털
유관속조직	양분 및 물의 이동을 담당	물관, 체관
유조직	생명활동이 일어나고 물질을 저장하는 조직	울타리조직, 해면조직, 저장조직 등
후벽조직	세포벽이 두꺼워져 식물의 몸을 지지하는 조직	섬유조직 등

② 조직계

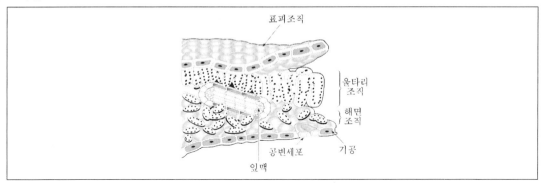

표피 조직계	식물체의 표면을 덮어 내부를 보호하고, 표피 조직으로 구성됨.
관다발 조직계	물질 수송을 담당하며, 물관부와 체관부로 구성됨.
기본 조직계	표피 조직계와 관다발 조직계를 제외한 나머지 조직계로, 유조직과 기계 조직으로 구성됨.

③ 기관 – 영양기관과 생식기으로 구분

영양기관	양분의 합성과 저장을 담당
생식기관	개체를 증식시켜 종족을 보존하는데 관여

1 다음 중 생명의 특성으로 옳지 않은 것은?

① 세포로 구성   ② 물질대사

③ 다양한 형태   ④ 생식과 유전

⑤ 적응과 진화

> **TIP** 생명 현상의 특성에는 세포로 구성된 유기적 체제, 물질대사, 자극에 대한 반응, 발생과 생장, 생식과 유전, 적응과 진화 등이 있다.

2 다음은 식충 식물인 파리지옥에 대한 설명이다. 밑줄 친 생명 현상의 특성과 가장 관련이 깊은 것은?

> 파리지옥의 잎에는 3쌍의 감각모가 있어서 <u>잎에 곤충이 앉으면 잎이 갑자기 접히며</u>, 안쪽의 돋은 선에서 산과 소화액을 분비하여 곤충을 분해한다.

① 플라나리아는 빛을 받으면 어두운 곳으로 이동한다.

② 효모가 포도당을 분해하여 에너지를 생성한다.

③ 아버지의 특정 형질이 딸에서 나타난다.

④ 짚신벌레가 2분법으로 분열한다.

⑤ 올챙이는 자라서 개구리가 된다.

> **TIP** ① 자극과 반응
> ② 물질대사
> ③ 유전
> ④ 생식
> ⑤ 발생과 생장

3   사람의 몸을 구성하는 단계에 대한 정의나 예로 옳은 것만을 〈보기〉에서 있는 대로 고른 것은?

〈보기〉
㉠ 이자는 조직에 해당한다.
㉡ 심장과 혈관은 순환계에 속하는 기관이다.
㉢ 동일한 구조와 기능을 가진 세포들의 집단을 기관이라고 한다.

① ㉡   ② ㉢
③ ㉠㉡   ④ ㉠㉢
⑤ ㉡㉢

TIP 사람의 기관계에는 신경계, 호흡계, 순환계, 내분비계 등이 있으며, 심장과 혈관은 순환계에 속하는 기관
이다.

4   식물의 조직 중 성격이 다른 하나는?

① 표피 조직   ② 통도 조직
③ 기계 조직   ④ 분열 조직
⑤ 유조직

TIP ①②③⑤는 영구 조직이다. 분열 조직은 정단 분열 조직과 측생 분열 조직으로 구분한다.

5   다음 조직에 대한 설명으로 옳은 것을 모두 고른 것은?

〈보기〉
㉠ 분열 조직은 뿌리와 줄기 끝에 있다.
㉡ 유조직은 광합성, 호흡, 물질 저장, 분비 등의 작용을 한다.
㉢ 기계 조직은 물관과 체관으로 구성된다.

① ㉠   ② ㉡
③ ㉠㉡   ④ ㉠㉢
⑤ ㉠㉡㉢

TIP ㉢은 통도 조직에 대한 설명이다. 기계 조직은 식물체를 지탱시키는 작용을 한다.

ANSWER   1.③ 2.① 3.① 4.④ 5.③

6   다음 중 조직에 대한 설명으로 옳은 것은?

① 유조직은 분열 능력이 있다.
② 공변세포는 통도 조직이다.
③ 혈액은 결합 조직이다.
④ 표피와 뿌리털은 유조직이다.
⑤ 상피 조직은 모든 동물에서 한 층의 세포로 되어 있다.

🌸 TIP 표피, 뿌리털, 공변세포는 표피 조직이다. 상피 조직이 모두 한 층의 세포로 되어 있는 것은 아니다.

7   다음은 생명 과학의 탐구 과정을 나타낸 것이다. 순서대로 바르게 나열한 것은?

> ㉠ 데이터의 수집과 해석
> ㉡ 타당한 가설의 설정
> ㉢ 실험 계획과 수행
> ㉣ 정확한 사실의 관찰
> ㉤ 가설의 증명과 결론의 유도

① ㉠→㉡→㉢→㉣→㉤
② ㉡→㉢→㉣→㉤→㉠
③ ㉢→㉠→㉣→㉡→㉤
④ ㉣→㉡→㉢→㉠→㉤
⑤ ㉤→㉡→㉠→㉣→㉢

🌸 TIP 문제 인식은 자연을 관찰하는 것으로부터 시작되므로 정확한 사실을 관찰한 후 가설을 설정한다.

8   다음과 같은 가설을 세우고 실험을 할 때 대조군은 어떻게 설정해야 하는가?

> 국화꽃을 가을에 피게 하는 요인은 밤의 길이이다.

① 자연 상태 그대로 둔다.
② 온도와 습도를 낮추어 준다.
③ 전등을 켜서 밤의 길이를 짧게 한다.
④ 암막을 쳐서 밤의 길이를 길게 한다.
⑤ 도꼬마리로부터 꽃눈 형성 호르몬을 추출하여 국화에 주사한다.

🌸 TIP 대조군은 실험군과 비교하기 위한 기준이 되는 것으로, 실험 요인을 변화시키지 않은 집단이다. 따라서 자연 상태로 그대로 둔 것이 대조군이 된다.

9 다음 〈보기〉는 바이러스의 특성이다. 이 중에서 무생물의 특성에 해당하는 것을 모두 고른 것은?

〈보기〉
㉠ 효소가 없다.
㉡ 핵산을 가지고 있다.
㉢ 세포 구조로 이루어지지 않았다.
㉣ 증식을 한다.
㉤ 스스로 물질대사를 할 수 없다.

① ㉠㉡
② ㉡㉢
③ ㉡㉣
④ ㉠㉢㉤
⑤ ㉢㉣㉤

TIP 바이러스의 생물적 특성에는 핵산과 단백질로 구성되어 있고 살아 있는 숙주 내에서 증식, 유전, 돌연변이가 나타난다는 점이다.

10 다음 〈보기〉에서 사람의 몸을 구성하는 단계에 대한 정의나 예로 옳은 것을 모두 고른 것은?

〈보기〉
㉠ 이자는 조직에 해당한다.
㉡ 위와 소장은 소화계에 속하는 기관이다.
㉢ 동일한 구조와 기능을 가진 세포들의 집단을 기관이라고 한다.

① ㉠
② ㉡
③ ㉠㉡
④ ㉡㉢
⑤ ㉠㉡㉢

TIP 동물의 몸을 구성하는 단계는 세포→조직→기관→기관계→개체의 순으로 이루어진다.

⭐ **ANSWER** 6.③ 7.④ 8.① 9.④ 10.②

11 단백질의 특성에 대한 설명 중 옳지 않은 것은?

① 에너지원으로 사용된다.
② 세포막의 구성 성분이다.
③ 유전자의 본체이다.
④ 호르몬과 항체의 성분이다.
⑤ C, H, O, N으로 구성되어 있다.

TIP 유전자의 본체는 DNA이다.

12 지질에 대한 설명으로 옳은 것을 모두 고른 것은?

> ㉠ 인지질은 세포막의 주성분이다.
> ㉡ 스테로이드는 호르몬의 구성 물질이다.
> ㉢ 중성 지방은 기름과 글리세롤로 분해된다.
> ㉣ 스테로이드는 고리 모양의 분자 구조를 가진다.

① ㉠㉡ ② ㉡㉢
③ ㉠㉡㉣ ④ ㉡㉢㉣
⑤ ㉠㉡㉢㉣

TIP 중성 지방은 지방산과 글리세롤로 분해된다.

13 세포 소기관과 기능에 대한 설명으로 옳지 않은 것은?

① 핵은 세포의 생명 활동을 조절한다.
② 리보솜은 단백질의 합성 장소이다.
③ 소포체는 세포 내 물질의 이동 통로이다.
④ 골지체는 물질의 저장과 분비에 관여한다.
⑤ 리소좀은 세포에서 물질의 출입을 조절한다.

TIP 리소좀은 가수 분해 효소로 소화에 관여하며, 세포에서 물질 출입 조절은 세포막에서 일어난다.

14 식물의 구성 단계에 대한 설명으로 옳은 것을 모두 고른 것은?

> ⊙ 기관은 영양 기관과 생식 기관이 있다.
> ⓛ 분열 여부에 따라 영구 조직과 분열 조직으로 나눈다.
> ⓒ 조직계는 표피계, 통도 조직계, 기본 조직계로 나눌 수 있다.

① ⊙
② ⓛ
③ ⊙ⓛ
④ ⓛⓒ
⑤ ⊙ⓛⓒ

🐾**TIP** 조직계는 표피계, 관다발계, 기본 조직계로 나눌 수 있다.

15 리보솜과 소포체에 대한 설명으로 옳지 않은 것은?

① 리보솜은 알갱이 모양을 하고 있는 세포 소기관이다.
② 리보솜은 여러 가지 가수 분해 효소를 함유하고 있다.
③ 소포체 막의 일부는 핵막과 연결되어 있다.
④ 소포체는 세포 내에서 물질의 이동 통로 역할을 한다.
⑤ 소포체는 리보솜에서 합성된 단백질을 골지체나 세포의 다른 부위로 운반한다.

🐾**TIP** 여러 가지 가수 분해 효소를 함유하고 있는 세포 소기관은 리소좀이다.

16 더운 지방에 사는 동물과 달리 추운 지방에 사는 동물이 큰 몸집에 지방이 많은 이유로 옳은 것을 모두 고른 것은?

> ⊙ 지방은 피부 밑에 두껍게 자리하고 있으므로 체온을 유지하는 데 유리하기 때문이다.
> ⓛ 지방은 비열이 높아 체온이 쉽게 내려가는 것을 막아주기 때문이다.
> ⓒ 1g당 지방이 탄수화물의 2배 이상의 에너지를 낼 수 있기 때문이다.

① ⊙
② ⓛ
③ ⊙ⓒ
④ ⓛⓒ
⑤ ⊙ⓛⓒ

🐾**TIP** 추운 지방에 사는 동물은 중성 지방이 체내에 많이 있어서 몸집이 크다. 중성 지방은 탄수화물의 2배인 9kcal/g의 에너지를 낼 수 있다.

⭐**ANSWER** 11.③ 12.③ 13.⑤ 14.③ 15.② 16.③

17 핵산에 대한 설명으로 옳은 것을 모두 고른 것은?

> ⊙ DNA와 RNA의 염기 구성은 같다.
> ⓒ 핵산의 기본 단위는 인산, 당, 염기가 1 : 1 : 1로 구성된다.
> ⓒ DNA의 2중 나선 구조가 분리된 것이 RNA이다.

① ⊙   ② ⓒ
③ ⊙ⓒ   ④ ⓒⓒ
⑤ ⊙ⓒⓒ

TIP 핵산의 종류에는 DNA와 RNA가 있으며, 이들의 염기와 당은 서로 다르다.

18 생명체를 구성하는 기본 물질에 대한 설명 중 옳지 않은 것은?

① 지방은 비열이 높고 용해성이 크며 생체 내 각종 물질의 용매 역할을 한다.
② 단백질은 아미노산의 펩타이드 결합으로 형성된다.
③ 탄수화물에는 단당류, 이당류, 다당류가 있다.
④ 핵산은 유전 정보를 저장하거나 전달한다.
⑤ 단백질은 몸의 구성 물질로 가장 많이 이용된다.

TIP ①은 물에 대한 설명이다.

19 세포 소기관에 대한 설명으로 옳지 않은 것은?

① 핵은 2중막이며 세포의 증식과 유전에 관여한다.
② 미토콘드리아는 세포 호흡 장소이며 에너지 대사의 중심이다.
③ 엽록체는 빛에너지를 화학 에너지로 전환한다.
④ 골지체는 식물과 동물에 모두 존재한다.
⑤ 리보솜은 물질의 저장 및 분비를 담당한다.

TIP 리보솜은 단백질의 합성 장소이며, 골지체는 물질의 저장과 분비에 관여한다.

20 체내의 조직을 결합하거나 지지하는 조직을 결합 조직이라고 한다. 혈액은 결합 조직의 예이다. 다음 중 결합 조직의 작용에 속하는 것은?

① 양분의 운반   ② 소리의 감각
③ 자극의 전달   ④ 근육의 운동
⑤ 소화 효소의 분비

TIP 혈액은 결합 조직의 예이며, 양분의 운반을 담당한다. 소리의 감각이나 자극의 전달은 신경 조직, 근육의 운동은 근육 조직, 소화 효소의 분비는 상피 조직이 담당한다.

21 엽록체와 미토콘드리아에 대한 설명으로 옳은 것을 모두 고른 것은?

> ㉠ 엽록체와 미토콘드리아에는 효소가 있어 물질대사를 한다.
> ㉡ 미토콘드리아에서는 발열 반응이 일어나며, 산소를 이용하는 산화 반응을 한다.
> ㉢ 엽록체는 식물 세포의 광합성 장소이며, 포도당을 합성하고 산소를 흡수한다.

① ㉠   ② ㉡
③ ㉠㉡   ④ ㉡㉢
⑤ ㉠㉡㉢

TIP 엽록체에서 광합성이 일어난 후 산소를 방출한다.

22 탄수화물, 지질, 단백질에 대한 공통 특징으로 옳은 것을 모두 고른 것은?

> ㉠ C, H, O로만 구성된다.
> ㉡ 에너지원으로 이용된다.
> ㉢ 몸의 구성 물질로 이용된다.
> ㉣ 체내 생리 기능의 조절에 관여한다.

① ㉠㉡   ② ㉡㉢
③ ㉠㉡㉢   ④ ㉡㉢㉣
⑤ ㉠㉡㉢㉣

TIP 단백질은 C, H, O, N으로 구성된다.

ANSWER 17.② 18.① 19.⑤ 20.① 21.③ 22.②

23 다음 중 핵산에 대한 설명으로 옳지 않은 것은?

① 뉴클레오타이드의 당은 4탄당이다.
② 뉴클레오타이드는 핵산의 구성 단위이다.
③ 핵산을 구성하는 염기에는 5종류가 있다.
④ 뉴클레오타이드는 인산 : 염기 : 당=1 : 1 : 1의 비이다.
⑤ RNA는 단백질 합성에 관여하는 핵산이다.

🐝**TIP** 뉴클레오타이드의 당은 5탄당이다.

24 다음 중 생물체 내에서 단백질에 대한 역할로 옳은 것을 모두 고른 것은?

> ㉠ 원형질의 성분이다.
> ㉡ 호르몬의 주성분이다.
> ㉢ 이산화탄소를 운반한다.
> ㉣ 항체의 성분이다.

① ㉠㉡　　　　　　　　　　② ㉡㉢
③ ㉠㉡㉣　　　　　　　　　④ ㉡㉢㉣
⑤ ㉠㉡㉢㉣

🐝**TIP** 이산화탄소는 주로 혈장에 의해 운반된다.

25 다음 중 생물체 내에서 지질에 대한 역할로 옳은 것을 모두 고른 것은?

> ㉠ 핵산의 구성 성분이다.
> ㉡ 호르몬의 성분으로도 이용된다.
> ㉢ 생체막의 구성 성분이다.
> ㉣ 동물의 체온 유지 기능을 한다.

① ㉠㉡　　　　　　　　　　② ㉡㉢
③ ㉠㉡㉢　　　　　　　　　④ ㉡㉢㉣
⑤ ㉠㉡㉢㉣

🐝**TIP** 인지질은 생체막의 구성 성분이며, 스테로이드는 성호르몬의 구성 성분이다.

26 다음은 바이러스의 특성을 알아보기 위한 실험이다. (단, TMV는 담배모자이크병을 발생시키는 바이러스이다.)

- 세균 여과기
- 진공 펌프
- 여과액

㈎ 담배모자이크병에 걸린 담배 잎 추출물을 세균 여과기에 걸렀다.

㈏ 여과액으로부터 TMV의 결정을 얻었다.

㈐ TMV 결정 $1\mu g$을 증류수에 녹여 건강한 담배 잎에 발랐다.

㈑ 건강했던 담배 잎에서 담배모자이크병이 발생하였고, 감염된 담배 잎에서 TMV 결정 $10\mu g$을 얻었다.

위 실험을 토대로 확인할 수 있는 TMV의 특성으로 옳은 것만을 〈보기〉에서 있는 대로 고른 것은?

〈보기〉

㉠ 세균보다 매우 작다.

㉡ 식물체 밖에서 결정체로 존재한다.

㉢ 살아 있는 생명체 내에서 증식이 가능하다.

㉣ 유전 현상이 나타나며 돌연변이를 일으킨다.

① ㉠㉡

② ㉠㉣

③ ㉢㉣

④ ㉠㉡㉢

⑤ ㉡㉢㉣

TIP TMV는 세균 여과기를 통과했기 때문에 세균보다 작은 크기라는 것을 알 수 있으며 추출액에서는 결정으로 존재했으며 살아 있는 건강한 잎에 $1\mu g$을 발랐는데 $10\mu g$이 된 것으로 보아 증식했음을 알 수 있다. 바이러스 또한 돌연변이를 일으키지만 이 실험으로는 확인할 수 없다.

ANSWER 23.① 24.③ 25.④ 26.④

27 다음은 동식물 세포의 모식도이다. 기호와 특징의 설명으로 옳지 않은 것은?

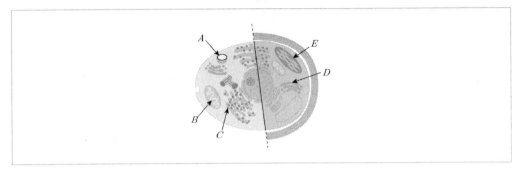

① A는 세포내 소화를 담당하는 소기관이다.
② B에서 세포 호흡이 일어난다.
③ C에서 단백질을 합성한다.
④ D는 빛에너지를 화학 에너지로 전환시킨다.
⑤ E는 광합성 장소이다.

🏵️**TIP** A는 리소좀, B는 미토콘드리아, C는 리보솜, D는 골지체, E는 엽록체이다. 골지체는 세포내 물질의 이동
과 분비를 담당한다.

28 바이러스는 생물과 무생물의 중간형으로 질병을 일으키는 원인이 되기도 한다. 어느 학생이 바이러스에 대
해 조사한 후 바이러스가 지구상에 나타난 최초의 생명체가 아니라고 생각했다면, 그 근거가 될 수 있는
특징만을 〈보기〉에서 있는 대로 고른 것은?

〈보기〉
㉠ 단백질과 핵산으로 구성되어 있다.
㉡ 외부 환경에 적응하고 돌연 변이한다.
㉢ 생물체 내에서만 복제하여 증식할 수 있다.
㉣ 효소가 없으므로 스스로 물질 대사를 할 수 없다.

① ㉠㉡   ② ㉠㉣
③ ㉡㉢   ④ ㉢㉣
⑤ ㉠㉢㉣

🏵️**TIP** 바이러스는 살아있는 생명체 내에서만 생물의 특성(증식, 유전, 적응, 돌연 변이, 물질 대사)이 나타나므
로 생물이 등장하기 전 최초의 생명체라고 볼 수 없다. 또한 자체 효소가 없어 생물체 밖에서는 스스로
물질 대사를 하지 못한다.

29 다음과 가장 관련 있는 생명의 특성으로 옳은 것은?

- 갈라파고스 군도를 구성하고 있는 각 섬의 생태적인 환경에 따라 부리 모양이나 생활 습성이 다른 다양한 종류의 핀치새가 서식한다.
- 파리를 제거하기 위해 살충제를 뿌렸더니 처음에는 파리의 수가 줄어들었지만 차차 살충제에 내성이 있는 모기가 출현하여 그 수가 증가하였다.

① 진화   ② 발생
③ 생식   ④ 항상성
⑤ 물질 대사

TIP 갈라파고스 군도의 핀치새, 살충제 내성이 모기의 출현은 생물이 여러 세대를 거치면서 유전자가 다양하게 변화되어 생물의 구조와 기능이 변할 뿐만 아니라 새로운 종이 나타나게 되는 진화의 예이다.

30 다음은 동백나무를 키우면서 관찰한 내용이다.

(개) 동백나무는 2월 중순에 꽃이 피고 씨를 맺는다.
(나) 돋아나온 새 줄기는 햇빛이 잘 드는 곳으로 굽는다.

(개), (나)와 관련 깊은 생명 현상의 예를 〈보기〉에서 골라 바르게 짝지은 것은?

〈보기〉

㉠ 버섯이 포자를 만든다.
㉡ 엄마가 색맹이면 아들도 색맹이다.
㉢ 파리지옥은 곤충이 앉으면 잎을 덮는다.
㉣ 세포에서 영양소를 분해하여 에너지를 낸다.

    (개) (나)   (개) (나)
① ㉠   ㉢   ② ㉡   ㉢
③ ㉡   ㉣   ④ ㉢   ㉡
⑤ ㉢   ㉣

TIP (개)는 생식, (나)는 자극에 대한 반응에 대한 예이다. ㉡은 유전, ㉣은 물질대사에 대한 예를 나타낸 것이다.

31 고드름이 자라는 것과 죽순이 생장하는 현상을 설명한 것으로 옳은 것만을 〈보기〉에서 있는 대로 고른 것은?

〈보기〉
㉠ 죽순은 생장에 필요한 물질을 스스로 합성한다.
㉡ 고드름과 죽순은 유사한 과정을 통해 길이가 증가한다.
㉢ 죽순은 유기적인 체제인 세포의 수가 증가하여 생장한다.
㉣ 고드름은 커질수록 구성성분이 달라져 더 복잡한 구조를 가지게 된다.

① ㉠㉢
② ㉠㉣
③ ㉡㉢
④ ㉡㉣
⑤ ㉢㉣

TIP 고드름은 한 가지 구성 성분의 양이 단순히 증가하면서 자라지만 죽순의 경우는 물질대사를 통해 스스로 필요한 물질을 합성하여 유기체적인 복잡한 구조를 형성하게 된다.

32 그래프는 사람의 혈당량 변화를 나타낸 것이다.

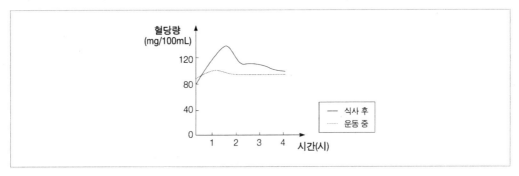

이 자료에서 나타나는 생명 현상의 특성과 가장 관련이 깊은 것은?

① 박쥐는 주로 밤에 활동한다.
② 선인장의 가시는 잎이 변형된 것이다.
③ 포도당이 미토콘드리아에서 물과 이산화탄소로 분해된다.
④ 짚신벌레의 수축포는 소금물의 농도에 따라 수축 횟수가 달라진다.
⑤ 작년에 감기를 유행시킨 바이러스와 올해 감기를 유행시킨 바이러스는 다르다.

TIP 혈당량 조절, 짚신벌레의 수축포 작용은 항상성에 관련된 내용이다. ①과 ②는 적응, ③은 물질대사, ⑤는 진화에 관련된 내용이다.

33 바이러스의 특성 중 생물의 특성에 해당하는 것만을 〈보기〉에서 있는 대로 고른 것은?

〈보기〉

㉠ 증식을 한다.　　　　　　　　　㉡ 자체 효소가 없다.
㉢ 핵산을 가지고 있다.　　　　　　㉣ 막으로 싸여 있는 구조가 없다.

① ㉠㉡　　　　　　　　　　　　② ㉠㉢
③ ㉡㉢　　　　　　　　　　　　④ ㉡㉣
⑤ ㉢㉣

🌸 **TIP** 바이러스의 생물적 특성은 다음과 같다.
　　　• 핵산과 단백질로 구성되어 있다.
　　　• 증식, 유전, 돌연 변이를 한다. 등이 있다.

34 그림은 창가에 놓아둔 식물의 모습이다.

이 그림에서 나타난 생명 현상의 특성과 가장 관련이 깊은 예로 옳은 것은?

① 동백나무는 2월 중순에 꽃을 피우고 씨를 맺는다.
② 난자에서 분비하는 화학 물질에 의해 정자가 난자로 이동한다.
③ 고구마는 빛을 이용하여 양분을 만들어 사용하고, 남은 양분은 뿌리에 저장한다.
④ 신맛이 나지 않는 갓 담근 김치보다 신 맛이 강한 오래된 묵은 김치의 유산균의 양이 더 많다.
⑤ 뉴질랜드에 사는 키위라는 새는 먹이가 풍부하고 천적이 없는 육상에서 오랫동안 생활한 결과 날 수 없게 되었다.

🌸 **TIP** 식물의 굴광성은 자극에 대한 반응의 예에 해당한다.
　　　①은 생식, ③과 ④는 물질 대사, ⑤는 적응에 대한 예이다.

⭐ **ANSWER**　31.①　32.④　33.②　34.②

35 그림은 위도가 서로 다른 지역에 서식하는 여우의 종류를 나타낸 것이다.

북극여우
(한대)

붉은여우
(온대)

사막여우
(난대)

이 자료에서 나타난 생명 현상의 특성과 가장 유사한 예로 옳은 것은?

① 올챙이가 자라 개구리가 된다.
② 어머니가 색맹이면 아들도 색맹이다.
③ 미모사의 잎에 손을 대면 오므라든다.
④ 선인장의 가시는 잎이 변형된 것이다.
⑤ 계절의 변화에 상관없이 체온은 일정하게 유지된다.

TIP 위도에 따른 여우의 생김새 차이는 환경의 차이에 따른 적응 현상의 예이다.
①은 발생, ②는 유전, ③은 자극에 대한 반응, ⑤는 항상성에 대한 예이다.

36 몇 년 전 전국적으로 유행하던 신종 플루 바이러스와 사람의 몸속에 살고 있는 대장균의 공통된 생물적 특성으로 옳은 것만을 〈보기〉에서 있는 대로 고른 것은?

〈보기〉
㉠ 유전 물질을 가지고 있어 증식을 할 수 있다.
㉡ 세포막을 통해 영양소를 선택적으로 흡수한다.
㉢ 효소가 있어 스스로 물질대사를 통해 에너지를 생성한다.

① ㉠   ② ㉡
③ ㉢   ④ ㉠㉡
⑤ ㉡㉢

TIP 대장균은 단세포성 생물이지만 바이러스는 살아있는 생물체에 기생할 때에만 생물적 특성이 나타나기 때문에 세포막으로 싸여 있지도 않고, 자체 효소도 없어 생물체 밖에서는 무생물적 특성이 나타난다.

37 다음 중 조직에 해당하지 않는 것은?

① 뼈

② 인대

③ 혈액

④ 심장

⑤ 민무늬근

TIP 조직은 같은 기능을 담당하는 세포가 모여 이뤄진 것으로 결합 조직(힘줄, 뼈, 인대, 혈액, 지방 조직), 상피 조직, 근육 조직(골격근, 심장근, 민무늬근), 신경 조직이 있다. 하지만 심장은 여러 조직들이 모여 특정 기능을 가지게 된 기관에 해당한다.

38 그림은 두 종류의 세포 구조를 모식적으로 나타낸 것이다.

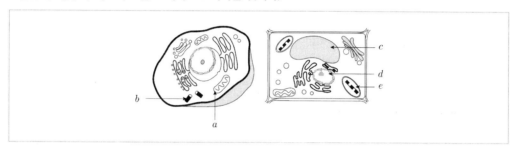

세포 소기관 a~e의 특징으로 옳은 것은?

① a – 동물세포에만 존재한다.

② b – 세포 분열 시 방추사를 형성한다.

③ c – 빛을 흡수하여 광합성이 일어난다.

④ d – 물질대사를 통해 ATP를 합성한다.

⑤ e – 물질대사 결과 생성된 노폐물을 저장한다.

TIP a는 미토콘드리아, b는 중심립, c는 액포, d는 핵, e는 엽록체이다. ①은 틀린 설명으로 미토콘드리아는 동물, 식물 세포 모두에 존재한다. ③은 엽록체, ④는 미토콘드리아, ⑤는 액포에 대한 설명이다.

39 표는 물과 에탄올의 특성을 조사한 결과이다.

구분 특성	물	에탄올
	극성	극성
비열(kJ/kg·℃)	4.18	2.42
어는점(℃)	0	−114
끓는점(℃)	100	78
기화열(kJ/kg)	2256	837

사람의 몸은 70%이상이 물로 되어 있다. 에탄올 대신 물로 이루어져 있어서 유리한 점으로 옳은 것은?

① 어는점이 높아서 기온이 낮아도 몸이 얼지 않는다.
② 끓는점이 높아서 체온이 높아지면 땀이 쉽게 기화한다.
③ 비열이 커서 기온 변화에 따라 체온이 쉽게 변하지 않는다.
④ 극성 용매이므로 극성을 띠는 단백질을 잘 용해시킬 수 있다.
⑤ 기화열이 커서 체온이 상승할 때 땀을 흘리더라도 체온을 낮추는 효과가 크지 않다.

TIP 물은 비열이 커서 같은 양일 때 1℃ 올리는데 필요한 열량이 에탄올보다 크다. 그렇기 때문에 온도 변화가 잘 일어나지 않고 또한 기화열이 커서 더운 여름 흘린 땀이 증발할 때 체온을 낮추는 효과가 크다.

40 그림은 생체막의 구조를 나타낸 것이다.

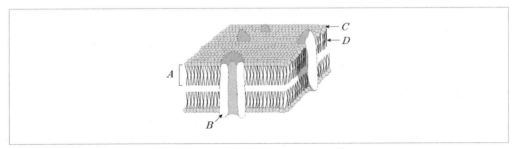

이에 대한 설명으로 옳은 것만을 〈보기〉에서 있는 대로 고른 것은?

〈보기〉
㉠ B는 막단백질로 물질의 수송을 담당한다.
㉡ C는 친수성, D는 소수성 물질로 되어있다.
㉢ 미토콘드리아는 A가 단일층으로 구성되어 있다.

① ㉠
② ㉡
③ ㉢
④ ㉠㉡
⑤ ㉡㉢

TIP A는 인지질, B는 막단백질, C는 인지질의 친수성 머리, D는 인지질의 소수성 꼬리이고, 미토콘드리아는 인지질 이중층으로 된 막이 2겹으로 되어 있다.

41 표는 어느 학생이 조사한 몇 가지 음식물 100g에 포함된 영양소의 성분비를 비교한 것이다.

성분(%)	물	탄수화물	단백질	지방	무기 염류	비타민
쇠고기	72.3	0.1	19.8	6.8	0.9	0.1
감자	11.6	78.8	8.2	0.3	0.6	0.5
배추	94.3	3.1	1.3	0.1	1.1	0.1
오렌지	88	8.5	0.8	0	2.5	0.2
당근	89.3	4.9	2.6	0.4	2.5	0.3

이에 대한 설명으로 옳은 것은?

① 음식물을 통해 섭취한 물은 모두 체외로 배출된다.

② 고기만 먹는 황제 다이어트를 장기간 해도 영양소 결핍은 일어나지 않는다.

③ 오렌지에는 지방의 양이 적기 때문에 아무리 많이 먹어도 살이 찌지 않는다.

④ 배추에 탄수화물의 함량이 많은 이유는 식물 세포를 구성하는 세포막 때문이다.

⑤ 소의 주된 먹이는 풀이지만 쇠고기에 탄수화물의 함량이 낮은 이유는 대부분 에너지원으로 소비되었기 때문이다.

TIP 음식물을 통해 섭취한 물의 일부는 체내에서 쓰이고 남은 물만 배설된다. 한 가지 음식만 먹는 다이어트를 오랜 시간하게 되면 영양소의 불균형으로 인해 결핍증이 생길 수 있다. 오렌지에는 탄수화물 함량이 높기 때문에 과량 섭취하면 지방으로 전환되어 살이 찔 수 있게 된다. 식물 세포의 세포벽 성분이 셀룰로오스라는 탄수화물이기 때문에 식물성 음식은 동물성 음식에 비해 탄수화물 함량이 높다.

ANSWER 39.③ 40.④ 41.⑤

02 세포와 생명의 연속성

염색체와 유전물질

(1) 염색체의 구조

① 염색사, 염색체, 염색질

   ⊙ **염색사** : 히스톤이라는 단백질과 유전 물질인 DNA로 이루어진 가늘고 긴 실모양의 구조

   ⓒ **염색체** : 염색사가 응축되어 이루어진 끈이나 막대 모양의 구조로, 세포 분열 시에만 나타난다. 세포 분열 시 염색사가 염색체로 응축됨에 따라 유전 정보가 손상되지 않고 딸세포에 잘 전달될 수 있다.

   ⓒ **염색질** : 세포 분열을 하지 않을 때 염색사가 풀어져 핵 안을 가득 채우고 있는 상태

② 염색체의 구조

   ⊙ DNA는 히스톤 단백질을 휘감아 뉴클레오솜이라는 구조를 형성하며, 히스톤 단백질은 DNA를 응축시키는 데 관여한다.

   ⓒ 뉴클레오솜은 DNA에 의해 연결되어 마치 줄에 꿰어진 구슬 모양의 구조를 이루는데, 이것이 여러 번 구부러지고 뭉쳐져 염색사를 형성하고, 세포 분열 시에는 염색사가 더욱 꼬여 염색체가 된다.

   ⓒ 세포가 핵분열을 하기 전에 DNA가 복제되며, 각 DNA는 독자적으로 응축하여 염색 분체를 형성한다.

   ⓔ 세포 분열 전기의 각 염색체는 유전자 구성이 동일한 2개의 염색 분체로 이루어져 있으며, 이들 염색 분체는 동원체라고 하는 잘록한 부분에서 서로 붙어 있다. 동원체는 세포 분열 시 방추사가 부착되는 부분이다.

   ⓜ **염색분체** : 2개의 염색 분체는 하나의 염색체가 분열하기 전에 복제 된 것 → 하나의 염색체를 이루고 있는 두 염색 분체는 유전자 조성이 동일

   ⓗ **동원체** : 염색분체에서 잘록하게 들어간 부분, 세포 분열시 방추사가 붙는 부분

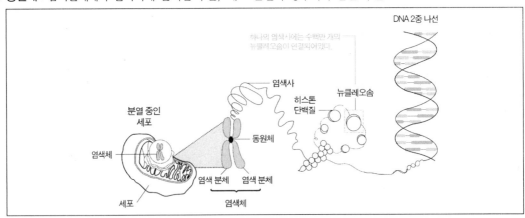

③ **염색체(사)의 구성** ··· DNA + 히스톤 단백질

(2) 사람의 염색체

① 핵형 ··· 염색체의 특성(염색체의 수, 모양, 크기 등) → 생물의 종에 따라 일정

    ㉠ 핵형 분석 : 어떤 생물의 핵형을 조사하는 작업을 핵형 분석이라고 하며, 세포 분열 중기에 있는 세포의 염색체 사진을 이용한다.

    ㉡ 핵형을 통해 알아낼 수 있는 것 : 사람의 경우 핵형 분석을 통해 성별은 물론 염색체의 구조 이상이나 수 이상도 알아낼 수 있다.

② 염색체의 종류

    ㉠ 상염색체 : 남녀가 공통으로 가지고 있는 염색체로, 사람은 22쌍의 상염색체를 갖는다.

    ㉡ 성염색체 : 성 결정에 관여하는 한 쌍의 염색체로, 남자는 XY, 여자는 XX의 성 염색체를 갖는다.

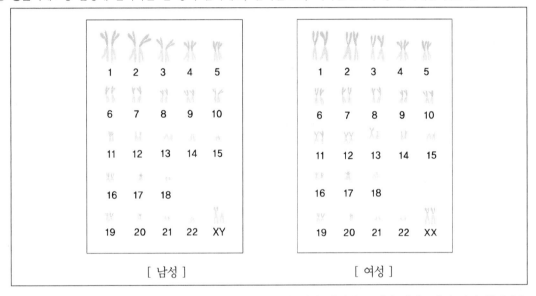

※ 남자의 성염색체를 구성하는 X와 Y 염색체는 모양과 크기가 같지 않지만 모계와 부계로부터 각각 물려받은 것이고, X 염색체와 Y 염색체의 끝부분에는 서로 상동인 부위가 존재하므로, 이들도 상동 염색체로 간주한다.

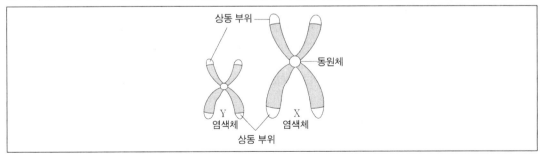

③ **상동염색체** … 체세포에 존재하는 모양과 크기가 같은 한 쌍의 염색체

　㉠ 상동 염색체는 부계와 모녀로부터 각각 하나씩 물려받은 것이며, 생식 세포 형성 시 분리되어 각기 다른 세포로 들어감

　㉡ 사람의 체세포에는 46개의 염색체가 있는데, 모양과 크기가 같은 염색체가 쌍으로 존재하므로 23쌍의 상동 염색체가 있다.

　㉢ **대립 유전자** : 상동 염색체의 동일한 위치에 존재하는 유전자

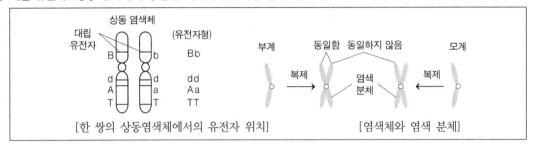

[한 쌍의 상동염색체에서의 유전자 위치]　　　　　　　[염색체와 염색 분체]

④ **핵상** … 핵 속에 존재하는 염색체의 상대적인 구성

　㉠ **체세포** : 상동 염색체가 2개씩 쌍을 이루고 있기 때문에 핵상을 2n으로 표시한다.

　㉡ **생식 세포** : 상동 염색체가 함께 존재하지 않고 상동 염색체 중 하나씩만 존재하기 때문에 핵상을 n으로 표시한다.

(3) DNA, 유전자, 염색체의 관계

① **DNA** … DNA는 생명체의 유전에 관한 모든 정보를 담고 있는 분자로, 2중 나선 구조를 이루고 있으며, 대부분 핵 속에 들어 있다.

② **유전자와 유전 형질** … 귓불의 형태, 눈동자의 색 등과 같이 한 생물이 표현형으로 나타내는 각종 유전적 성질을 유전 형질이라고 하며, 특정 유전 형질을 발현시키는 단위를 유전자라고 한다. 유전자는 DNA의 특정 부분에 위치한다.

③ **대립유전자** … 한 쌍의 유전자가 각 상동 염색체의 동일한 위치에 존재하면서 하나의 형질 발현에 관여하는데, 이를 대립 유전자라고 한다. 대립 유전자 쌍은 유전자 구성이 같을 수도 있고 다를 수도 있다.

④ **염색체의 수와 유전자의 수** … 사람의 염색체 수는 23쌍이지만 유전자의 수는 3만 개 정도인 것으로 알려져 있다. 따라서 하나의 염색체에는 많은 수의 유전자가 존재한다.

(1) 세포 주기

① 세포 분열의 중요성 ··· 우리 몸에서 손상되고 오래된 피부 세포나 장세포 혹은 혈액 세포 등은 세포 분열을 통해 끊임없이 새로운 세포로 대체되고 있다.

② 세포 주기 ··· 분열에 의해 새로 생긴 세포가 일정기간 동안 생장하여 분열에 필요한 물질을 합성하고 DNA를 복제한 후 다시 세포 분열을 하여 새로운 세포를 만들기까지의 과정을 세포 주기라고 한다.

※ 세포가 분열하는 이유 : 세포의 크기가 계속 커지면 세포의 부피에 대한 표면적의 비가 상대적으로 작아져 세포 표면을 통한 단위 부피당 물질의 출입량이 감소하게 된다. 따라서 세포에 필요한 물질의 흡수와 세포내에서 생성된 노폐물의 배출이 효율적으로 이루어지려면 세포가 일정 크기 이상 자랐을 때 분열해야 한다.

(2) 세포 주기의 구분

① 간기 ··· 세포 분열로 생긴 딸세포가 생장하고, 유전물질(DNA)이 복제되는 시기

　⊙ G_1기 : 세포 분열이 끝난 직후부터 DNA 복제가 이루어지기 전까지의 단계로, 단백질을 비롯한 여러 가지 세포 구성 물질을 합성하며, 미토콘드리아나 리보솜 같은 세포 소기관의 수가 증가한다.

　⊙ S기 : DNA가 복제된다. 복제된 DNA는 서로 부착되어 있다가 분열기가 되면 각각 응축되어 염색 분체로 된다.

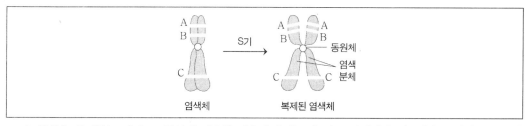

　⊙ G_2기 : 분열을 준비하는 시기로, 분열에 필요한 방추사의 원료가 되는 단백질과 세포막을 구성하는 물질이 합성된다.

② 분열기(M기) ··· 세포 분열을 통해 새로운 세포가 만들어지는 시기

　⊙ 핵분열과 세포질 분열로 구분

　⊙ 간기에 비해 짧은 시간에 이뤄짐

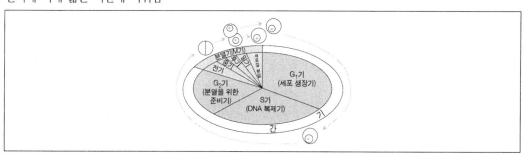

(3) 세포의 종류에 따른 세포 주기

① 발생 초기의 세포(난할) ⋯ G_1기와 G_2기가 거의 없고, S기와 M기를 반복

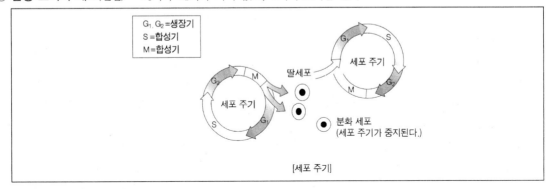

[세포 주기]

② 분열하지 않는 세포(분화세포) ⋯ G_1기에서 세포 주기 정지

③ 암세포 ⋯ 세포 주기가 짧고 반영구적으로 계속 분열

(4) 정상 세포와 암세포의 차이점

① 세포 주기 조절 ⋯ 세포는 G_1기에서 S기로 진행될 때 분열을 계속할 것인지 아닌지를 결정하는데, 이 시점을 G_1 검문지점이라고 한다. 신경 세포나 근육 세포는 S기로 진행되지 않고 G_1기에서 분열을 멈추는데, 이러한 상태를 G_0기라고 한다.

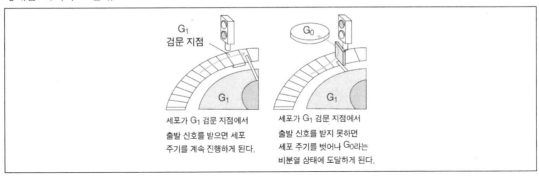

② 정상 세포와 암세포
  ㉠ 정상 세포 : 생장과 분열이 적절한 시기에 시작되고 멈출 수 있도록 정확하게 조절되며, 세포의 종류마다 반복되는 세포 주기가 다르다.
   • 신경 세포, 근육 세포 : 더 이상 분열하지 않는다.
   • 피부나 골수 세포 : 세포 주기가 신속하게 진행되어 계속 분열이 일어난다.
   • 간세포 : 조직이 손상되었을 때와 같이 필요할 때만 분열한다.

ⓒ 암세포 : 세포 주기의 조절에 이상이 생겨 분열을 멈추지 못한다.

	정상 세포	암세포
세포 배양 결과	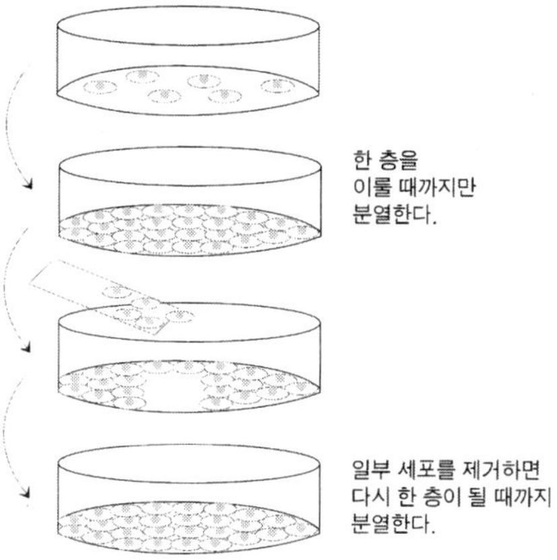 한 층을 이룰 때까지만 분열한다. 일부 세포를 제거하면 다시 한 층이 될 때까지 분열한다. - 한 층을 이룰 때까지만 분열 - 일부 세포를 제거하면 다시 한 층이 될 때까지 분열	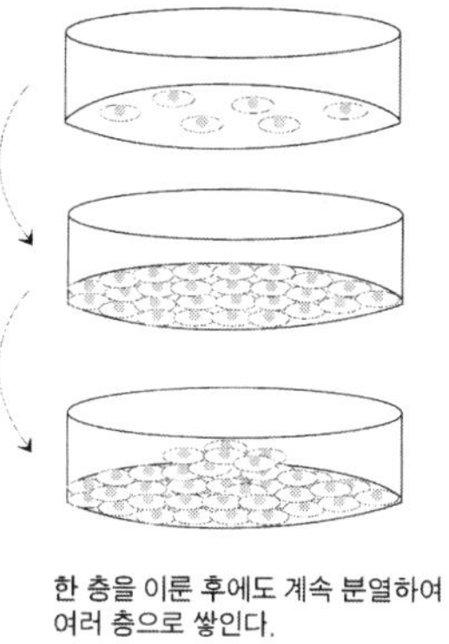 한 층을 이룬 후에도 계속 분열하여 여러 층으로 쌓인다. 한 층을 이룬 후에도 계속 분열하여 여러 층으로 쌓임
세포의 특성	- 특수한 기능을 하는 세포로 분화 - 주변 세포와 접촉 시 세포분열 억제됨 - 구조화된 단일 층을 형성 - 정상적인 핵을 가짐	- 분화하지 않음 - 접촉해도 세포분열이 억제되지 않음 - 비정상적인 핵을 가짐

(5) 체세포 분열

체세포 분열은 생물의 생장과 조직의 재생 과정에서 일어나는데, 핵분열 과정과 세포질 분열 과정을 거쳐 2개의 딸세포가 만들어진다.

① 체세포 분열의 의의
  ㉠ 생장
  ㉡ 생식(번식)
  ㉢ 재생

② 체세포 분열 과정

⊙ 핵 분열 : 전기, 중기, 후기, 말기의 4단계로 구분된다.

간기		– 핵막과 인이 뚜렷이 관찰된다. – DNA가 복제되고, 세포 구성 성분과 세포 분열에 필요한 물질이 합성된다. – 염색체는 관찰되지 않고, 염색사 상태로 존재한다.	
분열기	전기	– 염색사가 응축되어 염색체가 나타난다. 각 염색체는 2개의 염색 분체로 되어 있다. – 중심체가 서로 멀어지면서 방추사를 형성한다.	
	중기	– 방추사가 동원체에 붙는다. – 염색체가 최대로 응축되고 세포의 중앙(적도면)에 배열된다. → 염색체를 관찰하기에 가장 좋은 시기이다.	
	후기	– 방추사가 짧아지면서 염색 분체가 분리되어 양극으로 이동한다. – 분리된 염색 분체는 각각 하나의 염색체가 된다.	
	말기	염색체가 염색사로 풀린다. – 핵막과 인이 다시 나타난다. – 방추사가 사라지고, 세포질 분열이 일어난다.	

⊙ 세포질 분열

• 동물 세포 : 적도면의 세포막이 함입되어 2개의 세포로 분리(세포질 만입)

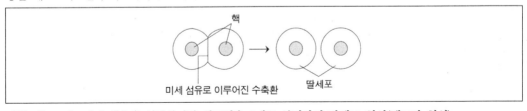

• 식물 세포 : 세포판이 밖으로 성장하면서 세포질을 2개로 분리하여 딸세포 형성(세포판 형성)

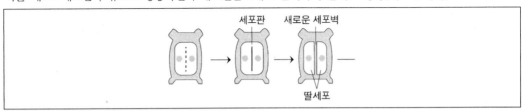

③ 체세포 분열의 특징

⊙ 1회 분열, 1개의 모세포에서 2개의 딸세포 생성

⊙ 핵상의 변화 없음

ⓒ 모세포(G₁기 세포)와 딸세포의 염색체 수와 DNA양은 같다.

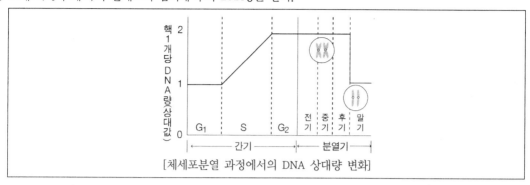

[체세포분열 과정에서의 DNA 상대량 변화]

(6) 감수 분열

감수 분열은 생물의 생식 세포 과정에서 일어나는데, 체세포 분열 과정과 달리 두 번의 세포 분열이 연속적으로 진행되어 1개의 모세포로부터 염색체 수가 반감된 4개의 딸세포가 만들어진다.

① 감수분열과정

ⓐ 감수 1분열(이형 분열) : 상동 염색체가 접합하여 2가 염색체를 형성한 후 상동 염색체가 분리되어 염색체 수가 반감된다. ($2n \rightarrow n$)

간기		– 핵막과 인이 뚜렷이 관찰된다. – DNA가 복제되고, 세포 구성 성분과 세포 분열에 필요한 물질이 합성된다. – 염색체는 관찰되지 않고, 염색사 상태로 존재한다.	핵막 인
감수 1분열 (이형 분열)	전기Ⅰ	– 상동 염색체가 접합하여 2가 염색체를 형성 한다. – 방추사가 형성되고, 핵막과 인이 사라진다. – 교차가 일어나기도 한다.	중심체 방추사 $2n$ 2기 염색체
	중기Ⅰ	– 방추사가 동원체에 붙는다. – 2가 염색체가 세포의 중앙(적도면)에 배열된다.	$2n$
	후기Ⅰ	방추사에 의해 상동 염색체가 분리되어 양극으로 이동한다.	$2n$
	말기Ⅰ	– 핵막이 다시 나타난다. – 세포질 분열이 일어나 2개의 딸세포가 형성된다.	n n

ⓛ 제2분열(동형 분열)

	전기Ⅱ	핵막이 사라진다.	
감수 2분열 (동형 분열)	중기Ⅱ	각 염색체가 세포의 중앙에 배열된다.	
	후기Ⅱ	방추사에 의해 염색 분체가 분리되어 양극으로 이동한다.	
	말기Ⅱ	세포질 분열이 일어나 4개의 딸세포가 형성된다.	
	딸세포	딸세포의 염색체 수와 DNA양은 모세포의 절반이다.	

② 감수분열의 특징

　ⓐ 2회 연속 분열로 1개의 모세포에서 4개의 딸세포 생성

　ⓛ 감수 제 1분열 전기에 상동 염색체가 접합하여 2가 염색체 형성

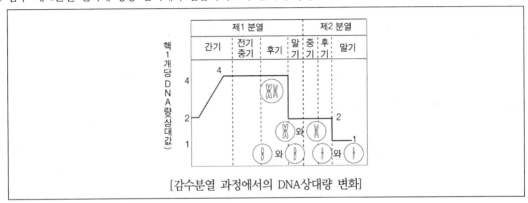

[감수분열 과정에서의 DNA상대량 변화]

③ 감수 분열의 의의
  ㉠ 염색체 수의 유지 : 감수 분열 결과 생성된 생식 세포는 염색체 수가 체세포의 절반(n) → 세대를 거듭하더라고 개체가 가지는 염색체 수는 일정하게 유지됨
  ㉡ 유전적 다양성의 증가 : 교차와 상동 염색체의 무작위적인 독립적 분리에 의해 유전적으로 다양한 딸세포 (생식 세포) 형성

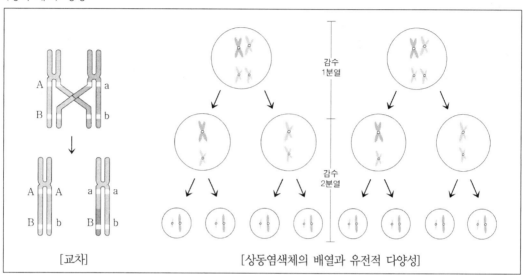

[교차]   [상동염색체의 배열과 유전적 다양성]

(7) 체세포 분열과 감수 분열의 비교

구분	체세포 분열	감수 분열
분열 시기	세포 증식	생식 세포 형성
분열 횟수	1회	2회
딸세포의 수	2개	4개
상동염색체의 접합	일어나지 않는다.	일어난다.
염색체의 수 변화	그대로	절반으로
DNA양 변화	그대로	절반으로
분열 장소	*동물 : 몸의 여러 조직 *식물 : 생장점, 형성층	*동물 : 정소, 난소 *식물 : 꽃밥, 밑씨

SECTION 3 유전의 기본 원리

(1) 멘델의 유전 연구

① 유전 용어 정리

용어	정의
형질	키, 피부색과 같이 생물이 나타내는 여러 가지 특징
유전 형질	여러 형질 중 자손에게 유전되는 것
대립 형질	서로 대립 관계에 있는 형질 예 큰 키와 작은 키, 씨의 모양이 둥근 것과 주름진 것
우성	대립 형질을 가진 순종의 개체끼리 교배했을 때 잡종 제 1대에서 나타나는 형질
열성	대립 형질을 가진 순종의 개체끼리 교배했을 때 잡종 제 1대에서 나타나지 않는 형질
표현형	외관상 나타나는 형질 예 씨의 모양이 둥글다. 씨의 색이 녹색이다.
유전자형	어떤 형질이 나타나게 하는 유전자를 기호로 표시한 것 예 RR, Rr, RrYy
순종	자가 교배시켰을 때 자손에서 같은 형질만 나타나는 개체로, 대립 유전자의 구성이 같은 동형접합자(호모) 예 RR, rr, RRYY, rrYY
잡종	자가 교배시켰을 때 자손에서 우성과 열성이 모두 나타나는 개체로, 대립 유전자의 구성이 다른 이형 접합자(헤테로) 예 Rr, Yy, RrYy
단성 잡종	1가지 대립 형질만을 대상으로 한 잡종 예 Rr
양성 잡종	2가지 대립 형질을 대상으로 한 잡종 예 RrYY

② 완두가 유전 연구 재료로 적합한 이유

ㄱ 대립 형질이 뚜렷하고, 그 종류가 다양함

ㄴ 자화 수분이 잘 되기 때문에 순종을 얻기 쉬움

ㄷ 자손의 수가 많아 통계 처리를 할 수 있음

ㄹ 구하기 쉽고, 한 세대가 짧아 실험 기간이 적게 걸림

ⓜ 자유로운 교배 가능

	꽃 색깔	씨 모양	씨 색깔	콩깍지 모양	콩깍지 색깔	꽃이 피는 위치	키
우성	보라색	둥글다	황색	매끈하다	녹색	잎겨드랑이	크다 / 작다
열성	흰색	주름지다	녹색	주름지다	황색	줄기 끝	

③ 멘델의 법칙

　㉠ 우열의 법칙

　　• 대립 형질을 가진 순종의 어버이(P)를 교배시키면, 잡종 제 1대(F_1)에서는 어버이의 우성 형질만 나타나는 현상

　　• 대립 유전자가 서로 다를 때(이형접합인 경우) 우성 형질만 표현되고 열성 형질은 억제된다.

　㉡ 분리의 법칙

　　• F_1을 자가 수분하여 얻은 F_2에서는 F_1에서 나타나지 않던 열성 형질이 나타나고 우성과 열성이 3 : 1로 분리 된다.

　　• 대립 유전자는 생식 세포가 형성될 때 분리되어 각기 다른 생식 세포로 들어간다.

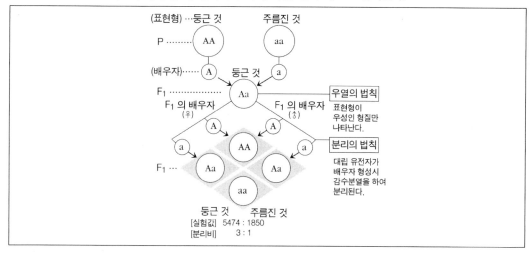

ⓒ 독립의 법칙

- 순종의 둥글고 황색인 완두(AABB)와 주름지고 녹색인 완두(rryy)를 교배하면 F₁에서 둥글고 황색인 완두 (RrYy)만 나타나고, F₁을 자가 수분시키면 F₂에서 표현형의 분리비가 9 : 3 : 3 : 1로 나타남
  - 둥근 것 : 주름진 것 = 12 : 4 = 3 : 1
  - 황색 : 녹색 = 12 : 4 = 3 : 1
  - 둥, 황 : 둥, 녹 : 주, 황 : 주, 녹 = 9 : 3 : 3 : 1
- 두 쌍 이상의 대립 형질이 동시에 유전될 때 각각의 대립형질은 다른 형질에 영향을 주지 않고 독립적으로 유전된다.

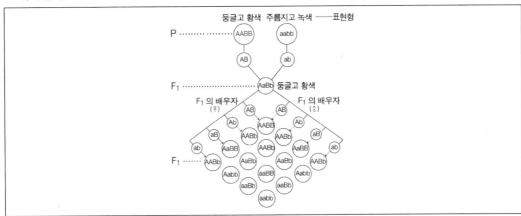

※ 검정교배

ⓐ 표현형이 우성인 개체의 유전자형이 순종인지 잡종인지 알아보기 위해 열성 순종인 개체와 교배시키는 것

ⓑ 자손의 표현형 비 = 우성 개체의 생식세포 비

(2) 연관 유전

① 연관과 연관군

ⓐ 연관 : 하나의 염색체 위에 여러 개의 유전자가 존재하는 경우

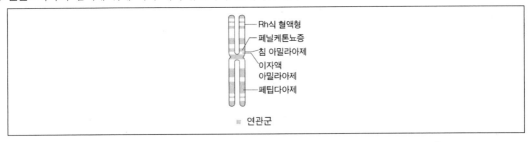

■ 연관군

ⓒ 연관군 : 같은 염색체 위에 존재하는 유전자들 → 연관군의 수 = 생식 세포에 들어 있는 염색체 수(n)

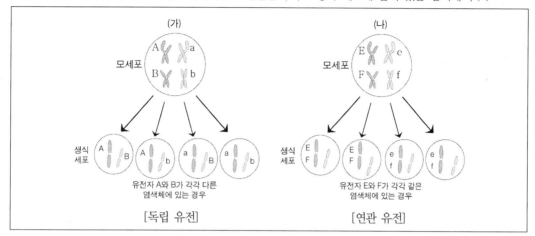

※ 상인연관과 상반연관 : 각각의 대립유전자 중 우성끼리 혹은 열성끼리 연관되어 있는 경우를 상인연관이라하고, 우성과 열성의 유전자가 연관되어 있는 경우를 상반연관이라고 한다.

③ 독립유전과 연관 유전의 비교

구분	독립 유전	연관 유전
생식 세포 형성 과정	모세포 / 감수 분열 / 생식 세포	모세포 (유전자 A와 B(a와b)는 함께 이동한다.) / 감수 분열 / 생식 세포
생식 세포 형성비	AB : Ab : aB : ab = 1 : 1 : 1 : 1	AB : Ab : aB : ab = 1 : 0 : 0 : 1
검정 교배 결과	[AB] : [Ab] : [aB] : [ab] = 1 : 1 : 1 : 1	[AB] : [Ab] : [aB] : [ab] = 1 : 0 : 0 : 1

검정 교배	AB	Ab	aB	ab
ab	AaBb	Aabb	aaBb	aabb

검정 교배	AB	ab
ab	AaBb	aabb

SECTION 4 사람의 유전

(1) 사람의 유전 연구

① 사람 유전의 특징

    ㉠ 한 세대가 길다.

    ㉡ 유전자 수가 많아 형질이 복잡함

    ㉢ 대립 형질이 불분명

    ㉣ 임의 교배 불가능

    ㉤ 자손 수가 적음

    ㉥ 환경의 영향을 많이 받음

② 사람 유전의 방법

가계도 조사	특정 유전 형질을 가지는 집안의 가계도를 조사
쌍생아 연구	• 일란성 쌍생아와 이란성 쌍생아의 성정 환경과 발현 형질의 일치율을 조사 - 1란성 쌍둥이 : 유전자 구성이 같으므로 이들 사이의 형질의 차이는 환경의 영향 때문이다. - 2란성 쌍둥이 : 유전자 구성이 다르므로 함께 자란 2란성 쌍둥이의 유사점을 비교하면, 그 형질이 나타나는데 유전과 환경이 어느 정도 작용하고 있는지 유추할 수 있다.
집단 조사	한 집단이 가진 유전자 빈도가 지역과 시간에 따라 어떻게 변하는지를 조사
핵형 분석	염색체 수와 크기 및 모양을 분석

③ 사람의 유전 현상

    ㉠ 형질에 관여하는 유전자의 수에 따라 한 쌍의 대립 유전자에 의해 형질이 결정되는 단일 인자 유전과 하나의 형질 발현에 두 쌍 이상의 대립 유전자가 관여하는 다인자 유전으로 구분된다.

    ㉡ 형질에 관여하는 유전자가 위치하는 염색체에 따라 상염색체에 의한 유전과 성염색체에 의한 유전으로 구분된다.

(2) 상염색체에 의한 유전

① 단일 인자 유전

    ㉠ 한 쌍의 대립 유전자에 의해 하나의 형질이 결정되는 유전 현상이다.

    ㉡ 한 형질에 대해 단 두 가지의 표현형만 있으며, 멘델 법칙을 따른다.

    ㉢ 사람의 여러 가지 단일 인자 유전 형질

유전 형질	우성 > 열성	유전 형질	우성 > 열성
혀말기	가능 > 불가능	주근깨	있다 > 없다
귓불	분리형 > 부착형	눈꺼풀	쌍꺼풀 > 외꺼풀
엄지 모양	굽은 형 > 굽지 않음	보조개	있다 > 없다
이마선	V자형 > 일자형	머리카락 모양	곱슬 머리 > 직모

※ **가계도**: 특정 유전 형질과 관련된 가족의 내력을 나타낸 것으로, 여러 세대에 걸친 부모와 자식 간의 상호 관계를 설명해 주는 일종의 유전적 족보를 말한다.

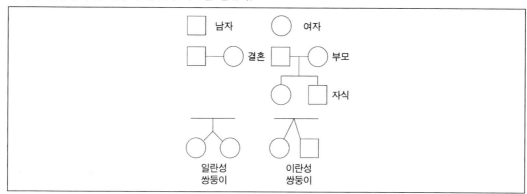

② **복대립 유전 – ABO식 혈액형** … 하나의 형질을 표현하는 데 3개 이상의 대립 유전자가 관여하는 경우를 복대립 유전이라 한다. 이 경우에도 3개 이상의 대립 유전자 중 2개가 짝을 이루어 형질을 결정하므로 단일 인자 유전에 해당한다.

  ⊙ ABO식 혈액형은 적혈구 표면에 있는 응집원의 종류에 따라 A형, B형, AB형, O형의 4가지 표현형으로 나타난다. A형의 적혈구 표면에는 응집원 A가, B형에는 응집원 B가, AB형에는 응집원 A와 B가 있으며, O형에는 응집원이 없다.

  ⊙ 유전자 A와 B는 각각 O에 대해 우성이고, A와 B는 공동 우성으로 작용하므로 표현형은 4가지이지만 유전자형은 6가지이다.

대립 유전자	A, B, O			
우열 관계	$A = B > O$			
표현형	A형	B형	AB형	O형
유전자형	A A A A O	B B B B O	A B	O O
	AA, AO	BB, BO	AB	OO
적혈구 막의 응집원				
	응집원 A만 있음	응집원 B만 있음	응집원 A, B 모두 있음	응집원이 없음

③ **다인자 유전**

  ⊙ **정의**: 여러 쌍의 대립 유전자에 의해 한 가지 형질이 결정되는 유전현상으로 혀말기, ABO식 혈액형, 적록 색맹 등과 같은 단일 인자 유전 형질의 경우 대립 형질이 명확하게 구분된다. 그러나 피부색, 키, 몸무게, 지문선 수 등은 형질이 뚜렷하게 구분되지 않고 집단 내에서 조금씩 변이를 보이며 다양하게 나타난다.

ⓛ 특징

- 많은 수의 유전자가 형질 결정에 관여하고, 환경의 영향을 받는 경우가 많아 표현형 다양
- 외관상 대립형질의 우열관계가 뚜렷하게 구분되지 않음
- 사람의 피부색 유전 : A B C는 피부색을 검게 하는 유전자이고, a b c는 피부색을 희게 하는 유전자라고 할 때, 유전자 A B C 또는 a b c의 비율에 따라 피부색은 매우 다양하게 연속으로 나타난다.
  aabbcc : 매우 흰 피부색, AABBCC : 매우 검은 피부색

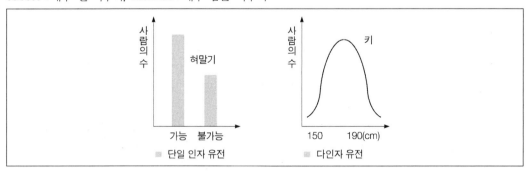

(3) 성염색체에 의한 유전

① 사람의 성 결정

ⓐ 성염색체 : X와 Y 두 종류가 있으며, 성 염색체에는 남녀의 성을 결정하는 유전자 외에도 여러 가지 형질에 대한 유전자가 있음

ⓛ 성 결정 방식 : 성별에 따른 염색체 구성이 다름 [남성(44 + XY), 여성(44 + XX)]

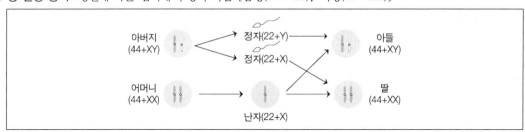

② X 염색체에 있는 유전자에 의한 유전(반성유전)

ⓐ 색맹 : 시각 세포에 이상이 있어 색을 잘 구분하지 못하는 유전 질환으로, 적록 색맹이 가장 흔하다. 색맹 유전자는 성염색체인 X 염색체 상에 존재하며, 정상에 대해 열성으로 작용한다.

- 남자는 X 염색체를 1개만 가지며, Y 염색체에 색맹 유전자에 대한 대립 유전자가 없다. 따라서 남자는 색맹 유전자가 하나만 있어도 색맹이 된다.
- 여자는 X 염색체를 2개 가지므로 2개의 X 염색체에 색맹 유전자가 모두 존재할 경우에만 색맹이 되고, 정상 유전자와 색맹 유전자를 모두 가질 경우에는 정상의 표현형을 나타내는 보인자가 된다. → 색맹은 여자보다 남자에게 더 많이 나타난다.

• 정상 유전자를 X, 색맹 유전자를 X'라고 할 때, 표현형과 유전자형은 다음과 같다.

구분	남자		여자		
유전자형	XY	X'Y	XX	XX'	X'X'
표현형	정상	색맹	정상	정상(보인자)	색맹

우열관계	정상유전자(X) > 색맹유전자(X')	
유전자형과 표현형	– 남자 : XY(정상), X'Y(색맹) – 여자 : XX(정상), XX'(정상 – 보인자), X'X'(색맹)	
특징	– 출현 비율은 남자가 여자보다(높다.) – 어머니가 색맹이면 반드시(아들)은 색맹 – 아버지가정상이면 반드시(딸)은 정상 – 색맹인 여자의 아버지는 반드시(색맹)	

가계도:
XY — X'X'
X'Y   XX'

정상남자 / 보인자여자
색맹남자 / 색맹여자

ⓛ 혈우병 : 혈액 응고 인자가 결핍되어 출혈 시 혈액응고에 장애가 있는 유전병

우열관계	정상유전자(X) > 혈우병유전자(X')
유전자형과 표현형	– 남자 : XY(정상), X'Y(혈우병) – 여자 : XX(정상), XX'(정상–보인자), X'X'(치사)

③ Y 염색체에 있는 유전자에 의한 유전병(한성유전) ··· 유전형질이 (남성)에게만 발현됨

에 귓속털 과다증

SECTION 5 사람의 돌연변이

(1) 염색체 돌연변이

① 염색체 구조의 이상

ㄱ 결실 : 염색체의 일부가 없어진 경우

ㄴ 역위 : 염색체의 일부가 끊어진 후 거꾸로 붙는 경우

ㄷ 중복 : 염색체에 동일한 부분이 삽입되어 같은 부분이 반복해서 나타나는 경우

ㄹ 전좌 : 염색체의 일부가 끊어져 상동염색체가 아닌 다른 염색체에 가서 붙는 경우

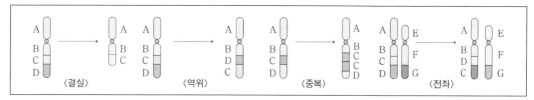

〈결실〉 〈역위〉 〈중복〉 〈전좌〉

※ 염색체의 결실에 의해 나타나는 유전병 : 고양이 울음 증후군(묘성 증후군)

　　5번 염색체의 특정 부위가 결실되어 나타나는 돌연변이로, 어릴 때 울음소리가 고양이 울음소리와 비슷하다. 지적 장애가 있고, 대부분 어릴 때 사망한다.

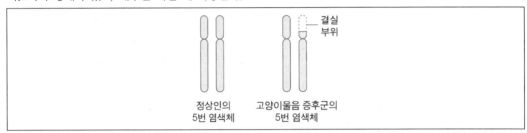

정상인의　　　고양이울음 증후군의
5번 염색체　　　5번 염색체

② 염색체 수의 이상 … 생식 세포가 형성될 때 감수 제1분열이나 제2분열에서 상동 염색체 및 염색 분체가 양쪽으로 분리되지 않고 한쪽으로 이동하는 염색체 비분리 현상에 의해 나타남.

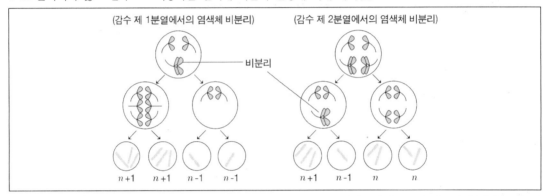

(감수 제 1분열에서의 염색체 비분리)　　　(감수 제 2분열에서의 염색체 비분리)

비분리

$n+1$　　$n+1$　　$n-1$　　$n-1$　　　　$n+1$　　$n-1$　　n　　n

㉠ 이수성 돌연변이 : 염색체 수가 정상보다 1~2개 많거나 적은 경우이다. 상염색체의 비분리에 의한 유전 질환(다운 증후군, 에드워드 증후군 등)은 남녀 모두에게 나타날 수 있지만, 성염색체의 비분리에 의한 유전 질환(터너 증후군, 클라인펠터 증후군)은 성에 따라 달라진다.

유전질환	염색체구성	특징
다운증후군	$2n + 1 = 45 + XX$ $2n + 1 = 45 + XY$	- 21번 염색체가 3개이다. - 정신 지체, 심장 기형 등을 동반하며, 머리가 작고, 양쪽 눈 사이가 멀다.
터너증후군	$2n - 1 = 44 + X$	- 성염색체가 X 하나뿐이다. - 여성이지만 생식 기관이 제대로 발육되지 않아 불임이며, 지능은 대부분 정상이다.
클라인펠터증후군	$2n + 1 = 44 + XXY$	- 성염색체가 XXY이다. - 남성이지만 불임이며, 유방과 같은 여성의 신체적 특징이 나타난다.
에드워드증후군	$2n + 1 = 45 + XX$ $2n + 1 = 45 + XY$	- 18번 염색체가 3개이다. - 관절 이상, 정신 지체 등을 동반한다.

※ 다운 증후군의 핵형과 산모의 나이

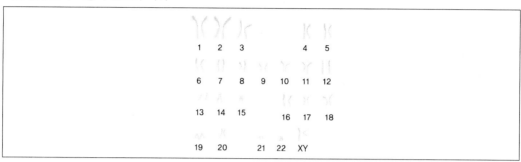

염색체 비분리 현상에 의해 나타나는 염색체 수 돌연변이는 처음 출산하는 산모의 나이가 많을수록 출현 빈도가 급격히 높아지는 경향을 보인다. 즉, 산모의 나이가 많을수록 난자 형성 과정에서 염색체 비분리 현상이 나타날 가능성이 높아져 다운 증후군인 아이를 낳을 확률이 높아진다.

ⓛ 배수성 돌연 변이 : 감수분열시 모든 염색체가 분리되지 않아 염색체 수가 3n, 4n 등이 되는 경우로, 이러한 생물을 각각 3배체(3n), 4배체(4n)라고 한다. 배수성 돌연변이는 식물에서 흔히 일어나는 현상이다.

> 🔖 씨 없는 수박(3배체), 감자(4배체), 토마토(4배체), 밀(6배체)

⑵ 유전자 돌연변이

① 유전자를 구성하는 DNA의 염기 서열 변화에 의해 나타나는 돌연변이이다.

② DNA의 염기 서열에 변화가 생기면 유전자의 기능에 이상이 생겨 형질에 변화가 나타난다.

③ 유전자 돌연변이는 염색체의 수, 모양, 크기에는 영향을 주지 않기 때문에 핵형 분석으로는 알아낼 수 없다.

④ 유전자 돌연변이에 의한 유전병은 멘델 법칙에 따라 유전되며, 우성과 열성을 구분할 수 있다. 대개 열성 유전자에 의해 나타나지만, 우성 유전자에 의한 것도 많이 있다.

⑤ 유전자 이상은 자연적으로 발생할 수도 있고, 환경에 따른 돌연변이 유발원에 의해 발생할 수도 있다. 돌연변이 유발원에는 X선이나 감마선 등의 방사선, 자외선, 담배 연기, 다이옥신 등이 있다.

⑥ 유전자 이상에 의한 유전병

ㄱ 겸형 적혈구 빈혈증

• 원인 : 적혈구의 헤모글로빈을 구성하는 개의 사슬 중 β 사슬의 6번째 아미노산이 바뀌어 일어남

• 증상 : 적혈구의 모양이 낫 모양으로 변하여 산소 운반 기능이 떨어져 악성 빈혈을 일으킴

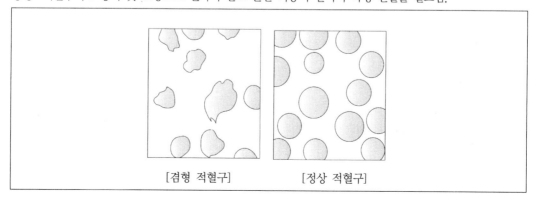

[겸형 적혈구]　　　　　[정상 적혈구]

    ⓛ 알비노증
- 원인 : 멜라닌 색소 합성에 관여하는 유전자의 이상
- 증상 : 피부와 머리카락 및 눈에 색소 결핍 증상이 나타남

    ⓒ 페닐케톤뇨증
- 원인 : 페닐알라닌을 티로신으로 전화시키는 효소를 생성하는 유전자의 이상
- 증상 : 혈중 페닐알라닌의 농도가 증가하여 정신지체를 일으키고, 오줌으로 비정상적 산물인 페닐케톤이 배설됨.

    ⓔ 헌팅턴무도병 : 중년 이후에 신경계가 퇴화되어 몸의 움직임을 통제하지 못하고 기억력과 판단력이 없어져 정신이 황폐해지는 유전병

(3) 유전병의 진단

① **양수 검사** … 태아가 14~16주 정도 되었을 때 양수의 일부를 채취하여 생화학적 검사를 하거나 태아 세포를 채취하여 조직 배양한 후 핵형 분석 을 통해 염색체를 조사

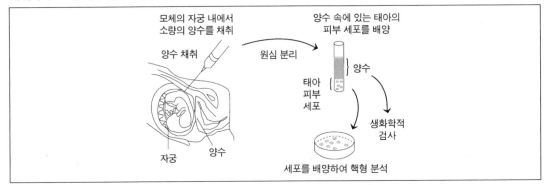

② **융모막 검사** … 태아가 9~12주 정도 되었을 때 모체의 질을 통해 태반의 융모막을 채취하여 생화학적 검사를 하거나 세포를 배양한 후 핵형 분석

③ **초음파 검사** … 초음파 영상으로 태아의 외형적 기형의 유무 확인

1 다음 그림은 염색체를 모식적으로 나타낸 것이다.

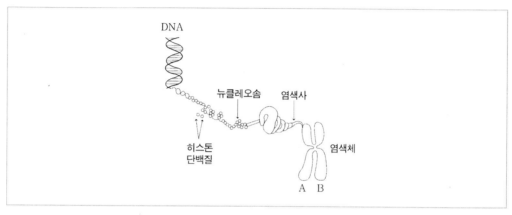

이 그림에 대한 설명으로 옳지 않은 것은?

① 유전자는 핵 안에 있는 DNA에 들어 있다.

② DNA는 가느다란 실이 2중으로 꼬인 모습을 하고 있다.

③ 염색사는 DNA와 히스톤 단백질로 구성되어 있다.

④ A와 B의 유전자 구성은 동일하다.

⑤ 염색체 상태로 DNA 복제가 일어난다.

TIP DNA 복제는 세포 주기 중 S기에 일어나며 이때는 염색사가 실 같은 상태로 퍼져 있다. 염색사는 세포 분열 시 응축하여 염색체가 된다.

⭐ **ANSWER** 1.⑤

2 다음 설명 중 옳지 않은 것은?

① 염색사는 히스톤이라는 단백질과 유전 물질인 DNA로 이루어진 가늘고 긴 실 모양의 구조이다.

② 염색체는 염색사가 응축되어 이루어진 구조로, 항상 관찰된다.

③ 세포 분열을 하지 않을 때 염색사가 풀어져 핵 안을 가득 채우고 있는 상태를 염색질이라고 한다.

④ DNA는 히스톤 단백질을 휘감아 뉴클레오솜이라는 구조를 형성한다.

⑤ 뉴클레오솜이 여러 번 구부러지고 뭉쳐져 염색사를 형성하고, 세포 분열 시에는 염색사가 더욱 꼬여 염색체가 된다.

🌸 **TIP** 염색체는 세포 분열기에만 관찰된다.

3 다음 그림은 사람의 핵형을 나타낸 것이다.

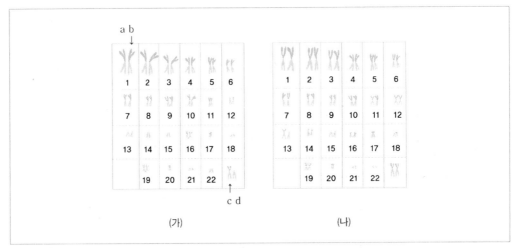

(가)   (나)

이 그림에 대한 설명으로 옳은 것을 모두 고른 것은?

> ㉠ (가)는 여자, (나)는 남자의 핵형이다.
> ㉡ a와 b는 상염색체이며, 상동 관계이다.
> ㉢ c와 d는 성염색체이며, 부모로부터 하나씩 물려받은 것이다.

① ㉠   ② ㉡
③ ㉠㉢   ④ ㉡㉢
⑤ ㉠㉡㉢

🌸 **TIP** (가)는 남자, (나)는 여자의 핵형이다.

4   다음 그림은 사람의 핵형을 나타낸 것이다.

이 그림에 대한 설명으로 옳지 않은 것은?

① A는 체세포 분열 중기에 잘 관찰된다.
② A는 한 가닥으로 이루어져 있다.
③ A의 잘록한 부분에 동원체가 있다.
④ 체세포 분열 전기에 B가 A로 된다.
⑤ 세포 주기 중 간기에는 B의 형태로 존재한다.

TIP DNA는 두 가닥으로 이루어져 있다.

5   각 염색체에 대한 설명 중 옳은 것을 모두 고른 것은?

> ㉠ 염색체의 수와 모양, 크기 등의 특징을 핵형이라고 한다.
> ㉡ 모양과 크기가 같은 한 쌍의 염색체를 상동 염색체라고 하며, 사람은 모두 23쌍이다.
> ㉢ 생식 세포는 핵상을 2n으로 표시한다.

① ㉠   ② ㉡
③ ㉠㉡   ④ ㉡㉢
⑤ ㉠㉡㉢

TIP 체세포의 핵상은 2n, 생식 세포의 핵상은 n으로 표시한다.

6 다음 그래프 ⑦는 어떤 집단에서 키(신장)에 따른 사람 수를, ⑷는 완두의 키에 따른 개체수를 각각 조사하여 나타낸 것이다. 이 자료에 대한 설명으로 옳지 않은 것은?

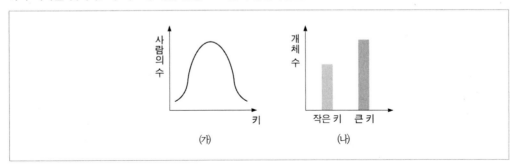

① 사람의 키의 유전은 환경의 영향을 많이 받는다.
② 완두의 키의 형질은 한 쌍의 유전자에 의해 결정된다.
③ 사람의 큰 키 유전자는 작은 키 유전자에 대해 우성이다.
④ 사람의 키(신장)는 연속 변이를 나타낸다.
⑤ 키(신장)를 결정하는 유전자는 한 쌍이 아니라 여러 쌍이다.

🌸 TIP 사람의 키(신장)에 관여하는 유전자는 여러 개이므로 이들 유전자의 우열 관계는 알 수 없다.

7 21번 염색체를 하나 더 가지고 있으면 다운 증후군이 된다. 흥미로운 것은 3번 염색체나 16번 염색체 하나를 더 갖는 경우보다 21번 염색체를 갖는 경우가 더 빈번한데, 그 이유는 무엇인가?

① 다른 염색체보다 21번 염색체에 더 많은 유전자가 있기 때문이다.
② 21번 염색체는 성염색체인데 비해 다른 염색체는 그렇지 않기 때문이다.
③ 다른 염색체의 경우 염색체가 더 많게 되면 치명적이 되기 때문이다.
④ 다운 증후군이 다른 경우보다 더 빈번한 것이 아니라 단지 더 심각한 것이다.
⑤ 21번 염색체가 다른 염색체에 비해 보다 더 비분리 현상이 자주 일어나기 때문이다.

🌸 TIP 3번이나 16번 염색체 하나를 더 가지게 되면 치명적으로 작용하여 개체가 생존하지 못하므로 21번 염색체가 하나 더 있는 다운 증후군이 더 빈번하게 나타난다.

8 다음은 여러 동물의 염색체 수를 나타낸 것이다. 이에 대한 설명으로 옳은 것은?

> 초파리 : 8개, 사람 : 46개, 원숭이 : 48개, 개 : 78개, 닭 : 78개, 금붕어 : 94개

① 고등한 생물일수록 염색체 수가 많다.
② 염색체 수가 같으면 같은 종이다.
③ 같은 종에 속하는 생물의 체세포 염색체 수는 같다.
④ 개와 닭의 생식 세포의 염색체 수는 다르다.
⑤ 사람의 생식 세포의 염색체 수는 46개이다.

TIP 개와 닭의 생식 세포의 염색체 수는 39개로 같고, 사람의 생식 세포의 염색체 수는 23개이다.

9 간기의 각 시기의 특징으로 옳은 것을 모두 고른 것은?

> ㉠ G_1기에는 단백질을 비롯한 여러 가지 세포 구성 물질을 합성하며, 미토콘드리아나 리보솜 같은 세포 소기관의 수가 증가한다.
> ㉡ G_2기에는 분열에 필요한 방추사의 원료가 되는 단백질과 세포막을 구성하는 물질을 합성한다.
> ㉢ S기에는 염색체가 관찰된다.

① ㉠   ② ㉡
③ ㉠㉡   ④ ㉡㉢
⑤ ㉠㉡㉢

TIP 염색사가 응축되어 염색체가 나타나는 시기는 전기이다.

10 다음 설명 중 옳지 않은 것은?

① 분열에 의해 새로 생긴 세포가 일정 기간 동안 생장하고 다시 세포 분열을 마치기까지의 과정을 세포 주기라고 한다.
② 간기는 세포 분열로 생긴 딸세포가 생장하고 유전 물질을 복제하는 시기이다.
③ 체세포 분열은 핵분열 과정과 세포질 분열 과정으로 이루어진다.
④ 감수 분열은 2번의 세포 분열이 연속적으로 일어난다.
⑤ 감수 분열 과정을 거치면 1개의 모세포로부터 2개의 딸세포가 만들어진다.

TIP 감수 분열 과정을 거치면 1개의 모세포로부터 4개의 딸세포가 만들어진다.

ANSWER   6.③   7.③   8.③   9.③   10.⑤

11 체세포 분열의 각 시기와 그 특징에 대한 설명 중 옳지 않은 것은?

① 간기에 핵막이 사라진다.
② 전기에 염색체가 응축된다.
③ 중기에 염색체가 적도면에 배열한다.
④ 후기에 염색 분체가 각기 양극으로 이동한다.
⑤ 말기에 세포질이 분열한다.

🌸 TIP 핵막은 전기에 사라진다.

12 암세포의 특징만으로 옳은 것을 모두 고른 것은?

> ㉠ 특수한 기능을 하는 세포로 분화된다.
> ㉡ 다른 세포와 접촉해도 세포 분열이 억제되지 않는다.
> ㉢ 정상적인 핵을 지닌다.
> ㉣ 전이가 가능하고 혈관을 새로 생기게 한다.

① ㉠㉡　　　　　　　　　　　② ㉠㉢
③ ㉡㉢　　　　　　　　　　　④ ㉡㉣
⑤ ㉠㉡㉢

🌸 TIP 암세포가 원래의 조직으로부터 다른 곳으로 퍼져 가는 것을 전이라고 한다. 전이된 암세포는 주변 세포와 조화를 이루지 못하고 무제한으로 자라면서 영양분을 빼앗아가기 때문에 여러 가지 장기 손상을 일으킬 수 있다.

13 감수 분열에 대한 설명 중 옳지 않은 것은?

① 감수 1분열 전기 : 상동 염색체가 접합하여 2가 염색체를 형성한다.
② 감수 1분열 중기 : 2가 염색체가 적도면에 배열한다.
③ 감수 1분열 후기 : 각 상동 염색체가 분리되어 양극으로 이동한다.
④ 감수 1분열 말기 : 염색체가 양극에 도달하고 세포질이 분열하여 2개의 딸세포가 만들어진다.
⑤ 감수 1분열 후기 : 염색 분체가 분리되어 양극으로 이동한다.

🌸 TIP 감수 2분열 후기에 염색 분체가 분리되어 양극으로 이동한다.

14 다음 그림 (개)는 어떤 동물의 생식 세포가 형성될 때의 세포 주기를, (나)는 이 동물에서 일어나는 감수 분열 과정의 일부를 나타낸 것이다. 이 자료에 대한 설명으로 옳은 것은? (단, M_1은 감수 1분열, M_2는 감수 2분열이며 이 동물의 체세포 염색체 수는 4개이다.)

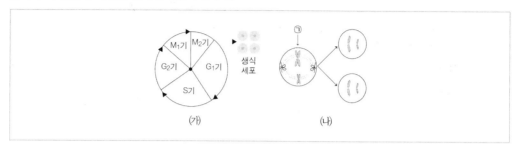

① (개)의 M_2기에 (나)가 관찰된다.
② 식물의 형성층에서 볼 수 있다.
③ ㉠의 핵상은 2n이다.
④ (나)에서 상동 염색체가 분리된다.
⑤ (나)에서 교차가 일어난다.

TIP (나)는 감수 제 2분열을 나타내므로, (개)의 M_2기에 관찰될 수 있다. 교차는 상동 염색체가 접합하여 2가 염색체를 형성하는 감수 1분열의 전기에 일어난다. (나)에서 ㉠은 상동 염색체 중 한 개만을 가지므로 핵상은 n이다.

15 다음 중 X염색체 연관 열성 형질이 종종 세대를 건너 뛰어 나타나는 이유를 바르게 설명한 것은?
① 여성은 보인자일 수 있다.
② 여자보다 남자에게서 많이 나타난다.
③ 태어나는 자식의 사망률이 높기 때문이다.
④ X염색체 연관 열성 형질은 불완전 우성이다.
⑤ 여성에게서 형질이 나타나면 아들에게서도 반드시 나타난다.

TIP 여성은 보인자로 형질을 나타내지 않는 상태로 존재할 수 있기 때문에 종종 한 세대를 건너뛰어 나타나게 된다.

⭐ **ANSWER** 11.① 12.④ 13.⑤ 14.① 15.①

16 체세포 분열과 감수 분열에 대한 설명 중 옳지 않은 것은?

① 체세포 분열은 1회, 감수 분열은 2회 분열한다.
② 분열 후 체세포 분열은 2개, 감수 분열은 4개의 딸세포가 생긴다.
③ 체세포 분열은 $2n \rightarrow 2n$, 감수 분열은 $2n \rightarrow n$의 핵상 변화가 일어난다.
④ DNA양 변화는 체세포 분열과 감수 분열 모두 변화 없다.
⑤ 체세포 분열은 세포 증식, 감수 분열은 생식 세포를 만든다.

TIP DNA양 변화는 체세포 분열에서는 변화가 없으나 감수 분열에서는 반으로 줄어든다.

17 다음 중 감수 분열 실험 재료로 가장 적합한 것은?

① 구강 상피 세포 ② 양파의 뿌리 끝
③ 양파의 표피 세포 ④ 활짝 핀 백합꽃의 꽃밥
⑤ 백합의 어린 꽃봉오리의 꽃밥

TIP 활짝 핀 꽃은 감수 분열이 이미 끝난 상태이다.

18 세포 주기에 대한 설명으로 옳은 것을 모두 고른 것은?

　㉠ G_1기 세포 1개에 들어 있는 DNA양은 G_2기 세포의 절반이다.
　㉡ S기에는 2개의 염색 분체로 이루어진 염색체가 존재한다.
　㉢ 세포 주기에서는 분열기보다 간기가 더 길다.

① ㉠ ② ㉡
③ ㉠㉡ ④ ㉠㉢
⑤ ㉠㉡㉢

TIP 간기에는 염색사 상태로 존재한다.

19 완두가 유전 현상을 연구하는 데 좋은 재료가 되는 이유로 옳지 않은 것은?

① 한 세대가 짧다.
② 자손의 수가 많다.
③ 구하기 쉽고 재배가 쉽다.
④ 자유로운 교배가 가능하다.
⑤ 형질이 복잡하고 대립 형질이 뚜렷하지 않다.

TIP 형질이 복잡하면 유전의 원리와 과정을 밝혀내기 어렵고, 대립 형질이 뚜렷하지 않으면 어떤 형질이 표현된 것인지 구분하기 어렵다.

20 동물 세포와 식물 세포의 세포질 분열에 대한 설명으로 옳은 것을 모두 고른 것은?

> ㉠ 동물 세포는 세포질 만입이 이루어진다.
> ㉡ 식물 세포는 세포판이 안쪽에서 바깥쪽으로 성장한다.
> ㉢ 세포판은 장차 세포막으로 된다.

① ㉠
② ㉡
③ ㉠㉡
④ ㉡㉢
⑤ ㉠㉡㉢

🏵 **TIP** 세포판은 장차 세포벽이 된다.

21 다음 그림은 순종의 둥근 완두와 주름진 완두의 교배 실험을 나타낸 것이다. 이 실험에 대한 설명으로 옳지 않은 것은? (단, 돌연변이는 일어나지 않는다.)

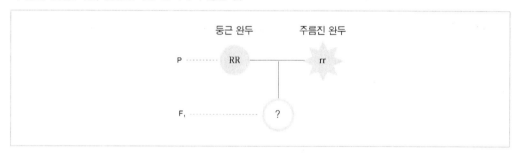

① F_1에서 나오는 완두의 표현형은 모두 주름진 완두이다.
② F_1에서 생기는 완두의 생식 세포는 2가지이다.
③ F_1을 자가 수분할 때 나오는 F_2의 표현형은 모두 2가지이다.
④ F_1을 자가 수분하여 200개의 F_2를 얻었을 때 이 중 주름진 완두는 50개이다.
⑤ F_1을 자가 수분하여 F_2에서 나오는 자손 중 F_1의 둥근 완두와 유전자형이 같은 것은 25%이다.

🏵 **TIP** F_1의 유전자형은 Rr이고, 표현형은 둥근 완두이다. F_1에서 생기는 완두의 생식 세포는 R와 r의 2가지이며 1 : 1의 비율로 생긴다.

⭐ **ANSWER**　16.④　17.⑤　18.⑤　19.⑤　20.③　21.①

22 다음 그림 ㈎는 어떤 동물의 생식 세포 형성 과정에서 관찰되는 세포를 나타낸 것이고, ㈏는 생식 세포 형성 과정에서 일어나는 DNA 상대량의 변화를 나타낸 것이다. 이 자료에 대한 설명으로 옳지 않은 것은?

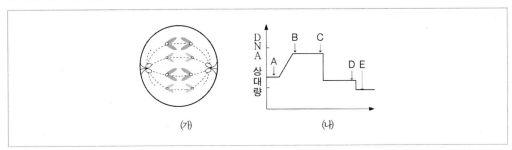

㈎   ㈏

① 이 동물의 체세포의 염색체 수는 8개이다.
② 세포 ㈎의 분열로 생긴 딸세포의 DNA 상대량은 E에 해당한다.
③ 세포 ㈎는 ㈏의 D 시기에 해당한다.
④ ㈎는 감수 2분열 후기이다.
⑤ ㈎는 상동 염색체가 분리되는 모습이다.

TIP ㈎는 염색 분체가 분리되는 감수 2분열 후기의 모습이다.

23 그림은 어떤 사람의 핵형을 분석한 것이다. 이 자료와 관련된 설명으로 옳지 않은 것은?

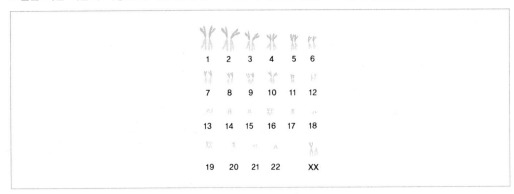

① 22쌍의 상염색체를 갖고 있다.
② 23쌍의 상동 염색체를 갖고 있다.
③ 23쌍의 대립 유전자를 갖고 있다.
④ 낫 모양 적혈구 빈혈증 여성의 핵형과 동일하다.
⑤ 이 사람의 모든 체세포의 핵형은 위와 동일하다.

TIP 그림은 정상의 여성 핵형을 나타낸 것으로, 23쌍의 상동 염색체를 갖고 있다. 이 염색체 중 22쌍이 상염색체이고, 1쌍이 성염색체이다. 한편 대립 유전자는 수만 개에 이른다. 낫 모양 적혈구 빈혈증의 경우 유전자 이상에 의한 돌연변이이므로 핵형은 정상인과 같다.

24 다음은 한 식물의 감수 분열 과정을 관찰한 사진이다. 이에 대한 설명으로 옳지 않은 것은?

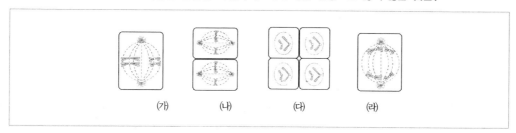

(가)   (나)   (다)   (라)

① (가)는 감수 1분열 전기로 교차가 일어나고 있다.
② (다)에서 상동 염색체가 분리되고 있다.
③ (라)에서 염색 분체가 분리되고 있다.
④ (다)와 (라)는 후기이다.
⑤ 감수 분열이 진행되는 순서는 (가)→(라)→(나)→(다)이다.

TIP (가)는 감수 1분열 중기, (나)는 감수 2분열 중기, (다)는 감수 2분열 후기, (라)는 감수 1분열 후기이다.

25 다음 그림은 철수네 집안의 색맹 유전에 대한 가계도를 나타낸 것이다. 이 자료에 대한 설명으로 옳지 않은 것은?

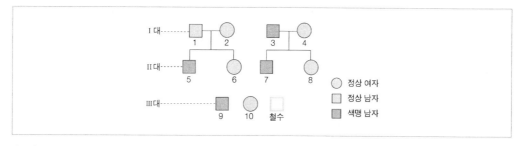

① 철수가 색맹일 확률은 50%이다.
② 2, 4는 색맹 유전자를 가지지 않는다.
③ 9의 색맹 유전자는 2로부터 물려받은 것이다.
④ 6, 8, 10은 보인자이다.
⑤ 6과 7 사이에서 태어나는 자녀가 색맹일 확률은 50%이다.

TIP 6과 7 사이에서 태어나는 자녀는 $XX' \times X'Y \rightarrow X'X'$, XX', $X'Y$, XY이다. 가계도에서 여성은 모두 보인자이다.

ANSWER   22.⑤   23.③   24.①   25.②

26 사람의 염색체에 대한 설명으로 옳은 것만을 〈보기〉에서 있는 대로 고른 것은?

〈보기〉

㉠ 사람은 23개의 연관군을 가진다.
㉡ 체세포에는 46개의 염색체가 존재한다.
㉢ 생식 세포에는 1쌍의 성염색체가 존재한다.

① ㉡
② ㉢
③ ㉠㉡
④ ㉡㉢
⑤ ㉠㉡㉢

TIP ㉠ 동일한 염색체 위에 존재하는 유전자들을 연관군이라 하며 생물체는 자신의 반수염색체와 같은 수의 연관군을 가지므로 사람의 경우 23개의 연관군을 갖는다.
㉡ 사람의 체세포는 상염색체 44개와 성염색체 2개, 총 46개의 염색체를 갖는다.
㉢ 생식 세포는 X나 Y 중 하나만을 지닌다.

27 그림 (개)와 (내)는 어떤 동물의 분열 중인 세포를 나타낸 것이다. 이 자료에 대한 설명으로 옳은 것만을 〈보기〉에서 있는 대로 고른 것은?

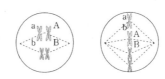

〈보기〉

㉠ (개)와 (내)는 DNA량은 같다.
㉡ (개)는 감수 제2분열 중이고, (내)는 감수 제1분열 중이다.
㉢ (내)에서 a와 b 사이에 교차가 일어난다.

① ㉠
② ㉡
③ ㉢
④ ㉠㉡
⑤ ㉡㉢

TIP ㉡ (개)는 감수1분열 중기, (내)는 체세포 분열 중기를 나타낸 그림이다. ㉢ 교차는 A와 a, 혹은 B와 b 사이에서 일어난다.

28 그림은 사람이 갖는 두 종류의 세포가 분열 할 때 핵 1개당 DNA양의 상대적인 변화를 나타낸 것이다. 이에 대한 설명으로 옳은 것은?

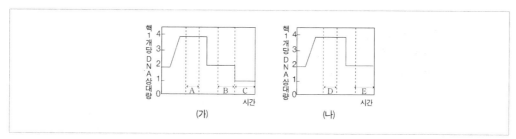

① (가)에서 시기 A의 염색체 수는 C의 4배이다.
② DNA복제는 (가)에서 2회, (나)에서 1회 일어난다.
③ 핵분열은 (가)와 (나)에서 모두 1회씩 일어난다.
④ (가)와 (나)의 결과 형성된 딸세포의 염색체 수는 모두 모세포와 동일하다.
⑤ (가) 분열을 통해서는 정자나 난자를 만들고, (나) 분열을 통해서는 생장하고 상처 부위를 재생한다.

TIP (가)는 감수분열, (나)는 체세포 분열을 나타낸 것이다.
  ① A의 염색체 수는 C의 2배이고 DNA양이 4배이다.
  ② DNA복제는 감수분열, 체세포 분열 모두 1회만 일어난다.
  ③ 핵분열은 감수분열에서 2회, 체세포 분열에서 1회 일어난다.
  ④ 감수분열 결과 형성된 딸세포의 염색체 수는 모세포의 절반이다.

29 감수분열 과정에 대한 설명으로 옳은 것만을 〈보기〉에서 있는 대로 고른 것은?

〈보기〉
㉠ 교차는 감수 1분열 전기에 일어난다.
㉡ 감수 2분열 중기에 염색체가 적도면에 배열한다.
㉢ 감수 1분열 말기와 감수 2분열 말기의 세포 1개당 DNA 상대값은 같다.

① ㉠
② ㉢
③ ㉠㉡
④ ㉡㉢
⑤ ㉠㉡㉢

TIP ㉢ 감수분열 시 세포 1개당 DNA량은 반으로 줄어든다.

ANSWER 26.③ 27.① 28.⑤ 29.③

30 체세포 분열과 감수 분열을 비교한 내용으로 옳은 것만을 〈보기〉에서 있는 대로 고른 것은?

〈보기〉
㉠ 체세포 분열과 감수분열은 이형분열을 한다.
㉡ 체세포 분열은 1번 분열하고 감수 분열은 연속 2번 분열한다.
㉢ 체세포 분열은 생식을 위해, 감수 분열은 생장을 위해 일어난다.

① ㉠
② ㉡
③ ㉠㉢
④ ㉡㉢
⑤ ㉠㉡㉢

TIP ② 체세포 분열은 등형분열만 한다.

31 표는 민수네 가족의 미맹 여부를 나타낸 것이다.

구분	아버지	어머니	누나	민수
미맹 여부	정상	정상	미맹	정상

이에 대한 설명으로 옳은 것만을 〈보기〉에서 있는 대로 고른 것은?

〈보기〉
㉠ 미맹은 우성 형질이다.
㉡ 아버지는 미맹 유전자를 가지고 있다.
㉢ 민수는 미맹 유전자를 가지고 있을 수도 있고 가지고 있지 않을 수도 있다.

① ㉠
② ㉡
③ ㉢
④ ㉡㉢
⑤ ㉠㉡㉢

TIP ㉡ 아버지와 어머니는 모두 이형접합자(Tt)이다.
㉢ 민수는 정상이므로 표현형만으로는 우성동형접합(TT)인지 이형접합(Tt)인지 불분명하다.
㉠ 정상인 부모(Tt)로부터 미맹인 누나(tt)가 나왔으므로 미맹은 열성 형질이다.

32 다음은 사람의 유전과 돌연변이에 대한 자료이다.

> • 몸무게는 형질 결정에 관여하는 유전자 수가 많고 환경의 영향을 받아 표현형이 다양하여 전체적으로 정규분포곡선을 나타내는 (㉠)유전의 예가 된다.
> • 낫 모양 적혈구 빈혈증은 적혈구의 헤모글로빈을 생성하는 DNA에 이상이 생기는 (㉡)돌연변이이다.

다음 중 ㉠, ㉡으로 옳은 것은?

	㉠	㉡		㉠	㉡
①	다인자	유전자	②	다인자	염색체
③	복대립	유전자	④	단일인자	유전자
⑤	단일인자	염색체			

🌸 **TIP** 둘 이상의 유전자의 영향을 받는 다인자유전의 예로는 몸무게와 키 등이 있으며 이들은 표현형이 다양하여 정규분포곡선을 나타낸다. 낫 모양 적혈구 빈혈증은 6번째 아미노산인 글루탐산이 발린으로 바뀌어 생긴 유전자 돌연변이다.

33 다인자 유전의 특징으로 옳은 것만을 〈보기〉에서 있는 대로 고른 것은?

> 〈보기〉
> ㉠ 환경의 영향을 많이 받는 편이다.
> ㉡ 하나의 유전자가 여러 형질에 관여한다.
> ㉢ 대립 형질의 분포가 정상 분포를 나타낸다.

① ㉠

② ㉠㉡

③ ㉠㉢

④ ㉡㉢

⑤ ㉠㉡㉢

🌸 **TIP** 다인자 유전은 많은 수의 유전자가 형질 결정에 관여하며, 환경의 영향을 받는 경우가 많다.

⭐ **ANSWER** 30.② 31.④ 32.① 33.③

34 그림은 어느 고등학교 여학생 100명을 대상으로 세 가지 유전 형질을 조사하여 얻은 결과를 나타낸 것이다. 다음 자료에 대한 설명으로 옳은 것만을 〈보기〉에서 있는 대로 고른 것은?

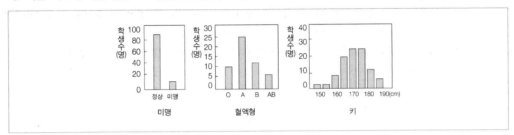

〈보기〉

㉠ 미맹 형질은 환경의 영향을 받지 않는 대립형질이다.
㉡ ABO식 혈액형은 3개 이상의 대립 유전자가 관여하는 다인자 유전이다.
㉢ 여러 쌍의 대립유전자와 환경 요인이 키 결정에 관여한다.

① ㉠
② ㉡
③ ㉡㉢
④ ㉠㉢
⑤ ㉠㉡㉢

🏵️ TIP ㉠ 키는 여러 유전자가 관여하는 다인자 유전 형질이다.
㉢ 키는 환경의 영향을 눈꺼풀 형질보다 더 많이 받는다.
㉡ 세포 1개당 대립유전자 수는 눈꺼풀과 혈액형 모두 2개이다.

35 그림은 어느 집안의 색맹과 혈액형에 대한 가계도를 나타낸 것이다. 이에 대한 설명으로 옳은 것만을 〈보기〉에서 있는 대로 고른 것은?

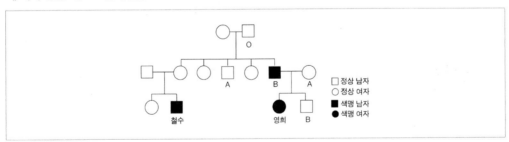

〈보기〉

㉠ 색맹은 정상에 비해 열성이다.
㉡ 철수 외할머니는 보인자이며 A형이다.
㉢ 영희 어머니는 보인자이며 혈액형 유전자는 동형접합이다.

① ㉠   ② ㉡

③ ㉢   ④ ㉠㉢

⑤ ㉡㉢

TIP 색맹유전자는 X염색체 위에 존재한다.

㉠ 정상 부모로부터 색맹 자손이 태어났으므로 색맹은 열성형질이다.

㉡ 철수의 삼촌이 색맹유전자를 외할머니에게 받았으므로 외할머니는 보인자이다. 외할아버지는 O형인데 삼촌이 B형, 이모가 A형이므로 A와 B는 모두 할머니로부터 왔다. 즉 할머니는 AB형이다.

㉢ 영희가 색맹이므로 영희 어머니는 보인자이다. 영희의 오빠가 B형이므로 영희 어머니는 O인자를 가져 야하므로 혈액형의 유전형은 이형접합(AO)이다.

---

36 다음 그림은 사람의 염색체 구조 이상을 나타낸 것이다. 이에 대한 설명으로 옳은 것을 〈보기〉에서 모두 고른 것은?

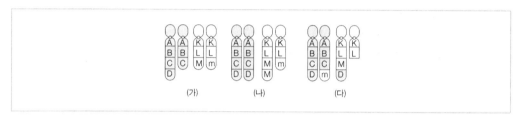

(가)   (나)   (다)

〈보기〉

㉠ (가)와 같은 현상이 5번 염색체에 일어나면 페닐케톤뇨증의 유전병이 나타난다.

㉡ (나)는 염색체의 일부가 중복된 것이다.

㉢ (다)는 상동 염색체 사이에서 전좌가 일어난 것이다.

① ㉠   ② ㉡

③ ㉠㉡   ④ ㉠㉢

⑤ ㉡㉢

TIP (가)는 결실, (나)는 중복, (다)는 전좌를 나타낸 그림이다.

㉠ 5번 염색체의 결실은 묘성증후군을 유발한다. 페닐케톤뇨증은 유전자 돌연변이이다.

㉢ 전좌는 상동염색체 관계가 아닌 서로 다른 염색체 간에 일어나는 것이다.

★ **ANSWER**   34.③   35.①   36.②

37 그림과 같이 둥글고 황색인 완두와 주름지고 녹색인 완두를 교배하였더니 자손 1대에서는 둥글고 황색, 둥글고 녹색, 주름지고 황색, 주름지고 녹색인 완두가 1:1:1:1의 비율로 나타났다. 이에 대한 설명으로 옳은 것을 〈보기〉에서 모두 고른 것은? (단, 둥근 완두 대립 유전자를 R, 주름진 완두 대립 유전자를 r, 황색 완두 대립 유전자를 Y, 녹색 완두 대립 유전자를 y로 나타내며, R와 Y는 각각 r와 y에 대해 우성이다.)

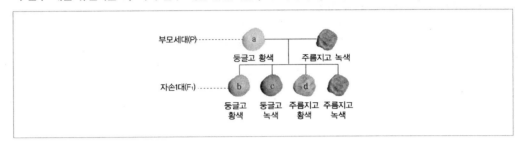

〈보기〉

㉠ a는 동형접합이다.

㉡ b, c, d는 유전자형이 이형접합이다.

㉢ R과 Y는 동일한 염색체 상에 존재한다.

① ㉠

② ㉡

③ ㉢

④ ㉠㉢

⑤ ㉡㉢

TIP 열성 순종 개체(rryy)와의 교배로 생긴 자손의 표현형 비를 통해 a의 유전자형이 RrYy임을 알 수 있다.

㉠ a는 이형접합이다.

㉢ R과 Y는 독립적으로 유전된다.

38 완두는 키가 큰 것(T)이 작은 것(t)에 대해 우성이고, 콩의 색깔이 황색인 것(Y)는 녹색인 것(y)에 대해 우성이며 완두의 키와 콩의 색깔은 독립의 법칙을 따른다. 다음 중 키가 크고 콩의 색깔이 황색인 완두가 생길 수 없는 경우는?

① $TTYY \times ttyy$

② $TTyy \times ttYy$

③ $ttYy \times Ttyy$

④ $ttYY \times TTyy$

⑤ $Ttyy \times TTyy$

TIP $Ttyy$와 $TTyy$는 콩의 색깔에 대하여 열성순종이기 때문에 황색인 자손을 만들 수 없다.

39 그림은 두 생물 (가)와 (나)의 체세포에 존재하는 유전자 A ~ D의 위치를 염색체 상에 나타낸 것이다. 이에 대한 설명으로 옳은 것을 〈보기〉에서 모두 고른 것은? (단, 교차는 일어나지 않는다)

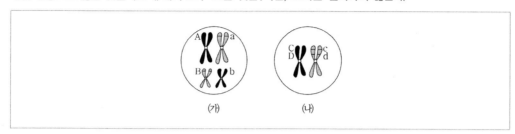

(가)   (나)

〈보기〉

㉠ (가)세포에서 만들어지는 생식세포의 종류는 두 가지이다.

㉡ 유전자 C와 D는 항상 동일한 생식세포로 들어간다.

㉢ (나)를 자가교배하면 F_1에서는 세 종류의 유전자형이 나타난다.

① ㉠   ② ㉡

③ ㉢   ④ ㉠㉡

⑤ ㉡㉢

TIP A와 B는 독립적으로 유전되고, C와 D는 상인 연관되어 있다.

㉠ (가)세포에서 만들어지는 생식세포의 종류는 AB, Ab, aB, ab의 4종류이다.

⭐ **ANSWER**   37.②   38.⑤   39.⑤

40 다음은 회색콩과 녹색콩을 이용한 교배 실험 결과이다. 이 실험에 대한 설명으로 옳은 것만을 〈보기〉에서 있는 대로 고른 것은?

실험	어버이의 표현형	F_1	
		회색콩	녹색콩
(가)	회색콩×회색콩	1115	385
(나)	회색콩×녹색콩	739	761
(다)	녹색콩×녹색콩	0	1500

〈보기〉

㉠ 회색이 녹색에 대하여 우성이다.
㉡ (가)의 회색콩은 모두 동형접합이다.
㉢ (가)의 회색콩과 (다)의 녹색콩을 교배할 경우 회색콩과 녹색콩이 1:1의 비율로 나타난다.

① ㉠
② ㉡
③ ㉢
④ ㉠㉡
⑤ ㉠㉢

TIP (가)실험을 통해 회색 콩이 녹색 콩에 대해 우성임을 알 수 있다. (가)의 회색 콩은 이형접합이고, (다)의 녹색 콩은 열성동형접합이므로 교배할 경우 회색 콩과 녹색 콩이 1:1의 비율로 나타난다. ㉡ (가)의 회색 콩은 모두 이형접합이다.

41 표는 완두의 대립형질의 우열관계와 대립유전자를 나타낸 것이고 그림은 어떤 완두에서 각 대립 유전자의 염색체 상 위치를 나타낸 것이다. 이 완두에 대한 설명으로 옳은 것은? (단, 교차는 일어나지 않는다.)

구분	형질	
	우성	열성
씨의 색깔	황색(A)	녹색(a)
씨 껍질의 색깔	갈색(B)	흰색(b)
씨의 모양	둥글다(D)	주름지다(d)

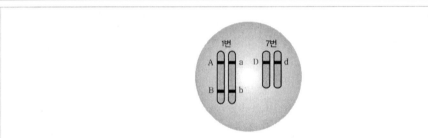

① 씨의 색깔, 씨의 모양은 독립적으로 유전된다.

② 그림과 같은 유전자 조합을 가진 완두는 씨의 색깔이 녹색이면 씨의 모양은 모두 주름지다.

③ 이 완두에서 ABD를 가진 생식세포와 AbD를 가진 생식세포가 만들어질 수 있다.

④ *AABBdd*의 유전자형을 가진 완두는 모두 우성형질이 표현된다.

⑤ *AaBbDd*의 유전자형을 가진 완두를 검정교배시켰을 때 나오는 표현형의 종류는 총 8가지이다.

TIP A와 B는 상인 연관되어 있다.

② 씨의 색깔과 씨의 모양은 독립적으로 유전된다.

③ AbD인 생식세포는 만들 수 없다.

④ AABBdd인 개체는 씨의 모양이 열성으로 표현된다.

⑤ AaBbDd의 검정교배로 만들어 질 수 있는 자손은 AaBbDd, AaBbdd, aabbDd, aabbdd의 4종류이다.

42 그림은 순종의 황색 완두와 녹색 완두를 교배하여 얻은 F_1을 자가 수분하여 F_2를 얻는 과정을 나타낸 것이다.

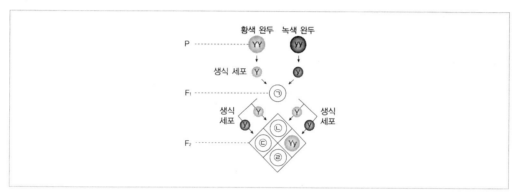

위 그림에 대한 설명으로 옳지 않은 것은?

① F_1의 표현형은 황색이다.

② ㉣에 해당하는 유전자형은 yy이다.

③ ㉡에 해당하는 유전자형은 YY이다.

④ ㉠과 ㉢에 해당하는 유전자형은 Yy이다.

⑤ F_2에서 녹색 완두가 나타날 확률은 50%이다.

TIP ㉡ : YY, ㉢ : Yy, ㉣ : yy 이므로 흑색 완두(yy)가 나타날 확률은 25%이다.

03 항상성과 건강

SECTION 1 세포의 생명 활동과 에너지

(1) 세포의 생명 활동

① 물질대사

    ㉠ 물질대사 : 생물체 내에서 물질의 화학적인 변화를 일으키는 모든 화학 반응을 총칭하는 말로, 세포 내 분자들 간의 상호 작용에 의해 일어난다.

    ㉡ 화학 반응의 단계 : 세포 내에서 일어나는 물질대사는 수많은 화학 반응들이 정교하게 얽혀 있으며, 특정 물질은 일련의 단계를 거쳐 최종 생성물이 된다. 이 과정에서 각각의 단계는 효소에 의해 촉매 된다.

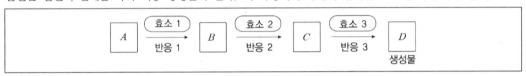

    ㉢ 물질대사가 일어날 때에는 에너지 출입이 따르므로 에너지 대사라고도 한다.

② 물질 대사의 종류

    ㉠ 이화 작용 : 큰 분자를 작은 분자로 분해하는 반응으로, 에너지가 방출된다.

        例 음식물의 소화 과정(단백질이 아미노산으로 분해되는 과정, 지방이 지방산과 모노글리세리드로 분해되는 과정 등), 세포 호흡(산소를 이용해 영양소를 분해하여 에너지를 얻는 과정)

    ㉡ 동화 작용 : 작은 분자의 결합으로 큰 분자를 합성하는 반응으로, 에너지가 흡수된다.

        例 광합성(이산화탄소와 물을 재료로 포도당을 합성하는 과정), 세포를 형성하는 분자 합성(아미노산으로 근육, 머리카락 등을 구성하는 단백질을 합성하는 과정 등)

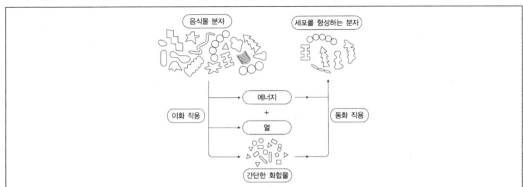

(2) 에너지의 생성과 전환

① 세포 호흡 ··· 포도당과 같은 유기물을 산화시켜 생물이 살아가는데 필요한 에너지를 얻는 과정

$$C_6H_{12}O_6 + 6O_2 + 6H_2O \rightarrow 6CO_2 + 12H_2O + 에너지$$

   ㉠ 세포 호흡에 사용되는 포도당 : 식물의 광합성을 통해 생성되므로 세포의 생명 활동에 이용되는 에너지는
   태양의 빛에너지로부터 유래한 것이다.

   ㉡ 에너지의 전환 : 세포 호흡을 통해 방출되는 에너지의 일부는 ATP에 저장되었다가 생활에너지로 쓰이고,
   나머지는 열에너지로 방출되어 체온 유지에 쓰인다.

② ATP ··· 아데노신(아데닌 + 리보스)에 3개의 인산 이온이 결합된 화합물로 생물체 내의 에너지 대사에서 에너
   지 저장 물질로 작용한다. ATP 끝부분의 2개의 인산 결합은 고에너지 결합이며, ATP가 ADP와 무기 인산으
   로 가수 분해될 때 고에너지 결합이 끊어지면서 방출되는 에너지가 여러 생명 활동에 사용된다.

(3) 에너지가 필요한 세포의 생명 활동

ATP의 분해 과정에서 방출된 에너지는 기계적 에너지, 화학 에너지, 열 에너지, 소리 에너지, 전기 에너지,
빛 에너지 등으로 전환되어 근육의 수축, 능동 수송, 물질의 합성과 운반, 발전, 발광 등 다양한 생명 활동
에 쓰인다.

① 근육의 수축 ··· 동물의 운동은 근육의 수축과 이완에 의해 일어난다. 근육을 이루는 근육 섬유가 수축할 때
   에너지가 필요하다. 이때 ATP의 화학 에너지는 기계적 에너지로 전환된다.

② 능동 수송 ··· 세포막 내외로 물질이 출입할 때 에너지가 필요하다.
   예 세포막의 Na^+-K^+ 펌프, 소장 벽에서의 영양소 흡수, 세뇨관에서 일어나는 재흡수와 분비 등

③ 물질의 합성과 운반 ··· 세포에서 여러 가지 물질을 합성하여 밖으로 분비하는 과정에서 에너지가 필요하다.
   예 리보솜에서의 단백질 합성과 소포체를 통한 물질의 이동, 골지체에서 세포 밖으로 분비되는 과정 등

④ 세포 골격의 변형 ··· 세포 골격은 세포의 형태를 유지하고 세포 소기관들의 이동에 관여하는데, 세포 골격을
   합성하고 분해함으로써 세포는 형태를 변화시킬 수 있다. 이와 같이 세포 골격을 변형시킬 때에도 에너지가
   필요하다.

⑤ 생물 전기 ··· 전기가오리는 ATP의 화학 에너지를 전기 에너지로 전환하여 강력한 전기를 발생시킨다.

⑥ 생체 발광 ··· 반딧불이, 야광충, 바다반디 등에 있는 발광 세포에서는 ATP의 화학 에너지가 빛에너지로 전환
   된다.

(1) 음식물의 섭취와 에너지 균형

① 생활에 필요한 에너지의 공급원

㉠ 동물은 섭취한 음식물을 소화, 흡수하여 세포 호흡을 통해 분해함으로써 생활에 필요한 에너지를 얻으며, 이 과정에서 발생하는 노폐물은 몸 밖으로 배설한다. 이는 소화계, 순환계, 호흡계, 배설계의 상호 작용에 의해 일어난다.

㉡ 세포 호흡에 이용되는 영양소 : 주로 포도당이 이용되지만, 포도당이 고갈될 경우 체내에 저장된 지방을 분해하며, 마지막으로 단백질을 분해하여 에너지를 얻는다.

② 에너지 대사의 균형

㉠ 영양 부족(기아 상태) : 섭취한 에너지양이 활동에 필요한 에너지양보다 적은 경우로, 몸을 구성하는 근육이나 지방을 분해하여 필요한 에너지를 만들어내므로 질병에 대한 저항성이 떨어지고 각종 질병에 노출될 수 있다.

㉡ 영양 과다(비만) : 활동에 필요한 에너지보다 더 많은 에너지를 섭취하는 경우로, 체지방의 축적량이 증가하여 당뇨병, 동맥 경화 등 성인병의 원인이 된다.

③ 에너지 소모량

㉠ 기초 대사량 : 정온 동물이 활동을 하지 않고 가만히 있을 때, 숨을 쉬고 혈액을 순환시키며 체온 조절과 물질 생산 등의 생명 활동을 유지하는 데 필요한 최소한의 에너지양

㉡ 포유동물의 몸집이 작을수록 단위 체중 당 기초 대사량이 증가한다. 그 이유는 몸집이 작을수록 부피에 대한 표면적의 비가 커져 주변으로 열을 더 많이 빼앗기기 때문이다. 따라서 몸집이 작은 동물일수록 호흡률, 심장 박동수, 체중에 대한 혈액량의 비율 등이 크게 나타난다.

㉢ 일상생활을 하기 위해서는 기초 대사량에 각종 활동으로 소모되는 에너지가 추가로 필요하다.

(2) 영양소의 흡수와 노폐물의 배설

① 영양소의 소화 … 음식물 속에 포함된 영양소를 체내에서 흡수할 수 있는 크기로 분해하는 과정을 소화라고 한다.

㉠ 탄수화물의 소화 : 녹말은 침과 이자액의 아밀레이스에 의해 엿당으로 분해되고, 엿당은 장액의 말테이스에 의해 포도당으로 최종 분해된다. 설탕과 젖당은 장액의 수크레이스와 락테이스에 의해 각각 포도당과 과당, 포도당과 갈락토스로 분해된다.

㉡ 단백질의 소화 : 단백질은 위액의 펩신이나 이자액의 트립신에 의해 폴리펩타이드를 거쳐 다이펩타이드와 트라이펩타이드로 분해되고, 다이펩타이드와 트라이펩타이드는 장액의 펩티데이스에 의해 아미노산으로 최종 분해된다.

ⓒ **지방의 소화** : 지방은 간에서 생성된 쓸개즙에 의해 유화된 다음, 이자액의 라이페이스에 의해 두 분자의 지방산과 한 분자의 모노글리세리드로 분해된다.

영양소	입	위	소장
탄수화물	아밀라아제 (침샘) ↓ 탄수화물 → 다당류		아밀라아제 (이자) ↓ 다당류 → 이당류 → 단당류 락타아제 (장샘) ↓ 젖당 → 포도당 + 갈락토오스 수크라아제 (장샘, 이자) ↓ 설탕 → 포도당 + 과당 말타아제 (장샘, 이자) ↓ 엿당 → 포도당 + 포도당
지방			리파아제 (이자 – 쓸개즙의 도움) ↓ 지방 → 지방산 + 글리세롤
단백질		단백질 → 폴리펩티드	트립신, 키모트립신, 카르복시펩티다아제 ↓ 폴리펩티드 → 작은 펩티드 디펩티다아제, 아미노펩티다아제 ↓ 디펩티드 → 아미노산

② **영양소의 흡수** … 소화계에서 분해되어 흡수된 영양소는 순환계를 거쳐 조직 세포로 이동한다.

  ㉠ **수용성 영양소** : 단당류, 아미노산, 수용성 비타민 및 무기 염류는 소장 융털의 모세혈관으로 흡수된 다음 간문맥을 통해 간으로 이동하여 일부 저장되고, 나머지는 간정맥, 하대정맥, 심장을 거쳐 온몸을 순환하여 세포의 생명 활동에 이용된다.

  ㉡ **지용성 영양소** : 지방산과 모노글리세리드는 소장 융털의 상피세포로 흡수된 다음 지방으로 재합성되어 지용성 비타민과 함께 암죽관으로 이동하며, 림프를 따라 이동하다가 혈액과 만나 온몸을 순환하여 세포의 생명 활동에 이용된다.

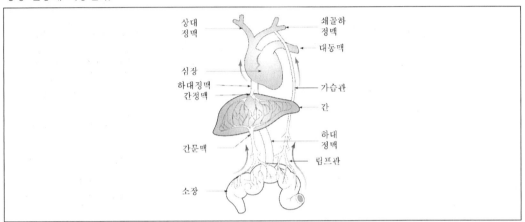

③ **노폐물의 배설**

  ㉠ **노폐물의 생성과 배출** : 세포에서 포도당과 지방이 분해되면 물과 이산화탄소가 생성되고, 아미노산이 분해되면 물과 이산화탄소 이외에 암모니아(NH_3)가 더 생성된다. 물은 땀이나 오줌을 통해 몸 밖으로 배출되고, 이산화탄소는 폐를 통해 배출된다. 독성이 강한 암모니아는 간에서 독성이 약한 요소로 전환된 후 배설계를 통해 몸 밖으로 배출된다.

  ㉡ **배설계의 구조** : 배설계는 콩팥, 오줌관, 방광, 요도 등으로 구성되며, 콩팥에는 오줌을 생성하는 기능적 단위인 네프론이 있다.

  ※ **네프론** : 네프론은 모세혈관 덩어리인 사구체, 보먼주머니, 세뇨관으로 구성된다. 혈장의 일부가 사구체에서 보먼주머니로 여과되어 원뇨를 형성하며, 원뇨가 세뇨관을 거치면서 오줌이 되고, 오줌은 오줌관을 통해 방광으로 이동한다.

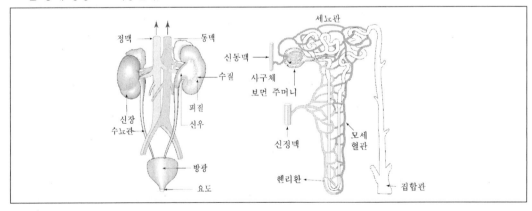

ⓒ 오줌의 생성 과정 : 콩팥의 네프론에서 여과, 재흡수, 분비 과정을 거쳐 오줌이 생성된다.

여과	콩팥 동맥을 통해 사구체로 들어간 혈액이 압력 차에 의해 보먼주머니로 여과된다. 이때 단백질, 혈구와 같이 분자량이 큰 물질은 여과되지 않고 물, 무기염류, 아미노산, 포도당, 요소 등 분자량이 작은 물질이 여과되어 원뇨를 생성한다.
재흡수	원뇨가 세뇨관을 따라 이동하는 동안 포도당과 아미노산은 모두 모세혈관으로 재흡수되고, 무기염류와 물은 필요한 만큼 재흡수된다. 요소도 일부 재흡수된다.
분비	사구체에서 여과되지 않은 노폐물(암모니아, 크레아틴 등)은 모세혈관에서 세뇨관으로 분비된다.

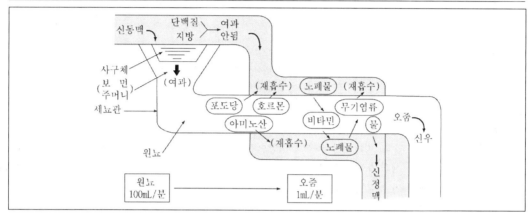

• 재흡수와 분비의 원리

재흡수	− Na^+, 포도당, 아미노산은 ATP를 사용하는 능동 수송에 의해 재흡수된다. − 물은 삼투에 의해, 요소는 확산에 의해 수동적으로 재흡수된다.
분비	암모니아, 크레아틴, H^+, K^+ 등은 ATP를 사용하는 능동 수송에 의해 분비된다.

• 포도당의 재흡수 : 정상적인 경우 혈장의 포도당 농도는 100mg/100mL정도이며, 포도당은 100% 재흡수되어 오줌으로 배설되지 않는다. 그런데 포도당의 재흡수량에는 한계가 있어 혈당량이 너무 높으면 여과된 포도당이 모두 재흡수되지 못하고 일부가 오줌으로 배설되는 당뇨 증상이 나타난다.

(3) 기체의 교환과 물질의 운반

① 폐와 조직에서의 기체 교환 … 기체의 분압 차이에 따른 확산에 의해 일어난다.

폐포에서의 기체 교환	조직 세포에서의 기체 교환
폐포 $\xleftarrow[CO_2 \text{ 이동}]{O_2 \text{ 이동}}$ 모세 혈관	모세 혈관 $\xleftarrow[CO_2 \text{ 이동}]{O_2 \text{ 이동}}$ 조직 세포
− O_2 분압 : 폐포 > 모세혈관 − CO_2 분압 : 모세혈관 > 폐포	− O_2 분압 : 모세혈관 > 조직세포 − CO_2 분압 : 조직세포 > 모세혈관

㉠ 산소의 운반 : 산소는 대부분 적혈구의 헤모글로빈에 의해 운반된다.

$$\underset{\text{헤모글로빈}}{Hb} + 4O_2 \xrightleftharpoons[\text{해리(조직 세포)}]{\text{결합(폐포)}} \underset{\text{산소 헤모글로빈}}{Hb(O_2)_4}$$

ⓛ 이산화탄소의 운반
- 약 7%는 혈장에 녹아서 운반된다.
- 약 23%는 적혈구의 헤모글로빈과 결합하여 카바미노헤모글로빈($HbCO_2$)의 형태로 운반된다.
- 약 70%는 적혈구 속에서 탄산 무수화 효소의 작용으로 물과 결합하여 탄산(H_2CO_3)을 형성하고, 탄산수소이온(HCO_3^-)으로 해리된 다음 혈장으로 확산되어 폐로 운반된다.

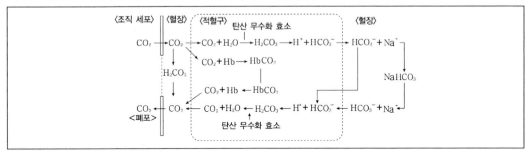

② 순환계의 기능
　㉠ 운반 작용 : 혈액은 소화 기관에서 흡수된 영양소와 호흡 운동을 통해 들어온 산소를 조직 세포에 공급하고, 물질대사 결과 생긴 노폐물을 배설 기관으로 운반하여 몸 밖으로 배출할 수 있게 한다. 그 외에도 호르몬, 항체 등을 몸의 각 부분으로 운반한다.
　㉡ 항상성의 조절 작용
- 혈관의 수축과 이완에 의해 혈류량을 조절함으로써 열의 발산을 억제하거나 촉진하여 체온을 조절한다.
- 혈액의 성분을 조절하여 혈당량, pH, 삼투압 등을 일정하게 유지시킨다.
　㉢ 방어 작용
- 백혈구와 항체는 몸에 침입한 병원균을 제거한다.
- 상처가 났을 때 혈액을 응고시켜 상처 부위를 통한 병원체의 침입을 차단한다.

SECTION 3 **자극의 전달**

(1) 뉴런의 구조와 종류

① 뉴런의 구조 … 뉴런(신경세포) – 신경계를 구성하는 구조적, 기능적 기본단위

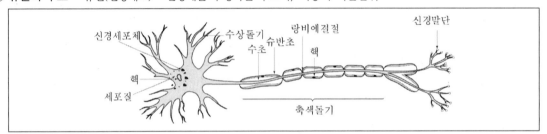

ⓒ 신경세포체 : 핵과 세포질로 구성→뉴런의 생장과 물질대사에 관여

ⓛ 가지(수상)돌기 : 신경세포체에 돋아있는 여러 개의 짧은 돌기, 감각 수용기 세포나 다른 뉴런으로부터 자극을 받아들임

ⓒ 축색(축삭)돌기 : 신경세포체에서 길게 뻗어 나온 한 개의 돌기, 다른 뉴런에게 흥분을 전달

- 말이집(수초) : 슈반 세포의 세포막이 길게 늘어나 축색을 여러 겹으로 싸고 있는 것→지질 성분으로 되어 있어 절연체 역할을 함.
- 랑비에 결절 : 말이집 신경에서 축색 돌기 곳곳에 말이집이 없어 축색이 노출된 부분

② 뉴런의 종류

㉠ 말이집 유무에 따른 구분

유수신경	• 뉴런의 축색 돌기가 말이집에 싸여 있는 신경 • 흥분 전도 속도가 빠르다. 예 척추동물의 감각 신경과 운동 신경	
무수신경	• 뉴런의 축색 돌기에 말이집이 없는 신경 • 흥분 전도 속도가 느리다. 예 척추동물의 후각 신경 및 교감 신경절 이후 뉴런, 무척추동물의 신경	

㉡ 뉴런의 기능에 따른 분류

종류	특징
감각 뉴런 (구심성 뉴런)	• 감각 기관과 내장 기관에서 수용한 자극을 중추 신경계로 전달하는 뉴런 • 가지 돌기가 길게 발달되어 그 끝이 감각기에 분포 • 신경 세포체가 축색 돌기의 한쪽 옆에 있는 것이 특징
연합 뉴런	• 중추 신경계인 뇌와 척수를 구성 • 감각 뉴런과 운동 뉴런 사이에서 흥분을 중계하는 역할 • 가지 돌기 발달
운동 뉴런 (원심성 뉴런)	• 중추 신경계로부터 신체의 근육이나 반응기로 정보를 전달하는 뉴런 • 신경 세포체와 가지돌기가 발달되어 있음 • 축색 돌기가 길게 발달하여 그 끝이 반응기에 분포

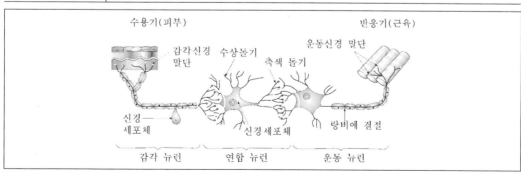

(2) 흥분의 전도

한 뉴런 내에서 흥분이 축삭 돌기를 따라 이동하는 현상

① 분극과 휴지막 전위
- ㉠ 분극 : 자극을 받지 않을 때 뉴런의 세포막을 경계로 상대적으로 안쪽은 음(−)전하를, 바깥쪽은 양(+)전하를 띠고 있는 상태
- ㉡ 휴지막 전위 : 분극 상태에서 세포막 안팎에 나타나는 전위차(−60 ~ −90mV)
  - 뉴런이 자극을 받지 않았을 때 세포 안쪽은 K^+의 농도가 높고, 바깥쪽은 Na^+의 농도가 높다. 이것은 뉴런의 세포막에 있는 $Na^+ - K^+$펌프가 능동수송에 의해 Na^+은 세포 밖으로 내보내고, K^+은 세포 안으로 들여보내기 때문이다.
  - 이때 K^+통로는 일부 열려 있지만, Na^+통로는 대부분 닫혀 있어 세포 안쪽의 K^+은 K^+통로를 통해 세포 밖으로 쉽게 확산될 수 있지만, 세포 바깥쪽의 Na^+은 세포 안으로 확산되기 어렵다.
  - 세포 안쪽에는 세포막을 통과하지 못하는 음(−)전하를 띠는 단백질이 많이 분포함.

② 탈분극과 활동 전위의 발생
- ㉠ 탈분극 : 역치 이상의 자극을 받은 부위의 대부분의 Na^+통로가 열려 다량의 Na^+이 세포 안으로 확산되어 세포 안쪽이 양(+)전하, 바깥쪽이 음(−) 전하를 띠는 현상
- ㉡ 활동 전위 : 뉴런이 역치 이상의 자극을 받았을 때 나타나는 막 전위 변화

③ 재분극 ⋯ 막전위가 최고점에 이르면 대부분의 Na^+통로가 닫혀 Na^+의 유입이 줄어들고, K^+통로가 열려 K^+이 세포 밖으로 다량 확산된다. 그 결과 막전위가 빠른 속도로 하강하여 세포막 안쪽이 다시 음(−)전하를 띠게 되는데, 이 과정을 재분극이라고 한다.

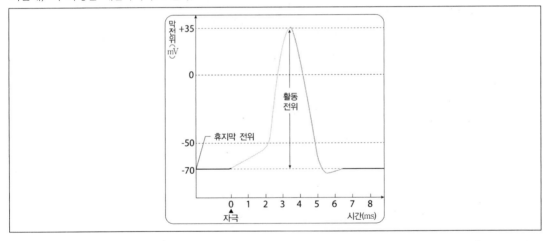

구분	이온의 이동		막전위	대전 상태
분극 (휴지 전위)	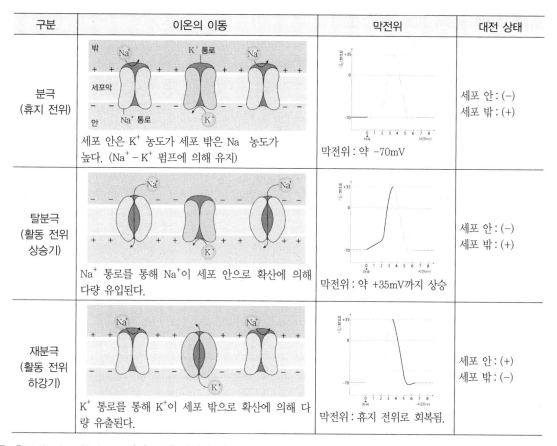	세포 안은 K⁺ 농도가 세포 밖은 Na 농도가 높다. (Na⁺ – K⁺ 펌프에 의해 유지)	막전위 : 약 −70mV	세포 안 : (−) 세포 밖 : (+)
탈분극 (활동 전위 상승기)		Na⁺ 통로를 통해 Na⁺이 세포 안으로 확산에 의해 다량 유입된다.	막전위 : 약 +35mV까지 상승	세포 안 : (−) 세포 밖 : (+)
재분극 (활동 전위 하강기)		K⁺ 통로를 통해 K⁺이 세포 밖으로 확산에 의해 다량 유출된다.	막전위 : 휴지 전위로 회복됨.	세포 안 : (+) 세포 밖 : (−)

④ 흥분의 전도 원리 ⋯ 뉴런의 특정 부위에 탈분극이 일어나면 세포 안으로 유입된 이 옆 부위로 확산 되면서 연속적으로 탈분극을 일으켜 흥분이 전도됨.

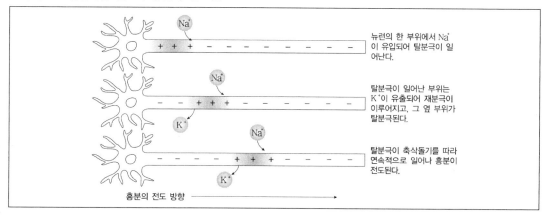

⑤ 흥분의 전도 속도에 영향을 주는 요인

　ㄱ 말이집의 유무 : 말이집이 있을수록 흥분 전도 속도가 **빠르다**.

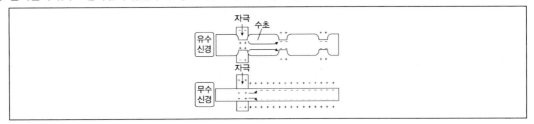

　ㄴ **축삭의 지름** : 지름이 클수록 흥분 전도 속도가 **빠르다**.

　　※ **자극의 세기와 흥분 전도 속도**

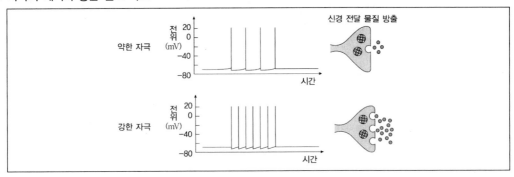

(3) 흥분의 전달

시냅스에서 흥분이 다음 뉴런으로 전달되는 현상

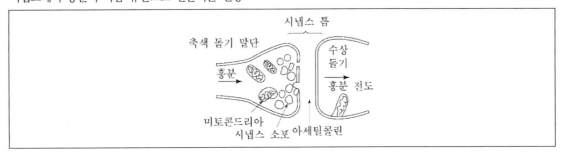

① 흥분이 축색 돌기를 따라 축색 말단에 도달하면 시냅스 소포에서 신경 전달 물질이 시냅스 틈으로 방출됨.

② 신경 전달 물질이 시냅스 틈으로 확산 되어 다음 뉴런의 가지 돌기나 신경 세포체의 막에 있는 수용체에 결합하면 이온 통로가 열려 다음 뉴런의 내부로 Na^+가 유입되어 탈분극이 일어남.

SECTION 4 | 자극의 전달

(1) 근육의 종류

(2) 골격근의 구조

① 골격근의 운동 및 작용

　ⓐ 뼈에 붙어서 몸을 지탱하거나 의식적인 몸의 움직임에 관여함.

　ⓑ 양끝이 서로 다른 뼈에 붙어 있어서 골격근이 수축하면 뼈대를 움직일 수 있음.

　ⓒ 뼈대에 2개의 골격근이 쌍으로 붙어 있어서, 한쪽 근육이 수축하면 다른 쪽 근육은 이완함

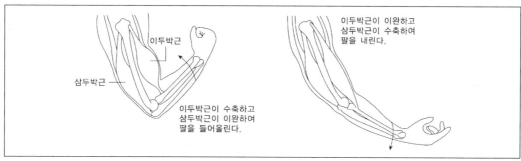

② 골격근의 구조

　ⓐ 골격근은 평행하게 배열된 여러 개의 근육 섬유 다발로 구성되어 있으며, 각각의 근육 섬유는 더 가느다란 근육 원섬유로 이루어져 있음.

　ⓑ 하나의 근육 원섬유에는 근수축의 기본 단위인 근육 원섬유 마디(근절)가 여러 개 반복되어 나타남

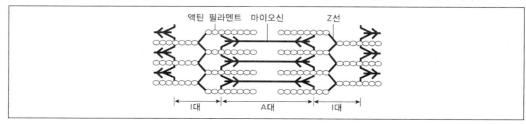

(3) 근수축의 원리

① 근수축의 과정 … 운동 뉴런의 축삭돌기 말단에서 아세틸콜린 이 분비되어 근육으로 흥분이 전달됨.

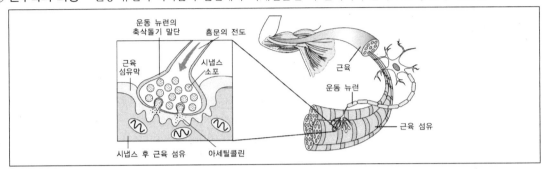

② 근수축의 원리(활주설) … 액틴 필라멘트가 마이오신 사이로 미끄러져 들어가 근육 원섬유 마디가 짧아짐으로써 일어남→이때 ATP가 소모됨.

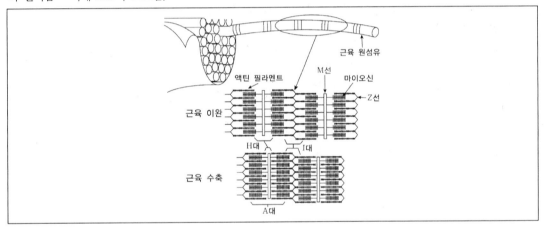

(4) 근수축의 에너지원

① 근수축의 직접적인 에너지원 … ATP

② 근수축에 필요한 ATP 공급 경로

    ㉠ 저장 ATP

    ㉡ 크레아틴 인산의 분해

    ㉢ 포도당의 분해

     • 산소가 충분할 때 : 산소호흡

     • 산소가 부족할 때 : 무산소 호흡

SECTION 5 신경계

(1) 신경계의 구성

① 중추 신경계

    ㉠ 뇌와 척수로 구성

    ㉡ 감각기에서 수용한 자극을 받아들여 판단하고 적절한 반응을 나타내도록 반응기에 명령을 내림

② 말초 신경계 … 감각기에서 받아들인 자극을 중추 신경계로 전달하고, 중추 신경계의 명령을 반응기로 전달

(2) 중추 신경계

① 뇌 … 대뇌, 소뇌, 간뇌, 뇌줄기(중간뇌, 뇌교, 연수)로 구분

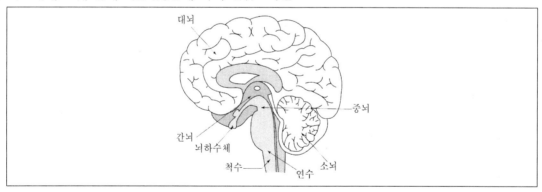

    ㉠ 대뇌

- 2개의 반구로 구성, 표면에 주름이 많아 표면적이 넓다.
- 고등 정신 활동(언어, 기억, 추리, 상상 등)과 감각, 운동의 중추
- 겉질(회색질)
  - 뉴런의 신경 세포체가 모여 회색을 띰

- 기능에 따라 감각령, 연합령, 운동령으로 구분

구분	기능
감각령	감각기로부터 오는 정보를 받아들임
연합령	감각령으로부터 들어온 정보를 종합, 분석하여 운동령으로 명령을 내리며, 사고, 언어, 판단, 기억 등 고도의 정신활동이 일어남
운동령	연합령의 명령을 받아 수의 운동이 일어나도록 함

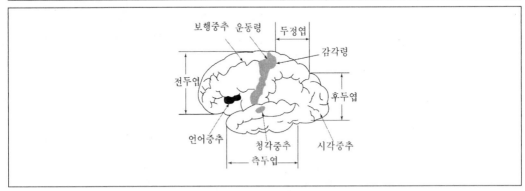

- 대뇌 겉질은 위치에 따라 전두엽, 두정엽, 측두엽, 후두엽으로 구분

구분	기능
전두엽	골격근의 수의 운동 통제, 개성, 지적 활동
두정엽	체성 감각, 정서, 생각을 표현하는 능력, 구조와 모양에 대한 해석
측두엽	청각 감각, 시각 정보의 분석과 통합, 언어 중추
후두엽	시각의 인지

- 속질(백색질) : 뉴런의 신경 섬유가 모인 부분
ⓛ 소뇌 : 대뇌 뒤쪽 아래에 위치하며, 좌우 2개의 반구로 이루어져 있음.
  - 대뇌에서 시작된 수의 운동이 정확하고 원활하게 일어나도록 조절
  - 평형 감각기로부터 오는 정보에 따라 몸의 평형 을 유지
ⓒ 간뇌 : 시상과 시상하부로 구분
  - 시상 : 후각 이외의 모든 자극(특히 척수나 연수로부터 오는)을 대뇌 겉질의 각 부분으로 보냄.
  - 시상 하부 : 자율 신경계 의 최고 조절 중추→항상성 유지에 중요한 역할을 함.
  - 뇌하수체 : 호르몬을 분비하여 다른 내분비샘의 기능 조절
ⓔ 중간뇌(중뇌)
  - 소뇌와 함께 몸의 평형 조절자
  - 안구 운동과 동공 반사(홍채 운동) 조절
ⓜ 뇌교 : 대뇌와 소뇌 사이의 정보 전달 중계

ⓗ 연수

- 뇌와 척수를 연결하는 신경 다발 통과→대뇌와 연결되는 대부분의 신경이 연수를 지나면서 좌우 교차가 일어남.
- 심장박동, 호흡운동, 소화운동, 소화액 분비 등의 조절 중추
- 기침, 재채기, 하품, 침 분비, 눈물 분비 등의 반사 중추

※ 식물인간과 뇌사의 차이점

ⓐ 식물 인간 : 대뇌 겉질은 손상되었으나, 뇌줄기는 정상→의식이나 운동 기능은 정지하지만, 호흡운동, 심장박동, 소화작용, 자율신경의 조절에 의한 항상성 유지는 일어나는 상태

ⓑ 뇌사 : 대뇌와 뇌줄기 모두 기능 상실

② 척수

ⓐ 뇌와 말초 신경 사이의 흥분 전달 통로→얼굴 신경 제외(뇌로 직접 연결)

ⓑ 반사 운동의 중추 : 땀 분비, 무릎 반사, 배뇨, 배변, 혈관의 수축과 이완, 입모근 수축

ⓒ 척수의 구조

- 전근(배쪽) : 운동 신경의 통로
- 후근(등쪽) : 감각 신경의 통로

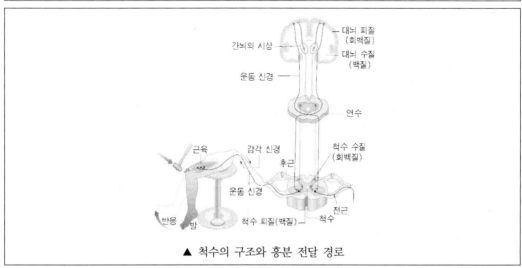

▲ 척수의 구조와 흥분 전달 경로

※ **무릎반사의 경로**(반사궁) : 자극 → 감각기 → 후근(감각신경) → 척수 → 전근(운동신경) → 반응기 → 반응

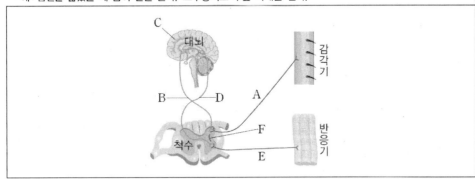

TIP 자극의 전달 경로

㉠ 의식적 반응 경로 : A → B → C → D → E
- 조절 중추 : 대뇌
- 예 : 눈을 감고 더듬어서 연필을 잡는다.

㉡ 무조건 반사 경로 : A → F → E
- 조절 중추 : 척수(연수, 중뇌)
- 예 : 압핀을 밟았을 때 급히 발을 든다. 고무망치로 무릎 아래를 친다.

(3) 말초 신경계

해부학적으로는 뇌에서 나온 12쌍의 뇌신경 과 척수에서 나온 31쌍의 척수 신경 으로 구분, 기능에 따라 체성 신경계 와 자율 신경계 로 구분

① 체성 신경계
 ㉠ 대뇌의 지배를 받는 신경으로 의식적인 자극과 반응에 관여
 ㉡ 감각신경과 운동신경으로 구성

② 자율신경계
 ㉠ 주로 내장기관과 혈관 등에 분포
 ㉡ 자율 신경계의 중추 → 간뇌, 연수, 중뇌, 척수
 ㉢ 중추의 명령을 반응기로 전달하는 원심성 뉴런으로만 구성
 ㉣ 교감, 부교감 신경의 길항 작용 에 의해 조절

구분	동공	침분비	심장 박동	소화액 분비	혈당량	방광	말단 분비물
교감신경	확장	억제	촉진	억제	증가	확장	증가
부교감신경	이완	촉진	억제	촉진	억제	수축	감소

체성 신경계	운동 신경	
자율 신경계	교감 신경	
	부교감 신경	

SECTION 6 호르몬

(1) 호르몬

① 호르몬의 특성

　㉠ 내분비샘에서 합성된 후 혈관으로 분비됨.

　㉡ 혈액에 의해 운반→표적 기관이나 표적 세포에만 작용

　㉢ 미량으로 생리 작용 조절

　㉣ 종 특이성이 없고, 항원으로 작용하지 않음.

※ 외분비샘과 내분비샘

외분비샘	내분비샘
분비물을 몸표면이나 소화관내로 분비하는 기관으로, 분비관이 따로 있음. 예 소화샘, 땀샘, 젖샘, 눈물샘	호르몬을 합성하여 분비하는 기관으로, 분비관이 따로 없어 혈관으로 호르몬을 분비함. 예 뇌하수체, 갑상샘, 부신 등

※ 호르몬의 성분에 따른 구분

　㉠ 단백질계 호르몬 : 표적 세포막의 수용체와 결합

　　예 뇌하수체 호르몬, 인슐린, 티록신

　㉡ 스테로이드계 호르몬 : 표적 세포의 유전자를 활성화

　　예 부신 피질 호르몬, 성 호르몬

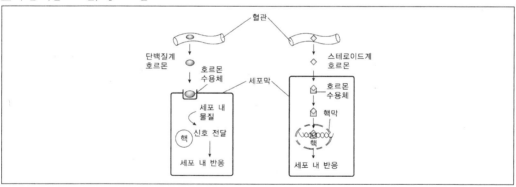

※ 신경계와 호르몬의 비교

구분	호르몬	신경계
전달 매체	혈액	뉴런
전달 속도	비교적 느리다.	빠르다.
효과의 지속성	오래 지속된다.	빨리 사라진다.
작용범위	넓다(혈액을 통해 온몸에 전달)	좁다(뉴런이 연결된 기관에만 작용)
특징	표적 기관에만 작용	일정한 방향으로 자극을 전달

② 호르몬의 종류와 기능

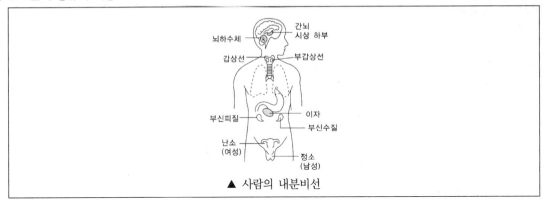

▲ 사람의 내분비선

(2) 항상성의 유지

① 항상성 유지의 원리

ㄱ 피드백 원리

- 호르몬 상호간의 작용으로 혈중 농도가 일정 하게 유지되도록 분비를 조절하는 작용
- 음성 피드백 : 결과가 원인에 작용하여 결과를 적절하게 유지하는 방향으로 피드백

  예 대부분의 호르몬 조절작용 : 항상성 유지
- 양성 피드백 : 결과가 원인의 작용을 촉진하여 결과가 더욱 상승하게 만드는 피드백

  예 옥시토신의 출산 과정 촉진, LH의 배란 촉진

ㄴ 티록신의 피드백 작용

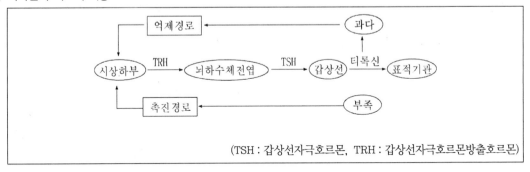

(TSH : 갑상선자극호르몬, TRH : 갑상선자극호르몬방출호르몬)

② 혈당량의 조절

    ㉠ 혈액 중의 포도당 농도 : 약 100mg/100mL(약 0.1%)로 일정하게 유지

    ㉡ 자율신경과 호르몬에 의해 조절

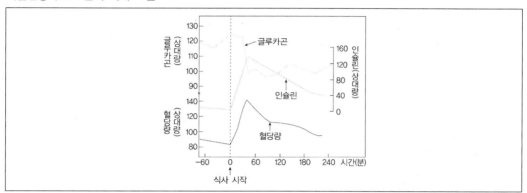

  • 고혈당일 때

  • 저혈당일 때

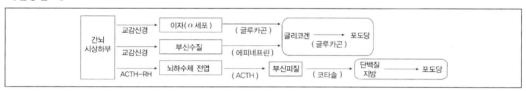

③ 체온의 조절

    ㉠ 간뇌의 시상하부 는 체온의 변화를 감지하고 조절하는 중추

    ㉡ 대뇌의 의식적인 작용도 체온 조절에 중요한 역할을 함.

    • 추울 때의 체온 조절 : 열 발생량 증가, 열 발산량 감소

    • 더울 때의 체온 조절 : 열 발생량 감소, 열 발산량 증가

  ※ 체온 조절과 몸의 변화

	입모근	모세혈관	땀 분비	대사량	근육
추울 때	수축	수축	감소	증가	떨림
더울 때	이완	확장	증가	감소	

④ 삼투압의 조절

    ㉠ 항이뇨호르몬(ADH, 바소프레신)

    • 뇌하수체 후엽에서 분비 → 신장의 집합관에서 작용

    • 수분 의 재흡수 촉진

ⓒ 무기질 코르티코이드(알도스테론)

- 부신 겉질에서 분비 → 콩팥의 원위세뇨관에서 작용
- Na^+의 재흡수 촉진

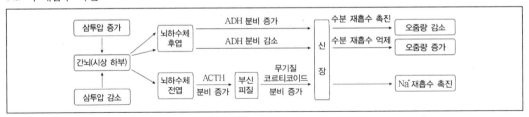

⑤ 혈중 Ca^{2+} 농도의 조절
  ⓐ 혈중 Ca^{2+} 농도가 낮을 때 : 칼시토닌 분비 억제, 파라토르몬 분비 촉진 → 혈중 Ca^{2+} 농도 증가
  ⓑ 혈중 Ca^{2+} 농도가 높을 때 : 칼시토닌 분비 촉진, 파라토르몬 분비 억제 → 혈중 Ca^{2+} 농도 감소

SECTION 7 우리 몸의 방어작용

(1) 질병의 종류

① 비감염성 질병
  ⓐ 인체 내부 요인(생활방식, 유전, 환경 등)에 의해 나타나는 질병으로 전염성 없음.
  ⓑ 고혈압, 당뇨병 등

② 감염성 질병
  ⓐ 외부에서 침입한 병원체가 원인이 되어 나타나는 질병으로 전염성 있음.
  ⓑ 감기, 독감, 결핵, 무좀 등

(2) 병원체의 종류와 특성

① 세균
  ⓐ 특징
    - 핵이 없는 단세포 원핵생물
    - 대부분 펩티도글리칸 성분으로 이루어진 세포벽이 있으며, 일부는 세포벽 바깥에 점착성 성분으로 이루어진 피막을 가짐
    - DNA는 응축된 형태로 세포질에 있음. → 대부분의 세균은 주 DNA외에 고리 모양의 플라스미드 DNA를 가지기도 함.
  ⓑ 증식 방법 : 이분법
  ⓒ 세균에 의한 질병
    - 세균성 식중독, 디프테리아, 패혈증, 인두염, 결핵, 괴저, 임질, 매독 등
    - 파상풍, 보툴리누스 중독, 흑사병, 탄저병 등

ⓔ 치료법 : 항생제 사용

ⓜ 종류(형태에 따라 구분) : 구균(식중독균과 폐렴균), 간균(이질균), 나선균(헬리코박터파이로리균)

② 바이러스

ⓐ 특징

- 핵산 과 단백질 로 구성, 비세포 단계
- 독자적인 효소가 없어 독립적으로 물질대사를 하지 못함.

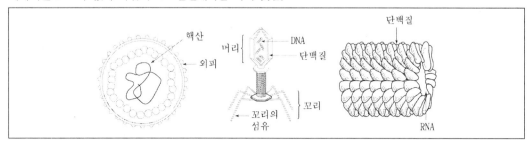

ⓑ 바이러스의 구분

- 핵산의 종류에 따라 : DNA 바이러스(천연두 바이러스, 아데노 바이러스, 박테리오 파지 등)와 RNA 바이러스(HIV, 담배 모자이크 바이러스, 인플루엔자 바이러스 등)로 구분
- 숙주 의 종류에 따라 : 동물성 바이러스(천연두 바이러스 등), 식물성 바이러스(담배 모자이크 바이러스 등), 세균성 바이러스(박테리오파지)

ⓒ 바이러스의 증식 과정 : 숙주 세포의 표면에 결합→숙주 안으로 들어감→숙주 세포 효소를 이용하여 핵산을 다량 복제→바이러스 유전 정보에 의해 단백질 껍질 합성→핵산과 단백질 껍질 조립→바이러스 방출 및 숙주 세포 파열

ⓓ 바이러스에 의한 질병 : 바이러스성 식중독, 감기, 독감, 천연두, 수두, 광견병, 홍역, 중증 급성 호흡기 증후군(SARS), 후천성 면역 결핍 증후군(AIDS), 소아마비 등

ⓔ 바이러스성 질병의 치료 : 항바이러스제 사용

※ 세균과 바이러스의 비교

구분	세균	바이러스
차이점	- 세포 구조 - 스스로 물질대사 가능 - 항생제로 치료	- 비세포 구조 - 스스로 물질대사 불가능 - 항바이러스제로 치료하지만 치료가 어렵다.
공통점	- 병원체이다. - 유전 물질을 가진다.	

※ 바이러스성 질병의 치료가 어려운 이유는?

바이러스는 숙주 세포의 물질대사 체계를 이용하기 때문에 항바이러스제는 숙주 세포에 독성을 나타내는 경우가 많고, 돌연변이가 잘 일어나가 때문에 치료제의 효과가 낮기 때문

③ 원생동물과 곰팡이
- ㉠ 특징 : 진핵 세포로 이루어진 병원체 → 세균과 같은 원핵 세포를 대상으로 하는 약물(항생제 등)은 효과가 없으며, 진핵 세포 병원체에 효과가 있는 약물은 사람에게도 독성이 나타날 수 있음.
- ㉡ 원생동물에 의한 질병 : 말라리아, 아메바성, 이질, 수면병 등
- ㉢ 곰팡이(균류)에 의한 질병 : 무좀, 만성 폐질환, 뇌막염 등

④ 프라이온
- ㉠ 특징
  - 핵산이 없는 단백질성 감염 입자
  - 정상적인 프라이온 단백질은 일반적으로 포유류의 신경 세포에 존재하며, 뇌세포의 기능을 도와줌.
  - 신경계의 퇴행성 질병 유발, 바이러스보다 작음.
  - 정상 프라이온 단백질이 변형 프라이온 단백질과 접촉하면 변형 프라이온 단백질로 구조 변화 → 다량 축적되면 신경 세포 파괴
  - 인체에서 잠복기가 길고, 끓이거나 삶는 등의 일반적인 소독법으로는 제거 불가능
- ㉡ 프라이온에 의한 질병 : 크로이츠펠트, 야콥병(사람), 스크래피(양), 광우병(소)

(3) 질병의 감염 경로와 예방

① 재채기를 할 때는 입을 가리고 하며, 손을 깨끗하게 자주 씻는다.

② 음식물은 되도록 익혀 먹고, 물은 끓여 마신다.

③ 꼭 필요한 경우에만 항생제를 사용한다.

④ 올바른 식습관과 꾸준한 운동, 충분한 휴식을 통해 면역 능력을 키운다.

SECTION 8 면역 반응

(1) 면역

① 1차 방어 작용, 선천성 면역(비특이적 면역)
- ㉠ 병원체로 작용하는 특정 병원체들에 공통으로 존재하는 특징 인식
- ㉡ 신속한 반응이 일어남

② 2차 방어 작용, 후천성 면역(특이적 면역)
- ㉠ 특정 병원체에만 존재하는 특정 분자의 특정 부위만을 인식
- ㉡ 반응이 일어나는 데 어느 정도 시간이 걸림

(2) 선천성 면역

① 장벽과 분비물을 이용한 물리적·화학적 방어 체계

　ⓐ 피부
- 표피의 각질층→병원체가 침투하지 못하게 하는 물리적 장벽의 역할
- 피부에서 분비되는 지방과 땀의 산성 성분→세균의 증식 저해

　ⓒ 점막
- 피부로 덮여 있지 않은 눈, 콧속, 소화관, 호흡기 등의 내벽을 덮고 있는 상피 세포층
- 표면이 점액으로 덮여 보호됨→점액에는 라이소자임 이라는 효소가 포함되어 있어 세균을 분해
- 호흡기의 점액 속에 갇힌 먼지와 병원체는 점막 주변의 섬모 운동으로 몸 밖으로 배출됨.

　ⓒ 분비액과 대장균
- 눈물이나 침→라이소자임 이 들어 있어 병원체의 침입 방지
- 위액(위산과 단백질 분해 효소)
- 대장균→외부에서 들어온 병원체와 경쟁하여 병원체의 생장 억제

② 내부 방어

　ⓐ 백혈구의 식세포 작용(식균 작용) : 호중성 백혈구(호중구)와 대식 세포→체내로 침입한 미생물들에 공통으로 존재하는 특정 부위를 감지하여 미생물을 세포 내로 끌어들여 분해

　ⓒ 염증 반응 : 상처가 났을 때 그 부위가 빨갛게 부어오르고 아프며 열이 나는 증상

　※ 염증 반응의 과정

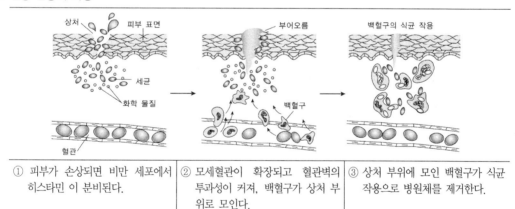

① 피부가 손상되면 비만 세포에서 히스타민 이 분비된다.	② 모세혈관이 확장되고 혈관벽의 투과성이 커져, 백혈구가 상처 부위로 모인다.	③ 상처 부위에 모인 백혈구가 식균 작용으로 병원체를 제거한다.

　ⓒ 항균 단백질(항미생물 단백질) : 미생물에 달라붙어 백혈구의 기능을 도와 병원체를 파괴하거나 식세포 작용을 유도하는 물질
- 인터페론 : 바이러스에 감염된 세포에서 분비되어 주변의 건강한 세포들에게 적의 침입을 알려 항바이러스 단백질을 생산하도록 신호 전달
- 보체 단백질 : 혈액에 녹아 있는 단백질로, 미생물을 분해하고 식세포 작용을 증가시키며 염증 반응을 도와 줌

　ⓔ **자연 살생 세포** : 병든 세포를 인식하여 제거함

(3) 후천성 면역

① 후천성 면역의 특징
  ㉠ 자기 물질과 비자기 물질을 구별한다.
  ㉡ 특이성 이 있다.
  ㉢ 다양한 질병의 원인 물질에 반응할 수 있다.
  ㉣ 기억 능력이 있다.

② 면역계의 구조
  ㉠ 림프구
    • 백혈구의 일종으로 수용체를 통해 병원체를 특이적으로 인식하고 대응
    • 종류 : B 림프구와 T 림프구

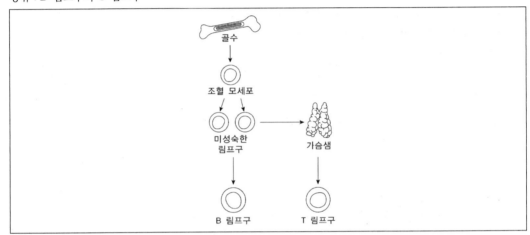

  ㉡ 림프계 : 림프, 림프관, 림프절 등으로 이루어진 순환계 → 체내로 침입한 병원체의 일부는 림프관을 흐르는 림프에 의해 가까운 림프절로 운반되어 제거됨

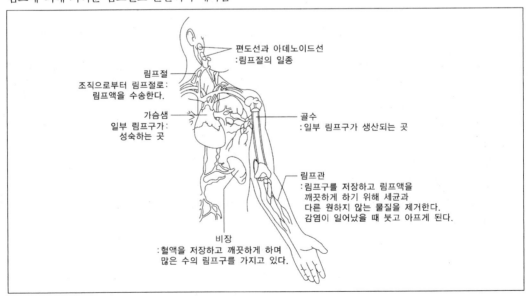

③ 2차 방어 작용의 종류

ㄱ 세포성 면역 : 세포 독성 T 림프구에 의해 항원에 감염된 세포 제거

ㄴ 체액성 면역 : B 림프구에서 분화된 형질 세포에서 생성된 항체에 의해 일어나는 항원

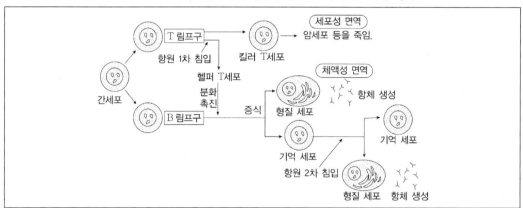

💧**TIP** 항원 항체 반응

ㄱ 항원 : 외부에서 침입한 이물질

ㄴ 항체 : 체내로 들어온 항원에 대항하여 만들어지는 물질

ㄷ 항체가 항원과 결합하여 항원을 제거하거나 기능을 약화시키고 무독화시키는 반응

ㄹ 각 항체는 독특한 항원 결합 부위를 가지므로 오직 그 항체를 만들게 한 항원과만 결합

항체의 구조와 항원 항체 반응의 특이성

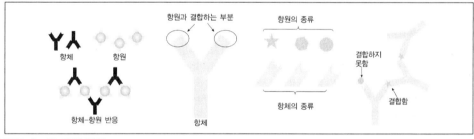

ㄷ 1차 면역 반응과 2차 면역 반응

※ 항원 A에 대한 항체 농도 변화

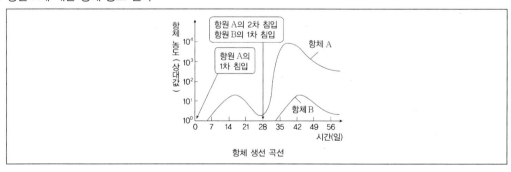

항체 생선 곡선

     ⊙ **1차 침입 시**: 항체가 생성되기까지 시간이 지연되고 항체가 느린 속도로 생성되며, 생성되는 항체의 농도가 낮다.

     ⓛ **2차 침입 시**: 기억 세포 가 형성되어 있어 시간이 지연되지 않고 항체가 빠른 속도로 생성되며, 항체 농도가 높다.

     ※ **항원 B에 대한 항체 농도 변화**: 처음 항원 B에 노출된 것이므로 1차 면역 반응이 일어난다.

     ※ **항원 항체 반응의 특이성**: 항체 A는 항원 A에 대해서만 반응하고, 항원 B에 대해서는 반응하지 않는다.

   ⓔ **인공 면역**: 인공적으로 생산한 백신이나 면역 혈청을 주사함으로써 이루어지는 면역

     • **백신**: 인위적인 항원주입으로 1차 면역 반응을 일으킴(백신 처방 후 면역력 획득(예방이 목적))

     • **면역 혈청**: 다른 동물이 합성한 항체를 직접 주입(주입 후 치료가 가능하나 면역력은 생기지 않음(치료가 목적))

(4) 면역 관련 질병

① **알레르기** … 대부분의 사람에게는 항원으로 작용하지 않는 꽃가루나 식품 속의 단백질 등 특정 항원에 대해 면역 반응이 과도하게 일어나 두드러기, 가려움, 콧물, 기침 등의 증상이 나타나는 것

② **자가 면역 질환** … 면역계가 자기 물질과 비자기 물질을 구분하지 못하여 자기 몸을 구성하는 조직이나 세포를 공격함으로 발생하는 질환

   예 류머티스성 관절염, 제 1형 당뇨병(인슐린 의존성 당뇨병)

③ **후천성 면역 결핍 증후군** … 사람 면역 결핍 바이러스(HIV)가 보조 T 림프구를 파괴함으로써 면역 기능이 저하되는 질병

(5) 혈액형과 수혈 관계

① ABO식 혈액형

   ⊙ ABO식 혈액형의 종류

혈액형	A형	B형	AB형	O형
응집원(적혈구 막)	A	B	A, B	없다.
응집소(혈장)	β	α	없다.	α, β

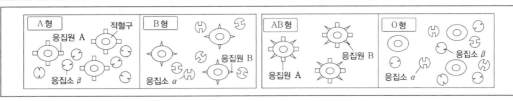

ⓛ 혈액형의 판정 : 응집원 A와 응집소 α, 응집원 B와 응집소 β가 만나면 응집 반응이 일어남

혈청	혈액형	A형	B형	AB형	O형
항 A 혈청 (B형 표준 혈청)	응집소 α 포함	+	−	+	−
항 B 혈청 (A형 표준 혈청)	응집소 β 포함	−	+	+	−

(+ : 응집됨, − : 응집 안 됨)

ⓒ ABO식 혈액형의 수혈 관계
- 소량 수혈 : 주는 자의 응집원 만 고려
- 다량 수혈 : 같은 혈액형만 가능

③ Rh식 혈액형

㉠ Rh식 혈액형의 종류

혈액형	Rh+ 형	Rh− 형
Rh 응집원(적혈구 막)	있다.(응집원 D)	없다.
Rh 응집소(혈장)	없다.	Rh응집원이 유입되면 생긴다.(응집소 δ)

ⓛ Rh식 혈액형의 판정 : 붉은털원숭이의 적혈구를 추출하여 토끼의 몸속에 주입→토끼의 혈액 속에 붉은털원숭이의 적혈구를 응집시키는 항체(Rh 응집소)가 생성됨. →토끼의 혈액을 채취한 항체가 포함된 면역 혈청(항 Rh 혈청)을 분리함. →이 혈청을 사람의 혈액과 섞었을 때 응집이 일어나면 Rh+ 형, 응집이 일어나지 않으면 Rh− 형

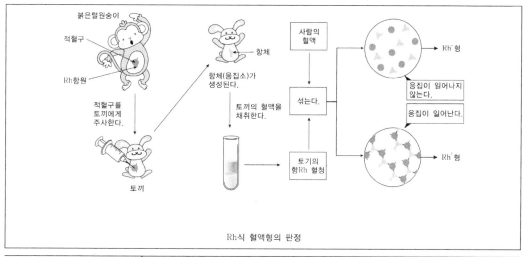

Rh식 혈액형의 판정

	Rh⁺형	Rh⁻형
항 Rh 혈청	+	−

(+ : 응집됨, − : 응집 안 됨)

ⓒ Rh식 혈액형의 수혈 관계

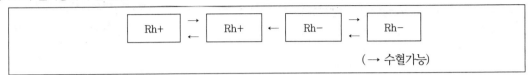

🌱**TIP** **적아 세포증**…Rh+ 형인 남자와 Rh- 형인 여자 사이에서 두 번째 Rh+ 형인 아이 임신 →
첫 번째Rh+ 형인 아이를 출산한 후 모체 내에 생긴 Rh 항체가 태반을 통해 태아의 체내
에 들어가 태아의 적혈구를 파괴 → 태아 체내에 미성숙 적혈구(적아) 증가

※ 엄마와 태아의 ABO식 혈액형이 달라도 문제가 되지 않는 이유는?

ABO식 혈액형의 응집소는 Rh 응집소에 비하여 고분자이기 때문에 태반을 통과할 수가 없기 때문

1 다음 중 세포 호흡에 대한 설명으로 옳지 않은 것은?

① ATP가 분해되어 생활 에너지로 쓰인다.
② 포도당은 여러 중간 단계를 거쳐 분해된다.
③ 세포 호흡은 주로 세포 내의 핵에서 일어난다.
④ 포도당과 같은 영양소를 분해하여 ATP를 합성하는 과정이다.
⑤ 세포 호흡의 결과 포도당에 저장된 에너지 중 일부는 ATP에 저장된다.

TIP 세포 호흡은 세포 내 미토콘드리아를 중심으로 일어난다.

2 그림은 3대 영양소가 세포 호흡에 사용되었을 때 생성된 최종 산물의 배출 경로를 나타낸 것이다.

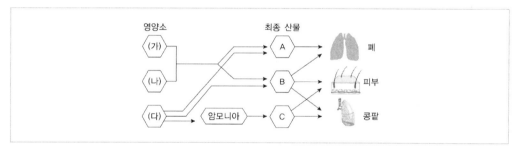

이에 대한 설명으로 옳지 않은 것은?

① (가)와 (나)의 구성 원소는 같다.
② (다)는 단백질이다.
③ 체내에 A의 양이 증가하면 호흡이 빨라진다.
④ B는 체내에서 재사용될 수 있다.
⑤ 암모니아가 C로 전환되는 곳은 콩팥이다.

TIP C는 요소이며, 암모니아가 요소로 전환되는 곳은 간이다.

⭐ **ANSWER** 1.③ 2.⑤

3 ATP에 대한 설명으로 옳지 않은 것은?

① 고에너지 인산 결합을 갖고 있다.
② ATP 1몰에는 약 7.3kcal의 에너지가 저장된다.
③ 일부 동물에서는 발열, 발광 등에 이용되기도 한다.
④ 생명 활동에 필요한 에너지를 공급하는 에너지 전달자이다.
⑤ 식물은 광합성을 통하여 ATP를 생성하여 생명 활동에 활용한다.

TIP 식물의 경우도 미토콘드리아에서 생성된 에너지를 생명 활동에 이용한다.

4 그림은 인체 내 에너지 대사 과정을 나타낸 것이다.

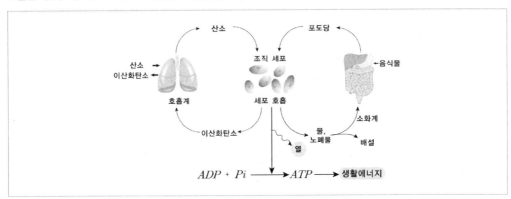

이에 대한 설명으로 옳은 것을 〈보기〉에서 모두 고른 것은?

〈보기〉

㉠ 세포 호흡 결과 방출된 에너지는 직접 생활 에너지로 이용된다.
㉡ 호흡계와 소화계는 세포 호흡에 필요한 물질을 공급하는 역할을 한다.
㉢ 순환계는 에너지를 얻는 과정에 관여하지 않는다.

① ㉠
② ㉡
③ ㉠㉡
④ ㉡㉢
⑤ ㉠㉡㉢

TIP ㉠ 세포 호흡에서 방출된 에너지는 직접 생활 에너지로 이용되는 것이 아니라 ATP에 저장되었다가 생활
에너지로 이용된다.
㉢ 세포 호흡에 필요한 물질과 세포 호흡 결과 발생한 노폐물의 운반에 순환계가 관여한다.

5 그림은 우리 몸에서 자극에 의한 흥분을 전달하는 뉴런 (개), (내), (대)를 나타낸 것이다.

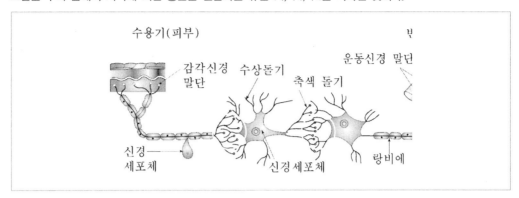

이에 대한 설명으로 옳은 것을 〈보기〉에서 모두 고른 것은?

〈보기〉
㉠ (개)와 (대)는 말초 신경계에 속한다.
㉡ 흥분은 (개)→(내)→(대)로 전달된다.
㉢ A에 역치 이상의 자극을 주면 (내)에서 활동 전위가 발생한다.

① ㉠   ② ㉡
③ ㉠㉢   ④ ㉡㉢
⑤ ㉠㉡㉢

TIP ㉠ (개)는 운동 뉴런, (내)는 연합 뉴런, (대)는 감각 뉴런이다. 운동 뉴런과 감각 뉴런은 말초 신경계에 속한다.
㉡ 흥분은 감각 뉴런 → 연합 뉴런 → 운동 뉴런 순으로 전달된다.
㉢ 수상 돌기에서 축삭 돌기 쪽으로는 흥분이 전달되지 못하므로 (내)에서는 활동 전위가 발생하지 않는다.

ANSWER 3.⑤ 4.② 5.①

6 다음 그림은 뉴런에 자극을 주었을 때 막전위의 변화를 나타낸 것이다.

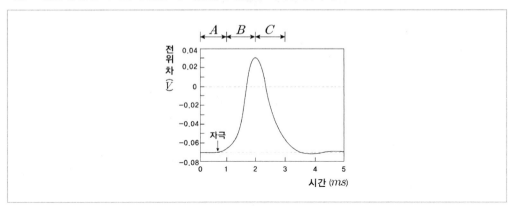

이에 대한 설명으로 옳지 않은 것은?

① A는 탈분극 상태이다.

② 휴지 전위는 −0.07V이다.

③ B는 뉴런이 자극을 받아 흥분하는 상태이다.

④ C에서는 K^+ 통로가 열려 있다.

⑤ C는 재분극이 일어나는 단계이다.

TIP ① A와 같이 세포막 내외에 전위차가 유지되는 상태를 분극 상태라고 한다.
② 휴지 전위는 −0.07 V이다.
③ B는 탈분극 상태로 역치 이상의 자극을 받아 흥분이 일어나는 상태이다.
④⑤ C는 재분극 과정으로 이 시기에는 K^+ 통로가 열려 K^+이 세포 외부로 빠져 나간다.

7 다음 그림은 사람의 뇌를 나타낸 것이다. A 부분이 사고로 손상되었을 때 나타날 수 있는 1차적인 증상으로 옳은 것은?

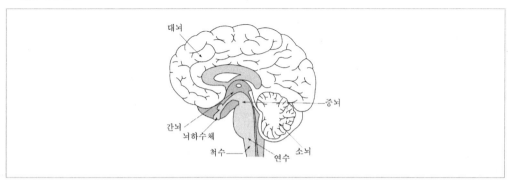

① 체온 조절이 안 된다.
② 안구 운동에 장애가 온다.
③ 심장 박동이 불규칙해진다.
④ 성격이 폭력적으로 변한다.
⑤ 몸의 균형을 유지하기 어렵다.

TIP A는 소뇌로서 대뇌의 운동 명령을 받아 골격근으로 전달하는 역할을 하며, 몸의 각 부분으로부터 오는 위치 정보를 받아 대뇌로 전달함으로써 몸의 균형을 유지하는 역할을 한다.

8 다음은 세 가지 근육의 종류를 나타낸 것이다.

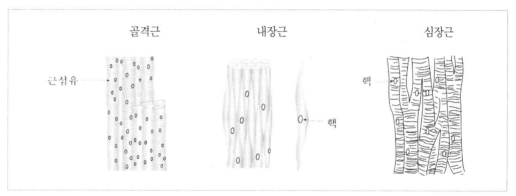

이에 대한 설명으로 옳지 않은 것은?

① 골격근은 규칙적인 무늬가 있는 가로무늬근이다.
② 골격근은 순간적으로 큰 힘을 낼 수 있다.
③ 내장근은 세포당 하나의 핵을 가지며 민무늬근이다.
④ 내장근은 불수의적으로 조절되는 근육이다.
⑤ 심장근은 민무늬근이지만 큰 힘을 지속적으로 낼 수 있다.

TIP 심장근은 가로무늬근이면서 동시에 민무늬근의 특성을 가지고 있어 강한 수축을 오랫동안 지속적으로 할 수 있다.

⊛ ANSWER 6.① 7.⑤ 8.⑤

9 그림은 신경계와 호르몬의 작용을 통해 혈당량이 조절되는 과정을 나타낸 것이다.

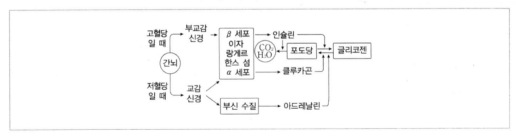

이에 대한 설명으로 옳은 것을 보기에서 모두 고른 것은?

〈보기〉

㉠ 교감 신경이 자극되면 혈당량이 감소한다.
㉡ 인슐린과 글루카곤은 길항 작용을 한다.
㉢ 아드레날린은 포도당을 글리코젠으로 합성하는 과정을 촉진한다.

① ㉠
② ㉡
③ ㉢
④ ㉠㉡
⑤ ㉡㉢

TIP ㉠ 교감 신경이 자극되면 글루카곤과 아드레날린의 분비가 촉진되어 혈당량이 증가한다.
㉢ 아드레날린은 글리코젠을 포도당으로 분해하여 혈당량을 높이는 작용을 한다.

10 음식물을 짜게 먹으면 갈증이 난다. 이때 체내에서 일어나는 변화로 옳은 것은?

① 오줌의 농도가 진해진다.
② 항이뇨 호르몬 분비가 억제된다.
③ 무기질 코르티코이드 분비가 촉진된다.
④ 세뇨관에서 염분의 재흡수율이 높아진다.
⑤ 사구체에서 보면주머니로 여과되는 물의 양이 감소한다.

TIP 음식물을 짜게 먹으면 체액의 염분 농도가 증가하여 삼투압이 높아진다. 이 경우 항이뇨 호르몬 분비가
촉진되어 수분의 재흡수가 촉진되고 무기질 코르티코이드 분비가 억제되어 염분의 재흡수가 억제된다. 그
결과 오줌의 양은 감소하고 농도는 진해진다.

11 다음 그림은 결핵 백신을 접종하고 일정 기간이 지난 후 결핵균이 침입했을 때의 항체 생성 반응을 나타낸 것이다.

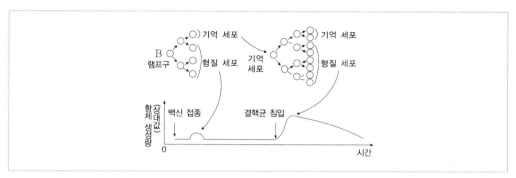

이에 대한 설명으로 옳은 것을 〈보기〉에서 모두 고른 것은?

〈보기〉
㉠ 백신은 결핵 환자를 치료하기 위해서 접종한다.
㉡ 백신을 접종하면 B 림프구가 형질 세포로 분화한다.
㉢ 결핵균 침입 시 항체가 빠르게 생성되는 것은 체내에 결핵균에 대한 기억 세포가 존재하기 때문이다.

① ㉠
② ㉡
③ ㉠㉢
④ ㉡㉢
⑤ ㉠㉡㉢

TIP 백신은 독성을 약화시키거나 죽인 항원으로 질병을 예방하는데 사용된다. 백신을 주사하면 이에 대한 항체를 생산하는 B 림프구가 형질 세포로 분화하여 항체를 생산하고 일부는 기억 세포가 되어 남는다.

12 다음 중 선천성 면역과 후천성 면역에 대한 설명으로 옳은 것은?
① 선천성 면역은 특이적 면역이다.
② 항체 생성은 선천성 면역의 일종이다.
③ 피부와 점막은 후천성 면역 기관이다.
④ 세포 독성 T 세포에 의한 식균 작용은 후천성 면역이다.
⑤ 후천성 면역은 항원이 침입하기 전에도 그 항원에 대한 방어 능력을 가지고 있다.

TIP 후천성 면역은 항원이 체내로 들어온 이후에 그 특정 항원에 대항하는 방어 능력이 형성되는 면역 기능으로 특정한 항원에만 반응하므로 특이적 면역 반응이라 한다. 세포 독성 T 세포에 의한 세포성 면역과 B 세포로부터 만들어진 항체에 의한 체액성 면역이 있다.

⭐ **ANSWER** 9.② 10.① 11.④ 12.④

13 다음 그림은 체온 조절 과정의 일부를 나타낸 것이다.

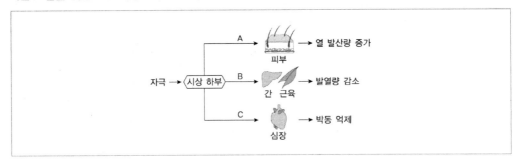

이 자료에 대한 설명으로 옳은 것을 〈보기〉에서 모두 고른 것은?

〈보기〉
ㄱ A의 조절로 피부에서 땀 분비가 증가한다.
ㄴ B와 C의 조절로 세포의 물질대사가 촉진된다.
ㄷ C는 교감 신경에 의해 조절된다.

① ㄱ   ② ㄴ
③ ㄷ   ④ ㄱㄷ
⑤ ㄴㄷ

TIP 피부를 통한 열 방출량 증가, 간·근육에서의 발열량 감소, 심장 박동 억제에 의한 물질대사 억제 작용으로 보아 더울 때의 체온 조절 과정이다.

14 그림은 표준 혈청을 이용하여 어떤 사람의 혈액형을 검사한 결과이다.

항 A 혈청   항 B 혈청
(B형 표준혈청)   (A형 표준혈청)

이 사람의 혈액에 대한 설명으로 옳은 것은?
① 적혈구막에 응집원 B를 가지고 있다.
② 혈장에 응집소 β가 있다.
③ 혈장에 항Rh 응집소가 있다.
④ AB형인 사람으로부터 소량의 수혈을 받을 수 있다.
⑤ 혈액형이 A형인 사람의 혈장에 이 사람의 혈액을 섞으면 응집 반응이 일어난다.

TIP ①② 항A 혈청에서만 응집 반응이 일어났으므로 이 사람의 혈액형은 A형이다. 따라서 적혈구막에 응집원 A, 혈장에 응집소 β를 가지고 있다.

15 그림은 닭의 체내에 항원을 주입했을 때의 면역 반응을 나타낸 것이다.

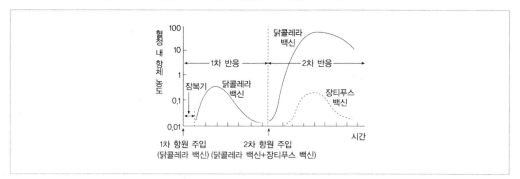

이 실험 결과로부터 알 수 있는 사실로 옳은 것을 〈보기〉에서 모두 고른 것은?

〈보기〉
㉠ 같은 종류의 항원이 반복해서 들어오면 혈청 내의 항체 농도는 계속해서 늘어난다.
㉡ 같은 종류의 항원이 두 번째로 침입했을 때는 첫 번째보다 항체 생성 속도가 빠르다.
㉢ 콜레라 백신은 장티푸스 항체 생성에 전혀 영향을 미치지 않는다.

① ㉠   ② ㉡
③ ㉢   ④ ㉠㉡
⑤ ㉡㉢

TIP ㉠ 실험에서는 같은 종류의 항원을 두 번까지 주입하였기 때문에 반복해서 주입할 경우 항체가 계속 증가
할 것인지는 이 실험을 통해 알 수 없다. 실제로 항원을 여러 번 주입하게 되면 더 이상 항체 농도가 증
가하지 않는다.

16 다음 그림은 인체 내 에너지 대사 과정을 나타낸 것이다. 이에 대한 설명으로 옳지 않은 것은?

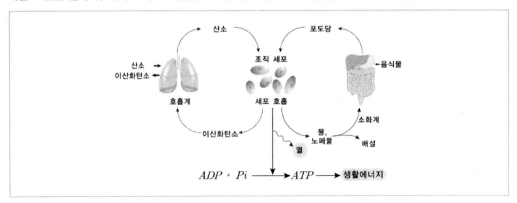

① 세포 호흡에서 방출된 에너지는 ATP에 저장되었다가 생활 에너지로 이용된다.
② 호흡계는 세포 호흡에 필요한 산소를 흡수한다.
③ 순환계는 세포 호흡에 필요한 물질을 운반하는 데 관여한다.
④ 소화계는 양분을 흡수하여 세포에 공급한다.
⑤ 세포 호흡 결과 발생한 노폐물의 운반에 배설계가 관여한다.

TIP 세포 호흡에 필요한 물질과 세포 호흡 결과 발생한 노폐물의 운반에 순환계가 관여한다.

17 다음 그림은 추울 때의 체온 조절 경로를 나타낸 것이다. 이에 대한 설명으로 옳지 않은 것은?

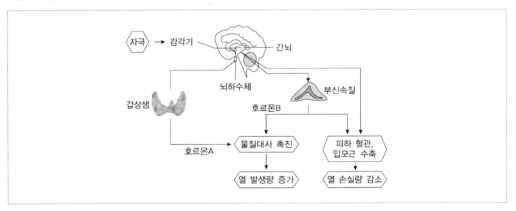

① 간뇌는 체온을 조절하는 중추이다.
② 체온이 내려가면 간뇌에서 체온을 올리도록 자율 신경계에 명령을 내린다.
③ 호르몬 A는 티록신이다.
④ 호르몬 B는 글루카곤이다.
⑤ 체온 조절에 신경과 호르몬이 관여한다.

TIP 추울 때는 갑상샘에서 티록신이 분비되고, 부신 속질에서 아드레날린이 분비되어 열 발생량이 증가한다.

18 그림은 동일한 항원의 1차, 2차 침입에 대항하여 인체 내에서 진행되는 면역의 과정을 나타낸 것이다.

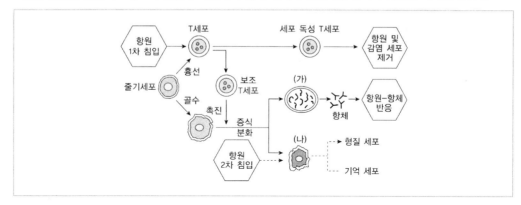

이에 대한 설명으로 옳은 것을 〈보기〉에서 모두 고른 것은?

〈보기〉

㉠ (가)는 항체를 기억하는 기억 세포이다.
㉡ T 세포 중 일부는 항원 및 감염 세포를 직접 제거한다.
㉢ B 세포는 T 세포의 도움이 있어야 항체를 생산할 수 있다.

① ㉠
② ㉡
③ ㉢
④ ㉠㉡
⑤ ㉡㉢

🌸 TIP ㉡ 세포 독성 T 세포는 항원과 감염 세포를 직접 제거하는데, 이를 세포성 면역이라 한다.
㉢ B 세포는 보조 T 세포의 도움이 있어야 항체를 생산할 수 있다.

⭐ ANSWER 16.⑤ 17.④ 18.⑤

19 다음은 세포 내에서 일어나는 세 가지 물질대사 과정이다. 이 화학 반응에 대한 설명으로 옳지 않은 것은?

> • 포도당 + 포도당 → 엿당 + 물
> • 지방산 + 글리세롤 → 중성 지방 + 물
> • 아미노산 + 아미노산 → 다이펩타이드 + 물

① 동화 작용이다.
② 반응 과정에서 에너지가 흡수된다.
③ 음식물이 소화되는 과정의 일부이다.
④ 물질을 합성하는 반응이다.
⑤ 저분자 물질이 고분자 물질로 되는 반응이다.

TIP 음식물이 소화되는 과정은 고분자 물질이 저분자 물질로 가수 분해되는 과정이므로, 이화 작용에 해당된다.

20 그림 (가)는 세포 호흡 과정을, (나)는 사람의 혈액 순환 경로를 나타낸 것이다.

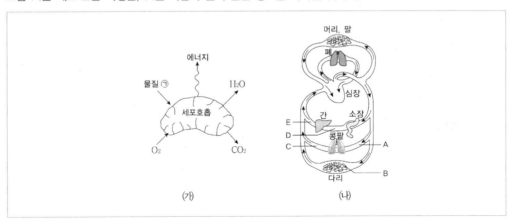

이 자료에 대한 설명으로 옳은 것을 〈보기〉에서 모두 고른 것은? (단, 물질 ㉠은 수용성이다.)

> 〈보기〉
> ㉮ 물질 ㉠은 소장에서 흡수되어 D와 E를 지나간다.
> ㉯ 식사 후 ㉠의 농도는 E에서 가장 높게 나타난다.
> ㉰ A~E 중 요소의 함량이 가장 낮은 혈액이 흐르는 혈관은 C이다.

① ㉮
② ㉯
③ ㉰
④ ㉮㉰
⑤ ㉯㉰

TIP 물질 ㉠은 포도당이다. 포도당은 소장에서 흡수되어 간문맥 D, 간, 간정맥 E로 이동한다. 따라서 식사 후 포도당의 농도는 D에서 가장 높게 나타난다.

21 그래프 (가)는 뉴런에 역치 이상의 자극을 가했을 때의 막전위 변화를, (나)는 막 내부의 이온 농도 변화를 나타낸 것이다.

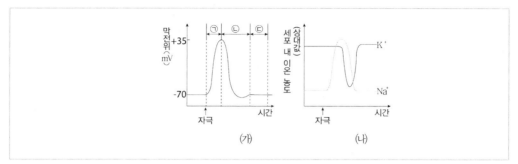

(가) (나)

이 자료에 대한 설명으로 옳은 것을 〈보기〉에서 모두 고른 것은?

〈보기〉
㉮ ㉠ 시기에는 막 내부가 음(−)전하를 유지한다.
㉯ ㉡ 시기에는 K^+이 세포막 밖으로 이동한다.
㉰ ㉢ 시기에는 막 내부의 Na^+ 농도가 외부보다 높다.

① ㉠ ② ㉡
③ ㉢ ④ ㉠㉡
⑤ ㉡㉢

TIP ㉠ 시기: 뉴런에 자극을 가하면 Na^+이 세포막 안쪽으로 이동하면서 탈분극이 일어나 막전위가 상승하는 활동 전위가 나타난다.
㉡ 시기: 활동 전위 발생 후에는 K^+이 밖으로 이동하여 막전위가 휴지 상태로 돌아가는 재분극이 일어난다.
㉢ 시기: 재분극 후 Na^+–K^+ 펌프에 의해 막 안쪽의 Na^+은 막 바깥으로 나가고 K^+은 막 안으로 들어와 휴지 상태의 이온 분포로 돌아간다.

ANSWER 19.③ 20.④ 21.②

22 그림은 알레르기 반응이 일어나는 과정을 나타낸 것이다.

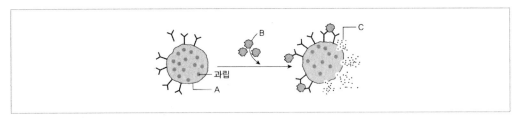

이에 대한 설명으로 옳은 것을 〈보기〉에서 모두 고른 것은?

〈보기〉

㉠ A는 비만 세포이다.
㉡ 인체 내에 원래 존재하는 물질은 B가 될 수 없다.
㉢ C는 인터페론이다.

① ㉠
② ㉡
③ ㉠㉢
④ ㉡㉢
⑤ ㉠㉡㉢

TIP ㉠㉢ 항원이 들어오면 비만 세포에서 히스타민을 분비하여 염증 반응이 일어난다.
　　　㉡ 일반적으로 인체 내에 원래 존재하는 물질은 항원으로 작용하지 않아야 하지만, 경우에 따라서는 이러한 물질이 항원으로 인식되어 알레르기 반응을 일으키는 경우도 있다.

23 다음은 호르몬에 의해 혈당량이 조절되는 과정이다. 이에 대한 설명으로 옳지 않은 것은?

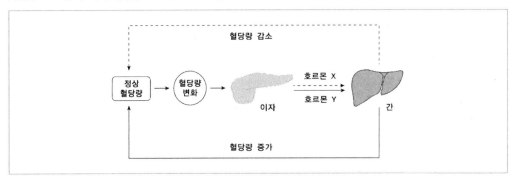

① X의 분비량이 부족하면 오줌에서 포도당이 검출될 수 있다.
② 식사를 하고 오랜 시간이 지나면 Y의 분비가 감소한다.
③ X와 Y는 길항 작용으로 혈당량을 조절한다.
④ X는 인슐린, Y는 글루카곤이다.
⑤ X와 Y는 혈액에 의해 운반된다.

TIP X는 인슐린, Y는 글루카곤으로, 서로 반대로 작용하는 길항 작용으로 혈당량을 조절한다.

24 다음 중 염증 반응에 대한 설명으로 옳은 것을 〈보기〉에서 모두 고른 것은?

〈보기〉

㉠ 병원균이 체내로 들어오면 비만 세포로부터 히스타민이 분비된다.
㉡ 히스타민은 주변의 모세 혈관을 수축시킨다.
㉢ 호중성 백혈구나 대식 세포에 의한 식세포 작용이 활발하게 일어난다.

① ㉠   ② ㉡
③ ㉠㉢   ④ ㉡㉢
⑤ ㉠㉡㉢

TIP 병원균이 체내로 들어오면 비만 세포로부터 히스타민이 분비되는데, 히스타민은 상처 주변의 모세 혈관을 확장시키고, 모세 혈관의 투과성을 증가시켜 상처 부위가 부어오르게 한다. 이는 상처 부위에 백혈구, 항체, 방어 물질 등이 많이 공급될 수 있도록 하기 위해서이다.

25 다음 그림은 병원체가 피부를 뚫고 들어왔을 때 나타나는 반응이다.

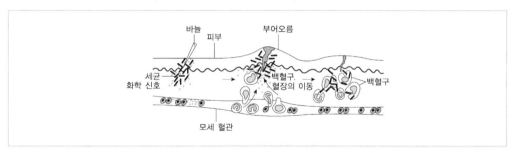

이 자료와 관련이 깊은 것을 〈보기〉에서 모두 고른 것은?

〈보기〉

㉠ 체액성 면역
㉡ 항원 항체 반응
㉢ 비특이적 방어 작용

① ㉠   ② ㉢
③ ㉠㉢   ④ ㉡㉢
⑤ ㉠㉡㉢

TIP 병원체가 침입했을 때 상처 부위에서 일어나는 염증 반응은 병원체의 종류에 관계없이 동일하게 일어나는 비특이적 방어 작용에 해당한다.

ANSWER 22.① 23.② 24.③ 25.②

26 다음은 항이뇨 호르몬(ADH)의 작용과 관련된 자료이다.

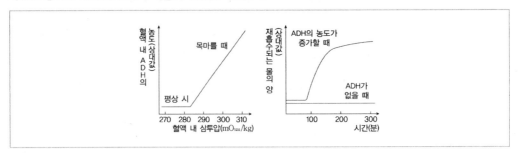

이에 대한 설명으로 옳은 것을 〈보기〉에서 모두 고른 것은?

〈보기〉
㉠ 항이뇨 호르몬이 증가하면 오줌의 양은 감소한다.
㉡ 체내 삼투압이 증가하면 항이뇨 호르몬의 분비가 증가한다.
㉢ 체내 수분량이 증가하면 항이뇨 호르몬의 분비는 감소한다.

① ㉠
② ㉡
③ ㉠㉢
④ ㉡㉢
⑤ ㉠㉡㉢

TIP 항이뇨 호르몬은 삼투압이 높을 때 분비되어 수분의 재흡수를 촉진하여 삼투압을 낮춘다.

27 다음 그림은 명희와 민수의 혈액에 있는 ABO식 혈액형의 응집원과 응집소를 모식적으로 나타낸 것이다.

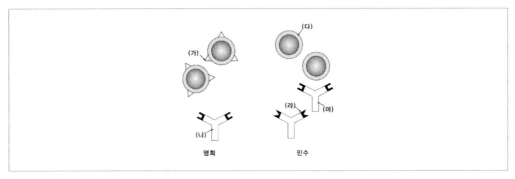

이에 대한 설명으로 옳은 것을 〈보기〉에서 모두 고른 것은?

〈보기〉

㉠ 민수의 혈액형은 B형이다.

㉡ ⑺는 응집소이고, ⑷는 응집원이다.

㉢ ⒭와 ⒨는 혈장에 있다.

① ㉠

② ㉢

③ ㉠㉢

④ ㉡㉢

⑤ ㉠㉡㉢

🎓**TIP** ⑺는 적혈구 막에 있는 응집원, ⑷, ⒭, ⒨는 혈장 속에 있는 응집소이다. 민수는 적혈구 ⒟에 응집원이 없으므로 O형이다.

28 다음 그림은 미토콘드리아에서 일어나는 세포 호흡을 나타낸 것이다. A와 B는 각각 산소와 이산화탄소 중 하나이다. 이에 대한 설명으로 옳은 것만을 〈보기〉에서 모두 고른 것은?

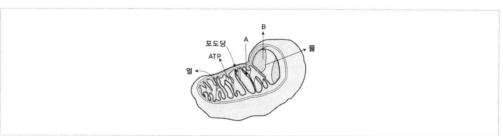

〈보기〉

㉠ A는 이산화탄소이다.

㉡ 폐에서 B가 배출된다.

㉢ 포도당의 에너지 전부가 ATP에 저장된다.

① ㉠

② ㉡

③ ㉢

④ ㉠㉢

⑤ ㉡㉢

🎓**TIP** ㉠ A는 산소이고, B가 이산화탄소이다.

㉢ 세포 호흡으로 생성된 에너지의 40%정도만 ATP에 저장되고 60%는 열로 방출된다.

⭐ **ANSWER** 26.⑤ 27.② 28.②

29 다음 그림은 근육이 수축할 때 필요한 에너지의 공급을 나타낸 것이다. 이에 대한 설명으로 옳은 것을 〈보기〉에서 모두 고른 것은?

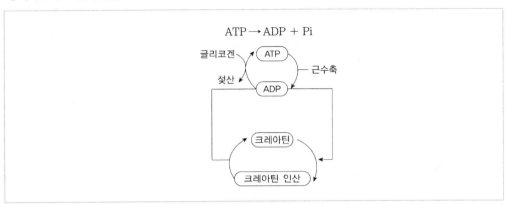

〈보기〉
㉠ 심한 운동 시 젖산과 크레아틴 인산의 양은 증가한다.
㉡ 휴식 시 크레아틴 인산이 합성되어 근수축에 대비한다.
㉢ 크레아틴보다 크레아틴 인산이 더 많은 에너지를 가진다.

① ㉠   ② ㉢
③ ㉠㉡   ④ ㉡㉢
⑤ ㉠㉡㉢

TIP ㉠ 심한 운동을 할 때, 젖산과 크레아틴의 양은 증가하고 ATP와 크레아틴 인산의 양은 감소한다. 격렬한 운동으로 ATP가 고갈되면 크레아틴 인산을 이용하여 ADP가 ATP로 전환된다. 크레아틴 인산과 산소가 고갈되면 무기 호흡인 젖산 발효를 통해 ATP를 생산한다.

30 그림은 사람의 몸에서 일어나는 3대 영양소의 소화와 흡수 과정을 나타낸 것이다.

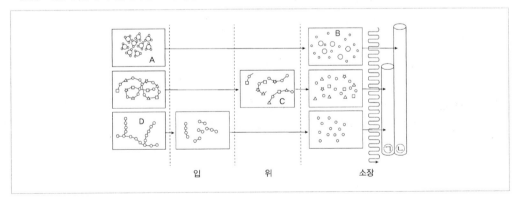

이에 대한 설명으로 옳은 것은?

① A의 기계적 소화는 소장에서 처음으로 일어난다.
② B는 A를 구성하는 최소 단위인 아미노산이다.
③ C는 트립신의 작용으로 생성된다.
④ D의 소화 산물은 주로 에너지원으로 사용된다.
⑤ 바이타민 A, D, E, K는 ㉠으로, 지방산은 ㉡으로 흡수된다.

🌸 **TIP** ① A는 지방이며, 소장에서 라이페이스에 의해 화학적으로 소화된다. 기계적 소화의 시작은 입에서의 저작운동이다.
② B는 지방을 구성하는 최소 단위인 지방산과 글리세롤이다.
③ C는 펩톤으로 위에서 분비된 펩신의 작용으로 생성된다.
⑤ 지용성 바이타민 A, D, E, K와 지방산, 글리세롤은 소장 융털의 ㉡ 암죽관으로 흡수되며, 수용성 바이타민 B, C, 아미노산, 포도당은 소장 융털의 ㉠ 모세혈관으로 흡수된다.

---

31 그림은 사람의 몸에서 일어나는 기체 교환의 과정을 나타낸 것이다.

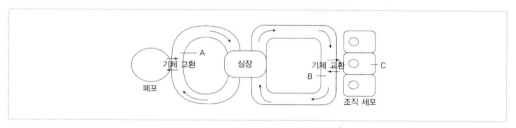

이에 대한 설명으로 옳은 것만을 〈보기〉에서 있는 대로 고른 것은?

〈보기〉

㉠ A의 산소 분압 > B의 산소 분압이다.
㉡ 이산화탄소는 B에서 C로 이동한다.
㉢ 모세혈관과 조직세포 사이에서의 기체 교환은 확산에 의해 일어난다.

① ㉠ ② ㉡
③ ㉠㉢ ④ ㉡㉢
⑤ ㉠㉡㉢

🌸 **TIP** ㉡ 이산화탄소는 분압이 높은 C조직 세포에서 B모세혈관으로 확산된다. 세포 호흡 과정에서 발생하는 이산화탄소의 농도는 B모세혈관보다 C조직 세포에서 더 높다.

⭐ **ANSWER** 29.④ 30.④ 31.③

32 그림은 3대 영양소가 세포 호흡 결과 생성된 최종 산물의 이동 과정을 나타낸 것이다.

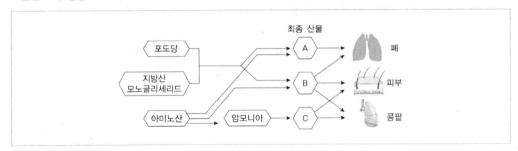

이에 대한 설명으로 옳은 것만을 〈보기〉에서 있는 대로 고른 것은?

〈보기〉

ⓐ A는 폐를 통해 날숨에 섞여 배출된다.
ⓑ B는 생명 활동에 재이용 되거나 배출된다.
ⓒ A, B, C는 모두 혈액에 의해 운반되어 배출된다.

① ⓐ   ② ⓒ
③ ⓐⓑ   ④ ⓑⓒ
⑤ ⓐⓑⓒ

TIP A이산화탄소, B물, C요소. 이산화탄소는 폐의 날숨으로 배출되고, 물은 생명 활동에 재이용 되거나 콩팥, 땀샘을 통해 요소와 함께 배실된다. 노폐물은 모두 혈액에 의해 운반된다.

33 그림은 콩팥의 기능이 정상인 사람의 네프론에서 오줌이 생성되는 과정을 나타낸 것이다.

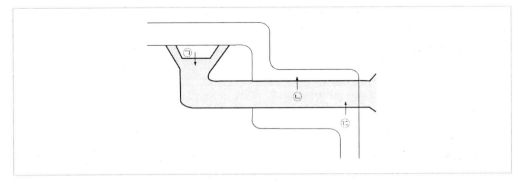

이에 대한 설명으로 옳지 않은 것은?

① 원뇨에는 단백질, 혈구 등이 포함되어 있지 않다.

② (가)와 (다)의 과정에 에너지가 사용되지 않는다.

③ (나)에서 무기염류의 재흡수가 일어난다.

④ 네프론 = 사구체 + 보면주머니 + 세뇨관이다.

⑤ 콩팥 정맥을 흐르는 혈액에는 콩팥 동맥의 혈액에 비해 요소의

TIP (가) 여과, (나) 재흡수, (다) 분비
　　　② 농도 기울기를 역행하는 (다) 분비 과정에는 ATP가 소모된다. 함량이 적다.

34　그림은 순환 기관의 일부를 나타낸 것이다. 이에 대한 설명으로 옳은 것을 〈보기〉에서 모두 고른 것은?

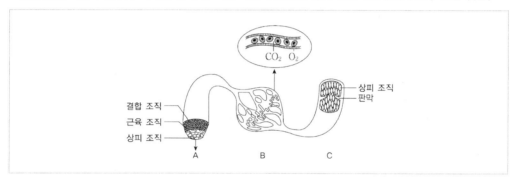

〈보기〉

㉠ 심장에서 나온 혈액은 A→B→C의 방향으로 흐른다.

㉡ A에는 폐에서 나온 혈액이 흐른다.

㉢ B에서 물질 교환이 일어난다.

㉣ C에는 심장에서 나온 혈액이 흐르며, A 혈액보다 산소의 농도가 높다.

① ㉠㉡ 　　　　　　　　　② ㉠㉢

③ ㉡㉢ 　　　　　　　　　④ ㉡㉣

⑤ ㉢㉣

TIP A동맥, B모세혈관, C정맥
　　　㉡ A에는 심장에서 나온 혈액이 흐른다.
　　　㉣ C정맥에는 심장으로 돌아가는 혈액이 흐르며, A동맥의 혈액보다 산소의 농도가 낮다.

ANSWER　32.⑤　33.②　24.②

35 그림은 인체 내에서 이루어지는 혈액의 이동 경로를 모식적으로 나타낸 것이다. 이에 대한 설명으로 옳은 것을 〈보기〉에서 모두 고른 것은?

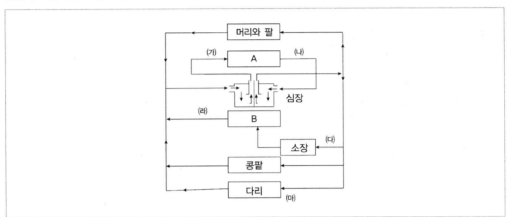

〈보기〉

㉠ (가)의 혈관은 폐동맥이다.
㉡ (나)는 동맥혈이다.
㉢ 이산화탄소가 많이 들어 있는 혈관은 (나), (다)이다.
㉣ 기관 A의 이름은 간이다.

① ㉠㉡ 　　　　　　　　② ㉠㉢
③ ㉡㉢ 　　　　　　　　④ ㉡㉣
⑤ ㉢㉣

TIP (가) 폐동맥, (나) 폐정맥, (다) 대동맥, (라) 간정맥, (마) 대동맥, A폐, B간
　　　㉢ 이산화탄소가 많이 들어 있는 혈관은 (가), (라)이다.
　　　㉣ 기관 A는 폐이고, 기관 B가 간이다.

36 그림은 사람의 체내에서 일어나는 에너지 대사 과정을 나타낸 것이다. 이에 대한 설명으로 옳은 것을 〈보기〉에서 모두 고른 것은?

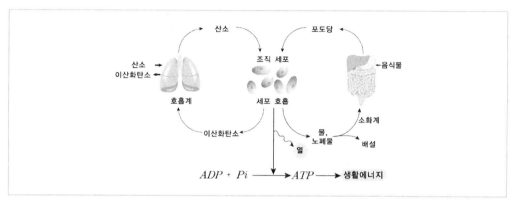

〈보기〉
㉠ 배설계는 요소와 같은 질소성 노폐물을 걸러 오줌의 형태로 몸 밖으로 내보낸다.
㉡ 소화계와 순환계를 통해서만 세포 호흡에 필요한 물질을 공급하는 역할을 한다.
㉢ 순환계는 에너지를 얻는 과정에 관여하지 않는다.
㉣ 소화계, 순환계, 호흡계, 배설계가 통합적으로 작용하여 물질대사를 한다.

① ㉠㉡
② ㉠㉣
③ ㉡㉢
④ ㉡㉣
⑤ ㉢㉣

✿**TIP** ㉡ 세포 호흡에 필요한 포도당은 소화계에서, 산소는 호흡계에서 흡수되어 순환계를 통해 공급되고, 세포
호흡 과정에서 발생한 노폐물은 배설계를 통해 배설된다.
㉢ 순환계는 영양소, 산소, 노폐물을 운반하여 세포 호흡에 기여한다.

⭐ **ANSWER** 35.① 36.②

37 다음 그림은 심장의 구조를 나타낸 것이다. 각 부분의 기능과 혈액 순환과의 관계에 대한 설명으로 옳은 것은?

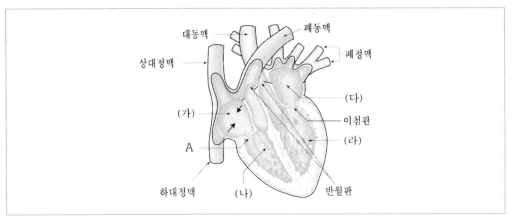

① A가 닫힐 때는 폐동맥의 혈압이 하강한다.
② 대정맥의 피가 심장으로 들어오기 위해서는 (가) 부분이 수축되어야 한다.
③ (다)의 피는 산소의 함량이 높은 정맥혈이다.
④ (나)의 혈액은 (라)의 혈액보다 산소 헤모글로빈의 함량이 높다.
⑤ (라) 부분이 수축하면 심장의 피가 대동맥을 통해 온몸으로 나가게 된다.

TIP (가) 우심방, (나) 우심실, (다) 좌심방, (라) 좌심실, A삼첨판
① 심실 수축기에 A판막이 닫히며, 폐동맥의 혈압이 증가한다.
② 대정맥의 피가 심장으로 들어올 때 우심방은 이완되어야 한다.
③ 좌심방으로 들어온 피는 산소가 풍부한 동맥혈이다.
④ 우심실의 혈액은 좌심실의 혈액보다 산소 헤모글로빈의 함량이 낮다.

38 그림은 체내외에서 일어나는 물질의 이동 과정을 나타낸 것이다. (개와 (내는 각각 소화계와 호흡계 중 하나이다.

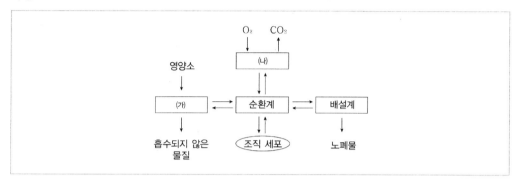

이에 대한 설명으로 옳은 것만을 〈보기〉에서 있는 대로 고른 것은?

〈보기〉

㉠ (개의 결과 이산화탄소와 물이 생성된다.
㉡ (내는 호흡계이다.
㉢ (내를 통해 세포 호흡에 필요한 물질이 조직 세포로 운반된다.

① ㉠　　　　　　　　　　　　　　② ㉡
③ ㉠㉡　　　　　　　　　　　　　④ ㉡㉢
⑤ ㉠㉡㉢

TIP (개 소화계, (내 호흡계
　　㉠ 세포 호흡의 결과 이산화탄소와 물이 생성된다.
　　㉢ 세포 호흡에 필요한 물질을 운반하는 것은 순환계이다

★ **ANSWER**　37.⑤　38.②

39 그래프는 산소 분압에 따른 산소 헤모글로빈의 비율을 나타낸 것이다. A는 휴식을 취했을 때, B는 격렬한 운동을 했을 때의 해리 곡선이다.

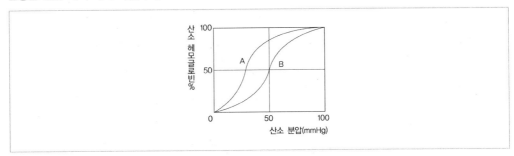

이 그래프에 대한 설명으로 옳은 것만을 〈보기〉에서 있는 대로 고른 것은?

〈보기〉
㉠ 이산화탄소의 분압이 낮을 때의 해리 곡선은 A이다.
㉡ 격렬한 운동을 하면 산소 헤모글로빈의 비율이 증가한다.
㉢ 산소의 분압이 높아지면 $Hb(O_2)_4 \rightarrow Hb + 4O_2$ 반응이 촉진된다.

① ㉠   ② ㉡
③ ㉠㉡   ④ ㉠㉢
⑤ ㉡㉢

TIP ㉡ 격렬한 운동을 하면 산소 헤모글로빈의 비율은 감소한다.
㉢ 산소의 분압이 높아지면 산소와 헤모글로빈의 결합이 증가하므로 $Hb + 4O_2 \rightarrow Hb(O_2)_4$ 반응이 촉진된다.

40 표는 영양소 ⑺, ⑻, ⒀의 소화된 산물을, 그림은 소장에서 흡수된 여러 가지 영양소의 이동 경로를 나타낸 것이다.

영양소	소화된 산물
⑺	아미노산
⑻	모노글리세리드, 지방산
⒀	포도당

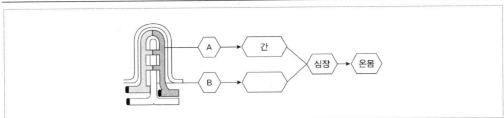

이에 대한 설명으로 옳은 것만을 〈보기〉에서 있는 대로 고른 것은?

〈보기〉
㉠ ㈎의 분해 결과 생성된 노폐물은 간에서 독성이 적은 물질로 전환된다.
㉡ ㈏는 쓸개즙에 의해 최종 소화된 후, B를 통해 이동한다.
㉢ ㈐는 말테이스에 의해 최종 소화된 후 A를 통해 이동한다.

① ㉠   ② ㉡
③ ㉠㉢   ④ ㉡㉢
⑤ ㉠㉡㉢

🌸 **TIP** ㈎ 단백질, ㈏ 지방, ㈐ 탄수화물, A융털의 모세혈관, B융털의 암죽관
　　　　㉡ 쓸개즙은 소화 효소가 아니다.

---

41 그림은 콩팥 기능이 정상인 사람의 네프론에서 오줌이 형성되는 과정을 나타낸 것이다.

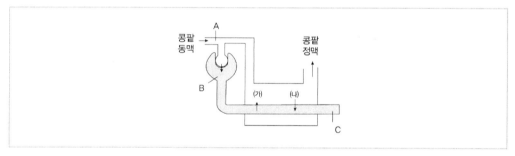

이에 대한 설명으로 옳은 것만을 〈보기〉에서 있는 대로 고른 것은?

〈보기〉
㉠ 포도당, 아미노산, 요소, 단백질은 A→B로 이동한다.
㉡ 요소의 농도가 가장 높은 부위는 C이다.
㉢ 오줌의 양은 원뇨에서 ㈎의 이동량을 빼고, ㈏의 이동량을 더한 값이다.

① ㉠   ② ㉡
③ ㉢   ④ ㉠㉢
⑤ ㉡㉢

🌸 **TIP** ㈎ 재흡수, ㈏ 분비, A콩팥 동맥, B보먼주머니, C세뇨관
　　　　㉠ 크기가 큰 단백질은 사구체 막을 통과하지 못하므로 보먼주머니로 여과되지 않는다.

⭐ **ANSWER**　**39.**① **40.**③ **41.**⑤

42 다음 그림 (가)는 혈액의 구성 성분을 관찰한 결과를, (나)는 혈액의 응고 과정을 나타낸 것이다. 이에 대한 설명으로 옳은 것만을 〈보기〉에서 모두 고른 것은?

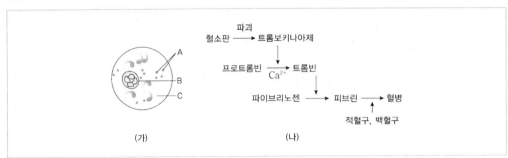

(가)   (나)

〈보기〉

ㄱ A는 산소를 운반한다.
ㄴ 체내에 병원체가 침입하면 B의 수가 증가한다.
ㄷ C에 파이브리노젠이 존재한다.

① ㄱ   ② ㄴ
③ ㄷ   ④ ㄱㄴ
⑤ ㄴㄷ

🏵️ **TIP** A혈소판, B백혈구, C혈장
ㄱ 산소를 운반하는 것은 적혈구이다.

43 다음 그림은 항원 X와 Y가 인체에 침입하였을 때 시간에 따른 항체의 농도 변화를 나타낸 것이다. (단, 구간 A 이전에 항원 X와 Y가 침입한 적이 없다.) 이에 대한 설명으로 옳은 것만을 〈보기〉에서 모두 고른 것은?

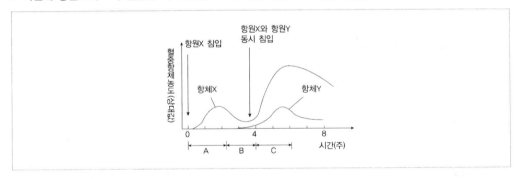

<보기>
㉠ 항원의 1차 침입 시 항체는 즉각적으로 형성된다.
㉡ 구간 C에서 항원 Y에 대한 기억세포가 형성되었다.
㉢ 구간 B에서 항체 X의 농도가 감소한 것은 항원이 줄어들었기 때문이다.

① ㉠

② ㉢

③ ㉠㉡

④ ㉠㉢

⑤ ㉡㉢

TIP ㉠ 항원의 침입 후 항체가 생성되기까지 일주일 정도의 시간이 소요된다. 대식 세포의 식균 작용으로 분해된 항원 조각이 항원 제시 과정을 통해 보조 T림프구를 활성화하고, 보조 T림프구의 도움으로 활성화된 B림프구가 형질 세포로 분화되어 항체를 생성한다. B림프구의 일부는 기억 세포로 분화하여 같은 항원이 재침입했을 때 바로 형질 세포로 전환되어 다량의 항체를 신속하게 생성한다.

44 그림은 골격근의 근육 원섬유의 구조를 나타낸 것이다.

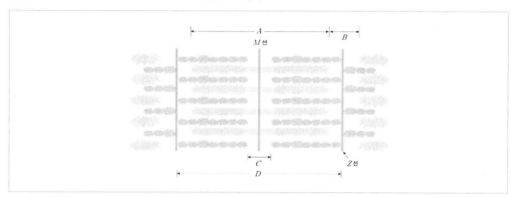

A~D 중에서 근육이 수축되었을 때 간격이 좁아지는 것을 모두 고른 것은?

① A, B

② A, C

③ B, D

④ C, D

⑤ B, C, D

TIP 근육이 수축할 때는 I대만 일정하다.

04 자연 속의 인간

생태계의 구성 요소

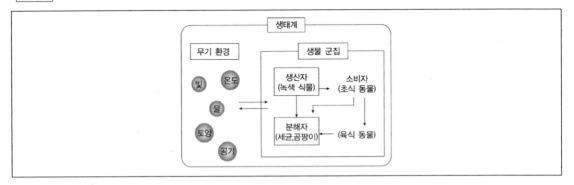

(1) 생물적 요인

① **생산자** … 무기물로부터 유기물을 합성하는 독립 영양 생물

　예 녹색 식물, 식물성 플랑크톤

② **소비자** … 생산자나 다른 동물을 먹고 사는 종속 영양 생물

　예 초식동물(1차 소비자), 육식동물(2.3차 소비자)

③ **분해자** … 생물의 사체나 배설물에 들어 있는 유기물을 무기물로 분해하여 생명 활동에 필요한 에너지를 얻는 종속 영양 생물

　예 세균, 곰팡이, 버섯

(2) 비생물적 요인

생물이 살아가는 데 영향을 주는 모든 환경 요소

　예 빛, 온도, 물, 공기, 토양, 무기 염류 등

생태계 구성 요소간의 관계

(1) 작용

비생물적 요인이 생물적 요인에 영향을 주는 것

> 예 겨울이 되면 개구리가 겨울잠을 잔다. 비옥한 토양에서 생물이 잘 자란다. 강한 빛과 충분한 수분으로 식물이 잘 자란다.

(2) 반작용

생물적 요인이 비생물적 요인에 영향을 주는 것

> 예 지렁이가 토양 속 유기물을 분해하여 토양을 비옥하게 한다. 식물의 광합성으로 공기 중의 산소가 증가하였다. 낙엽이 쌓이면 토양이 비옥해진다.

(3) 상호 작용

생태계 내의 생물들이 서로 영향을 주고받는 것

> 예 여우의 수가 늘어나자 토끼의 수가 감소하였다. 식물이 광합성으로 방출한 산소를 동물이 호흡에 이용한다.

환경 요인과 생물

(1) 빛과 생물

① 빛의 세기

　㉠ 음지식물은 양지 식물보다 보상점과 광포화점이 낮아→약한 빛에서도 잘 자란다.

　㉡ 양지 식물은 음지 식물보다 호흡량이 많고 보상점이 높기→빛의 세기가 어느 수준(보상점) 이상에 도달해야 생존이 가능

　㉢ 강한 빛에서는 양지 식물이 음지 식물보다 순광합성량이 훨씬 많다. →빛의 세기가 강한 조건에서 양지 식물이 음지 식물보다 훨씬 잘 자란다.

　㉣ 양엽은 울타리 조직(책상 조직)이 발달하여 잎이 두껍고, 음엽은 약한 빛을 효과적으로 흡수하기 위해 잎이 얇고 넓게 발달되어 있다.

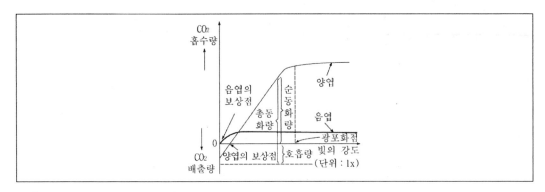

② **빛의 파장** … 해조류는 바닷물의 깊이에 따라 서식하는 종류가 다르다. → 이유 : 바닷물의 깊이에 따라 투과되
는 빛의 파장과 양이 다르기 때문

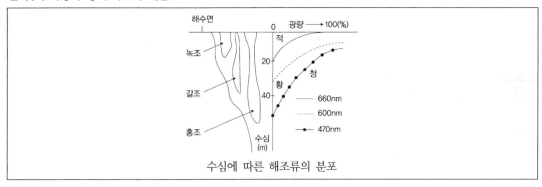

수심에 따른 해조류의 분포

③ **광주기성** … 계절에 따른 일조 시간의 변화나 밤낮의 변화에 따라 생물의 생활이나 행동이 주기적으로 변하는 것

㉠ 장일 식물과 단일 식물의 개화 시기는 일조시간의 영향을 받는다.

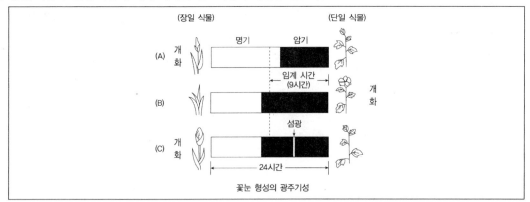

꽃눈 형성의 광주기성

ⓛ 꾀꼬리는 일조 시간이 길어지는 봄에 주로 산란하며, 송어는 일조 시간이 짧아지는 가을에 주로 번식한다.

ⓒ 동물성 플랑크톤이나 크릴새우는 낮에는 수면 아래 깊은 곳으로 내려가고 밤에는 수면 가까이 떠오르는 일주 현상을 보인다.

④ **굴광성** … 식물의 줄기가 햇빛이 비치는 쪽으로 굽어 자라는 현상→옥신(식물 생장 호르몬)의 불균등 분포에 의해 일어남.

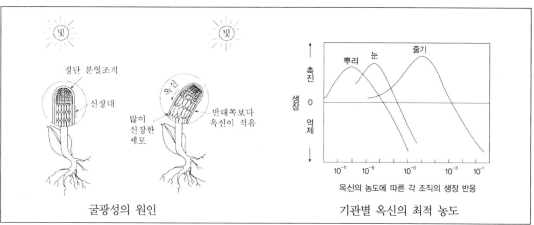

굴광성의 원인   기관별 옥신의 최적 농도

(2) 온도와 생물

① 식물과 온도

ㄱ 식물 세포의 삼투압 변화 : 기온이 내려가면 녹말을 포도당으로 분해하여 세포액의 삼투압을 높여 잎 세포가 어는 것을 방지함.

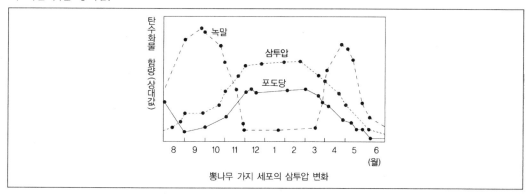

뽕나무 가지 세포의 삼투압 변화

ⓛ 떨켜 및 겨울눈 : 활엽수는 온도가 낮아지면 떨켜를 형성하여 낙엽을 만들고 겨울눈을 형성한다.

ⓒ 춘화 현상 : 보리나 밀은 싹이 튼 후 일정 기간 저온 상태가 유지되어야 꽃을 피우고 결실을 맺는다.

② 동물과 온도

　　㉠ 정온 동물의 온도 적응
　　　• 베르그만의 법칙 : 추운 지역에 서식하는 동물일수록 몸집의 크기가 커짐
　　　• 알렌의 법칙 : 추운 지역에 사는 동물일수록 몸의 말단부가 작아짐

북극여우 (한대)　　붉은여우 (온대)　　사막여우 (난대)
알렌의 법칙

북극곰(한대)
불곰(온대)
반달곰(난대)
베르그만의 법칙

　　㉡ 계절형 : 계절에 따라 몸의 크기, 형태, 색깔 등이 달라진다.
　　㉢ 철새의 계절에 따른 이동, 동물의 겨울잠

(3) 물과 생물

① 물에 대한 동물의 적응
　　㉠ 곤충의 키틴질의 껍데기, 파충류의 비늘 피부, 파충류와 조류의 알의 단단한 껍데기
　　　→ 수분의 증발을 막는다.
　　㉡ 낙타는 고농도의 오줌을 배설하여 물의 손실을 최소화 한다.

② 물에 대한 식물의 적응(서식 장소의 수분 조건에 따른 분류)

구분	서식지	특징
건생 식물	• 수분이 적은 토양 • 공기가 건조한 곳	• 잎의 면적이 작거나 잎이 가시로 변해 있다. • 물을 저장하는 저수 조직과 뿌리 발달
중생 식물	보통의 육지	뿌리, 줄기, 잎이 알맞게 발달
습생 식물	연못, 늪, 습원	• 관다발이나 뿌리는 중생 식물에 비해 덜 발달 • 잎과 줄기에 수분을 다량 포함함.
수생 식물	물속이나 물 위	• 줄기가 연하고 관다발과 뿌리가 잘 발달 • 통기 조직 발달

(4) 생활형

종류가 다른 생물이 오랫동안 비슷한 환경에 적응하여 살다 보면 겉모습이나 생활 방식 등이 비슷해져 나타내는 공통적인 특징

개체군의 특성

※ 개체군 : 한 지역에 살고 있는 동일한 종의 생물 집단

(1) 개체군의 밀도

$$개체군의 밀도(D) = \frac{개체군 \ 내의 \ 개체수(N)}{생활공간의 \ 면적(S)}$$

① 개체군의 밀도를 변화시키는 요인

    ㉠ 밀도 증가 요인 – 출생, 이입

    ㉡ 밀도 감소 요인 – 사망, 이출

    ㉢ 기타 – 비생물적 요인(빛, 온도, 생활 공간 등), 질병, 포식자에 의한 피식 등

② 밀도의 구분

    ㉠ 생태 밀도(상대 밀도) : 생물이 실제로 서식하는 면적에 대한 밀도

$$(생태밀도) = \frac{개체수}{개체가 \ 실제 \ 생활할 \ 수 \ 있는 \ 면적}$$

    ㉡ 조밀도(절대 밀도) : 개체군이 속해 있는 전체 면적에 대한 밀도

$$(조밀도) = \frac{개체수}{개체군이 \ 존재하는 \ 전체 \ 면적}$$

(2) 개체군의 생장 곡선

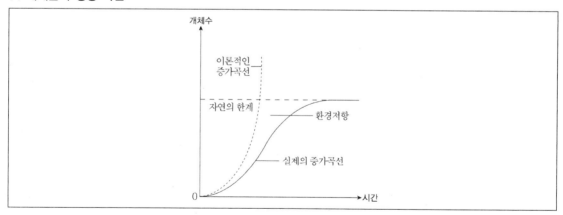

① 개체군의 실제 생장 곡선이 이론적 생장 곡선과 달리 S 자형으로 나타나는 이유 … 개체군의 밀도가 증가함에 따라 먹이 부족, 생활공간 부족, 노폐물 증가, 천적과 질병 증가 등과 같은 환경 저항에 의해 개체군의 생장이 방해를 받기 때문→환경 저항이 커질수록 개체군의 출생률은 낮아지고 사망률은 커진다.

② 환경 수용력 … 환경 저항에 의해 한 서식지에서 증가할 수 있는 개체수의 한계

(3) 개체군의 생존 곡선

※ 생존 곡선 : 동시에 출생한 일정 수의 개체에 대해 상대 연령(생리적 수명에 대한 백분율)에 따라 생존한 개체 수를 그래프로 나타낸 것

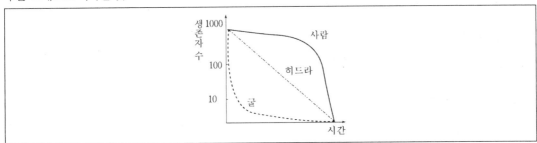

① Ⅰ형(사람형) … 적은 수의 자손을 낳지만 어릴 때 부모의 보호를 받으므로 어린 개체의 사망률이 낮고, 대부분의 개체가 생리적 수명에 근접할 때까지 산다.

　예　사람, 대형 포유류

② Ⅱ형(히드라형) … 각 연령대에서 사망률이 비교적 일정하다.

　예　히드라, 야생 조류, 다람쥐

③ Ⅲ형(굴형) … 많은 수의 자손을 낳지만 어린 개체의 사망률이 높아 성체로 자라는 수가 적다.

　예　굴, 어류

(4) 개체군의 연령 분포 . 연령 피라미드

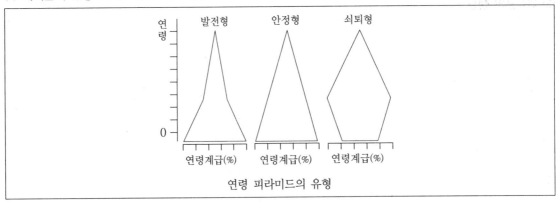

연령 피라미드의 유형

① 발전형 … 생식 전 연령층의 비율이 높음→개체수가 증가할 것으로 예상됨.

② 안정형 … 생식 전과 생식기의 연령층이 비슷→개체수의 변화가 적을 것으로 예상됨

③ 쇠퇴형 … 생식 전 연령층의 비율이 낮음→개체수가 감소할 것으로 예상됨.

(5) 개체군의 주기적 변동

① **계절적 변동** ··· 호수에 서식하는 돌말(식물성 플랑크톤)의 경우 빛의 세기, 수온, 영양 염류 등의 계절적 변화에 따라 개체군의 크기가 주기적으로 변화됨.

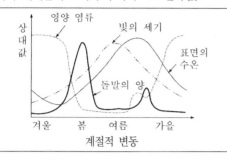

계절적 변동

- 이른 봄에는 영양 염류가 풍부한 상태에서 빛의 세기가 강해지고 수온이 높아지므로 개체수가 급증
- 개체수 증가로 영양 염류가 부족해지므로 늦은 봄에는 개체수가 다시 급감
- 늦여름~초가을 사이에 영양 염류가 증가하면서 개체수가 약간 증가 하지만, 점차 빛의 세기가 약해지고 수온이 낮아지므로 개체수가 다시 감소

② **피식과 포식에 의한 개체군의 주기적 변동**

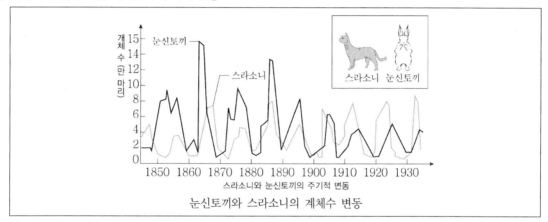

눈신토끼와 스라소니의 계체수 변동

㉠ 피식자인 눈신토끼의 수가 증가하면 포식자인 스라소니의 수도 증가하고, 스라소니의 수가 증가하면 눈신토끼의 수는 감소한다. 눈신토끼의 수가 감소하면 먹이 부족으로 스라소니의 수도 감소하고, 스라소니의 수가 감소하면 눈신토끼의 수는 증가한다.

㉡ 피식자의 개체수 증감에 따라 포식자의 개체수가 증감

SECTION 5 개체군 내의 상호 작용

(1) 텃세

생물의 개체 또는 무리가 일정한 생활공간을 차지하고 다른 개체의 침입을 적극적으로 막는 행동

예 치타, 은어, 까치, 물개, 얼룩말

※ 텃세권(세력권) : 한 개체가 차지한 생활공간→생활 조건이 같은 개체들을 분산시켜 주는 효과가 있어 개체군의 밀도를 적당하게 조절해줌

(2) 순위제

개체군의 구성원 사이에서 힘의 서열에 의해 순위가 정해지는 것

→먹이 분배나 배우자를 얻는 데 있어서 질서가 형성되어 불필요한 경쟁을 줄일 수 있음.

예 닭, 일본원숭이, 큰뿔양

(3) 리더제

동물 개체군에서 경험이 많거나 영리한 한 마리가 리더가 되어 개체군을 이끄는 체제

예 기러기 떼가 한 마리의 리더를 따라 집단으로 이동하는 것, 목초지에서 양 떼가 한 마리의 리더를 따라 이동하는 것, 우두머리 늑대가 리더가 되어 늑대 무리의 사냥 시기와 사냥감을 정하는 것 등

(4) 사회생활

동물 개체군에서 각 개체가 먹이 수집, 생식, 방어 등의 일을 분담하고 협력하여 개체들이 역할이 분업화된 체제

예 꿀벌, 개미, 조류, 포유류

SECTION 6 군집의 특성

(1) 군집

① 군집 … 일정한 지역 내에서 여러 종류의 개체군이 함께 모여 생활하는 생물 집단 전체

　　→생산자, 소비자, 분해자로 구성됨.

② 생태적 지위 = 공간 지위 + 먹이 지위

　　㉠ 공간 지위 : 한 개체군이 군집 내에서 차지하는 서식 공간

　　㉡ 먹이 지위 : 개체군이 먹이 사슬에서 차지하는 위치

③ 군집의 조사

　　㉠ 우점종 : 중요도(상대 밀도 + 상대 빈도 + 상대 피도)가 가장 높아 군집을 대표하는 종

　　㉡ 희소종 : 군집에서 개체수가 적은 종

ⓒ **지표종** : 특정 환경에만 출현하며, 그 군집을 다른 군집과 구별해 주는 지표가 되는 종

중요도(%) = 상대 밀도 + 상대 빈도 + 상대 피도

> **🌾TIP** **식물 군집의 조사 방법** ··· 조사 지역을 선정하여 방형구(1m×1m)를 설치하고, 방형구 내에 나타나는 각 식물 종의 밀도, 빈도, 피도를 조사한 후에 상대 밀도, 상대 빈도, 상대 피도, 중요도를 계산하여 우점종을 알아냄.
>
> $$밀도 = \frac{특정\ 종\ 개체수}{단위\ 면적(m^2)} \times 100 \qquad 상대\ 밀도(\%) = \frac{특정종의\ 개체수}{조사한\ 모든\ 종의\ 개체수} \times 100$$
>
> $$빈도 = \frac{출현\ 방형구\ 수}{총\ 방형구\ 구} \times 100 \qquad 상대\ 빈도(\%) = \frac{특정종의\ 빈도}{조사한\ 모든\ 종의\ 빈도} \times 100$$
>
> $$피도 = \frac{특정\ 종\ 면적}{총\ 조사\ 면적} \times 100 \qquad 상대\ 피도(\%) = \frac{특정종의\ 피도}{조사한\ 모든\ 종의\ 피도} \times 100$$

(2) 군집의 종류

① 육상 군집 ··· 기온과 강수량에 따라 삼림, 초원, 황원으로 구분

ⓐ 삼림
- 기온이 높고 강수량이 많은 지역에 발달
- 열대지방에는 열대 우림, 아열대와 난대 지방에는 상록 활엽수림, 온대 지방에는 낙엽 활엽수림, 아한대 지방에는 침엽수림이 발달해 있음.

ⓑ 초원
- 삼림보다 강수량이 적고 건조한 지역에 발달
- 열대 지방의 열대초원(사바나), 온대 지방의 온대 초원(프레리, 스텝 등)이 있음.

ⓒ 황원
- 강수량이 매우 적거나 기온이 매우 낮은 지역에 발달
- 온대 내륙 지방에서 나타나는 온대 사막, 한대와 극지방 부근의 툰드라가 있음.

종류	연간강수량(mm)	주요 식물 및 특징
사막	250 미만	건생 식물
초원	250 ~ 750	초본 식물(뿌리 식물), 사바나, 스텝
열대우림	2,500 ~ 4,500	다양한 식물 종, 아프리카 정글
온대낙엽수림	1,000 이상	사계절 뚜렷
타이가 침엽수림	온대보다 적음	침엽수림, 한대 지방, 광대한 습지나 소택지
툰드라	150 이하	지의류, 이끼류, 키 작은 초본식물과 관목, 북극 평원

② 수생 군집 ··· 담수 군집과 해수 군집

(3) 군집의 생태 분포

① 수평 분포 ··· 위도에 따른 분포로, 강수량과 기온의 차이에 의해 나타남.

② 수직 분포 ··· 고도에 따른 분포로, 주로 기온의 차이에 의해 나타남.

⑷ 군집의 층상 구조

식물 군집이 몇 개의 수직적인 층으로 구성되는 것. 빛의 세기, 온도, CO_2 등에 따라 아래에서부터 지중층, 선태층, 초본층, 아교목층, 교목층으로 구분됨.

교목층	높이가 8m를 넘는 키가 큰 나무에 의한 광합성층
아교목층	높이가 2~8m인 보통 키의 나무에 의한 광합성층
관목층	높이가 2m 이내인 작은 키의 나무에 의한 광합성층
초본층	지상부가 1년 또는 2년 만에 고사하는 식물에 의한 광합성층
선태층(지표층)	생산자인 선태식물, 분해자인 균류, 소비자인 지네, 딱정벌레 등이 서식하는 층
지중층	부식질이 많고 균류, 세균류, 지렁이 등이 서식하는 층

SECTION 7 군집 내 개체군 간의 상호 작용

경쟁	먹이나 서식지가 같은 개체군 사이에서 발생하는 상호 작용 – 경쟁 배타 원리 : 경쟁에서 불리한 종의 개체군이 감소함 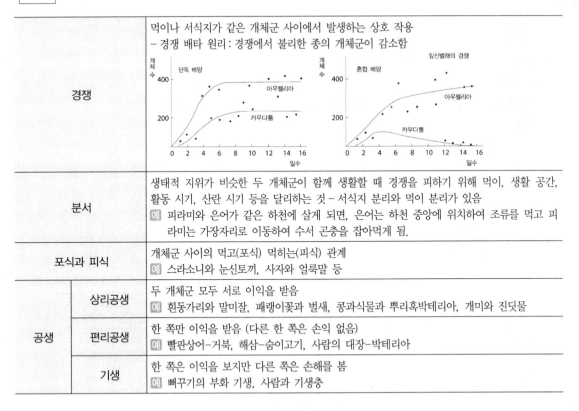
분서	생태적 지위가 비슷한 두 개체군이 함께 생활할 때 경쟁을 피하기 위해 먹이, 생활 공간, 활동 시기, 산란 시기 등을 달리하는 것 – 서식지 분리와 먹이 분리가 있음 예 피라미와 은어가 같은 하천에 살게 되면, 은어는 하천 중앙에 위치하여 조류를 먹고 피라미는 가장자리로 이동하여 수서 곤충을 잡아먹게 됨.
포식과 피식	개체군 사이의 먹고(포식) 먹히는(피식) 관계 예 스라소니와 눈신토끼, 사자와 얼룩말 등

공생	상리공생	두 개체군 모두 서로 이익을 받음 예 흰동가리와 말미잘, 패랭이꽃과 벌새, 콩과식물과 뿌리혹박테리아, 개미와 진딧물
	편리공생	한 쪽만 이익을 받음 (다른 한 쪽은 손익 없음) 예 빨판상어–거북, 해삼–숨이고기, 사람의 대장–박테리아
	기생	한 쪽은 이익을 보지만 다른 쪽은 손해를 봄 예 뻐꾸기의 부화 기생, 사람과 기생충

SECTION 8 군집의 천이

(1) 1차 천이

생물이 전혀 살지 않는 불모지에서 시작하는 천이

건성 천이	용암 대지나 황원과 같은 맨 땅→지의류(개척자)→선태류→초본 군락→관목림→양수림→혼합림→음수림(극상)
습성 천이	호소, 하천 등 빈영양호→부영양호→습원→초본 군락→관목림→양수림→혼합림→음수림(극상)

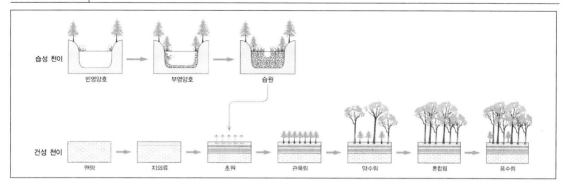

(2) 2차 천이

개간이나 산불 등에 이어지는 천이→1차 천이보다 수분과 유기물이 풍부하므로 빠르게 진행됨

(3) 극상

생천이의 마지막 단계인 안정된 군락

※ 일반적으로 식물 군집의 천이와 함께 그곳에서 생활하는 동물 군집도 변해가는데, 식물 군집이 극상을 이루면 동물들도 안정된 상태를 유지하게 된다.

SECTION 9 물질의 생산과 소비

(1) 물질의 생산과 소비

① 총생산량 ··· 생산자가 광합성을 통해 생산한 유기물의 총량

② 순생산량 ··· 총생산량에서 생산자의 호흡량을 뺀 것

③ **생장량** … 순생산량 중에서 피식량과 고사량을 제외하고 식물체에 남아 있는 유기물의 양

　　㉠ 총생산량 = 호흡량 + 순생산량

　　㉡ 순생산량 = 총생산량 · 호흡량

　　㉢ 생장량 = 순생산량 − (고사량 + 피식량)

④ **현종량(생물량)** … 현재 식물 군집이 가지고 있는 유기물의 총량

⑤ **동화량** … 동물의 경우 다른 동물이나 식물을 섭취하여 소화되지 않고 배출되는 양을 뺀 것

(2) 군집의 생산량 비교

① 육상 생태계의 순생산량 (>) 해양 생태계의 순생산량

② 극상에 도달한 군집 … 현존량은 많지만 순생산량은 적다.

③ 천이가 진행 중인 군집 … 현존량은 적지만 순생산량은 많다.

SECTION 10 물질의 순환

(1) 탄소의 순환

탄소는 공기 중에서는 CO_2의 형태로, 물 속에는 탄산수소 이온(HCO_3^-)의 형태로, 지각에는 침전물이나 화석 연료의 형태로 존재한다. 생물체의 구성 원소 중 약 20%를 차지하며, 유기 화합물인 탄수화물, 단백질, 지방, 핵산의 성분이다.

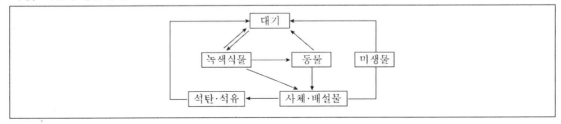

(2) 질소의 순환

질소는 생물체를 구성하는 단백질, 핵산 등의 주요 성분이며, 질소의 주 저장소는 대기이다. 질소는 대기의 약 78%를 차지하고 있지만, 대기 중의 질소는 매우 안정된 물질이므로 식물이 기공을 통해 흡수하더라도 직접 이용하지 못하고, 뿌리를 통해 토양에서 이온 상태(NH_4^+, NO_3^-)로 흡수하여 이용한다.

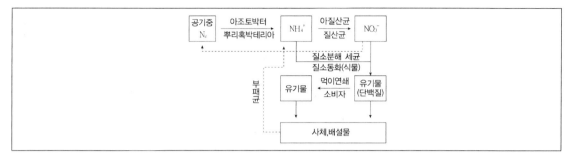

① **질소 고정**…대기 중의 질소 기체(N_2)는 토양 속에 있는 질소 고정 세균(뿌리혹박테리아, 아조토박터 등)에 의해 암모늄 이온(NH_4^+)로 고정되거나, 공중 방전에 의해 질산 이온(NO_3^-)으로 고정됨.

② **질화 작용**…토양 속의 암모늄 이온은 아질산균과 질산균 같은 질화 세균의 질화 작용에 의해 질산 이온으로 전환됨.

③ **질소 동화 작용**…토양 속의 암모늄 이온과 질산 이온은 식물에 흡수된 다음, 질소 동화 작용에 의해 단백질 이나 핵산과 같은 유기 질소 화합물로 된 후, 먹이 사슬을 통해 소비자에게 전달됨.

④ **탈질소 작용**…토양 속의 질산 이온 일부는 탈질소 세균의 작용으로 질소 기체로 되어 대기 중으로 돌아감.

⑤ **분해자의 작용**…동식물의 사체나 배설물 속의 유기 질소 화합물은 분해자에 의해 암모늄 이온으로 분해되어 토양으로 되돌아감.

SECTION 11 에너지의 흐름

(1) 에너지의 흐름과 특징

① 순환하지 않고 한 방향으로 흐름→생태계가 유지되려면 태양에너지가 끊임없이 유입되어야 함.

② 상위 영양 단계로 갈수록 이동하는 에너지양은 감소

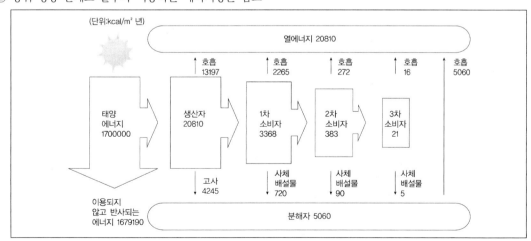

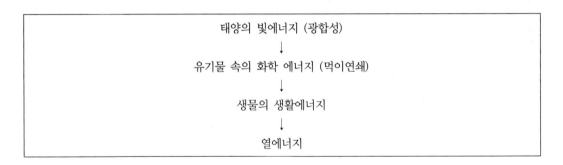

태양의 빛에너지 (광합성)

↓

유기물 속의 화학 에너지 (먹이연쇄)

↓

생물의 생활에너지

↓

열에너지

(2) 에너지 효율

① 한 영양 단계에서 다음 영양 단계로 이동하는 에너지 비율

$$\text{에너지효율}(E_f) = \frac{\text{현 영양 단계 보유 에너지 총량}(E_2)}{\text{전 영양 단계 보유 에너지 총량}(E_1)} \times 100(\%)$$

② 특징 : 상위 영양 단계로 갈수록 증가 하는 경향이 있음.

(3) 생태 피라미드

① 생태 피라미드 … 먹이 사슬에서 각 영양 단계에 속하는 생물의 개체수, 생물량, 에너지량을 하위 영양 단계로부터 상위 영양단계로 순서대로 쌓아올린 것

② 특징 … 생물의 개체수, 생물량, 에너지량은 영양 단계가 높아질수록 줄어들어 피라미드 형태가 됨.

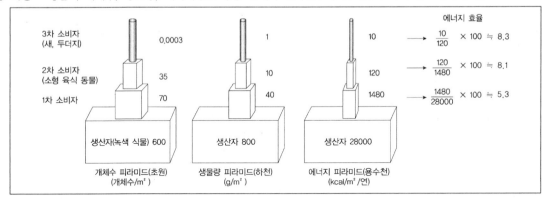

※ 초원, 삼림, 해양 생태계의 에너지 피라미드와 생물량 피라미드 비교

구분	초원	삼림	해양
특징	• 에너지양과 생물량 피라미드 형태로 안정적임. • 생산자의 에너지가 1차 소비자로 가장 많이 이동	• 에너지양과 생물량의 대부분이 생산자에 저장되어 있음. • 생산자의 에너지가 1차 소비자로 가장 적게 이동함.	• 1차 소비자의 생물량이 생산자보다 많음. • 이유 : 생산자인 식물성 플랑크톤은 생산량은 크지만, 생물량은 적기 때문

SECTION 12 생태계 평형과 파괴

(1) 먹이 사슬과 먹이 그물

① 먹이 사슬(먹이 연쇄) … 생물 군집 내에서 생물들 간의 먹이 관계가 사슬처럼 연결되어 있는 것

② 먹이 그물 … 다양한 생물들 사이에 먹이 사슬이 복잡하게 얽혀 있는 것

(2) 생태계의 평형과 항상성

① 생태계의 평형 … 생태계를 구성하는 생물의 종류, 개체수, 물질의 양 등이 일정한 수준을 유지하며 균형을 이루고 있는 상태

② 생태계의 항상성 … 환경과 생물간의 작용과 반작용, 그리고 생물간의 상호 작용을 통해서 생물 군집의 구성과 개체 수뿐만 아니라 물질이나 에너지양까지 평형이 유지되도록 하는 생태계의 자기 조절 능력

(3) 생태계 평형 유지의 원리

① 생태계의 평형은 먹이 연쇄 가 기초가 되어 피식과 포식의 관계에 의해 수적인 평형이 이뤄짐

→생물종이 다양 하고 먹이 그물이 복잡 할수록 생태계 평형을 회복하는 능력이 크다.

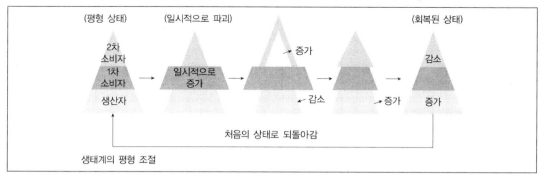

② 빛, 온도, 물 등의 무기 환경 요인은 생물 개체수의 무한정한 증가를 억제하여 생태계의 평형이 잘 유지되도록 함.

　　예 남극의 펭귄. 먹이가 충분하나 극심한 추위 때문에 개체수가 계속 증가하지 않고 일정한 수준을 유지함.

(4) 생태계 평형의 파괴 요인

① 자연 재해

② 외래종 유입

③ 인간의 간섭

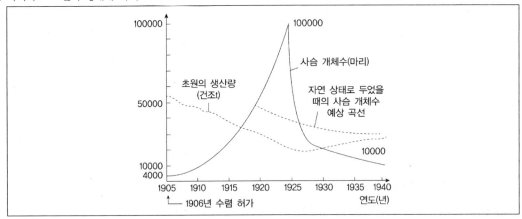

   예 카이바브 고원의 생태계 파괴

1   다음 중 생태계에 대한 설명으로 옳은 것은?

① 생태계에 유입된 에너지는 순환한다.
② 물질은 생태계 내에서 순환하지 않는다.
③ 에너지 효율은 상위 영양 단계로 이동하면서 감소한다.
④ 빛의 세기와 파장은 생태계에서의 생물 분포에 영향을 미친다.
⑤ 영양 단계가 낮을수록 이용할 수 있는 에너지의 양은 감소한다.

TIP 모든 환경 요인은 생물에 영향을 준다. 생태계 내에서 물질은 순환하고 에너지는 순환하지 않는다.

2   다음 그래프는 두 식물의 빛의 세기에 따른 CO_2의 흡수량을 나타낸 것이다.

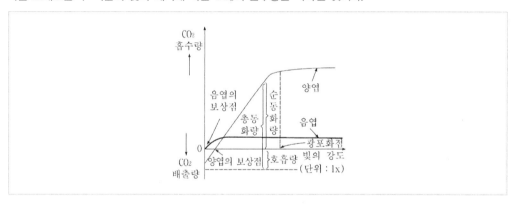

위 자료에 대한 설명으로 옳은 것은?

① 두 식물의 보상점은 같다.
② 양지 식물보다 음지 식물의 광포화점이 더 높다.
③ 음지 식물의 잎이 양지 식물의 잎보다 더 두껍다.
④ 7,000lx의 빛의 세기에서 음지 식물의 총광합성량이 더 크다.
⑤ 빛의 세기가 3,000lx일 때 음지 식물보다 양지 식물이 더 잘 자란다.

TIP 빛의 세기가 3000lx일 때 양지 식물의 광합성량이 음지 식물보다 높으므로 양지 식물이 더 잘 자란다.

⊗ ANSWER   1.④ 2.⑤

3 다음 그림은 바다의 깊이에 따른 조류의 분포를 나타낸 것이다.

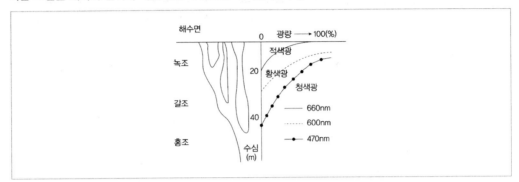

이처럼 수심에 따라 분포하는 조류의 종류가 다르게 나타나는 원인은 무엇인가?

① 수온　　　　　　　　　　　② 빛의 세기
③ 빛의 파장　　　　　　　　　④ 염분 농도
⑤ 양분의 농도

🐞**TIP** 해조류는 빛의 파장의 영향을 받는데, 수심에 따라 도달하는 빛의 파장이 다르므로 이에 적응되어 분포하는 조류의 종류가 달라졌다.

4 다음 그림은 식물성 플랑크톤인 클로렐라를 단독 배양한 수조에 물벼룩을 넣은 후 일정한 시간 동안 클로렐라와 물벼룩의 개체 수 변화를 조사한 것이다.

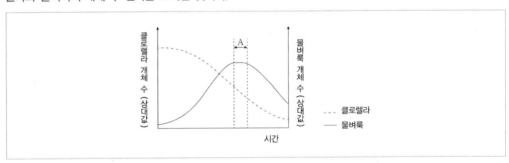

위 자료에 대한 설명으로 옳지 않은 것은? (단, 클로렐라의 생장에 필요한 조건은 일정하게 유지되었고, 클로렐라의 개체 수 변화는 먹이 사슬을 통해서만 일어났다.)

① 클로렐라는 생산자이다.
② 물벼룩은 클로렐라의 포식자이다.
③ 클로렐라로부터 물벼룩으로 유기물의 이동이 일어났다.
④ 클로렐라의 개체 수 감소는 물벼룩의 개체 수 감소를 가져왔다.
⑤ A에서 클로렐라로부터 물벼룩으로 먹이 사슬을 통한 에너지 이동은 일어나지 않는다.

🐞**TIP** 클로렐라는 생산자이며 물벼룩은 소비자로서 피식과 포식의 관계이다. A 구간에서도 물벼룩은 클로렐라를 먹기 때문에 상위 단계로의 에너지의 이동이 일어난다.

5 다음 중 생태계의 평형이 가장 파괴되기 쉬운 곳은?

① 농경지
② 열대 우림
③ 온대 낙엽수림
④ 침엽수림
⑤ 온대 초원

🐝 **TIP** 농경지 생태계는 생물 다양성이 매우 낮아서 병충해나 자연 재해에 취약하므로 쉽게 파괴될 수 있다.

6 다음 그래프는 개체군의 이론적 생장 곡선과 실제의 생장 곡선을 나타낸 것이다.

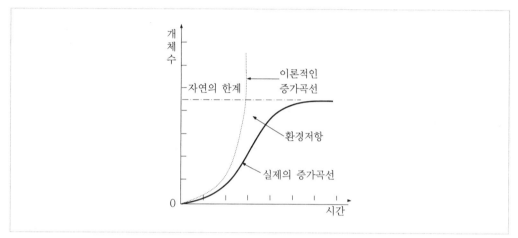

밀도가 높아지면 개체군의 생장이 이론과 달리 계속 증가할 수 없는 환경 저항에 해당되지 않는 것은?

① 먹이의 부족
② 질병의 증가
③ 노폐물의 증가
④ 생활공간의 부족
⑤ 자연 재해의 증가

🐝 **TIP** 개체군의 크기가 어느 정도가 되면 더 이상 증가하지 않는 이유는 생활공간 부족, 노폐물 증가, 먹이 부족, 천적 증가, 질병 증가 등의 원인으로 사망률이 커지기 때문이다.

⭐ **ANSWER**　3.③　4.⑤　5.①　6.⑤

7 다음에서 설명하는 개체군 내의 상호 작용은 무엇인가?

> 동물이 생활공간의 확보, 먹이 획득, 배우자 독점 등을 목적으로 일정한 생활공간을 점유하고 다른 개체의 침입을 적극적으로 막는다.

① 공생
② 텃세
③ 리더제
④ 순위제
⑤ 사회생활

TIP 일정한 생활공간을 차지하고 다른 개체의 접근을 막는 것을 텃세라고 한다.

8 그림은 생태계에서의 탄소의 순환을 나타낸 것이다.

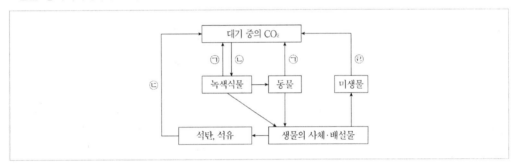

화살표가 나타내는 ㉠, ㉡, ㉢, ㉣는 각각 어떤 과정에 의한 것인지 옳게 연결된 것은?

	㉠	㉡	㉢	㉣
①	호흡	광합성	연소	호흡
②	광합성	호흡	연소	부패
③	광합성	호흡	호흡	연소
④	호흡	환원	연소	광합성
⑤	연소	호흡	부패	광합성

TIP ㉠은 광합성, ㉡과 ㉢은 호흡, ㉣은 연소 과정이다.

9 다음 그림은 탄소의 순환을 나타낸 것이다. 이 자료에 대한 설명으로 옳지 않은 것은?

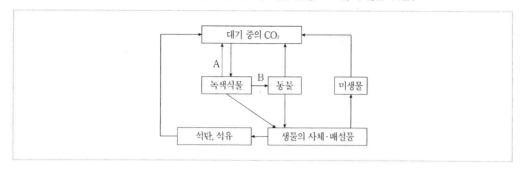

① A는 공기 중의 탄소가 유기물로 합성되는 과정이다.
② B는 식물의 호흡 과정이다.
③ 숲을 도시로 개발하면 온실 효과가 증가할 것이다.
④ 화석연료를 많이 사용하면 지구의 평균 기온이 상승할 것이다.
⑤ 식물의 유기물 속 탄소는 동물에게 전해진다.

TIP A는 광합성 과정, B는 소비자인 동물이 식물을 먹는 과정이다.

10 다음 중 생태계의 평형에 대한 설명으로 옳지 않은 것은?
① 극상을 이룬 군집은 평형 상태에 있다.
② 먹이 연쇄가 생태계 평형의 기초가 된다.
③ 생물의 종이 다양할수록 평형 유지가 쉽다.
④ 생태계 구성원 사이에 균형이 유지되는 상태이다.
⑤ 먹이 그물이 복잡하게 형성되어 있을수록 평형이 파괴되기 쉽다.

TIP 먹이 그물이 복잡하게 형성되어 있으면 생태계의 평형이 잘 파괴되지 않아 안정적이다.

11 생물 군집은 오랜 세월에 거쳐 서서히 그 구성과 특성이 변하는 천이가 일어난다. 이러한 군집의 천이가 진행되면서 나타나는 현상은?

① 먹이 그물이 단순해진다.
② 군집의 안정성이 작아진다.
③ 생물의 다양성이 증가한다.
④ 환경 요인의 변화폭이 커진다.
⑤ 군집 내 물질의 순환이 멈춘다.

TIP 천이가 진행됨에 따라 생물 종의 수가 증가하여 생물 다양성이 증가한다.

12 다음은 생물 다양성에 관한 설명이다. 옳지 않은 것은?

① 생물 다양성을 위해 생태계의 보존이 필요하다.
② 생물 다양성은 생물 종의 다양성만을 의미한다.
③ 식물 종의 다양성을 위해 종자 은행이 필요하다.
④ 생물의 유전적 다양성이 크면 환경에 대한 적응력이 커진다.
⑤ 생태계의 평형은 주로 먹이 사슬에 의해 유지되므로 생물 종이 다양해야 생태계가 안정적이다.

TIP 생물 다양성은 각 개체들이 가지는 유전적 다양성의 의미도 가지며 유전적 다양성이 유지되어야 환경에 대한 적응력이 증가되며, 다양한 유전자는 미래의 생명 공학 기술을 위한 자원으로도 중요하다.

13 다음 그림은 어떤 자연 생태계가 평형을 유지하다가 어떤 원인에 의해 1차 소비자의 생물량이 증가하여 평형이 깨진 경우이다.

이 생태계의 다음 단계에서 일어날 변화로 옳은 것은?

	생산자 생물량	2차 소비자 생물량
①	증가	감소
②	증가	증가
③	감소	증가
④	감소	감소
⑤	변화 없음	증가

TIP 먹이가 되는 생산자의 개체 수는 감소하고 2차 소비자는 먹이가 많아 개체 수가 증가한다.

14 다음 그림은 짚신벌레 A종과 B종의 개체군 생장 곡선을 나타낸 것이다.

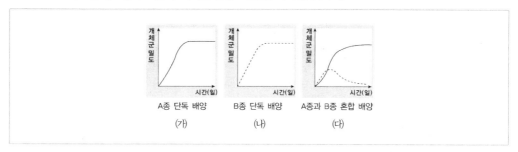

이에 대한 설명으로 옳지 않은 것은?

① (가)에서 A종은 환경 저항을 받는다.
② (가)에서 A종의 생장 곡선은 S자형이다.
③ (나)에서 B종의 생장 곡선은 S자형이다.
④ (다)에서 A종은 환경 저항을 받지 않는다.
⑤ (다)에서 A종과 B종의 생태적 지위는 중복된다.

🌸**TIP** 두 종의 생태적 지위가 중복되어 경쟁에서 불리한 개체군이 소멸된다. 살아남은 종은 개체 수는 증가하지만 환경 저항으로 S자형 생장 곡선을 나타낸다.

15 다음 중 생물 다양성을 확보할 수 있는 방법으로 적절하지 않은 것은?

① 외래종을 막고 자생종을 복원시킨다.
② 종자 은행과 같은 유전자 보관소를 설립한다.
③ 열대 우림 지역 같은 생물의 서식지를 보존한다.
④ 인기 있는 농작물의 품종을 개발하여 널리 보급한다.
⑤ 생명 공학 기술을 이용하여 멸종되어 가는 생물을 복원시킨다.

🌸**TIP** 유전적 다양성은 생물 종을 유지하고 발전시키는 데 중요하다. 생산성이 좋은 한 가지 품종만 재배하면 해충이나 질병에 취약하여 수확량이 급격히 감소할 수 있다.

⭐ **ANSWER**　11.③　12.②　13.③　14.④　15.④

16 다음 그림은 어느 호수에 살고 있는 물벼룩이 계절에 따라 크기가 변화되는 것을 나타낸 것이다.

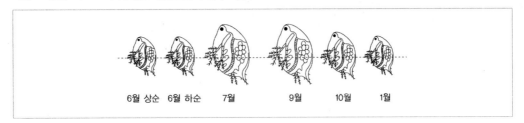

6월 상순 6월 하순 7월 9월 10월 1월

이 자료에 대한 설명으로 옳은 것을 〈보기〉에서 모두 고른 것은?

〈보기〉
㉠ 봄형 호랑나비가 여름형 호랑나비보다 크기가 작고 색이 연한 현상과 비슷하다.
㉡ 물벼룩과 같이 계절에 따라 몸의 크기나 색 등이 변하는 것을 계절형이라고 한다.
㉢ 온도에 대한 적응 현상이다.

① ㉠
② ㉡
③ ㉠㉡
④ ㉠㉢
⑤ ㉠㉡㉢

TIP 봄에 태어난 호랑나비가 여름에 태어난 호랑나비보다 크기가 작고 색이 연한 것은 호랑나비의 계절형이며, 이는 온도에 대한 적응 현상이다.

17 다음 그림은 생태계를 구성하는 생물적 요인과 비생물적 인의 관계를 나타낸 것이다.

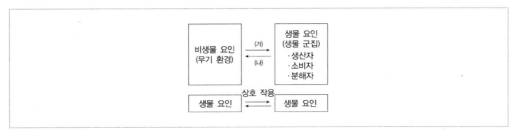

이 자료에 대한 설명으로 옳지 않은 것은?

① 가을에 낙엽이 지는 것은 ㈎와 관련이 있으며, 온도가 생물에 영향을 주는 현상이다.
② 양엽이 음엽보다 두께가 두꺼운 것은 ㈎와 관련이 있으며, 빛이 생물에 영향을 주는 현상이다.
③ 사막의 선인장 잎이 가시로 변한 것은 ㈏와 관련이 있다.
④ 여우의 수가 늘어나자 토끼의 수가 감소한 현상은 상호 작용과 관련이 있다.
⑤ 동물성 플랑크톤은 밤이 되면 수면 가까이 올라는 현상은 ㈎와 관련이 있으며, 빛이 생물에 영향을 주는 현상이다.

TIP 사막의 선인장 잎이 가시로 변한 현상은 수분이 생물에 영향을 주는 현상이다.

18 다음 중 생물 다양성을 보존해야 하는 이유를 〈보기〉에서 있는 대로 고른 것은?

〈보기〉
㉠ 생태계 평형 유지   ㉡ 유용 농작물의 품종 단일화
㉢ 식량 자원 확보   ㉣ 의약품 개발
㉤ 생물의 돌연변이 방지

① ㉠㉢   ② ㉢㉣
③ ㉣㉤   ④ ㉠㉢㉣
⑤ ㉡㉢㉣

TIP 품종이 단일화가 되면 작물의 유전자가 다양하지 못해 환경 변화에 잘 적응하지 못하고 죽을 수 있으므로 현재 유용한 작물이라도 다양한 품종의 개발이 이루어져야 한다.

19 다음 그림은 식물 군집의 천이 과정을 나타낸 것이다.

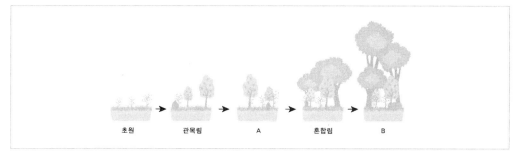

초원   관목림   A   혼합림   B

이에 대한 설명으로 옳은 것은?

① A에서 극상을 이룬다.
② A는 음수림, B는 양수림이다.
③ 천이 초기 단계에서 형성되는 식물 군집을 극상이라고 한다.
④ A 지역에서 음수 식물의 피도는 양수 식물의 피도보다 크다.
⑤ A 지역에 산불이 발생하면, 그 이후 이 지역에서는 2차 천이가 진행된다.

TIP 산불이 난 곳은 토양에 유기물이 충분하므로 초원에서 시작되는 2차 천이가 일어난다.

20 다음 그래프는 식물 군집에서 높이에 따른 환경 요인의 변화를 나타낸 것이다. 이 자료에 대한 설명으로 옳지 않은 것은?

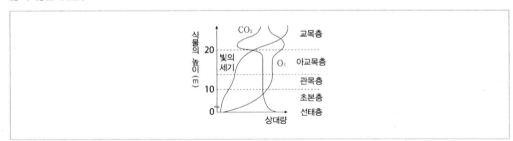

① 선태층에서 호흡이 가장 활발하게 일어난다.
② 교목층에서 광합성이 가장 활발하게 일어난다.
③ 키가 10m 이하인 초본층이 가장 발달한 군집이다.
④ 교목층에서 이산화탄소의 감소량과 산소의 증가량이 가장 많다.
⑤ 선태층에는 선태류, 균류 등이 서식한다.

TIP 교목층에서 이산화탄소의 감소량과 산소의 증가량이 가장 많으므로 교목층에서 광합성이 가장 활발하게 일어났으며, 교목층이 가장 발달한 군집이라는 것을 알 수 있다.

21 다음 그래프는 여러 동물의 생존 곡선을 나타낸 것이다. 이 그래프에 대한 설명으로 옳지 않은 것은?

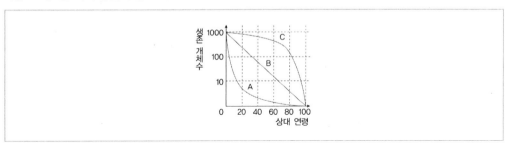

① A는 C보다 새끼를 많이 낳는다.
② B는 다람쥐나 히드라의 생존 곡선이다.
③ B는 연령에 따른 사망률이 일정한 유형이다.
④ C는 초기 사망률이 높지만 일정 시간이 지나면 안정된다.
⑤ C는 적은 수의 개체를 낳지만 부모의 보호로 초기 사망률이 낮은 유형이다.

TIP A는 초기 사망률이 높은 유형으로 굴, 어류 등이 속한다. B는 설치류, 히드라 등이 속한다. C는 사람, 대형 포유류 등이 속한다.

22 다음 그래프는 어느 호수에서 계절에 따른 돌말의 개체수 변동을 나타낸 것이다. 이 자료에 대한 설명으로 옳지 않은 것은?

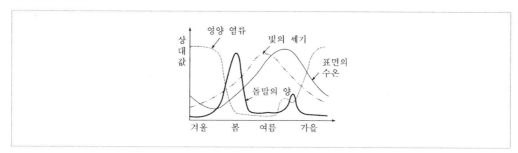

① 계절에 따라 환경 요인이 변하면서 돌말 개체군도 계절에 따른 변동을 나타낸다.

② 봄에 돌말의 개체수가 증가하는 것은 빛의 세기가 강해지고 수온이 높아지기 때문이다.

③ 영양 염류는 여름에 돌말의 개체수를 제한하는 환경 요인으로 작용한다.

④ 늦가을에 돌말의 개체수를 낮게 유지시키는 환경 요인은 한 가지이다.

⑤ 겨울에 돌말의 개체수가 증가하지 못하는 것은 수온이 낮고 햇빛이 약하기 때문이다.

TIP 여름에 돌말의 개체수가 증가하지 않는 이유는 영양 염류의 양이 매우 적기 때문이고 늦가을에 돌말의 개체수에 영향을 미치는 환경 요인은 빛의 세기와 수온 두 가지가 있다.

23 다음은 군집의 천이 과정에 따른 우점종 변화이다.

지의류 → 솔이끼 → 억새 → 참싸리 → 소나무 → 참나무

이 자료에 대한 설명으로 옳은 것을 〈보기〉에서 모두 고른 것은?

〈보기〉

㉠ 개척자는 솔이끼이다.

㉡ 호소에서 일어나는 1차 천이 과정이다.

㉢ 화산 폭발에 의해 만들어진 대지에서 일어나는 천이 과정이다.

① ㉠

② ㉢

③ ㉠㉡

④ ㉠㉢

⑤ ㉠㉡㉢

TIP 지의류가 개척자로 나타나는 1차 천이 과정이므로 화산 폭발 등에 의해 생성된 불모지에서 시작되는 천이 과정이며, 음수림의 극상이 형성되었다.

ANSWER 20.③ 21.④ 22.④ 23.②

24 다음 그림은 생태계의 질소 순환 과정을 나타낸 것이다.

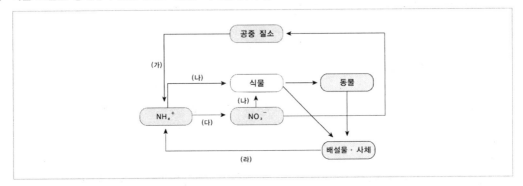

그림에 관한 설명으로 옳지 않은 것은?

① 동물은 질소 순환에 영향을 미친다.
② (라) 과정은 분해자에 의해 일어난다.
③ 대부분의 식물은 공기 중의 질소를 이용한다.
④ 식물은 이 과정에서 얻은 질소를 이용하여 단백질을 합성한다.
⑤ (가) 과정이 활발해지면 식물이 이용할 수 있는 질소가 증가한다.

🌱 **TIP** 식물은 질소 기체를 직접 이용할 수 없고 암모늄 이온이나 질산 이온 형태의 질소를 뿌리를 통해 흡수한다.

25 다음 그림은 식물 군집의 천이 과정을 나타낸 것이다.

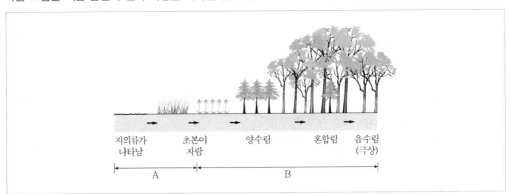

이 자료에 대한 설명으로 옳은 것을 〈보기〉에서 모두 고른 것은?

〈보기〉
㉠ A는 천이 초기 과정이므로 서식하는 식물은 토양의 양분과 수분 함량에 영향을 크게 받는다.
㉡ 천이 초기에는 빛이 지표면에 충분히 강하게 비추므로 빛은 식물 군집에 영향을 주는 요인이 아니다.
㉢ B 과정에서는 빛 조건의 변화에 따라 서식하는 식물의 종류가 변한다.

① ㉠   ② ㉡

③ ㉠㉡   ④ ㉠㉢

⑤ ㉠㉡㉢

26 다음 그림은 어느 생태계의 구성 요소 간에 일어나는 상호 작용을 나타낸 것이다.

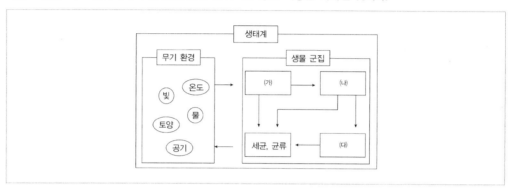

이 생태계에 관한 설명으로 옳은 것만을 〈보기〉에서 있는 대로 고른 것은? (단, ㈎~㈐는 생태계의 구성 요소들이고, 화살표는 물질의 이동을 나타낸다.)

〈보기〉

㉠ ㈏는 생산자이다.

㉡ 개체 수가 ㈎ > ㈏ > ㈐일 때 이 생태계는 안정적이다.

㉢ 생물 군집은 무기 환경에 영향을 미친다.

㉣ 생물 군집이 이용하는 물질은 있는 대로 소비되어 무기 환경으로 돌아가지 않는다.

① ㉡   ② ㉠㉡

③ ㉡㉢   ④ ㉢㉣

⑤ ㉡㉢㉣

⭐ **ANSWER**   24.③   25.⑤   26.③

27 다음 그림은 생태계에서의 탄소 순환 과정을 나타낸 것이다.

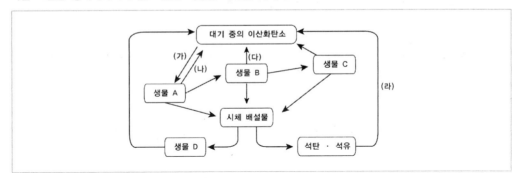

자료에 대한 설명으로 옳은 것만을 〈보기〉에서 있는 대로 고른 것은?

〈보기〉

㉠ (가)는 광합성, (나)와 (다)는 호흡에 해당한다.
㉡ 생물 B는 생산자이다.
㉢ 생물 D는 소비자이다.
㉣ (라) 과정은 온실 효과를 일으키는 원인이 된다.

① ㉠㉡   ② ㉠㉣
③ ㉡㉢   ④ ㉡㉣
⑤ ㉢㉣

🐞 **TIP** (가)는 광합성, (나), (다)는 호흡 작용이고, 생물 A는 생산자, 생물 B와 C는 소비자, 생물 D는 분해자이다.

28 그림은 어떤 생태계에서 포식과 피식의 관계에 있는 종 A의 개체 수와 종 B의 개체 수가 주기적으로 변하는 모습을 나타낸 것이다.

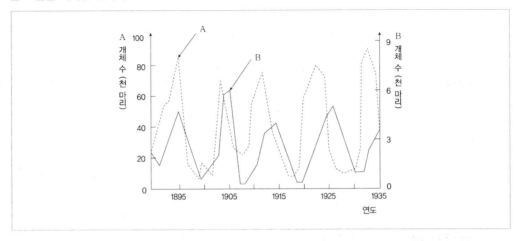

이 자료에 대한 설명으로 옳지 않은 것은?

① A는 B의 피식자이다.

② A의 개체 수는 B보다 많다.

③ A가 가지는 전체 에너지양은 B보다 크다.

④ 이들의 주기적 변동은 주로 먹이 관계에 의한 것이다.

⑤ A의 개체 수가 크게 감소하면 B의 개체 수가 일시적으로 증가할 것이다.

🌸 **TIP** A는 피식자이고 B는 포식자이다. 피식자의 개체 수가 감소하면 먹이 부족으로 포식자의 개체 수가 감소한다.

29 다음 그림은 3종류의 생물 개체군의 생존 곡선을 나타낸 것이다.

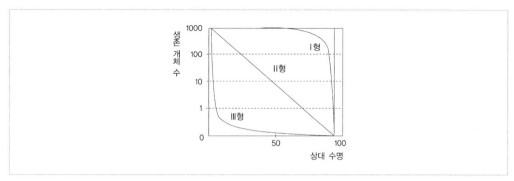

각 유형에 대한 설명으로 타당한 것만을 〈보기〉에서 있는 대로 고른 것은?

〈보기〉

㉠ Ⅰ형은 초기 사망률이 높아 자신의 수명을 다하고 죽을 가능성이 낮다.

㉡ Ⅱ형은 태어났을 때부터 수명이 다할 때까지 대체로 같은 비율로 사망한다.

㉢ Ⅲ형은 종족 유지를 위해 알을 많이 낳는다.

㉣ Ⅰ형은 사람은 포함한 대형 포유류에서 볼 수 있다.

① ㉠㉢   ② ㉡㉣

③ ㉢㉣   ④ ㉠㉡㉢

⑤ ㉡㉢㉣

🌸 **TIP** Ⅰ형은 사람형, Ⅱ형은 히드라형, Ⅲ형은 굴형이다. Ⅰ형은 적은 수를 낳지만 대부분 개체가 수명을 다한 후 죽지만, Ⅲ형은 산란 수는 많지만 초기 사망률이 높다.

⭐ **ANSWER** 27.② 28.⑤ 29.⑤

합격에 한 걸음 더 가까이!

지구를 구성하는 기본적인 요소에 대한 파악이 우선 되어야 합니다. 지각의 이동, 변형 및 지질의 형성, 지형의 특징, 날씨, 기후, 환경, 생태계 등 광범위한 내용을 포괄적으로 이해하는 것이 필요하며, 우주과학 및 태양계에 대한 내용도 함께 확인할 수 있도록 합니다.

지구과학

행성으로서의 지구

SECTION 1 생명체를 위한 최적의 환경, 지구

(1) 생명체와 물의 존재

① 액체 상태의 물이 생명체 존재에 필수 조건인 이유

  ㉠ 물은 다른 물질을 잘 용해시킨다. → 물을 매개체로 에너지를 섭취하거나 대사 활동이 가능하다.

  ㉡ 물은 비열이 크다. → 생명 활동의 항상성을 유지한다.

  ㉢ 물은 고체인 얼음의 밀도가 액체인 물의 밀도보다 작다. → 얼음이 물 위에 뜨므로 겨울에도 수중에서 생명체가 생존이 가능하다.

  ㉣ 물은 투명해 가시광선을 잘 통과시킨다. → 물속으로 햇빛이 전달돼 수중 생물이 햇빛을 이용한다.

② 생명 가능 지대(골디락스 지대) … 항성 주위에서 물이 액체 상태로 존재할 수 있는 범위

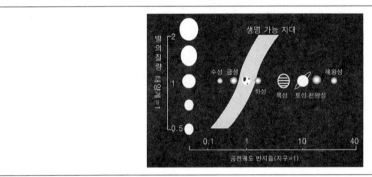

  ㉠ 생명 가능 지대는 중심별의 광도가 클수록 더 바깥쪽으로 옮겨가며 그 폭도 더 커진다.

  ㉡ 태양계에서 생명 가능 지대는 0.95AU ~ 1.37AU 사이이다. → 태양계 행성 중 지구만이 생명 가능 지대 내에 위치한다.

(2) 지구에 생명체가 존재할 수 있는 이유

① 태양으로부터 적당한 거리에 위치(생명 가능 지대) → 액체 상태의 물이 존재

② 적당한 두께와 조성의 대기 → 생명체의 양육 및 유해한 우주선으로부터 생명체를 보호

③ 생명이 진화하기에 충분한 태양의 수명

④ 지구 자전축의 안정성 → 생명체가 환경과 기후에 적응

SECTION 2 지구계의 구성과 생명체

(1) 지구계의 구성 : 지권, 수권, 기권, 생물권으로 구성됨.

① **지권** … 고체 지구를 이루는 딱딱한 부분인 지표와 지구 내부

   ㉠ **지각** : 대륙 지각은 해양 지각보다 밀도가 작고 두껍다.

   ㉡ **맨틀** : 지각보다 밀도가 큰 암석으로 구성되어 있으며, 상부는 부분 용융되어 대류가 일어난다.

   ㉢ **핵** : 철, 니켈 등 무거운 물질로 되어 있으며, 외핵은 액체 상태, 내핵은 고체 상태이다.

   ㉣ **암석권과 연약권** : 지하 약 100km까지의 단단한 표층을 암석권(판), 그 아래 약 400km까지를 연약권이라 한다.

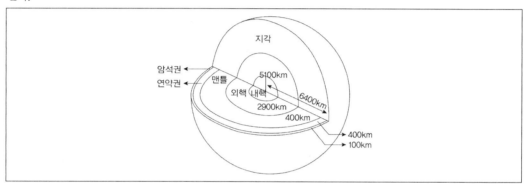

② **수권** … 기권의 수증기를 제외한 지구 상의 물이 분포하는 공간

   ㉠ **구성** : 해수(97.2%), 육수(2.8%)로 이루어졌으며, 육수의 대부분은 빙하가 차지한다.

   ㉡ **구조** : 연직 수온 분포에 따라 혼합층, 수온 약층, 심해층으로 구분한다.

   • 혼합층

     – 바람의 혼합 작용으로 수온이 일정하다.

     – 바람이 셀수록 두께가 두껍다.

   • 수온 약층

     – 수온이 급격히 하강하는 층으로, 매우 안정하다.

     – 혼합층과 심해층 사이의 물질 및 에너지 교환을 막는다.

   • 심해층

     – 수온이 낮고 일정한 층이다.

     – 극지방에서 냉각된 해수가 침강되어 형성된다.

③ **기권** … 지구를 둘러싸고 있는 다양한 기체들로 이루어진 대기

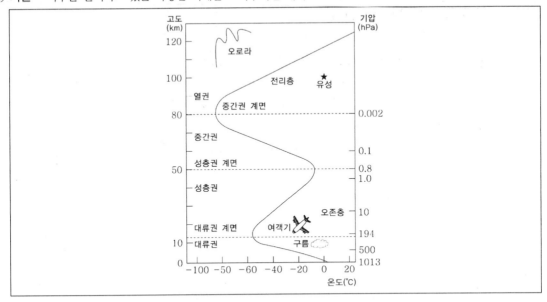

ⓒ **대류권**
- 높이 올라갈수록 기온이 낮아진다.
- 대류가 일어나고, 기상 현상이 일어난다.

ⓒ **성층권**
- 높이 20 ~ 30km에 있는 오존층에서 자외선을 흡수한다.
- 높이 올라갈수록 기온이 증가하는 안정한 층이다.

ⓒ **중간권**
- 중간권계면은 대기권 중 온도가 가장 낮다.
- 대류 현상은 일어나지만, 기상 현상은 일어나지 않는다.

ⓔ **열권**
- 공기가 매우 희박하며, 일교차가 크다.
- 전파를 반사하는 전리층이 존재한다.

④ **생물권** … 지구상의 모든 생물체와 분해되지 않은 유기물이 분포하는 공간
  ⓒ **분포** : 기권, 수권, 지권과 공간적으로 겹쳐진다.
  ⓒ **특징** : 지구상의 생명체는 주변 환경에 적응하기도 하고 자신에 맞게 주변 환경을 변화시키기도 하면서 생존 영역 확장과 종의 다양화가 이루어진다.

(2) 지구계의 형성 과정

① **미행성체의 충돌** … 미행성체들의 충돌로 원시 지구가 형성되고, 계속적으로 미행성체가 충돌해 원시 지구의 질량과 크기가 점점 커짐.

② **마그마의 바다** … 미행성체들의 충돌 시 발생한 열과 대기의 온실 효과로 마그마 바다가 형성됨. 이때 물질의 밀도 차이로 맨틀과 핵이 분리됨.

③ **원시 지각의 형성** … 미행성체들의 충돌이 잦아지자 지표가 식으며 원시 지각이 형성됨. → 미행성체의 충돌과 원시 지각 생성 후 활발한 화산 활동으로 분출된 기체가 원시 대기를 형성함.

④ **원시 바다 형성** … 지표가 식은 후 수증기가 응결해 내린 비가 지표의 낮은 곳으로 모여 원시 바다를 형성함. → 물은 강렬한 햇빛을 차단해 바다에서 생명체가 생성되게 함.

(3) 지구계의 하위 권역에서 일어나는 현상들과 생명체의 생명 유지

① **자기장의 원인** … 외핵의 대류 운동이 유도 전류를 발생시키고, 이 유도 전류가 지구 자기장을 형성한다.

② **자기권과 밴 앨런대**
- ㉠ 지구의 자기권 : 태양풍의 영향으로 태양 쪽은 납작하고, 태양의 반대쪽으로는 길게 뻗어 있다.
- ㉡ 밴 앨런대 : 양성자로 이루어진 내대와 전자로 이루어진 외대로 구분된다.

③ **자기장의 역할과 영향 및 이용**
- ㉠ 역할 : 태양풍에 실려온 고에너지를 가진 대전 입자들이 지표면에 도달하는 것을 막아 지상의 생명체를 보호한다.
- ㉡ 영향 : 오로라 발생, 전리층 교란, 델린저 현상 등
- ㉢ 이용 : 고지자기의 연구, 나침반, 철새의 이동, 비둘기의 귀소 본능 등

SECTION 3 지구계 순환과 상호 작용

(1) 지구계의 에너지원

① **태양 복사 에너지**
- ㉠ 지구계의 에너지 중 가장 많은 양을 차지하며, 지구계의 물질 순환에서 가장 큰 역할을 한다.
- ㉡ 지표에서 풍화, 침식 작용을 일으키고, 광합성을 통해 생물체에 흡수되며, 대기와 해수를 순환시킨다.

② **지구 내부 에너지** … 방사성 원소의 붕괴열 등에 의해 지구 내부에서 방출되는 에너지로 전도나 맨틀의 대류 운동을 통해 밖으로 나오면서 대륙들을 움직이게 하고, 새로운 해양 지각을 만들며, 산맥을 만들고 화산 활동이나 지진을 일으켜 생물권, 기권, 수권에 영향을 준다.

③ **조력 에너지**
- ㉠ 조석 현상의 주된 에너지원으로, 달과 태양의 인력에 의해 나타난다.
- ㉡ 해수면의 높이 변화를 일으켜서 해양 생태계에 영향을 미친다.

(2) 물의 순환

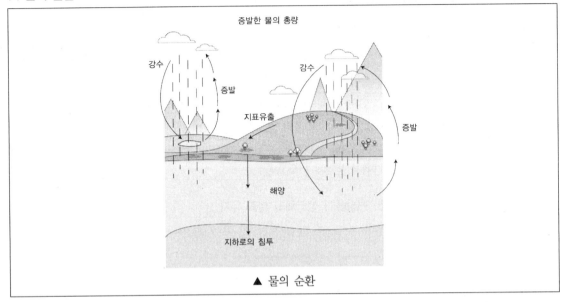

▲ 물의 순환

① 물의 순환 과정은 주로 태양 에너지에 의해 일어난다.

② 물의 순환 과정에서 숨은열(잠열)이 출입하면서 에너지의 이동이 일어난다.

③ 물은 순환하면서 지표를 변화시킨다.

④ 바다에서는 '증발량 > 강수량', 육지에서는 '증발량 < 강수량'이기 때문에 지구 전체적으로 물의 순환은 평형을 이룬다.

　　㉠ 지구계의 에너지 중 가장 많은 양을 차지하며, 지구계의 물질 순환에서 가장 큰 역할을 한다.

　　㉡ 지표에서 풍화, 침식 작용을 일으키고, 광합성을 통해 생물체에 흡수되며, 대기와 해수를 순환시킨다.

(3) 탄소의 순환

생물체를 구성하는 기본 원소이며, 온실 효과를 일으키는 중요한 원소인 탄소는 지구계의 각 권에서 다양한 형태로 존재하면서 각 권 사이를 순환한다.

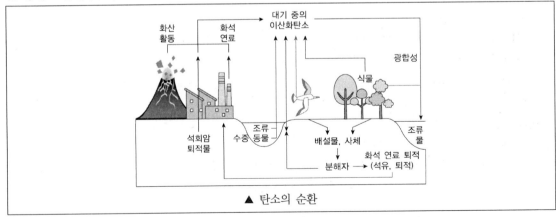

▲ 탄소의 순환

구분	탄소의 흡수	탄소의 방출
기권	생물의 호흡 화석 연료의 연소 해수의 용존 이산화탄소 방출	식물의 광합성 해수에 의한 용해
수권	해수의 용해	해양의 탄산칼슘 침전 해수의 용존 이산화탄소 방출
지권	석회암의 생성 화석 연료의 생성	화산 활동 암석의 풍화 화석 연료의 연소
생물권	식물의 광합성 식물 섭취	생물의 호흡 유기물의 부패

SECTION 4 지구의 선물

(1) 지하자원

① 자원과 지하자원

  ㉠ 자원 : 인간 생활에 도움이 되는 자연계의 물질과 에너지 광물, 에너지, 삼림, 식량, 토양, 지하수, 온천 등
  ㉡ 지하자원(좁은 의미의 자원) : 땅 속에 묻혀 있는 채취 가능하고 쓸모 있는 자원
  ㉢ 지하자원의 분류

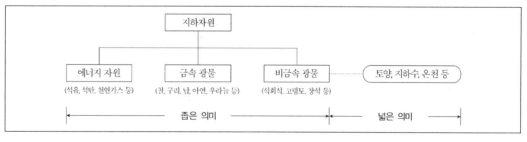

② 지하자원의 이용

  ㉠ 우리가 사용하는 각종 물건을 만드는 원료인 지하자원
  • 도자기 ← 고령토
  • 유리 ← 규사, 석회석, 장석 등
  • 전선 ← 구리 광석(황동석, 공작석, 남동석 등)
  • 플라스틱 ← 석유
  • 반도체 ← 실리콘 원료(규사)

ⓒ 희토류 : 란타넘 계열의 원소 15개와 스칸듐, 이트륨을 포함하는 17개 원소로, 첨단 산업에 필요한 재료가 많아 최근 수요가 늘고 있다.

ⓒ 가스하이드레이트 : 영구 동토 또는 심해저의 저온 고압 상태에서 천연 가스가 물과 결합해 생기는 고체 연료

자동차 부품	사용되는 희토류 원소(원자 번호)
Glass and Mirrors Polishing Powder	Cerium(58)
UV Cut Glass	Cerium(58)
LCD Screen	Europium(63), Yttrium(39), Cerium(58)
Hybrid Electric Motor and Generator	Neodymium(60), Praseodymium(59), Dysprosium(66), Terbium(65)
Catalytic Converter	Cerium(58)/Zirconium(40), Lanthanum(57)
Hybrid Ni-MH Battery	Lanthanum, Cerium(58)
Diesel Fuel Additive	Cerium(58), Lanthanum(57)

▲ 전기 자동차 제조에 쓰이는 희토류 원소들

▲ 가스하이드레이트

③ 지하자원의 생성

ⓐ 광상 : 유용한 자원이 밀집되어 있는 곳

ⓑ 광상의 형성 원인에 따른 분류

• 퇴적 광상 : 풍화산물이 퇴적된 광상

　例 고령토, 보오크 사이트, 사금, 석회석

• 화성 광상 : 마그마 냉각 시 분리, 농집된 광상

　例 텅스텐, 니켈, 금, 구리, 납, 아연 등

• 변성 광상 : 변성 작용의 과정에서 농집 또는 재결정된 광상

　例 흑연, 활석, 석면 등

④ 지하자원의 개발과 자원의 유한성

ⓐ 자원의 개발 과정 : 탐사 → 채광 → 선광 → 제련

ⓑ 자원의 유한성

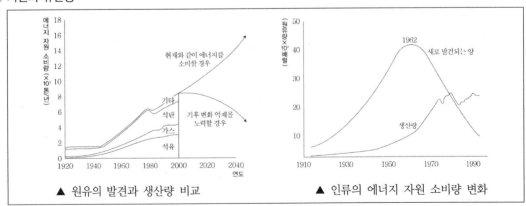

▲ 원유의 발견과 생산량 비교　　　　▲ 인류의 에너지 자원 소비량 변화

(2) 자원으로서의 토양

① 토양의 생성

ㄱ. 토양의 생성 과정 : 풍화 작용에 의해 토양이 생성된다.

※ 풍화 … 대기나 물, 기온의 변화, 생물의 작용 등으로 지표의 암석이 부서져 토양으로 변하는 현상으로 기계적 풍화와 화학적 풍화가 있다.

ㄴ. 토양의 단면

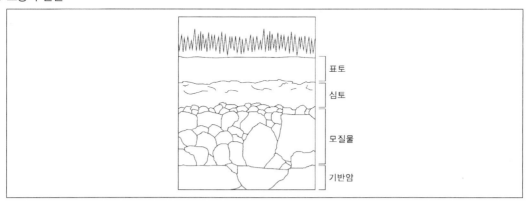

ㄷ. 토양의 생성 순서 : 기반암 → 모질물 → 심토 → 표토

ㄹ. 토양의 기능 : 생명의 서식지, 식물의 물리적 지지, 화학 변화의 공간, 물과 양분의 보존, 오염 물질의 완충과 고정, 지표 환경의 평형 작용

② 토양 자원의 유실과 산성화

ㄱ. 토양의 유실

• 원인 : 삼림의 파괴, 지나친 경작, 강수와 바람

• 영향 : 농업 생산성 저하, 사막화, 사태와 토사 유입 등

ㄴ. 토양의 산성화

• 원인 : 산성비, 오염 물질의 유입, 화학 비료와 농약

• 영향 : 농업 생산성 저하, 토양 생태계 파괴

(3) 자원으로서의 대기와 물

① 지구의 크기와 대기, 해양의 두께 비교
  ㉠ 지구의 반지름 : 6370km
  ㉡ 대기의 두께 : 공기의 대부분은 지상 10km 이내에 있음.
  ㉢ 해양의 평균 두께 : 약 3.5km

② 대기의 분포와 성분 … 대기는 호흡, 온도 유지, 자외선 차단, 기상 현상 등 생명 활동에 매우 중요한 역할을 한다.

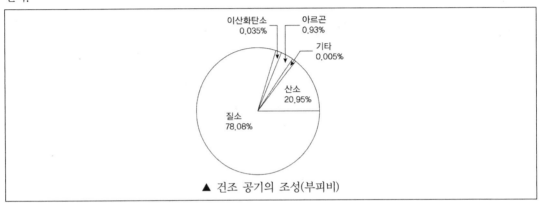

▲ 건조 공기의 조성(부피비)

③ 물의 분포

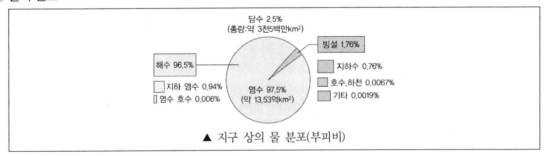

▲ 지구 상의 물 분포(부피비)

  ㉠ 지구의 물은 매우 얇게 분포한다.
  ㉡ 지구의 물은 대부분 바다에 있고, 육수는 5% 미만이다.
  ㉢ 생명체의 분포는 물의 분포와 직접적인 관련이 있다.

④ 육지의 물의 형성
  ㉠ 하천수 : 자연적인 통로를 따라 흐르는 물. 퇴적물과 용존 물질을 운반한다.
  ㉡ 지하수 : 토양과 기반암에 포함된 물. 땅속이나 지표를 경유하여 바다로 이동한다.
  ㉢ 빙하 : 연평균 기온이 낮아서 물이 항상 언 상태로 존재하는 지역에서 형성. 전 지구 담수의 약 70% 차지

(4) 자원으로서의 해양

① 우리나라 해양 자원 개발 조건 … 우리나라는 3면이 바다이다. 황해와 남해는 대부분 수심이 얕은 대륙붕이고, 동해는 대륙붕이 좁고 수심이 깊은 바다로 되어 있다. 따라서 우리나라는 매우 유리한 해양 개발 환경을 보유하고 있다.

② 해양 자원의 종류
　㉠ 생물 자원 : 플랑크톤, 식량 자원, 생물학적 신소재로서의 자원
　㉡ 지질 자원 : 망간 단괴, 금속 및 비금속 광물 등
　㉢ 화학 자원 : 해수 중의 염류나 미량 금속 등의 자원(소금, 브로민, 마그네슘, 우라늄, 리튬)
　㉣ 에너지 자원 : 가스 하이드레이트, 해양 에너지(조력, 조류, 파력 등)

③ 미래의 해양 광물 자원
　㉠ 가스 하이드레이트 : 메탄 등의 천연 가스 성분이 물과 결합해 고체화된 에너지 자원으로 종래의 화석 연료를 대체할 수도 있다.
　㉡ 망간 단괴 : 수심 5km 이하의 심해저에 존재하는 금속 침전 광물로 망가니즈, 구리, 니켈, 코발트 등 유용 광물을 함유하고 있다.

(5) 미래의 친환경 에너지

① 친환경 에너지 … 지구 환경의 상호 작용에서 유래하는 에너지원으로서 공해가 없으며 고갈의 염려가 없다.
　예 태양 에너지, 풍력, 조력 / 조류, 파력, 지열 등
　㉠ 태양 에너지
　　• 장점 : 무공해(폐기물 없음), 무한정, 소음과 진동이 없음, 수명이 긺
　　• 단점 : 초기 시설 투자 비용이 듦, 에너지의 밀도가 낮음, 계절과 날씨에 따라 생산량이 달라짐

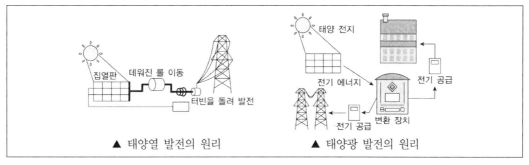

▲ 태양열 발전의 원리　　　▲ 태양광 발전의 원리

　㉡ 풍력 에너지
　　• 특징
　　－날개가 커질수록 바람을 받는 면적이 증가해 출력이 증가하므로 대형화하는 경향
　　－육상의 바람보다 해상의 바람이 훨씬 강하기 때문에 해상 풍력 방향으로 기울어지는 경향
　　• 단점 : 바람이 약한 시기나 장소에서 에너지를 얻을 수 없음(입지 선정 필요)

ⓒ 조력 / 조류 에너지
- 조력 발전 : 댐을 건설하고 조수 간만의 차에 의해 발생한 수압을 이용하여 터빈을 돌림
- 조류 발전 : 조류에 직접 터빈을 설치함으로써 조수의 흐름을 회전 운동으로 변환시킴
- 장점
  - 우리나라 서해안과 남해안이 유리함
  - 풍력에 비해 에너지 밀도가 높음
  - 날씨와 계절에 상관없음
  - 전력 생산량의 예측이 가능함
  - 댐이 필요 없으므로 생태계에 미치는 영향이 적음
ⓔ 파력 에너지
- 파력 발전의 원리 : 해안에서 쉴 새 없이 밀려오는 파도의 운동 에너지를 이용하여 전기를 생산
- 부유식과 고정식이 시험되어 왔으며, 최근에는 해양 생물을 흉내낸 관절식, 튜브식 등 한층 발전된 아이디어가 쏟아져 나오고 있다.
- 장점 : 소규모 발전이 가능하고, 기존의 방파제를 활용할 수 있다.
- 단점 : 입지 선정이 까다롭고, 초기 시설비가 많이 든다.
- 우리나라 파력 발전의 현주소 : 제주도에 500kW급 파력 발전소가 최초로 설치되며, 한국해양연구원은 파력 발전 기술을 민간 기업에 이전하는 일을 추진 중에 있다.
ⓜ 지열 에너지
- 원리 : 지표와 지하 온도 차를 이용하여 냉난방이나 발전을 한다.
- 우리나라 지열 발전의 현주소 : 판의 경계나 열점이 아니므로 지열 발전에 다소 불리하지만, 신기술이 지속적으로 개발 중이라서 발전 가능성이 커지고 있으며, 가정과 국지 시설의 냉난방은 충분히 가능하다.

(6) 관광 자원으로서의 지구 환경 – 유네스코 세계 자연 유산

무기적 또는 생물학적 생성물들로부터 이룩된 기념물로서 관상적, 과학적으로 탁월하고 보편적 가치가 있는 것을 지정함

SECTION 5 아름다운 한반도

(1) 한반도의 지질 명소
① 화산 지형
  ㉠ 화산 폭발로 인해 대규모 화산체를 이룬 대표적 화산 지형들
    예 백두산, 한라산, 울릉도와 독도
  ㉡ 분출된 용암이 식어서 만들어진 지형들
    예 경기도 전곡과 한탄강, 무등산 주상 절리

② **화성암 지형** … 땅속 깊은 곳의 마그마가 천천히 식어 만들어진 화강암이 그 위를 덮고 있던 지층이 오랜 시간 동안 풍화와 침식으로 사라지자 압력이 감소하며 융기하여 지금의 바위 산이 되었다.

　　예 북한산, 불암산

③ **지질 시대의 역사가 담긴 지형들**

　　㉠ **대이작도** : 우리나라에서 가장 오래된 약 25억 년 전의 암석

　　㉡ **소청도** : 약 10억 년 전 선캄브리아 누대에 살았던 스트로마톨라이트의 흔적

　　㉢ **영월 김삿갓 계곡** : 약 20억 년 전 선캄브리아대의 변성암과 5억 년 전 고생대 퇴적암

　　㉣ **태백산 / 영월 및 정선** : 약 5억 년 전 고생대 바다이던 태백산의 삼엽충 화석과 3억 5천만 년 전 거대한 숲을 이루던 식물 화석들에서 만들어진 석탄

　　㉤ **시화호 / 낭도리 / 군위 / 부산 다대포** : 약 1억 년 전 중생대 공룡들이 거닐던 시화호와 낭도리, 다대포, 익룡이 날아다니던 경북 군위의 화석으로 보아 한반도는 공룡의 천국이었다.

④ **기후 변화를 알려주는 지형들** … 빙하기와 간빙기를 거치며 한반도 기후 변화의 흔적을 남긴 지형

　　예 강릉 경포호, 단양 에덴동굴, 대구 비슬산

⑤ **퇴적 지형과 변성암 지형** … 유구한 세월 모진 풍화 작용과 퇴적 작용에 의해 형성되어 지구과학의 장대한 스케일을 짐작케 하는 지형들

　　예 고창 곰소항, 변산 격포리, 평창 백룡동굴, 인천 굴업도, 인천 백령도, 진안 마이산

⑥ **지각 변동의 흔적**

　　㉠ 오랜 세월에 걸쳐 일어나는 동해안의 융기를 보여 주는 지형

　　　　예 정동진 해안 단구

　　㉡ 과거 우리나라에도 대규모 지진이 일어났음을 보여주는 지형

　　　　예 경주 왕산 단층

(2) 마그마가 만든 암석과 지형

① **화성암**

　　㉠ **화성암** : 마그마가 지표 또는 지하에서 굳어서 만들어진 암석

　　㉡ **우리나라의 대표적인 화성암 지형** : 경기도 연천군 한탄강 주상 절리, 경기도의 북한산과 불암산, 제주도 한라산과 성산 일출봉, 설악산 울산바위 등

　　※ **주의** … 화산 분출시 나온 화산재가 쌓여서 된 응회암은 퇴적암이다.

② 화산암과 심성암

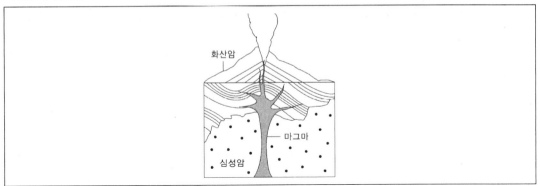

- ㉠ **화산암** : 마그마가 지표 또는 지하의 얕은 곳에서 비교적 급격하게 식어 굳은 암석

  예 현무암, 안산암, 유문암
- ㉡ **심성암** : 마그마가 지하 깊은 곳에서 비교적 천천히 식어서 굳은 암석

  예 화강암, 반려암, 섬록암 등
- ㉢ **화강암 산이 만들어지는 과정 – 북한산과 불암산** : 땅 속 깊은 곳의 마그마가 천천히 식어 만들어진 화강암이 그 위를 덮고 있던 지층이 오랜 시간 동안 풍화와 침식으로 사라지자 압력이 감소하여 융기하여 지금의 바위 산이 되었다.

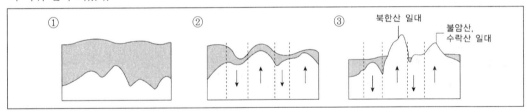

- ※ 북한산과 불암산의 형성 과정
  - ㉠ 1억 6천만 년 전 변성 퇴적암층 지하 5 ~ 10km에 마그마 관입
  - ㉡ 1억 6천만 ~ 6000만 년 전 단층이 형성되었고, 단층선을 따라 침식
  - ㉢ 위쪽의 퇴적암층이 풍화되어 북한산과 불암산의 돔이 드러남

③ 화산의 종류

- ㉠ **순상 화산**(盾狀火山, aspite) : 고온에서 형성된 현무암질 용암은 SiO_2 함량이 50% 내외로, 점성이 작고 휘발 성분이 적어 조용히 분출하여 경사가 완만한 화산체를 형성함.

  예 백두산, 한라산, 하와이 마우나로아 화산 등
- ※ **칼데라** : 화산의 정상부가 함몰하여 생긴 구덩이로, 천지나 백록담 같은 호수가 형성되기도 한다.
- ㉡ **종상 화산**(鐘狀火山, tholoide) : 저온에서 형성된 유문암질 용암은 SiO_2 함량이 70% 내외로, 점성이 크고 휘발 성분이 많아 폭발적으로 분출하며 경사가 급한 화산체를 형성함.

  예 제주도 산방산, 울릉도 성인봉 등
- ㉢ **기타** : 성층 화산(복합 화산), 원추 화산 등

ⓔ 한라산의 형성 과정

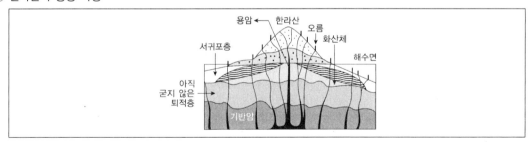

- 수성 화산 활동 및 서귀포층 퇴적(180만 년 전~60만 년 전)
- 용암 대지 형성기(60만년 전~40만 년 전) : 다량의 용암이 지표의 틈과 오름에서 흘러나와 해안 저지대의 용암 대지 형성
- 한라산 순상 화산체 형성(40만 년 전~2만 5000년 전) : 화산 활동이 섬 중앙부에 집중해 다량의 용암 분출
- 백록담 형성 및 이후 화산 활동(2만 5000년 전~수천 년 전) : 한라산 정상의 현무암 화산 활동으로 백록담 탄생. 해안 수중 화산 활동으로 성산일출봉, 송악산 형성. 육상에 오름이 만들어짐.

(3) 열과 압력이 만든 암석과 지형

① 우리나라의 변성암 지형
  ㉠ 변성암 : 기존의 암석이 지하 깊은 곳에서 높은 열과 압력을 받아 조직과 성질이 변해서 된 암석
  ㉡ 우리나라의 대표적인 변성암 지형
  - 인천시 옹진군의 대이작도 : 한반도에서 가장 오래 된 25억 년 전의 암석
  - 전북 고군산 군도의 말도 해안 : 사암층이 광역 변성 작용으로 단단한 규암층 습곡으로 변성됨
  - 백령도 장촌의 해안 습곡 : 2억 5천만 년 전, 세계 지각 변동 과정에서 형성

② 암석의 변성 작용
  ㉠ 접촉 변성 작용 : 마그마 관입에 따라 높은 열과 다양한 화합물의 작용으로 기존 암석의 조직과 성질이 변해 새로운 종류의 암석으로 만들어지는 과정
    ⓔ 사암→규암, 셰일→혼펠스, 석회암→대리암
  ㉡ 광역 변성 작용 : 조산 운동 같은 대규모 지각 변동으로 높은 열과 압력에 의해 기존 암석의 조직과 성질이 변해 새로운 종류의 암석으로 만들어지는 과정
    ⓔ 셰일→슬레이트, 편암, 편마암
      화강암→화강 편마암
      현무암→각섬암

③ 엽리의 형성
  ㉠ 엽리 : 변성암이 생성되는 과정에서 기존 암석의 구성 광물이 압력에 의해 재결정되며 압력에 수직인 방향으로 무늬가 나타나는 것

ⓒ 엽리는 변성 광물의 입자 크기에 따라 편리와 편마 구조로 나뉜다.

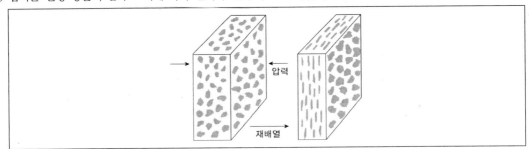

- 편리와 편암 : 엽리가 얇은 판상으로 배열된 것으로, 편리를 갖는 변성암을 편암이라고 한다.
- 편마 구조 : 편암이 더욱 변성되면 광물이 재결정되어 조립질로 변하며, 색깔이 다른 층이 교대로 나타나는데, 이를 편마 구조라고 한다. 이러한 편마 구조를 갖는 암석을 편마암이라고 한다.

④ 습곡과 단층
ㄱ 습곡 : 지층이 수평으로 퇴적된 후 횡압력을 받아 휜 상태의 지질 구조
→ 종류 : 정습곡, 경사 습곡, 횡와 습곡 등
ㄴ 단층 : 지진 등의 지각 활동으로 암석에 균열이 일어나 양쪽의 암석층이 서로 어긋난 상태의 지질 구조
→ 종류 : 정단층, 역단층, 주향 이동 단층, 오버스러스트 등

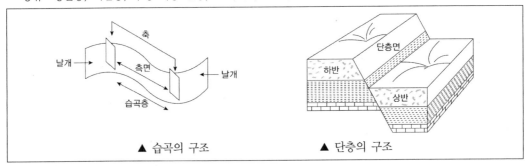

▲ 습곡의 구조　　　　▲ 단층의 구조

ㄷ 백령도 장촌 해안의 습곡 지형 형성 과정

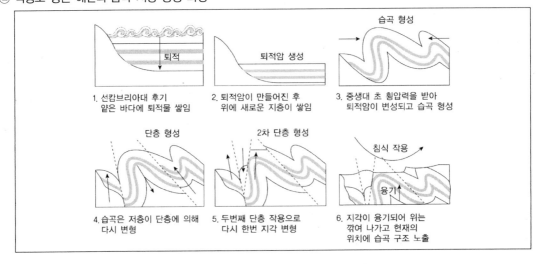

(4) 쌓이고 깎여서 만들어진 암석과 지형

① 우리나라의 **퇴적암 지형** … 전북 부안군 격포리의 퇴적층, 충북 진안군 마이산의 타포니, 제주도 송악산의 응회암층, 강원도 영월의 고씨 동굴

② **퇴적암과 퇴적층**

  ㉠ **퇴적암** : 물과 바람에 의해 호수나 해저로 운반된 모래나 자갈 등이 오랜 시간 동안 다져져 만들어진 암석

  • 쇄설성 퇴적암 : 사암, 역암, 셰일, 응회암 등

  • 화학적 퇴적암 : 석고, 암염, 석회암 등

  • 생물학적 퇴적암 : 규조토, 석회암 등

  ㉡ **퇴적층** : 퇴적암이 여러 겹으로 쌓여 만들어진 지층. 지층 사이에 층리라고 하는 줄무늬가 나타난다.

③ **퇴적 구조**

  ㉠ 퇴적층이 형성될 당시의 환경을 알 수 있는 특별한 모양의 구조로, 층리(사층리, 점이층리), 연흔, 건열 등이 있다.

사층리: 한 방향으로 이동하는 물이나 바람에 의해 형성되어 층리면이 기울어 있다. 퇴적 당시 물결이 흐른 방향을 알 수 있다.

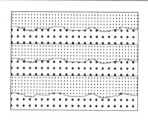

점이 층리: 퇴적물이 퇴절될 때 입자가 큰 것은 아래, 작은 것은 위에 차례로 쌓이는 것을 보이는 퇴적 구조로, 지층의 상하 관계를 알 수 있다.

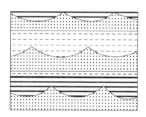

연흔: 물결 무늬 모양의 퇴적구조로, 지층이 쌓일 당시 환경이 수심이 얕은 바다나 호수 또는 모래 사막이었음을 알려준다.

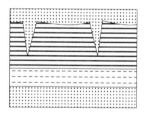

건열: 굳지 않은 진흙질의 퇴적물이 건조될 때, 표면이 갈라지며 나타나는 퇴적구조로, 당시 기후 환경이 빠르게 건조해진 상황을 알려 준다.

ⓒ **지층의 역전 유무 판단** : 지층은 처음 형성될 당시 그대로 있는 것이 아니라 오랜 시간이 지나는 동안 지형 변화를 겪으며 뒤집히는 등의 변화를 겪게 된다. 따라서 퇴적 구조를 이용하면 시층의 역전 유무를 판단할 수 있다.

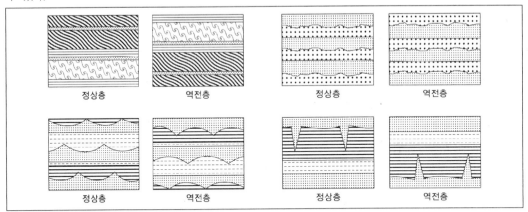

(5) 우리나라의 대표적인 지형

① **천연 기념물** ⋯ 학술 및 관상적 가치가 높아 법률로 보호와 보존을 하도록 지정한 지질, 광물 및 동식물(서식지 포함)

  ㉠ 강원 강릉시 정동진 해안 단구 : 천연 기념물 437호
  ㉡ 경기 포천시 한탄강 대교천 현무암 협곡 : 천연 기념물 436호
  ㉢ 경북 포항시 달전리 주상 절리 : 천연 기념물 415호
  ㉣ 전남 보성군 비봉리 공룡알 화석 : 천연 기념물 418호
  ㉤ 제주 북제주군 우도 홍조 단괴 해빈 : 천연 기념물 437호
  ㉥ 충북 단양 고수 동굴 : 천연 기념물 256호

② **국립 공원** ⋯ 우리나라의 자연 풍경을 대표하는 경승지로, 국가가 법으로 지정하여 관리하는 곳

  ㉠ 지리산 : 백두 대간의 남쪽 끝에 위치한 한반도 남부 최대의 산으로, 섬록암과 화강암, 화강편마암으로 이루어짐.
  ㉡ 설악산 : 백두 대간의 중앙인 강원도 북부의 화강암 산
  ㉢ 북한산 : 중생대 후기 지하의 화강임이 융기되어 형성됨.
  ㉣ 변산 반도 : 선캄브리아 누대의 화강암과 편마암 위에 쌓인 중생대 퇴적층이 해식 절벽과 해식 동굴을 이룸.
  ㉤ 완도, 한산도, 거제도 : 중생대의 대륙 지형이 신생대에 해수면 상승으로 다수의 섬이 되었고, 일부 화산 지형이 추가됨.
  ㉥ 한라산 : 신생대의 화산 활동으로 형성됨. 세계 자연 유산 등재 및 유네스코 세계 지질 공원 인증

(6) 한반도 지형의 심미적 감상

① 문학 작품에 나타난 한반도 지형
- ㉠ 정지용(시인)의 '백록담', '장수산', '비로봉' 등
- ㉡ 김정한(소설가)의 '모래톱 이야기'
- ㉢ 이병주(소설가)의 '지리산'

② 음악 작품에 나타난 한반도 지형
- ㉠ 자산의 학교의 교가
- ㉡ 최영섭 작곡, 한상억 작사의 '그리운 금강산'
- ㉢ 한돌 작곡, 신형원 노래의 '터'

③ 미술 작품에 나타난 한반도 지형
- ㉠ 겸재 정선의 '금강산전도', '인왕재색도'
- ㉡ 표암 강세황의 '영통동구'

행성으로서의 지구

1 그림은 수권에서 물의 분포를 나타낸 것이다.

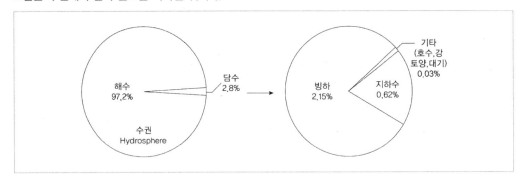

그림에 대한 설명으로 옳지 않은 것은?

① 해수에 비해 육수는 여러 가지 형태로 존재한다.

② 육수의 대부분은 빙하가 차지한다.

③ 수권 중 가장 많은 부분을 차지하는 부분은 빙하이다.

④ 수권은 지구의 에너지 평형을 이루는데 중요한 역할을 한다.

⑤ 수권의 존재는 태양계 혹은 우주에서 지구의 존재를 특별하게 만드는 중요한 조건 중의 하나이다.

TIP 수권 중 가장 많은 부분을 차지하는 부분은 해수이다.

2 다음 중 지권에 대한 설명으로 옳지 않은 것은?

① 지구계의 하위 권역 중 가장 큰 부피를 차지한다.

② 지하 약 100km까지를 암석권이라고 한다.

③ 내핵은 고체 상태로 추정된다.

④ 지권 중 가장 큰 부피를 차지하는 것은 외핵이다.

⑤ 지진파의 속도변화를 기준으로 지각, 맨틀, 외핵, 내핵으로 구분한다.

TIP 지권 중 가장 큰 부피를 차지하는 것은 맨틀이다.

3 지구와 가까이 있는 금성 및 화성과 비교해 볼 때 지구에서 생명체가 탄생하고 번성할 수 있는 이유와 관련이 있는 것을 〈보기〉에서 모두 고른 것은?

〈보기〉
㉠ 태양으로부터 적당한 거리에 위치하고 있다.
㉡ 생명체가 존재하기에 알맞은 적당한 대기압과 대기 조성을 가지고 있다.
㉢ 지구 내부 에너지에 의해 적당한 평균 온도가 유지되고 있다.
㉣ 생명체가 탄생할 수 있는 액체 상태의 수권이 존재한다.

① ㉠㉡
② ㉡㉣
③ ㉠㉡㉣
④ ㉡㉢㉣
⑤ ㉠㉡㉢㉣

TIP 지구는 태양으로부터 너무 가깝지도 멀지도 않은 거리에 있으며, 지구 대기가 적절한 온실 효과를 나타내기 때문에 적당한 온도가 유지되면서 액체상태의 물이 존재할 수 있었다.

4 그림은 1979, 1983, 1991년에 인공위성에서 남극 상공에 나타난 오존 구멍의 변화를 조사하여 얻은 것을 순서대로 나열한 것이다.

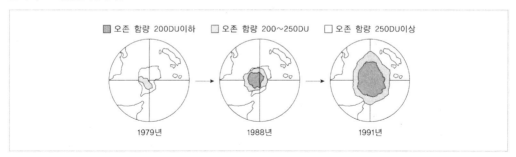

그림에 대한 설명 중 옳지 않은 것을 고르면? (1DU는 지표에서 1mm 두께의 층을 형성할 수 있는 오존량 이다)

① 오존 구멍이 점차 커지고 있다.
② 오존층의 파괴를 일으키는 주성분은 프레온 가스이다.
③ 극지방의 오존이 적도 지방으로 이동하여 생기는 현상이다.
④ 오존 구멍이 생길 경우 지면에 도달하는 자외선의 양이 증가한다.
⑤ 오존층이 얇아질수록 지표 부근의 대기 중에는 오존 농도가 증가한다.

TIP 성층권에 존재하는 오존층은 태양 복사의 자외선을 차단해 주는데, 오존 구멍이 생길 경우에는 지면에 도달하는 자외선의 양이 증가한다. 따라서 지상의 대기 중에 있는 산소 분자가 자외선에 의해 산소 원자로 분해되었다가 오존이 되므로 지표면 부근에서 오존 농도가 증가한다.

ANSWER 1.③ 2.④ 3.③ 4.③

5 그림은 지질 시대를 거치는 동안 생물권의 영역 변화를 시간 순서대로 나타낸 것이다.

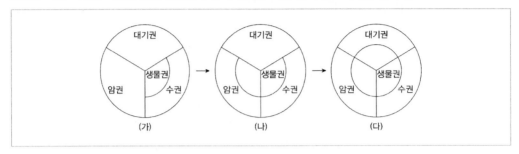

그림에 대한 설명으로 옳은 것을 〈보기〉에서 모두 고른것은?

〈보기〉
㉠ (가)의 시기에는 대기권의 기온 분포가 오늘날과 달랐을 것이다.
㉡ (가)에서 (나)로의 변화는 오존층의 형성과 밀접한 관련이 있다.
㉢ (나)에서 (다)로의 변화가 시작될 때는 인류가 지구상에 출현했을 때이다.

① ㉠
② ㉡
③ ㉠㉡
④ ㉠㉢
⑤ ㉡㉢

TIP 생물권이 대기권으로까지 영역을 확대한 시기는 시조새가 출현한 중생대이다. 인류는 신생대 제4기에 지구상에 출현하였다.

6 지구계의 에너지원과 상호 작용에 대한 설명으로 옳지 않은 것은?

① 지구계의 에너지원에는 태양 복사에너지, 지구 내부 에너지 및 조력 에너지가 있다.
② 태양 복사 에너지는 대기와 해수의 순환을 일으키고, 생물권에 에너지를 제공한다.
③ 지권에서 일어나는 지진과 화산 활동의 원동력은 지구 내부 에너지이다.
④ 해안에서 밀물과 썰물을 일으키는 원동력은 조력 에너지이다.
⑤ 지구 내부 에너지와 조력 에너지는 태양 에너지가 전환된 것이다.

TIP 태양 에너지와 지구 내부 에너지, 조력에너지는 에너지 생성의 근원이 서로 다르다. 태양 에너지는 태양의 중심부에서의 수소핵융합 반응으로 생성되며, 지구 내부에너지는 주로 방사성 원소의 붕괴열과 미행성의 충돌열, 조력에너지는 달과 태양의 인력에 기인한다.

7   최근 100여 년 동안 대기 중의 이산화탄소 농도는 지구의 평균 기온과 함께 계속 증가 추세를 보이고 있다. 대기 중의 이산화탄소의 양이 증가할 때 나타날 수 있는 현상을 다음 〈보기〉에서 모두 고른 것은?

〈보기〉
㉠ 지구의 복사 평형이 깨진다.
㉡ 해수면이 점차 상승한다.
㉢ 지진과 화산 활동이 심해진다.
㉣ 기후가 변하고 생태계가 변한다.
㉤ 증발량과 강수량의 분포가 변한다.

① ㉠㉡㉢   ② ㉠㉢㉣
③ ㉡㉣㉤   ④ ㉠㉡㉢㉣
⑤ ㉡㉢㉣㉤

🌺 TIP 이산화탄소가 증가하여 온실효과가 강해지면 지구의 온도가 높아지지만 지구의 복사평형은 유지된다.

8   다음 〈보기〉는 탄소가 지구계의 각 권 사이를 순환하는 과정에 관한 것이다.

〈보기〉
㉠ 기권에서 탄소는 주로 이산화탄소의 형태로 존재한다.
㉡ 탄소는 지구계의 각 권 사이를 일정한 형태를 유지하면서 순환한다.
㉢ 탄소의 순환과정을 통해 대기 중의 이산화탄소량은 계속 줄어들고 있다.

〈보기〉의 내용 중 옳은 것을 모두 고른 것은?

① ㉠   ② ㉡
③ ㉠㉡   ④ ㉡㉢
⑤ ㉠㉡㉢

🌺 TIP 탄소는 지구계의 각 권 사이를 다양한 형태로 존재하면서 순환한다. 탄소의 순환과정을 통해 대기 중의 이산화탄소량은 줄어들기도 하고 늘어나기도 하지만, 지구 전체의 탄소량은 일정하게 유지된다.

⭐ ANSWER   5.③ 6.⑤ 7.③ 8.①

9 지구계의 상호 작용을 바르게 나타낸 것을 〈보기〉에서 모두 고른것은?

〈보기〉
㉠ 생물권과 지권 : 식물이 뿌리를 통해 생장에 필수적인 광물질을 흡수한다.
㉡ 기권과 수권 : 지구 온난화는 해수면의 높이를 상승시킨다.
㉢ 수권과 지권 : 해류의 순환이 멈추면 빙하기가 올 수 있다.

---

① ㉠   ② ㉢
③ ㉠㉡   ④ ㉡㉢
⑤ ㉠㉡㉢

TIP 해류의 순환이 멈추면 빙하기가 올 수 있는 것은 수권과 기권 간의 상호작용에 해당한다.

10 다음은 어떤 친환경 에너지의 활용사례를 나타낸 것이다. 이 에너지원의 활용에 대한 설명으로 옳은 것은?

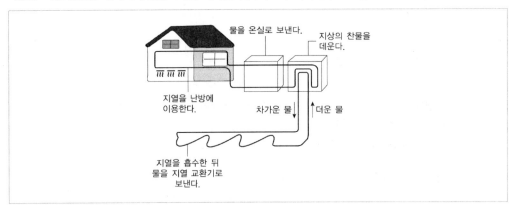

① 화산 지역에서만 활용이 가능하다.
② 에너지의 원천은 대기와 해양에서 기원한다.
③ 지하수의 흐름을 이용한 전기 생산 방식이다.
④ 우리나라 전기의 1/4이 이 방식으로 생산된다.
⑤ 가열된 지하수를 이용하여 난방, 발전에 활용한다.

TIP 그림은 지열을 이용하여 개별 주택의 냉난방을 하는 모습을 나타낸 것이다. 지열 에너지는 화산지역에서 특히 잘 이용할 수 있으나 반드시 화산 지역에서만 가능한 것은 아니다. 지열 에너지의 원천은 지구 내부에서 발생한 열이며 우리나라는 지열이 비교적 적은 지역으로서 아직 이렇다 할 지열 발전 설비가 없는 실정이다.

11 광상에 대한 설명으로 옳지 않은 것은?

① 쓸모있는 광물이 집중된 곳을 말한다.

② 자연 상태의 금은 화성 광상에서만 산출된다.

③ 퇴적작용에 의한 광산을 퇴적 광상이라 한다.

④ 일반적으로 광상의 형성 과정에 따라 구분한다.

⑤ 암석이 열과 압력을 받는 경우 변성광상이 형성될 수 있다.

> **TIP** 광상은 쓸모있는 광물 자원이 집중되어 있는 곳을 의미하며, 생성 과정에 따라 화성(마그마)광상, 퇴적광
> 상, 변성광상으로 분류한다. 금이 반드시 변성광상이나 화성광상에서만 나타나는 것은 아니며 사금(砂金)
> 과 같은 것은 퇴적광상에서 나타나기도 한다.

12 다음은 자원의 채굴량의 증가에 따른 품질의 변화를 나타낸 것이다.

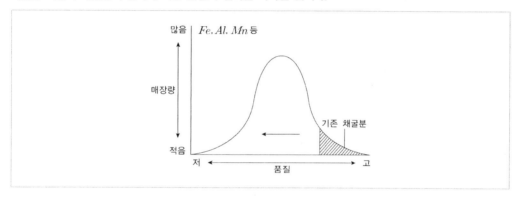

자료에 대한 해석으로 옳은 것만을 〈보기〉에서 모두 고른 것은?

〈보기〉

㉠ 품질이 좋은 자원을 먼저 개발한다.

㉡ 자원의 수요가 늘면 채산성이 낮은 자원도 개발할 수 밖에 없다.

㉢ 품질이 매우 우수하거나 아주 나쁜 자원의 매장량은 적다.

① ㉡   ② ㉠㉡

③ ㉠㉢   ④ ㉡㉢

⑤ ㉠㉡㉢

> **TIP** 그래프는 품질이 매우 좋거나 매우 나쁜 자원은 매장량이 적고 품질이 중간 정도인 자원의 매장량이 가장
> 많음을 보여주고 있다. 또한 채굴은·품질이 우수한 것부터 품질이 낮은 순으로 이루어짐을 알 수 있다.

13 그림은 토양의 단면을 나타낸 것이다. A∼D의 층에 대한 설명으로 옳은 것만을 〈보기〉에서 모두 고른 것은?

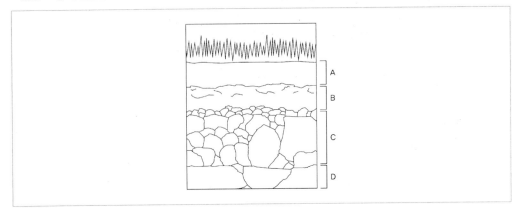

〈보기〉

㉠ 토양의 생성 순서는 D→C→B→A이다.
㉡ A층의 물질 일부는 B층에 쌓인다.
㉢ C는 D의 풍화 산물이다.
㉣ 건조한 지역에서 A∼D층이 잘 발달한다.

① ㉠㉡
② ㉠㉢
③ ㉡㉢
④ ㉡㉣
⑤ ㉢㉣

TIP 성숙한 토양의 단면에서는 아래로부터 위쪽으로 가면서 기반암, 모질물, 심토, 표토 순서로 나타나지만 토양이 생성된 순서로 보면 표토가 심토보다 먼저 형성되고 표토에서 식생이 발달한 후에 심토가 형성된다. 따라서 심토에는 표토에서 기원하여 스며든 물질들이 존재한다. 토양은 기반암이 풍화작용을 받아 형성된 것이다.

14 다음은 에너지별 소비량의 변화 추이를 나타낸 그래프이다.

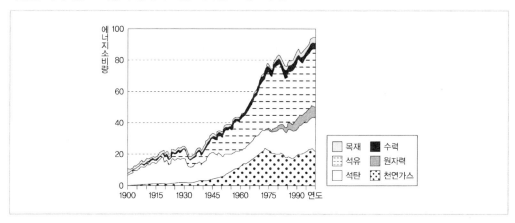

자료에 대한 해석으로 옳은 것만을 〈보기〉에서 모두 고른 것은?

〈보기〉
㉠ 화석 연료의 사용에 절대적으로 의존하고 있다.
㉡ 친환경 에너지의 소비가 급격하게 증가하고 있다.
㉢ 원자력발전의 사용량은 증가하는 추세에 있다.

① ㉡
② ㉠㉡
③ ㉠㉢
④ ㉡㉢
⑤ ㉠㉡㉢

🌸**TIP** 그래프를 통해 과거 약 100년 간의 에너지의 소비는 전체적으로 증가 추세임을 알 수 있다. 석유, 석탄, 천연가스 등의 화석 연료 사용이 압도적으로 많으며 원자력 에너지의 비율은 적다. 친환경 에너지라고 볼 수 있는 수력은 비율이 매우 적으며 아주 작은 폭으로 증가하고 있다.

⭐ **ANSWER** 13.③ 14.③

15 지구상의 물의 양이 현재의 절반 정도로 줄어들었다고 가정할 때의 변화로 옳은 것을 〈보기〉에서 모두 고른 것은?

〈보기〉

㉠ 대기운동이 더 활발해진다.
㉡ 위도간 온도차가 더 커진다.
㉢ 지구 전체의 강수 총량이 증가한다.

① ㉠
② ㉡
③ ㉠㉡
④ ㉠㉢
⑤ ㉡㉢

TIP 지구상의 물의 양이 줄어들면 육지의 면적이 늘어난다. 바다에서 증발되는 물의 양이 적어져 전체적으로 물의 순환 규모가 작아지고 강수량도 당연히 적어진다. 해수에 의한 위도간 열수송이 줄어듦에 따라 대기에 열수송의 부담이 커져 대기 운동이 더 활발해진다. 위도간 열수송 총량은 감소하여 위도간 온도차가 더 커질 것이다.

16 다음 중 화산암과 심성암의 분류 기준으로 가장 적절한 것은?

① 암석의 색
② 생성 온도
③ 산출 장소
④ 광물의 화학조성
⑤ 용암의 종류

TIP 화산암은 지표나 지하 얕은 곳에서, 심성암은 지하 깊은 곳에서 냉각되어 굳은 암석이다.

17 제주도의 주 분화구가 분출을 끝낸 뒤 화산 기저에 있는 마그마가 약한 지반을 뚫고 나와 주변에서 분출되어 생성된 지형은?

① 오름
② 올레길
③ 주상절리
④ 습곡
⑤ 단층

TIP 주 분화구 분출 후 생긴 기생화산으로 제주도에서는 오름이라고 한다.

18 모래가 퇴적된 사암층이 광역 변성을 받아 딱딱한 차돌로 된 이 암석은?

① 역암   ② 셰일

③ 석회암   ④ 규암

⑤ 대리암

TIP 사암이 재결정을 받아 변성된 규암은 흔히 차돌이라고 한다.

19 다음 중 퇴적암의 생성 과정이 다른 것은?

① 역암   ② 사암

③ 셰일   ④ 응회암

⑤ 석회암

TIP 석회암은 $CaCO_3$가 침전되어 형성된 화학적 퇴적암이고, 역암과 사암, 셰일, 응회암은 쇄설성 퇴적암이다.

20 그림 (가)와 (나)는 퇴적암에 특징적으로 형성되는 퇴적구조를 나타낸 것이다.

이 퇴적 구조에 대한 설명으로 옳은 것만을 〈보기〉에서 있는 대로 고른 것은?

〈보기〉
㉠ (가)를 통해 바람이나 물이 흘렀던 방향을 알 수 있다.
㉡ (나)는 주로 건조한 기후에서 형성된다.
㉢ 두 지층 모두 지층의 역전은 없었다.

① ㉠   ② ㉡

③ ㉠㉡   ④ ㉡㉢

⑤ ㉠㉡㉢

TIP (가)는 사층리로 바람이나 물이 흘렀던 방향을 알려준다. 그림 (가)는 왼쪽에서 오른쪽으로 바람이나 물이 흘렀다. (나)는 건열 구조로 주로 건조한 기후에서 형성된다.

ANSWER   15.③ 16.③ 17.① 18.④ 19.⑤ 20.⑤

21 우리나라의 대표적인 화산은 한라산과 산방산이다. 이에 대한 설명으로 옳지 않은 것은?

① 산방산보다 한라산에서 분출된 마그마의 온도가 더 높았다.
② 화산의 폭발력은 산방산이 더 컸을 것이다.
③ 두 화산은 같은 종류의 마그마에서 만들어졌다.
④ 산방산보다 한라산에서 분출된 용암이 더 잘 흘러갔을 것이다
⑤ 한라산은 순상 화산, 산방산은 종상 화산이다.

TIP 한라산은 현무암질 마그마에 의해, 산방산은 유문암질(화강암질) 마그마에 의해 만들어졌다.

22 다음 그림은 원시 지구의 형성 과정을 나타낸 것이다. 이 그림에 대한 설명으로 옳은 것을 〈보기〉에서 모두 고른 것은?

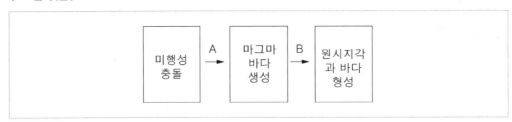

〈보기〉
㉠ A와 B에서 지구의 온도는 계속 높아졌다.
㉡ A에서 지구의 크기가 점차 커졌다.
㉢ B에서 핵과 맨틀이 형성되었다.

① ㉠
② ㉡
③ ㉠㉢
④ ㉡㉢
⑤ ㉠㉡㉢

TIP 미행성이 충돌하여 마찰열에 의해 A에서는 지구의 온도가 높아지지만, 미행성 충돌이 줄어들면서 B에서는 지구의 온도가 낮아져서 수증기가 응결하여 비가 내리며 원시 지각과 바다를 형성한다.

23 지구와 가까이 있는 금성 및 화성과 비교해 볼 때 지구에서 생명체가 탄생하고 번성할 수 있는 이유와 관련이 있는 것을 〈보기〉에서 모두 고른 것은?

> 〈보기〉
> ㉠ 지구 내부에너지에 의해 적당한 평균 온도가 유지되고 있다.
> ㉡ 생명체가 존재하기에 알맞은 적당한 대기압과 대기 조성을 가지고 있다.
> ㉢ 태양으로부터 적당한 거리에 위치하고 있다.
> ㉣ 생명체가 탄생할 수 있는 액체 상태의 수권이 존재한다.

① ㉠㉡　　　　　　　　　　　　② ㉡㉣
③ ㉠㉡㉣　　　　　　　　　　　④ ㉡㉢㉣
⑤ ㉠㉡㉢㉣

TIP 지구는 태양으로부터 적당한 거리에 위치하여 태양복사에너지양에 의해 적당한 평균 온도가 유지된다.

24 다음 그림은 지구의 생성에 대한 여러 가지 가설 중, 미행성 충돌에 의한 생성 과정을 나타낸 것이다. 이를 바탕으로 하여 학생들이 지구 생성 환경에 대해 추정한 내용으로 옳지 않은 것은?

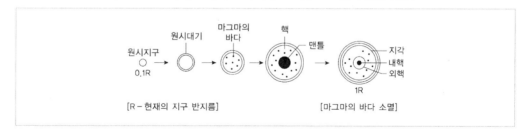

① 철수 : 지구 생성 과정에는 수증기가 없었다.
② 영희 : 밀도는 지구 중심으로 갈수록 커진다.
③ 미영 : 화산 활동이 현재보다 활발하였다.
④ 정현 : 시간이 지나면서 미행성의 충돌 횟수가 줄었다.
⑤ 정숙 : 미행성의 충돌로 인하여 지구 반지름이 커졌다.

TIP 초기 지구는 미행성의 충돌로 지구의 크기가 커지고, 화산활동도 활발하였다. 지구 생성 초기에 있던 수증기가 비로 내려 원시 바다를 형성하였다.

ANSWER 21.③ 22.④ 23.④ 24.①

25 다음 (가)는 원시 지구의 진화 과정을 시간에 따라 나타낸 것이고, (나)는 대기 조성의 변화를 나타낸 그래프이다. 이에 대한 설명으로 옳은 것을 〈보기〉에서 모두 고른 것은?

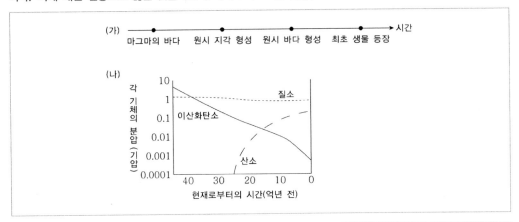

〈보기〉
㉠ 원시 바다가 생성될 때 미행성의 충돌이 최고로 많이 일어났을 것이다.
㉡ 지구 중심부의 밀도는 마그마의 바다일 때 보다 원시 지각이 형성된 후 더 커졌을 것이다.
㉢ 지구 생성초기 대기에는 이산화탄소가 주를 이루었으나 현재는 질소가 대부분을 차지하고 있다.

① ㉠
② ㉢
③ ㉠㉡
④ ㉡㉢
⑤ ㉠㉡㉢

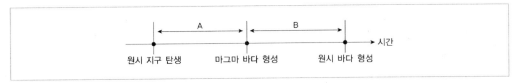 원시바다는 미행성 충돌이 줄어들면서 지구의 온도가 서서히 내려가면서 형성되었다.

26 다음 그림은 원시 지구의 진화 과정을 나타낸 것이다. A와 B 시기의 원시 지구에 대한 설명으로 옳지 않은 것은?

원시 지구 탄생 — A — 마그마 바다 형성 — B — 원시 바다 형성 → 시간

① A시기에는 대기가 존재하였다.
② B시기에는 내부에 맨틀과 핵이 형성되었다.
③ B시기에는 표면 온도가 계속 높아졌다.
④ 지구 크기는 A보다 B시기에 더 컸다.
⑤ 지구 중심부의 밀도는 A보다 B시기에 더 컸다.

 원시바다가 생기기 이전 미행성 충돌이 줄어들면서 지구의 온도는 점점 내려갔다.

27 다음 그림은 지구의 탄생 과정을 간단히 나타낸 것이다. 지구의 탄생 과정에 대한 설명 중 옳은 것은?

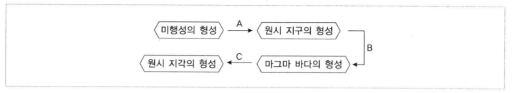

① A, B과정에서는 지구 표면의 온도가 높아졌다.
② 원시대기는 A과정 이전에 형성되었다.
③ 원시바다는 B과정에서 형성되었다.
④ 미행성의 충돌은 C과정에서 가장 활발하였다.
⑤ 지구 내부의 층상구조는 A, B, C과정에서 각각 형성되었다.

TIP 원시지구가 형성되면서 미행성속에 있던 기체 성분들이 모여 원시대기가 형성되었다. 원시 바다는 지구가 식으며 수증기가 비로 내리는 과정에서 형성되었고, B과정 이후에 지구 내부의 층상구조가 형성되었다.

28 지구와 나란하게 있는 달과 비교해 볼 때 지구에서 생명체가 탄생하고 번성할 수 있는 이유와 관련이 있는 것을 〈보기〉에서 모두 고른 것은?

〈보기〉
㉠ 생명체가 탄생할 수 있는 액체 상태의 수권이 존재한다.
㉡ 지구 내부 에너지에 의해 적당한 평균 온도가 유지되고 있다.
㉢ 생명체가 존재하기에 알맞은 적당한 대기압과 대기 조성을 가지고 있다.

① ㉠
② ㉡
③ ㉢
④ ㉠㉢
⑤ ㉡㉢

TIP 생명체가 존재하기 위해 액체상태의 물과 적절한 두께의 대기가 필요하다. 그리고 이런 상태가 가능했던 것은 지구가 태양으로부터 생명가능지대에 위치했기 때문이다.

⭐ **ANSWER**   25.④ 26.③ 27.① 28.④

29 다음 그림 (가)는 지구의 초기 진화 과정을, (나)는 지구 생성 초기부터 현재까지 대기 성분의 변화를 나타낸 것이다. 이에 대한 설명으로 옳은 것을 〈보기〉에서 모두 고른 것은?

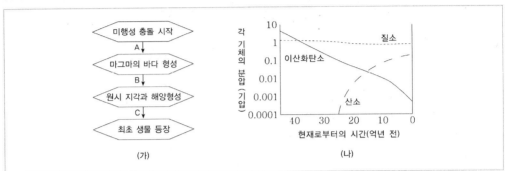

(가)

(나)

〈보기〉

㉠ A보다 B에서 지구 중심부의 밀도가 더 커졌다.
㉡ 원시 바다가 형성된 후 마그마의 바다가 냉각되어 지각을 이루었다.
㉢ C에서 대기 중 기체 분압의 크기는 질소 > 산소 > 이산화탄소 순이다.

① ㉠
② ㉡
③ ㉢
④ ㉠㉢
⑤ ㉡㉢

TIP 원시지각이 형성된 후 원시바다가 형성되었다. 산소는 생물체가 광합성 작용으로 만들어졌으므로 최초의 생명체가 출현하기 이전에 산소는 없었다.

ANSWER 29.①

02 생동하는 지구

 고체 지구의 변화

(1) 화산활동과 화산

마그마가 지표로 분출되는 현상을 화산활동이라 하고, 화산활동에 의해 생긴 산을 화산이라 한다.

(2) 화산 분출물

화산활동이 일어날 때 분출되는 모든 물질
① 화산가스(기체)
　㉠ 대부분이 수증기 + 휘발성 기체
　㉡ 휘발성 기체가 많을수록 폭발적 분출
② 용암(액체) … 마그마의 액체성분
③ 화산 쇄설물(고체)
　㉠ 크기 : 화산진 < 화산재 < 화산력 < 화산암괴
　㉡ 화산암괴 중 유선형이나 고구마 모양인 것을 화산탄이라 한다.

(3) 용암의 종류

	현무암질 용암		안산암질 용암	유문암질 용암
SiO_2 함량	작다			많다
점성	작다			크다
유동성	크다			작다
화산형태	순상화산	용암대지	성층화산	종상화산
예	한라산, 철원평야		후지산	산방산
온도	높다			낮다
가스함량	적다			많다
분출형태	조용한 분출			격렬한 폭발
화산쇄설물 양	적다			많다

(4) 화산의 분류

① **활화산** ··· 현재에도 활동하고 있는 화산

② **휴화산** ··· 현재는 화산활동 안하지만 화산활동 기록이 남아있는 화산→백두산, 한라산

③ **사화산** ··· 현재에도 화산활동 안하고, 화산활동 기록도 없는 화산

(5) 지진 : 파동에 의해 땅이 흔들리는 현상

① **지진의 원인** ··· 단층작용(주된 원인), 화산활동, 지하 동굴 붕괴 등

② **진원과 진앙**

  ㉠ 진원 : 지진이 발생한 지점

  ㉡ 진앙 : 진원 바로 위 지표면

③ **진원 깊이에 따른 지진의 분류**

  ㉠ 천발지진 : 진원의 깊이가 100km 내

  ㉡ 심발지진 : 진원의 깊이가 100km 이상

(6) 지진파 : 지진이 발생했을 때 생기는 파동

① 지진파는 반사와 굴절을 하며, 통과하는 물질에 따라 속도가 달라진다.

② 지진파의 종류

구분	P파	S파	L파
형태	종파 (진행 방향과 진동방향이 평행) 파의 진행 방향 → ↔ 진동 방향	횡파 (진행 방향과 진동방향이 수직) 파의 진행 방향 → ↕ 진동 방향	표면파
속도	빠르다 (5 ~ 8m/s)	느리다 (3 ~ 4m/s)	가장 느리다
진폭	작다	크다	가장 크다
통과 물질	고체, 액체, 기체	고체	지표면
피해	작다	크다	가장 크다

③ **지진파 측정 장치**

  ㉠ 지진계 : 관성의 원리를 이용하여 지진파를 기록한다.

  ㉡ 추는 관성에 의해 정지되어 있고, 회전원통이 움직이면서 지진을 기록한다.

④ **지진계에서 지진파 기록**

  ㉠ P파의 속도가 빠르고 S파의 속도가 느리므로, 지진계에서 항상 P파가 먼저 기록되고 S파가 나중에 기록된다.

  ㉡ PS시 : P파가 도달한 후 S파가 도달할 때까지 걸린 시간

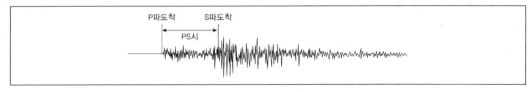

ⓒ PS시가 길수록 진앙까지의 거리가 멀다.
ⓔ 주시곡선 그래프 : 지진파의 도착시간과 진앙까지의 거리 관계를 나타낸 그래프
ⓜ 진앙까지 거리에 따른 PS시와 주시곡선의 해석

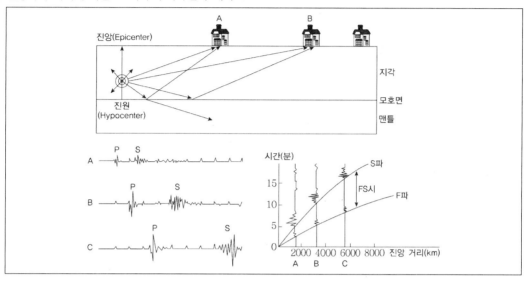

⑤ 지진의 세기
  ⓐ 규모 : 지진이 발생했을 때 진원으로부터 방출되는 에너지의 양으로, 진원으로부터의 거리에 상관없이 어디서나 일정하다.
  ⓑ 진도 : 지진에 의한 피해의 정도로, 진원으로부터의 거리가 멀수록 작아진다.

(7) 화산대와 지진대

① 화산대 … 화산활동이 활발한 지역을 연결한 띠

② 지진대 … 지진활동이 활발한 지역을 연결한 띠

③ 화산대와 지진대의 분포특징
  ⓐ 화산대와 지진대는 판 경계와 일치한다.(이유 : 판 경계에서 지진과 화산이 일어나므로)
  ⓑ 대륙의 중앙부는 대부분 판의 경계가 아니므로 화산대와 지진대가 분포하지 않는다. 그래서 화산대와 지진대는 모든 지역에 고르게 분포하지 않는다.
  ⓒ 지진대에서 천발지진대가 발생 범위가 더 넓다.

④ 주요 화산대와 지진대
  ⓐ 환태평양 화산대와 지진대 : 환태평양 화산대를 불의 고리라고도 한다.
  ⓑ 알프스-히말라야 화산대와 지진대 : 히말라야는 지진은 자주 발생하지만 화산활동은 없다.

ⓒ 해령 화산대와 지진대 : 대서양 중앙해령이 가장 유명하다.

화산대와 지진대

판 경계

⑻ 순상지와 변동대

① 순상지 … 지진활동, 화산활동, 조산운동 등의 지각변동이 거의 일어나지 않아 안정한 지역 ⇒ 대륙 중앙부

② 변동대 … 지진활동, 화산활동, 조산운동 등의 지각변동이 활발하게 일어나는 지역 ⇒ 대륙 주변부 = 판의 경계

⑼ 판 구조론이 나오기 까지 순서

대륙이동설 → 맨틀 대류설 → 해저 확장설 → 판 구조론

⑽ 대륙이동설

① 고생대 말에 하나로 붙어 있던 대륙(= 초대륙, 판게아)이 떨어져 이동하여 오늘날 같이 되었다고 설명하는 이론

② 대륙이동설의 증거

   ⑤ 마주보는 대륙의 해안선 일치

   ⓒ 떨어진 두 대륙 간 동일생물 화석 발견

   ⓒ 떨어진 두 대륙 간 지질구조 연속성

   ② 빙하의 이동흔적과 분포 일치

③ 베게너가 대륙이동설을 발표 했을 당시에는 대륙이동의 원동력을 설명하지 못해 대륙이동설이 인정받지 못하였다. 나중에 대륙이동의 원동력이 맨틀의 대류라는 것이 밝혀져 그때부터 인정받았다.

⑾ 맨틀 대류설

맨틀의 상하 온도 차이에 의해 대류가 일어나 맨틀 위에 떠있는 대륙이 이동한다는 이론

⑿ 해저 확장설

① 맨틀대류가 상상하는 곳 중 하나인 해령에서 새로운 해양지각이 생성되고, 해양지각이 양쪽으로 밀려나면서 해저가 확장된다는 이론

② 증거 … 해령에서 멀어질수록 해양지각의 나이가 많아지고, 퇴적물의 두께는 두꺼워지고, 퇴적물의 최하층 나이도 많아진다.

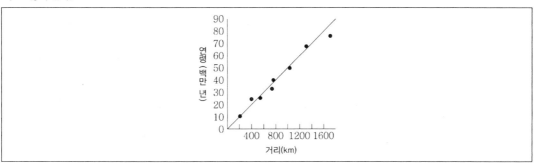

⒀ 판 구조론

지구의 겉 부분은 약 10여 개의 판으로 이루어져 있으며, 판이 움직임에 따라 판의 경계에서 화산, 지진, 조산 운동 등 여러 가지 지각 변동이 일어난다는 이론

① 판
    ㉠ 지각부터 맨틀 상층부까지 딱딱한 100km 부분을 암석권이라 하고, 암석권의 조각을 판이라 한다.
    ㉡ 대륙판 : 대륙지각을 포함한 판으로 두껍고 밀도가 작다.
    ㉢ 해양판 : 해양지각을 포함한 판으로 얇고 밀도가 크다.

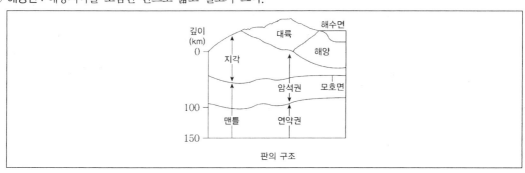

판의 구조

② **연약권** … 판 아래의 깊이 100km ~ 400km까지의 부분
   ㉠ 유동성 있는 고체 상태로 맨틀의 대류가 일어난다.
   ㉡ 판보다 밀도가 크다.
③ **판 이동의 원동력** … 맨틀의 대류
   ㉠ 맨틀 대류의 이동방향과 판의 이동방향은 같다.
   ㉡ 맨틀대류가 상승하는 곳은 판과 판이 멀어진다.
   ㉢ 맨틀대류가 하강하는 곳은 판과 판이 가까워진다.

⒁ 판의 경계

① **발산형 경계** … 맨틀 대류가 상승하여 판과 판이 서로 멀어지는 경계
   ㉠ 판(주로 해양지각)의 생성이 일어난다.
   ㉡ 대륙판과 대륙판의 발산

형성되는 지형	특징	예
열곡, 열곡대	열곡대에 바닷물이 들어오면 새로운 바다가 만들어지기도 한다. (홍해)	동아프리카 열곡대, 아이슬란드 열곡대

   ㉢ 해양판과 해양판의 발산

형성되는 지형	특징	예
해령, 열곡	해령을 중심으로 새로운 해양지각이 생성되고 해저가 확장된다.	대서양 중앙해령, 동태평양 해령
그림		

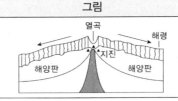

   ㉣ 발산형 경계에서는 화산활동과 천발지진은 일어나지만, 심발지진은 일어나지 않는다.

② **수렴형 경계** … 맨틀 대류가 하강하여 판과 판이 가까워지는 경계
   ㉠ 판의 소멸이 일어난다.
   ㉡ 대륙판과 대륙판이 수렴(= 충돌형 경계)

형성되는 지형	예	특징
습곡산맥	히말라야 산맥, 알프스 산맥	천발지진과 심발지진은 일어나지만 화산활동은 일어나지 않는다.
그림		

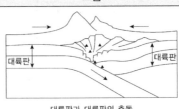

대륙판과 대륙판의 충돌

ⓒ 대륙판과 해양판이 수렴(= 섭입형 경계)

형성되는 지형	예	특징
해구, 호상열도, 습곡산맥	일본해구, 페루-칠레해구, 일본열도, 안데스 산맥	베니오프대에서 천발지진과 심발지진이 발생하고, 화산활동이 일어난다.
그림		

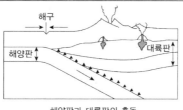

해양판과 대륙판의 충돌

ⓔ 해양판과 해양판이 수렴(= 섭입형 경계)

형성되는 지형	예	특징
해구, 호상열도	마리아나 해구	천발지진과 심발지진과 화산활동 모두 다 일어난다.

③ 보존형 경계 … 판과 판이 어긋나는 경계로 판의 생성과 소멸이 없다.

형성되는 지형	예	특징
변환단층	산안드레아스 단층	천발지진만 일어나고, 심발지진과 화산활동을 일어나지 않는다.
그림		

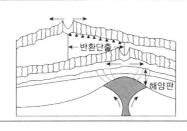 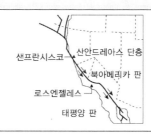

④ 판 경계에서 수렴형 경계, 발산형 경계, 보존형 경계 알아보기

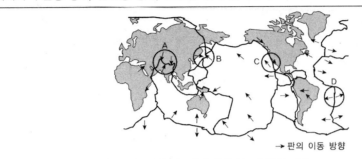

→ 판의 이동 방향

A(히말라야 산맥) : 수렴형 경계 중 대륙판과 대륙판이 충돌하는 충돌형 경계
B(일본해구, 일본열도) : 수렴형 경계 중 대륙판과 해양판이 충돌하는 섭입형 경계
C(산안드레아스 단층) : 보존형 경계
D(대서양 중앙해령) : 발산형 경계

⒂ **우리나라 주변의 지각변동**

① 우리나라는 유라시아 판(대륙판)과 태평양 판(해양판)과 필리핀 판(해양판)이 만나는 수렴형경계(섭입형 경계)이다.

　㉠ **밀도** : 태평양 판 > 필리핀 판 > 유라시아 판

　㉡ 일본해구, 호상열도인 일본열도가 있다.

② 일본에서 우리나라 쪽으로 올수록 진원의 깊이가 깊어져서 심발지진이 발생한다.

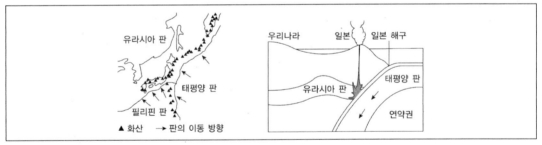

⒃ **풍화**

공기와 물(주된 원인), 생물, 기온변화에 의해 암석이 부셔져 흙이 되는 현상

⒄ **기계적 풍화**

성분 변화 없이 부셔지는 현상

① 한랭 건조한 지역에서 잘 일어난다.

② 박리 작용

　㉠ 암석위에 있는 토양이 제거되어 암석이 융기→암석이 지표로 노출되면서 암석에 작용하는 압력이 감소→암석이 팽창하면서 양파껍질처럼 벗겨지며 부셔진다.

　㉡ **형성되는 지형** : 판상절리

③ 동결 작용
 ㉠ 과정 : 암석 틈으로 물이 스며들어 얼면 부피가 증가한다. →암석의 틈을 벌려 암석을 쪼갠다.
 ㉡ 형성되는 지형 : 테일러스
④ 결정 작용
 ㉠ 과정 : 암석 틈으로 물이 스며들어간 후 물이 증발한다. →물에 녹아 있던 광물이 결정으로 성장해 압력을 가해서 틈을 벌려 쪼갠다.
 ㉡ 형성되는 지형 : 타포니
⑤ 기계적 풍화 결과 암석이 부서져 표면적이 넓어지면 화학적 풍화가 더 잘 일어난다.

⒅ 화학적 풍화

성분이 변하거나 용해되어 부서지는 현상

① 온난 다습한 지역에서 잘 일어난다.
② 용해 작용 … 물에 이산화탄소가 녹으면 약한 산성을 띠어 암석을 녹이는 현상
 ㉠ 석회 동굴
 ㉡ 석회암 + 물 + 이산화탄소 → 탄산수소칼슘
 ㉢ 종유석, 석순, 석주
③ 가수 분해 … 물속의 수소이온이나 수산화이온이 광물을 구성하는 이온과 치환하는 작용
 예 정장석 → 고령토 → 보크사이트
④ 산화 작용 … 암석속의 금속성분이 산소와 반응하는 작용
 예 철 + 산소 → 산화철
⑤ 화학적 풍화결과 암석이 약해져 기계적 풍화작용에 의해 더 쉽게 부서진다.

⒆ 생물학적 풍화작용

① 식물 뿌리가 성장하면서 암석 틈을 넓혀 암석을 쪼갠다. →기계적 풍화
② 이끼가 암석을 녹여 분해시킨다. →화학적 풍화

⒇ 사태

토양이나 암석 등이 경사면을 따라 흘러내리는 현상
① 원인 … 집중호우, 지진, 화산활동, 인간의 지반교란, 벌목, 경작지 및 광산개발 등

② 사태의 발생

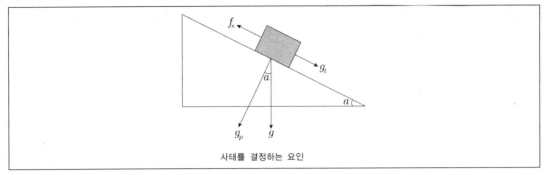

사태를 결정하는 요인

ⓐ $f_s > g_t$: 미끄러지지 않는다. → 사태가 일어나지 않는다.

ⓑ $f_s < g_t$: 미끄러져 내려간다. → 사태가 일어난다.

ⓒ 경사각(a)이 커질수록 미끄러져 내려가는 힘(g_t)이 커지는데, 미끄러져 내리지 않는 최대각($f_s > g_t$ 를 만족하는 최대각)을 안식각이라 한다.

ⓓ 경사각(a)이 안식각보다 커져서 $f_s < g_t$ 가 되면 사태가 일어난다.

ⓔ 경사면의 거칠기가 매끄러워지거나, 암석 속에 포함된 물의 양이 많아지면 마찰력이 작아져 안식각이 작아지므로 사태가 더 잘 발생된다.

③ 사태의 종류

종류	암석 낙하	미끄럼 사태	포행
사면의 경사	매우 가파르다	가파르다	완만하다
이동 속도	매우 빠르다	빠르다	느리다(수mm/년)
진행 과정	절벽의 사면으로부터 암석 덩어리가 낙하한다.	미끄러운 사면을 따라 암석과 토양이 미끄러져 흘러내린다.	토양과 풍화 산물이 사면 아래로 매우 느리게 이동한다.
모식도			

(21) 지진의 피해와 대책

① 직접피해 … 진동 및 지반 파열과 지반의 융기와 침하에 의해 시설물이나 구조물들이 파괴된다.

② 2차 피해 … 산사태 발생, 액상화, 쓰나미(지진해일)

　ⓐ 쓰나미 발생과정 : 해저지진이 발생 → 융기된 지반이 물을 위로 밀쳐냄 → 해일이 발생 → 해일이 바다에서는 파장이 길어서 빠른 속력으로 이동 → 육지에 접근하면 수심이 얕아져 물이 바닥과의 마찰력 때문에 속도가 느려지므로 뒤에서 오는 해일과 겹쳐진다. → 겹쳐져서 높이가 높아지고 에너지가 많아져 큰 피해 발생

　ⓑ 쓰나미는 대부분 수렴형 경계에서 발생한다.

③ 지진의 대책 … 내진설계 강화, 전조현상을 이용한 지진예보

④ 지진의 전조현상 … 지진이 발생하기 전에 나타나는 현상들

	전조현상
작은 지진 발생 수	증가
지표면의 높이	증가
P파의 속도	감소
암석의 전기전도도	감소
지하수위면	감소
라돈가스 방출량	증가

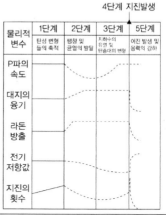

(22) 화산의 피해와 대책

① 직접피해

ㄱ 용암

ㄴ 화산재 : 햇빛을 차단하여 지구의 온도를 낮춘다, 주변지역을 덮어 농작물 및 식물 생태계에 피해를 준다, 호흡기 질환이나 눈 가려움, 항공기 엔진 고장

ㄷ 화산가스 : 유독성 화산가스가 생물에게 피해를 준다.

② 2차 피해

ㄱ 화산 쇄설류 : 화산 쇄설물이 화산가스와 함께 빠른 속도로 흘러내리는 것

ㄴ 화산 이류 : 화산 쇄설물이 물과 함께 섞여 흐르는 것

ㄷ 산사태와 화재

③ 화산의 대책

ㄱ 화산분출을 예측하여 피해를 최소화 한다.

ㄴ 화산 예측방법

지진활동 감시	화산분출 전 지진의 발생수와 규모가 큰 폭으로 증가
화산가스 방출량 감시	화산분출이 가까워지면 유독가스 배출량이 크게 증가
지표면의 경사변화 감시	화산분출 전 마그마로 인해 화구 주변의 온도가 높아져 부풀어 올라 경사가 급해진다. 팽창 이후의 화산 표면 / 팽창 이전의 화산 표면 / 안정한 지점 / 지진
지표면의 온도변화 감시	화산분출 전 마그마로 인해 지표면 온도가 상승하고 온천의 수온이 상승한다.

(23) 사태의 피해와 대책

① 사태의 피해 ··· 장마나 태풍에 의해 사태가 일어나 도로와 주택에 피해를 입힌다.

② 사태 방지 대책 ··· 사방공사를 한다. → 배수시설 만들기, 숏크리트, 철망, 옹벽 등

SECTION 2 기단과 전선

(1) 기단과 날씨

① 기단 ··· 기온, 습도 등의 성질이 비슷한 거대한 공기 덩어리이다.

㉠ 기단의 발생 : 넓은 대륙, 바다 등 넓은 범위에 걸쳐 지표면의 성질이 비슷한 곳에서 발생한다.

㉡ 기단의 성질 : 생성장소의 온도, 수증기량에 따라 기단의 성질이 달라진다.

생성 장소	대륙	바다	고위도	저위도
성질	건조	다습	한랭(저온)	온난(고온)

② 기단의 변질 기단이 이동하면 지표면과 열이나 수증기를 교환하여 기단의 성질이 변하게 된다.

구분	한랭한 기단의 변질(고위도 → 저위도)	온난한 기단의 변질(저위도 → 고위도)
그림	차고 건조한 기단 → → → 적란운 (가열) 비 또는 눈 / 한랭한 육지 · 따뜻한 바다 · 따뜻한 육지	따뜻한 기단 → → 층운 또는 안개 (냉각) / 따뜻한 육지 · 한랭한 바다 · 한랭한 육지
변질 과정	기단의 하층 가열과 수증기 공급→기층 불안정→상승 기류 발달→적운형 구름 발달, 소나기	기단의 하층 냉각→기층 안정→상승 기류 억제→층운형 구름 발달, 안개
예	겨울철 시베리아 기단이 남하할 때 서해안 지역에 폭설	여름철 북태평양 기단이 북상할 때 남동 해안 지역에 안개 자주 발생

③ 우리나라에 영향을 미치는 기단 계절에 따라 영향을 미치는 기단이 달라진다.

기단	성질	영향을 미치는 계절(특징)
시베리아 기단	한랭 건조	겨울(한파)
오호츠크해 기단	한랭 다습	초여름(높새 바람, 장마)
양쯔 강 기단	온난 건조	봄, 가을
북태평양 기단	고온 다습	초여름(장마), 여름(무더위)
적도 기단	고온 다습	여름, 초가을(태풍)

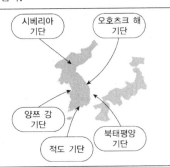

④ 우리나라에 영향을 주는 기단에 따른 날씨의 변화

영향을 주는 기단	시베리아 기단 (한랭,건조)		양쯔 강 기단 (온난,건조)		오호츠크 해 기단 (한랭,다습)		북태평양 기단 (고온,다습)		양쯔 강 기단 (온난,건조)		시베리아 기단 (한랭,건조)
월	1	2	3	4	5	6	7	8	9	10	11	12
계절	겨울		봄			여름				가을		겨울
주요 기상 현상	폭설,한파		황사			장마				온난		폭설,한파
			온난									
		건조				다습	태풍			건조		
							호우					

(오호츠크 해 기단 (한랭,다습)는 7~9월 상단에 표시됨)

(2) 전선과 날씨

① **전선** … 서로 다른 두 기단이 만날 때 생기는 경계면(불연속면)을 전선면이라 하고, 전선면과 지표면이 만나는 선을 전선이라고 한다.

② 한랭 전선과 온난 전선

구분	한랭 전선	온난 전선
모습		
형성 과정	찬 공기가 따뜻한 공기 밑을 파고들면서 형성	따뜻한 공기가 찬 공기 위로 올라가면서 형성
전선면의 기울기	급하다	완만하다
구름	적운형 구름	층운형 구름
강수	전선 뒤쪽의 좁은 지역에 소나기	전선 앞쪽의 넓은 지역에 이슬비
전선의 이동 속도	빠르다	느리다
통과 후의 변화 — 기온	하강	상승
통과 후의 변화 — 기압	상승	하강
통과 후의 변화 — 풍향	남서풍→북서풍	남동풍→남서풍

③ **폐색 전선** … 한랭 전선의 이동 속도가 온난 전선보다 빨라서 두 전선이 겹쳐질 때 형성되며, 넓은 지역에 걸쳐 구름이 생기고, 강수 구역이 넓게 나타난다.

구분	한랭형 폐색 전선	온난형 폐색 전선
특징	• 한랭 전선 뒤쪽의 공기가 온난 전선 앞쪽의 공기보다 더 차가울 때 형성된다. • 지표에서 한랭 전선의 특징이 나타난다.	• 온난 전선 앞쪽의 공기가 한랭 전선 뒤쪽의 공기보다 더 차가울 때 형성된다. • 지표에서 온난 전선의 특징이 나타난다.

④ 정체 전선···찬 공기와 따뜻한 공기의 세력이 비슷하여 한 곳에 오랫동안 머무르는 전선이다.

특징	전선을 따라 동서 방향으로 긴 띠 모양의 구름이 형성되고, 비가 많이 내린다.
예	오호츠크 해 기단과 북태평양 기단이 만나 형성되는 장마 전선

(3) 고기압과 저기압

구분	고기압	저기압
그림	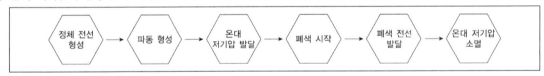	
연직 운동	주위보다 기압이 높은 곳으로 하강 기류 발달	주위보다 기압이 낮은 곳으로 상승 기류 발달
날씨	중심부의 하강 기류→단열 압축→기온 상승→구름 소멸→맑은 날씨	중심부의 상승 기류→단열 팽창→기온 하강→구름 생성→흐린 날씨
지상의 풍향	• 중심부에서 주변부로 바람이 불어 나간다. • 북반구는 시계 방향, 남반구는 반시계 방향이다.	• 주변부에 중심부로 바람이 불어 들어간다. • 북반구는 반시계 방향, 남반구는 시계 방향이다.

(4) 온대 저기압

① 온대 저기압의 일생 온대 지방에서 한 대 기단과 열대 기단의 경계에서 형성된 정체 전선상에 발생한다.

정체 전선 형성 → 파동 형성 → 온대 저기압 발달 → 폐색 시작 → 폐색 전선 발달 → 온대 저기압 소멸

② 온대 저기압의 구조와 날씨

   ㉠ 구조 : 저기압 중심의 남서쪽에 한랭 전선이 분포하고, 남동쪽에 온난 전선이 분포한다.

   ㉡ 이동 : 편서풍에 의해 서에서 동으로 이동한다.

   ㉢ 날씨 : 전선의 영향으로 전선이 통과함에 따라 날씨가 급변한다.

지점	기온	기압	풍향	날씨
(가)	낮다	점차 낮아짐 ↓ 큰 변화 없음 ↓ 점차 높아짐	남동풍	• 층운형 구름(권운, 권층운) • 햇무리나 달무리 발생
(나)	낮다		남동풍	• 층운형 구름(난운층) • 지속적인 이슬비
(다)	높다		남서풍	• 날씨 맑음
(라)	낮다		북서풍	• 적란운 또는 적운 • 소나기성 강수

(5) 태풍(열대 저기압)

① **태풍의 발생과 소멸** … 열대 저기압에서 중심 부근의 순간 최대 풍속이 17m/s이상이고, 폭풍우를 동반하는 경우 태풍이라고 한다.

발생	수온이 27℃ 이상인 위도 5°~25°사이의 열대 해상에서 수증기가 응결하면서 방출되는 잠열을 에너지원으로 발생한다.
소멸	• 태풍이 육지에 상륙하면 수증기의 공급이 차단되고, 지표면과의 마찰이 심해져 에너지가 감소하면서 열대성 저기압이나 온대 저기압으로 변질되면서 소멸된다. • 태풍이 고위도의 차가운 해양으로 이동하면 수증기의 공급이 부족해져 소멸된다.

② **태풍의 구조와 날씨** … 일기도상에서는 등압선이 조밀한 원형으로 나타나며, 온대 저기압과 다르게 전선을 동반하지 않는다.

크기	반지름이 약 100~500km이며, 높이는 15km이상이다.
대기 운동	태풍의 중심 부근에는 강한 상승 기류가 나타나고, 두꺼운 적란운이 발달한다.
태풍의 눈	태풍 중심에 약한 하강 기류가 형성되며 비교적 맑고 바람이 약한 구역이다.
기압	중심부로 갈수록 기압은 급격하게 낮아진다.
풍속	풍속은 태풍의 눈 가장자리 부근에서 가장 빠르다.

③ **태풍의 진행과 피해** … 발생 초기에 무역풍의 영향으로 북서쪽으로 이동하다가, 위도 25°~30°N 부근에서는 편서풍의 영향으로 북동쪽으로 포물선 궤도를 그리며 이동한다.

구분	특징
위험 반원	북반구에 태풍이 진행하는 방향의 오른쪽 반원은 풍속이 빨라서 피해가 크다. → 태풍의 풍향과 진행 방향이 일치하여 가속되기 때문이다.
안전 반원 (= 가항 반원)	북반구에서 태풍이 진행하는 방향의 왼쪽 반원은 풍속이 상대적으로 느려서 피해가 작다. → 태풍의 풍향과 진행 방향이 반대이므로 상쇄되기 때문이다.

(6) 다양한 기상 현상

① **뇌우** … 강한 상승 기류에 의해 적란운이 발달하면서 천둥, 번개와 함께 소나기가 내리는 현상이다.

　㉠ 뇌우의 발생
- 강한 햇빛을 받아 국지적으로 가열된 공기가 활발하게 상승하는 경우
- 한랭 전선에서 찬 공기 위로 따뜻한 공기가 빠르게 상승하는 경우
- 발달한 온대 저기압이나 태풍에 동반되어 강한 상승 기류가 일어나는 경우

　㉡ 뇌우의 발달 과정

적운단계	성숙단계	소멸단계
• 강한 상승 기류로 인해 적운이 탑 모양으로 발달 • 강수 현상 미약함	• 따뜻한 공기의 상승 기류와 찬 공기의 하강 기류가 공존 • 번개, 소나지, 우박 등을 동반함	• 하강 기류가 점점 우세해짐 • 고온 다습한 공기의 유입이 감소하여 비가 약해짐

② 집중 호우 … 짧은 시간에 좁은 지역에서 많은 비가 내리는 현상이다.
　　㉠ 집중 호우의 발생 : 장마 전선이나 태풍, 발달한 저기압과 고기압의 가장자리에서 대기가 불안정한 경우에 강한 상승 기류에 의한 적란운에서 발생한다.
　　㉡ 집중 호우의 특징 : 예보가 어려우며 홍수나 사태 등을 일으켜 많은 인명 피해와 재산 피해를 수반한다.
③ 해일 … 폭풍, 지진 등에 의해 해수면이 비정상적으로 높아져서 해수가 육지로 넘쳐 들어오는 현상이다.

구분	폭풍 해일	지진 해일
발생	태풍 중에 의한 기압 저하에 따른 수면 상승과 바람에 의한 해수의 수렴에 의해 발생한다.	해저에서 발생한 화산 폭발, 지진에 의한 단층 작용 등의 갑작스런 지각 변동에 의해 발생한다.
특징	• 밀물일 때 해일이 겹치면 피해가 매우 크다. • 황해에서는 겨울철에 많이 발생하고 남해에서는 태풍이 많이 오는 여름과 가을에 많이 발생한다.	우리나라는 태평양과 직접 접하고 있지 않기 때문에 큰 피해는 없지만 일본 북서부에서 발생한 지진에 의해 피해를 입은 사례가 있다.

④ 황사 … 건조한 사막 지대의 미세한 토양 입자가 상층 바람을 타고 멀리 이동하여 떨어지는 현상이다.

발생 조건	강한 바람이 불어야 하고, 지표면의 토양은 건조해야 하며, 토양의 구성 입자는 미세해야 한다. 또한 지표면에 식물 군락이 형성되어 토양의 일부가 공중으로 떠오르는 것을 방해해서는 안된다.
발생 빈도	우리나라의 연간 황상 발생량과 발생 빈도는 증가하고 있다. →중국 내륙 지역의 산림 파괴와 사막화가 가속화되고 있고, 이 지역의 고온 건조 상태가 지속되고 있기 때문이다.

⑤ 기타 여러 가지 기상 현상들

토네이도	• 강한 저기압 중심 부근에서 강력한 상승 기류에 의해 회전하는 깔때기 모양의 회오리 바람이다. • 주로 거대한 적란운에서 발생하며, 수평 방향보다 수직 방향의 규모가 크다.
폭설	• 겨울철에 저기압이 통과할 때 또는 시베리아 기단이 남하하면서 변실되어 상승 기류가 빌딜할 때 발생한다. • 도로 교통의 마비와 교통사고, 농가의 시설물 붕괴, 눈사태 등의 재산 및 인명 피해가 발생한다.
폭염과 열대야	• 열대야 : 한여름 밤의 최저 기온이 25℃ 이상인 현상이다. • 고온 다습한 북태평양 고기압이 발달하는 경우 도시 지역에서 잘 발생한다.

(7) 일기 예보

① 일기 예보의 과정

기상 관측(기상청)	기상 정보 수집(기상청)	분석	예보 협회	예보 및 통보
기압, 기온, 바람, 습도, 구름, 강수 등을 관측소에서 관측	• 기상 관측 자료 • 해외에서 제공된 기상 자료 • 위성 관측 자료 • 레이더 관측 자료	슈퍼컴퓨터로 분석	• 연속된 일기도 분석 • 예상 일기도 작성 • 예보관 회의	신문, 방송, 기상청 홈페이지, 일기 예보 안내 전화

② 일기도 작성
　　㉠ 일기도 : 관측한 기상 요소를 숫자나 기호를 이용하여 지도에 기입한 후, 등압선을 그리고 기압 배치와 전선 등을 나타낸 지도
　　　예 지상 일기도, 상층 일기도

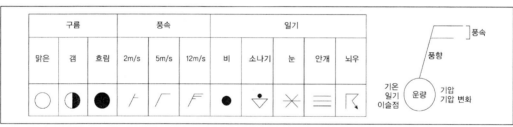

구름			풍속			일기				
맑은	갬	흐림	2m/s	5m/s	12m/s	비	소나기	눈	안개	뇌우
○	◐	●	⌐	⌐	⌐	●	▽	✳	▭	⌐

풍속
풍향
기온
일기
이슬점
운량
기압
기압 변화

ⓛ 등압선 그리기 : 관측한 기압값을 이용하여 등압선을 그리고, 기압 분포를 기입한다.
ⓒ 전선 그리기 : 등압선과 일기 기호를 표시한 후 일기 요소를 종합적으로 판단하여 전선의 종류와 위치를 찾고 기입한다.

(8) 대기 순환의 규모

① 대기 순환의 규모 공간 규모와 시간 규모에 따라 구분한다.

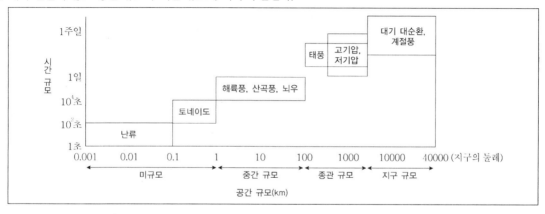

② 대기 순환 규모의 특징
  ㉠ 공간 규모가 클수록 시간 규모도 크다.
  ㉡ 작은 규모의 순환은 수평 규모와 연직 규모가 비슷하다.
  ㉢ 미규모와 중간 규모의 순환은 일기도에 나타내지 않으며 전향력은 무시할 정도로 약하게 작용한다.

(9) 여러 규모의 대기 순환

① 미규모의 순환 ··· 지표 부근에서 나타나는 난류와 토네이도 등이 있다.

난류	• 발생원인 : 지표면의 불균등 가열에 따른 열대류, 지표면의 마찰 등 • 역할 : 지표면의 열과 수증기, 오염 물질을 대기 중으로 확산시킨다.
토네이도	• 발생원인 : 찬 기류와 따뜻한 기류가 갑자기 만날 때 생성한다. • 특징 : 깔때기 구름 안은 기압이 매우 낮으며 풍속은 태풍보다 더 강하다.

② 중간 규모의 순환 ··· 지표면의 불균등 가열로 발생한 대류에 의한 대기의 열적 순환이다.

　㉠ 해륙풍과 산곡풍

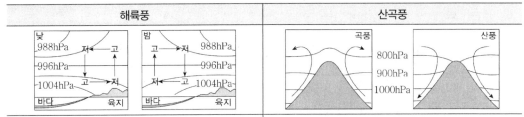

해륙풍	산곡풍
• 해풍 : 낮에는 육지가 바다보다 많이 가열되어 바다에 고기압 형성→바다(고기압)에서 육지(저기압)로 해풍이 분다. • 육풍 : 밤에는 육지가 바다보다 많이 냉각되어 육지에 고기압이 형성→육지(고기압)에서 바다(저기압)로 육풍이 분다.	• 곡풍 : 낮에는 산등성이가 많이 가열되어 골짜기에 고기압 형성→골짜기에서 산등성이로 곡풍이 분다. • 산풍 : 밤에는 산등성이가 많이 냉각되어 산등성이에 고기압 형성→산등성이에서 골짜기로 산풍이 분다.

　㉡ 뇌우 : 국지적으로 가열된 지표면에서 강한 상승 기류에 의해 적란운이 발달하면서 천둥, 번개를 동반한 소나기가 내리는 현상이다.

③ 종관 규모의 순환 ··· 매일의 날씨 또는 1주일간의 날씨에 영향을 미치는 순환이다.

구분	온난 고기압	한랭 고기압
발생	대기 대순환에 의해 위도 30°부근에서 수렴된 공기가 하강하면서 단열 압축되어 생성된다.	겨울철에 지표면이 복사 냉각되면서 냉각된 공기가 지표 부근에 쌓여서 생성된다.
특징	주변보다 중심부의 기온이 높고, 키가 큰 고기압이다.	주변보다 중심부의 기온이 낮고, 키가 작은 고기압이다.

　㉠ 고기압 : 발생 장소에 따라 온난 고기압과 한랭 고기압으로 구분된다.

　㉡ 저기압 : 발생 장소에 따라 온대 저기압과 열대 저기압으로 구분된다.

④ 지구 규모의 순환 계절의 날씨에 크게 영향을 미치는 순환이다.

　㉠ 계절풍 : 대륙과 해양의 비열 차이에 의해 1년을 주기로 풍향이 변하는 바람이다.

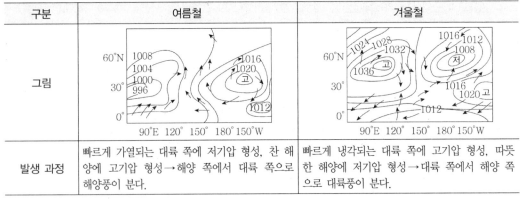

구분	여름철	겨울철
발생 과정	빠르게 가열되는 대륙 쪽에 저기압 형성, 찬 해양에 고기압 형성→해양 쪽에서 대륙 쪽으로 해양풍이 분다.	빠르게 냉각되는 대륙 쪽에 고기압 형성, 따뜻한 해양에 저기압 형성→대륙 쪽에서 해양 쪽으로 대륙풍이 분다.

　㉡ 대기 대순환 : 지구 규모의 열에너지 이동을 일으키는 가장 큰 규모의 대기 순환이다.

⑽ 대기 대순환

① 대기 대순환의 발생원인 … 위도에 따른 태양 복사 에너지양의 차이 때문에 발생한다.

② 대기 대순환의 모형

　㉠ 해들리 순환 모형 : 지구가 자전하지 않는다고 가정한 모형으로 한 개의 대류 세포가 형성된다.

　㉡ 대기 대순환 모형 : 지구 자전의 영향을 고려한 실제 대기 순환 모형으로 3개의 순환 세포가 형성된다.

해들리 순환	• 적도와 위도 30°사이에서 순환하는 공기의 흐름이다. • 적도 지방에서 가열된 공기가 상승하여 열대 수렴대 형성→상승한 고기가 고위도로 이동하여 전향력에 의해 편향되어 상공에서는 편서풍이 분다. • 위도 30°부근에서 냉각된 공기가 하강하여 아열대 고압대 형성→하강된 공기가 적도로 이동하면서 편향되어 지표에서는 무역풍이 분다.
페렐 순환	• 위도 30°와 60°사이에서 순환하는 공기의 흐름이다. • 아열대 고압대에서 하강한 공기가 고위도로 이동하면서 편향되어 지표에서는 편서풍이 분다. • 위도 60°에서는 한랭한 극동풍과 온난한 편서풍이 만나 한대 전선대를 형성한다.
극 순환	• 위도 60°와 90°사이에서 순환하는 공기와 흐름이다. • 극지방에서 냉각된 공기가 하강하여 극 고압대 형성→하강한 공기가 저위도로 이동하며 편향되어 지표에서는 극동풍이 분다.

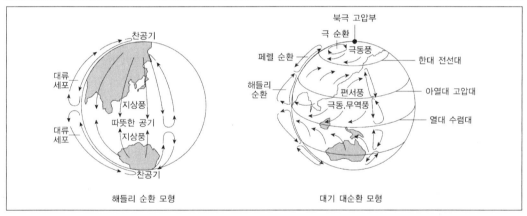

해들리 순환 모형　　　　　대기 대순환 모형

⑾ 해류의 발생과 구분

① 해류의 발생원인 … 대기 대순환에 의해 지속적으로 부는 바람과 해수면의 마찰에 의해 주로 발생한다.

② 해류의 구분 … 수온에 따라 난류와 한류로 분류한다.

종류	이동 방향	수온	염분	용존 산소량	영양 염류	예
난류	저위도→고위도	높다	높다	적다	적다	쿠로시오 해류, 멕시코 만류
한류	고위도→저위도	낮다	낮다	많다	많다	캘리포니아 해류, 카나리아 해류

⑿ 대기 대순환과 표층 해류

① 표층 해류의 분포

  ㉠ 동서 방향의 해류 : 대기 대순환에 따른 바람의 영향으로 해류가 동서 방향으로 흐른다.

종류	발생 원인	특징
적도 해류	무역풍	북적도 해류(북반구)와 남적도 해류(남반구)가 동→서로 흐른다.
서풍 피류	편서풍	• 북태평양 해류와 북대서양 해류가 서→동으로 흐른다. • 남극 대륙 주변을 따라 남극 순환류가 서→동으로 흐른다.

  ㉡ 남북 방향의 해류(경계류) : 동서 방향으로 흐르던 해류가 대륙과 부딪치면서 남북방향으로 흐르게 된다.

북반구 해양	해류
북태평양	• 쿠로시오 해류 : 북태평양의 서쪽 연안을 따라 고위도로 흐르는 난류이다. • 캘리포니아 해류 : 북태평양의 동쪽 연안을 따라 저위도로 흐르는 한류이다.
북대서양	• 멕시코 만류 : 북대서양의 서쪽 연안을 따라 고위도로 흐르는 난류이다. • 카나리아 해류 : 북대서양의 동쪽 연안을 따라 저위도로 흐르는 한류이다.

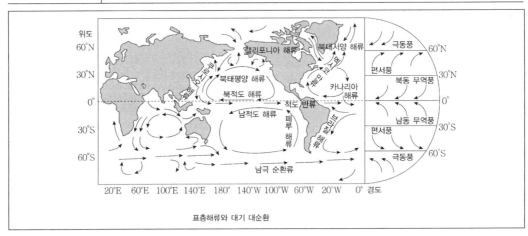

표층해류와 대기 대순환

② 표층 순환의 특징

  ㉠ 적도를 경계로 북반구와 남반구가 대칭적인 분포를 보인다.

  ㉡ 아열대 순환의 방향은 북반구에서는 시계방향, 남반구에서는 반시계 방향으로 흐른다.

  ㉢ 대륙에 의해 해류의 흐름이 막혀서 해류의 순환이 형성된다.

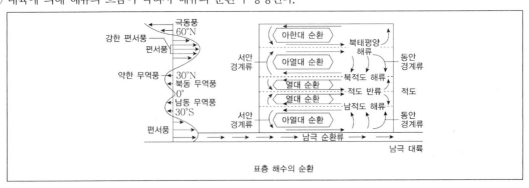

표층 해수의 순환

③ 해류의 영향

영향	특징
기후	• 난류가 흐르는 해역 → 기온이 높고, 대기가 불안정해지므로 구름이 잘 형성된다. • 한류가 흐르는 해역 → 기온이 낮고, 대기가 안정해지므로 안개가 잘 형성된다.
수산업	• 조경 수역은 어종이 다양한 어장을 형성하여 수산업에 좋은 영향을 미친다. • 우리나라 근해에서는 여름철에 난류의 북상으로 난류성 어종이 증가하고, 겨울철에 한류성 어종이 증가한다.

⒀ 우리나라 주변의 해류

① 우리나라 주변의 해류

구분		특징
난류	쿠로시오 해류	• 우리나라 주변을 흐르는 난류의 근원이다. • 북태평양의 서쪽을 따라 북상하는 해류로 고온 · 고염분의 난류이다.
	동한 난류	• 쿠로시오 해류에서 갈라져 나와 남해를 거쳐 동해안을 따라 북상한다. • 동한 난류의 일부는 주문진 부근 해역에서 동진하여 쓰시마 난류와 합류한다.
	황해 난류	• 쿠로시오 해류에서 갈라져 나와 황해를 따라 북상한다. • 조류의 영향을 크게 받으므로 해류의 위치와 방향, 속도 등이 일정하지 않다.
한류	리만 한류	오호츠크 해에서 발생하여 연해주를 따라 남하하는 한류이다.
	북한 한류	리만 한류에서 갈라져 나와 동해안을 따라 남하한다.

② 우리나라의 계절별 해류 분포

구분	여름철	겨울철
그림	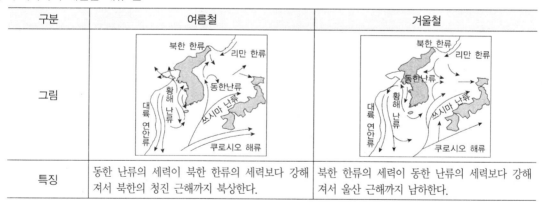	
특징	동한 난류의 세력이 북한 한류의 세력보다 강해져서 북한의 청진 근해까지 북상한다.	북한 한류의 세력이 동한 난류의 세력보다 강해져서 울산 근해까지 남하한다.

③ 조경 수역 난류와 한류가 만나는 경계 지역

  ㉠ 황해에는 한류가 흐르지 않기 때문에 조경 수역이 형성되지 않는다.

  ㉡ 조경 수역의 위치는 동한 난류가 발달하는 여름에는 북상하고, 북한 한류가 발달하는 겨울에는 남하한다.

    →여름철에는 난류성 어종이 많이 잡히고, 겨울철에는 한류성 어종이 많이 잡힌다.

  ㉢ 영양 염류와 플랑크톤이 풍부하므로 난류성 어종과 한류성 어종이 많은 좋은 어장이 형성된다.

  ㉣ 지구 온난화의 영향으로 수온이 상승하면서 조경 수역도 점점 북상하고 있다.

1 다음 중 유문암질 용암과 비교할 때 현무암질 용암의 성질인 것은?

① 생성 온도가 낮다.
② SiO_2 함량이 많다.
③ 폭발적으로 분출한다.
④ 점성이 크고 유동성이 작다.
⑤ 화산체의 경사가 완만하다.

TIP 현무암질 용암은 고온의 마그마가 조용히 분출하며 SiO_2 함량이 적어 유동성이 크고 점성이 작아 경사가 완만한 순상화산체를 형성한다.

2 다음 중 기계적인 풍화의 요인이 아닌 것은?

① 절리의 발달
② 박리 작용
③ 동결 쐐기 작용
④ 산성비
⑤ 식물 뿌리의 성장

TIP 빗물에 이산화탄소가 녹아들어가 약산성인 탄산수가 생성되면 암석을 부식시키는 화학적 풍화 작용이 일어날 수 있다.

3 다음 중 화산 활동이 없는 판의 경계를 모두 고르시오.

① 대서양 중앙 해령
② 히말라야 산맥
③ 안데스 산맥
④ 마리아나 해구
⑤ 산 안드레아스 단층

TIP 대륙판과 대륙판의 수렴경계(충돌대)와 보존경계에서는 화산 활동이 일어나지 않는다.

4 그림과 같이 실험대 위에서 철수는 용수철을 앞뒤로, 영희는 좌우로 흔들어서 파동을 발생시켰다.

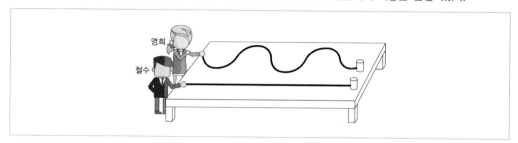

그림에 대한 설명으로 옳은 것을 〈보기〉에서 모두 고른 것은?

〈보기〉
㉠ 영희의 실험은 P파를 설명한 것이다.
㉡ 철수의 실험은 파의 진행 방향과 진동 방향이 일치한다.
㉢ 지진계에서는 영희가 실험한 파동이 먼저 기록된다.

① ㉠
② ㉡
③ ㉢
④ ㉠㉢
⑤ ㉡㉢

TIP 영희의 실험은 횡파로 S파를 의미하고 철수의 실험은 종파로 P파를 의미한다. 지진계에는 P파가 S파보다 먼저 기록된다.

ANSWER 1.⑤ 2.④ 3.②⑤ 4.②

5   그림 (가)는 순상 화산의 모습을, 그림 (나)는 종상 화산의 모습을 나타낸 것이다.

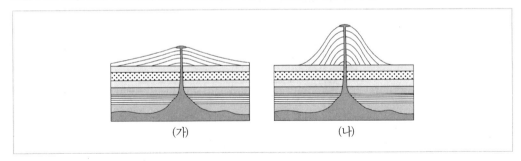

그림에 대한 설명으로 옳은 것은?

① (가)를 이룬 용암은 (나)를 이룬 용암보다 점성이 크다.

② (가)는 현무암질 용암이고, (나)는 유문암질 용암이다.

③ (가)는 (나)에 비해 용암이 폭발적으로 분출하여 생성되었다.

④ (가)를 이룬 용암은 (나)를 이룬 용암보다 SiO_2 함량이 많다.

⑤ (나)는 용암과 화산 쇄설물이 번갈아 분출하여 생성된 큰 화산체이다.

TIP 현무암질 용암은 순상화산체를 유문암질 용암은 종상화산체를 형성한다.

6   보기는 암석의 풍화와 관련된 설명이다.

〈보기〉

㉠ $CaCO_3 + H_2O + CO_2 \rightleftharpoons Ca(HCO_3)_2$
   (방해석)

㉡ $2KAISi_2O_8 + 2H_2O + CO_2 \rightarrow Al_2Si_2O_5(OH)_4 + K_2CO_3 + 4SiO_2$
   (정장석)   (고령토)

㉢ 암석에 물이 스며들어 얼면 암석이 쪼개진다.

㉣ 지하 깊은 곳의 암석이 지표에 노출되면 팽창된다.

아래의 내용 중 보기의 설명과 가장 거리가 먼 것은?

① 지표에 노출된 화강암에 절리가 관찰된다.

② 고령토는 건조 기후 지역에서 잘 형성된다.

③ 대기중의 CO_2가 증가하면 정장석의 풍화가 더욱 활발할 것이다.

④ 대기중의 CO_2가 증가하면 방해석의 풍화가 더욱 활발할 것이다.

⑤ 한대 기후 지역에서는 암석의 쪼개짐에 의한 기계적 풍화가 잘 일어난다.

TIP 화학적 풍화는 다습한 기후에서 잘 일어난다.

7 그림은 규모가 같은 지진이 서로 다른 깊이에서 발생한 것을 나타낸 것이다. A지진이 발생할 때와 B지진이 발생할 때 각각 다르게 나타나는 것을 〈보기〉에서 고른 것은? (단, 이 지역의 지하 물질은 균질하고, 두 지진은 다른 시기에 발생하였다.)

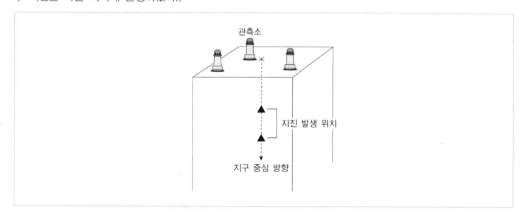

〈보기〉
㉠ PS시
㉡ P파의 속도
㉢ 지진파의 진폭
㉣ 3개 관측소의 PS시를 이용하여 결정한 진앙

① ㉠㉡ ② ㉠㉢
③ ㉡㉢ ④ ㉡㉣
⑤ ㉢㉣

TIP 진원거리가 다르므로 PS시는 달라지고, P파의 속도는 지하 물질이 균질하다고 가정하였으므로 같고, 지진파의 진폭은 진원에서 관측소까지의 거리가 다르므로 달라지며, 진원은 다르지만 진앙은 같으므로 3개 관측소의 PS시를 이용한 진앙은 같다.

⭐ **ANSWER** 5.② 6.② 7.②

※ 그림은 세계의 주요 변동대를 나타낸 것이다. 【8~9】

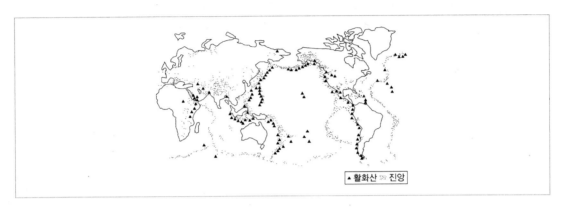

▲ 활화산 ⊛ 진앙

8 판의 경계를 올바르게 짝지은 것은?

　　　수렴경계　　　　발산경계
① B, C, D　　　　　　A, E
② 　A, B　　　　　　C, D, E
③ A, B, C　　　　　　D, E
④ 　B, D　　　　　　A, C, E
⑤ 　C, D　　　　　　A, B, E

🏵️**TIP** 세계 지도를 보면서 판 경계의 유형을 확인하는 문제이다. A(동아프리카 열곡대), E(대서양 중앙 해령)은 발산 경계, B(히말라야 산맥), C(일본 해구), D(칠레-페루 해구)는 수렴 경계, P(하와이)는 열점이다.

9 P 지점에 대한 설명으로 옳은 것을 〈보기〉에서 모두 고른 것은?

〈보기〉
㉠ P지점은 보존 경계에 해당한다.
㉡ P지점에서 만들어진 화산섬들의 나이와 거리를 알면 태평양판의 이동속도를 구할 수 있다.
㉢ P지점에서 분출하는 용암은 현무암질 용암이다.

① ㉠　　　　　　　　　　　　② ㉡
③ ㉢　　　　　　　　　　　　④ ㉠㉢
⑤ ㉡㉢

🏵️**TIP** 열점은 판의 경계가 아니며 화산섬의 나이와 거리를 알면 판의 이동속도를 알 수 있다. 열점에서 흘러나오는 용암은 현무암질이다.

10 다음 중 장마 전선을 만드는 두 기단을 고르시오.

① 시베리아 기단   ② 양쯔 강 기단

③ 오호츠크 해 기단   ④ 북태평양 기단

⑤ 적도 기단

🐝**TIP** 장마 전선은 오호츠크해 기단과 북태평양 기단이 만나 형성된 정체 전선이다.

11 다음 중 악기상이 나타나는 기상 현상이 아닌 것은?

① 온대 저기압   ② 태풍

③ 뇌우   ④ 토네이도

⑤ 고기압

🐝**TIP** 고기압은 하강 기류에 의해 주로 맑은 날씨가 나타난다.

12 다음 중 북태평양 아열대 순환을 이루는 해류가 아닌 것은?

① 멕시코만류   ② 북적도 해류

③ 쿠로시오 해류   ④ 북태평양 해류

⑤ 캘리포니아 해류

🐝**TIP** 멕시코만류는 북대서양 아열대 순환의 일부이다.

13 지상에 있는 불포화 공기 덩어리가 단열 상승하는 경우 상승하는 공기 덩어리에서 물리량이 커지는 것은 무엇인가?

① 내부 에너지   ② 포화 수증기압

③ 이슬점   ④ 상대 습도

⑤ 절대 습도

🐝**TIP** 불포화 공기가 단열 상승하면 팽창에 의해 기온이 하강하면서 상대습도가 증가한다.

⭐**ANSWER**   8.①   9.⑤   10.③④   11.⑤   12.①   13.④

14 그림 (가), (나)는 우리나라에 영향을 주는 두 저기압의 연직 단면을 나타낸 것이다.

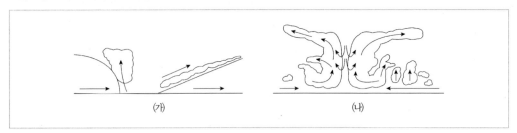

저기압 (가), (나)에 대한 옳은 설명을 〈보기〉에서 모두 고르시오. (단, 화살표는 공기의 이동을 나타낸 것이다.)

① (가)는 편동풍의 영향으로 동에서 서로 이동한다.
② (가)에서 온난 전선이 한랭 전선보다 이동 속도가 빠르다.
③ 한랭 전선의 후면에는 지속적인 강수현상이 있다.
④ 태풍의 눈에서 가장 강한 상승기류가 나타난다.
⑤ (나)의 중심보다 오른쪽이 왼쪽보다 같은 거리에서 풍속이 빠르다.

🏵️**TIP** 태풍의 이동방향에 대하여 오른쪽 반원이 풍속과 이동 속도가 더해져 위험 반원이 된다.

15 그림은 영국의 해양 탐사선 챌린저호가 1872년부터 4년 간 항해한 탐사 경로를 나타낸 것이다. 챌린저호의 항해와 같은 방향으로 흘러 항해에 도움을 준 해류가 아닌 것은?

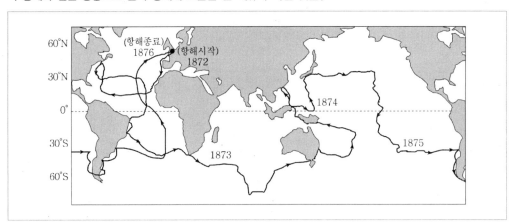

① 쿠로시오 해류
② 페루 해류
③ 북적도 해류
④ 북태평양 해류
⑤ 남극 순환류(서풍 피류)

🏵️**TIP** 챌린저 호는 1875년 남태평양을 횡단한 후 페루 연안에서 아열대 순환을 거스르며 항해하였다. 페루 해류와 챌린저 호의 이동방향은 반대 방향이다.

16 그림은 북반구의 대기 대순환을 나타낸 것이다. 이에 대한 설명으로 옳은 것을 고르시오.

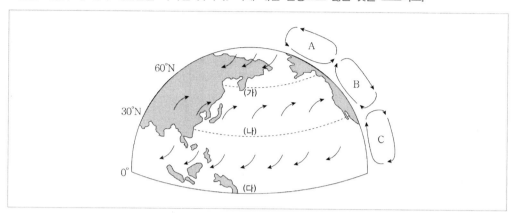

① A와 B는 직접적인 열적 순환이고 C는 간접적인 기계적 순환이다.

② B 순환의 지상에는 극동풍이, C 순환의 지상에는 편서풍이 우세하다.

③ 무역풍에 의해 형성되는 취송류는 ㈎와 ㈏ 위도대 사이에 분포한다.

④ ㈏ 위도대를 중심으로 아열대 순환이 일어난다.

⑤ A, B, C 순환 세포는 지구가 자전하지 않더라도 형성된다.

🌸 **TIP** A(극순환)와 C(해들리 순환)은 직접적인 열적 순환이고 B(페렐 순환)는 간접적인 기계적 순환이다. B 순환의 지상에는 편서풍이, C 순환의 지상에는 무역풍이 우세하다. 무역풍에 의해 형성되는 취송류는 ㈏와 ㈐ 위도대 사이에 분포한다. A, B, C 순환 세포는 지구가 자전할 때 형성된다. 지구가 자전하지 않으면 1개의 거대한 순환 세포만 발생한다.

⭐ **ANSWER** 14.⑤ 15.② 16.④

17 그림 (개)는 평년 기온이 나타난 어느 날의 일기도이고, (내)는 평년보다 7°C 이상 높게 나타난 다른 해 같은 날짜의 일기도이다. 일기도 (개)와 비교하여 일기도 (내)에 나타난 우리나라 기상의 특징으로 옳은 것을 고르시오.

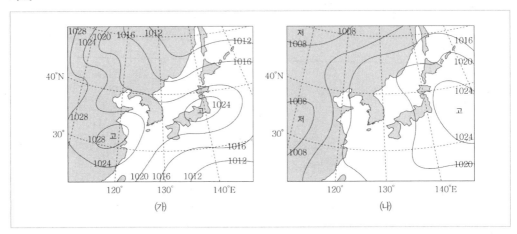

(가)   (나)

① 기압이 더 높다.
② 양쯔강 기단의 영향이 더 크다.
③ 풍향은 북서풍이 우세하다.
④ 풍속이 더 빠르다.
⑤ 황사가 덜 발생한다.

TIP 등압선을 비교해 보면 기압은 더 낮아졌다. 양쯔강 기단은 이동성 고기압으로 (개)나 잘 나타나고 (내)는 북 태평양 고기압의 세력에 속해있다. 풍향은 동풍 계열이 우세하다. 등압선 간격이 더 멀기 때문에 풍속은 더 느리다. (개)는 양쯔강 기단의 이동과 함께 황사가 자주 발생하지만 (내)는 풍향이 반대 방향이므로 황사 가 덜 발생한다.

18 다음 중 기계적 풍화 작용과 화학적 풍화 작용에 대한 설명으로 옳지 않은 것을 모두 고르시오.
① 기계적 풍화작용은 암석을 작은 조각으로 부서지게 하는 작용으로 암석 성분의 변화는 없다.
② 암석의 틈에 있던 물이 얼면서 주위 암석에 압력을 작용하며 암석이 벌어지는 것은 기계적 풍 화작용이다.
③ 지반이 융기하면서 암석이 지표에 노출되어 암석이 부서지는 것은 화학적 풍화작용이다.
④ 화학적 풍화작용은 한랭 건조한 한대 지방에서 잘 발생한다.
⑤ 화학적 풍화작용은 암석을 구성하는 광물의 성분이 변하는 작용이다.

TIP 기계적 풍화작용은 암석이 성분 변화없이 기계적인 변화를 겪어 잘게 부서지는 작용으로 압력의 감소, 물 의 동결 작용, 기온의 변화가 요인이 되며 한랭 건조학 극지방, 고산지대, 건조한 사막에서 우세하게 일어 난다. 화학적 풍화작용은 암석을 구성하는 광물의 성분이 변하거나 용해되어 암석이 풍화되는 작용으로, 물과 공기가 요인이 되며 고온 다습한 열대지방, 해안지방, 저지대 등에서 우세하게 일어난다.

19 그림은 아프리카와 아라비아 반도에서 판의 이동 방향과 1990년부터 2010년까지 이 지역에서 발생한 지진의 진앙 분포를 나타낸 것이다. 이에 대한 설명으로 옳은 것을 모두 고르시오.

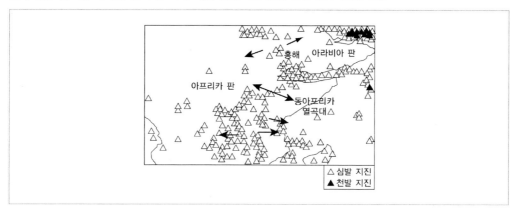

① 홍해는 점점 좁아질 것이다.
② 홍해에서는 해양지각이 생성될 것이다.
③ A지역에는 대규모 습곡 산맥이 발달한다.
④ 동아프리카 열곡대를 따라 화산활동이 있다.
⑤ 동아프리카 열곡대에는 심발지진이 활발하다.

TIP 홍해와 동아프리카 열곡대는 판과 판이 멀어지는 발산형 경계이다. 따라서 홍해는 점점 넓어질 것이고, 해양지각이 생성된다. 열곡대를 따라 화산활동과 천발지진이 활발하다.

20 저기압에 대한 설명으로 옳은 것만을 〈보기〉에서 있는 대로 고르시오.

〈보기〉
㉠ 중심에서는 상승 기류가 발달한다.
㉡ 주변에서 중심부를 향해 시계 방향으로 바람이 불어 들어간다.
㉢ 우리나라 주변에서 온대 저기압의 이동 경로는 무역풍의 영향을 받는다.

① ㉠
② ㉡
③ ㉢
④ ㉠㉢
⑤ ㉡㉢

TIP ㉠ 저기압의 중심에서는 상승 기류가 발달한다.
㉡ 저기압은 주변에서 중심부를 향해 반시계 방향으로 바람이 불어 들어간다.
㉢ 우리나라 주변에서 온대 저기압의 이동 경로는 편서풍의 영향을 받아 서에서 동으로 이동한다.

⭐ **ANSWER** 17.⑤ 18.③④ 19.③④ 20.①

21 다음 그림은 우리나라와 북아메리카 주변의 대표적 기단을 나타낸 것이다. 기단 A~D와 Ⅰ~Ⅳ에 대한 설명으로 옳은 것만을 〈보기〉에서 있는 대로 고르시오.

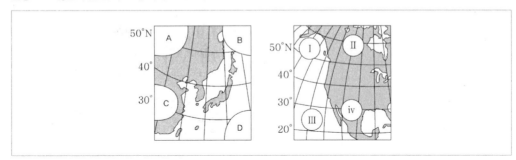

〈보기〉

㉠ 기단 B와 성질이 비슷한 기단은 Ⅰ이다.

㉡ B와 C에 의해 초여름 장마 전선이 형성된다.

㉢ 기단의 변질에 의해 겨울철에 우리나라 서해안 지방에 많은 눈을 내리게 하는 기단과 성질이 유사한 기단은 Ⅱ이다.

① ㉠

② ㉡

③ ㉢

④ ㉠㉢

⑤ ㉡㉢

TIP ㉠ 기단 B와 성질이 비슷한 기단은 Ⅰ로 한랭 다습한 성질을 가지고 있다.

㉡ 초여름 장마전선을 형성하는 기단은 오호츠크 해 기단(B)과 북태평양 기단(D)이다.

㉢ 기단의 변질에 의해 겨울철에 우리나라 서해지방에 많은 눈을 내리게 하는 기단은 시베리아기단(A)이며, 이와 유사한 성질을 가진 북아메리카쪽 기단은 Ⅱ이다.

22 그림은 우리나라 부근에 위치한 두 종류의 저기압을 나타낸 지상 일기도이다. 일기도에 나타난 두 저기압 A, B의 특징으로 옳은 것만을 〈보기〉에서 있는 대로 고르시오.

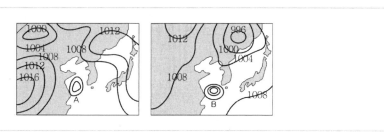

〈보기〉
㉠ 온난 전선은 한랭 전선보다 동쪽에 있다.
㉡ A의 중심에는 하강 기류, B의 중심에는 상승 기류가 있다.
㉢ A는 육지 위를 지나면서 B와 같은 종류의 저기압으로 변질된다.

① ㉠
② ㉡
③ ㉢
④ ㉠㉢
⑤ ㉡㉢

TIP ㉠ 온대 저기압에서 온난 전선은 한랭 전선보다 동쪽에 있다.
㉡ A는 온대 저기압이며 중심에는 상승기류가 있고, B는 태풍으로 중심에는 약한 하강 기류가 있다.
㉢ 태풍은 수온이 높은 아열대 해상에서 주로 발생하기 때문에 육지 위를 지나면서 온대저기압으로 변해 소멸하게 된다. 온대 저기압은 폐색전선이 형성되며 소멸되며, 태풍으로 변하지 않는다.

★ ANSWER   21.④   22.①

23 다음 그림은 어느 기단이 이동하는 동안의 시간에 따른 기온과 수증기량의 변화를 나타낸 것이다.

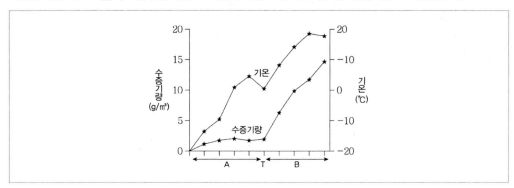

이에 대한 설명으로 옳은 것을 모두 고르시오.

〈보기〉

㉠ A지역보다 B지역의 위도는 낮다.
㉡ 시간 T를 기준으로 지표면의 성질이 변하였다.
㉢ 해양에서 대륙으로 기단이 이동하였다.
㉣ 한번 형성된 기단의 성질은 변하지 않는다.

① ㉠㉡
② ㉠㉢
③ ㉡㉢
④ ㉡㉣
⑤ ㉢㉣

TIP 시간 T를 기준으로 수증기량이 증가하는 것으로 보아 대륙에서 해양으로 기단이 이동한 것을 알 수 있고, 기온이 상승하였으므로 고위도에서 형성된 기단이 저위도로 이동하였다. 기단은 지표면의 성질을 닮은 거대한 공기덩어리로 지표면의 성질이 변하면 기단의 성질도 변한다.

24 그림은 2010년 9월 21일에 2hPa 간격으로 작성된 우리나라 주변의 지상 일기도이다.

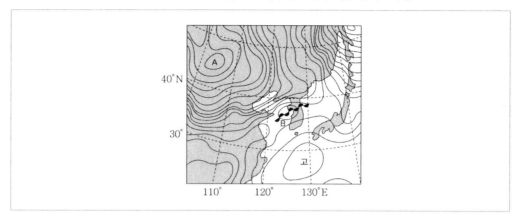

이에 대한 해석으로 옳은 것만을 〈보기〉에서 있는 대로 고르시오.

〈보기〉
㉠ A는 건조한 대륙성 기단이다.
㉡ B지역에 고온 다습한 공기가 유입되고 있다.
㉢ 우리나라 중부 지방에는 정체 전선이 형성되어 있다.

① ㉠
② ㉠㉡
③ ㉠㉢
④ ㉡㉢
⑤ ㉠㉡㉢

🎖️ **TIP** ㉠ 시베리아 기단은 대륙성 한대 기단으로 한랭 건조한 시베리아 대륙에서 발생하기 때문에 한랭 건조한
특성이 있고 이 기단의 세력권에 들어가면 강한 북서풍이 불고 날씨가 추워진다. A는 건조한 대륙성 기
단으로 시베리아 기단이다.
㉡ B지역에 고온 다습한 공기가 유입되고 있다.
㉢ 전선 양쪽 기단 즉, 찬 기단과 따뜻한 기단의 세력이 비슷해서 거의 이동하지 않고 일정한 자리에 머
물고 있는 전선을 정체 전선이라고 하며 보통 전선이 동서로 길게 생긴다. 현재 일기도 상에 우리 나
라 중부 지방에는 정체 전선이 형성되어 있다.

⭐ **ANSWER** 23.① 24.⑤

25 그림 (가)는 우리나라에 영향을 주는 기단 A ~ D를, (나)는 이 중 어느 기단이 우리나라로 이동하는 동안 기단 하부의 기온과 이슬점의 변화를 나타낸 것이다.

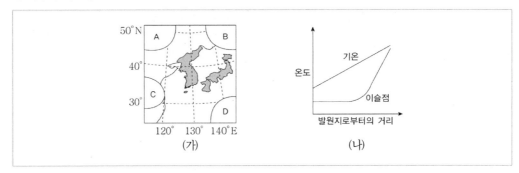

(가)   (나)

이에 대한 설명으로 옳은 것만을 〈보기〉에서 있는 대로 고르시오.

〈보기〉
㉠ (나)의 변화가 잘 나타나는 기단은 A이다.
㉡ (나)의 기단은 이동하는 동안 점점 불안정해진다.
㉢ 겨울철 서해안 지방에 폭설이 내리는 이유는 A기단의 영향이다.

① ㉠   ② ㉠㉡
③ ㉠㉢   ④ ㉡㉢
⑤ ㉠㉡㉢

TIP ㉠ (나)의 변화는 찬 대륙위의 기단이 이동하여 따뜻한 바다 위를 지나는 과정에서 나타날 수 있는 현상으로 겨울철에 발달한 시베리아 기단이 따뜻한 해수면을 통과할 때 기단에 수증기가 공급되고, 기단의 하층이 가열되어 강한 상승 기류로 폭설이 내리기도 한다.
㉡ (나)의 기단은 이동하는 동안 점점 불안정해져 적운형 구름이 발생한다.
㉢ 겨울철 서해안 지방에 폭설이 내리는 이유는 A기단의 불안정한 변질 때문이다.

26 다음 그림은 기단이 이동하는 과정을 나타낸 것이다. 그림에 대한 설명으로 옳은 것만을 〈보기〉에서 있는 대로 고르시오.

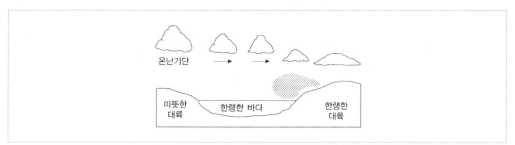

〈보기〉

㉠ 기층이 점차 안정해지고 있다.
㉡ 안개나 층운형 구름이 생성되기 쉽다.
㉢ 겨울철에 서해안에 폭설이 내리는 원인을 설명 할 수 있다.

① ㉠
② ㉠㉡
③ ㉠㉢
④ ㉡㉢
⑤ ㉠㉡㉢

TIP ㉠ 따뜻한 기단이 찬 바다의 영향을 받아 아래가 냉각되기 때문에 기층은 안정해지고 있다.
㉡ 이 과정에서 안정된 기층은 층운형 구름이나 안개를 생성하기 쉽다.
㉢ 겨울철에 서해안에 폭설이 내리는 것은 차가운 기단이 따뜻한 바다 위를 지나면서 일어나는 과정으로 설명이 가능하다.

ANSWER 25.⑤ 26.②

27 그림은 우리나라에 영향을 미치는 기단의 발원지를 표시한 것이다.

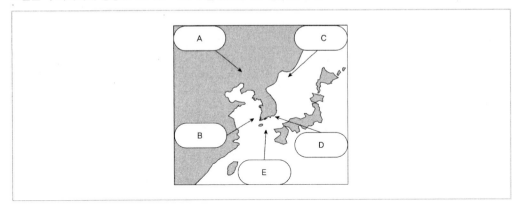

이에 대한 설명으로 옳지 않은 것을 모두 고르시오.

① A기단은 겨울철에 우리나라 날씨에 영향을 미친다.

② A와 C 기단은 B와 D 기단보다 한랭하다.

③ B와 C 기단은 초여름에 장마전선을 형성한다.

④ D기단은 여름철에 우리나라 날씨에 영향을 미친다.

⑤ E 기단은 고온 다습하며 장마와 관련된다.

> **TIP** ① A기단은 시베리아 기단으로 겨울철에 우리나라 날씨에 영향을 미친다.
> ② A와 C 기단은 B와 D 기단보다 고위도에 위치하므로 한랭하다.
> ③ C와 D기단이 초여름에 장마전선을 형성한다.
> ④ D기단은 북태평양기단으로 여름 날씨를 지배한다.
> ⑤ E 기단은 적도 기단으로 고온 다습하며 태풍과 관련된다.

28 그림 (가)는 어느 기단이 발원지를 떠나 다른 지역으로 이동하는 동안 기온과 수증기압의 변화를 (나)는 우리나라에 영향을 미치는 기단을 나타낸 것이다. 이에 대한 설명으로 옳은 것만을 〈보기〉에서 있는 대로 고르시오.

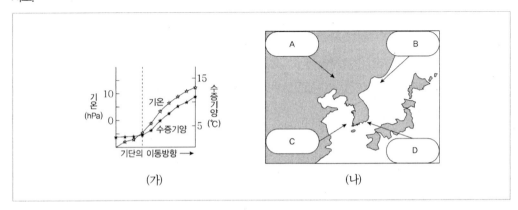

<보기>

㉠ ㈎ 기단의 발원지는 한랭한 대륙이다.

㉡ ㈎기단이 이동하는 동안 기단의 내부는 점차 안정해졌다.

㉢ ㈎와 같은 변화는 ㈏의 A기단이 우리나라 쪽으로 세력을 확장하는 경우에 나타난다.

① ㉠

② ㉡

③ ㉢

④ ㉠㉢

⑤ ㉡㉢

TIP 이 기단은 발원 당시 한랭 건조하였으므로 발원지는 북쪽 대륙이며, A(시베리아 기단)이다. 이동하면서 기온과 수증기량이 증가한 것은 우리나라 쪽으로 세력을 확장하는 경우에 나타난다. 황해를 이동하는 동안 하층부가 따뜻해져 내부는 불안정해질 것이다.

29 그림 ㈎와 ㈏는 우리나라 어느 계절에 흔히 볼 수 있는 일기도이다.

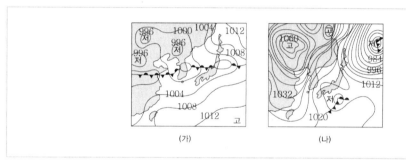

(가)　　　　　　　　　　(나)

이에 대한 설명으로 옳은 것을 〈보기〉에서 있는 대로 고르시오.

<보기>

㉠ ㈎ 계절에는 정체 전선에 의해 가뭄이 든다.

㉡ 우리나라 주변의 풍속은 ㈎에서 더 빠르게 나타난다.

㉢ ㈏는 시베리아 기단의 세력이 강하여 서고동저의 기압 배치가 잘 나타나는 겨울철 일기도이다.

① ㉠

② ㉡

③ ㉢

④ ㉠㉢

⑤ ㉡㉢

TIP ㉠ 우리나라 주변에 장마 전선이 형성되어 있어 많은 양의 비가 내릴 수 있다.

㉡ 등압선의 간격이 좁을수록 풍속이 강하므로 ㈏에서 더 풍속이 세다.

㉢ ㈏는 전형적인 서고동저의 기압배치를 갖는 겨울철의 일기도 모습이다.

ANSWER 27.③⑤ 28.④ 29.③

30 그림은 대기 순환의 규모와 현상들을 나타낸 것이다.

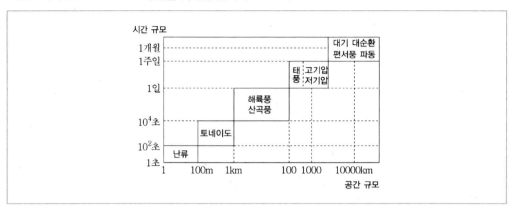

이에 대한 설명으로 옳은 것을 〈보기〉에서 있는 대로 고르시오.

〈보기〉
㉠ 태풍, 고기압, 저기압은 종관규모이다.
㉡ 토네이도는 전향력의 영향을 크게 받는다.
㉢ 수평 규모가 커질수록 시간 규모가 커진다.
㉣ 해륙풍, 뇌우, 산곡풍은 일기도상에 나타난다.

① ㉠

② ㉡

③ ㉢

④ ㉠㉢

⑤ ㉡㉢

TIP ㉡ 토네이도와 같은 미규모 순환은 전향력의 영향을 무시한다.
㉣ 해륙풍, 뇌우, 산곡풍과 같은 중간규모 순환은 일기도 상에 나타나지 않으며, 태풍, 고기압, 저기압 등이 일기도 상에 나타난다.

31 그림은 우리나라 부근에서 태풍의 이동경로를 나타낸 것이다.

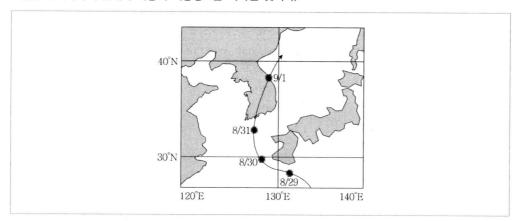

이에 대한 설명으로 옳은 것을 〈보기〉에서 있는 대로 고르시오.

〈보기〉
㉠ 태풍의 피해는 서울보다 부산지방이 더 컸을 것이다.
㉡ 태풍의 세력은 8월 30일경에 가장 강하다.
㉢ 태풍의 이동속도는 8월 31일보다 9월 1일에 더 빠르다.

① ㉠
② ㉠㉡
③ ㉠㉢
④ ㉡㉢
⑤ ㉠㉡㉢

TIP 태풍은 초기에는 빠른 속도로 북서진하지만 전향점에 가까이 이르면서 이동속도가 점점 느려진다. 이 과정에서 중심기압은 낮아지고 풍속은 빨라져 세력이 최대가 된다. 전향점을 지나면서 이동속도가 다시 빨라지지만 중심기압은 조금씩 높아지고 풍속은 차차 느려져 세력은 약화된다.

ANSWER 30.④ 31.⑤

위기의 지구

 대기 오염

(1) 대기 오염

사람이나 동식물, 기타 여러 환경에 나쁜 영향을 주는 물질들이 대기에 포함된 상태이다.

(2) 대기 오염 물질

자연적으로 발생하기도 하지만, 주로 인간의 활동 과정에 의해 발생된다.

① 대기 오염 물질의 종류

구분	정의	예
1차 오염 물질	오염원에서 직접 대기 중으로 배출되는 물질	일산화탄소, 질소 산화물, 이산화 황, 휘발성 유기 화합물 등
2차 오염 물질	대기 화학 반응에 의해 새롭게 생성되는 물질	질산, 황산, 오존(O_3)

② 대기 오염 물질의 영향

대기 오염 물질	영향
일산화탄소(CO)	무색·무취의 기체지만 독성이 있기 때문에 일산화탄소의 농도가 높은 곳에서 장시간 활동할 경우 헤모글로빈이 산소를 운반하는 능력이 떨어져 두통이 발생하거나 심할 경우 사망에 이를 수 있다.
휘발성 유기 화합물	오존의 생성 반응에 촉매로 작용하여 오존의 농도를 증가시킨다.
질산과 황산	• 이산화황과 질소 산화물이 수증기와 결합하여 생성된 질산과 황산은 비에 포함되면 pH 5.0 이하의 산성비를 만들어 대리석으로 만든 건축물을 부식시키는 등 환경에 많은 영향을 준다. • 토양과 호수를 산성화시켜 삼림과 수중 생태계에 큰 피해를 입힌다.
오존	• 식물의 생장을 방해하여 농작물의 수확량 감소를 가져온다. • 호흡기 질환, 눈 질환, 폐기능 저하와 같은 인체에 피해를 준다.
먼지	• 천식, 폐암, 심혈관 질환을 일으켜 건강에 나쁜 영향을 준다. • 먼지 지붕을 발생시켜 태양 복사 에너지양을 감소시키고, 구름의 양을 증가시켜 시정이 흐려진다.

(3) 대기 오염에 영향을 주는 요소

① 기상 요소

풍속과 오염 물질의 농도	기온의 분포와 대기 오염 물질의 분포
바람이 강할수록 도시의 오염 물질이 교외로 활발하게 확산되어 대기 오염 농도가 낮아진다.	지표면 부근에서 고도가 높아짐에 따라 기온이 증가하는 역전층이 형성될 때 대기 오염 농도가 높아진다.

② 지형 요소 … 산이나 언덕으로 둘러싸인 계곡이나 분지는 오염 물질이 외부로 빠져나가기 어렵기 때문에 대기 오염의 농도가 높게 나타난다.

SECTION 2 수질 오염

(1) 수질 오염

물을 원래의 용도대로 사용할 수 없을 정도로 수질이 악화된 상태이다.

(2) 수질 오염 물질

담수인 지표수와 지하수를 오염시키는 원인에는 생활 하수, 산업 폐수, 농약, 기름, 방사성 폐기물 등이 있다.

수질 오염 물질	영향
생활 하수	• 생활 하수와 비료에 포함된 다량의 영양 염류가 하천에 유입되면서 하천의 용존 산소량(DO)이 급격히 감소하여 부영양화를 발생시킨다. • 부영양화로 인해 하천에 녹조 현상이나 바다에 적조 현상이 발생하여 물속 산소량이 감소하고 햇빛의 투과량이 감소하여 수중 생태계가 파괴된다.
산업 폐수	• 산업 공정에 쓰이는 물질, 살충제, 제초제에 많이 쓰이는 물질은 독성을 배출하여 환경에 피해를 준다. • 납, 수은, 카드뮴, 비소와 같은 중금속은 잘 분해되지 않고 생물체의 조직에 축적되어 인간에게 치명적인 질병을 야기시킨다. 예 수은 중독 : 미나마타병, 카드뮴 중독 : 이타이이타이병
병원성 미생물	홍수와 같은 재해 발생 시 병원성 미생물에 오염된 물에 의해 콜레라, 장티푸스 등의 질병이 발생한다.
기름	선박의 폐유, 유조선 사고 등에 의해 해수면에 기름막이 형성되면 수면과 대기 사이의 산소 교환이 억제되고 물속의 산소량이 줄어들어 생태계의 변화를 초래한다.
방사성 폐기물	지하에 매립된 방사성 폐기물이 지하수에 의해 침출되면, 오염된 지하수에 장기가 노출된 생명체에 심각한 영향을 미친다.

(3) 수질 오염원의 특성

구분	점 오염원	비점 오염원
정의	오염원의 위치와 영역이 제한되어 있고, 오염 경로를 비교적 정확히 추정할 수 있는 오염원	오염원이 분산되어 있고, 간헐적으로 위치하여 오염 경로를 추정하기 힘든 오염원
배출원	공장, 생활 하수, 분뇨 처리장, 양식장, 축산 농가 등	논, 밭, 임야, 대지, 도로, 대기 중의 오염 물질 등
특징	• 오염 물질이 한 지점으로 집중적으로 배출됨 • 계절에 따른 변화가 적음 • 차집 용이, 처리 효율이 높음	• 오염 물질의 희석과 확산으로 넓은 지역에 배출됨 • 계절에 따른 변화가 심하여 예측이 어려움 • 차집 곤란, 강우의 영향을 받아 처리 효율이 낮음

(4) 수질 오염 방지 대책

① 생활 하수의 방출을 줄이고, 음식물 쓰레기를 하수구에 직접 버리지 않는다.

② 오염원과 수자원 사이에 위치하는 수변 생태계를 보강하며, 식생 완충대를 설치한다.

③ 공장, 병원 등의 오염원에서 유독 물질의 사용을 최소화하고, 자체 정화 장치를 마련한다.

SECTION 3 토양 오염

(1) 토양 오염의 특징

① 토양은 일반적으로 수십%의 공극률을 가지고 있어 오염 물질들이 쉽게 잔류하며, 한 번 오염되면 좀처럼 빠져나가지 않는다.

② 모래층과 같이 투수성이 좋은 토양은 오염 물질이 지하수에 씻겨 지하로 이동하기 때문에 오염된 상태가 표면에서는 잘 드러나지 않는다.

③ 같은 양의 오염 물질이 토양에 유입되더라도 토양의 투수성을 방해하는 경우 토양의 오염이 심각해진다.

(2) 토양 오염의 발생 경로

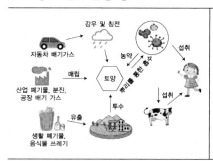

〈발생 경로〉
① 음식물 쓰레기, 폐전자 제품, 폐전지와 같은 생활 폐기물에서 유해한 물질이 유출된 후 토양을 오염시킨다.
② 폐금속 광산, 폐기물 매립지, 금속 공장, 폐유류와 같은 산업 폐기물과 중금속이 매립된 후 토양을 오염시킨다.
③ 자동차와 공장에서 배출된 대기 오염 물질에 의해 산성비가 내리면서 토양을 산성화 시킨다.
④ 비료와 가축의 배설물과 같은 농업 및 축산업과 관련된 물질이 토양을 오염시킨다.

(3) 토양 오염의 피해와 방지 대책

피해	방지 대책
• 토양이 독성 물질에 오염되면 흙에 사는 곤충과 미생물을 죽게 만들며, 식물의 생장 속도를 느리게 한다. 또, 오염된 토양에서 자란 식물을 섭취하는 동물들도 2차로 오염된다. • 중금속은 체내에 한 번 흡수되면 쉽게 배출되지 않고 계속 축적되므로 먹이 사슬의 가장 위쪽에 위치한 사람에게 여러 가지 질병을 일으키므로 매우 치명적이다. • 토양 오염 물질은 빗물에 씻겨 내려가 지하수, 주변의 연못, 하천 등을 오염시키기도 한다.	• 독성과 잔류성이 강한 농약 살포를 억제하고 유기질 비료를 사용한다. • 산성화된 토양은 석회를 뿌려 중화시킨다. • 폐기물 배출을 최소화하고 폐기 규정을 준수하여 처리한다. • 생활 쓰레기의 배출을 최소화하고, 일회용품 사용을 억제하며, 분리수거를 생활화한다.

SECTION 4 해양 오염

해양 오염원	특징
육지에서의 쓰레기 유입	급속한 산업화와 도시화를 진행하며 산업 폐수와 생활 하수, 생활 쓰레기 등이 바다로 버려져 물속으로 햇빛이 침투하지 못하게 방해하는 등 주변 해안과 연안 생태계가 훼손된다.
기름의 유출	• 유조선의 침몰과 해저 유전에서 유출된 기름이 해양 생태계를 파괴하는 것은 물론, 해류나 조류를 따라 멀리까지 퍼져 나가면서 해양 환경 전반에 심각한 영향을 미친다. • 유출된 기름을 제거한 후 남게 되는 폐기물이 2차적인 수질 오염과 토양 오염을 야기 시킨다.
무분별한 바다의 매립	연안 생태계가 파괴되고, 수질 정화 능력이 큰 개펄이 없어지면서 해양 환경이 크게 훼손된다.

SECTION 5 우주 쓰레기

(1) 우주 쓰레기의 발생 원인

발생 원인	인공위성의 파편	군사 훈련
특징	수명이 다한 인공위성이 폭발할 때 생긴 파편은 크기가 작아 쉽게 발견되지 않기 때문에 매우 위험한 요소이다.	미사일 요격 훈련, 미사일 방어(MD) 계획 등 군사 훈련에 의해서도 많은 우주 쓰레기가 발생한다.

(2) 우주 쓰레기의 피해

직접적 피해	• 우주 쓰레기는 지구 주위를 초속 7~10km의 속도로 날아다니기 때문에 작은 파편도 우주 왕복선, 여객기와 충돌할 경우 인명 피해가 발생하며, 또 다른 우주 쓰레기를 발생시킨다. • 우주 쓰레기가 우주 정거장과 충돌할 경우 많은 파편이 생기며, 인공위성의 오작동이 발생하는 등 심각한 위험에 빠질 수 있다.
간접적 피해	위성을 이용한 지도 검색, 위성 중계를 이용한 통신 및 방송 서비스 등 주변의 많은 정보가 위성에 의해 제공되고 있기 때문에 위성의 손실은 간접적으로 많은 부작용을 발생시킨다.

(3) 우주 쓰레기를 줄이는 방법

① 수명이 다한 인공위성은 지구로 끌어들여 대기권에서 태워버리거나 안전한 지역으로 떨어뜨린다.

② 우주 왕복선을 이용하여 고장 난 인공위성을 수거하거나 수명이 다한 인공위성은 멀리 이동하도록 설계한다.

SECTION 6 고기후의 연구 방법

(1) 기상 관측 자료 분석

① 특징 … 과거의 기후를 알 수 있는 가장 확실한 방법이다.

② 한계 … 인간이 기후를 체계적으로 관측한 것은 불과 몇 백년 밖에 되지 않았으므로 짧은 기간의 관측 기록으로부터 먼 과거의 기후와 미래의 기후 변화를 예측하기에는 매우 어렵다.

(2) 빙하의 얼음 연구(아이스 코어)

① 빙하에 포함된 공기 방울 분석 … 공기 방울에 포함된 기체의 조성을 분석하여 빙하가 생성될 당시의 대기 조성을 추정하는 방법이다.

예 이산화 탄소 농도 분석

② 산소의 동위 원소 분석 ··· 물 분자를 구성하는 산소의 두 가지 동위 원소 ^{16}O과 ^{18}O의 비를 분석하여 빙하가 만들어질 당시의 대기 온도를 추정하는 방법이다.

분석 원리	^{16}O은 ^{18}O에 비해 가벼우므로 상대적으로 쉽게 증발되어 쉽게 증발되어 대기 중에 포함된다. 지구의 기후가 온난할 때는 ^{16}O과 ^{18}O의 증발이 모두 활발하지만, 기후가 한랭할 때는 ^{18}O의 증발이 상대적으로 약해지면서 대기 중에 포함된 ^{16}O의 비율이 증가하게 된다. 따라서 눈이 쌓여서 만들어진 빙하에 ^{16}O의 양이 ^{18}O보다 상대적으로 많이 분포한다는 것은 기후가 한랭하였음을 의미한다.
한랭한 시기	한랭한 시기에는 대기 중에 ^{16}O의 양이 상대적으로 많으므로 빙하에 포함된 산소 동위 원소의 비율 $^{18}O/^{16}O$은 상대적으로 작아진다.
온난한 시기	온난한 시기에는 대기 중에 ^{18}O의 양이 많아지므로 빙하에 포함된 산소 동위 원소의 비율 $^{18}O/^{16}O$은 상대적으로 커진다.

(3) 시상 화석 연구

특정 환경에 서식했던 생물의 화석을 통해 퇴적 당시의 환경을 추정할 수 있다.

예 산호-얕고 따뜻한 바다, 고사리-온난 습윤한 육지

(4) 그 이외의 추정 방법

추정 방법	특징
지질 시대의 퇴적물 분석	지질 시대의 퇴적물에는 여러 꽃가루(화분) 성분 및 각종 미생물이 담겨 있기 때문에 퇴적물속의 생태 환경을 통해 과거의 기후 패턴을 알아낼 수 있다.
나무의 나이테 분석	나무의 나이테와 나이테 사이의 폭과 밀도를 측정하여, 그 지역의 과거 기온과 강수량의 변화를 추정하여 기후 변화를 알아낼 수 있다.

SECTION 7 지질 시대의 기후

구분	특징
선캄브리아대	• 대체로 온난한 기후였다. →증거 : 얕은 바다에서 만들어지는 스트로마톨라이트에 의한 석회암과 증발암이 선캄브리아대 지층에서 다량으로 발견된다. • 중기와 말기에 큰 빙하기가 있었다. →증거 : 세계 여러 지역의 중기와 말기의 지층에서 빙하 퇴적물이 발견된다.
고생대	• 대체로 온난한 기후였다. →증거 : 지층에서 대량의 석회암과 산호의 화석이 발견된다. • 초기에 육지의 대부분은 온난한 환경이었다. →대륙들이 대부분 적도 주변에 모여 있었다. • 석탄기에는 온난 습윤한 기후였고 계절의 변화가 거의 없었다. →증거 : 양치식물이 무성하였고, 나무의 나이테가 없다. • 말기에 판게아를 형성하면서 한 차례 큰 빙하기가 있었다. →증거 : 남아메리카, 오스트레일리아, 아프리카, 인도 등의 고생대 말기 지층에서 빙하 퇴적물이 발견된다.
중생대	초기에는 고온 건조한 기후였다가 나중에 온난 다습한 기후로 변하였다. →증거 : 사막 지방에서 볼 수 있는 적색 사암층이 있으며, 산호초가 고위도 지방의 지층에서 발견된다.
신생대	• 대체로 현재보다 온난 다습하였다. • 전기에는 온난하였다가 후기에는 4차례의 빙하기와 3차례의 간빙기가 있었다.

기후 변화의 내적 요인과 인간 활동 요인

(1) 대기 투과율의 변화

① 대기의 상태와 구름 분포에 따라 지구가 흡수하는 태양 복사 에너지양이 달라진다. →구름의 양이 증가하면 지구 반사율이 커져 지구 평균 기온이 하강한다.

② 화산이 폭발할 때 분출된 화산재가 성층권에 퍼져 태양 복사 에너지를 차단한다. →지표면에 흡수되는 태양 복사 에너지양이 감소하여 기온이 하강한다.

③ 대기 중의 이산화 탄소, 메테인 등의 농도가 증가함에 따라 지구의 평균 기온이 증가한다.

(2) 지표면의 변화

지표면의 변화에 의해 지구의 반사율이 달라지면 기후가 달라진다.

① 지표의 성질에 따른 반사율(%)

새 아스팔트	오래 된 아스팔트	침엽수림	토양	녹색 잔디	사막 모래	콘크리트	빙하	눈
4%	12%	8 ~ 15%	17%	25%	40%	55%	50 ~ 70%	80 ~ 90%

② 빙하 면적 감소 … 지구 반사율이 감소하여 지구의 평균 기온이 상승한다.

③ 삼림 면적 감소 … 지구 반사율이 증가하여 지구의 평균 기온이 상승한다.

(3) 수륙 분포의 변화

① 육지와 해양은 열용량이 달라 같은 양의 태양 복사 에너지를 받아도 기온 차가 생긴다.

② 대륙의 이동과 조산 운동에 의해 수륙 분포의 변화가 일어나면 전 지구적인 기후 변화가 일어날 수 있다.

예 판게아의 분리에 따른 수륙 분포 변화

(4) 인간 활동에 의한 요인

최근에는 산업 발달과 인간 활동의 증가로 인한 지구 온난화, 과도한 경작과 삼림 훼손으로 인한 사막화, 녹지를 개간하여 콘크리트 도로나 주택을 만드는 등의 인위적 개발도 기후 변화 요인이 되고 있다.

SECTION 9 기후 변화의 외적 요인(천문학적 요인)

구분	지구 공전 궤도 이심률의 변화	지구 자전축의 경사각 변화	세차 운동
	지구의 공전 궤도가 원 궤도에서 타원 궤도로 변한다.	지구 자전축의 경사각이 21.5°∼24.5° 범위에서 변한다.	지구의 자전축이 팽이처럼 회전하면서 경사 방향이 바뀐다.
주기	약 10만년	약 41000년	약 23000년
영향	이심률의 변화에 따라 지구에서 태양까지 거리가 달라져 태양 복사 에너지의 양이 변한다. →이심률이 커질수록 근일점과 원일점의 거리 차이가 커져 계절에 따른 태양 복사 에너지양의 차이가 더 커진다.	자전축의 경사각이 달라지면 각 위도에서 받는 태양 복사 에너지양이 변한다. →경사각이 커질수록 기온의 연교차가 커진다.	자전축의 경사 방향이 반대가 되면 여름철과 겨울철의 공전 궤도상 위치가 반대가 된다. →약 11500년 후 북반구는 여름에 근일점, 겨울에 원일점에 위치하므로 기온의 연교차가 커진다.

1 다음 중 산성비와 관련이 깊은 대기오염 물질을 두 가지 고르면?

① 오존
② 일산화질소
③ 이산화황
④ 황화수소
⑤ 미세먼지

🏆 **TIP** 산성비는 대기 중의 질소산화물과 이산화황이 비에 녹아서 형성된다.

2 토양오염 물질 중에서 법률로 관리되는 물질에 포함되지 않는 것은?

① 염화칼슘
② 석유류
③ 농약(유기인 화합물)
④ 페놀류
⑤ 중금속

🏆 **TIP** 염화칼슘은 토양오염 물질로 관리되지 않는다.

3 해양 쓰레기의 발생과 피해에 대한 설명으로 옳은 것만을 〈보기〉에서 모두 고른 것은?

〈보기〉
㉠ 해류에 의해 먼 거리까지 이동한다.
㉡ 태평양 쓰레기 섬의 대부분은 플라스틱 조각이다.
㉢ 쓰레기가 유출된 국가에서 직접 그 피해를 보게 된다.

① ㉠
② ㉡
③ ㉢
④ ㉠㉡
⑤ ㉡㉢

🏆 **TIP** 해양쓰레기는 해류를 타고 먼 거리까지 이동할 수 있으며 약 80%가 잘게 부서진 플라스틱 조각이다. 해양쓰레기는 연안 해역을 넘어 공해상으로 이동하기도 하며 배출한 국가 뿐 아니라 다른 여러 나라에서 그 피해를 본다.

4   대기 중의 미세 먼지에 대한 설명으로 옳지 않은 것은?

① 미세먼지는 빛을 산란, 반사, 흡수한다.
② 대기 중 미세먼지 농도가 높은 날에는 시정이 나쁘다.
③ PM-10은 코나 목에 걸리지 않고 허파 깊숙이 침투한다.
④ 지름이 큰 먼지일수록 대기 중에서 부유하는 기간이 길다.
⑤ 먼지는 복사량을 감소시키고 구름과 안개 발생 빈도를 높인다.

TIP 미세 먼지의 농도가 높으면 시정이 나빠지고 먼지가 응결핵 역할을 하여 구름과 안개의 발생 빈도가 높아
진다. PM-10은 크기가 10마이크로미터 이하인 미세먼지로서 허파 깊숙이 침투하여 폐포 내에서 호흡기
질환을 유발한다. 미세한 먼지일수록 부유하는 기간이 더 길다.

5   다음 중 값이 클수록 대기 오염 물질의 농도가 커져 피해가 증가하게 되는 기상요소는?

① 안정도   ② 구름의 양
③ 바람의 세기   ④ 아침 기온
⑤ 한낮 습도

TIP 구름이 많거나 바람이 불면 오염물질이 확산된다. 아침 기온이 높으면 역전층이 형성되기 어렵다. 안정도
가 클수록 대기오염 물질은 확산되지 않고 체류하여 농도가 높아진다.

6   중금속에 의한 수질오염에 대한 설명으로 옳은 것만을 〈보기〉에서 모두 고른 것은?

〈보기〉
㉠ 중금속에 의한 오염의 대부분은 점오염원에 의한 것이다.
㉡ 대부분의 중금속은 생물 농축에 의해 인간에게 큰 피해로 돌아온다.
㉢ 광산과 공장에서 염소 소독을 통해 중금속을 제거해야 피해를 줄일 수 있다.

① ㉠   ② ㉡
③ ㉢   ④ ㉠㉡
⑤ ㉡㉢

TIP 중금속은 도금 등의 산업 현장에서 배출된다. 이러한 배출원은 대부분 점오염원이다. 중금속은 생물에 농
출되므로 고차 소비자로 갈수록 더 큰 농도가 된다. 염소 소독으로는 중금속을 제거할 수 없다.

ANSWER 1.②③ 2.① 3.④ 4.④ 5.① 6.④

7 다음 식 (카)~(다)는 오존의 생성과 소멸에 관련된 반응을 순서없이 정리한 것이다.

> (카) $NO_2 + $ 자외선 $\rightarrow NO + O$
>
> (나) $O + O_2 \rightarrow O_3$
>
> (다) $O_3 + NO \rightarrow NO_2 + O_2$

이에 대한 설명으로 옳은 것만을 〈보기〉에서 있는 대로 고른 것은?

> 〈보기〉
> ㉠ (카)로 미루어 볼 때 햇빛이 없으면 오존이 생성되기 어렵다.
> ㉡ (나)보다 (다) 반응이 우세하면 오존의 농도가 증가한다.
> ㉢ 오존은 다른 물질을 산화시키는 성질이 강하다.

① ㉡　　　　　　　　　　　　　　② ㉢
③ ㉠㉡　　　　　　　　　　　　　④ ㉠㉢
⑤ ㉡㉢

🐾 **TIP** (카)는 이산화질소의 광분해를 통해 산소 원자가 형성되는 반응을, (나)는 오존 분자가 생성되는 반응을, (다)는 오존이 파괴되고 산소로 환원되는 반응을 나타낸 것이다. 오존은 (카)와 (나)의 반응을 통해 생성되므로 햇빛이 강하지 않으면 오존이 생성되기 어렵다. (다)는 오존의 소멸 반응이므로 (다)의 반응이 우세하면 오존 농도가 감소한다.

8 표는 실내 공기질을 나쁘게 하는 주요 배출원을 나타낸 것이다.

기호	배출원
A	장판, 페인트
B	마루 바닥, 가구
C	난방기, 담배
D	벽
E	전자기기, 복사기

주요 배출원의 기호화 실내공기 오염물질을 바르게 짝지은 것은?

① A – 휘발성유기화합물　　　　② B – 일산화탄소
③ C – 포름알데히드　　　　　　④ D – 오존
⑤ E – 라돈

🐾 **TIP** B 마루바닥과 가구 등에서는 접착제 등에서 폼알데하이드가 배출된다. C 난방기, 담배에서는 일산화탄소, D 벽에서는 라돈이 배출된다. E 전자기기나 복합기에서는 오존이 배출될 수 있다.

9 다음은 간이정수기를 설계한 모습을 나타낸 것이다.

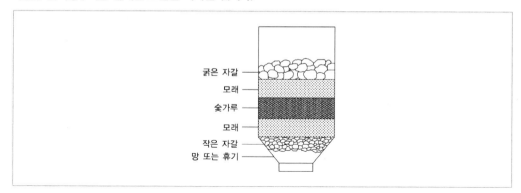

이에 대한 설명으로 옳은 것만을 〈보기〉에서 모두 고른 것은?

〈보기〉
㉠ 숯가루 층에서 공극의 크기가 가장 작다.
㉡ 흙탕물을 거르면 투명도가 좋아진 물을 얻을 수 있다.
㉢ 투수성이 큰 층부터 굵은 자갈, 모래, 숯가루 순서이다.

① ㉠
② ㉠㉡
③ ㉠㉢
④ ㉡㉢
⑤ ㉠㉡㉢

🌸 **TIP** 공극률은 대체로 입자가 작을수록 증가하는 경향이 있다. 입자가 작으면 투수율은 작다.

10 다음과 같은 피해 상태와 생태계 파괴를 가져오는 환경오염 영역은?

폐기물의 침출수가 오랫동안 머무르면서 지속적으로 피해를 주기도 한다. 예를 들어 독성 폐기물에 오렴된 지역에서는 운동장, 지하실, 농경지 등에서 생활하는 것 만으로도 오염에 노출되어 만성적이고 지속적으로 인체에 해로운 영향을 미친다.

① 대기오염
② 해양오염
③ 토양오염
④ 우주 쓰레기
⑤ 수질오염

🌸 **TIP** 토양오염의 경우 오염물질이 토양 입자에 부착되거나 공극 사이에 남아 오랫동안 영향을 준다. 만성적이고 지속적으로 피해를 준다는 점도 토양오염의 특징이다.

🏅 **ANSWER** 7.④ 8.① 9.⑤ 10.③

11 수질오염 정도를 판단하는 방법에 대한 설명으로 옳은 것만을 〈보기〉에서 있는 대로 고른 것은?

〈보기〉
㉠ DO가 높을수록 오염도가 크다.
㉡ BOD가 높을수록 오염도가 크다.
㉢ 질산 이온과 인산 이온의 양이 많으면 부영양화 상태이다.
㉣ 버들치, 플라나리아 등이 사는 물은 오염 정도가 매우 심하다.

① ㉠㉡　　　　　　　　　　　　　② ㉠㉢
③ ㉡㉢　　　　　　　　　　　　　④ ㉡㉣
⑤ ㉢㉣

TIP BOD는 생화학적 산소요구량으로서 물속 유기물의 분해에 필요한 산소의 양을 의미하므로 이 값이 클수록 오염의 정도가 심하다. DO는 용존 산소량으로서 값이 작을수록 오염도가 크다. 질산이온과 인산이온이 과다하면 부영양화 상태로서 플랑크톤이 급하게 번식하여 물의 질을 나쁘게 한다. 버들치와 플라나리아 등은 1 ~ 2급수에서 서식한다.

12 해안에서 유조선 충돌 등으로 원유 유출 사고가 발생하였을 때의 대처 방안으로 옳은 것만을 〈보기〉에서 있는 대로 고른 것은?

〈보기〉
㉠ 가장 우선적으로 해야할 일은 추가 유출을 막는 일이다.
㉡ 해류에 의해 확산되기 전에 유출된 기름을 회수하는 것이 좋다.
㉢ 해류를 파악하면 피해 해안의 위치를 예상하고 대비할 수 있다.
㉣ 흡착포 대신 화학적 용매를 이용하여 빠르게 처리하는 방법이 유리하다.

① ㉠㉡　　　　　　　　　　　　　② ㉡㉢
③ ㉡㉣　　　　　　　　　　　　　④ ㉠㉡㉢
⑤ ㉠㉡㉢㉣

TIP 유조선 충돌 등으로 원유가 유출되었을 때는 유출 부위를 차단하여 추가 유출을 막는 조치가 가장 먼저 필요하다. 사고 직후에는 유출된 기름의 확산을 최대한 막기 위해 주변에 오일펜스를 설치한다. 해류와 바람의 방향을 통해 유출된 기름이 어느 해안 지역으로 확산되는지를 파악하여 오일펜스를 설치하고 가급적 해상에서 유출된 기름을 흡수하거나 처리하도록 하는 것이 좋다. 화학적 용매를 사용하여 기름을 처리하면 반응 후 발생하는 물질에 의해 추가 오염될 우려가 있다.

13 농경지에서 질소 비료의 과다한 사용으로 발생하는 토양오염을 줄이기 위한 대책으로 적절한 것을 모두 고르면?

① 발효 퇴비를 이용한다.
② 콩과 식물을 윤작, 혼작한다.
③ 씨를 뿌린 직후부터 화학 비료를 사용한다.
④ 경작지의 경사 방향과 나란하게 밭갈이를 한다.
⑤ 경작이 끝난 작물은 썩기 전에 회수하여 소각한다.

🏵️**TIP** 질소 비료를 과다하게 사용하면 토양에 질산이온이 너무 많은 상태가 되고 산성화를 가져온다. 퇴비를 이용하여 토질을 개선하고 콩과 식물을 윤작하여 질소를 흡수할 수 있다. 화학비료는 가급적 식물의 생장이 빨라야하는 시기에만 주는 것이 적절하다. 경작지를 가는 것은 질산 이온의 제거나 억제에 도움이 되지 않으며 경사방향과 나란하게 밭갈이를 하면 토양의 유실이 우려된다. 경작이 끝난 작물은 회수하지 않고 경작지에서 썩도록 하는 것이 더 좋다.

14 대기 오염 물질에 대한 설명으로 옳지 않은 것을 모두 고르시오.

① 벤젠, 톨루엔, 폼알데하이드 등을 질소 산화물이라고 한다.
② 일산화탄소는 산소보다 헤모글로빈과 결합 능력이 강하다.
③ 미세먼지(PM-10)는 지름이 10μm이하인 먼지이다.
④ 대기 중에서 수증기와 이산화황이 결합하면 황산이 된다.
⑤ 지표 부근의 오존은 적외선이 강한 날 잘 만들어진다.

🏵️**TIP** 벤젠, 톨루엔, 폼알데하이드 등은 탄소와 수소 골격을 이루는 탄화수소의 일종으로 휘발성 유기화합물이다.

15 해양 쓰레기의 발생과 피해에 대한 설명으로 옳지 않은 것을 모두 고르시오.

① 해양오염 원인의 80%는 육지에서 기원한 것이다.
② 해류에 의해 확산되어 해양의 전역으로 넓어져 피해가 커진다.
③ 해저로 향한 오염물질 확산은 수평방향보다 진행이 빠르다.
④ 해양오염은 거대한 해양의 수량 때문에 오염의 심각성이 간과되기 쉽다.
⑤ 국제적인 문제로 확대될 수 있기 때문에 가급적 단독대응만이 최선의 결과를 얻을 수 있다.

🏵️**TIP** 오염물질은 수직적인 확산보다 수평적인 확산이 더욱 우세하다. 해양이 오염물질을 희석하는 작용은 유한하다는 것을 중시해야 하다.

⭐**ANSWER** 11.① 12.④ 13.①② 14.①⑤ 15.③⑤

16 다음 중 2차대기오염 물질은?

① NO_X

② CO

③ CO_2

④ SO_2

⑤ O_3

✿**TIP** 지표 근처의 오존은 질소산화물이 자외선에 의해 광분해 되는 조건에서 일산화질소와 산소가 반응함으로써 형성된다. 즉, 오존은 오염원에서 직접 배출되는 오염물질이 아니라 광화학 반응의해 2차적으로 생성되는 오염물질이다.

17 대기오염에 영향을 미치는 조건에 대한 설명으로 옳은 것을 〈보기〉에서 있는 대로 고른 것은?

〈보기〉

㉠ 역전층이 형성될 때 대기오염의 피해가 크다.

㉡ 바람이 약할 때 오염물질의 농도가 작아진다.

㉢ 산으로 둘러싸인 분지 지역은 대기오염의 피해가 자주 나타난다.

① ㉠

② ㉡

③ ㉢

④ ㉠㉡

⑤ ㉠㉢

✿**TIP** 역전층이 형성되면 대기가 매우 안정되어 연직방향의 공기 운동이 억제되기 때문에 오염물질이 상층으로 확산되지 못하고 지표 근처에서 누적되어 피해가 커진다. 또한 산지나 언덕으로 둘러싸인 지역은 오염물질이 쉽게 빠져나가지 못하고 체류하여 상습적인 대기오염 피해 지역이 된다.

18 다음은 하천수의 수질 등급을 판정하는 지표 생물을 나타낸 것이다. 이 중에서 오염의 정도가 가장 심한 물에서 발견될 수 있는 지표생물은?

① 가재

② 실지렁이

③ 우렁이

④ 장구애비

⑤ 붕어

✿**TIP** 실지렁이는 4 ~ 5급수의 심하게 오염된 물에서 발견되는 생물이다. 가재는 1급수, 우렁이, 붕어는 3급수, 장구애비는 2 ~ 3급수에서 발견된다.

19 다음과 같은 피해를 일으킬 수 있는 해양오염의 원인을 가장 잘 제시한 것은?

> 바닷물이 혼탁해지고 용존산소량이 크게 줄어들었으며 양식장의 어폐류가 대량으로 폐산하였다. 해수면에 유막이 형성되면서 산소공급이 줄어들었기 때문이다. 바다 생태계가 파괴되면서 연어, 해달, 바다새, 물범 등의 생물도 개체수가 상당히 감소하였다.

① 중금속   ② 부영양화
③ 간척지 매립   ④ 바다 쓰레기
⑤ 원유 유출

TIP 해수에 유막을 형성하고 산소 공급을 차단함으로써 해양생물에 큰 피해를 주는 오염원은 기름의 유출이다.

20 산업 혁명 이후 다량으로 배출된 온실 기체로 지구 온난화를 유발하는 것은?

① 산소   ② 질소
③ 아르곤   ④ 이산화황
⑤ 이산화탄소

TIP 산업 혁명 이후 인위적인 인간 활동의 결과인 화석 연료의 연소와 산림 훼손의 증가는 이산화탄소와 같은 온실 기체를 대기 중으로 다량 배출하여 온실효과를 증대시켰고, 그 결과 지구 온난화를 유발한 것이다.

21 다음 설명하는 변화에 대한 설명은 무엇인가?

> 대부분 봄철(3 ~ 5월)에 발생해 왔으나 최근 들어 겨울철에도 나타나며, 호흡기 질환과 같은 각종 질병을 유발하고 대기 오염을 가중시키는 등 지구 환경에도 많은 문제를 일으킨다.

① 황사   ② 사막화
③ 빙하기   ④ 오존층 파괴
⑤ 지구온난화

TIP 황사 현상은 1990년대 이래 빠른 속도로 증가하고 있으며, 주로 봄철에 나타났으나 1991년 이후에는 겨울철에도 잦아지고 있다. 황사는 호흡기 질환과 같은 각종 질병을 유발하여 건강상의 문제를 발생시키고 대기 오염을 가중 시키는 등 국제적인 환경 문제로 대두되었다.

ANSWER 16.⑤ 17.⑤ 18.② 19.⑤ 20.⑤ 21.①

04 천체 관측, 우주 탐사

별자리와 지구의 운동

(1) 별자리

① 별자리

   ⊙ 하늘의 별들을 찾아내기 쉽게 몇 개씩 이어서 그 형태에 동물, 물건, 신화 속의 이름을 붙여 놓은 것

   ⓒ 황도를 따라 12개, 북반구 하늘에 28개, 남반구 하늘에 48개→총 88개의 별자리

   ⓒ 별자리를 이루는 별들은 저마다 거리와 밝기가 다르다. →너무 멀리 있어서 지구에서 볼 때 시선 방향에 따라 같은 자리에 있는 것처럼 보이는 것뿐이다.

② 계절별 별자리 … 지구가 하루에 약 1°씩 태양 주위를 공전하기 때문에 계절별로 보이는 별자리가 달라지게 된다.

(2) 천구 상에서 천체의 운동

① 천체의 일주 운동 … 지구 자전에 의해 1일을 주기로 천체들이 동에서 서로 도는 것처럼 보이는 현상

   ⊙ 일주권 : 천구 상에서 천체가 일주 운동하는 경로→천구의 적도와 나란하다.

     • 천체의 일주권과 지평면이 이루는 각 = 90° − 위도

     • 일주 운동의 방향 : 동→서(지구의 자전과 반대 방향)

   ⓒ 위도에 따른 천체의 일주 운동

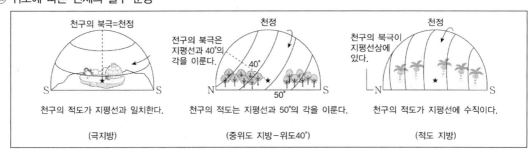

ⓒ 주극성 · 출몰성 · 전몰성
  • 주극성 : 지평선 아래로지지 않는 별
  • 출몰성 : 지평선에서 뜨고 지는 별
  • 전몰성 : 지평선 위로 뜨지 않는 별

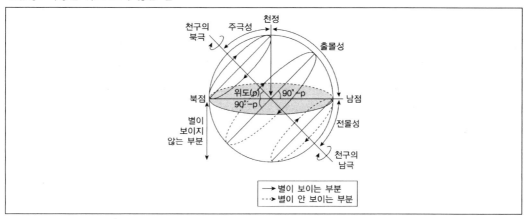

	(북점의 적위)		(남점의 적위)	
	주극성의 적위 > 출몰성의 적위 > 전몰성의 위치			
	(90°-위도)		(90°-위도)	

② 태양의 연주 운동 … 태양이 서쪽에서 동쪽으로 황도를 따라 매일 약 1°씩 이동하는 것처럼 보이는 것으로, 지구의 공전에 따른 겉보기 운동이다.

ⓐ 춘분점 : 춘분날 태양이 있었던 위치

ⓑ 황도 : 천구 상에서 태양이 지나가는 길→천구의 적도와 23.5° 기울어져 있다.

ⓒ 황도 12궁 : 황도 근처에 있는 12개의 별자리

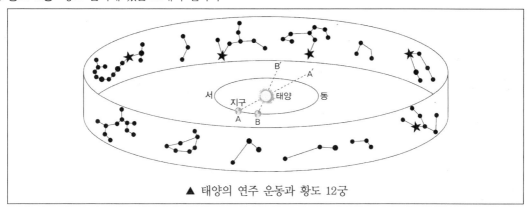

▲ 태양의 연주 운동과 황도 12궁

천체의 위치와 좌표계

(1) 천구

① **천구** … 관측자를 중심으로 반경이 무한대인 가상의 구

② **천구의 명칭**

   ㉠ **지평선** : 관측자의 지평면이 천구와 만나는 선

   ㉡ **천정 · 천저** : 관측자를 지나는 연직선이 천구와 만나는 상하의 두 점

   ㉢ **천구의 적도** : 지구의 적도면이 연장되어 천구와 만나는 선

   ㉣ **천구의 북극 · 남극** : 지구 자전축의 연장선이 천구와 만나는 두 점

   ㉤ **수직권** : 천정과 천저를 지나는 대원

   ㉥ **시간권** : 천구의 북극과 남극을 지나는 대원

   ㉦ **자오선** : 수직권 중에서 천구의 북극과 남극을 지나는 대원

   ㉧ **북점 · 남점** : 자오선과 지평면이 만나는 두 점

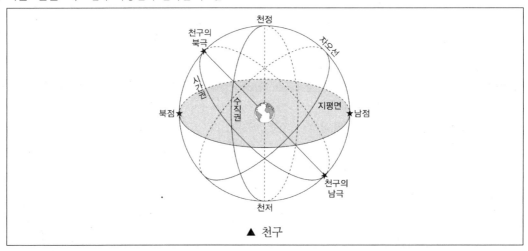

▲ 천구

③ 천구는 실재하는 것은 아니지만 천체의 위치나 운동을 나타내는 데 매우 유용한 개념이다.

(2) 좌표계

① **지평 좌표계** … 관측자의 지평면을 기준면으로 하여 방위각과 고도로 천체의 위치를 나타낸 좌표계로, 알아보기 쉬우나 시간과 장소에 따라 좌표값이 변한다는 단점이 있다.

   ㉠ **방위각(A)** : 북점을 기준으로 지평면을 따라 시계 방향으로 잰 각($0° \sim 360°$)

   ㉡ **고도(h)** : 지평면에서 수직권을 따라 천체까지 잰 각($0° \sim 90°$)

   ㉢ **천정 거리(z)** : 천정에서 수직권을 따라 천체까지 잰 각($90°$-고도)

② **적도 좌표계** ··· 천구의 적도면을 기준면으로 하여 적경과 적위로 천체의 위치를 나타낸 좌표계로 별의 좌표값이 일정하다는 장점이 있다.

　㉠ **적경**(α) : 춘분점에서 천구의 적도를 따라 반시계 방향으로 잰 각 (0 ~ 24h)

　㉡ **적위**(δ) : 천구의 적도면으로부터 남북 방향으로 잰 각($-90°$ ~ $+90°$) → 천체가 북반구에 있을 때는 (+), 남반구에 있을 때는 (−)

　㉢ 태양의 적경과 적위

구분	춘분점	하지점	추분점	동지점
적경	0시	6시	18시	24시
적위	$0°$	$+23.5°$	$0°$	$-23.5°$

(3) 계절의 변화

① **계절 변화의 원인** ··· 지구 자전축이 공전 궤도면에 대하여 $66.5°$ 기울어진 상태에서 공전하므로 태양의 남중 고도와 일조 시간에 변화가 생겨서 계절이 달라지게 된다.

② 태양의 남중 고도

　㉠ 태양의 남중 고도 = $90°$ − 위도 + 태양의 적위

　㉡ 하지 때에는 태양의 남중 고도가 가장 높고, 일조 시간이 가장 길어서 태양 복사 에너지를 가장 많이 받는다. → 여름

　㉢ 동지 때에는 태양의 남중 고도가 가장 낮고 일조 시간이 가장 짧아서 태양 복사 에너지를 가장 적게 받는다. → 겨울

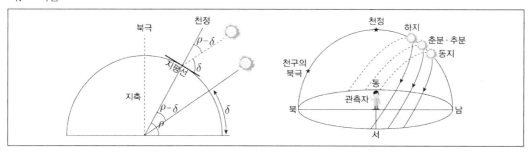

SECTION 3 | 태양의 활동

(1) 태양의 표면 관측

① 태양의 물리량

    ㉠ **지름** : 지구의 109배

    ㉡ **질량** : 지구의 33만 배

    ㉢ **평균 밀도** : 1.41g/cm^3

    ㉣ **평균 표면 온도** : 5800K

    ㉤ **중심부 온도** : 1500만 K 이상

    ㉥ **중심부 압력** : 약 30억 기압

    ㉦ **구성 물질** : 수소와 헬륨

    ㉧ **1초당 방출 에너지** : $9.2 \times 10^{22}\text{kcal}$

    ㉨ **에너지원** : 중심부의 핵융합

② 태양의 표면

    ㉠ 광구

      • 태양 표면에서 우리가 볼 수 있는 부분

      • 평균 온도 : 5800K

    ㉡ 흑점

      • 주위보다 온도가 낮아(3000 ~ 4000K) 어둡게 보이는 부분

      • 지름 : 수백 km ~ 수십만 km

      • 수명 : 수 일 ~ 수십 일

      • 약 11년을 주기로 하여 흑점의 수가 증감

      • 흑점수가 많을수록 태양의 활동이 활발

    ㉢ 쌀알무늬

      • 쌀알을 뿌려 놓은 듯한 무늬

      • 평균 지름 : 1000km

      • 수명 : 3 ~ 4분

      • 광구면 밑의 대류 현상으로 인해 발생

③ 태양 표면의 관측 방법

    ㉠ 강렬한 빛 때문에 육안 관측이 어려워 스펙트럼 장치, 분광기, 코로나그래프 등의 장비를 이용해 관측한다.

    ㉡ 최근에는 태양 탐사 위성을 이용해 입체적이고, 실시간으로 태양 표면에서 일어나는 현상들을 관측하고 있다.

(2) 흑점의 이동과 태양의 자전

① 흑점의 이동 방향 ⋯ 동→서로 이동 : 태양이 시계 반대 방향(서→동)으로 자전하므로

② 흑점의 이동 속도

    ㉠ 위도에 따라 이동 속도가 다르다. → 태양이 가스로 이루어졌고, 자전 주기가 위도에 따라 다르기 때문에

    ㉡ 적도 부근 : 약 25일

    ㉢ 고위도 지역 : 약 28일

(3) 태양의 대기 관측

① 태양의 대기

    ㉠ 채층

- 광구 바로 위쪽에 있는 두께 수만 km의 붉은색 대기
- 온도 : 4500 ~ 수만 K
- 스피큘이라는 불꽃 기둥이 생성과 소멸을 반복함.

    ㉡ 홍염 : 채층의 위로 수천 ~ 수만 km까지 솟아오르는 거대한 불꽃

    ㉢ 플레어

- 흑점 주변에 생기는 폭발 현상
- 10분 ~ 수시간 동안 지속

    ㉣ 코로나

- 채층 바깥쪽에 생기는 온도 진주빛의 대기층
- 온도 : 100 ~ 200K

② 태양 활동이 지구에 미치는 영향

    ㉠ 태양 활동 극대기

- 태양의 상층 대기인 코로나의 크기가 최대가 됨.
- 플레어 발생 및 코로나 물질 분출 횟수 증가
- 흑점 수가 최대로 증가(11년 주기)

    ㉡ 태양 활동 극대기에 지구에 나타나는 현상

- 지구 자기장의 교란으로 자기 폭풍 발생
- 전리층 교란으로 무선 통신이 두절되는 델린저 현상 발생 및 인공위성의 오작동 발생 가능성 증가
- 태양풍에 의한 대전 입자들이 양극 방향에서 공기 입자와 충돌하여 빛을 내응 오로라 현상 발생

(1) 달의 운동과 위상 변화

① 달의 공전과 위상 변화

ⓐ 달은 하루에 약 13°씩 서→동으로 공전하므로 달이 뜨는 시각은 매일 약 50분씩 늦어진다.

항상월	달이 공전하여 같은 별자리로 되돌아 오는 데 걸리는 시간→약 27.3일	달의 실제 공전 주기
삭망월	달의 위상이 삭(망)에서 삭(망)으로 되는 데 걸리는 시간→약 29.5일	음력 1달의 길이

ⓑ 달은 햇빛을 반사하여 빛나므로 태양과 지구, 달의 상대적인 위치에 따라 모양이 달라진다.

ⓒ 달의 위상은 음력 1일로부터 '삭→초승→상형→망→하현→그믐→삭'으로 모양이 변한다.

상현달
초승달
← 태양광선
보름달
그믐달
하현달
지구와 달의 위치   위상 변화

달의 모양	관측 시기 (음력)	관측 시각과 위치
삭	1일경	태양과 함께 뜨고 지므로 볼 수 없다.
초승달	2~3일경	해진 후 서쪽 하늘에서 보이기 시작하여 오후 9시경에 진다.
상현달	7~8일경	해진 후 남쪽 하늘에서 보이기 시작하여 자정에 진다.
망(보름달)	15일경	해진 후부터 새벽까지 보이며 자정에 남중한다.
하현달	22~23일경	자정에 동쪽 지평선에서 떠서 일출 때까지 보인다.
그믐달	28~29일경	새벽에 동쪽 하늘에서 떠서 일출 때까지 보인다.

② 달의 공전 및 자전

ⓐ 항성월과 삭망월

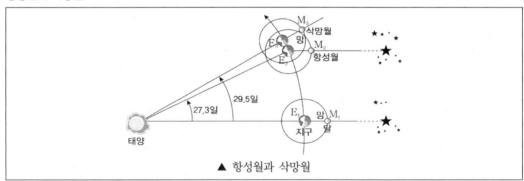

▲ 항성월과 삭망월

※ 삭망월과 항성월이 차이가 나는 까닭 : 달이 지구 둘레를 공전하는 동안 지구 역시 태양 둘레를 공전하기 때문이다.

ⓑ 달의 자전
• 달의 자전 주기은 약 27.3일로 공전 주기(항성월)와 같다.
• 자전 방향이 공전 방향과 같다. →달의 앞면만 볼 수 있다.

(2) 일식과 월식

① **일식** … 달이 태양을 가리는 현상으로 삭일 때 생긴다.

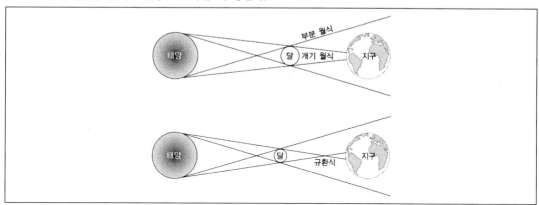

　　㉠ **개기 일식** : 달이 본그림자 속에 태양이 완전히 가려지는 현상

　　㉡ **부분 일식** : 달의 반그림자 속에 태양의 일부가 가려지는 현상

　　㉢ **금환식** : 달이 지구에서 멀어져 완전히 태양을 가리지 못해 태양 주위가 반지처럼 보이는 현상

② **월식** … 지구의 그림자가 달을 가리는 현상으로, 망일 때 생긴다.

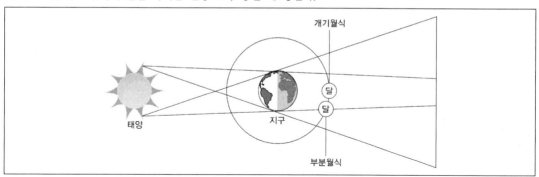

　　㉠ **개기 월식** : 지구의 본그림자 속에 달이 완전히 가려지는 현상

　　㉡ **부분 월식** : 지구의 본그림자와 반그림자에 걸쳐서 달의 일부가 가려지는 현상

③ **일식과 월식이 매달 생기지 않는 이유** … 황도와 백도가 약 5° 정도 기울어 있기 때문이다.

SECTION 5 행성의 운동

(1) 지구 중심설과 태양 중심설

구분	지구 중심설(천동설)	태양 중심설(지동설)
행성의 역행	주전원으로 설명	행성의 공전 속도의 차이로 설명
내행성의 최대 이각	내행성의 주전원 중심이 항상 태양과 같은 방향에 있는 것으로 설명	내행성이 지구의 안쪽 궤도에서 공전하는 것으로 설명
금성의 위상 변화	반달이나 보름달 모양의 위상 설명 불가능	금성의 모든 위상 설명 가능
목성의 갈릴레이 위성 발견	모든 천체가 지구 주위를 돈다는 체계이므로 목성의 위성은 있을 수 없다.	지구는 태양 주위를 돌고 달은 지구 주위를 돌듯이 목성 주위를 도는 위성도 있을 수 있다.
별의 연주 시차	설명 불가능	설명 가능

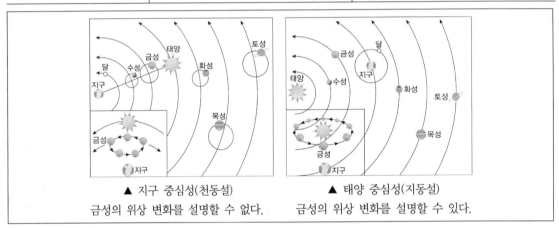

▲ 지구 중심성(천동설)
금성의 위상 변화를 설명할 수 없다.

▲ 태양 중심성(지동설)
금성의 위상 변화를 설명할 수 있다.

(2) 행성의 겉보기 운동

① 행성의 겉보기 운동 ⋯ 행성이 매일 조금씩 천구 상에서 별자리 사이를 옮겨가는 운동

　㉠ 내행성과 지구의 위치 관계

　　• 내합과 외합 : 내행성이 지구와 가장 가까이 위치 할 때(내합)와 가장 멀리 위치할 때(외합)

　　• 최대 이각 : 행성이 태양으로부터 최대로 벌어졌을 때(금성 : 약 48˚, 수성 : 약 28˚)

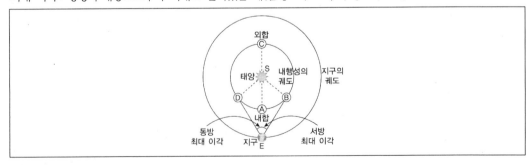

ⓛ 외행성과 지구의 위치 관계
- 충 : 외행성이 지구와 가장 가까이 위치할 때
- 합 : 외행성이 지구와 가장 가까이 멀 때
- 구 : 외행성이 지구와 태양에 대하여 직각 방향에 있을 때로, 동구와 서구로 나뉜다.

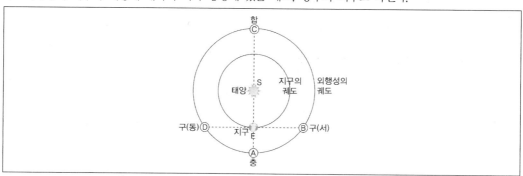

② 행성의 순행과 역행
ⓐ 순행 : 행성이 천구 상을 서→동으로 이동(적경 증가)
ⓑ 역행 : 행성이 천구 상을 동→서로 이동(적경 감소)

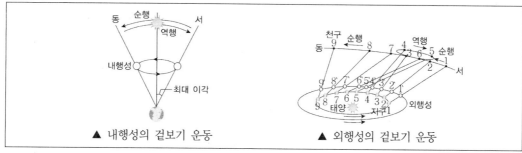

▲ 내행성의 겉보기 운동　　　　　▲ 외행성의 겉보기 운동

구분	내행성	외행성
겉보기 운동	태양을 사이에 두고 순행과 역행을 반복함	순행과 역행이 불규칙하게 나타남
위상 변화	초승달(그믐달) ~ 반달 ~ 보름달까지 모든 위상이 관측됨	반달 이상의 모양이 관측됨
관측 시기	초저녁 서쪽 하늘이나 새벽녘 동쪽하늘에서만 관측됨	초저녁과 새벽뿐만 아니라 한밤중에도 관측됨
역행	내합 부근	충 부근

⑶ 회합 주기와 케플러의 법칙

① **회합 주기** … 행성이 내합에서 다음 내합 또는 충에서 다음 충까지 돌아오는 데 걸리는 시간→이를 이용하여 행성의 공전 주기를 구한다.

  ㉠ S : 회합 주기, P행성의 공전 주기, E : 지구의 공전 주기라 하면

  $$\frac{1}{P} = \frac{1}{E} \pm \frac{1}{S} \ (+ : 내행성, \ - : 외행성)$$

  ㉡ 외행성의 경우 태양에서 멀수록 회합 주기는 1년에 수렴한다.

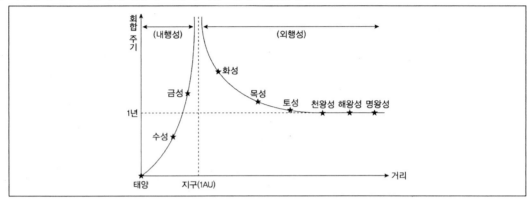

② **케플러의 법칙**

  ㉠ **제1법칙** : 행성의 궤도는 태양을 한 초점으로 하는 타원 궤도이다.

  ㉡ **제2법칙** : 행성과 태양을 잇는 선이 같은 시간에 쓸고 간 면적은 일정하다.

  ㉢ **제3법칙** : 행성의 공전 주기(P)의 제곱은 공전 궤도 장반경(r)의 세제곱에 비례한다. ($P^2 \propto r^3$)

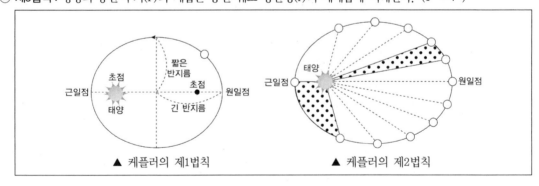

▲ 케플러의 제1법칙　　　　　▲ 케플러의 제2법칙

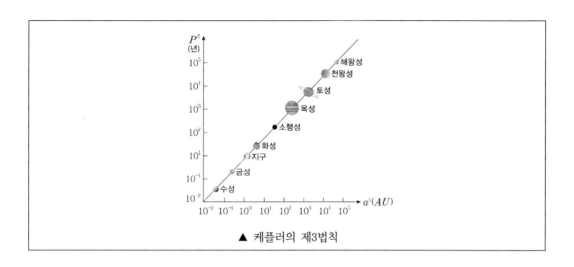

▲ 케플러의 제3법칙

태양계 탐사

(1) 태양계 탐사의 역사

① 우주 탐사의 목적

 ㉠ 우주에 대한 인간의 호기심과 도전 정신 : 우주를 좀 더 잘 이해하기 위해서

 ㉡ 우주 탐사에서 얻은 기술로 우주 산업 발전에 기여

② 태양계 탐사의 역사와 성과

 ㉠ 태양계 탐사의 역사

  • 1960년대 : 유인 달 탐사 경쟁

  • 1970년대 : 본격적인 태양계 탐사

  • 1980년대 : 우주 왕복선을 중심으로 한 탐사

  • 1990년대 이후 : 우주 망원경을 이용한 탐사

 ㉡ 태양계 탐사의 주요 성과

  • 보이저호(1977년 발사)로 태양계 행성에 대한 기초 탐사 완료

  • 최근 각종 우주 망원경으로 우주에 대한 깊이 있는 이해 시도

(2) 최근 탐사 계획 – 화성 탐사

① 생명체의 존재 여부 조사 … 이미 무인 탐사선이 여러 차례 조사함.

② 2030년까지 유인 탐사 목표

(3) 우리나라의 탐사 계획 – 다양한 인공 위성 보유

① 1992년 우리별 1호(과학 기술 위성, 세계에서 22번째 인공위성 보유국)

② 1995년 무궁화 1호(통신 위성)

③ 1999년 아리랑 1호(다목적 실용 위성)

SECTION 7 | 태양계 구성원들의 특징

(1) 태양계의 구성원들

① 태양계 … 태양의 중력에 묶여 있는 천체들

② 태양계의 구성원 … 태양, 행성과 위성, 왜소행성, 소행성, 혜성, 유성체 등

③ 행성의 분류 … 물리적 특징에 따라 지구형 행성과 목성형 행성으로 나눔.

구분	지구형 행성	목성형 행성
행성 이름	수성, 금성, 지구, 화성	목성, 토성, 천왕성, 해왕성
크기	작다	크다
질량	작다	크다
밀도	크다	작다
자전 속도	느리다	빠르다
위성 수	적다	많다

(2) 행성과 왜소행성

① 수성
  ㉠ 태양계 행성들 중 가장 크기가 작고 목성의 위성인 가니메데보다 작다.
  ㉡ 대기가 없어 낮과 밤의 온도 차이가 매우 크다.
  ㉢ 크기에 비해 밀도가 높아 중심부에 밀도가 큰 핵이 있는 것으로 추정된다.

② 금성
  ㉠ 이산화탄소로 이루어진 두꺼운 대기를 가지고 있다.
  ㉡ 온실 효과 때문에 태양계 행성들 중 가장 온도가 높다.

③ 화성

　㉠ 계절의 변화가 있고 자전 주기도 지구와 비슷하다.

　㉡ 양 극에는 얼음과 드라이아이스로 이루어진 극관이 있고, 계절에 따라 크기가 변한다.

　㉢ 바람이나 강물에 의한 침식 지형들이 발견된다.

④ 목성

　㉠ 목성의 자전 주기는 적도 근방에서는 9시간 50분, 고위도에서는 9시간 55분이다. 즉 태양과 마찬가지로 저위도 지방이 더 빠르게 자전하는 차등자전을 한다.

　㉡ 목성의 화학 조성은 수소 약 75%, 헬륨 약 245, 중원소 약 1%로 태양과 매우 유사하다.

　㉢ 목성이 큰 중력으로 주변의 천체들을 포획하는 것은 천체들이 지구에 충돌할 확률을 크게 줄여 지구가 생명체가 안정적으로 존재할 수 있는 좋은 조건을 가지는 데 큰 역할을 한다.

　㉣ 이오의 공전 궤도는 다른 위성들에 의해 이심률이 큰 타원 형태가 되었다. 그래서 이오와 목성 사이의 거리가 궤도 상의 위치에 따라 크게 달라지게 되어 조석력에 의한 내부에서의 마찰열이 많이 발생한다.

　㉤ 목성은 큰 중력으로 주변의 천체들을 포획하고 있기 때문에 위성의 수가 점점 늘어나고 있다.

⑤ 토성

　㉠ 토성은 목성형 행성들 중에서도 가장 밀도가 낮아 편평도가 가장 크다.

　㉡ 토성의 고리는 적도면과 일치하고 토성의 적도면은 공전 궤도면에 대하여 약 26도 기울어져 있기 때문에 지구에서 보았을 때 고리의 모양이 계속 변하게 된다.

　㉢ 갈릴레오는 망원경을 통해 토성의 고리를 보았지만 망원경의 성능 때문에 고리라고 생각하지 못하고 토성의 모양이 찌그러진 것으로 생각하였다.

　㉣ 토성 고리 근처에 있는 3개의 위성(아틀라스, 프로메테우스, 판도라)은 고리를 안정적으로 유지하는 데 큰 역할을 하기 때문에 목자위성(shepherd satellite)이라고 부른다.

⑥ 천왕성

　㉠ 망원경으로 발견된 최초의 행성이다.

　㉡ 자전축이 공전 궤도면에 거위 누워 있는 형태로 역자전을 한다.

⑦ 해왕성 … 해왕성은 발견되기 전에 천왕성의 공전 궤도가 불안정하다는 사실에서 존재가 이론적으로 먼저 예견되었다.

⑧ 왜소행성

　㉠ 2006년에 새롭게 정의되었다.

　㉡ 왜소행성의 정의

　　• 태양을 중심으로 하는 궤도를 돈다.

　　• 공 모양에 가까운 형태를 유지한다.

　　• 공전 궤도 주변에 다른 천체들이 존재한다.

　　• 다른 행성의 위성이 아니어야 한다.

　㉢ 왜소행성의 종류 : 플루토, 세레스, 에리스, 마케마케, 하우메아 등

(3) 소행성과 그 밖의 천체들

① 소행성

　　㉠ 화성과 목성 궤도 사이의 소행성 띠에 많이 있다.

　　㉡ 태양계의 전 영역에 걸쳐 분포하며, 위성을 가진 경우도 있다.

　　㉢ 태양계가 탄생할 무렵의 물질들을 많이 가지고 있기 때문에 태양계 탄생과 행성 형성 당시의 상황을 연구

　　　하는 데 도움이 된다.

　　※ 최초의 소행성으로 발견된 세레스는 왜소행성으로 분류되어 더 이상 소행성이 아니다.

② 혜성

　　㉠ 얼음과 먼지로 구성된 핵과 이를 둘러싼 코마로 이루어져 있다.

　　㉡ 꼬리는 태양 근처에 왔을 때 생긴다.

　　㉢ 혜성에는 물과 유기 물질 등이 포함되어 있어 생명체 발생의 비밀을 밝혀 줄 자료로 여겨진다.

③ 유성체

　　㉠ 소행성보다는 작으며 원자보다는 큰 입자들을 유성체라 한다.

　　㉡ 유성체가 지구에 진입하면서 불타는 것을 유성(별똥별)이라고 하고 일부가 남아서 땅에 떨어진 것을 운석

　　　이라고 한다.

　　㉢ 혜성이 흘리고 간 잔해들이 모여 있는 지점을 지구가 통과할 때 유성우가 발생한다.

④ 카이퍼 띠와 태양계의 바깥쪽

　　㉠ 카이퍼 띠는 1992년 처음 발견되었으며 1951년에 그 존재를 예견한 미국의 천문학자 카이퍼의 이름을 땄다.

　　㉡ 카이퍼 띠의 천체들은 태양계가 형성될 당시 행성을 이루지 못하고 남은 천체들로 추정된다.

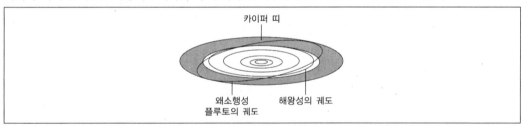

SECTION 8 천체를 관측하는 망원경

(1) 광학 망원경의 구조와 성능

① 굴절 망원경

　　㉠ 대물렌즈는 볼록 렌즈를 사용하고, 접안렌즈가 오목 렌즈이면 갈릴레오식, 볼록 렌즈이면 케플러식이 된다.

　　㉡ 상이 깨끗하고 안정하지만, 가공이 어렵고 색수차가 발생한다.

　　㉢ 색수차 : 빛의 파장에 따라 굴절되는 각도가 달라 렌즈를 통과한 빛이 한 점에 모이지 않는 현상

② 반사 망원경
  ㉠ 거울을 이용하여 빛을 모으기 때문에 색수차가 나타나지 않는다.
  ㉡ 렌즈에 비해 가공이 쉽기 때문에 대형 망원경으로 만들기 쉽다.
  ㉢ 거울 앞에 보정 렌즈를 붙여 굴절 망원경의 장점을 활용하는 반사 굴절 망원경도 있다.
③ 망원경의 성능
  ㉠ 집광력
    • 얼마나 많은 빛을 모을 수 있느냐를 의미
    • 대물렌즈나 주경의 면적에 비례
  ㉡ 배율
    • 대상 물체를 얼마나 확대해서 보여 주느냐를 의미
    • 배율 : $\dfrac{F}{f}$ (F : 대물렌즈 초점 거리, f : 접안렌즈 초점 거리)
  ㉢ 분해능
    • 서로 가까이 있는 물체들을 얼마나 잘 구별해서 볼 수 있느냐를 나타내는 것
    • 분해능 $\propto \dfrac{\lambda}{D}$ (λ : 망원경의 구경, D : 관측하는 빛의 파장)

(2) 전파 망원경

① 전파는 지구 대기의 영향을 거의 받지 않아 시간과 날씨에 상관없이 관측 가능
② 광학 망원경으로 볼 수 없는 우주의 모습을 보여줌(온도가 낮아 가시광선을 방출하지 않는 천체 관측 가능)

(3) 우주 망원경

① 우주 망원경의 필요성
  ㉠ 천체들은 다양한 파장의 전자기파를 방출하므로(감마선과 X선 같은 경우에는 지상에서는 관측을 할 수 없다.)
  ㉡ 가시광선도 지구 대기의 영향으로 지상에서는 온전하게 관측할 수 없으므로
  ㉢ 광학 망원경으로 볼 수 없는 우주의 모습을 보여줌.(온도가 낮아 가시광선을 방출하지 않는 천체 관측 가능)
② 우주 망원경의 종류
  ㉠ 적외선 우주 망원경
    • 별의 생성이나 은하 중심부 관측
    • 단점 : 자체의 적외선 방출을 막느라 매우 낮은 온도로 냉각해 사용해야 하므로 냉각제가 소진되면 더 이상 사용하지 못한다.
  ㉡ X선 우주 망원경 : 중성자별이나 블랙홀, 초신성의 잔해, 활동성 은하 등 온도가 높고 강한 자기장이나 중력장, 그리고 폭발과 연관된 천체의 연구
  ㉢ 감마선 우주 망원경 : 태양의 플레어, 감마선 폭발, 초신성 폭발, 블랙홀 주변의 원반, 퀘이사, 우주선과 성간 물질의 상호 작용 등 주로 높은 에너지 현상을 관측

SECTION 9 외계 행성과 생명체 탐사

(1) 외계 생명체의 존재

① 생명체가 살 수 있는 지구의 특징

  ㉠ 지구는 액체 상태의 물이 존재할 수 있는 적당한 온도를 가지고 있고 질소, 탄소, 수소 등 유기물을 만드는 원소가 있다.

  ㉡ 대기와 자기장이 유해한 우주선을 막아 주고 있다.

  ㉢ 행성의 크기에 비해 상대적으로 크기가 큰 위성인 달에 의해 지축의 기울기가 안정되어 있다.

  ㉣ 질량이 큰 위성인 목성이 많은 천체들과의 충돌을 막아 주고 있다.

② 극한 환경의 생명체

  ㉠ 섭씨 120도 이상 온도의 수중 화산 근처의 물에서 생존하는 생명체 존재

  ㉡ 햇빛이 전혀 닿지 않는 지하나 심해에서 생존하는 생명체 존재

  ㉢ 산소 없이 살아가는 동물 존재

  ㉣ 태양계의 다른 천체에 가져다 놓아도 살아갈 수 있는 생명체들이 지구에 상당 수 존재

③ 태양계 내의 생명체

  ㉠ 미생물 수준의 생명체는 태양계 내에도 존재할 것으로 예상한다.

  ㉡ 화성, 목성의 위성 유로파, 토성의 위성 타이탄이 생명체가 존재할 가능성이 가장 큰 태양계 내의 천체들이다.

(2) 외계 행성 탐사하기

① 외계 행성 탐사 방법 … 행성은 별에 비해 너무 어둡기 때문에 가까운 거리가 아니면 직접 관측이 매우 어려워, 외계 행성 탐사에는 간접적 방법이 이용된다.

  ㉠ 도플러 효과 이용

  • 대기와 자기장이 유해한 우주선을 막아 주고 있다. 질량의 차이가 크기 때문에 별의 움직임은 크지 않지만 별의 스펙트럼을 분석하면 도플러 효과에 의한 이동 정도를 알아낼 수 있다.

  • 별의 밝기와 분광형을 관측하면 별의 질량을 추정할 수 있기 때문에 고플러 효과의 정도를 이용하여 행성의 질량을 추정할 수 있다.

  ㉡ 식 현상 이용

  • 행성의 공전 궤도면이 우리의 시선 방향과 거의 나란하면 행성이 별의 표면을 횡단하는 현상을 관측할 수 있다.

  • 식 현상에 의해 행성의 크기를 알 수 있고, 도플러 효과를 활용하면 질량과 밀도를 구할 수 있어서 목성형 행성인지 지구형 행성인지 판단할 수 있다.

ⓒ 미세 중력 렌즈 현상 이용
- 거리가 다른 2개의 별이 우리의 시선 방향과 정확히 일치하면 뒤쪽의 별에서 나오는 빛은 가까운 별의 중력으로 인해 휘어져서 밝게 보이게 되는데, 이 현상을 중력 렌즈 현상이라고 한다.
- 앞에 있는 별이 행성을 가졌다면 밝기 변화가 대칭을 이루지 않고 불규칙해지는데, 이를 미세 중력 렌즈 현상이라고 한다.
ⓔ 펄사의 주기 변화 이용
- 일정한 주기에 따라 밝기가 변하는 별이 거리가 바뀌면 별빛이 지구에 도착하는 데 걸리는 시간이 달라지기 때문에 주기가 일정하지 않게 보인다.
- 최초의 외계 행성 발견은 펄사의 주기 변화 관측으로 이루어졌다.
ⓕ 별의 위치 변화 이용 : 행성을 가지고 있는 별의 위치가 미세하게 변하는 것을 정밀하게 관측하여 행성의 움직임을 알아낼 수 있다.
② 외계 생명체의 생존 조건
ⓐ 물
- 다른 물질에 비해 넓은 온도 범위에서 액체 상태로 존재한다.
- 다양한 종류의 화학 물질을 녹일 수 있어 복잡한 유기물 분자가 탄생할 수 있는 최적의 장소이다.
ⓑ 탄소 : 다른 원자들과 쉽게 화학적으로 결합하므로 다양한 화합물을 만들 수 있다.
③ 외계 지적 생명체 탐사 … 직접 탐사는 사실상 불가능하므로 외계의 저적 생명체가 지구로 보냈을지 모르는 신호를 받아서 확인하는 방법밖에 없다.

SECTION 10 우주 탐사의 미래

(1) 미래의 우주 탐사

① 우주 탐사의 어려움 … 우주 탐사선이 태양계를 벗어나는 데만도 수십 년이 걸리고, 가장 가까운 별까지는 수만 년이 걸린다.

② 미래 우주 탐사의 주요 목표
ⓐ 화성 유인 탐사(NASA 2030년까지 실행 예정)
ⓑ 태양계 내에서의 생명체 발견

③ 우리나라의 우주 탐사 계획 … 2025년까지 달에 탐사선을 착륙시킨다는 목표

(2) 우주 탐사에서 얻는 이익

① 학문적 및 철학적인 이유

    ㉠ 우주의 기원과 미래에 대하여 알 수 있다.

    ㉡ 외계 생명체의 존재를 확인할 수 있다. → 인류의 미래에 대하여 추측할 수 있다.

② 정치적 및 군사적인 이유

    ㉠ 국가적 위상 강화

    ㉡ 우주 개발 기술을 활용한 신무기 개발

③ 사회 및 경제적인 이유

    ㉠ 극한의 환경에서 활용할 수 있는 각종 첨단 신소재 개발

    ㉡ 첨단 과학 기술의 개발에서 발생하는 다양한 부가 가치 창출

    ㉢ 지구에서 고갈되는 자원 확보 차원

1 지구의 적도상에서 천구를 볼 때 천구의 북극이 위치하는 곳은?

① 천정

② 천저

③ 서점

④ 북점

⑤ 동점

🏆**TIP** 적도상의 관측자가 천구를 볼 때 천구의 북극은 지평선상의 북점에 위치한다. 천정과 천저는 천구의 적도 상에 위치한다.

2 다음 그림에 나타난 별 중에서 북위 55˚인 지방에서 관측할 수 없는 별은?

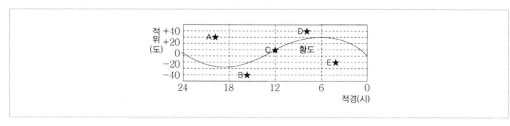

① A

② B

③ C

④ D

⑤ E

🏆**TIP** 위도가 $\phi°$N인 지방에서 적위가 $+90°\sim+(90°-\phi)$이면 주극성, $+(90°-\phi)\sim-(90°-\phi)$이면 출몰성, $-(90°-\phi)\sim-90°$이면 전몰성이 된다. 북위 55°인 지방에서 관측할 수 없는 전몰성의 적위 범위는 $-(90-55)°\sim-90°$이므로 B별이 이에 해당된다. A, C, D, E별 모두 출몰성에 해당한다.

⭐**ANSWER** 1.④ 2.②

3 그림은 황도 상의 별자리를 나타낸 것이다.

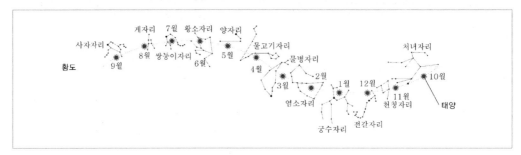

하지날에 상현달이 보였다면, 이 상현달에 가장 가까운 별자리는? (단, 달의 공전 궤도면은 황도면과 거의 일치한다.)

① 쌍둥이
② 물고기
③ 처녀
④ 양
⑤ 전갈

🏵 **TIP** 상현달은 태양보다 90° 동쪽에 위치하므로, 상현달의 적경은 태양보다 6h이 크다. 하짓날 태양의 적경은 6h이므로 상현달의 적경은 12h가 되며 12h에 가장 가까운 별자리는 처녀자리이다.

4 그림은 북극성의 고도가 40°로 관측되는 어느 지방에서 자오선 상에 남중한 별 S(적위 0°)를 나타낸 것이다.

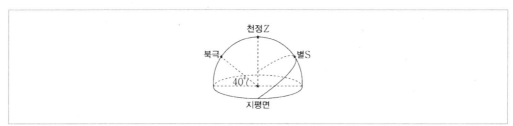

이 시간으로부터 6시간이 경과한 후 별 S의 방위각(A)과 고도(h)는?

	방위각	고도
①	250°	0°
②	270°	0°
③	110°	40°
④	70°	40°
⑤	180°	50°

🏵 **TIP** 적위가 0°인 별S는 천구의 적도 상에 위치하며, 별의 일주권은 천구의 적도면과 나란하므로 이 별은 6시간이 경과한 후에는 지평선 상의 서점에 있게 된다. 서점의 방위각은 270°이고 고도는 0°이다.

5 별을 지나는 시간권을 알고 있을 때 별의 적경을 구하는 데 필요한 것들로 짝지어진 것은?

① 천정, 자오선

② 북점, 지평선

③ 남점, 자오선

④ 춘분점, 황도

⑤ 춘분점, 천구의 적도

🐝 **TIP** 적경은 춘분점을 기준점으로 하여 천구의 적도를 따라 잰 값이다.

6 다음 그림은 월식 현상을 나타낸 그림이다.

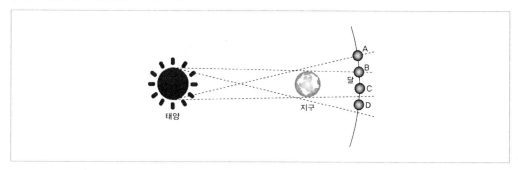

위 그림의 내용을 옳게 말한 것은?

① 삭일 때 생기는 현상이다.

② A와 D의 위치에서는 부분 월식이다.

③ 달의 위치가 B에 위치할 때 개기 월식이다.

④ 달의 위치가 C에 위치할 때 개기 월식이다.

⑤ 달의 위치가 B와 C에 위치할 때 개기 월식이다.

🐝 **TIP** 개기월식은 C처럼 달이 지구의 본그림자에 완전히 들어갔을 때 일어난다. 부분월식은 B처럼 달이 지구의 본그림자에 일부만 들어갔을 때 일어난다.

⭐ **ANSWER**   3.③   4.②   5.⑤   6.④

7 다음 중 프톨레마이오스의 천동설에서 주전원을 도입하게 된 이유는 무엇인가?

① 태양의 일주운동을 설명하기 위하여
② 행성의 자전과 공전을 설명하기 위하여
③ 행성의 순행과 역행을 설명하기 위하여
④ 내행성의 위상 변화를 설명하기 위하여
⑤ 태양과 행성의 거리를 측정하기 위하여

🏅 **TIP** 천동설에서는 행성이 순행하다가 역행하는 현상을 설명하기 위해서 주전원을 도입하였다.

8 지구 중심설과 태양 중심설 중에서 태양 중심설에서만 설명이 가능한 현상을 보기에서 모두 고르시오.

〈보기〉
㉠ 별의 연주 시차
㉡ 행성의 역행 현상
㉢ 내행성의 최대 이각
㉣ 보름달 모양의 금성 관측

① ㉠㉡   ② ㉠㉣
③ ㉡㉢   ④ ㉡㉣
⑤ ㉢㉣

🏅 **TIP** 별의 연주시차는 지구가 태양 주위를 공전할 때 나타나는 현상이므로, 지구가 우주의 중심에 고정되어 있는 지구 중심설(천동설) 체계에서는 설명이 불가능하다.

9 그림은 지구와 금성의 상대적 위치이다.

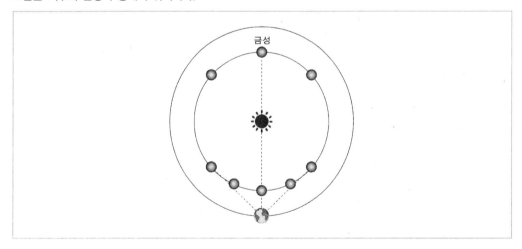

위의 그림에서 금성이 역행을 하는 위치를 옳게 고른 것은?

① A→C→E

② C→E→G

③ E→G→A

④ G→A→C

⑤ H→B→D

TIP 금성은 동방 최대이각에서부터 내합을 거쳐 서방 최대이각까지 역행한다.

10 그림은 외행성의 위치 관계를 나타낸 것이다. 어떤 외행성이 지구와 충의 위치에 있다가 합의 위치가 될 때까지 걸린 시간 S를 계산하는 식으로 옳은 것은? (단, P, E는 각각 외행성, 지구의 공전주기이다.)

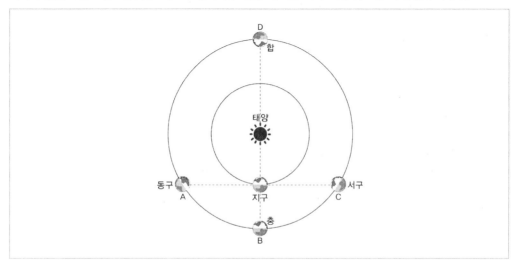

① $\left(\dfrac{360°}{E} - \dfrac{360°}{P}\right) \times S = 180°$

② $\left(\dfrac{360°}{P} - \dfrac{360°}{E}\right) \times S = 180°$

③ $\left(\dfrac{360°}{E} - \dfrac{360°}{P}\right) \times S = 360°$

④ $\left(\dfrac{360°}{P} - \dfrac{360°}{E}\right) \times S = 360°$

⑤ $\left(\dfrac{360°}{E} - \dfrac{360°}{P}\right) \times S = 90°$

TIP 외행성과 지구의 하루 동안의 공전 각속도의 차는 $\left(\dfrac{360°}{E} - \dfrac{360°}{P}\right)$이며, 이 각이 누적되어 $180°$가 되는 시간 S를 구하면 된다. 즉, $\left(\dfrac{360°}{E} - \dfrac{360°}{P}\right) \times S = 180°$의 관계식을 만족하는 S를 구하면 된다.

ANSWER 7.③ 8.② 9.② 10.①

11 다음은 태양계의 천체들 중 어떤 천체를 설명하는 것인가?

> 1801년 이탈리아의 천문학자 피아치에 의해 화성과 목성의 궤도 사이에서 발견되어 최초의 소행성으로 인정받았지만 최근 새로운 태양계 천체 분류법에 의해 왜소행성으로 분류되었다.

① 명왕성
② 세레스
③ 에리스
④ 핼리혜성
⑤ 천왕성

TIP 세레스는 최초의 소행성으로 발견되어 최근까지 소행성으로 분류되었으나, 2006년 새로운 태양계 천체 분류법에 의하여 지금은 왜소행성으로 분류되고 있다.

12 목성에 대한 설명으로 옳지 않은 것은?
① 대기는 대부분 수소와 헬륨으로 이루어져 있다.
② 태양계 행성들 중에서 자전 주기가 가장 짧다.
③ 태양계 행성들 중에서 질량이 가장 크다.
④ 태양계 행성들 중에서 밀도가 가장 작다.
⑤ 태양계 행성들의 위성들 중에서 가장 큰 위성을 가지고 있다.

TIP 태양계 행성 중 밀도가 가장 작은 것은 토성이다.

13 긴 파장의 전자기파를 관측하기 때문에 시간과 날씨에 상관없이 천체 관측에 이용할 수 있는 망원경은?
① 전파 망원경
② 적외선 망원경
③ 광학 망원경
④ X선 망원경
⑤ 감마선 망원경

TIP 가장 긴 전자기파를 사용하는 망원경은 전파망원경이다.

14 다음 보기의 행성들 중 다른 행성들과 구성 성분이 다른 것은?
① 금성
② 목성
③ 토성
④ 천왕성
⑤ 해왕성

TIP 금성은 지구형 행성이고 나머지는 모두 목성형 행성이다.

15 파장 10μm(10^{-5}m)를 관측하는 직경 1미터의 적외선 망원경과 파장 10m를 관측하는 직경 100미터의 전파 망원경의 분해능을 비교하면?

① 분해능은 서로 같다.
② 전파 망원경의 분해능이 100배 더 좋다.
③ 전파 망원경의 분해능이 10000배 더 좋다.
④ 적외선 망원경의 분해능이 100배 더 좋다.
⑤ 적외선 망원경의 분해능이 10000배 더 좋다.

TIP 분해능은 관측하는 빛의 파장이 짧을수록, 망원경의 크기가 클수록 좋다.

16 어떤 별이 가지고 있는 행성의 공전 궤도가 지구에서 볼 때 별과 나란하게 놓여있다. 관측을 통해 알아낼 수 있는 이 행성의 물리량을 〈보기〉에서 있는 대로 고른 것은?

〈보기〉

㉠ 크기
㉡ 질량
㉢ 대기 성분

① ㉠
② ㉡
③ ㉠㉡
④ ㉡㉢
⑤ ㉠㉡㉢

TIP 행성이 별을 가리는 순간의 시간을 이용하여 행성의 크기를 추정할 수 있고, 별에서 나온 빛이 행성 대기를 통과한 스펙트럼을 분석하면 행성의 대기 성분을 알아낼 수 있다. 그리고 도플러 이동을 이용하여 행성의 질량을 추정할 수 있다.

ANSWER 11.② 12.④ 13.① 14.① 15.⑤ 16.⑤

17 외계 행성을 탐사하기 위하여 다음과 같은 관측을 수행하였다.

> Ⅰ. 여러 대의 망원경을 이용하여 별들이 많이 모여 있는 지역을 여러 번 관측한다.
> Ⅱ. 관측한 이미지를 분석하여 밝기가 변한 별이 있는지 찾아낸다.
> Ⅲ. 밝기가 변한 별이 변광성인지 아닌지 다시 관측하여 확인한다.
> Ⅳ. 어떤 과정으로 밝기가 변했는지 시뮬레이션을 통해서 재현한다.

위의 관측은 외계 행성 탐사 방법 중 어떤 방법을 사용한 것인가?

① 도플러 효과 이용
② 식 현상 이용
③ 미세 중력 렌즈 현상 이용
④ 펄서 신호의 주기 변화 이용
⑤ 별의 이동 경로 변화 이용

TIP 미세 중력 렌즈 현상을 이용한 외계 행성 탐사 방법이다.

18 그림은 북반구 어느 지역에서 별의 일주권을 나타낸 것이다.

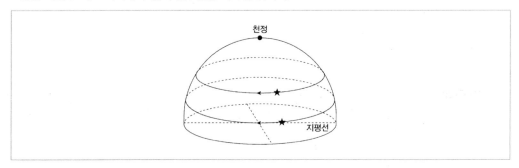

이에 대한 설명으로 옳은 것을 모두 고르시오.

① 북극성의 고도는 90°이다.
② 적도 지방에서 관측한 것이다.
③ 적위 +23.5인 별의 고도는 66.5°이다.
④ −45° < 적위 < +45°인 별은 전몰성이다.
⑤ 태양은 하짓날 지평선 아래로 내려가지 않는다.

TIP 별의 일주권은 관측자의 지평선과 나란하므로 관측 지역은 북극(위도=90°)이며, 북극성의 고도는 그 지방의 위도와 같다. 지평선이 천구의 적도와 나란하므로 출몰성은 관측할 수 없고, 적위 0° ~ +90°인 별은 모두 주극성에 해당한다. 따라서 하짓날 태양의 적위가 +23.5°이므로 지평선 아래로 내려가지 않는다. 이 지역에서 적위 +23.5°인 별의 고도는 23.5°이다.

19 그림은 황도가 표시된 성도를 나타낸 것이다.

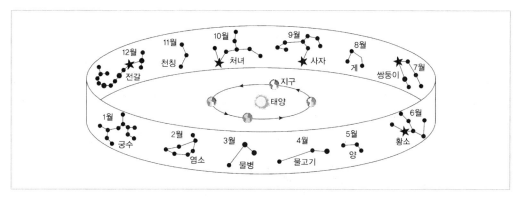

우리나라에서 겨울철에 관측하기 어려운 별자리를 바르게 짝지은 것은?

① 양자리, 게자리
② 궁수자리, 전갈자리
③ 사자자리, 처녀자리
④ 물병자리, 물고기자리
⑤ 쌍둥이자리, 황소자리

TIP 지구자전축이 태양에 대해 먼 방향으로 기울어져 있을 때가 우리나라 겨울철이다. 겨울철 궁수와 전갈자리의 경우 태양과 거의 같이 뜨고 지므로 관측하기가 어렵다.

20 그림은 황도 주변의 별자리를 나타낸 것이다.

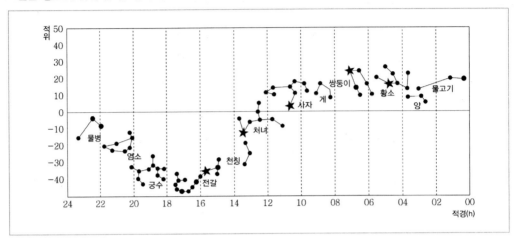

이에 대한 설명으로 옳은 것을 〈보기〉에서 있는 대로 고르시오.

<보기>

㉠ 태양은 황도를 따라 동쪽으로 이동한다.

㉡ 동지날 볼 수 있는 별자리는 쌍둥이자리와 황소자리이다.

㉢ 태양이 천구상에서 적위 0°에 위치해 있을 때는 밤의 길이가 더 길다.

① ㉠
② ㉠㉡
③ ㉠㉢
④ ㉡㉢
⑤ ㉠㉡㉢

TIP ㉡ 동지날 볼 수 있는 별자리는 태양과 반대편에 위치해 있는 황소자리와 쌍둥이자리이다.

㉢ 태양이 적위 0°에 위치 있을 때는 춘분과 추분으로 낮과 밤의 길이가 같다.

21 그림 (가)와 (나)는 각각 천동설과 지동설의 우주 체계를 간략히 나타낸 것이다.

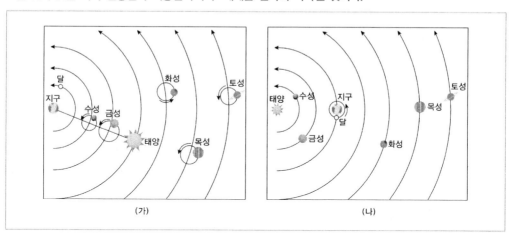

(가)   (나)

그림 (가)로 설명할 수 없으나, 그림 (나)로 설명할 수 있는 현상을 〈보기〉에서 있는 대로 고르시오.

〈보기〉
㉠ 행성들이 천구 상에서 역행을 한다.
㉡ 비교적 가까운 별들의 연주 시차가 관측된다.
㉢ 금성이 보름달과 비슷한 위상으로 보일 때가 있다.
㉣ 수성과 금성은 태양에서 일정한 각도 이상 멀어지지 않는다.

① ㉠㉡   ② ㉠㉣
③ ㉡㉢   ④ ㉡㉣
⑤ ㉢㉣

🌼 **TIP** (가)는 천동설이고, (나)는 지동설이다. 역행과 최대이각은 두 이론으로 다 설명가능하다. 연주시차와 금성의 위상 변화관측은 태양 중심설(지동설)의 증거이다.

⭐ **ANSWER** 20.② 21.③

22 그림은 북반구의 어느 지역 지평선 부근에 있는 별들의 일주 운동을 나타낸 것이다.

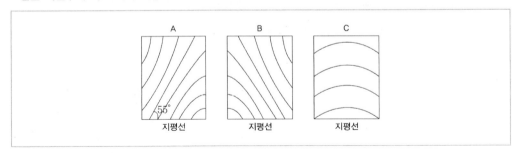

서쪽 하늘의 모습을 나타낸 것과 관측한 곳의 위도를 바르게 나타낸 것은?

① A, 35° ② A, 55°

③ B, 35° ④ B, 55°

⑤ C. 55°

🏵️ **TIP** 남중이후 태양이 지는 경로를 보면 별의 일주 운동 경로를 찾을 수 있으며, 위도가 ϕ인 지방에서 일주권 과 지평선이 이루는 각은 $90°-\phi$ 이므로 35°임을 확인할 수 있다.

23 그림은 어느 날 천체들의 상대적인 위치를 나타낸 것이다.

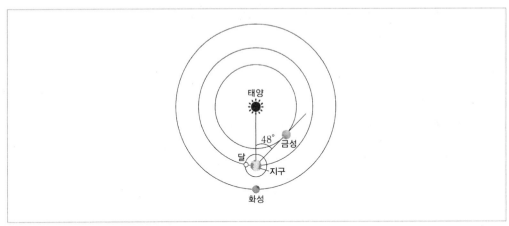

이 날 천체를 관측한 학생들의 설명 중 옳은 것을 모두 고르시오.

① 윤식 : 새벽 동쪽하늘에서 금성을 볼 수 있어!

② 윤희 : 화성은 현재 동구의 위치에 있는 거야.

③ 민수 : 자정 무렵에 달이 동쪽 하늘에서 밝게 보였어.

④ 순희 : 새벽에 상현달이 서쪽 지평선 아래로 졌어.

⑤ 선준 : 해가 진 후 동쪽 하늘에 화성이 떠올랐어.

🏵️ **TIP** 금성은 서방 최대 이각에 위치하므로 동쪽 하늘에서 새벽에 관측되고, 화성은 현재 충의 위치에 있으므로 해가 질 때 뜬다. 달의 위상은 상현으로 정오에 떠서 자정에 진다.

24 그림은 지구의 공전궤도와 월별 지구의 위치를 나타낸 것이다.

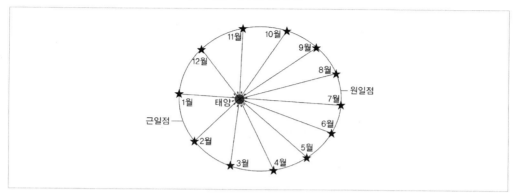

이에 대한 설명으로 옳은 것만을 〈보기〉에서 있는 대로 고른 것은?

〈보기〉
㉠ 지구의 공전속도는 1월이 7월보다 빠르다.
㉡ 공전궤도의 이심률이 커지면 1월과 7월의 지구의 공전 속도 차이는 현재보다 커진다.
㉢ 지구-태양을 잇는 선이 한 달 동안 쓸고 지나가는 면적은 7월보다 1월이 크다.

① ㉠
② ㉠㉡
③ ㉠㉢
④ ㉡㉢
⑤ ㉠㉡㉢

TIP ㉠ 지구의 공전속도는 태양과의 거리가 먼 7월에 느리고, 태양과 거리가 가까운 1월에 빠르다.
㉡ 행성의 공전 궤도 이심률이 커지면 공전 궤도가 더 납작한 모양의 타원 궤도가 되어 근일점과 원일점의 거리 차이가 더 커지므로 근일점(1월)과 원일점(7월)에서의 공전 속도 차이가 현재보다 더 커진다.
㉢ 동일한 시간 동안 태양과 행성을 잇는 직선이 쓸고 지나가는 면적은 케플러의 제 2법칙(면적 속도 일정의 법칙)에 의해 같다.

⭐ **ANSWER** 22.③ 23.①⑤ 24.②

25 그림 (개)는 프톨레마이오스의 우주관을, 그림(내)는 티코브라헤의 우주관을 나타낸 것이다.

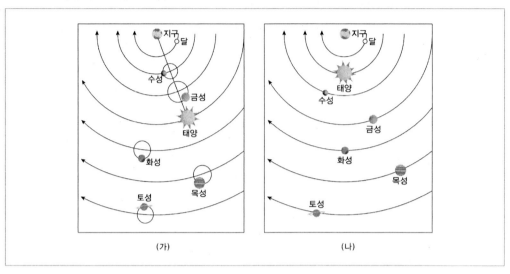

(가)   (나)

이에 대한 설명으로 옳은 것을 〈보기〉에서 있는 대로 고르시오.

〈보기〉

㉠ (개)와 (내) 모두 우주의 중심은 지구이다.
㉡ (개)와 (내) 모두 연주시차를 측정할 수 없다.
㉢ (개)에서는 행성의 역행을 설명하기 위해 주전원의 개념을 도입하였다.

① ㉠   ② ㉠㉡
③ ㉠㉢   ④ ㉡㉢
⑤ ㉠㉡㉢

TIP ㉠ (내)에서도 태양이 수성과 금성을 거느린 채 지구를 돌고 있다.
㉡ (개)와 (내) 모두 지구는 움직이지 않으므로 연주시차를 측정할 수 없다.

26 그림은 지구에서 보았을 때 금성의 상대적인 위치를 나타낸 것이다.

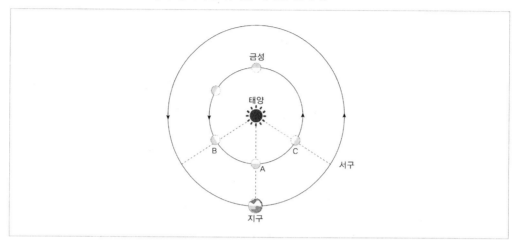

이에 대한 설명으로 옳은 것을 〈보기〉에서 있는 대로 고르시오.

〈보기〉

ⓐ a ~ c를 가는 동안 금성은 순행한다.
ⓑ a위치에 있을 때를 동구라고 한다.
ⓒ b위치는 내합으로 관측이 불가능하다.
ⓓ c의 위치에 있을 때는 태양보다 빨리 뜨고 진다.

① ㉠㉡
② ㉠㉢
③ ㉡㉢
④ ㉡㉣
⑤ ㉢㉣

TIP a : 동방최대이각, b : 내합, c : 서방최대이각
　　ⓐ a ~ c 구간은 역행구간이다.
　　ⓑ a위치는 동방최대이각
　　ⓒ b위치는 태양과 함께 뜨고 지므로 관측이 불가능하다.
　　ⓓ c의 위치는 태양보다 서쪽에 치우쳐 있는 서방최대이각으로 태양보다 먼저 뜨고 먼저 지평선 밑으로
　　　지게 된다.

27 그림은 천동설과 지동설에 따른 태양, 지구, 금성의 상대적 위치를 나타낸 것이다.

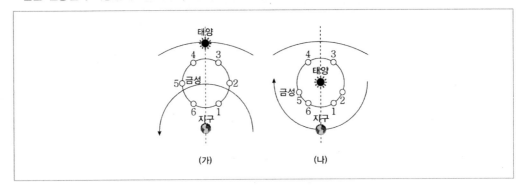

(가)　　　　(나)

이에 대한 설명 중 옳지 않은 것을 모두 고르시오.

① (가)는 천동설을 (나)는 지동설을 설명한다.

② 금성의 위상이 달처럼 변하는 것을 설명할 수 있는 것은 (가)이다.

③ 항성의 연주시차를 측정할 수 있는 것은 (나)이다.

④ (가)와 (나)는 금성의 역행운동을 설명할 수 있다.

⑤ (가)에서 금성의 시지름 크기의 변화는 (나)에서 보다 크다.

TIP 천동설은 금성의 위상변화 중 반달 및 보름달의 위상을 설명할 수 없다.

28 그림 (가)는 어느 날 해 뜨기 직전에 관측한 금성과 달의 위치를, 그림 (나)는 태양, 금성, 지구, 달의 상대적인 위치를 나타낸 것이다.

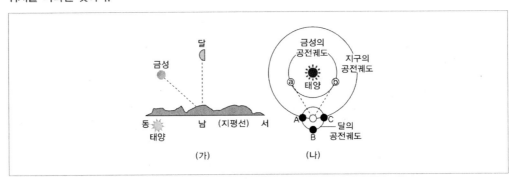

(가)　　　　(나)

이 날 관측한 금성과 달의 위치를 그림 (나)에서 바르게 고른 것은?

	금성	달		금성	달
①	a	A	②	a	C
③	b	A	④	b	B
⑤	b	C			

TIP (가)에서 보면 새벽에 하현달이 남중하였고 금성은 동남쪽에 떠 있는 모습을 볼 수 있다. 즉 금성은 서방최대이각 위치에 자리잡고 있으며 달은 태양과 90°의 각을 이루며 태양보다 먼저 떠야한다.

29 그림은 지구와 외행성의 상대적 위치 관계를 나타낸 것이다.

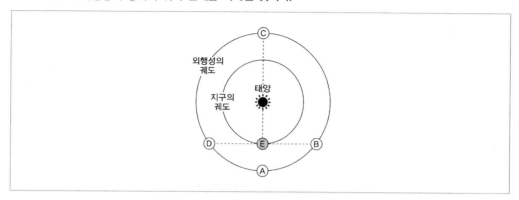

이에 대한 설명으로 옳은 것을 모두 고르시오.

① A의 위치에 있을 때를 내합이라 한다.

② B는 태양으로부터 이각이 가장 큰 최대이각을 갖는다.

③ C의 위치에 외행성이 있을 경우 외합이라 한다.

④ D는 지구를 중심으로 태양과 직각방향에 있으며 이를 동구라 한다.

⑤ 외행성의 역행운동은 A의 전후에서 시작한다.

TIP A : 충, B : 서구, C : 합, D : 동구
외행성에서 최대이각은 180°인 충이다. 외행성의 역행은 충의 전 · 후에 나타난다.

ANSWER 27.②⑤ 28.⑤ 29.④⑤

30 그림은 어느 날 우리나라에서 관측한 수성, 금성, 화성을 나타낸 것이다. (단, 수성과 금성의 위상은 모두 하현달 모양이었다.)

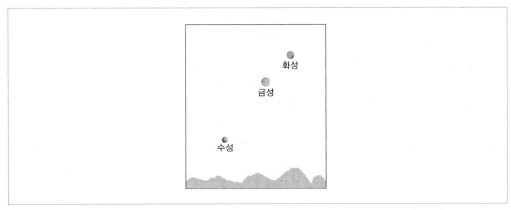

이에 대한 설명으로 옳은 것을 〈보기〉에서 있는 대로 고르시오.

〈보기〉
㉠ 초저녁 서쪽 하늘의 모습을 나타내었다.
㉡ 수성과 금성은 모두 서방 최대 이각의 위치이다.
㉢ 다음날 화성이 태양과 이루는 이각은 이날보다 크다.

① ㉠
② ㉠㉡
③ ㉠㉢
④ ㉡㉢
⑤ ㉠㉡㉢

TIP ㉠ 수성과 금성의 위상이 하현달 모양이므로 서방최대이각에 있을 때이다. 서방최대이각에 있을 때는 해 뜨기 전 동쪽 하늘에서 관측할 수 있다.
㉡ 수성과 금성이 반달 모양이며 태양 보다 먼저 뜨고 지는 것으로 보아 모두 서방 최대 이각의 위치이다.
㉢ 화성보다 지구의 공전 속도가 빠르므로 다음 날 화성과 태양이 이루는 이각의 크기는 증가한다.

31 그림 ㈎와 ㈏는 천체의 운동을 설명하는 우주관을 나타낸 것이다.

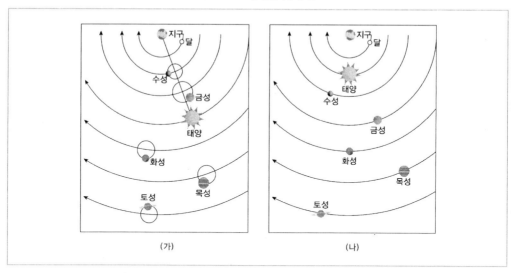

(가)　　　　　　　　　　　　　(나)

㈎에서는 설명할 수 없지만, ㈏에서는 설명 가능한 것을 〈보기〉에서 있는 대로 고르시오.

〈보기〉
㉠ 행성의 역행　　　　　　　　　㉡ 별의 연주시차
㉢ 내행성의 최대이각　　　　　　㉣ 금성의 보름달 모양의 위상

① ㉠㉡　　　　　　　　　　　　② ㉠㉢
③ ㉡㉢　　　　　　　　　　　　④ ㉡㉣
⑤ ㉢㉣

TIP ㈎는 지구 중심설(천동설)이며, ㈏는 태양 중심설(지동설)이다. ㈎에서는 주전원을 도입함으로서 행성의
역행을 설명할 수 있었으며, 내행성의 주전원의 중심이 항상 태양과 같은 방향에 위치한다고 설명함으로
서 내행성의 최대이각 또한 설명 가능하였다. 하지만 항성의 연주시차와 금성의 시직경이 크게 변하는 것
과 반달 이상의 위상 변화에 대해서는 설명하지 못하나 지동설에서는 모두 설명 가능하게 되었다.

ANSWER　30.④　31.⑤

32 그림(가)는 망원경으로 태양을 관측하는 장치이고, 그림(나)는 어느 해 3월 3일부터 3월 14일까지 태양의 중
위도에 나타난 흑점군을 매일 같은 시각에 관찰한 것이다.

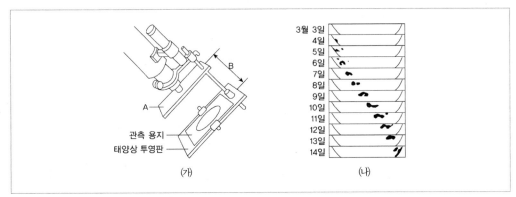

(가)   (나)

이에 대한 설명으로 옳은 것만을 〈보기〉에서 있는 대로 고르시오.

〈보기〉

㉠ (가)에서 A는 너무 밝아서 관측하기 어려운 태양상을 좀 어둡게 해준다.

㉡ (가)에서 B의 거리를 조절하여 뚜렷한 태양상을 얻을 수 있다.

㉢ (나)에서 관측결과 흑점은 동에서 서로 이동하였다.

㉣ 흑점이 (나)와 같이 이동하는 것은 태양이 동에서 서로 자전하기 때문이다.

---

① ㉠㉡   ② ㉠㉢

③ ㉡㉢   ④ ㉡㉣

⑤ ㉢㉣

🌸 **TIP** A는 주변의 빛을 차단하기 때문에 태양상의 밝기에는 영향을 주지 않는다. 흑점이 동에서 서로 이동하는
것은 태양이 서에서 동으로 자전하기 때문이다.

33 그림 ㈎는 1980년부터 2010년까지 발생한 태양 흑점의 위도별 분포를, ㈏는 같은 기간에 관측된 흑점의 수를 나타낸 것이다.

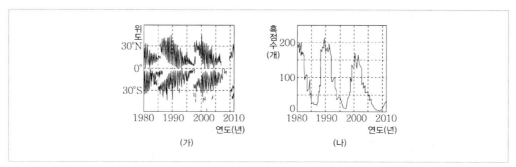

이에 대한 설명으로 옳은 것만을 〈보기〉에서 있는 대로 고르시오.

〈보기〉

㉠ 흑점의 극대기에서 극소기로 가는 동안 위도 30° 부근에서 발생하는 흑점의 수가 감소한다.
㉡ 홍염과 플레어는 1980년보다 1985년에 많이 발생하였을 것이다.
㉢ 2013년은 2009년에 비해 자기폭풍이 발생할 확률이 높다.

① ㉠   ② ㉠㉡
③ ㉠㉢   ④ ㉡㉢
⑤ ㉠㉡㉢

TIP ㉠ 흑점의 극대기에서 극소기로 가는 동안 흑점이 발생하는 위치는 저위도로 이동하므로 위도 30° 부근에서 발생하는 흑점의 수가 감소한다.
㉡ 흑점의 극대기에 홍염과 플레어가 많이 발생한다. 따라서 1980년에 1985년 보다 많이 발생하였을 것이다.
㉢ 2009년은 흑점의 극소기이고 이후 흑점이 증가하므로 2012년에는 자기폭풍이 발생할 확률이 높다.

ANSWER 32.③ 33.③

34 표는 서로 다른 시기에 같은 지역에서 동일한 관측 장비로 촬영한 태양의 사진과 관측상의 특징을 비교한 것이다.

구분	(가)	(나)
태양 사진		
시직경	크다	작다
흑점 수	적다	많다

이에 대한 설명으로 옳은 것만을 〈보기〉에서 있는 대로 고르시오.

〈보기〉
ㄱ 흑점은 주변보다 온도가 낮은 곳이다.
ㄴ 지구에서 태양까지의 거리는 (가)가 더 가깝다.
ㄷ 태양의 활동은 (나)에서 더 활발하다.

① ㄱ   ② ㄱㄴ
③ ㄱㄷ   ④ ㄴㄷ
⑤ ㄱㄴㄷ

🌸**TIP** 흑점은 주변보다 온도가 낮아서 검게 보인다. 태양과의 거리가 가까울수록 시직경이 크며, 태양 활동이 활발해지는 시기에 흑점도 많이 생긴다.

35 그림은 태양의 구조를 나타낸 것이다.

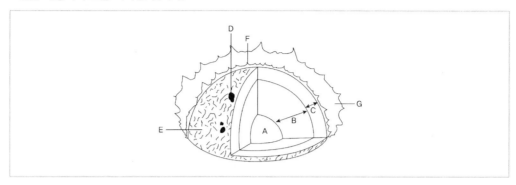

A ~ G에 대한 설명으로 옳은 것을 〈보기〉에서 있는 대로 고르시오.

〈보기〉
㉠ A에서는 방사성 원소의 붕괴에 의해서 에너지가 생성된다.
㉡ 태양의 내부에서 가장 큰 부피를 차지하는 것은 B이다.
㉢ C는 복사의 형태로 에너지를 전달한다.
㉣ G는 D나 F에 비해서 온도가 높다.

① ㉠㉡ ② ㉠㉢
③ ㉡㉢ ④ ㉡㉣
⑤ ㉢㉣

🌟 **TIP** A : 핵, B : 복사층, C : 대류층, D : 흑점, E : 쌀알무늬, F : 채층, G : 코로나
㉠ 수소핵융합 반응을 통해 에너지를 만든다.
㉡ 가장 큰 부피를 차지하고 있는 것은 복사층이다.
㉢ 대류의 형태로 에너지를 전달한다.
㉣ 코로나는 온도가 100만 K 이상이지만 밀도가 매우 작아 광구보다 어둡기 때문에 평상시에는 볼 수 없고
개기 일식 때 잘 관측 된다.

합격에 한 걸음 더 가까이!

2018년 9급 공무원 최신 기출 과학 문제를 자세한 해설과 함께 수록하였습니다. 실전 대비 최종점검과 더불어 출제경향을 파악하도록 합니다.

최근기출문제분석

1 그림 (가)는 폐포를, (나)는 폐포의 단면을 나타낸 것이다. ㉠과 ㉡은 각각 산소와 이산화탄소 중 하나이다. 이에 대한 설명으로 〈보기〉에서 옳은 것만을 모두 고른 것은?

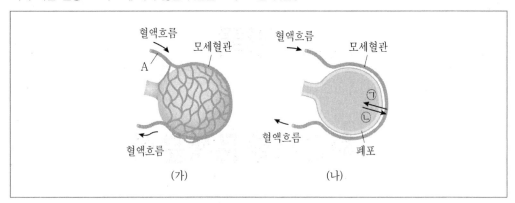

(가)   (나)

〈보기〉
㉠ A에는 동맥혈이 흐른다.
㉡ ㉠은 이산화탄소이다.
㉢ 폐포에서 기체가 교환될 때 에너지가 소모된다.

① ㉠   ② ㉡
③ ㉢   ④ ㉡, ㉢

TIP ㉠ A는 산소 함량이 적은 정맥혈이 흐른다.
㉡ ㉠은 이산화탄소, ㉡은 산소이다.
㉢ 폐포에서 기체 교환 시 에너지를 소모하지 않는 확산을 이용한다.

2 개체군 내의 상호 작용이 아닌 것은?
① 텃세   ② 포식과 피식
③ 순위제   ④ 리더제

TIP ② 포식과 피식은 군집 내의 상호작용에 해당한다.

3 표는 바이러스와 세균에 대해 특성 (가)~(라)의 유무를 나타낸 것이다. 이에 대한 설명으로 옳은 것은?

종류＼특성	(가)	(나)	(다)	(라)
바이러스	×	×	○	○
세균	○	×	○	×

※ ○: 있음, ×: 없음

① '독립적으로 증식한다.'는 (가)에 해당한다.

② '유전물질이 있다.'는 (나)에 해당한다.

③ '세포막이 있다.'는 (다)에 해당한다.

④ '물질대사를 할 수 있다.'는 (라)에 해당한다.

🏅**TIP** ① 바이러스는 독립적으로 증식할 수 없으며, 세균은 독립적으로 증식 가능하다.
　　②③ 유전 물질은 둘 다 가지고 있으며, 세포막은 세균만 가지고 있다.
　　④ 물질대사는 둘 다 가능하다. 단 바이러스는 숙주 세포 내에서 물질대사 가능하다.

4 표는 우리 몸의 방어 작용에 관여하는 세포 (가)와 (나)의 특성을 나타낸 것이다. (가)와 (나)는 각각 독성 T 림프구와 형질 세포 중 하나이다. 이에 대한 설명으로 옳은 것은?

세포	특성
(가)	항체를 생성한다.
(나)	세포성 면역 반응을 일으킨다.

① (가)는 기억 세포로 분화할 수 있다.

② (가)는 가슴샘에서 성숙한다.

③ (나)는 식균 작용을 한다.

④ (나)는 2차 방어 작용에 관여한다.

🏅**TIP** (가)는 항체를 생성하는 형질 세포이며, (나)는 독성 T 림프구이다. 형질 세포는 골수에서 성숙한다. (나)는 2차 방어 작용에 관여하며 식균 작용은 1차 방어 작용에 해당한다.

⭐ **ANSWER** 1.② 2.② 3.① 4.④

5   표는 유전자형이 AaBb인 식물 P를 자가 수분시켜 얻은 자손(F₁) 400개체의 표현형에 따른 개체 수를 나타낸 것이다. 대립 유전자 A, B는 대립 유전자 a, b에 대해 각각 완전 우성이다. 이에 대한 설명으로 옳지 않은 것은? (단, 돌연변이와 교차는 없다)

표현형	A_B_	A_bb	aaB_	aabb
개체 수	200	100	100	0

① P에서 A와 b가 연관되어 있다.
② P에서 꽃가루의 유전자형은 2가지이다.
③ F₁에서 표현형이 A_B_인 개체들의 유전자형은 2가지이다.
④ F₁에서 표현형이 A_bb인 개체와 aaB_인 개체를 교배하면 자손(F₂)들의 표현형은 1가지이다.

🌸 **TIP** ①② P에서는 유전자 A와 b가 연관되어 있으며, P에서 꽃가루의 유전자형은 Ab, aB이다.
③ F₁에서 표현형이 A_B_인 개체들의 유전자형은 모두 AaBb이다.
④ F₁에서 표현형이 A_bb인 개체가 생성할 수 있는 생식 세포의 유전자형은 Ab이며 aaB_인 개체가 생성할 수 있는 생식 세포의 유전자형은 aB이므로 F₂의 표현형은 A_B_ 한 가지만 가진다.

6   표준 모형을 구성하는 입자에 대한 설명으로 옳은 것은?

① 전자는 렙톤에 속한다.
② 중성미자는 음(−)전하를 띤다.
③ 뮤온은 약한 상호 작용을 매개하는 입자이다.
④ 위 쿼크와 아래 쿼크의 전하량은 크기가 같고 부호는 반대이다.

🌸 **TIP** ① 전자는 경입자인 렙톤에 속한다.
②③ 중성미자는 전하를 띠지 않으며 약한 상호 작용을 매개하는 입자로 뮤온은 해당하지 않는다.
④ 위 쿼크의 전하량은 +2/3이며 아래 쿼크의 전하량은 −1/3이다.

7 그림과 같이 서로 다른 물질 A와 B의 경계면을 향해 빛이 입사각 θ 로 입사하여 일부는 반사되고 일부는 굴절되었다. 이에 대한 설명으로 〈보기〉에서 옳은 것만을 모두 고른 것은?

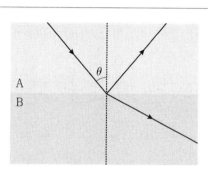

〈보기〉
㉠ θ 가 임계각보다 커지면 굴절되는 빛이 사라진다.
㉡ 빛의 속도는 A에서가 B에서보다 더 크다.
㉢ A, B를 이용하여 광섬유를 제작한다면 A를 코어로, B를 클래딩으로 사용해야 한다.

① ㉠
② ㉡
③ ㉠, ㉢
④ ㉡, ㉢

TIP ㉠ 굴절각이 90°일 때의 입사각을 임계각이라고 하며 θ 가 임계각보다 커지면 굴절되는 빛이 사라지는 전반사 현상이 나타날 수 있다.
㉡ 빛의 속도는 A에서 느리고 B에서는 빠르다.
㉢ 광섬유 제작 시 굴절률이 큰 A를 코어로, 굴절률이 작은 B를 클래딩으로 사용해야 한다.

8 고열원에서 열을 흡수하여 외부에 일을 하고 저열원으로 열을 방출하는 열기관이 있다. 이 열기관의 열효율이 40%이고 저열원으로 방출한 열이 600 J일 때 열기관이 외부에 한 일[J]은?

① 200
② 240
③ 360
④ 400

TIP ④ 열효율 $= 1 - \dfrac{T_2}{T_1}$ (T_1 : 고열원, T_2 : 저열원)이므로 $1 - \dfrac{600}{T_1} = 0.4$

고열원 T_1은 1000J이고 이때 열기관이 외부에 한 일은 1000J−600J=400J이다.

⭐ **ANSWER** 5.③ 6.① 7.③ 8.④

9 그림과 같이 직선상에 일정한 간격 d로 점전하 Q_1, Q_2와 두 지점 A, B가 있다. A에서 Q_1에 의한 전기장의 세기는 1 N/C이고, Q_1과 Q_2에 의한 전기장의 합은 0이다. B에서 Q_1과 Q_2에 의한 전기장의 합의 세기[N/C]는?

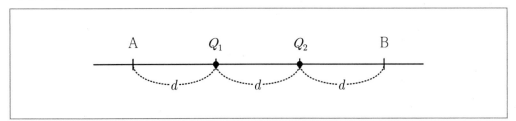

① $\dfrac{17}{4}$

② $\dfrac{15}{4}$

③ $\dfrac{5}{2}$

④ $\dfrac{3}{2}$

TIP ② A에서 Q_1과 Q_2에 의한 전기장의 합은 0이므로 $k\dfrac{Q_1}{d^2}+k\dfrac{Q_2}{(2d)^2}=0$이며, $k\dfrac{Q_2}{(2d)^2}=-k\dfrac{Q_1}{d^2}$에서 $Q_1 : Q_2 = $ 1 : 4이다. B에서 Q_1과 Q_2에 의한 전기장의 합은 $k\dfrac{1}{(2d)^2}-k\dfrac{4}{d^2}=-k\dfrac{15}{4d}$ 즉 $\dfrac{15}{4}$ N/C 이다.

10 x 축상에서 움직이는 물체가 $+x$ 방향으로 20m/s의 속도로 등속도 운동하여 일정한 거리를 진행한 후, 곧이어 등가속도 운동하여 물체의 최종 속도가 $+x$ 방향으로 4m/s가 되었다. 등속도 운동으로 진행한 거리와 등가속도 운동으로 진행한 거리가 같다면, 전체 운동 시간 동안 이 물체의 평균 속력[m/s]은?

① $8\sqrt{2}$

② 12

③ $10\sqrt{2}$

④ 15

TIP ④ x축을 시간, y축은 속력인 그래프를 그려서 등속도 운동 한 구간의 시간을 구하면 3초, 등가속도 운동을 한 구간의 시간은 8초 시점이 된다. 즉 전체 시간은 8초이고 전체 이동 거리는 그래프의 넓이를 구해보면 120m가 나오므로 평균 속력은 전체 이동거리를 전체 시간으로 나눈 120m/8s = 15m/s 이다.

11 표는 가시광 망원경 A와 B의 구경과 초점 거리를 나타낸 것이다. 망원경의 집광력비($\frac{A의\ 집광력}{B의\ 집광력}$)와 배율비($\frac{A의\ 배율}{B의\ 배율}$)를 옳게 짝지은 것은?

망원경		A	B
구경[mm]		200	50
초점 거리 [mm]	대물 렌즈	500	100
	접안 렌즈	50	20

    집광력비   배율비

①   4   2

②   4   2.5

③   16   2

④   16   2.5

🌸 **TIP** ③ 집광력비는 구경의 제곱과 비례하므로 A:B=16:1이 나오고, 배율은 대물 렌즈 초점 거리를 접안 렌즈 초점 거리로 나누면 A:B=2:1이 된다.

12 환경오염에 대한 설명으로 옳은 것은?

① 지표면에 기온의 역전층이 형성되면 지표면 대기의 오염 농도가 낮아진다.

② 물에 축산 폐수량이 증가할수록 용존 산소량(DO)이 감소한다.

③ 토양의 오염은 수질이나 대기의 오염에 비해 정화되는 속도가 빠르다.

④ 광화학 스모그를 일으키는 주된 물질은 이산화탄소이다.

🌸 **TIP** ① 지표면에 기온 역전층이 형성되면 오염물질 확산이 잘 일어나지 않아 지표면 대기의 오염 농도가 높아진다.
③ 토양의 오염은 수질이나 대기의 오염에 비해 정화되는 속도가 느리고 비용이 많이 든다.
④ 광화학 스모그는 강한 자외선이 자동차 배기가스의 탄화수소와 질소 산화물에 작용해 발생한다.

13 그림은 북반구 대기 대순환 모형을 나타낸 것이다. 이에 대한 설명으로 〈보기〉에서 옳은 것만을 모두 고른 것은?

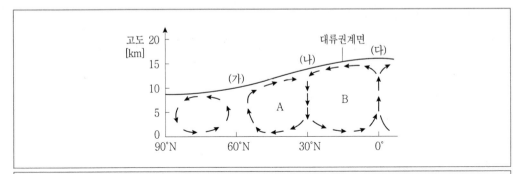

〈보기〉
㉠ A 순환은 직접 순환이다.
㉡ B 순환의 명칭은 해들리 순환이다.
㉢ (나)의 지상에서는 강수량이 증발량보다 많다.

① ㉠
② ㉡
③ ㉠, ㉢
④ ㉡, ㉢

14 그림 (가)와 (나)는 북반구의 온대 저기압에서 발생한 두 전선을 나타낸 모식도이다. 이에 대한 설명으로 옳은 것은?

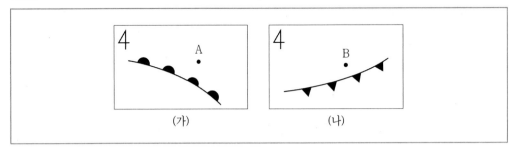

① (가)에서는 층운형 구름, (나)에서는 적운형 구름이 형성된다.
② 전선의 이동 속도는 (가)가 (나)보다 빠르다.
③ A 지역에서는 북풍 계열의 바람이 분다.
④ B 지역에서는 날씨가 맑다.

① ㈎는 온난 전선이며 ㈏는 한랭 전선이다. 온난 전선은 상승기류가 약해 층운형 구름이 생기고 한랭 전
선은 상승기류가 강해 적운형 구름이 생긴다.

②③ 전선의 이동 속도는 온난 전선보다 한랭 전선이 빠르며 A 지역에는 남풍 계열의 남동풍이 분다.

④ B 지역은 한랭 전선 뒷면으로 좁은 구역 소나기가 내린다.

15 그림은 달의 공전궤도와 상대적 위치 A, B, C를 나타낸 모식도이다. 우리나라에서 관측한 현상에 대한 설
명으로 옳은 것은?

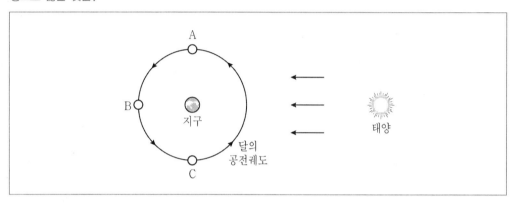

① A의 달은 상현달로 다음 날에는 뜨는 시각이 빨라진다.

② B의 달은 하짓날보다 동짓날의 남중 고도가 낮다.

③ 개기 일식이 관측된다면 달은 B에 위치할 것이다.

④ C의 달은 오전 9시경 남서쪽 하늘에 떠있다.

① A의 달은 상현달이며 달이 뜨는 시각은 매일 조금씩 더 느려진다.

② B는 보름달이며 보름달의 남중고도는 하짓날에 더 낮다.

③ 개기 일식이 관측된다면 달은 B의 반대편에 위치한다.

⭐ **ANSWER** 13.② 14.① 15.④

16

2주기 원소인 A와 B의 원자 반지름에 대한 이온 반지름의 비($\frac{\text{이온 반지름}}{\text{원자 반지름}}$)가 A는 1.0보다 작고 B는 1.0보다 클 때, 이에 대한 설명으로 옳지 않은 것은? (단, A와 B는 임의의 원소 기호이며 1족과 17족 원소 중 하나이다)

① 전기 음성도는 A가 B보다 작다.

② 이온화 에너지는 A가 B보다 작다.

③ B_2분자에는 비공유 전자쌍이 없다.

④ B는 이온이 될 때 전자를 얻는다.

🎖️**TIP** ③ 주기율표의 왼쪽 중앙에 속하는 금속 원소의 경우 전자를 잃고 양이온이 되면 전자 껍질 수가 감소하므로 원자보다 이온의 반지름이 더 줄어든다. 그에 반해 주기율표의 오른쪽에 속하는 비금속 원소의 경우 전자를 얻어 음이온이 되면 전자사이 반발력이 증가해 원자보다 이온이 되었을 경우 반지름이 더 증가한다. 즉 A는 전자를 잃고 양이온이 되려는 경향성이 큰 금속 원소이고, B는 비금속 원소이다. B_2 분자의 경우 비공유 전자쌍이 있다.

17

그림은 어떤 염산(HCl) 수용액과 수산화나트륨(NaOH) 수용액을 다양한 부피비로 섞은 용액의 최고 온도를 나타낸 것이다. 이에 대한 설명으로 옳은 것은? (단, 열손실은 없다고 가정한다)

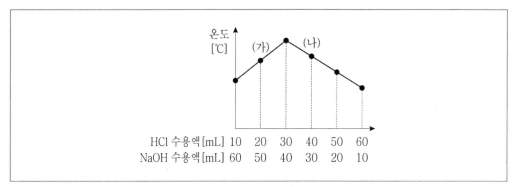

① ㈎ 용액에 페놀프탈레인 용액을 가하면 색이 변하지 않는다.

② ㈏ 용액의 pH는 7보다 작다.

③ ㈎와 ㈏의 용액을 섞은 혼합 용액은 산성이다.

④ HCl 수용액과 NaOH 수용액의 단위 부피당 전체 이온 수의 비는 3 : 4이다.

🎖️**TIP** ① ㈎ 용액은 염기성이므로 페놀프탈레인 용액의 색이 붉게 변한다.
　　② ㈏의 용액은 산성이므로 pH가 7보다 작다.
　　③ ㈎와 ㈏의 용액을 섞으면 중성이 된다.
　　④ HCl의 부피가 30mL, NaOH의 부피가 40mL일 때 중화점이므로 같은 부피일 때 이온의 수는 HCl:NaOH=4:3이다.

18 표는 원소 A ~ F의 이온들에 대한 전자배치를 나타낸 것이다. 이에 대한 설명으로 옳은 것은? (단, A ~ F 는 임의의 원소 기호이다)

이온	전자배치
A^-, B^{2-}, C^+, D^{2+}	$1s^2 2s^2 2p^6$
E^-, F^+	$1s^2 2s^2 2p^6 3s^2 3p^6$

① 3주기 원소는 3가지이다.
② A와 E는 금속 원소이다.
③ 원자 반지름은 C가 D보다 작다.
④ 화합물 CA의 녹는점은 DB보다 높다.

🌸 TIP 3주기 원소는 C, D, E 3가지이고 원자 반지름은 등전자 이온의 경우 원자핵의 전하량이 높을수록 핵과 인력이 증가해 감소한다. 즉 원자 반지름은 C가 D보다 크다. 이온 결합 화합물의 경우 녹는점은 전하량의 곱에 비례한다. 즉 CA가 DB보다 녹는점이 더 낮다.

19 표는 탄화수소 (개)와 (내)에 대한 자료이다. 이에 대한 설명으로 옳지 않은 것은?

탄화수소	분자식	H원자 2개와 결합한 C원자 수
(개)	C_3H_6	1
(내)	C_4H_8	4

① (개)는 사슬 모양이다.
② (내)는 고리 모양이다.
③ (내)에서 H원자 3개와 결합한 C원자 수는 1이다.
④ (개)와 (내) 중 포화 탄화수소는 1가지이다.

🌸 TIP (개)는 프로펜으로 2중 결합을 가지는 사슬 모양 불포화 탄화수소인 알켄이다. (내)는 단일 결합만 가지는 고리 모양 포화 탄화수소인 사이클로 알케인이다.
③ (내)에서 H원자 3개와 결합한 C는 없다.

⭐ ANSWER   16.③ 17.② 18.① 19.③

20 그림은 탄화수소 X, Y를 각각 완전 연소시켰을 때, 반응한 X, Y의 질량 변화에 따라 생성된 H_2O의 질량을 나타낸 것이다. 이에 대한 설명으로 옳은 것은? (단, 수소, 탄소, 산소의 원자량은 각각 1, 12, 16이다)

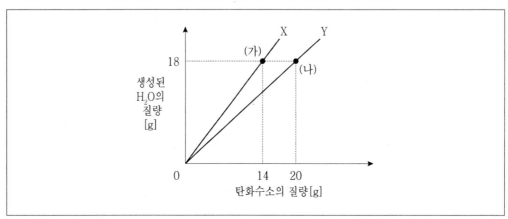

① X의 실험식은 CH_3이다.

② X와 Y의 실험식량의 비는 7 : 10이다.

③ X가 Y보다 탄소의 질량 백분율이 크다.

④ (가)와 (나)에서 생성된 이산화탄소(CO_2)의 질량비는 2 : 3이다.

TIP ①②③ X는 C_2H_4, Y는 C_3H_4로 X의 실험식은 CH_2이고 X와 Y의 실험식량의 비는 7 : 20, Y가 X보다 탄소의 질량 백분율이 크다.
④ (가)와 (나)에서 생성된 이산화 탄소의 질량비는 각 물질의 탄소 수와 비례하므로 2 : 3이다.

1 그림은 생태계에서 일어나는 질소 순환 과정 중 일부를 나타낸 것이다. 물질 A는 이온 형태이며, ㈐ 과정에는 뿌리혹박테리아가 관여한다. 이에 대한 설명으로 옳지 않은 것은?

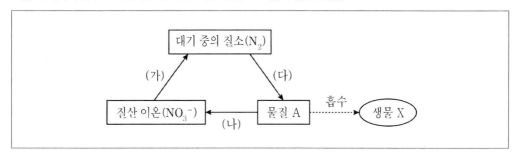

① 물질 A는 암모늄 이온(NH_4^+)이다.
② 물질 A를 흡수하는 생물 X에는 식물이 포함된다.
③ ㈎ 과정은 세균에 의해 일어난다.
④ ㈏ 과정은 질소 동화 작용이다.

🏵️**TIP** ④ ㈏ 과정은 질화 작용이다.

⭐ **ANSWER** 20.④ / 1.④

2 다음은 어느 생명과학자가 수행한 탐구 과정의 일부를 순서대로 나타낸 것이다. 이 탐구 과정에서 조작 변인으로 가장 적절한 것은? (단, 제시된 탐구과정 이외는 고려하지 않는다)

> • 세균을 배양 중인 접시에 우연히 푸른곰팡이가 자란 것을 관찰하다가 푸른곰팡이 주변에는 세균이 증식하지 못한 것을 발견하였다.
> • '푸른곰팡이가 만든 물질이 세균을 증식하지 못하게 하였을 것이다'라고 생각하였다.
> • 모든 조건이 동일한 세균 배양 접시 A와 B를 준비한 후, A에는 푸른곰팡이 배양액을 넣고 B에는 푸른곰팡이 배양액을 넣지 않았다.
> • A에서는 세균이 증식하지 못하고 B에서는 세균이 증식한 것을 확인하였다.

① 푸른곰팡이가 자란 곳 주변에는 세균이 증식하지 못한 현상
② 모든 조건이 동일한 세균 배양 접시 A와 B의 준비
③ A와 B에 푸른곰팡이 배양액의 첨가 여부
④ B에서만 세균이 증식한 현상

TIP ③ 푸른곰팡이의 유무에 따른 세균 증식 가능 여부를 확인하기 위한 실험이므로 푸른 곰팡이 배양액의 첨가 여부가 조작 변인이다.

3 그림은 항원 X, Y에 노출되지 않았던 쥐의 체내에 항원 X, Y를 감염시켰을 때, 시간에 따른 항체 A와 B의 농도 변화를 나타낸 것이다. 이에 대한 설명으로 〈보기〉에서 옳은 것만을 모두 고르면? (단, X, Y 이외의 항원은 고려하지 않는다)

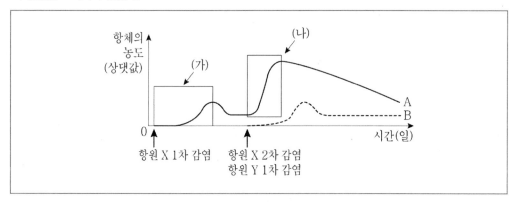

〈보기〉
㉠ A는 항원 X에 대한 항체이다.
㉡ (가)보다 (나)에서 항체의 농도가 빠르게 증가하는 것은 항원 X에 대한 기억세포가 존재하기 때문이다.
㉢ 항원 Y의 1차 감염 시점에 쥐의 체내에는 항원 Y에 대한 기억세포가 존재한다.

① ㄱ, ㄴ   ② ㄱ, ㄷ
③ ㄴ, ㄷ   ④ ㄱ, ㄴ, ㄷ

🐾 **TIP** ㉢ 항원 Y의 1차 감염 시점에서 Y에 대한 1차 면역 반응이 일어나는 시기이므로 항원 Y에 대한 기억세포는 없다.

4   그림은 시냅스에서 흥분이 전달되는 과정을 나타낸 것이다. 이에 대한 설명으로 옳지 않은 것은?

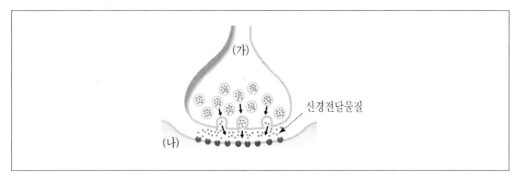

① 신경전달물질은 가지 돌기 말단에서 분비된다.
② 신경전달물질은 (나)의 탈분극에 관여한다.
③ 시냅스에서 흥분은 (가)에서 (나)의 방향으로 전달된다.
④ 시냅스에서 흥분의 전달은 뉴런에서 흥분의 전도보다 속도가 느리다.

🐾 **TIP** ① 신경전달물질은 축삭 돌기 말단에서 분비된다.

5   그림은 핵상이 2n인 어떤 동물세포의 감수 분열이 일어날 때, 세포 1개당 DNA 양의 상대적인 변화를 나타낸 것이다. 이에 대한 설명으로 옳은 것은? (단, 돌연변이는 고려하지 않는다)

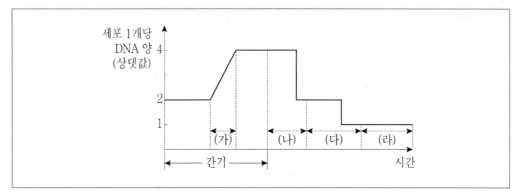

① (가) 시기에는 2가 염색체가 관찰된다.
② (나) 시기에는 상동 염색체가 분리된다.
③ (다) 시기에는 핵상이 2n에서 n으로 변한다.
④ (라) 시기에는 DNA의 복제가 일어난다.

🌸 TIP ① (가) 시기는 간기에 해당하므로 2가 염색체가 관찰되지 않고 염색사가 관찰된다.
② (나)는 감수 1분열 시기로 상동 염색체가 분리되어 염색체 수가 절반이 되는 시기이다.
③ (다) 시기에서는 염색분체가 분열되는 2분열 시기이므로 핵상은 n→n으로 변화가 없다.
④ DNA복제가 일어나는 시기는 (가) 시기이다.

6   아인슈타인의 특수 상대성 이론으로 설명할 수 없는 현상만 나열한 것은?

① 중력파, 질량·에너지 동등성
② 길이 수축, 중력에 의한 시간 팽창
③ 중력 렌즈, 블랙홀
④ 수성의 세차 운동, 질량·에너지 동등성

🌸 TIP ③ 중력파, 중력에 의한 시간 팽창, 중력 렌즈, 블랙홀, 수성의 세차 운동은 일반 상대성 이론으로 설명할 수 있는 이론이며, 질량·에너지 동등성, 길이 수축은 특수 상대성 이론으로 설명할 수 있는 이론이다.

7 그림 (가), (나)는 길이와 굵기가 같은 두 종류의 관을 나타낸 것으로 (가)는 한쪽 끝만 열려 있고 (나)는 양쪽 끝이 열려 있다. (가), (나)의 관 내부의 공기를 진동시키고 공명 현상을 이용하여 일정한 진동수의 음을 발생시킨다. (가)에서 발생하는 음의 최소 진동수가 f일 때, (나)에서 발생하는 음의 최소 진동수는? (단, 공기의 온도는 일정하다)

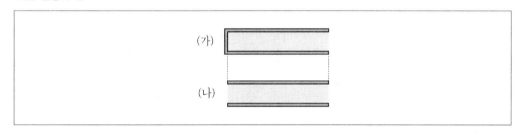

① $\dfrac{f}{4}$

② $\dfrac{f}{2}$

③ $2f$

④ $4f$

🏵 **TIP** ③ (가)는 폐관으로 파장이 개관인 (나)의 2배이다. 파장과 진동수는 반비례하므로 진동수는 (가)가 f라고 했을 때 (나)는 2f가 된다.

8 그림과 같이 $+y$ 방향으로 세기가 일정한 전류 I가 흐르는 직선 도선 P가 y축에 고정되어 있고, $x=3d$에 직선 도선 Q가 P와 나란히 고정되어 있다. x축 상의 점 $x=2d$에서 자기장의 세기가 0이 되기 위하여 Q에 흐르는 전류의 세기와 방향은? (단, 두 도선은 가늘고 무한히 길다)

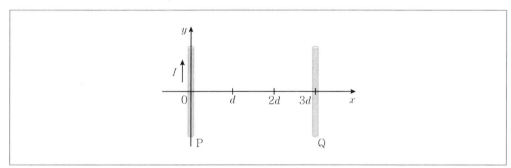

① $\dfrac{1}{4}I$, $+y$

② $\dfrac{1}{2}I$, $+y$

③ $\dfrac{1}{4}I$, $-y$

④ $\dfrac{1}{2}I$, $-y$

🏵 **TIP** ② x = 2d인 지점에서 자기장의 세기가 0이 되려면 P와 Q에서 전류의 방향은 같아야 하며 2d와 O사이 거리 : 2d와 3d거리비는 2 : 1이므로 전류의 세기 비는 1 : 2가 되는데 2d 지점에서 자기장의 세기가 0이 되어야 하므로 Q에서 전류는 P의 절반이 되어야 한다.

⭐ **ANSWER** 5.② 6.③ 7.③ 8.②

9 그림은 열효율이 0.25인 카르노 열기관이 절대 온도 T_1의 고열원에서 Q_1의 열을 흡수하여 W의 일을 하고 절대 온도 T_2의 저열원으로 Q_2의 열을 방출하는 것을 나타낸 것이다. $Q_2 = 6Q$, $T_1 = 8T$일 때, Q_1과 T_2의 값은?

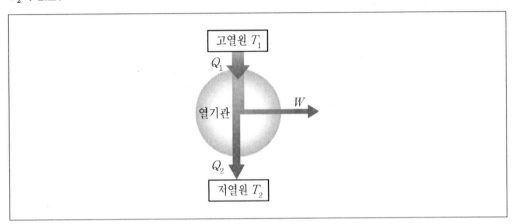

Q_1	T_2
① $8Q$	$6T$
② $10Q$	$6T$
③ $8Q$	$4T$
④ $10Q$	$4T$

TIP ① 열효율=$1 - \dfrac{Q_2}{Q_1}$를 이용해 계산해보면 6Q/Q₁ = 3/4, Q₁=8Q 이다. 열효율=$1 - \dfrac{T_2}{T_1}$이므로 0.25=1-T₂/8T, 즉 T₂=6T

10 그림 (가)는 마찰이 없는 수평면에서 운동 중인 질량이 4kg인 물체에 일정한 크기의 힘 F가 운동 방향으로 작용하여 물체가 10m를 이동한 것을 나타낸 것이다. 그림 (나)는 (가)의 물체에 F가 작용한 순간부터 물체의 운동 에너지를 이동 거리에 따라 나타낸 것이다. 이에 대한 설명으로 옳지 않은 것은?

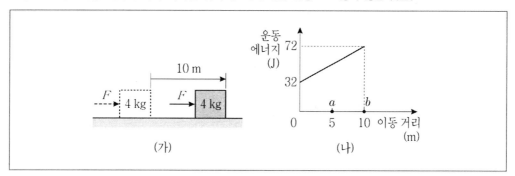

① F가 작용하기 직전 물체의 속력은 4m/s이다.

② a에서 물체의 가속도 크기는 1m/s²이다.

③ F의 크기는 4N이다.

④ a에서 b까지 물체의 이동 시간은 2초이다.

TIP ① F가 작용하기 직전 물체의 속력은 $32 = \frac{1}{2} \times 4 \times v^2$이므로 속력은 4m/s이다.

② a에서 물체의 가속도는 F = ma공식을 이용해 구했을 때 1m/s²이다.

③ F의 크기는 나중 운동에너지에서 처음 운동에너지의 양을 뺀 값만큼 일로 전환되었다.

ANSWER 9.① 10.④

11 그림은 우리나라의 최근 30년과 10년 동안의 월 평균 황사 발생 일수를 비교하여 나타낸 것이다. 이에 대한 설명으로 〈보기〉에서 옳은 것만을 모두 고르면?

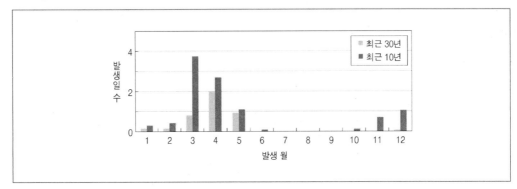

〈보기〉
㉠ 최근 10년 동안 몽골과 중국의 사막화 현상이 심화되었다.
㉡ 봄철에 황사가 심한 이유는 북태평양 기단의 활성화 때문이다.
㉢ 여름철의 황사 발생 일수가 적은 것은 강수량의 증가 때문이다.

① ㉠   ② ㉡
③ ㉠, ㉢   ④ ㉡, ㉢

TIP ㉡ 봄철에 황사가 심한 이유는 양쯔강 기단의 활성화 때문이다.

12 다음은 태양에서 나타나는 현상 (가)~(다)를 촬영한 것이다. 이에 대한 설명으로 〈보기〉에서 옳은 것만을 모두 고르면?

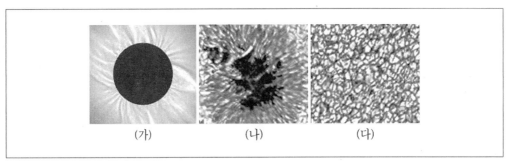

(가)   (나)   (다)

〈보기〉
㉠ (가)는 개기 일식 때 관측할 수 있다.
㉡ (나)의 이동을 이용하면 태양의 자전 주기를 구할 수 있다.
㉢ (다)는 태양의 대기층인 채층에서 나타나는 현상이다.

① ㉠, ㉡   ② ㉠, ㉢
③ ㉡, ㉢   ④ ㉠, ㉡, ㉢

🏅 **TIP** ㉢ (대)는 쌀알무늬로 태양의 표면인 광구에서 나타나는 현상이다.

13 그림은 북반구 태평양에서 대기와 표층 해수의 순환을 모식적으로 나타낸 것이다. 이에 대한 설명으로 〈보기〉에서 옳은 것만을 모두 고르면?

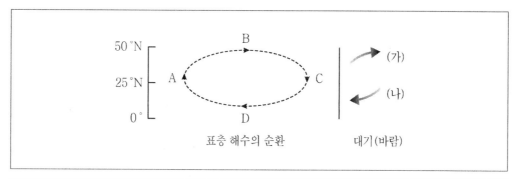

〈보기〉
㉠ A는 C보다 수온이 낮다.
㉡ (개는 편서풍이고, (내는 무역풍이다.
㉢ B는 북태평양 해류이고, D는 북적도 해류이다.

① ㉠   ② ㉡
③ ㉠, ㉢   ④ ㉡, ㉢

🏅 **TIP** ㉠ A는 저위도에서 상승하는 해수이므로 C보다 수온이 높다.

⭐ **ANSWER**   11.③   12.①   13.④

14 그림은 남반구 동태평양 적도 부근 해역의 평균 해수면 온도에 대한 편차이고, A와 B는 각각 엘니뇨 시기와 라니냐 시기 중 하나를 나타낸 것이다. 이에 대한 설명으로 옳지 않은 것은?

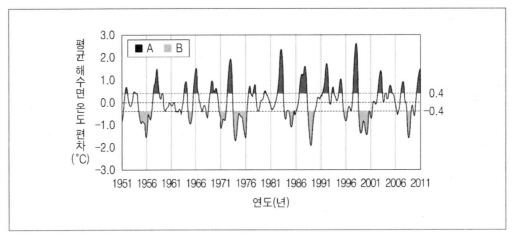

① A는 엘니뇨 시기이고, B는 라니냐 시기이다.
② A보다 B에서 동태평양 해수의 용승이 약화된다.
③ A보다 B에서 무역풍의 세기가 강하다.
④ A보다 B에서 동태평양의 따뜻한 해수층 두께가 얇다.

🏅 TIP ② A는 남반구 동태평양 적도 부근 해역의 평균 해수면 온도차가 큰 엘니뇨이고, B는 라니냐이다. 라니냐의 경우 동태평양 해수의 용승이 강해진다.

15 그림 (가)와 (나)는 판의 경계를 나타낸 모식도이다. 이에 대한 설명으로 옳은 것은?

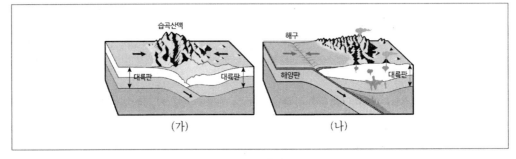

① 안데스 산맥은 (가)에, 히말라야 산맥은 (나)에 해당한다.
② 화산 활동은 (나)보다 (가)에서 활발하다.
③ (가)는 발산형 경계이고, (나)는 수렴형 경계이다.
④ (나)에서는 해구에서 대륙판 쪽으로 갈수록 진원의 깊이가 깊어진다.

🏅 TIP (가) 수렴형 경계 중 충돌형 경계에 해당하며 히말라야 산맥이 해당되며, 대륙판의 밀도가 작아 마그마가 생성될 만큼 섭입되지 않는다.
(나) 수렴형 경계 중 섭입형 경계이며 안데스 산맥이 해당된다.

16 그림 (가)~(다)에 해당하는 원자 모형에 대한 설명으로 옳은 것은?

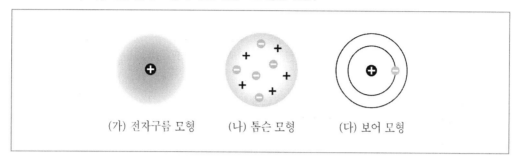

(가) 전자구름 모형   (나) 톰슨 모형   (다) 보어 모형

① (가)에서 전자는 원형 궤도를 따라 운동한다.

② (나)에서 원자의 중심에는 원자핵이 존재한다.

③ (다)에서 전자의 에너지 준위는 연속적인 값을 갖는다.

④ (가)~(다) 중 가장 먼저 제안된 모형은 (나)이다.

TIP ① 전자가 원형 궤도를 따라 운동한다는 모형은 (다) 보어 모형이다.
② (나)의 경우 원자핵의 존재가 밝혀지기 전 모형이다.
③ (다)에서 에너지의 준위는 불연속적인 값을 갖는다.
④ 가장 먼저 제안된 모형부터 나열하면 (나), (다), (가)이다.

17 다음 질산(HNO_3) 수용액과 수산화 바륨($Ba(OH)_2$) 수용액의 화학 반응식에 대한 설명으로 옳지 않은 것은?

$$2HNO_3(aq) + Ba(OH)_2(aq)$$
$$\rightarrow Ba(NO_3)_2(aq) + 2H_2O(l)$$

① 중화 반응이다.

② 반응한 H^+의 몰수와 생성된 H_2O의 몰수는 같다.

③ 구경꾼 이온은 바륨 이온(Ba^{2+})과 수산화 이온(OH^-)이다.

④ 반응 전후에 원자의 산화수는 변하지 않는다.

TIP ③ 질산은 산성이며 수산화 바륨은 염기성이다. 즉 산성과 염기성을 혼합해 반응시키는 중화 반응이다. 이 중화 반응에서 알짜 이온은 수소 이온과 수산화 이온이다. 나머지는 이온은 구경꾼 이온이다.

ANSWER **14.**② **15.**④ **16.**④ **17.**③

18 〈보기〉에 제시된 기체 분자에 대한 설명으로 옳은 것은? (단, ONF에서 중심 원자는 N이다)

〈보기〉

N_2, NO, NO_2, ONF

① NO의 모든 원자는 옥텟 규칙을 만족한다.

② ONF에서 질소(N) 원자의 산화수는 +3이다.

③ ONF의 분자 구조는 직선형이다.

④ 〈보기〉의 분자에서 질소(N) 원자의 가장 큰 산화수와 가장 작은 산화수의 차이는 5이다.

TIP ② NO는 옥텟을 만족하지 않는다. ONF를 루이스 전자점식으로 나타내 보면 질소 원자에 비공유 전자쌍이 존재하므로 직선형이 될 수 없다. N_2, NO, NO_2, ONF에서 질소의 산화수는 순서대로 0, +2, +4, +3이다.

19 다음 이산화 황(SO_2)과 관련된 화학 반응식에 대한 설명으로 옳은 것은?

(가) $SO_2(g) + 2H_2S(g) \rightarrow 2H_2O(l) + 3S(s)$

(나) $SO_2(g) + 2H_2O(l) + Cl_2(g) \rightarrow H_2SO_4(aq) + 2HCl(aq)$

① (가)와 (나)에서 SO_2에 포함된 황(S) 원자의 산화수는 두 경우 모두 반응 후에 감소한다.

② (가)에서 H_2S는 산화제이다.

③ (나)에서 Cl_2는 산화된다.

④ (가)와 (나)에서 황(S) 원자의 가장 큰 산화수는 +6이다.

TIP (가)의 SO_2, H_2S, S에서 S의 산화수는 순서대로 +4, -2, 0이다. (나)에서 H_2SO_4의 S 산화수는 +6이다. 또한 Cl_2, HCl에서 Cl의 산화수는 순서대로 0, -1이다. (가)에서 H_2S는 산화되므로 환원제이고 (나)에서 Cl_2는 환원된다.

20 다음 중 입자 수가 가장 많은 것은? (단, 0℃, 1기압에서 기체 1몰(mol)의 부피는 22.4L이다. 각 원자의 원자량은 H : 1, C : 12, N : 14, O : 16, Na : 23, Cl : 35.5이다)

① 물(H_2O) 18 g에 들어 있는 물 분자 수

② 암모니아(NH_3) 17 g에 들어 있는 수소 원자 수

③ 염화 나트륨(NaCl) 58.5 g에 들어 있는 전체 이온 수

④ 0℃, 1기압에서 이산화 탄소(CO_2) 기체 44.8 L에 들어 있는 이산화탄소 분자 수

🌸**TIP** ② 입자수 = 몰수 × 아보가드로수이므로 각 보기의 몰수를 비교해 보면 된다. 물 18g의 물 분자는 1몰, 암모니아 17g의 수소 원자수는 3몰, 염화 나트륨 58.5g에 들어 있는 전체 이온 수는 2몰, 이산화 탄소 기체 44.8L에 들어 있는 이산화 탄소는 2몰이다.

1 〈보기〉는 지구계가 형성되는 과정의 일부를 순서 없이 나열한 것이다. ㉠~㉣을 오래된 것부터 시간 순으로 가장 옳게 나열한 것은?

〈보기〉

㉠ 오존층 형성   ㉡ 원시 바다 형성
㉢ 최초의 생명체 탄생   ㉣ 최초의 육상 생물 출현

① ㉠ – ㉡ – ㉢ – ㉣   ② ㉡ – ㉢ – ㉠ – ㉣
③ ㉢ – ㉣ – ㉡ – ㉠   ④ ㉣ – ㉠ – ㉡ – ㉢

TIP ② 지구계가 형성되는 과정은 원시 바다 형성→최초의 생명체 탄생→오존층 형성→최초의 육상 생물 출현이다.

2 〈보기〉는 생물의 구성 단계를 나타낸 것으로, (가)와 (나)는 각각 동물과 식물 중 하나이다. 이에 대한 설명으로 가장 옳지 않은 것은?

〈보기〉

(가) 세포 → 조직 → 기관 → A → 개체
(나) 세포 → B → 조직계 → C → 개체

① A는 기관계이다.
② (가)는 동물, (나)는 식물이다.
③ 상피 조직은 B에 해당한다.
④ C는 영양 기관과 생식 기관으로 구분된다.

TIP ③ 상피 조직은 동물에 존재하는 조직이다.

3 〈보기〉는 임의의 원소 A~D의 중성원자 혹은 이온의 전자 배치를 나타낸 것이다. 이에 대한 설명으로 가장 옳지 않은 것은?

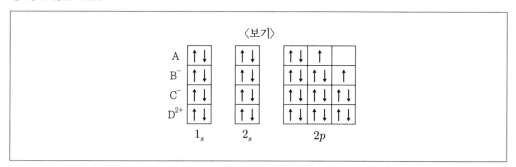

① 이온반지름은 $C^- > D^{2+}$이다.

② A의 전자배치는 훈트규칙을 만족하지 못한다.

③ A~D의 중성원자 중 양성자 수가 가장 많은 원자는 D이다.

④ B^-이온은 옥텟규칙을 만족하는 안정한 이온이다.

TIP C^-, D^{2+}는 등전자 이온인데 이러한 경우 핵 전하량이 클수록 핵과 전자 사이 인력이 작용해 이온의 반지름이 감소한다. 즉 D원자의 원자번호가 C보다 크므로 이온 반지름은 C^-가 D^{2+}보다 크다. A의 전자배치는 가능한 홀전자를 많게 배치하는 훈트 규칙에 어긋난다.

④ B^-이온은 전자를 하나 더 얻어야 옥텟규칙을 만족하는 안정한 이온이 된다.

4 〈보기〉는 어떤 동물(2n=4)의 분열 중인 세포를 나타낸 것으로 ㈎와 ㈏는 체세포 분열, 감수 1분열, 감수 2분열 중 한 단계이다. 이에 대한 설명으로 가장 옳지 않은 것은?

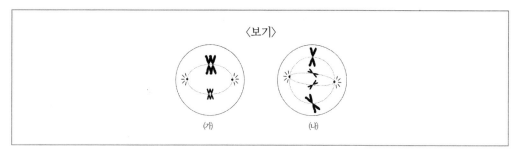

① ㈎는 감수 1분열에 해당한다.

② ㈏를 통해 생물의 생장이 일어난다.

③ ㈎와 ㈏의 세포 하나당 DNA의 양은 같다.

④ ㈎와 ㈏의 결과 생성된 세포의 핵상은 같다.

TIP ㈎는 2가 염색체가 존재하는 감수 1분열시기이고, ㈏는 2n=4의 핵상을 가지므로 체세포 분열 중기이다.

④ 감수 1분열 결과 핵상은 절반이 되고 체세포 분열을 할 때는 핵상의 변화가 없다.

⭐ **ANSWER** 1.② 2.③ 3.④ 4.④

5 〈보기〉는 어떤 집안의 ABO식 혈액형과 귓불 유전 가계도를 나타낸 것이다. 이에 대한 설명으로 가장 옳은 것은? (단, 혈액형과 귓불 유전자는 서로 다른 염색체에 존재한다.)

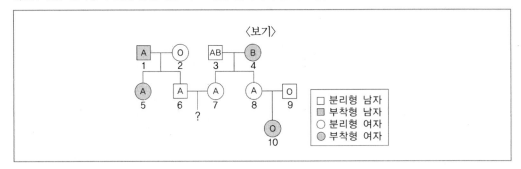

① 분리형 귓불이 부착형 귓불에 대해 열성이다.

② 5의 혈액형 유전자는 동형접합이다.

③ 3의 부착형 귓불 유전자 보유 여부를 판단할 수 있다.

④ 6과 7의 혈액형에 관한 유전자형은 같다.

🐝 TIP 8, 9번은 귓불 표현형이 분리형인데 분리형 부모 사이에서 부착형 귓불을 가진 10이 태어났기 때문에 분리형이 우성, 부착형이 열성이다. 6과 7은 혈액형에 대한 유전자형이 AO로 같다. 5의 혈액형 유전자형은 AO로 이형접합(=잡종)이다.

6 〈보기 1〉은 고정되어 있는 두 점전하 A, B 주위의 전기력선을 나타낸 것이다. 이에 대한 설명으로 옳은 것을 〈보기 2〉에서 모두 고른 것은?

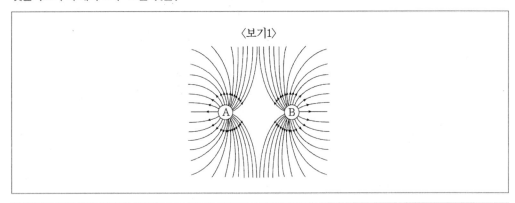

〈보기2〉

㉠ A는 양(+)전하이다.

㉡ A와 B의 전하량은 같다.

㉢ A와 B 사이에 전기적 인력이 작용한다.

① ㉠   ② ㉢
③ ㉠, ㉡   ④ ㉡, ㉢

🏅 **TIP** ㉢ 전기력선은 (+)에서 나와 (−)로 들어가므로 A, B모두 (+)전하를 띤다. 따라서 두 극 사이에서는 척력
이 작용한다.

7 〈보기 1〉은 X와 Y로 이루어진 화합물 A, B에 대한 설명이다. 이에 대한 설명으로 옳은 것을 〈보기 2〉에서
모두 고른 것은? (단, X, Y는 임의의 원소 기호이다.)

〈보기1〉

• A와 B의 분자당 구성 원자 수는 각각 2, 3이다.
• 같은 질량에 들어 있는 원소 Y의 질량비는 A : B = 11 : 14이다.

〈보기2〉

㉠ A는 2원자 화합물이다.
㉡ B는 X_2Y이다.
㉢ 1g당 원소 X의 질량은 A가 B의 2배이다.

---

① ㉠   ② ㉢
③ ㉠, ㉢   ④ ㉡, ㉢

🏅 **TIP** ① A는 CO, B는 CO_2이다. 즉 B는 XY_2이고 1g당 CO의 몰수는 1/28몰이며 CO_2는 1/44몰이 되므로 X의
질량이 A가 B의 2배가 될 수 없다.

8 〈보기 1〉과 같이 점전하 B를 x축 위에 고정된 점전하 A, C로부터 거리가 각각 r, $2r$인 지점에 놓았더니 B가 정지해 있었다. 이에 대한 설명으로 옳은 것을 〈보기 2〉에서 모두 고른 것은?

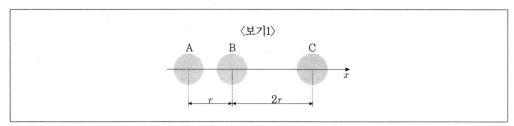

〈보기2〉

ⓐ A와 C의 전하의 종류는 같다.
ⓑ 대전된 전하량은 A가 C보다 크다.
ⓒ A와 B 사이에 서로 당기는 힘이 작용하면 B와 C 사이에도 서로 당기는 힘이 작용한다.

① ⓐ, ⓑ   ② ⓐ, ⓒ
③ ⓑ, ⓒ   ④ ⓐ, ⓑ, ⓒ

🌸 **TIP** A와 C의 전하량의 종류가 같아야 B가 정지해 있을 수 있다. 대전된 전하량은 C가 A보다 크며 A와 B사이에 서로 당기는 힘이 작용하면 B와 C도 당기는 힘이 작용한다.

9 〈보기〉의 ⓐ, ⓑ, ⓒ은 여러 가지 풍화 작용의 예를 나타낸 것이다. ⓐ, ⓑ, ⓒ을 기계적 풍화 작용과 화학적 풍화 작용으로 가장 옳게 구분한 것은?

〈보기〉

ⓐ 정장석이 풍화되어 고령토가 생성된다.
ⓑ 물의 동결 작용으로 테일러스가 형성된다.
ⓒ 석회암 지대에서 석회 동굴이 형성된다.

기계적 풍화 작용	화학적 풍화 작용
① ⓐ	ⓑ, ⓒ
② ⓑ	ⓐ, ⓒ
③ ⓐ, ⓑ	ⓒ
④ ⓐ, ⓒ	ⓑ

🌸 **TIP** ② ⓐ - 화학적 풍화 중 가수 분해, ⓑ - 기계적 풍화, ⓒ - 화학적 풍화 작용에 해당한다.

10 〈보기〉는 임의의 2주기 원소 X~Z의 루이스 전자점식을 나타낸 것이다. 이에 대한 설명으로 가장 옳지 않은 것은?

> 〈보기〉
>
> $\cdot \overset{\displaystyle\cdot}{X} \cdot \quad \cdot \overset{\displaystyle\cdot\cdot}{\underset{\displaystyle\cdot}{Y}} \cdot \quad \cdot \overset{\displaystyle\cdot\cdot}{\underset{\displaystyle\cdot\cdot}{Z}} :$

① YH_4^+ 이온은 정사면체 구조이다.

② Y_2와 Z_2는 각각 삼중결합, 단일결합으로 이루어져 있다.

③ XZ_3와 YZ_3 중 분자의 쌍극자모멘트 합이 0인 것은 XZ_3이다.

④ 수소화합물 XH_3 분자는 무극성 공유결합으로 이루어진 무극성분자이다.

TIP ④ X는 붕소, Y는 질소, Z는 플루오린이다. 수소 화합물 XH_3는 극성 공유결합으로 이루어진 극성분자이다.

11 〈보기〉의 (개와 (내)는 온대 저기압에서 볼 수 있는 두 전선을 나타낸 것이다. 이에 대한 설명으로 가장 옳은 것은?

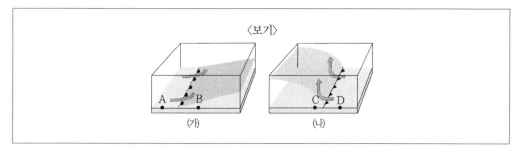

① (개)에서 두 지점의 온도는 A < B이다.

② 강수 현상이 나타나는 곳은 A, D 지점이다.

③ (내)의 전선은 뇌우를 동반하는 경우가 많다.

④ 햇무리나 달무리를 볼 수 있는 것은 (내)이다.

TIP (개)는 온난 전선, (내)는 한랭 전선이다.
   ① (개)에서 온도는 A가 B보다 높다.
   ②③ 강수 현상은 B, C에서 나타나며 한랭 전선은 공기의 상승 기류가 강해 적운형 구름이 생기고 소나기가 내리므로 뇌우를 동반하는 경우가 많다.
   ④ 햇무리나 달무리를 볼 수 있는 것은 온난 전선이다.

⭐ ANSWER 8.② 9.② 10.④ 11.③

12 〈보기〉와 같이 기울기가 일정하고 마찰이 없는 경사면에서 시간 $t = 0$일 때 점 p에 물체 A를 가만히 놓는 순간, 물체 B가 v의 속력으로 경사면의 점 q를 통과하였다. 동일한 직선 경로를 따라 운동하는 A, B는 각각 L_A, L_B만큼 이동하여 t_0초 후 같은 속력으로 충돌하였다. 이때 $L_A : L_B$는?

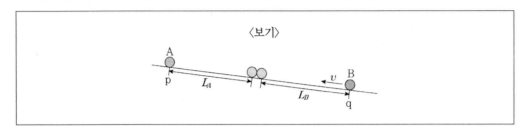

〈보기〉

① 1 : 1
② 1 : 2
③ 1 : 3
④ 2 : 3

TIP ③ A와 B에는 동일한 가속도가 작용하고 A의 초기 속도는 0이므로 A의 속도는 at이며 B의 초기 속도는 −v이므로 B의 속도는 −v + at이다. t0일 때 두 물체가 충돌했으므로 두 속도의 절댓값은 동일해야 하므로 at0 = v − at0식을 통해 a=0.5v라는 관계식을 얻게 된다. x축을 시간, y축을 속력으로 그래프를 그려서 풀어보면 A의 경우 속력이 점점 증가하는 그래프에서 x축을 t0, y축은 v/2인 지점에서의 넓이인 1/4vt0가 거리가 된다. B의 경우 속력이 v/2에서 v로 줄어드는 그래프를 그리는데 v지점에서 시간은 t0가 된다. 이때 사다리꼴의 넓이를 구해보면 3/4vt0가 되므로 $L_A : L_B$=1:3이 된다.

13 〈보기〉는 빛을 에너지의 근원으로 하여 유지되는 어떤 초원 생태계에서 A~D의 에너지양을 상댓값으로 나타낸 것이다. 이에 대한 설명으로 가장 옳지 않은 것은? (단, A~D는 각각 1차 소비자, 2차 소비자, 3차 소비자, 생산자 중 하나이며, 상위 영양 단계로 갈수록 에너지양은 감소한다.)

〈보기〉

구분	에너지양(상댓값)
A	3
B	100
C	1000
D	15

① 초식동물은 B에 해당한다.
② 에너지 효율은 A가 B의 2배이다.
③ 2차 소비자의 에너지 효율은 20%이다.
④ C는 무기물로부터 유기물을 합성한다.

TIP ③ 생산자, 1차 소비자, 2차 소비자, 3차 소비자는 각각 순서대로 C, B, D, A이다. 2차 소비자의 에너지 효율은 15/100 × 100 = 15% 이다.

14 〈보기〉는 사람의 6가지 질병을 A~C로 분류하여 나타낸 것이다. 이에 대한 설명으로 가장 옳은 것은?

〈보기〉

구분	질병
A	고혈압, 당뇨병
B	결핵, 파상풍
C	AIDS, 독감

① A의 질병은 다른 사람에게 전염된다.

② B의 병원체는 스스로 물질대사를 할 수 없다.

③ B와 C의 병원체는 핵산을 가지고 있다.

④ C의 병원체를 제거하는 데에 일반적으로 항생제가 사용된다.

TIP ① A는 비감염성 질병으로 다른 사람에게 전염되지 않는다.
② B의 병원체는 세균으로 스스로 물질대사를 할 수 있고 핵산도 가지고 있다.
③ C는 바이러스로 핵산을 가지고 있다.
④ 항생제는 세균을 제거할 때 사용한다.

15 〈보기〉는 오른쪽으로 진행하는 파장이 4cm인 파동의 한 점의 변위를 시간에 따라 나타낸 것이다. 이 파동에 대한 설명으로 가장 옳은 것은?

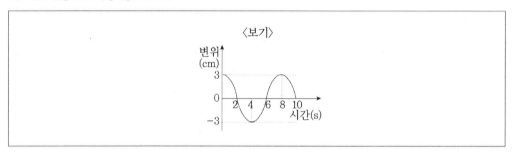

① 진행 속력은 0.5cm/s이다.

② 진동수는 1Hz이다.

③ 진폭은 6cm이다.

④ 주기는 4초이다.

TIP ① 진행 속력은 파장/주기 이므로 4cm/8s=0.5cm/s이다. 진동수는 1/8Hz, 진폭은 3cm이고 주기는 8초이다.

ANSWER 12.③ 13.③ 14.③ 15.①

16 〈보기 1〉은 물체 A와 물체 B가 실로 연결된 채 정지한 상태에서 운동을 시작하여 경사면을 따라 등가속도 운동을 하는 모습을 나타낸 것이다. A, B의 질량은 각각 3m, 2m이다. A가 P에서 Q까지 이동하는 동안, 나타나는 현상에 대한 설명으로 옳은 것을 〈보기 2〉에서 모두 고른 것은? (단, 실의 질량과 모든 마찰은 무시한다.)

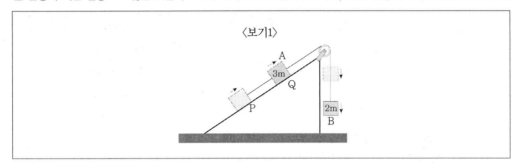

〈보기2〉

㉠ A의 운동 에너지는 증가한다.
㉡ B의 역학적 에너지는 일정하다.
㉢ B에 작용하는 중력이 한 일은 B의 운동 에너지 증가량과 같다.

① ㉠   ② ㉢
③ ㉠, ㉡   ④ ㉡, ㉢

TIP ① 도르래를 통해 연결된 두 물체는 함께 운동하므로 한 물체의 역학적 에너지가 감소하면 나머지 한 물체의 역학적 에너지는 증가한다. 즉 B의 위치 에너지가 감소한 만큼 A의 운동 에너지가 증가한다.

17 〈보기〉의 (개)~(대)는 DNA를 구성하는 구성요소의 구조식이다. 이에 대한 설명으로 가장 옳은 것은?

〈보기〉

(개)   (나)   (다)

① (개)~(대)는 모두 아레니우스 염기이다.
② (개)의 중심원자는 옥텟규칙을 만족한다.
③ (나)의 모든 탄소원자는 사면체 구조를 한다.
④ DNA구조에서 (다)는 다른 종류의 염기와 공유결합으로 연결된다.

TIP ① (개)는 아레니우스 산, 브뢴스테드-로우리 산으로 작용하며 (나)와 (다)는 루이스 염기로 작용한다.
② (개)의 중심 원자인 P는 확장된 옥텟이므로 옥텟 규칙을 만족하지 않는다.
④ DNA구조에서 (다)는 다른 종류의 염기와 수소결합으로 연결된다.

18 〈보기 1〉은 3가지 산-염기 반응의 화학 반응식이다. 이에 대한 설명으로 옳은 것을 〈보기 2〉에서 모두 고른 것은?

〈보기1〉

(가) $HF(aq) + HCO_3^-(aq) \rightarrow H_2CO_3(aq) + F^-(aq)$

(나) $CH_3COOH(aq) + H_2O(l) \rightarrow H_3O^+(aq) + CH_3COO^-(aq)$

(다) $NH_3(aq) + H_2O(l) \rightarrow NH_4^+(aq) + OH^-(aq)$

〈보기2〉

㉠ (나)의 $H_2O(l)$는 브뢴스테드-로우리 염기이다.

㉡ (가)의 $HF(aq)$는 브뢴스테드-로우리 산이다.

㉢ (다)의 $NH_3(aq)$는 아레니우스 염기이다.

① ㉡

② ㉠, ㉡

③ ㉠, ㉢

④ ㉠, ㉡, ㉢

🌸 TIP ㉢ (다)의 NH_3는 양성자 받개로 작용하므로 브뢴스테드-로우리 염기로 작용한다.

19 〈보기〉는 물속에 완전히 잠긴 채 정지해 있는 직육면체 모양의 물체를 나타낸 것이다. 이 물체에 가해지는 압력의 방향 및 크기를 화살표로 가장 옳게 나타낸 것은?

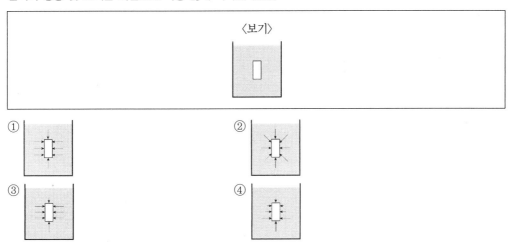

🌸 TIP ④ 수압은 깊이가 깊을수록

20 〈보기〉는 어떤 식물에서 세균 X와 Y가 냉해 발생에 미치는 영향을 알아보기 위한 실험이다. 이 실험에 대한 설명으로 가장 옳은 것은?

〈보기〉

[실험과정 및 결과]

※ −4℃인 환경에서 식물의 잎에 세균 X와 Y의 처리 조건을 다르게 하여 냉해 발생 여부를 조사하였다.

실험	세균 처리 조건	냉해 발생 여부
I	감염 없음	발생 안 함
II	X 감염	발생함
III	Y 감염	발생 안 함
IV	X와 Y의 감염	발생 안 함

① 세균 X에 의한 냉해 발생이 세균 Y에 의해 억제됨을 알 수 있다.
② 귀납적 탐구방법에 해당된다.
③ 온도는 종속변인에 해당된다.
④ 실험 I은 생략해도 된다.

TIP ① 가설을 설정해 증명하는 연역적 탐구방법에 해당하며 온도는 독립변인 중 통제변인에 해당하며 실험 I은 대조실험으로 반드시 실행해야 한다.

서원각

자격시험 대비서

임상심리사 2급

건강운동관리사

사회조사분석사 종합본

교재구입 시 무료동영상강의 제공

사회조사분석사 기출문제집

국어능력인증시험

청소년상담사 3급

관광통역안내사 종합본

사회복지사 1급 기출문제 정복하기

서원각
동영상강의
혜택

www.goseowon.co.kr
>> 수강기간 내에 동영상강의 무제한 수강이 가능합니다.
>> 수강기간 내에 모바일 수강이 무료로 가능합니다.
>> 원하는 기간만큼만 수강이 가능합니다.